사방조사론

전근우 · 서정일 · 김석우 저

한국치산기술협회
Korea Association of Forest Enviro-conservation Technology

발 간 사

기후변화로 인한 극한 강우, 태풍 등으로 산지토사재해 발생 가능성이 증가되면서 현장에 대한 정확한 조사와 조사 결과를 활용한 예방과 복구 등의 조치 필요성이 매우 높아지고 있습니다.

그럼에도 불구하고 산림현장에서 활용할 수 있는 조사방법에 대한 체계화된 기준과 기법의 부재는 현장과 실무에서 효율적인 업무수행을 제한하는 요소로 작용해 왔으며, 이러한 문제를 해결하고자 우리 협회는 「사방조사론」을 기획하고 발간하게 되었습니다.

「사방조사론」은 사방사업 및 산사태와 관련된 현장에 대한 이해도를 높이고, 조사에 필요한 주요 항목과 조사 방법에 대해 기술한 전문서적으로서, 즉각적인 의사 결정이 필요한 조사자, 관련 사업과 정책을 성공적으로 이끌어 나가기 위한 관리자 등 전문가 뿐만 아니라 상황을 이해하고 산사태에 대한 위험성을 인식하기 위하여 일상을 살아가고 있는 일반 국민들에게도 필요한 내용을 담고 있습니다.

이 책은 사방사업을 위한 조사의 기본 원리에서부터 실제 현장에서의 적용 방법에 이르기까지, 조사 업무에 필요한 이론과 방법론을 종합적으로 다루고 있습니다. 구체적으로는 사방사업과 산사태 재해와 관련된 조사업무의 구성, 단계, 절차를 비롯하여 유역특성조사, 사방계획 조사, 토석류조사, 유목조사, 땅밀림조사, 방재림조성조사, 유지관리조사 등 주제별 다양한 조사방법이 기술되어 있습니다.

이 책을 통하여 산림의 관리 및 재해와 관련된 모든 관계자들이 더욱 체계적이고 과학적인 접근을 통해 현장의 문제를 해결하고, 산림의 가치를 높여 지속가능한 미래산림을 만들어 나갈 수 있기를 기대합니다.

마지막으로, 평생을 헌신하신 연구성과와 경험을 바탕으로 「사방조사론」 원고 작성에 심혈을 기울여 주신 전근우 교수님을 비롯하여 함께 집필해주신 서정일 교수님, 김석우 교수님의 헌신적인 노고에 깊이 감사드립니다.

2024년 6월

한국치산기술협회장 **최 병 암**

머 리 말

현재 사방 현장에서는 사업의 효율화를 위한 외주화·분업화·표준화 등이 진행되어 관계자들이 직접 현지조사를 실시할 기회가 점차 감소하고 있으며, 그로 인하여 현장에서 선배들에게 직접적으로 지도나 조언을 받을 기회도 적어지고 있다. 따라서 사방에 대한 지식이나 기술·사물을 보는 관점 등이 자연스럽게 전수되지 못하고 있다. 이는 자연현상에 대한 기초지식의 부족, 사방사업에 관계하는 정보를 대상지역의 자연으로부터 폭넓게 도출하는 "사물을 해석하는 관점"의 부족, 그로 인한 정확한 판단과 조치에 대한 어려움이나 사업의 지연 등으로 나타나고 있다.

이러한 상황 속에 지금도 전국 각지에서 사방사업의 조사·설계·시공이 진행되고 있으나 가장 기본적인 토사재해 현상을 이해하는 데에는 해결하여야 할 많은 문제가 남아 있다. 따라서 각종 토사재해를 방지하기 위한 토사재해대책도 기술적으로 곤란한 문제가 산재해 있는 상황에서 매년 귀중한 인명이 피해를 입고 있다.

이 책은 사방사업에 관련된 국내·외의 기관에서 발행된 지침, 각종 연구결과 등을 정리한 것이다. 특히 각종 강의에서는 자세히 설명하지 못한 실천적인 조사·해석방법에 대하여 해설하였다. 특히「사방조사론」이란 책 제목에서 알 수 있듯이 사방사업의 초기 단계인 조사에 한정하여 정리하였지만, 조사만을 위한 조사나 계획·설계·시공으로 이어지지 않는 조사가 되어서는 안 된다는 것을 충분히 고려하였다.

이 책이 사방분야의 젊은 기술자, 사방사업에 관계하는 공무원, 혹은 연구자들께 도움이 되었으면 한다. 그러나 집필진이 일상 업무로 인하여 시간적 제약을 받으면서 정리하였기 때문에 이해하기 어렵고 자료가 부족한 점 등이 있을 것으로 생각되므로 이에 대해서는 이해해 주시기를 바란다. 그리고 조건이 허락한다면 지금까지 출간되지 않은 토석류 및 유목 대책사업, 땅밀림 대책사업 및 방재림 조성사업에 대한 계획이나 대책공 관련 지침도 조속히 출간될 수 있기를 기대한다.

이 책을 출판함에 있어서 특수법인 한국치산기술협회의 최병암회장님을 비롯한 관계자, 감수를 해 주신 송동근기술사님, 이동균기술사님, 안치호기술사님께 많은 도움을 받았다. 또한, 홋카이도(北海道)대학의 新谷融 명예교수님, 국토교통성의 岡本正男 전 사방부장님, 일반사단법인 전국치수사방협회의 南哲行 상무이사님께서는 각종 자료를 이용할 수 있도록 허락해 주셨다. 이에 저자를 대표하여 깊은 감사를 드린다.

2024년 6월

저자대표 **전 근 우**

목차

제1장 총론 ··· 013
  제1절 사방조사의 구성 ················· 013
  제2절 사방조사의 단계 ················· 014
    2.1. 총칙 ································· 014
    2.2. 기획조사 ··························· 014
    2.3. 계획조사 ··························· 015
    2.4. 설계조사 ··························· 016
      2.4.1. 공사용 측량 ··············· 017
        2.4.1.1. 지형측량 ············ 017
        2.4.1.2. 종단측량 ············ 017
        2.4.1.3. 횡단측량 ············ 017
      2.4.2. 지질·토질조사 ············ 018
        2.4.2.1. 조사의 순서 ········ 018
    2.5. 시공조사 ··························· 019
    2.6. 유지관리조사 ····················· 019

제2장 유역특성조사 ························ 021
  제1절 총설 ··································· 021
    1.1. 조사항목 등 ······················· 022
    1.2. 조사의 순서 ······················· 022
  제2절 지형조사 ···························· 025
    2.1. 총칙 ································· 025
    2.2. 예비조사 ··························· 025
    2.3. 지형계측 ··························· 028
      2.3.1. 총설 ······················· 028
      2.3.2. 지형계측의 종류 ········ 029
        2.3.2.1. 고도의 계측 ········ 029
        2.3.2.2. 경사의 계측 ········ 030
        2.3.2.3. 기복량의 계측 ····· 035
        2.3.2.4. 수계의 조사 ········ 037
        2.3.2.5. 신장률의 계측 ····· 037
        2.3.2.6. 곡밀도의 계측 ····· 037
        2.3.2.7. 방위의 계측 ········ 039
        2.3.2.8. 미지형의 계측 ····· 039
    2.4. 현지조사 ··························· 041
    2.5. 정리 ································· 041
  제3절 토질 및 지질조사 ················ 042
    3.1. 총칙 ································· 042
    3.2. 예비조사 ··························· 042
    3.3. 현지조사 ··························· 044
      3.3.1. 답사 ······················· 044
      3.3.2. 정밀조사 ·················· 045
        3.3.2.1. 물리탐사 ············ 045
        3.3.2.2. 보링조사 ············ 046
        3.3.2.3. 사운딩조사 ········· 046
        3.3.2.4. 지하수조사 ········· 047
        3.3.2.5. 토질실험 ············ 048
    3.4. 정리 ································· 049
  제4절 토양조사 ···························· 050
    4.1. 총칙 ································· 050
    4.2. 예비조사 ··························· 051
    4.3. 현지조사 ··························· 054
      4.3.1. 답사 ······················· 054
      4.3.2. 정밀조사 ·················· 056
    4.4. 정리 ································· 058
  제5절 기상조사 ···························· 059
    5.1. 총칙 ································· 059
    5.2. 강수량의 조사 ···················· 059
    5.3. 기온의 조사 ······················· 060
    5.4. 바람의 조사 ······················· 062
    5.5. 기상 조사자료의 보정 ·········· 062
    5.6. 현지에 있어서의 기상조사 ···· 066
  제6절 산림의 상태, 식생조사 ········ 067
    6.1. 총칙 ································· 067
    6.2. 예비조사 ··························· 067
    6.3. 현지조사 ··························· 068
      6.3.1. 식생조사법 ··············· 069
      6.3.2. 식생조사의 계측 ········ 070
  제7절 수문조사 ···························· 072
    7.1. 총칙 ································· 072
    7.2. 수문자료의 선정 및 수집정리 ········ 072
    7.3. 수문량의 생기확률 해석 ······· 074
      7.3.1. 재현기간 및 확률수문량 ···· 075
      7.3.2. 확률수문량 계산 ········· 076
    7.4. 홍수자료의 조사 등 ············· 079
      7.4.1. 유역특성의 조사 ········· 080
    7.5. 유출량의 추정 ···················· 080

7.6. 유량조사 ·················· 084
제8절 황폐현황조사 ·················· 088
  8.1. 총칙 ·················· 088
  8.2. 예비조사 ·················· 088
  8.3. 붕괴지조사 ·················· 088
    8.3.1. 붕괴지의 분포, 밀도조사 ·········· 089
    8.3.2. 요인조사 ·················· 090
    8.3.3. 동태조사 ·················· 090
    8.3.4. 형태조사 ·················· 091
    8.3.5. 식생조사 ·················· 091
    8.3.6. 토사량조사 ·················· 093
  8.4. 황폐계류조사 ·················· 093
    8.4.1. 황폐계류 등의 분포조사 ··········· 093
    8.4.2. 요인조사 ·················· 094
    8.4.3. 동태조사 ·················· 094
    8.4.4. 토사량조사 ·················· 095
  8.5. 낙석황폐지조사 ·················· 096
    8.5.1. 지형조사 ·················· 096
    8.5.2. 산림의 상태, 식생조사 ·········· 098
    8.5.3. 발생원인조사 ·················· 098
    8.5.4. 동태조사 ·················· 101
제9절 환경조사 ·················· 105
  9.1. 총칙 ·················· 105
    9.1.1. 개요 ·················· 106
    9.1.2. 조사지구의 설정 ·················· 107
    9.1.3. 조사시기 및 횟수의 설정 ·········· 107
  9.2. 식물조사 ·················· 108
    9.2.1. 조사의 목적 ·················· 108
    9.2.2. 조사의 구성 ·················· 108
    9.2.3. 사전조사 ·················· 109
    9.2.4. 현지조사계획 ·················· 110
      9.2.4.1. 현지답사 ·················· 110
      9.2.4.2. 조사지구의 설정 ·········· 111
      9.2.4.3. 조사시기 및 횟수의 설정 ······ 112
      9.2.4.4. 채집에 관련된 법령 등의 준수 ·················· 113
      9.2.4.5. 현지조사계획서의 작성 ······ 113
    9.2.5. 현지조사 ·················· 113
      9.2.5.1. 조사방법 ·················· 114

9.2.5.2. 현지조사의 기록 ·········· 120
9.2.5.3. 동정 ·················· 121
9.2.5.4. 사진촬영 및 정리 ·········· 122
9.2.5.5. 표본의 제작과 보관 ······ 123
9.2.5.6. 식물의 중요한 위치정보에 대한 기록 ·················· 125
9.2.5.7. 기타 생물의 기록 ·········· 125
9.2.5.8. 조사개요의 정리 ·········· 126
  9.2.6. 조사결과의 정리 및 고찰 ········ 126
    9.2.6.1. 조사결과의 정리 ·········· 126
    9.2.6.2. 양식집 ·················· 128
    9.2.6.3. 고찰 ·················· 130
9.3. 동식물플랑크톤조사 ·················· 131
  9.3.1. 조사의 목적 ·················· 131
  9.3.2. 조사의 구성 ·················· 131
  9.3.3. 사전조사 ·················· 132
  9.3.4. 현지조사계획 ·················· 132
    9.3.4.1. 조사지구의 설정 ·········· 132
    9.3.4.2. 조사시기 및 횟수의 설정 ······ 133
    9.3.4.3. 현지조사계획서의 작성 ······ 133
  9.3.5. 현지조사 ·················· 133
    9.3.5.1. 조사방법 ·················· 134
    9.3.5.2. 시료의 고정 ·················· 137
    9.3.5.3. 현지조사의 기록 ·········· 138
    9.3.5.4. 사진촬영 ·················· 139
    9.3.5.5. 동식물플랑크톤의 중요한 위치 정보에 대한 기록 ·················· 140
  9.3.6. 실내분석 ·················· 140
    9.3.6.1. 시료의 조제 ·················· 141
    9.3.6.2. 동정 ·················· 142
    9.3.6.3. 계수 ·················· 144
    9.3.6.4. 현미경사진의 촬영 ·········· 147
    9.3.6.5. 표본의 제작과 보관 ······ 147
    9.3.6.6. 조사개요의 정리 ·········· 150
  9.3.7. 조사결과의 정리 및 고찰 ········ 151
    9.3.7.1. 조사결과의 정리 ·········· 151
    9.3.7.2. 양식집 ·················· 152
    9.3.7.3. 고찰 ·················· 154
9.4. 저생동물조사 ·················· 155

9.4.1. 조사의 목적 ··················· 155
9.4.2. 조사의 구성 ··················· 155
9.4.3. 사전조사 ························ 156
9.4.4. 현지조사계획 ················ 157
  9.4.4.1. 현지답사 ················· 157
  9.4.4.2. 조사지구의 설정 ······ 157
  9.4.4.3. 조사대상 환경구분의 설정 ··· 159
  9.4.4.4. 조사시기 및 횟수의 설정 ······ 162
  9.4.4.5. 채집에 관련된 법령 등의
        준수 ···························· 162
  9.4.4.6. 현지조사계획서의 작성 ······· 163
9.4.5. 현지조사 ························ 163
  9.4.5.1. 조사방법 ················· 163
  9.4.5.2. 시료의 고정 ············ 173
  9.4.5.3. 현지조사의 기록 ······ 174
  9.4.5.4. 현지 사진촬영 ········· 182
  9.4.5.5. 저생동물의 중요한 위치정보에
        대한 기록 ·················· 182
  9.4.5.6. 기타 생물의 기록 ······ 183
9.4.6. 실내분석 ························ 183
  9.4.6.1. 분류작업(생물의 선별) ········ 184
  9.4.6.2. 동정·계수·계측 ········ 184
  9.4.6.3. 중요종의 사진촬영 ······ 186
  9.4.6.4. 표본의 제작과 보관 ······ 186
  9.4.6.5. 조사개요의 정리 ······ 191
9.4.7. 조사결과의 정리 및 고찰 ······ 192
  9.4.7.1. 조사결과의 정리 ······ 192
  9.4.7.2. 양식집 ····················· 194
  9.4.7.3. 고찰 ························ 196
9.5. 어류조사 ······························· 197
  9.5.1. 조사의 목적 ················· 197
  9.5.2. 조사의 구성 ················· 197
  9.5.3. 사전조사 ······················ 198
  9.5.4. 현지조사계획 ················ 201
    9.5.4.1. 현지답사 ················· 201
    9.5.4.2. 조사지구의 설정 ······ 201
    9.5.4.3. 조사대상 환경구분의 설정 ··· 202
    9.5.4.4. 조사방법의 선정 ······ 203
    9.5.4.5. 조사시기 및 횟수의 설정 ······ 203

    9.5.4.6. 채집에 관련된 법령 등의
          준수 ···························· 204
    9.5.4.7. 현지조사계획서의 작성 ······· 205
  9.5.5. 현지조사 ························ 205
    9.5.5.1. 조사방법 ················· 205
    9.5.5.2. 현지조사의 기록 ······ 223
    9.5.5.3. 동정 ························ 226
    9.5.5.4. 계수·계측 ··············· 228
    9.5.5.5. 사진촬영 ················· 229
    9.5.5.6. 표본의 제작과 보관 ······ 230
    9.5.5.7. 어류의 중요한 위치정보에 대한
          기록 ···························· 234
    9.5.5.8. 기타 생물의 기록 ······ 235
    9.5.5.9. 조사개요의 정리 ······ 235
  9.5.6. 조사결과의 정리 및 고찰 ······ 236
    9.5.6.1. 조사결과의 정리 ······ 236
    9.5.6.2. 양식집 ····················· 238
    9.5.6.3. 고찰 ························ 240
9.6. 육상곤충류조사 ··················· 241
  9.6.1. 조사의 목적 ················· 241
  9.6.2. 조사의 구성 ················· 241
  9.6.3. 사전조사 ······················ 242
  9.6.4. 현지조사계획 ················ 243
    9.6.4.1. 현지답사 ················· 243
    9.6.4.2. 조사지구의 설정 ······ 243
    9.6.4.3. 조사방법의 선정 ······ 244
    9.6.4.4. 조사시기 및 횟수의 설정 ······ 244
    9.6.4.5. 채집에 관련된 법령 등의
          준수 ···························· 245
    9.6.4.6. 현지조사계획서의 작성 ······· 245
  9.6.5. 현지조사 ························ 245
    9.6.5.1. 조사방법 ················· 246
    9.6.5.2. 현지조사의 기록 ······ 251
    9.6.5.3. 사진촬영 ················· 253
    9.6.5.4. 육상곤충류 입장에서 본 중요한
          위치정보의 기록 ······· 254
    9.6.5.5. 기타 생물의 기록 ······ 254
  9.6.6. 실내분석 ························ 255
    9.6.6.1 동정 ························ 255

9.6.6.2 표본의 제작과 보관 ············ 256
9.6.6.3. 조사개요의 정리 ············ 258
9.6.7. 조사결과의 정리 및 고찰 ·········· 259
　9.6.7.1. 조사결과의 정리 ············ 259
　9.6.7.2. 양식집 ···················· 260
　9.6.7.3. 고찰 ······················ 262
9.7. 조류조사 ························ 263
　9.7.1. 조사의 목적 ·················· 263
　9.7.2. 조사의 구성 ·················· 264
　9.7.3. 사전조사 ···················· 264
　9.7.4. 현지조사계획 ················ 265
　　9.7.4.1. 현지답사 ················ 266
　　9.7.4.2. 조사지구의 설정 ········ 266
　　9.7.4.3. 조사방법의 선정 ········ 268
　　9.7.4.4. 조사시기 및 횟수의 설정 ······ 268
　　9.7.4.5. 현지조사계획서의 작성 ······· 268
　9.7.5. 현지조사 ···················· 269
　　9.7.5.1. 조사방법 ················ 269
　　9.7.5.2. 현지조사의 기록 ·········· 275
　　9.7.5.3. 동정 ···················· 281
　　9.7.5.4. 사진촬영 및 정리 ········ 281
　　9.7.5.5. 이동 중인 확인 종의 기록 ···· 282
　　9.7.5.6. 기타 생물의 기록 ········ 283
　　9.7.5.7. 조사개요의 정리 ·········· 283
　9.7.6. 조사결과의 정리 및 고찰 ········ 284
　　9.7.6.1. 조사결과의 정리 ·········· 284
　　9.7.6.2. 양식집 ·················· 286
　　9.7.6.3. 고찰 ···················· 288
9.8. 양서류·파충류·포유류조사 ········ 289
　9.8.1. 조사의 목적 ·················· 289
　9.8.2. 조사의 구성 ·················· 289
　9.8.3. 사전조사 ···················· 290
　9.8.4. 현지조사계획 ················ 291
　　9.8.4.1. 현지답사 ················ 291
　　9.8.4.2. 조사지구의 설정 ········ 292
　　9.8.4.3. 조사방법의 선정 ········ 292
　　9.8.4.4. 조사시기 및 횟수의 설정 ······ 293
　　9.8.4.5. 채집에 관련된 법령 등의
　　　　　　 준수 ···················· 293

9.8.4.6. 현지조사계획서의 작성 ········ 294
9.8.5. 현지조사 ······················ 294
　9.8.5.1. 조사방법 ·················· 294
　9.8.5.2. 현지조사의 기록 ············ 300
　9.8.5.3. 동정 ······················ 304
　9.8.5.4. 계측 ······················ 304
　9.8.5.5. 사진촬영 ·················· 305
　9.8.5.6. 표본의 제작과 보전 ········ 306
　9.8.5.7. 양서류·파충류·포유류 입장에서
　　　　　 본 중요한 위치정보의 기록 ··· 307
　9.8.5.8. 기타 생물의 기록 ············ 308
　9.8.5.9. 조사개요의 정리 ············ 308
9.8.6. 조사결과의 정리·고찰 ············ 309
　9.8.6.1. 조사결과의 정리 ············ 309
　9.8.6.2. 양식집 ···················· 311
　9.8.6.3. 고찰 ······················ 313
제10절 기타 조사 ······················ 315
10.1. 서식지조사 ······················ 315
　10.1.1. 조사의 목적 ················ 315
　10.1.2. 조사의 내용 ················ 316
　　10.1.2.1. 서식지의 계층구조 ········ 317
　　10.1.2.2. 하도관리와 서식지 ········ 319
　　10.1.2.3. 범용적인 서식지조사 ······ 320
　　10.1.2.4. 서식지의 표현방법 ········ 321
　10.1.3. 대상 생물종 및 대상 구역 ······ 321
　10.1.4. 조사시기 및 조사빈도 ········ 322
　10.1.5. 조사방법 ···················· 323
　10.1.6. 조사결과의 정리 및 고찰 ······ 323
10.2. 경관조사 ························ 324
　10.2.1. 조사의 목적 ················ 324
　10.2.2. 조사의 내용 ················ 324
　10.2.3. 조사방법 ···················· 325
　　10.2.3.1. 개략조사 ················ 325
　　10.2.3.2. 거점조사 ················ 326
　　10.2.3.3. 사진촬영 ················ 327
　　10.2.3.4. 소재 및 디자인조사 ······ 328
　　10.2.3.5. 색채조사 ················ 329
　10.2.4. 경관예측 ···················· 331
　10.2.5. 경관평가방법 ················ 333
　10.2.6. 조사결과의 정리 및 고찰 ······ 333

- 10.3. 계류이용실태조사 ········· 334
  - 10.3.1. 조사의 목적 ········· 334
  - 10.3.2. 조사의 내용 ········· 334
  - 10.3.3. 조사방법 ········· 337
  - 10.3.4. 조사결과의 정리 및 고찰 ········· 339
- 10.4. 기설 공작물조사 ········· 340
  - 10.4.1. 조사의 목적 및 내용 ········· 340
  - 10.4.2. 예비조사 ········· 340
  - 10.4.3. 현지조사 ········· 341
- 10.5. 재해이력조사 ········· 343
  - 10.5.1. 조사의 목적 및 내용 ········· 343
  - 10.5.2. 예비조사 ········· 343
  - 10.5.3. 현지조사 ········· 344
- 10.6. 경제효과조사 ········· 345
  - 10.6.1. 조사의 목적 및 내용 ········· 345
  - 10.6.2. 현지조사 ········· 346
  - 10.6.3. 예상범람구역의 설정 ········· 346
- 10.7. 법령지정상황조사 ········· 349
  - 10.7.1. 조사의 목적 ········· 349
  - 10.7.2. 조사의 내용 ········· 349
- 10.8. 재해 시의 조사 ········· 352
  - 10.8.1. 조사의 목적 및 내용 ········· 352
  - 10.8.2. 재해관련 응급복구를 위한 사방사업에 관한 조사 ········· 353
  - 10.8.3. 재해관련 응급복구를 위한 재해실태조사 ········· 353

제3장 사방계획조사 ········· 357

제1절 총설 ········· 357
- 1.1. 조사의 목적 ········· 357
- 1.2. 조사의 내용 ········· 357
- 1.3. 대여자료 ········· 361

제2절 생산토사량조사 ········· 362
- 2.1. 총칙 ········· 362
- 2.2. 기초조사 ········· 364
  - 2.2.1. 유역구분 ········· 364
  - 2.2.2. 수계도 ········· 364
- 2.3. 현황조사 ········· 365
  - 2.3.1. 수원지대의 붕괴조사 ········· 365
    - 2.3.1.1. 조사대상 ········· 365
    - 2.3.1.2. 붕괴지의 토사량 ········· 365
    - 2.3.1.3. 1차곡의 계상토사퇴적량 ········· 368
    - 2.3.1.4. 민둥산의 생산토사량 ········· 368
    - 2.3.1.5. 산사태성 대규모 붕괴량 ········· 369
  - 2.3.2. 계류조사 ········· 370
    - 2.3.2.1. 범위와 측점 ········· 370
    - 2.3.2.2. 계폭과 계상물매 ········· 371
    - 2.3.2.3. 계상토사퇴적량 ········· 371
    - 2.3.2.4. 유출형태 파악 ········· 373
    - 2.3.2.5. 계상퇴적지의 형성연대 및 이동형상 ········· 375
  - 2.3.3. 현황조사 정리 ········· 376
- 2.4. 변동조사 ········· 376
  - 2.4.1. 실측에 근거한 유출토사량 추정 ········· 376
    - 2.4.1.1. 사방댐에 유입되는 유입토사량 ········· 376
    - 2.4.1.2. 계상변동 해석에 의한 유출토사량 추정 ········· 379
    - 2.4.1.3. 계상변동량조사의 이용 ········· 381
  - 2.4.2. 유역의 다양한 특성치에 의한 유송토사량 추정 ········· 383
  - 2.4.3. 변동조사의 정리 ········· 384

제3절 유송토사조사 ········· 385
- 3.1. 총칙 ········· 385
  - 3.1.1. 조사방법 ········· 385
  - 3.1.2. 조사항목 ········· 385
- 3.2. 계상변동량조사 ········· 385
  - 3.2.1. 조사의 목적과 항목 ········· 385
  - 3.2.2. 종·횡단측량조사 ········· 386
    - 3.2.2.1. 조사방법 ········· 386
    - 3.2.2.2. 조사의 범위 및 시기 ········· 386
    - 3.2.2.3. 자료처리 ········· 387
  - 3.2.3. 수위자료의 정리 ········· 388
  - 3.2.4. 계상변동의 계산 ········· 388
    - 3.2.4.1. 목적과 방법 ········· 388
    - 3.2.4.2. 평면계상변동의 계산 ········· 399
  - 3.2.5. 인위적 요인에 의한 계상변동량조사 ········· 402

3.2.6. 홍수 발생 시의 계상변동량조사 ··· 403
　3.3. 유송토사량조사 ················· 403
　　3.3.1. 목적과 방법 ················ 403
　　3.3.2. 유사량 관측에 의한 방법 ······ 404
　　　3.3.2.1. 소류토사량조사 ········· 404
　　　　3.3.2.1.1. 조사방법 ············ 404
　　　　3.3.2.1.2. 관측횟수 및 조사단면 ··· 404
　　　　3.3.2.1.3. 소류토사량조사의 자료
　　　　　　　　정리 ················ 404
　　　　3.3.2.1.4. 산정식의 결정 ········ 405
　　　3.3.2.2. 부유토사량조사 ········· 406
　　　　3.3.2.2.1. 조사방법 ············ 406
　　　　3.3.2.2.2. 관측 및 조사단면 ····· 406
　　　　3.3.2.2.3. 자료정리 ············ 406
　　　　3.3.2.2.4. 산정식의 결정 ········ 407
　　3.3.3. 준설에 의한 방법 ············ 408
　　3.3.4. 사방댐 등의 퇴사량 측정에 의한
　　　　　방법 ······················ 408
　　3.3.5. 하구의 심천측량 자료에 의한
　　　　　방법 ······················ 409
　3.4. 계상재료조사 ··················· 409
　　3.4.1. 조사내용 ···················· 409
　　3.4.2. 조사지점과 횟수 ············· 409
　　3.4.3. 표층 계상재료의 샘플링방법 ··· 410
　　3.4.4. 표층 계상재료의 채취방법 ····· 411
　　3.4.5. 표층 계상재료의 입도분석방법 ··· 413
　　3.4.6. 입도곡선의 평균 입경 및 혼합비의
　　　　　산정방법 ··················· 415
　　3.4.7. 자료정리 ···················· 416
　　3.4.8. 비중 측정 ·················· 416
　　3.4.9. 침강속도의 산출 ············· 416

제4장 토석류조사 ········· 418
제1절 총설 ························ 418
　1.1. 조사의 목적 ··················· 418
　1.2. 조사의 내용 ··················· 418
　1.3. 열람자료 ····················· 424
제2절 보전대상조사 ················ 425
제3절 토석류의 발생형태 및 발생요인조사 ··· 426

　3.1. 총칙 ························ 426
　3.2. 계상물매조사 ················· 426
　3.3. 유역면적조사 ················· 427
　3.4. 계상상황조사 ················· 427
　3.5. 산복상황조사 ················· 430
　3.6. 기타 조사 ··················· 431
제4절 토석류의 유동조사 ············ 434
　4.1. 유속조사 ····················· 434
　4.2. 파고(수심)조사 ················ 435
　4.3. 유하 폭의 조사 ················ 435
　4.4. 단위체적중량조사 ·············· 436
　4.5. 유체력조사 ··················· 436
　4.6. 피크유량조사 ················· 437
　4.7. 평상시의 유량조사 ············· 440
　　4.7.1. 계획규모 ··················· 440
　　4.7.2. 산정식 ···················· 441
　　4.7.3. 유출계수 ··················· 441
　　4.7.4. 평균 우량강도 ··············· 442

제5장 유목조사 ············ 444
제1절 총설 ······················· 444
　1.1. 조사의 목적 ·················· 444
　1.2. 조사의 내용 ·················· 444
제2절 유역현황조사 ················ 445
제3절 유목의 발생원인에 대한 조사 ····· 446
제4절 유목의 발생장소, 발생량, 길이, 직경
　　　등의 조사 ················· 446
제5절 유출유목조사 ················ 452
　5.1. 유목의 최대길이, 최대직경 ······ 452
　5.2. 유목의 평균 길이, 평균 직경 ····· 454
제6절 유목에 의한 피해의 형태 ········ 455

제6장 땅밀림조사 ·········· 457
제1절 총설 ······················· 457
제2절 땅밀림조사의 구분 ············ 459
제3절 실태조사 ··················· 460
　3.1. 총칙 ························ 460
　3.2. 실태조사의 종류 ··············· 460
　3.3. 예비조사 ····················· 461

- 3.3.1. 목적 ······ 461
- 3.3.2. 자연환경조사 ······ 462
- 3.3.3. 사회환경조사 ······ 462
- 3.3.4. 법령·규제 등의 조사 ······ 463
- 3.3.5. 사방시설 등의 조사 ······ 463
- 3.3.6. 정리 ······ 464
- 3.4. 현지답사 ······ 464
  - 3.4.1. 목적 ······ 464
  - 3.4.2. 지형·지질조사 ······ 467
  - 3.4.3. 식생조사 ······ 469
  - 3.4.4. 수문조사 ······ 470
  - 3.4.5. 정리 ······ 470
- 3.5. 자연환경영향조사 ······ 471
  - 3.5.1. 목적 ······ 471
  - 3.5.2. 식물조사 ······ 471
  - 3.5.3. 동물조사 ······ 472
  - 3.5.4. 수질환경조사 ······ 472
  - 3.5.5. 정리 ······ 473
- 3.6. 지형측량 ······ 473
  - 3.6.1. 목적 ······ 473
  - 3.6.2. 측량방법 ······ 474
  - 3.6.3. 지형도 작성 ······ 475
  - 3.6.4. 정리 ······ 476
- 3.7. 지표이동량조사 ······ 476
  - 3.7.1. 목적 ······ 476
  - 3.7.2. 표식관측 ······ 476
  - 3.7.3. 지표신축계 ······ 479
  - 3.7.4. 지반경사계 ······ 479
  - 3.7.5. 정리 ······ 480
- 3.8. 실태조사의 정리 ······ 480
- 3.9. 땅밀림 블록구분의 파악 ······ 481
- 제4절 기구조사 ······ 483
- 4.1. 총칙 ······ 483
- 4.2. 기구조사의 종류 ······ 483
- 4.3. 조사측선의 설정 ······ 485
  - 4.3.1. 목적 ······ 485
  - 4.3.2. 주측선의 설정 ······ 485
  - 4.3.3. 보조측선의 설정 ······ 485
  - 4.3.4. 측선측량 ······ 486
  - 4.3.5. 도면 작성 ······ 486
- 4.4. 물리탐사 ······ 487
  - 4.4.1. 목적 ······ 487
  - 4.4.2. 탄성파탐사 ······ 489
  - 4.4.3. 전기탐사 ······ 492
  - 4.4.4. 지온탐사 ······ 496
  - 4.4.5. 자연방사능탐사 ······ 497
  - 4.4.6. 전자탐사 ······ 498
  - 4.4.7. 리모트센싱 ······ 498
  - 4.4.8. 정리 ······ 499
- 4.5. 보링조사 ······ 499
  - 4.5.1. 목적 ······ 499
  - 4.5.2. 보링조사의 종류 ······ 500
  - 4.5.3. 보링의 위치, 깊이 등 ······ 501
  - 4.5.4. 정리 ······ 502
- 4.6. 물리검층 ······ 504
  - 4.6.1. 목적 ······ 504
  - 4.6.2. 전기검층 ······ 505
  - 4.6.3. 속도검층 ······ 506
  - 4.6.4. 정리 ······ 508
- 4.7. 관입실험 ······ 508
  - 4.7.1. 목적 ······ 508
  - 4.7.2. 표준관입실험 ······ 509
  - 4.7.3. 스웨덴식 사운딩실험 ······ 510
  - 4.7.4. 정리 ······ 511
- 4.8. 토질·암석실험 ······ 511
  - 4.8.1. 목적 ······ 511
  - 4.8.2. 시료의 채취 ······ 512
  - 4.8.3. 토질실험 ······ 514
  - 4.8.4. 암석실험 ······ 515
  - 4.8.5. 정리 ······ 516
- 4.9. 점토광물실험 ······ 516
  - 4.9.1. 목적 ······ 516
  - 4.9.2. 시약반응실험 ······ 517
  - 4.9.3. X선회절실험 ······ 518
  - 4.9.4. 정리 ······ 518
- 4.10. 연대측정조사 ······ 519
  - 4.10.1. 목적 ······ 519
  - 4.10.2. ^{14}C연대측정법 ······ 519

- 4.10.3. 정리 ········· 519
- 4.11. 시굴관찰조사 ········· 520
- 4.12. 기상조사 ········· 520
  - 4.12.1. 목적 ········· 520
  - 4.12.2. 일반기상조사 ········· 520
  - 4.12.3. 강수량조사 ········· 521
  - 4.12.4. 적설량조사 ········· 521
  - 4.12.5. 융설량조사 ········· 521
  - 4.12.6. 정리 ········· 523
- 4.13. 지하수조사 ········· 524
  - 4.13.1. 목적 ········· 524
  - 4.13.2. 지하수위조사 ········· 525
  - 4.13.3. 간극수압조사 ········· 526
  - 4.13.4. 지하수검층 ········· 528
  - 4.13.5. 지하수추적조사 ········· 529
  - 4.13.6. 간이양수실험 ········· 531
  - 4.13.7. 양수실험 ········· 532
  - 4.13.8. 수질조사 ········· 536
  - 4.13.9. 지하수유출량조사 ········· 537
  - 4.13.10. 정리 ········· 537
- 4.14. 지표이동량조사 ········· 538
  - 4.14.1. 목적 ········· 538
  - 4.14.2. 표식관측 ········· 538
  - 4.14.3. 지표신축계 ········· 540
  - 4.14.4. 지반경사계 ········· 542
  - 4.14.5. 지상측량에 의한 조사 ········· 545
  - 4.14.6. GPS측량에 의한 조사 ········· 546
  - 4.14.7. 정리 ········· 547
- 4.15. 지중변동량조사 ········· 547
  - 4.15.1. 목적 ········· 547
  - 4.15.2. 활동면측관 ········· 547
  - 4.15.3. 파이프변형계 ········· 548
  - 4.15.4. 공내경사계 ········· 549
  - 4.15.5. 지중신축계 ········· 551
  - 4.15.6. 다층이동량계 ········· 552
  - 4.15.7. 정리 ········· 552
- 4.16. 해석 ········· 552
- 제5절 기구해석 ········· 554
  - 5.1. 총칙 ········· 554
  - 5.2. 측선의 설정 ········· 554
    - 5.2.1. 총설 ········· 554
    - 5.2.2. 측선의 설정 ········· 554
  - 5.3. 활동면의 판정 ········· 555
  - 5.4. 땅밀림 블록구분의 확정 ········· 556
  - 5.5. 땅밀림 발생기구의 판정 ········· 557
  - 5.6. 안정해석 ········· 558
    - 5.6.1. 총칙 ········· 558
    - 5.6.2. 안정해석의 방법 및 종류 ········· 559
    - 5.6.3. 안정해석을 위한 측선의 설정 ········· 567
    - 5.6.4. 강도정수의 설정 ········· 568
    - 5.6.5. 간극수압의 설정 ········· 571
  - 5.7. 기구해석의 정리 ········· 574

제7장 방재림 조성조사 ········· 575

- 제1절 해안방재림 조성조사 ········· 575
  - 1.1. 총칙 ········· 575
  - 1.2. 조사항목 ········· 575
  - 1.3. 조사순서 ········· 576
  - 1.4. 지형조사 ········· 576
  - 1.5. 토양, 토질 및 지질조사 ········· 578
  - 1.6. 기상조사 ········· 579
  - 1.7. 해상(海象) 및 표사(漂砂)조사 ········· 579
    - 1.7.1. 조석조사 ········· 579
    - 1.7.2. 파랑조사 ········· 583
    - 1.7.3. 유황 및 표사조사 ········· 599
  - 1.8. 임황 및 식생조사 ········· 602
    - 1.8.1. 예비조사 ········· 603
    - 1.8.2. 현지조사 ········· 603
      - 1.8.2.1. 식생조사법 ········· 604
      - 1.8.2.2. 식생조사의 척도 ········· 605
  - 1.9. 황폐현황조사 ········· 606
  - 1.10. 사회적 특성조사 등 ········· 608
- 제2절 방풍림 조성조사 ········· 609
  - 2.1. 총칙 ········· 609
  - 2.2. 조사항목 ········· 609
  - 2.3. 조사순서 ········· 609
  - 2.4. 지형조사 ········· 610
  - 2.5. 토양, 토질 및 지질조사 ········· 610

2.6. 임황 및 식생조사	611	제3절 사방시설의 건전도 평가조사	638
2.7. 기상조사	611	3.1. 사방시설의 건전도 평가	638
2.8. 풍해조사	616	3.2. 점검결과의 분석	639
2.9. 사회적 특성조사	617	3.2.1. 열화손상도의 구분	639
제3절 눈사태방지림 조성조사	618	3.2.2. 공종별 건전도 평가	653
3.1 총칙	618	3.3. 건전도의 종합평가	653
3.2. 조사항목	618	3.4. 사방시설의 점검표 사례	654
3.3. 조사순서	619	제4절 시설의 보수·개축계획	660
3.4. 지형조사	619	4.1. 총칙	660
3.5. 토양, 토질 및 지질조사	622	4.2. 보수·개축개소의 우선순위 결정	660
3.6. 임황 및 식생조사	622	4.3. 보수·개축계획수립	663
3.7. 기상조사	623	제5절 시설의 점검계획	665
3.8. 눈사태조사	624	5.1. 총칙	665
3.8.1. 눈사태의 종류	624	5.2. 시설 상황에 따른 점검계획	665
3.8.2. 눈사태의 발생상황	629	5.2.1. 정기점검의 기본적인 개념	665
3.8.3. 눈사태 발생 시의 적설상황 등	631	5.2.2. 정기점검의 방법	667
3.9. 사회적 특성조사	634	5.2.2.1. 첫 번째 점검의 실시	667
		5.2.2.2. 정기점검 사이클	667
제8장 유지관리조사	**635**	5.2.2.3. 정기점검의 실시방법	669
제1절 총설	635	5.3. 유지관리체제	673
1.1. 조사의 목적	635	5.4. 진행방침	674
1.2. 조사의 구성	635		
제2절 사방시설의 긴급점검	636	**참고문헌**	**675**
2.1. 긴급점검의 내용	636		
2.2. 긴급점검의 결과 정리	637	**찾아보기**	**688**

제1장 총론

제1절 사방조사의 구성

> 사방사업을 실시할 때 필요한 조사는 해당 사업지역별 정황을 파악하기 위하여 실시하는 기초조사와 사업장소(계류)별로 실시하는 사업조사로 구분된다.

[해설]
1) 기초조사

　　기초조사는 다음과 같은 내용을 포함하여 실시하고, 그 결과를 정리하도록 한다.
　　① 산사태취약지역 지정(예정)지 및 토석류발생우려지역 조사
　　② 전국(지역)산사태예방장기대책 및 전국산사태예방연도별대책
　　③ 토석류종합조사

2) 사업조사

　　사업조사는 각 단계에 따라 유역특성조사와 실시조사로 구분된다.
　　① 유역특성조사 : 현 계류의 유역특성이나 환경적 측면에서의 문제점을 파악할 목적으로 실시하는 조사로, 지형조사, 지질조사, 식생조사, 기설공작물조사, 재해이력조사, 경제효과조사, 타법령지정상황조사 및 환경조사 등이 있다.
　　② 실시조사 : 사방시설의 설계나 사방공사에 필요한 조사로, 생산토사량조사, 유송토사량조사, 보전대상조사, 토석류조사, 유목조사, 기초지반조사, 자연환경조사, 각종 측량조사 및 지질조사 등이 있다.

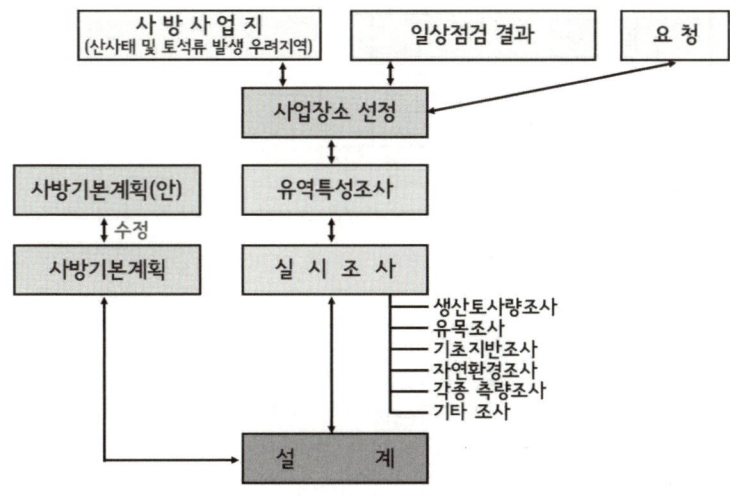

그림 1-1. 사방조사의 흐름도

제2절 사방조사의 단계

2.1. 총칙

사방조사는 그 조사의 단계에 따라 기획조사·계획조사·설계조사·시공조사·유지관리조사(점검)로 구분할 수 있다.

[해설]

기획조사에서는 해당 사방사업의 필요성과 현황조사 및 현지조사를 실시하고, 계획조사에서는 사방기본계획을 책정하기 위한 조사와 유역의 환경을 파악하여 환경을 배려하는 사항을 검토한 후 개략적인 설계를 실시한다.

설계조사에서는 지질·토질조사, 유목조사 등을 실시하고, 시공조사에서는 설계에 따라 시공되는 단계에서 기초지반지지력을 확인한다.

유지관리조사에서는 사방시설의 수명 연장을 위한 점검을 실시한다.

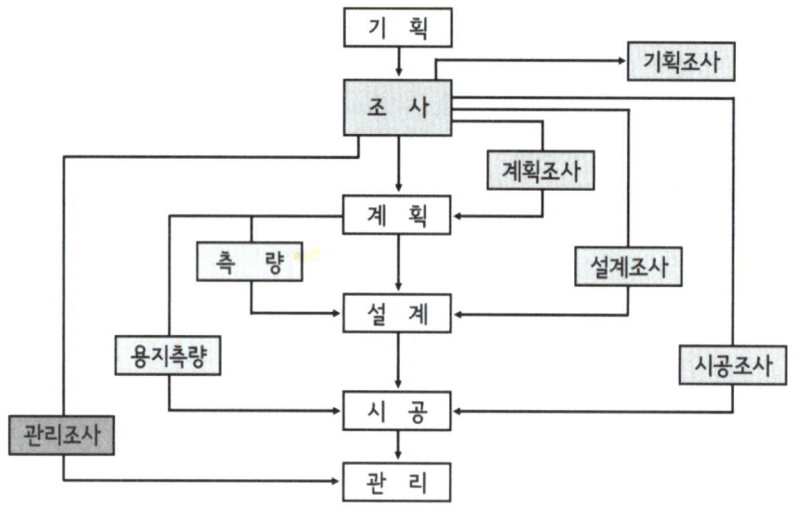

그림 1-2. 각 단계별 사방조사의 흐름도

2.2. 기획조사

기획조사는 현지조사 등을 실시하여 사업대상지 내에 위치하고 있는 계류가 갖고 있는 특성이나 지역의 요구사항, 위험장소의 유무, 타 법령과의 조정, 중장기 사방계획의 유무 및 환경보전에 대한 적합성, 사방사업의 중점 정비항목 등을 정리함으로써 사업의 가부를 결정할 목적으로 진행하는 조사이다.

[해설]
1) 사방사업의 필요성 등
　① 목적
　사방사업의 목적은 토사재해를 방지하여 국토를 바람직한 모습으로 보전하는 것이라고 할 수 있다. 즉, 사방사업이 대상으로 하는 장소는 농·임·수산자원이나 광물자원, 수자원 및 관광자원 등의 자원이 풍부한 곳으로, 사방사업은 토사이동에 의하여 피해를 받을 수 있는 자원을 보전할 목적으로 실시하는 사업이라고 할 수 있다. 그리고 전술한 자원을 이용하는 산업은 「토지」의 안정성에 크게 의존하고 있기 때문에 안전한 토지나 공간을 확보하기 위한 정비와 산업의 생산성 향상에 적극적으로 기여하는 것이 사방사업의 사명이라고 할 수 있다.
　② 지향점
　사방사업은 지역개발, 지역진흥 및 지역사회의 활성화에 기여하는 것을 의식적으로 지향하여야 한다. 최근 국민이나 지역주민의 가치관이 다양화되어 사방공간에 대한 요구도 역시 다양해짐에 따라 이러한 지역사회의 요구에 부응할 수 있는 다면적 기능을 적극적으로 제시하여야 한다.
　③ 경향
　최근 사회적으로 생활의 편리성, 쾌적성의 향상이나 건강, 휴양 및 레저 등에 대한 요구가 증대되고 있고, 수변공간의 가치가 높아지고 있다. 그리고 사방사업이 대상으로 하는 구역은 아름다운 경관이나 생태성이 풍부하여 관광지구와 관련된 지역도 다수 포함될 수 있기 때문에 사방사업을 실시할 때에는 이러한 개발에 선행하여 안전한 계류와 쾌적한 공간을 창조할 수 있도록 기획하는 것이 바람직하다.

2) 개황조사
　사방사업에 관련된 자료, 즉 계류가 갖고 있는 특성, 즉 유역특성·사회특성·토지이용특성·환경특성·지형과 지질특성·기상특성·재해특성을 수집하여 사방사업에 필요한 항목을 정리한다.

3) 현지조사
　전술한 문헌조사에 의하여 정리된 항목에 대한 현지조사를 실시하여 그 내용을 확인하고, 사방사업의 가부를 판단한다.

2.3. 계획조사

계획조사는 사방사업의 규모 책정 및 공종 등의 선정 등을 위하여 실시하는 조사이므로 사방사업의 필요성을 확인하고, 사업규모를 개략적으로 파악하여야 한다.

사방조사론

[해설]
1) 조사항목 등
　　사방계획에서는 그림 1-3과 같은 내용을 조사하여 개략적인 설계를 한다. 즉, 사방기본계획을 책정할 목적으로 사방시설기준점 등, 13개 항목을 조사하고, 유역환경을 파악함으로써 해당 지역의 환경을 배려하는 데 필요한 사항을 검토한다.

2) 조사의 절차
　　시공 공법을 선정한 후에 해당 공법에 대한 평면계획, 종단계획, 횡단계획, 표준구조도, 개략적인 공사비 산출 및 종합적인 검토를 실시하도록 한다.

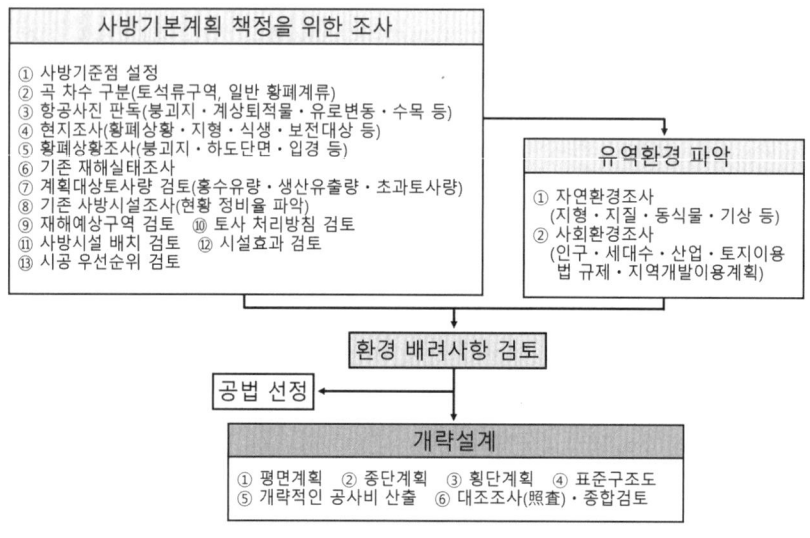

그림 1-3. 계획조사의 흐름도

2.4. 설계조사

설계조사는 사방시설 등의 설계에 필요한 내용을 측량하여 해당 자료를 입수할 목적으로 실시하는 조사이다.

[해설]
　　설계조사에서는 사방시설 등의 설계에 필요한 측량을 실시하여 설계에 필요한 자료를 입수할 목적으로 공사용 측량인 지형측량, 종단측량, 횡단측량과 지질·토질조사 등을 실시한다.

2.4.1. 공사용 측량

> 공사용 측량이란 공사를 실시하는 장소의 세부측량으로, 공사의 목적에 따라 측량을 실시하도록 한다.

[해설]

공사용 측량이란 전체 계획이 수립된 후에 실시하는 공사 실시장소에 대한 세부측량으로, 대축척의 측량이 필요하며, 공사목적에 따라 지형측량, 종단측량, 횡단측량을 실시하도록 한다.

2.4.1.1. 지형측량

> 공사용 측량에서 실시하는 지형계측은 계획설계 단계에서 가장 중요한 부분으로, 지형 및 지물을 측량하고 도면화하는 것이다.

[해설]

사방사업법에서 제시하는 산지사방사업, 야계사방사업 및 해안사방사업 등에서 제시하는 각종 사방사업에서 필요로 하는 도면을 작성하며, 공사용 도로, 기계설비 및 퇴사구역이 포함되는 범위에서 실시한다. 그리고 도면의 축적은 1/500~1/1,000을 표준으로 한다.

2.4.1.2. 종단측량

> 종단측량은 중심선에 설치된 측점 및 변곡점(보조말뚝 등)의 말뚝 높이 및 지반고를 측정한 후, 중심선을 따라 연직면의 종단형상을 작성한다. 기준고는 국토지리원에서 설치한 1등 수준점을 사용하는 것을 원칙으로 한다.

[해설]

사방공사의 경우 상당수가 국지적으로 실시되는 공사이므로, 기존의 사방시설물이 있으면 계획상 그 높이를 기준으로 하여야 한다.

2.4.1.3. 횡단측량

> 횡단측량은 중심말뚝이 계획 설치된 지점에서 중심선의 접선에 대한 직각방향의 변곡점의 위치와 높이를 측정하여 횡단도면을 작성하도록 한다.

[해설]

횡단측량은 계류의 규모에 따라 20m 간격으로 하류로부터 상류를 향하여 실시하며, 축척은 1/100을 표준으로 한다.

2.4.2. 지질·토질조사

> 지질 및 토질조사는 구조물의 형식, 시공방법을 선정하는 경우에 참고로 하며, 구조물의 안정, 시공 및 내구성의 관점에서 중요한 항목의 하나이다.

[해설]
　　일반적으로 토사 및 암석의 성질은 매우 복잡하고 변화가 심하게 발생하기 때문에 각 성질에 대응하여 조사방법을 채택한다. 따라서 이 기준을 적용할 때에도 특히 지형, 기상, 토질 및 지질 등의 조건을 충분히 검토하여야 하고, 본래의 조사목적을 충분히 이해한 후에 유연한 대응책을 마련하는 것이 중요하다.

2.4.2.1. 조사의 순서

> 토질조사 및 지질조사는 원칙적으로 다음과 같은 순서에 따라 실시한다.
> ① 예비조사　　② 현지답사　　③ 본조사

[해설]
1) 예비조사

　　예비조사는 기존의 자료를 수집하여 조사대상지역의 개괄적인 내용을 파악할 수 있도록 실시하고, 필요에 따라 다음과 같은 기존의 자료를 수집한다.
　　① 토질조사자료
　　② 지질조사자료
　　③ 지형도와 항공사진
　　④ 재해기록
　　⑤ 수문자료
　　⑥ 기타 기상기록

　　또한, 이 중에서 지형도와 항공사진은 동일지역 내에서 기존에 진행된 별도공사 시에 조사된 자료를 입수하는 것이 바람직하다.
　　그리고 재해기록은 토질적, 지질적 약점을 파악하기 위하여 계류의 재해기록뿐만이 아니라 귀중한 자료가 될 수 있는 마을 주민의 이야기 등도 함께 수집할 필요가 있다.

2) 현지조사

　　현지조사는 예비조사자료에 근거하여 현지 조사대상지역의 상황을 파악한 후, 시료의 채취나 사운딩을 실시한다.
　　그리고 현지에서는 벼랑, 선상지, 땅밀림 붕괴, 단층 및 파쇄대, 단구, 모래언덕, 습지 및 천정천 등의 지형특성 이외에 암질, 지질구조 및 지하수 등의 사항에 대하여 토질, 지질적인 상황을 파악한다.

또한, 공사 계획 시에 각종 대체방안을 비교·검토할 때에는 단순히 공사비를 비교할 뿐만이 아니라 광범위한 요소를 비교하여야 하므로, 필요에 따라서는 2차, 3차에 걸쳐 현지답사를 실시한다.

3) 본조사

본조사는 보링에 의한 지질조사를 표준으로 하고, 필요에 따라 지지력실험, 투수실험 및 실내실험 등을 실시하여 필요한 자료를 수집한다.

본조사에 적용되는 조사와 실험은 각각의 적용 한계가 있고, 실험의 정밀도도 정확하지 않을 뿐만 아니라 자료 역시 일정하지 않기 때문에 목적을 충분히 이해한 상태에서 조사의 방법과 빈도를 결정하고, 자료 처리방법을 강구한다.

실험에 대하여는 구조물 등의 설계 계산법을 검토하면 필요로 하는 내용을 비교적 쉽게 결정할 수 있다. 그리고 실험 측정값의 개수를 결정하는 데에는 합리적인 근거가 없기 때문에 일반론적인 근거에 의하여 기준을 제시할 수밖에 없지만, 지형변화의 복잡성, 측정값의 정밀도, 해석방법의 확실성, 측정값이 해석결과에 미치는 영향의 크기, 구조물의 만일의 파손에 미치는 영향 등, 많은 요인을 종합적으로 판단하여 결정한다.

2.5. 시공조사

시공조사는 설계에 의하여 시공되는 단계에서 기초지반지지력을 확인하여야 한다.

[해설]

시공조사에서는 기초지반의 지지력이 안정계산에서 사용된 허용지지력보다 높은지를 조사하도록 한다. 특히 사력기초인 경우에는 기초가 균일하다고는 한정할 수 없으므로, 재하실험을 실시하여 지지력을 추정한 후에 확인하며, 허용지지력보다 낮은 경우에는 기초처리 등으로 대응하도록 한다.

2.6. 유지관리조사

유지관리조사는 시공에 따른 설계조건의 수정, 설계변경 등을 위하여 실시하는 조사이다.

[해설]

유지관리조사는 사방시설의 예방 보전적 관리에 필요한 점검, 보수·개축을 위하여 실시하는 것을 목적으로 하기 때문에 점검, 건전도 평가, 보수·개축을 위한 방침·기준, 점검계획, 보수·개축계획의 책정에 필요한 사항에 대하여 조사한다. 특히 사방시설의 열화손상과 시설에 미치는 영향에 대하여 조사한다.

1) 긴급점검

각종 사방시설에 대한 전수조사를 시설 파악, 열화손상 개소의 상황 확인, 조사결과의 정리 등을 포함하여 실시한다.

2) 건전도 평가조사

사방관계시설의 유지관리를 확실하게 진행하기 위해서는 시설의 상황을 정확하게 파악하는 것이 중요하므로, 손상기준을 건전도 평가항목별로 판정기준에 준하여 구분한다.

3) 시설의 보수·개축계획 수립

건전도 평가에 의하여 보수·개축의 필요성이 있다고 평가된 시설(구역)에 대한 우선순위를 설정한 후, 우선순위에 입각하여 실시 개소수, 실시 시기, 투자 예정액을 기재한 보수·개축계획을 책정하고, 이에 근거로 대책을 마련한다.

4) 시설의 점검계획 수립

점검계획의 책정대상은 정기점검으로 하며, 시설의 종류별 건전도를 고려하여 실시한다.

제2장 유역특성조사

제1절 총설

> 사방사업을 계획, 설계할 때에는 사업의 목적, 내용 등에 적합한 조사를 계획적으로 실시하여야 한다. 즉, 유역 내의 지형·지질 특성·경제효과 및 타 법령에 따른 규제상황에 대하여 문헌·기존의 자료조사, 현지답사 등을 실시한 후, 정리한다.

[해설]

　사방사업을 합리적, 효율적이고도 경제적으로 실시하기 위해서는 계획, 설계에 앞서 사방사업의 목적, 내용에 적합한 조사를 계획적으로 실시할 필요가 있다. 특히 대규모의 사업 예정지에서는 계획 전체가 정합성을 갖도록 한다.

　따라서 사방사업지의 문헌조사와 기존의 자료조사, 현지답사 등을 실시하여 지형, 토질과 지질, 토양, 기상, 식생, 수문, 기설 공작물, 재해이력, 경제효과, 법령 지정상황 및 환경 등에 대하여 파악하도록 한다.

　한편 유역에 내린 강우의 일부는 증발하여 대기 중으로 환원되고, 일부는 지문조건에 영향을 받으면서 침투하며, 나머지는 표면류로 유출되는 과정에서 소실된다. 따라서 사방사업 대상유역의 산지기상, 식생, 토양, 지형 및 지질 등에 대한 조사를 실시하여 산림지대에 있어서 강수의 거동을 정량적으로 해석할 필요가 있다.

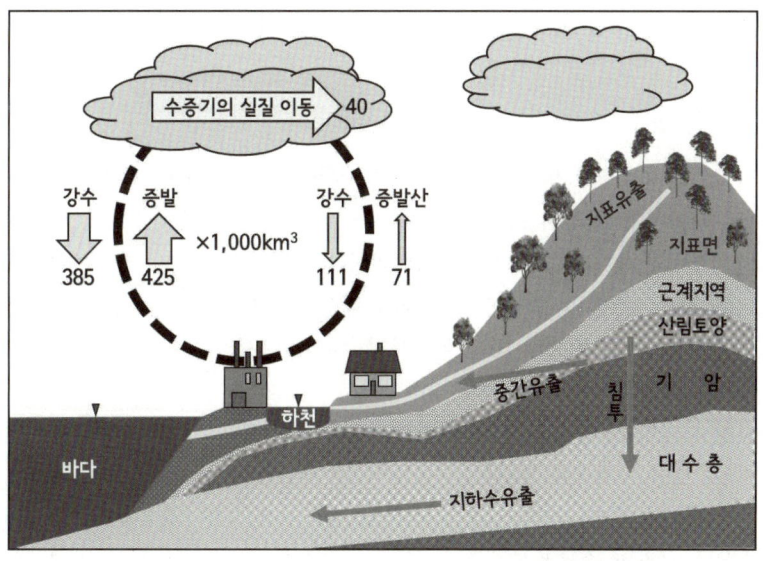

그림 2-1. 산림지대에 있어서 강수의 유출(거동)

1.1. 조사항목 등

> 사방사업의 계획, 설계에 필요한 조사항목, 조사방법 등은 사업의 목적에 따라 선택하며, 조사항목은 다음과 같다.
> ① 지형조사 ② 토질, 지질조사 ③ 토양조사 ④ 산림, 식생조사 ⑤ 기상조사
> ⑥ 수문조사 ⑦ 황폐현황조사 ⑧ 황폐위험지조사 ⑨ 환경조사 ⑩ 사회적 특성조사 등

[해설]
1) 조사항목 및 방법

　사방사업에 필요한 조사항목 및 방법은 광범위한 지역 또는 유역 전체를 대상으로 하는 조사(광역적 조사)로, 일정 구역의 사업지구를 대상으로 하는 조사(국지적 조사)와는 당연히 다르다. 또한, 사업의 내용 및 요구되는 조사 정밀도에 따라서도 조사항목과 그 방법이 다르다.

2) 방법

　유역특성을 조사할 때에는 해당 사업계획의 목적과 내용 등에 입각하여 조사항목을 선정하고, 가장 적절한 방법에 의하여 계획적이고도 효율적으로 실시하여야 한다.

1.2. 조사의 순서

> 조사는 원칙적으로 예비조사, 현지조사 및 정리 순으로 실시한다.

[해설]
1) 예비조사

　예비조사는 현지조사에 앞서 기존의 자료, 문헌 등에 의하여 조사 대상지역의 상황을 개괄적으로 파악하기 위하여 실시한다.

　광역적인 조사와 국지적인 조사는 조사방법이 다르기 때문에 조사항목에 따라 구분한 후, 다음의 기존 자료, 문헌 등을 수집하여 조사 대상지역의 자연적 특성, 방재시설 등을 개괄적으로 조사한다. 또한, 필요에 따라 항공사진, 지리정보시스템 등을 활용할 필요가 있다.

　　① 자연적 특성
　　　· 지형 : 지형도, 항공사진, 지리정보시스템
　　　· 지질, 토양 : 지질도, 토양도
　　　· 기상 : 기상자료
　　　· 수문 : 기왕의 수문조사자료
　　　· 식생 : 임상도, 산림조사부 및 기왕의 식생조사자료

· 황폐상황 : 지형도, 항공사진 및 기왕의 재해기록
· 전술한 각 항목에 대한 관련 문헌
② 사회적 특성
· 기왕의 재해기록
· 마을편람
· 기타 자료·문헌 종류
③ 방재시설 등
· 기왕의 사방시설 관계자료
· 타 부서의 방재시설 관계자료
· 기타 자료·문헌 종류

2) 현지조사

　　현지조사는 예비조사 자료의 분석 및 검토결과에 근거하여 현지답사를 실시한 후, 계획과 설계에 필요한 자료를 수집하고, 또한 소요 측정 등을 실시한다.

　　현지조사의 정밀도에 대해서는 각각의 조사방법 및 실험방법의 기준에 따라야 하지만, 조사의 목적을 고려하여 종합적으로 판단한 후에 결정한다.

[참고]
○ 사방사업과 현지답사

　　사방사업을 비롯한 도로, 대규모 개발, 해안보전사업 등은 대부분의 경우 다음과 같은 과정으로 진행되고 있다.

1) 기본구상단계(conception stage)

　　사회적 요청이나 정책에 근거하여 사방사업의 구상은 시작된다. ① 사방시설의 필요성, ② 사회·경제적 효과, ③ 사업상의 기술적 문제점, ④ 규모·사업비·공사기간의 책정 등이 검토의 중심이 된다. 따라서 필요한 정보를 수집하고, 사회적 배경·산업구조·행정구획이나 교통사정, 지형상황 등을 개략적으로 파악하여 구상한다.

2) 계획단계(planning stage)

　　계획단계는 기존의 자료·정리·해석이나 1/20,000 정도의 항공사진이나 지형도를 이용하여 환경보전, 경제효과(편익), 유지관리의 난이도 등, 다양한 방면에서 검토하여 결정한다. 이때 산사태·땅밀림·단층·연약지반 등, 가장 문제가 되는 부분에 대하여 개략적으로 조사하고 계획에 반영한다.

3) 측량·조사·설계단계(surveying, investigating, designing stage)

　　사업대상지의 현지 출입허락을 받아 종·횡단측량을 실시하고, 항측도 등에 의한 계획을 점검·수정한다. 그리고 현지답사 결과에 근거하여 보링 등을 포함한 상세한 토질·지질조사(소위 본조사)를 입안·실시한다. 이 단계에서의 현지답사는 상세설계에 필요한 토질·지질정보를 획득하고, 문제지역의 추출과 본조사의 중점사항 및 목적을 명확하게 하는 것에 주안점을 둔다.

4) 시공단계(executing stage)

　　설계 시의 상정과 현장의 실태가 일치하는지를 계속해서 확인한다. 특히 산사태나 땅밀림 등이 예상되는 장소는 신중하게 확인·점검하여 사고를 미연에 방지한다. 그리고 시공 중에 각종 토사재해가 발생하면 즉시 답사하여 발생기구를 추정하고, 응급대책과 함께 항구대책을 검토한다.

5) 유지관리단계(maintenance stage)

　　공사 중에도 계측조사를 하고 있는 장소는 중점적으로 순회·점검을 실행하고, 측정치에 이상이 발견되거나 비탈면·부속 시설물 등의 균열 또는 낙석이 발생하면 필요한 응급조치를 강구한다. 또한, 공사 이후에도 답사·점검을 실시하여 재해발생의 위험성을 검토하여 조치한다.

제2절 지형조사

2.1. 총칙

> 지형조사는 계획대상구역의 지형도, 항공사진 등을 수집하여 그 특성을 파악한다. 즉, 지형조사는 유역의 지형발달 무대를 양적으로 파악하고, 유역의 표층물질에 대한 정보를 획득하기 위하여 진행한다.

[해설]
1) 방법

지형조사란 기존의 1/2,500~1/5,000 정도의 지형도, 항공사진 및 현지답사 등을 실시하여 대상구역의 지형의 성인, 토질분포, 경사(산복, 계상), 계곡의 상황, 황폐지 등을 파악한 후, 사방기본계획을 위한 기초자료로 활용한다.

2) 내용

조사대상 지역의 계획, 설계에 필요한 고도분포·기복량·경사·수계·곡밀도·방위·미지형 등의 지형특성에 대한 기초자료를 얻기 위하여 필요에 따라 선택하여 실시한다.

2.2. 예비조사

> 예비조사에서는 지형도·항공사진 등을 사용하여 지형·고도분포·수계모양 등과 같은 지형특성을 개괄적으로 파악하기 위하여 지형분류를 실시한다.

[해설]
1) 축척 등

예비조사는 지형계측 이전에 실시하는 개괄적인 조사이지만, 조사목적에 따라서는 예비조사만으로 사업계획 등을 책정할 수도 있다. 따라서 사용되는 지형도, 항공사진 등은 조사목적에 따라 가능하면 정밀도가 높거나 축척이 큰 것을 사용한다.

① 지형도

사방계획에 필요한 지형요소를 조사할 때에는 1/5,000~1/25,000 지형도를 사용하는 것을 표준으로 한다.

② 항공사진

항공사진을 이용하면 정보수집에 소요되는 시간을 현저하게 단축시킬 수 있고, 현지답사가 곤란한 지역에서도 정밀도가 상당히 높은 조사를 실시할 수 있다. 특히 항공사진의 입체시(立體視)는 평면축척에 비하여 수직축척이 크기 때문에 미세한 지형변화를 용이하게 발견할 수 있다.

2) 내용

지형도를 사용하여 조사할 경우에는 우선 등고선의 요철 상태를 조사한다. 즉, 요철이 나타나는 구역을 경계로 하여 분명하게 변화하는 장소, 특이한 지형을 나타내는 장소는 지질적인 변동, 혹은 지세(地勢)의 형성 측면에서 물리적 변화가 있는 곳이므로, 조사 시에 유의하도록 한다.

3) 수계

수계의 모양은 주요 계류를 대상으로 하여 조사지역 내에 배치된 상태를 지형도에 기입하도록 하며, 유역의 형상에 따라 수지상(樹枝狀)유역, 우모상(羽毛狀)유역, 평행유역, 방사유역, 고리형유역, 격자형유역, 직교형유역, 복합유역 및 변형유역 등으로 분류할 수 있다.

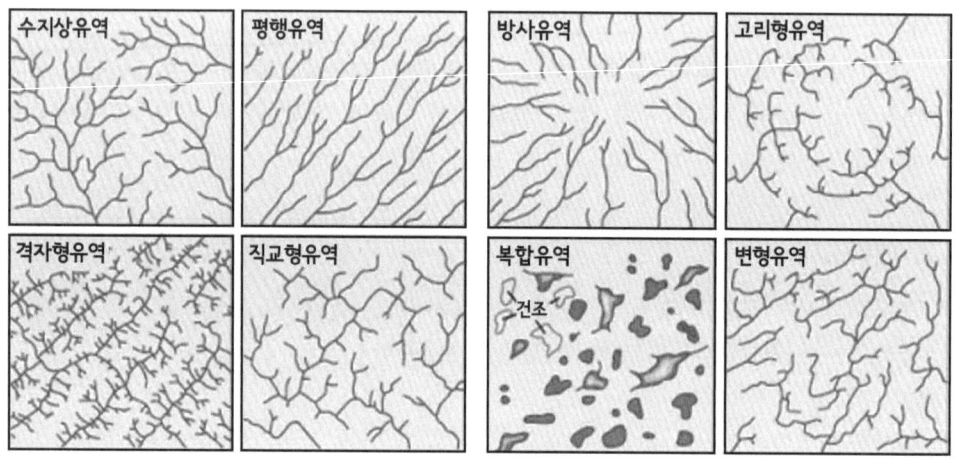

그림 2-2. 유역의 형상

4) 지형분류도 작성

산지사면을 분류하는 방법에는 여러 가지가 있지만, 사방사업에 필요한 사면분류법으로는 경사와 등고선의 형상으로부터 곡형사면과 기타로 분류하는 방법이 일반적이다.

통상 토지조건의 지형분류에서는 20° 이하를 완경사, 20~35°를 급경사, 35° 이상을 극(極)급경사로 구분하고, 등고선의 형상에 따라 능선형, 직선형 및 계곡형 등으로 구분하여 총 9종류로 분류하고 있다.

한편, 사방조사에 따른 지형분류는 산지의 사면을 표 2-1에 제시한 바와 같이 분류할 수 있다.

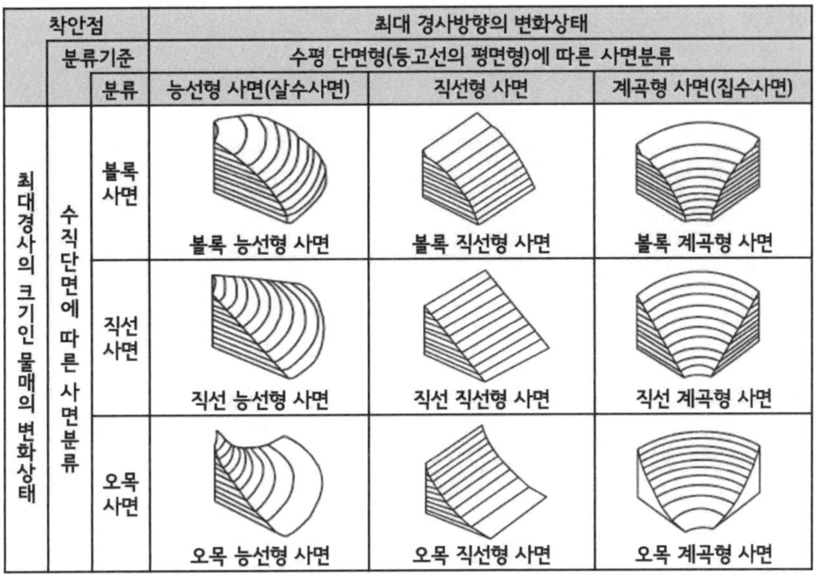

착안점			최대 경사방향의 변화상태		
분류기준			수평 단면형(등고선의 평면형)에 따른 사면분류		
		분류	능선형 사면(살수사면)	직선형 사면	계곡형 사면(집수사면)
최대경사의 크기인 물매의 변화상태	수직단면에 따른 사면분류	볼록 사면	볼록 능선형 사면	볼록 직선형 사면	볼록 계곡형 사면
		직선 사면	직선 능선형 사면	직선 직선형 사면	직선 계곡형 사면
		오목 사면	오목 능선형 사면	오목 직선형 사면	오목 계곡형 사면

그림 2-3. 사면형상의 분류방법(鈴木, 1977)

표 2-1. 사방조사 시의 지형분류

지형의 분류		정의
대분류	소분류	
산지 구릉지	산정 완사면	급사면으로 둘러싸인 산정부의 작은 기복면 또는 완사면
	산복 완사면	산복에 연결된 단구 모양의 완사면
	산록 완사면	침식작용에 의하여 생긴 산록부의 완사면 및 화산산지의 용암 또는 화산 암설에 의한 산록부의 완사면
	급사면	산지 구릉지의 산정, 산복 및 산록 완사면을 제외한 사면
	땅밀림 지형	기반의 경사가 비교적 완만하고, 지표면의 원형이 극단적으로 변하는 일 없이 산복사면이 서서히 활동하면서 만들어진 지형
	붕괴 지형	산복사면 또는 벼랑의 일부가 급격하게 붕락하여 생긴 흔적이 있는 지형 으로, 관목이 생육하고 있는 정도의 지형
	암설사면(애추)	경사지의 아래쪽에 생긴 암설로 이루어진 퇴적지형
	이류(泥流) 지형	이류에 의하여 생긴 부정형의 지형
	토석류 지형	암괴, 진흙 등이 유수에 의한 퇴적과정에서 생긴 지형
	천이점(遷移點)	계상의 경사도가 급하게 변화하는 지점
	경사 변환점	산복의 경사가 약간 급하게 변하는 대체로 같은 높이의 지점을 연결하는 선
	벼랑	길게 발달한 일련의 급사면
	곡밀도 경계	곡밀도 80 이상의 지역과 기타 지역의 경계선

2.3. 지형계측

2.3.1. 총설

지형계측은 지형도를 이용하여 거리, 면적, 경사각 등, 지형에 관한 다양한 수량을 측정한 후, 사방계획 등의 기초자료로 활용한다. 그리고 조사를 실시할 때에는 조사할 대상지역을 그 목적에 따라 다음과 같이 구분하여 실시한다.
① 대지형 ② 중지형 ③ 소지형 ④ 미지형

[해설]
1) 방법

지형계측은 일정 면적을 단위로 하여 표고, 사면의 경사, 방향, 기복, 사면의 곡률, 지형의 배열, 빈도, 개석(開析) 등, 지형의 특징을 통계, 수리적으로 해석하여 자료를 구한 후, 지형이나 그 배열의 해석, 지형구분, 지형의 성인, 침식과정 등을 고찰하여 지형과 재해현상, 재해예측, 사방계획 등과의 관련성을 계량적으로 파악한다.

2) 지형구분

지형구분은 지표면을 유사 지형이 차지하는 규모에 따라 대략 다음과 같이 구분할 수 있다.

① 대지형의 구분

대지형 구분은 지각구조, 지각운동에 의하여 생긴 대규모 지형에 따라 구분한다.

일반적으로 이와 같은 지형 발달사적 특징에 따라 구분한 대규모 지역 속에서의 고도분포, 수계모양, 지질분포, 지질구조 및 침식형태는 일정한 형태를 이루는 경우가 많다. 따라서 이 지역이 어떠한 침식윤회가 이루어지고 있는가를 파악하고, 사방계획의 기본방침을 정하기 위하여 실시한다.

(예 : 태백산지, 해안분지, 나리분지 등)

② 중지형의 구분

중지형 구분은 전술한 구분을 주체로 하여 구성물질, 기반지질의 차이에 따라 구분한다.

일반적으로 이와 같은 지질구조 속에서의 산지황폐의 형태는 일정한 경우가 많다. 따라서 지역의 전체계획을 수립하거나 황폐를 예측할 경우에 이용한다.

(예 : 화강암산지, 고생대산지, 제3기 사암 구릉지 등)

③ 소지형의 구분

소지형 구분은 전술한 구분을 구성하는 단위지형으로, 지형의 성인적(成因的) 고찰을 기초로 하여 지형의 세부형태, 성인, 표층물질, 토양 등, 외부영역에 의한 침식형태의 특징에 따라 구분하여 산지의 붕괴를 예측하고, 사방설계의 기본방침 등을 정할 때에 이용한다.

(예 : 애추, 화산성 대지, 선상지, 곡저저지대, 모래언덕 등)
④ 미지형의 구분
미지형 구분은 전술한 구분을 미기복량, 곡밀도, 사면의 방위, 경사도나 그 배열 등에 착안하여 경험적으로 구분한 후, 사방설계에 이용한다. 또한, 미지형 구분은 지형계측 이외에 현지조사, 항공사진 등에 의하여 충분히 확인할 필요가 있다.
(예 : 미기복, 골짜기 등)

2.3.2. 지형계측의 종류

> 지형계측은 조사의 목적에 따라 다음의 항목에 대하여 실시하도록 한다.
> ① 고도 ② 경사 ③ 기복량 ④ 수계 ⑤ 신장률(伸長率) ⑥ 곡밀도 ⑦ 방위
> ⑧ 미지형

[해설]
1) 지형구분과 지형계측의 종류
지형의 구분에 따라 계측하는 종류는 다음과 같다. 즉,
① 대지형 구분 : 고도, 기복량 등
② 중지형 구분 : 고도, 곡밀도, 기복량, 수계모양, 신장률 등
③ 소지형 구분 : 곡밀도, 경사, 사면의 방위 등
④ 미지형 구분 : 기복량비, 곡밀도, 경사, 사면의 방위 등이 있지만, 조사의 목적, 조사지역의 상황 및 기간에 따라 조사항목을 선택할 필요가 있다.

2) 유의사항
지형도에는 작도(作圖) 측면에서 오차와 표현될 수 없는 작은 언덕과 골짜기 등이 있기 때문에 현지조사 시에 수정, 보완하여야 한다. 특히 사방사업의 계획조사를 실시할 때에는 지형도에 표현되지 않은 골짜기, 붕괴지 등이 있고, 또한 황폐이행이 진행되고 있는 임지가 있으므로 현지조사 시에 유의하도록 한다.

2.3.2.1. 고도의 계측

> 고도의 계측은 절봉면도(切峰面圖), 절곡면도(切谷面圖) 등을 작성하여 사면의 형태를 보다 명확하게 표현하고, 현 지형의 생성과정, 구조선(構造線)의 판정 혹은 붕괴와 침식을 예측하기 위하여 실시한다.
> 또한, 침식면의 높이 등은 고도빈도곡선, 힙소그래프(高低度曲線; hypsography) 등을 사용하여 추정한다.

[해설]
　　지역 전체에 대한 지표의 침식과정, 정도 등을 파악하는 것은 지형의 해석, 사방계획, 유역관리 측면에서 매우 중요한 일이다.

1) 절봉면도의 작성
　　절봉면도를 작성하는 방법에는 방안법(方眼法)과 매적법(埋積法)이 있다.
　　방안법은 우선 특정 지역의 지형도를 적당한 단위면적의 방안으로 구분한 후, 이어서 각 방안 내의 최고점의 위치와 고도의 숫자를 기입하고, 인접하는 방안 내의 최고점과의 위치를 곡선으로 연결한다. 그리고 내삽법(內揷法)에 따라 100m, 50m의 높이를 구하여 등치선(等値線)을 그리면 침식 이전의 사면의 형태를 복원할 수 있으며, 이것을 현재의 등고선과 비교하여 침식과정을 파악한다. 방안법에 있어서 방안의 한 변의 거리는 2~3km가 적당하다.
　　매적법은 분할기로 기준으로 하는 계폭의 길이를 파악한 후, 측정하고자 하는 지형도의 각 등고선별로 골짜기에 적용하여 출구의 동일한 등고선의 위치를 선으로 연결한다. 이렇게 표현된 등고선은 사면의 형태를 보다 상세하게 표현할 수 있고, 대지와 단구면 또는 침식면의 복원에 유효하게 사용된다.

2) 절곡면도의 작성
　　절곡면은 절봉면과는 반대인 경우로, 곡저(谷底)에 접하는 가상곡면(假想曲面)을 말하며, 곡두(谷頭)나 산복의 평탄면, 천이점(遷移點)을 발견하기 위하여 이용하는 것이다.
　　절곡면도를 작성하기 위해서는 절봉면도와 방안법과 마찬가지로 방안 내의 최저점을 찾아내어 그 위치와 고도로부터 내삽법에 따라 등치선을 그린다.

3) 고도빈도곡선, 힙소그래프 등에 의한 방법
　　고도빈도곡선은 침식면의 높이를 추정하는 방법으로, 방안 내의 최고점의 높이를 100m별 빈도로 기록한 후, 빈도를 세로축으로, 높이를 가로축으로 하여 곡선을 그리면 고도빈도곡선을 얻을 수 있다.
　　그리고 힙소그래프는 각 등고선에 따라 높은 지역의 면적을 계측한 후, 가로축에 면적, 세로 축에 등고선의 높이로 하여 곡선을 그려서 작성한다.

2.3.2.2. 경사의 계측

　　경사의 계측은 지형도를 소지형으로 구획하여 산복사면형, 경사각과 지질, 침식의 정도, 토양의 퇴적양식 등을 검토할 목적으로 실시한다.

제2장 유역특성조사

[해설]
　경사를 계측할 때에는 경사의 주방향에 따른 경사단위의 소지형별로 지형을 구분한 후에 해당 구분도의 경계선을 도화하여 동일 축척의 지형도에 중첩시켜 다음과 같은 방법에 따라 계측하도록 한다.

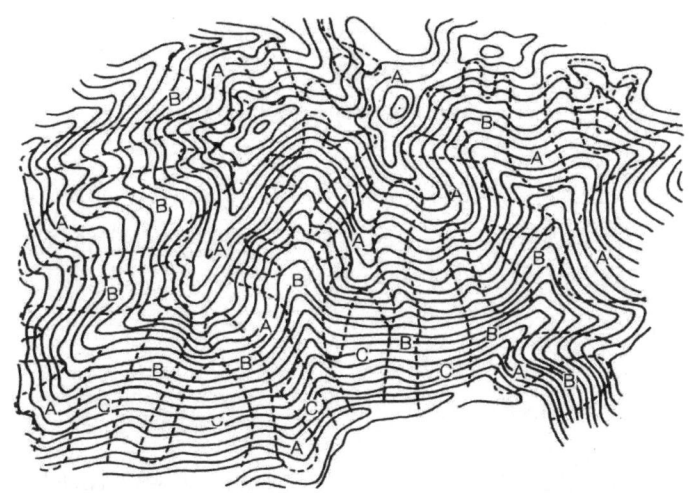

그림 2-4. 사면의 구분(A : 볼록사면, B : 오목사면, C : 평형사면)

1) 수평단면의 요철의 계측

　아주 작은 물웅덩이에서는 표토·풍화토가 두껍고 지표수도 집중되기 때문에 붕괴가 발생하기 쉽고, 명료한 곡지형에서는 과거의 침식, 붕괴 등 때문에 계안의 소규모 붕락이 발생하더라도 대규모 붕괴는 발생하기 어렵다.

　다만, 계곡의 최상류 사면은 계곡이 계속 발달되고 있는 최전선이기 때문에 표토, 붕적토층, 풍화층 등이 비교적 두껍게 분포하는 경우에는 붕괴가 발생하기 쉽다. 그리고 수평적인 지형요소를 계측하면 붕괴와의 관련성을 파악할 수 있다.

　이상의 계측은 지표면을 수평면으로 자른 단면형에 의하여 추정한다. 즉, 방안에 내접하는 원의 중심을 통과하는 등고선을 추정한 후, 그 선이 원주와 교접하는 두 점과 원의 중심선을 연결하여 그 각도가 사면 아랫방향에서 보아 0~165°를 오목형, 166~195°를 직선형, 196~360°를 볼록형으로 한다.

2) 종단면적의 요철 계측

　사면을 종단적으로 볼 때 사면의 도중에 평탄면이 있는 경우는 단층, 지질적 약점 또는 과거의 붕괴에 의한 붕적토면 등이 있는 경우가 많다. 또한, 이와 같은 지형은 지표수, 침투수 등이 정체하기 쉽기 때문에 붕괴도 발생하기 쉬운 지형이라고 할 수 있다.

그림 2-5. 수평단면의 계측

따라서 지형의 발달과정, 이전에 있어서 계곡의 침식과정을 파악하기 위하여 개개의 단위사면에 있어서의 배열형성(종단명의 형상)을 계측한다. 일반적으로 해당 요소로부터 다음과 같이 분류된다.

표 2-2. 사면의 분류

구분	사면형상	사면발달 과정
상승사면(볼록사면)		암석의 풍화속도보다 계류수의 세로침식(종침식)이 클 경우
평형사면(직선사면)		암석의 풍화속도와 계류수의 세로침식(종침식)이 평형을 유지하고 있는 경우
하강사면(오목사면)		계류수의 침식보다도 암석의 풍화속도가 빠른 경우
복합사면		암석의 풍화와 침식의 역사가 복잡한 경우

3) 경사각의 계측

경사각은 등고선에 의한 방법, 경사측정기, 경사용 스테레오판 등에 의하여 계측하는 방법이 있지만, 붕괴지나 유출토사의 발생범위를 검토하는 경우에는 실제 도수(度數)보다도 계급으로 구분하는 경우가 많다.

경사도의 계측은 경사의 주방향을 따라 경사각의 평균값을 측정한 후, 경사각 구분도를 작성한다. 이 경우 하나의 소지형의 내부가 2개 이상의 경사계급으로 구분될 때에는 각각의 사면을 계측하도록 한다. 경사각의 계측방법은 경사각의 평균값을 나타내는 2개의 등고선의 간격을 측정한 후, 경사계로 그 값과 2개의 등고선의 표고차를 이용하여 해당 각도를 파악하고, 「경사각도 구분기준」에 따라 경사 계급선을 긋는다.

축척 $1/M$ 지형에 있어서 2개의 등고선이 이루는 경사각과 표고차와의 간격과의 관계식은 다음과 같다. 이것이 경사계의 기본식이 된다.

$$d = \frac{h}{M} \times \frac{1}{\tan\theta}$$

식에서, d : 등고선의 간격
h : 표고차
θ : 경사각
$1/M$: 축척

표 2-3. 경사각도의 구분

계급	구분	농경지	들판	산지
1	5° 이하	5° 이하	8° 이하	8° 이하
2	5~8°	5~8°		
3	8~13°	8~13°	8~13°	
4	13~18°	13~18°	13~18°	
5	18~23°	18~23°	18~23°	18~30°
6	23~30°	23° 이상	23~30°	
7	30~40°		30~40°	30~40°
8	40~45°		40° 이상	40~45°
9	45° 이상			45° 이상

※ 경사각도는 지형면의 주방향에 대한 평균값으로, 목적에 따라 계급을 종합한다.

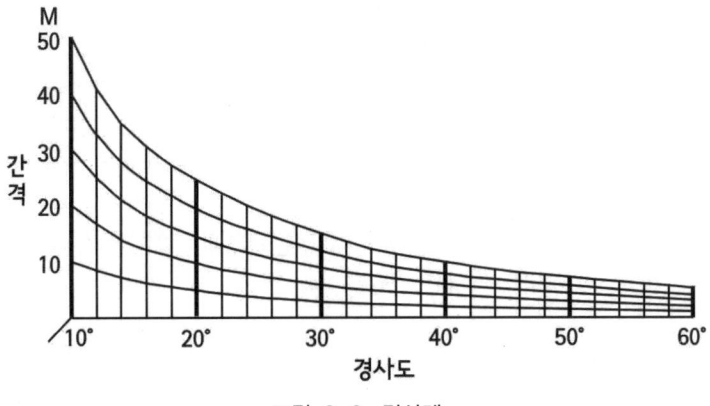

그림 2-6. 경사계

4) 경사변환선의 계측

경사변환선의 계측은 사면의 경사가 일정하지 않은 경우에는 개개의 단위사면의 경계 부위 또는 불연속한 지점의 평면적인 궤적을 파악한 후, 경사면을 구분하여 붕괴와 지질 등을 예상하도록 한다.

그림 2-7과 같이 사면이 상부 완사면으로부터 하부의 급사면으로 변하는 부분을 경사 변환점이라고 하며, 이를 연결한 선을 경사변환선 또는 경사변환대(帶)라고 한다. 그리고 경사변환선이 침식작용에 의하여 형성되는 경우는 「침식전선」, 붕괴 집단에 의하여 형성되는 경우는 「붕괴전선」이라고 한다.

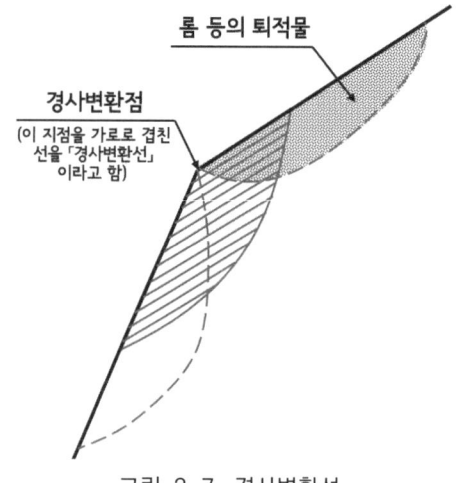

그림 2-7. 경사변환선

일반적으로 이 경사변환선 부근을 머리부분으로 하여 아래쪽의 급사면에서 발생하는 붕괴가 가장 많고, 이어서 변환선보다 위쪽의 비교적 두껍게 퇴적된 표층토, 롬(loam) 등의 퇴적물이 붕괴되는 경우가 많다.

한편, 경사변환선은 상부의 급사면으로부터 하부의 완사면으로 변하는 곳에 위치하기도 한다. 이 지점은 사면의 지표수가 집중하는 부분으로, 일반적으로 지하수면이 가장 빨리 나타날 수 있으므로 용출수에 의한 파괴의 원점이 될 가능성이 높기 때문에 변환선보다 위쪽의 붕괴를 초래하기 쉽다. 또한, 이 경사변환점보다 아래쪽에는 토층이 두껍게 분포하여 경사가 완만해지는 경향이 나타나기 때문에 침투수, 지표수 등이 정체되기 용이한 조건이 되며, 붕괴와도 밀접한 관계를 갖고 있다.

5) 사면규모의 계측

사면의 규모는 지질의 구조, 토양의 퇴적양식, 침식 및 붕괴의 발생 등과 밀접한 관계가 있으며, 사면의 규모를 계측할 때에는 사면의 길이로 표현하도록 하고, 사면의 길이는 기복량과 상관한다는 것을 염두에 두어야 한다.

[참고]
◎ 수평단면의 형상과 붕괴의 관계

　　수평단면의 형상은 사면의 강수에 관계하는 집수능력 및 사면의 표층물질의 성질과 양을 규제하기 때문에 붕괴가 발생하는 밀도는 일반적으로 오목 → 직선 → 볼록의 순으로 저하되는 경향이 나타난다.

표 2-4. 유효기복량 · 수평단면 형상별 붕괴 개소수

유효기복량	붕괴 개소수	수평단면 형상			
		오목	오목~직선	직선~볼록	계
61m 이상	붕괴 개소수(개) 백 분 율(%)	181 44.4	177 43.4	50 12.2	408 28.6
41~60m	붕괴 개소수(개) 백 분 율(%)	264 43.2	234 42.9	49 9.0	547 38.4
21~40m	붕괴 개소수(개) 백 분 율(%)	212 52.5	158 39.1	34 8.4	404 28.4
0~20m	붕괴 개소수(개) 백 분 율(%)	35 53.0	26 39.4	5 7.6	66 4.6
계	붕괴 개소수(개) 백 분 율(%)	692 52.5	596 39.1	138 8.4	1,425 100.0

2.3.2.3. 기복량의 계측

기복량의 계측은 원칙적으로 단위면적 내의 최고지점과 최저지점과의 고도차를 계측한 후, 조사대상 구역의 산지 개석(開析)의 정도를 추정하기 위하여 실시한다.

[해설]
1) 관련성

　　기복량이란 지형의 특징을 일정 면적 내의 상대적 고도차, 즉 기복의 정도를 양적으로 표현한 것으로, 이 수치가 크다는 것은 상대의 개석이 진행되고 있다는 것을 나타내며, 경사의 정도와 함께 유출토사량과 밀접한 관련성을 갖고 있다.

2) 방법

　　기복량의 계측은 해당 지대의 최고지점과 최저지점의 고저차를 이용하여 실시하며, 그 정의는 다음과 같다.

　　① 단위면적 내의 최고지점과 최저지점과의 고도차
　　② 인접하는 2개의 지형요소 사이(산정과 곡저, 단구면과 계상면 등)의 고도차

③ 절봉면과 절곡면의 고도차

통상은 ①의 정의를 사용하고 있으며, 기복량의 계측방법의 일환으로 성장곡선에 의한 방법이 채택되고 있다. 그리고 성장곡선에 의한 방법은 지형도에 일정 단위면적의 방안을 그린 후, 방안 내의 최고지점과 최저지점과의 고도의 차이를 측정한다.

단위면적은 계측지역 내에서 임의로 선정한 몇 개의 산정부 중 그 하나를 중심으로 하여 여러 크기의 동심원(同心圓)을 그린 후, 그 각 원내의 최저지점과 산정과의 고도차를 구하여 원의 면적과 고도차와의 상관곡선(이것을 「성장곡선」이라고 함)을 그리고, 그 곡선의 종곡점 부근의 원의 면적으로부터 그 반지름을 구한다. 이 성장곡선을 몇 개의 산정부에 대하여 작성한 후, 그 반지름 중 최대인 것을 단위면적의 기준 길이로 한다. 그러나 일반적으로 단위면적의 형태는 방안을 사용하기 때문에 전술한 반지름을 방안의 한 변으로 한다.

한편, 1/50,000 축척의 지형도에서는 통상 한 변을 1km의 방안으로 하고, 미기복량인 경우에는 한 변을 500m의 방안으로 하며, 각각에 내접하는 원내의 등고선의 숫자를 파악하여 메시 내의 기복량을 구한 후, 기복량도를 작성한다.

3) 기복량비

기복량비는 기복량을 유역의 길이 혹은 유로연장으로 나누어 무차원인 물매로 한 것으로, 일반적으로 다음의 식으로 나타낸다.

$$R = \frac{H}{L}$$

식에서, R : 기복량비
H : 유역 내의 최고지점과 최저지점의 고도차(m)
L : 최고지점까지의 유역의 길이 또는 유로연장(m)

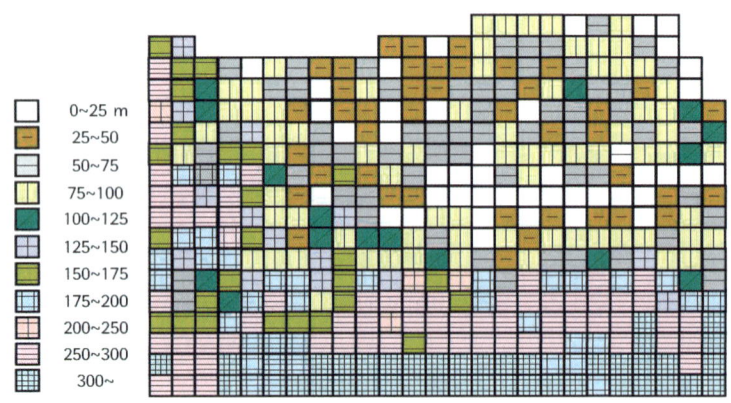

그림 2-8. 기복량도(町田貞, 1968)

2.3.2.4. 수계의 조사

수계의 조사는 곡밀도 등을 구하기 위하여 계류를 차수별로 구분하여 수계도를 작성한 후, 수계의 형태를 명확하게 파악하기 위하여 실시한다.

[해설]
수계도를 작성할 때에는 지형도(통상은 중지형인 경우 1/50,000~1/25,000 정도, 소지형인 경우 1/25,000~1/5,000 정도)의 등고선인 형태로부터 골짜기로 간주되는 곳에 실선(유로)을 그린 후, 이어서 지형도에 가까운 축척의 항공사진을 사용하여 도면에 기재되지 않은 작은 유로(산복사면에 유로형태를 띠고 있는 수계)를 판독하여 점선으로 지형도에 옮겨 수계도를 작성한다.

2.3.2.5. 신장률의 계측

신장률의 계측은 유역 내의 수계의 주류길이와 유역면적과 같은 원의 직경비율을 구한 후, 유역형상의 특성을 판정하기 위하여 실시한다.

[해설]
유출형상은 우모상 → 평행 → 방사의 순으로 하류의 홍수, 재해 등에 영향을 미치며, 유역형상을 표현하는 수치에는 신장률이 있다. 신장률이 적을수록 우모상의 유역이라고 할 수 있으며, 수치가 클수록 방사유역이다.

$$E = \frac{2}{L} \sqrt{\frac{A}{\pi}}$$

식에서, E : 신장률
A : 유역면적
L : 수계의 주류 길이

2.3.2.6. 곡밀도의 계측

곡밀도의 계측은 단위면적의 계류 및 계곡의 숫자를 계측한 후, 단위지형면의 분포와 연속성 등을 조사한다.

[해설]
1) 정의 및 계측 방법

곡밀도는 계류수의 침식에 의한 지형의 해석정도를 나타내는 지표로, 「단위면적의 계류 숫자(N)를 면적(A)으로 나눈 값」이다.

곡밀도의 계측은 전술한 수계도를 이용하여 단위면적의 방안으로 구획한 후, 1개의 방안 내에 포함된 본류, 지류 모두를 합하여 구한다. 그리고 단위면적은 중지형에서는 한

변을 1km, 소지형인 경우는 한 변을 500m를 표준으로 한다.

한편, 곡밀도는 계폭이 골짜기의 만입(灣入) 길이보다 커지는 지점까지를 계측하며, 그림 2-9에 있어서 $a \leq b$가 되는 지점을 1차곡의 최상류(곡두)로 한다.

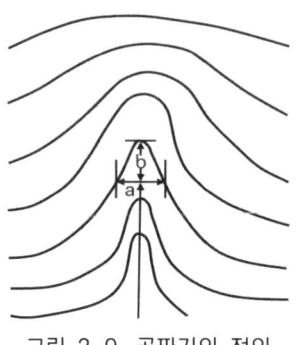

그림 2-9. 골짜기의 정의

2) 재해 발생과의 관련성

곡밀도는 지형을 만드는 기반의 지질과 밀접한 관계가 있으며, 지형의 개석상황, 기복량, 경사에 따라 다르지만, 곡밀도가 크면 지형면의 분포, 연속성 등을 제약하기 때문에 산림 등의 입지에 영향을 미칠 뿐만이 아니라 산복붕괴, 유출토사량도 증가하고, 유속도 급격히 증가하여 재해의 발생지표라고 할 수 있다.

그리고 조사유역의 곡밀도를 개괄적으로 계측하는 경우에는 각 유역별 계곡의 길이를 해당 지역의 면적으로 나눈 수치로 한다.

[주] 계곡의 차수

1/25,000~1/50,000 지형도의 계곡형 지형을 이루고 있는 곳을 1차곡, 1차곡과 1차곡이 합류한 곳을 2차곡이라고 하며, 같은 차수의 계곡이 합류하면 그 계곡의 차수+1의 곡차수라고 한다.

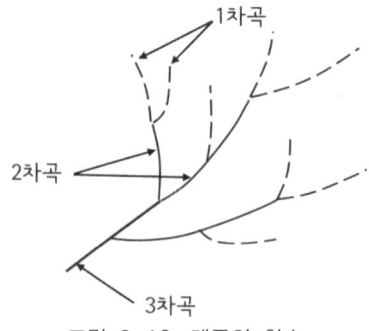

그림 2-10. 계곡의 차수

2.3.2.7. 방위의 계측

> 방위의 계측은 원칙적으로 8방위로 구분한 후, 경사의 주방향을 파악하여 사면의 환경조건을 유추할 목적으로 실시한다.

[해설]

방위는 토양·식생·일조·적설·풍형·기온 등과의 관계가 깊다. 따라서 방위의 계측은 경사의 계측에 의하여 작성된 소지형 단위의 지형도에 일정(1/5,000의 지형도에서는 2×2cm 정도)의 방안을 소지형 단위별로 그린 후, 그것을 지형도에 중첩시켜 사면의 주방향과 사면의 방향변환선에 주의하면서 방안의 눈금(「측정의 기준점」으로 함)에 따라 방위를 파악한다.

한편, 방위를 계측할 때에는 그림 2-11과 같은 방위척을 사용하여 측정하는 것이 효율적이다.

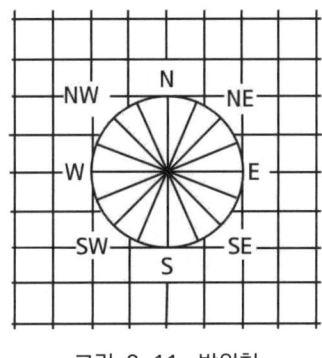

그림 2-11. 방위척

2.3.2.8. 미지형의 계측

> 미지형의 계측은 지형이 복잡한 경우 필요에 따라 다음의 항목에 대하여 실시한다.
> ① 기복량비 ② 곡밀도 ③ 개석도

[해설]

1) 미기복량의 계측

사면의 미지형이 복잡할수록 붕괴와의 관련성이 깊고, 붕괴되는 모양도 복잡해진다. 미기복량의 계측은 축척 1/20,000~1/5,000의 지형도를 사용하여 주방향에 평행한 축을 갖고 있는 방안에 미기복의 위치를 표시한 후, 그 숫자로부터 표 2-5에 따라 계급을 구분한다.

파도 모양의 경우에는 볼록부분과 오목부분의 합계, 평탄면 또는 일정한 경사의 완사면 위에 작은 언덕이 점재할 때에는 볼록부분의 숫자로 나타내도록 한다.

그리고 표 2-5의 계급 숫자가 증가하면 지형이 복잡하다는 것을 의미하며, 붕괴와 관계가 깊어진다.

표 2-5. 미기복량의 구분기준

계급	1	2	3	4	5
미기복량	0	1	2~3	4~5	6 이상

2) 곡밀도의 계측

최근에 형성된 화산지대의 산록이나 유년기 지형의 지역에서는 구곡이 발달하고 있고, 대규모 붕괴, 산사태지역에서도 구곡이 발생하는 경우가 종종 나타난다. 그리고 구곡은 평상시에는 거의 유수가 없기 때문에 침식은 발생하지 않지만, 집중호우 시에는 종·횡 침식이 현저하게 발생하여 다량의 토사가 유출된다.

구곡이 발달한 제한된 지역은 지형도, 항공사진만으로는 판독하기 곤란하기 때문에 현지조사 등을 실시하여 구곡이나 산사태지 내의 균열 등의 위치를 지형도에 기입하고, 그 지역을 방안망의 눈금(통상 100m)을 이용하여 구곡 등의 숫자를 계측한 후, 표 2-6과 같은 「곡밀도 구분기준」에 따라 작성한다.

표 2-6. 곡밀도의 구분기준

계급	곡밀도
1	0
2	1~2
3	3 이상

3) 개석도의 계측

개석도(開析度)는 원래의 지형(원지형)이 어느 정도 침식을 받고 있는가를 나타내는 기준이 되는 것이다. 이는 화산지형, 유년기 산지, 대지, 구릉지 등의 지역에 있어서 등고선으로부터 계폭이 200m, 400m, 600m, 800m, 1,000m로 구곡을 메워 지형을 복원하여 원지형을 파악한 후, 개석도를 다음의 식에 따라 구한다.

$$f_1(d) = \frac{1}{S} \cdot (\Sigma - \Sigma')$$

식에서, $f_1(d)$: 개석도
  S : 구간면적
  Σ : 복원된 각각의 등고선 길이의 합계
  Σ' : 원지형이 나타내는 등고선의 총 길이

2.4. 현지조사

> 현지조사는 현지를 답사하여 거시적·미시적인 지형의 차이, 인접지의 지형 등을 정확하게 파악한 후, 예비조사에서 파악된 자료 등을 확인하고, 필요에 따라서는 측량을 실시하여 계획, 시공 시에 필요한 지형조건 등의 기초자료를 정비하도록 한다.

[해설]

현지조사의 주요 목적은 예비조사에서 파악된 수계, 지형의 형태적 특징(미지형, 붕괴지, 용출수 등을 포함) 및 지질분류 등의 자료를 현지에서 실제로 증명하고, 예비조사에서는 파악할 수 없었던 소지형의 특징, 계곡의 사행상황, 협착부 등의 현상, 사실을 조사하는 데에 있다. 또한, 현지조사에서 파악된 사항, 문제점은 반드시 지형도에 기입하여 검토 자료로 활용한다.

현지조사도 광역적인 조사와 국지적인 조사로 구별되며, 다음의 사항에 주의하여야 한다.

1) 광역적 조사인 경우
   ① 사면, 능선, 폭포, 협곡, 용출수 등의 위치, 배열
   ② 계류, 계곡의 사행 상황, 유수의 폭, 협착부의 위치, 물매 급변지역의 위치, 계상사력의 퇴적구성과 그 상황
   ③ 각 지형과 구성토질과의 관계 및 붕괴지의 규모, 분포상황
   ④ 토석류의 퇴적물, 용암류의 말단부, 급한 벼랑, 단구, 평탄면, 선상지 등의 위치와 그 상황

2) 국소적 조사인 경우
   ① 예비조사에서 확인할 수 없는 습지, 물웅덩이, 함몰지, 구릉 및 구곡 등의 미지형적 특징
   ② 사면의 경사, 사면길이, 방위
   ③ 산각부, 계상의 침식상황 및 산복사면과의 관계
   ④ 붕괴지의 형태, 규모와 지질, 부자연적인 식생의 변이점의 유무

2.5. 정리

> 예비조사 및 현지조사의 성과는 조사목적에 따라 조사항목별로 종합하여 정리한다.

[해설]

예비조사 및 현지조사는 그 조사목적에 따라 내용이 각각 다르지만, 조사항목별로 정리한 후, 필요한 항목을 종합적으로 해석하여 소요 자료로서 활용한다.

제3절 토질 및 지질조사

3.1. 총칙

> 토질 및 지질조사는 조사 대상지역 내 산지황폐의 중요한 소인인 토질과 지질의 특성을 파악하여 사업계획 등의 기초자료를 얻을 목적으로 실시한다.

[해설]

토질 및 지질은 산지황폐의 소인으로서 지형과 함께 중요한 요소를 이루는 항목이다. 일반적으로 토질 및 지질특성에 의하여 발생하는 황폐형태에는 특색이 다르게 나타난다. 즉, 새롭게 형성된 지질은 오래된 지질보다 붕괴가 발생하기 쉬운 경향이 있다.

① 고생대층지대에 있어서의 붕괴 빈도는 일반적으로 낮은 것으로 알려지고 있지만, 지각변동에 따라 파쇄되고 있는 부분에서는 종종 대규모 붕괴가 발생하거나 계류의 침식에 의하여 붕적토, 애추지대의 붕괴가 나타난다.

② 화강암류는 산복붕괴가 발생하기 쉽지만, 붕괴되는 깊이는 일반적으로 얕다. 또한, 심층풍화를 받은 소위 마사토지대에서는 표층침식을 매우 받기 쉬운 특성이 있다.

③ 화산퇴적물지대는 산복의 중복 이상이면서 토층이 비교적 얕은 곳이나 계류의 침식이 동반되는 곳을 중심으로 소면적 붕괴가 빈번히 발생한다.

④ 제3기층지대에서는 일반적으로 표토가 얕은 곳에 소규모 붕괴가 빈번히 발생하는 경향이 있다.

⑤ 땅밀림 또는 활동성 붕괴 등은 지질적 원인에 의하여 발생하는 곳이 매우 많고, 제3기층 땅밀림, 파쇄지대 땅밀림 등으로 구분될수록 관련성이 깊다.

일반적으로 토질, 지질은 매우 복잡하고도 변화가 심하다. 따라서 조사의 내용도 그 요구도에 따라 다양한 방법이 채용되고 있지만, 조사목적, 규모, 중요도 등을 감안하여 조사방법을 선택할 필요가 있다.

3.2. 예비조사

> 예비조사는 기존의 토질·지질도, 지형도, 항공사진, 기왕의 재해기록 등의 자료에 근거하여 조사 대상지역의 토질 및 지질의 특성을 파악할 목적으로 실시하고, 그 결과를 예찰도, 노선도에 정리한다.

[해설]
1) 조사의 종류

사방계획 시의 조사는 비교적 광역적으로 실시하는 조사와 붕괴지의 복구계획과 같이 매우 국소적으로 실시되는 조사로 분류되지만, 전자의 경우는 주로 유역의 암석, 토질, 지질구조 혹은 애추, 붕적토, 선상지 퇴적물 등의 조사를 지형도, 항공사진 등에 의하여 판독한다.

그리고 후자의 경우는 전술한 것 이외에 구조물의 기초로서 소지형의 지질, 암반의 상황을 판독하는 지층, 암반층을 조사하여 그 성상을 파악하는 것이기 때문에 주로 현지조사가 주체가 된다.

2) 예찰도

예찰도는 지형도(1/50,000~1/25,000) 또는 1/5,000의 계획도 등에 지질도를 복사한 후, 공중사진, 지형분류도, 수계도 및 곡밀도 등에 의하여 사전에 지형을 구분한다. 이어서 조사목적과 관련된 사항에 대해서는 모두 기입하여 현지조사 시에 참고로 하고, 현지 상황에 대해서는 새롭게 발견한 사항 등을 기록한다.

3) 노선도

노선도는 지형도에 사전에 답사하는 노선을 기입한 것으로, 노선을 선정할 때에는 다음과 같은 사항에 대하여 유의한다.
① 예찰도를 충분히 검토한다.
② 암석의 노두가 많을 것으로 판단되는 노선을 선정한다.
③ 퇴적암이 분포하는 지역에서는 지층의 주향에 직교하는 노선을 선정한다.
④ 화성암과 퇴적암의 접촉부, 단층, 애추 퇴적물 및 붕괴지 등을 답사할 수 있도록 노선을 선정한다.

예비조사는 필요에 따라 다음과 같은 기존의 자료를 수집하도록 한다.
① 토질조사자료
② 지질조사자료
③ 지형도 및 항공사진
④ 재해기록
⑤ 수문자료
⑥ 기타 기상기록

한편, 이 중에서 지형도와 항공사진에 관해서는 동일 지역 내의 기존의 별도 공사에 의하여 조사된 자료를 입수하는 것이 바람직하다. 또한, 재해기록에 관해서는 토질적, 지질적 약점을 파악하기 위하여 계류의 재해 이외의 재해기록도 귀중한 자료가 되기 때문에 지역 주민의 증언 등도 참고한다.

[참고]
1) 지질구조와 지질구조선

지질구조는 지각변동에 의하여 생긴 암석·암체의 변형·변위구조를 말한다. 대구조·중구조·소구조로 구분되며, 대구조는 지역지질도에 표현될 수 있을 정도의 대규모 구조형태를, 중구조는 노두규모로 관찰할 수 있는 작은 습곡·소단층·편리구조를, 소구조는 표본의 크기나 현미경으로 볼 수 있는 규모의 작은 절리·광물의 배열 등을 각각 포함한다.

그리고 지질구조선은 매우 큰 단층이나 다수의 단층이 있는 지대로, 보통의 단층과 구별하기 위하여 구조선이라고도 한다.

2) 단층과 지층의 습곡

국소적인 지각의 변동에 의하여 지층 또는 암체에 생긴 균열을 따라 그 양쪽의 암반층이 어긋나서 생기는 현상을 단층이라고 한다.

그리고 지층의 습곡은 지반이 지각변동을 받아 뒤틀려짐으로써 파도와 같이 휘어져 있는 상태를 말한다.

3.3. 현지조사

3.3.1. 답사

답사는 예비조사 자료를 기본으로 노선도를 따라 현지를 답사하여 노두, 지형적 특징 등으로부터 계획, 설계에 필요한 표층지반의 토질·암질·지질구조·용출수 등의 상황을 확인하고, 새로운 현상과 사실을 파악하여 토질·지질에 관계되는 기초자료를 정비할 목적으로 실시한다.

[해설]
1) 주요 목적

예비조사에서 지적된 추론이나 가설을 현지의 계상, 능선 및 산복사면 등의 노두(露頭)로부터 합리적으로 실증하고, 예비조사에서는 파악할 수 없었던 다음과 같은 토목적 사항들에 대하여 새로운 현상과 사실을 조사하여 예비조사의 결과를 보충·수정하는 것에 있다.

2) 내용

현지조사에서 파악된 사항이나 문제점은 지질도, 지형도 등에 기입하여 검토 자료로 활용하도록 한다.
① 지질시대, 지질구조, 암반의 종류, 성인 등
② 암석, 지층의 연속성 또는 방향성

③ 암석, 지층의 신구관계와 접촉상황
④ 암질 특히 연약암반이나 미고결 물질의 분포, 두께, 경도
⑤ 단층, 부정합, 층리, 절리, 편리 등의 위치, 규모, 폭, 파쇄 및 풍화의 정도, 연속성, 방향성, 빈도 등
⑥ 균열 등의 방향성, 빈도, 개구성, 면의 조밀, 풍화 변질 등
⑦ 암석, 지층의 풍화 및 변질
⑧ 투수성, 지하수위, 용출수

3.3.2. 정밀조사

> 정밀조사는 지형계측 등의 결과에 입각하여 그 목적, 내용, 종류, 규모, 기능 및 중요도 등을 감안하여 필요에 따라 다음과 같은 내용을 조사한다.
> ① 물리탐사 ② 보링조사 ③ 사운딩조사 ④ 지하수조사 ⑤ 토질 및 암석실험

[해설]

정밀조사는 설계, 시공 등에 있어서 사업실행 상 필요한 토층·토질의 종류, 층 두께, 강도 및 변화 등을 조사하기 위하여 실시하는 것이다. 그리고 정밀조사는 물리탐사, 보링조사를 주체로 하여 실시하지만, 예비조사, 답사 등의 결과로부터 지반의 구성이 대략적으로 판명된 경우 및 표층부가 비교적 부드러운 층을 대상으로 하는 경우는 사운딩조사를 실시하여 그 결과에 따른다.

3.3.2.1. 물리탐사

> 물리탐사는 암석, 지층의 깊이 등을 조사하기 위하여 실시하는 것으로, 탄성파탐사 또는 전기탐사에 의하여 실시한다.

[해설]

1) 종류

물리탐사법에는 여러 종류가 있지만, 특별한 경우를 제외하면 탄성파탐사 또는 전기탐사에 의하는 것이 일반적이다. 그리고 암석이나 지층의 물리적인 성질은 지층구분과는 1 대 1의 대응관계가 아니고, 탐사정밀도가 충분하지 않기 때문에 물리탐사의 결과는 보링 등에 의하여 확인할 필요가 있다.

2) 내용 및 방법

물리탐사의 내용과 방법 등은 「제6장의 땅밀림조사」에 준하는 것으로 하며, 필요에 따라 선택하도록 한다.

3.3.2.2. 보링조사

보링조사는 조사지구의 암반의 종류, 경도, 풍화, 변질 등의 정도 및 층 두께 등을 직접 확인한 후에 조사의 정확도를 높일 필요가 있는 경우 실시하며, 보링공의 배치 및 심도는 지질답사나 물리탐사 등의 결과를 고려하여 조사목적에 따라 결정하도록 한다.

[해설]

보링조사의 목적은 대상으로 하는 지질조사의 정밀도를 높여 암반의 종류, 경도, 풍화 변질의 정도, 단층, 파쇄대, 균열의 크기 및 숫자를 조사하고, 지표답사나 물리탐사 등을 병행하여 암석이나 지층의 공간적 분포를 확인한 후에, 토층의 상태, 특히 토층의 단단한 정도를 현장에서 직접조사하거나 분석용 시료를 채취하기 위하여 실시한다.

따라서 보링조사를 위한 목적에 따라 다음과 같은 시료채취 방법 중에서 선택하도록 한다.

표 2-7. 보링조사를 위한 시료채취 방법

목적	방법	비고
모든 경우	로터리보링 (ϕ=46~116mm)	
얕은 층(5~10m) 및 지하수위 이상의 보링	오거보링 (ϕ=46~116mm)	붕괴성 토양, 암, 사력, 지하수 이하의 사력층, 고결된 점토에는 부적합함
상세조사를 위하여 다량의 시료를 필요로 하는 경우	시굴공(試掘孔)	붕괴성 토양이나 지하수 이하의 토양인 경우에는 처리공사가 필요함

3.3.2.3. 사운딩조사

사운딩조사는 토층의 관입, 회전, 인발 등의 저항을 기본으로 하여 흙의 강도 또는 지지력을 파악할 목적으로 실시하는 것으로, 조사방법은 조사목적과 조사장소의 지질 및 토질 조건에 따라 결정하도록 한다.

[해설]

사운딩조사는 조사대상 흙에 대한 원위치실험의 한 종류로, 조사대상 지반의 강도·밀도 등에 대하여 상세한 자료를 얻을 수 있을 뿐만 아니라, 지반의 구체적인 상황을 파악할 수 있다.

따라서 조사목적과 조사장소의 지질 및 토질 조건 등을 충분히 고려하여 결정하도록 한다.

표 2-8. 사운딩 방법

방법	명칭	연속성	측정값	측정값으로부터의 추정량	적용지반	가능 깊이 (m)	특징
정적	스웨덴식 사운딩 실험	연속	각 하중에 따른 침하량(W_{sw}), 관입 1m 당의 반회전수(N_{sw})	표준관입실험의 N값이나 일축압축강도 q_u값으로 환산(제안식이 다수 발표되고 있음)	자갈, 석력을 제외한 모든 지반	15m 정도	표준관입실험에 비하여 작업이 간단함
	포터블 콘 삽입실험	연속	관입저항	점토의 일축압축강도, 점착력	점성토나 부식토 지반	5m 정도	간이실험으로, 매우 빠름
	2중 관, 전기식 콘 관입실험	연속	선단저항 q_c 간극수압 u	전단강도, 토질 판별, 압밀특성	점성토 지반이나 사질토 지반	관입장치나 고정장치의 용량에 따름	자료의 신뢰도가 높음
	원위치 베인 전단실험	불연속	최대회전 저항 모멘트	점성토의 비배수전단강도	연약한 점성토 지반	15m 정도	연약 점성토 전용으로, C_u를 직접 측정할 수 있음
	공내 수평 재하실험	불연속	압력, 공벽 변위량, 크리프량	변형계수, 초기압력, 강복압력, 점토의 비배수전단강도	공벽 면이 미끄럽거나 자립하는 모든 지반, 암반	기본적으로 제한 없음	추정량의 역학적 의미가 명료함
동적	표준 관입실험	불연속 최소 측정 간격 50cm	N 값(소정의 타격횟수)	모래의 밀도, 강도, 마찰각, 강성률, 지지력, 점토의 점착력, 일축압축강도	자갈이나 전석을 제외한 모든 지반	기본적으로 제한 없음	보급도가 높고, 대부분의 지반조사에서 실시함
	간이 동적 콘 관입실험	연속	N_d(소정의 타격횟수)	$N_d = (1 \sim 2)N$ N값과 동등	자갈이나 전석을 제외한 모든 지반	15m 정도 (깊어지면 로드마찰이 커짐)	표준관입실험에 비하여 작업이 비교적 간단함

3.3.2.4. 지하수조사

지하수조사는 산지에 있어서의 지하수의 공급경로, 분포, 성질, 유동경향, 압력관계 등을 파악하기 위하여 실시한다.

[해설]
1) 필요성
    지하수의 거동은 붕괴를 일으키는 중요한 요인의 하나이다. 따라서 대상으로 하는 산복사면에 대하여 지하수의 거동이 붕괴의 원인이라고 생각되는 경우에는 이를 충분히 파악하여야 할 필요가 있다.

2) 목적 및 내용

지하수조사는 지하수의 부존상황, 경로 및 물리적·화학적 성질을 조사하여 지하수와 산사태 이동과의 관련성을 파악하기 위하여 실시한다. 즉, 지하수조사는 다음과 같은 내용을 표준으로 하며, 현지의 상황에 따라 선택한다.

① 지하수위조사
② 간극수압조사
③ 지하수 검층
④ 지하수 추적조사
⑤ 간이양수실험
⑥ 양수실험
⑦ 수질조사
⑧ 지하수 유출량조사

3.3.2.5. 토질실험

토질실험은 조사구역 내의 토질에 대하여 그 물리적 특성, 역학적 성질을 파악하여야 할 필요가 있는 경우에 실시한다.

[해설]
1) 실험내용

토질실험은 연약층의 토질, 강도, 압축특성 등의 항목에 대하여 실험을 실시하고, 계획 및 설계에 필요한 자료를 파악하기 위하여 실시하는 것으로, 실험목적과 지반에 따라 실험하여야 할 항목이 다르다.

예를 들면, 점토인 경우에는 연약층의 토질, 강도, 압축특성 등을 조사하는 실험을 실시하여야 한다. 또한, 이탄 등의 경우에는 액성한계실험, 역학실험 등을 실시하기 어렵기 때문에 자연함수량실험, 비중실험, 압밀실험 이외에 강열감량실험에 의한 유기물함유량을 조사하는 실험 등을 실시하고, 원위치실험 결과 및 과거의 시공사례를 기본으로 그 강도 및 침하를 추정한다.

그리고 지진 등의 진동에 의한 완만한 모래지반의 유동지역을 판정할 때에는 모래지반의 N값, 모래의 조도 및 비중이 문제가 되기 때문에 채취한 시료에 대하여 입도실험과 비중실험을 실시할 필요가 있다.

2) 실험방법

한편, 토질실험은 원칙적으로 1.0m~2.0m 간격으로 실시하지만, 채취한 시료의 양이 부족할 경우에는 토질 층의 균일성 및 채취된 양을 고려하여 토질의 상태에 따라 실험항목을 줄이거나 실험 간격을 바꾸도록 한다.

3.4. 정리

> 현지조사 결과는 표층지질도, 토질주상도 및 지질단면도(또는 수문지질도)에 정리하고, 그 자료에 대하여 설명서를 작성한다.

[해설]
현지조사에서 파악된 지층의 주향, 경사, 단층, 부정합 등을 참조하여 해당 지역에 대한 노선도를 정리하고, 다음과 같은 표층지질도, 지질단면도(토양단면도) 및 그에 대한 설명서 등을 작성한다.

1) 지층지질도

지질도는 지형도를 기초로 하여 그 위에 지각의 표면부위를 구성하는 각종 암석, 지층의 분포, 그에 대한 상호관계, 지질구조, 기타 필요에 따라 조사한 결과를 기재한 지도를 말한다.

지질도는 그 목적에 따라 표시하는 방법도 다르며, 축척에 따라 정밀도와 기재하는 사항도 당연히 다르다. 따라서 지질도는 평면도이지만, 필요에 따라 소요지점의 단면도 및 주상도를 첨부하고, 해당 표시기호 혹은 착색, 방위, 축척 등은 반드시 기재한다.

한편, 시굴, 시추 및 물리적 지하탐사의 위치를 명기하도록 한다. 지질도에 있어서 암반층의 구별은 착색법에 따르는 것이 보통이지만, 기호만으로 기록하는 경우도 있으며, 양자를 병용하는 경우도 있다.

2) 지질단면도(토층단면도)

지질도 중의 중요한 부분인 지질단면도를 만들어 지질도의 표현을 보조하도록 한다. 그리고 지질단면도의 위치를 선정하기 위해서는

① 지역 내의 지질계통을 가능하면 많이 포함하도록 하여 그들의 상호관계를 판단할 수 있는 위치를 선정한다.
② 지역 내의 일반 지질구조가 잘 표현될 수 있도록 습곡구조·단층구조·지층의 일반 주향 등에 가능하면 많이 직교하는 방향으로 단면을 만든다.
③ 한 단면만으로 중요한 지질구조를 모두 표현할 수 없기 때문에 다수의 단면도를 작성하거나 단면을 일직선으로 하지 않고 중요한 지점을 통과하는 절선으로 하도록 한다.
④ 지질단면도는 토질·지질의 연속성과 분포상태를 대국적인 견지에서 표현하여 계획, 설계, 시공의 판단을 내리는 데 필요한 자료로 활용한다.

따라서 공사의 목적 또는 공사의 종류에 따라 이용하기 쉬운 형식으로 정리하는 것이 매우 중요하다.

제4절 토양조사

4.1. 총칙

> 토양조사는 토양의 성인, 형태 및 침투성, 보수성 등과 같은 토양의 이화학적 성질을 조사하여 사방사업지에 있어서 식생을 도입하는 방법 등을 검토하기 위한 기초자료로 활용하는 것을 목적으로 실시한다.

[해설]

1) 정의 및 기능

　토양은 풍화된 암석이 모재가 되어 지질구조, 지형, 기상 및 생물 등의 조건이 관여하여 오랜 세월에 걸쳐 형성된 독자적인 지표 구성물질이다. 따라서 토양은 그 자체가 일정한 구조와 기능을 갖고 있으며, 모암으로부터 독립하여 독자적인 과정에 의하여 생성, 발전한다.

　우리나라와 같이 국토의 대부분이 중위도(中緯度) 습윤지대가 차지하는 지역에서는 예외적으로 암반이 노출되는 일부 지역을 제외하면 토양으로 덮여있지 않은 지역이 거의 없는 실정이다.

2) 구조

　사방사업은 산림을 조성·유지할 목적으로 실시하는 사업이기 때문에 해당 지역의 토양조건을 충분히 이해한 후에 산림을 조성하여야 한다. 그리고 토양을 조사하면 해당 지역의 자연적인 특징을 파악할 수 있고, 반대로 식생은 토양을 기반으로 하여 생육하고 있기 때문에 식생을 파악하면 해당 지역에 대한 토양의 성질을 판단할 수 있는 경우가 많다.

　또한, 토양구조는 수질대책 측면에서도 중요한 역할을 하고 있기 때문에 토양형과 투수성, 저류능률을 검토할 필요가 있는 경우가 많다.

3) 목적

　지형·지질에 대한 유력한 자료로는 지형도나 지질도가 있지만, 토양에 대해서는 토양도가 정리된 지역이 제한적이다. 또한, 토양도는 산림의 생산력의 증대에 도움을 줄 수 있는 식재수종을 선정하는 것이 주요 목적이기 때문에 아무리 토양도가 작성되었을지라도 그 상태로 사방사업에 유효하게 활용하는 것은 매우 어려운 경우가 있다.

　특히 산지의 침투성이나 보수성, 붕괴, 표면침식의 난이도 그리고 산비탈녹화공사의 공종 선정 등, 기초로서의 토양을 분명히 파악하기 위해서는 반드시 사방기술자에 의한 조사가 필요하다.

4) 토양단면의 구성

　　산림토양의 생성과정은 토양단면에 반영되기 때문에 토양형은 토양단면에 의하여 결정된다고 할 수 있다.

　　토양단면의 상부는 생물의 영향을 받고 있으며, 유기물이 집적되므로, 이 층을 A층이라고 한다. 또한, A층의 하부에서는 유기물의 집적은 줄어들고 다른 작용이 탁월하므로, 이 층은 A층과 모암과의 점이층(漸移層)이라고 할 수 있으며, B층이라고 한다. 그리고 토양의 생성과정에서 조금 변화된 모암인 C층은 B층의 아래쪽에 위치하며, 그 아래의 전혀 변화하지 않는 기반암석은 D층이라고 한다.

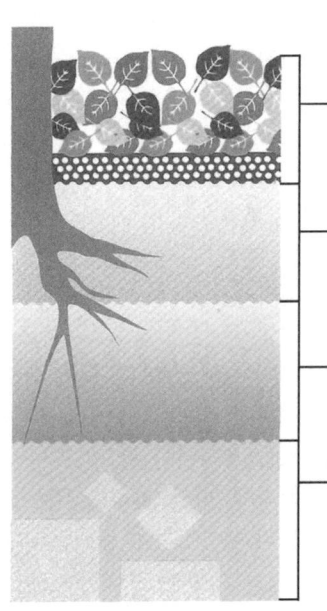

그림 2-12. 산림토양의 층 구조 모식도

4.2. 예비조사

> 토양에 대한 예비조사는 기존의 토양도, 토양자료 및 문헌 등을 사용하여 토양분포, 토양형, 퇴적양식 및 토양의 침식상태 등을 파악하고, 그 결과를 예찰토양도에 정리한다.

[해설]

1) 조사목적

　　예비조사는 현지조사에 앞서 그 대상이 되는 지역 및 외곽지역에 있어서의 기존의 토양도, 토양자료, 항공사진, 문헌 등을 수집하여 정리한다.

한편, 조사목적에 따라 필요한 정밀도에 차이가 있지만, 국유림의 산림토양조사 및 사유림의 적지적수조사 등, 각종 토양에 관한 조사보고서를 이용하면, 직접적으로 도움이 되는 경우가 많다. 또한, 시굴조사가 실시되는 경우에는 그 자료를 수집할 필요가 있다.

2) 유의사항

토양조사에 참고가 되는 것으로는 지질도 및 지질설명서가 있다. 그러나 이것들을 이용할 경우에는 다음과 같은 사항에 유의하여야 할 필요가 있다.

① 지질도는 지층의 층위 및 구조를 표현하고 있기 때문에 기반이 되는 지질구조를 지층별로 생성순위에 따라 지질연대별로 구분하여 지질의 생성역사에 역점을 두고 있다.
② 지질도를 암석 자체를 표현하고 있는 암상도(巖相圖)로 보는 착오를 초래한다. 예를 들면, 안산암으로 동일 암질이라고 할지라도 생성연대(층위)가 다르면 구분되어 있지만, 토양조사에서는 단면이 거의 동일하면 통합한다.
③ 퇴적암으로 동일한 생성연대에 형성된 지층이라면 사암, 혈암 및 역암 등, 각종 암질이 일괄되어 있지만, 토양조사에서는 이를 구분한다.

따라서 지질도를 하나의 표준으로 하여 이용할 필요가 있지만, 과신하게 되면 토양조사에 과오를 가져올 수 있다.

3) 토양의 분류

광범위한 산림지대의 토양을 조사하여 사방계획과 식재의 기초자료로 사용하기 위해서는 복잡한 특징을 갖고 있는 토양을 계통적으로 분류하여야 할 필요가 있다.

특히 토양을 분류할 경우에는 다양한 입장, 시각에 따라 분류할 수 있지만, 산림토양은 원칙적으로 산림청에서 정한 산림입지토양도의 분류기준에 준하도록 한다.

표 2-9. 주요 토양형과 특성

토양형	산성	비옥도	균근균의 균사 유무	투수성	침투	출현장소	조림	사방관련
갈색건조 산림토양(B_A)	강	척박	M층이 보이기도 함	불량 불투수	대부분 유출	능선 남서면의 돌출 사면	부적당	민둥산화
갈색약건조 산림토양(B_C)	강	높지 않음		약간 불량	약간 불량	돌출된 능선, 대지	소나무 편백	
갈색적윤 산림토양(B_D)		비옥		약간 양호	양호	산복의 중복 상부, 대지	편백 삼나무	척박지화
갈색약습 산림토양(B_E)		비옥		양호	양호	사면 하부의 넓은 대지	삼나무 불량	

그림 2-13. 우리나라의 산림입지토양도

4) 지형과 토양의 관계

일반적으로 지형과 토양의 관계를 모식도로 나타내면 그림 2-14와 같다.

① 다양한 지형에 따른 토양형의 분포

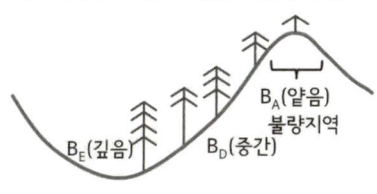

② 곡두부 지형과 토양

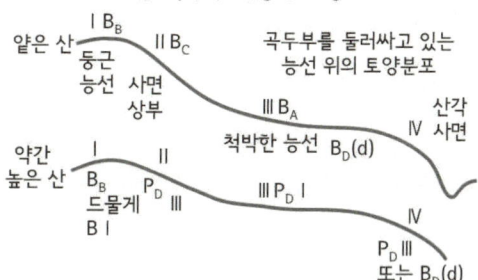

③ 산각의 긴 산지지형과 토양

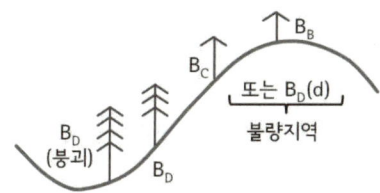

④ 곡두부의 지형

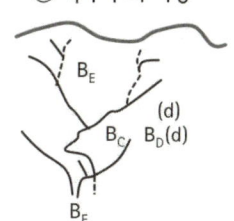

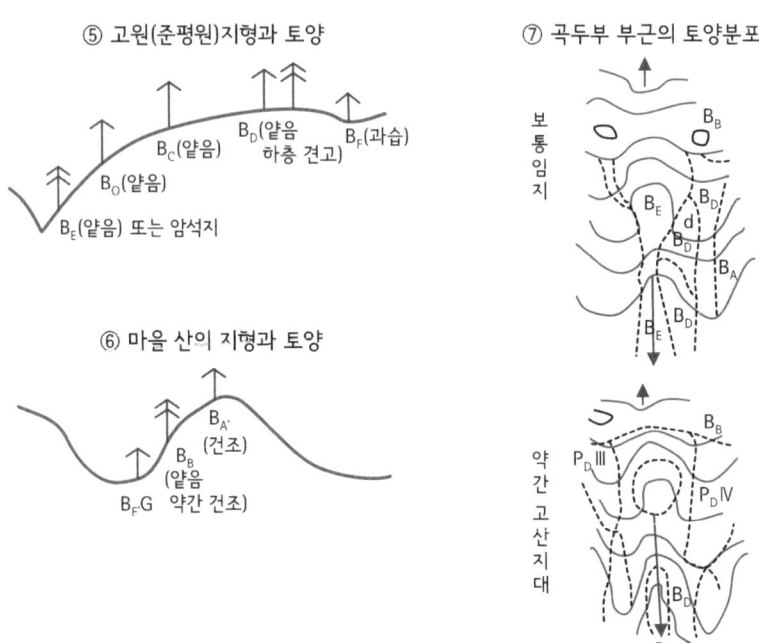

그림 2-14. 지형과 토양과의 관계에 대한 모식도

4.3. 현지조사

4.3.1. 답사

답사는 예비조사에서 파악된 자료를 기본으로 현지를 답사하여 토양조건과 식생의 대응관계 등을 확인하고, 새로운 사실을 파악하여 예비조사의 결과를 수정하거나 보정할 목적으로 실시한다.

[해설]
1) 조사내용

답사는 사방식생의 도입, 성장을 위하여 필요한 토양의 조건·분포를 파악하는 것으로, 대상지구의 전체 및 주변 지역을 포함하여 지형, 지질의 개요와 토양조건과의 대응관계, 식생 등을 조사하도록 한다.

이와 같은 식생도입, 성장을 위하여 필요한 토양의 조건은 다음과 같다.

① 토양이 부드럽고, 뿌리가 충분하게 신장할 수 있을 것
② 충분한 수분을 뿌리에 공급할 수 있을 것

③ 충분한 공기를 뿌리에 공급할 수 있을 것
④ 충분한 양분을 뿌리에 공급할 수 있을 것

등으로, 특히 ② 수분과 ④ 양분의 공급에 관해서는 다음의 토양형을 충분히 참고하여 판정하도록 한다.

2) 퇴적양식의 구분

토양은 기암의 풍화나 붕괴 등에 의하여 생성된 후, 그 위치에 정지하여 퇴적하는 것(「정적토 : 잔적토, 유기토」라고 함)과 중력, 유수 등에 의하여 생성된 장소로부터 이동하는 것(「전적토 : 붕적토, 선상퇴토, 풍적토」라고 함)이 있으며, 그 구분은 표 2-10과 같다. 이와 같은 퇴적양식은 토양의 견밀도 및 공기의 공급과 관계가 깊다.

표 2-10. 표토의 퇴적구분

구분		특징
정적토(定積土)	잔적토(殘積土)	표층은 비교적 잘고 유연한 흙, 하층은 자갈이 많은 흙, 그 아래에는 풍화되었거나 신선한 기암이 나타남
	유기토(有機土)	유기질이 풍부한 정적토 (이탄토 등)
전적토(轉積土)	붕적토(崩積土)	암설과 각진 석력이 중력에 의하여 산록 등에 반원추형으로 퇴적한 것
	선상퇴토(扇狀堆土)	계곡으로부터 평지에 걸쳐 부채 모양으로 밀려난 암설, 둥근 석력 등을 주체로 한 것
	수퇴토(水堆土)	풍화물질이 유수의 작용에 의하여 운반, 도태되어 침적된 것
	화산성토(火山性土)	화산 방출물, 화산재, 화산이류 등과 같이 화산활동과 관계가 있는 것
	풍적토(風積土)	모래언덕(砂丘) 등과 같이 바람의 작용에 의하여 퇴적된 것

3) 모재에 의한 구분

모재가 된 암석의 종류에 따라 구분한다.

4) 토성에 의한 구분

토성은 주로 손가락에 의한 촉감 및 관찰에 의하여 추정하지만, 모래 및 점토의 함유율에 근거하여 각 층별 토성을 판정한다.

토성의 삼각도표(국제토양학회)에 따라 구분하면 다음과 같다.

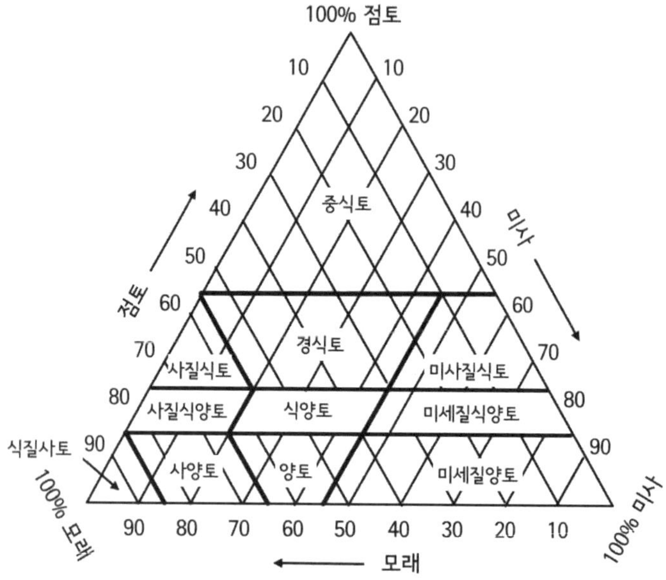

그림 2-15. 토성의 삼각도표(국제토양학회법)

5) 토양의 두께

지형의 입장에서 산정부, 급경사, 완사면 및 산각부 등에 따라 검사용 도구를 이용하거나 단면을 굴착하여 토양층의 두께를 측정한다. 일반적으로 토양의 종류에 따라 투수성이나 침식을 받는 정도 등의 기초적 특성은 어느 정도 예상할 수 있지만, 유수의 유출상황이나 붕괴 위험성의 판정 등에는 토층의 두께가 중요하다.

4.3.2. 정밀조사

> 토양에 대한 세부자료를 필요로 하는 경우에는 사업의 목적, 내용, 규모, 종류, 기능 및 중요도 등을 감안하여 다음과 같은 내용을 조사한다.
> ① 토양단면 ② 토양의 화학성 ③ 토양의 물리성

[해설]

황폐지, 특수 토양지대 등에서 상세조사를 실시하여야 할 필요가 있는 경우에는 산림청의 기준에 준하여 실시하며, 그 조사항목 및 방법은 다음과 같다.

1) 토양단면조사 및 시료채취

조사지역의 대표적인 위치에서 시갱(試坑)을 판 후, 토양의 층위구분, 공극량, 투수성을 측정하고, 화학성 및 이학성 조사의 시료를 채취한다.

2) 화학성 조사

토양은 모재로부터 풍화작용에 의하여 형성된 사력, 모래, 점토 등의 무기물과 생물의 부식작용 등에 의하여 부가된 유기물의 혼합물이다. 따라서 토양의 생성과정, 성분의 변화, 조성 등, 화학적 성질을 조사하는 것은 사방수종의 적응성을 검토하는 데 매우 중요하다.

토양의 과학적 성질을 파악하기 위한 조사내용으로는 일반적으로 탄소 및 질소함유량, C-N율, pH 및 치환산도(置換酸度) 등을 조사한다.

① 탄소 및 질소함유량

토양 속에 부식이 어느 정도 포함되었는가는 토양의 탄소함유량으로 표시되며, 토양 속의 부식함유량은 탄소함유량을 1.724배를 곱한 값으로 표시된다.

산림토양에서는 부식함유량의 차이가 크지만, 일반적으로 표 2-11과 같은 값을 나타내는 경우가 많다. 또한, 질소함유량은 탄소함유량과 마찬가지로 토양에 따라 변화의 폭이 크지만, 일반적으로 표 2-11과 같은 값을 나타내는 경우가 많다.

한편, 보통 토양에서는 C층이나 B층의 하부의 탄소 및 질소함유량을 분석하는 것은 그다지 의미가 없으므로, B1층위까지만 분석한다.

표 2-11. 산림토양의 탄소·부식 및 질소 함유량(%)

층위	탄소 함유량	부식 함유량	질소 함유량
F	35~45	60~85	1.0~1.5
H	25~40	40~70	1.0~1.5
A	4~15(대부분은 6~10)	7~25(대부분은 10~18)	0.3~1.0
B	1~8(대부분은 2~5)	2~13(대부분은 3~9)	0.1~0.5

② C-N율

부식 및 질소는 식물의 양분으로서 중요한 역할을 하며, 수목이 이용할 수 있는 질소의 공급은 낙엽 및 부식의 분해에 의한 공급이 주요한 부분을 차지하고 있다. 따라서 토양 속의 질소함유량은 비옥도를 판단하는 데 매우 중요하다.

산림토양의 비옥도를 판단할 경우, 낙엽 및 부식의 분해상태에 영향을 받기 때문에 유기물 속의 탄소와 질소의 비율(「C-N율」이라고 함)이 어떤 값을 나타내는지가 중요한 의미를 갖고 있으며, 다음의 식에 의하여 산정할 수 있다.

C-N율 = 탄소함유량(%) / 질소함유량(%)

한편, 산림토양의 C-N율은 A층의 값이 중요하며, 지금까지 조사된 결과에 의하면 표 2-12와 같다.

표 2-12. 산림토양의 C-N율

층위	C-N율
F	30~40
H	20~30
A	12~25

③ pH 및 치환산도

토양 속에 발달하고 있는 식물의 뿌리는 모두 수분에 용해되어 있는 양분을 이용하고 있으며, 수분을 통하여 중요한 생리작용을 하고 있다. 따라서 식물의 생육장소로서의 토양이 산성, 중성 및 알칼리성의 구분에 해당하는지와 그 강도에 따라 생리작용에 중요한 영향을 미친다.

또한, 토양의 산성이 강해짐에 따라 토양 콜로이드에 흡착된 식물의 양분인 염기이온이 수소이온으로 치환되어 유실된다. 그리고 토양의 산성은 활산성(진산성)과 치환산성(잠산성)으로 분류되며, 전자는 토양용액의 산성을 나타내고, 후자는 토양 콜로이드 입자에 흡착된 수소이온을 나타낸다.

한편, 토양의 활산성을 파악하기 위해서는 토양 pH를 측정하며, 일반적으로 야마다(山田)식 pH 측정기를 사용하여 측정한다. 그리고 치환산성을 파악하기 위해서는 용액 속으로 방출된 수소이온을 정량하여 치환산도를 측정한다.

3) 토양경도(물리성)

토양경도는 토양의 깊이 20cm별로 각 심도의 토양경도를 통상 야마나카(山中)식 토양경도계를 사용하여 측정한다.

이 토양경도계는 스프링의 반발력을 이용한 것으로, 경도는 지지력 눈금과 지수 눈금으로 나타내며, 이 조사는 기초지반의 경도 등을 판정하기 위하여 실시하기 때문에 지수 눈금을 사용하여 27 미만을 「연약」, 27 이상을 「견고」로 구분한다.

4.4. 정리

현지조사 결과는 토양도, 토양단면도, 토양분석결과표 등에 정리하고, 해당 자료에 대하여 설명서를 작성한다.

[해설]

현지조사에 의하여 파악된 각종 결과는 토양도, 토양단면도 및 토양분석결과표 등에 정리한 후에 해당 자료에 대하여 구체적인 설명서를 작성하도록 한다.

제5절 기상조사

5.1. 총칙

> 기상조사는 대상지역 및 그 주변의 기상(강수량·기온·강설량 등)을 파악하여 계획, 설계에 필요한 기초자료를 파악하는 것을 목적으로 실시한다.

[해설]
　　사방계획 등에 필요한 기상조사는 사업 대상지역 전반의 기후와 국지적인 특정 기상조건에 관한 자료가 필요하다. 전자는 계획의 기본적인 개념을 결정하는 데에 필요한 자료로, 강수량의 다소, 비와 눈의 구분, 이상기상의 실태, 우량강도, 최대적설깊이, 풍속, 풍향, 기온의 극대치 등이다. 그리고 후자는 특정 소구역의 적설, 바람, 기온, 지온, 토양의 동결 등, 시공과 직접적으로 관계가 있는 것이다.

1) 강수량
　　강수량은 연강수량, 최대일(24시간)우량, 기간적 우량 등을 조사하며, 다음과 같은 내용을 파악하는 데 사용한다.
　　① 연강수량은 연유출량, 유출토사량의 추정 등에 필요한 요소이다.
　　② 최대일(24시간)우량 등은 사방댐의 방수로, 계간수로의 단면결정 인자 등으로서 사용된다.
　　③ 기간적 우량은 시공기간의 결정, 녹화공의 선정 등에 사용된다.

2) 기온
　　기온은 사공기간의 선정, 식재초본의 생육환경 추정에 사용한다.

3) 강설량
　　강설량은 적설량 및 융설량으로 파악할 필요가 있다. 첫눈이 내리는 시기는 시공기간에 관계되며, 적설량 및 적설밀도는 공작물의 설계 등과의 관계가 있으므로, 강설량은 단순히 양뿐만이 아니라 시기적, 질적인 조사가 필요하다.

5.2. 강수량의 조사

> 강수량은 대상지에서 가장 가까운 기상관측소 또는 대상지 내에 설치된 관측시설의 기록에 따라 다음과 같은 항목에 대하여 조사한다.
> 　① 연강수량 ② 최대일(시)우량 ③ 연속강우량 ④ 강설량

[해설]
　　강수량은 조사시점 이전의 가능한 한 장기간에 걸친 관측자료로부터 연강수량, 최대일우량, 최대24시간우량, 최대시우량, 연속강우량·강우시기 및 강설량 등에 대하여 조사한다.

1) 연강수량
　　연강수량은 관측자료의 최대, 최소, 평균 및 표준편차에 대하여 조사한다.

2) 최대일우량·최대시우량
　　최대일우량·최대시우량은 관측자료의 최대, 평균, 표준편차, 변동계수 및 초과확률에 대하여 조사한다.

3) 연속강우량
　　연속강우량은 각 연도의 과대한 강우(최대일우량을 포함한 연속강우량) 및 경상적인 강우의 강우형태, 강우시기에 대하여 조사한다. 또한, 강우에 의한 사면붕괴, 산사태, 토석류 등이 발생한 경우, 이에 관계된 강우의 발생 이전 7일부터 3일 정도의 일우량과 발생 이전 3일부터 발생 이후 1일 정도의 시간우량을 조사한다.

4) 강설량
　　각 연도의 최대적설깊이, 강설 개시일·종료일, 적설기간, 최대일융설량 등에 대하여 조사한다.

5.3. 기온의 조사

　　기온은 대상지 내 또는 가장 가까운 기상관측소에 설치된 관측시설의 기록에 따라 최고, 최저 및 평균에 대하여 조사하고, 한랭지에서는 토양의 동결에 대해서도 조사한다.

[해설]
　　기온은 조사시점 이전의 가능한 한 장기간에 걸친 관측자료로부터 기온은 최고, 최저 및 평균을, 토양의 동결은 동결깊이, 동결기간 및 동상깊이에 대하여 조사한다.

1) 온량지수
　　식물의 생활 작용은 온도에 따라 좌우된다. 따라서 적산온도를 식물분포의 제한요인으로 하여 산림대를 분류한 후, 월평균 기온 5℃ 이상인 월별 평균 기온으로부터 5℃를 뺀 숫자를 가산한 것을 온량지수(溫量指數)라고 하고, 월평균 온도 5℃ 이하인 월별 평균 기온과 5℃와의 차이를 합계한 것을 한랭지수(寒冷指數)라고 한다.

2) 건습지수

통상 평지의 기온은 위도에 관련되지만, 기온조건이 같을지라도 표고의 차이에 의한 기압, 강우, 바람, 일조량, 일조시간 등에 따라 식물의 종류, 분포상황이 다르다. 이와 같은 표고적인 관점에서 기후대, 식물대를 기후의 건습지수(乾濕指數, K)에 따라 산출한 후, 구분하기도 하며, 다음의 식으로 나타낼 수 있다.

온량지수가 100 이하인 경우 $K = \dfrac{P}{W+20}$

온량지수가 101 이상인 경우 $K = \dfrac{2P}{W+10}$

식에서, W : 온량지수
K : 건습지수
P : 연평균강수량

표 2-13. K값

0~3	과(過)건조	7~10	준(準)습윤
3~5	건조	10 이상	습윤
5~7	준(準)건조		

3) 동결지수

동결깊이를 현지에서 조사할 수 없는 경우에는 월별 0℃ 이하의 평균 기온과 그 계속 기간의 합계인 동결지수(凍結指數)를 구한 후, 다음 식에 의하여 추정할 수 있다.

$Z = C\sqrt{F}$

식에서, Z : 최대동결깊이(cm)
C : 상수 3~5(그늘로 바람이 강하게 부는 곳은 5)
F : 동결지수(0℃ 이하의 기온과 그 계속시간의 합계)

4) 온우도

기후구분을 판정하기 위해서는 온우도(溫雨圖)를 작성한다. 온우도는 방안의 가로축에 월강수량, 세로축에 월평균 온도를 하여 「온우도」를 그린 후, 1월과 8월을 연결하는 선이 가로축과 교차하는 각도에 따라 구분한다.

5.4. 바람의 조사

> 대상지에서 가장 가까운 기상관측소 또는 대상지 내에 설치된 관측시설 등의 기록에 따라 계절적인 풍향, 최대풍속에 대하여 조사한다.

[해설]

풍향·풍속은 강수, 기온과 함께 식생의 성립환경을 지배하기 때문에 대상지의 상황을 기상자료에 의하여 파악한 후, 식생도입에 있어서의 방풍시설, 한풍해, 조해 방지시설 및 방풍림대 등의 계획에 사용하도록 한다.

5.5. 기상 조사자료의 보정

> 기상 조사자료를 보완, 수정할 필요가 있는 경우에는 통계적 처리가 가능한 범위에 있어서 가장 적절한 방법에 의하여 보정한다.

[해설]
1) 보정방법
　① 유역의 평균 강우량
　사방계획, 설계에 필요한 확률우량 등의 산출에 사용하는 유역의 평균 강우량에는 산술평균법, 티센(Thiessen법), 등우량선법, 대표계수법, DAD(depth-area-duration)법 등이 있으며, 일반적으로는 산술평균법 또는 티센법이 사용되고 있다.
　　ⓐ 산술평균법
　산술평균법은 각 우량관측소에서 관측한 값을 단순 평균한 방법이다. 즉, 유역 내에 우량관측소가 일정하게 분포해 있고, 각 관측한 값과 평균한 값과의 차이가 크지 않으면 정확도는 비교적 높다. 그러나 강우에 대한 지형의 영향이 큰 산지 등에서 관측소의 숫자가 적은 경우에는 이 방법에 의한 값은 오차가 크게 나타날 수 있다.

$$r = \frac{r_1 + r_2 + \cdots\cdots + r_N}{N}$$

식에서, r : 평균 우량
　　　　$r_1, r_2 \cdots\cdots r_N$: 각 우량관측소의 강우량
　　　　N : 우량관측소의 개수

　　ⓑ 티센(Thiessen법)
　티센법은 각 관측소의 지배면적에 상당하는 비율을 강우량에 할당하여 평균 우량을 계산한 방법이다. 이 경우에도 지형적 특성에 의하여 강우의 영향을 강하게 받는 지

역의 경우 그와 같은 상황을 충분히 고려되지 않으면 오차가 생길 수 있다.

$$r = \frac{\alpha_1 r_1 + \alpha_2 r_2 + \cdots\cdots + \alpha_N r_N}{A}$$

식에서, r : 평균 우량

$\alpha_1, \alpha_2 \cdots\cdots \alpha_N$: 지도 내 각 우량관측소를 기입한 후, 그것을 연결한 직선의 수직 2등분선에 의하여 각 관측소 주변에 만들어진 다각형의 면적

A : 전체 유역면적

N : 우량관측소의 개수

$r_1, r_2 \cdots\cdots r_N$: 각 우량관측소의 강우량

ⓒ 등우량선법

관측소의 기록을 이용하여 등우량선을 그리고, 등우량선 내의 면적을 면적계 등으로 측정한 후, 등우량선 내의 평균 우량을 파악하는 방법이다.

$$r = \frac{b_1\left(\dfrac{R_0 + R_1}{2}\right) + b_2\left(\dfrac{R_1 + R_2}{2}\right) + \cdots\cdots + b_M\left(\dfrac{R_{M-1} + R_M}{2}\right)}{A}$$

식에서, r : 평균 우량

$b_1, b_2 \cdots\cdots b_M$: 이웃하는 등우량선에 의하여 둘려 쌓인 부분의 면적

$R_0, R_1 \cdots\cdots R_M$: 등우량 값

M : 등우량선에 의하여 분할되는 숫자

A : 유역면적

ⓓ 대표계수법

다수의 우량 관측의 실측값에 의하여 계산한 유역의 평균 우량과 소수의 대표관측소에서 측정된 우량 사이에는 우량을 관측하는 기간에 상관없이 다음의 관계식이 성립하는 것으로 간주한다.

$$R_{ave} = \sum_{i=1}^{i} a_i \cdot R_i$$

식에서, R_{ave} : 유역의 평균 우량

a_i : 대표계수(각 관측소에 대하여 일정한 숫자)

R_i : 대표 관측소의 우량

ⓔ DAD법

재해를 유발하는 집중호우에는 태풍에 의한 것, 전선에 의한 것 등과 같이 다양하며, 더욱이 지역적 변동이 크다.

DAD법은 우량 - 시간 - 면적의 관계로부터 다음의 식에 의하여 구한다. 즉, 각 지점에서의 시간우량 자료를 수집한 후, 최대 T_1, T_2, T_3시간우량의 등우량선도를 각각 그린다. 이어서 각 등우량선 내의 면적을 면적계로 구한 후, 평균 우량을 다음의 식에 따라 계산한다.

P_1선 이내 : $\dfrac{P_1 \cdot a_1}{a_1}$

P_2선 이내 : $\dfrac{P_1 \cdot a_1 + \left(\dfrac{P_1 + P_2}{2}\right) \cdot a_2}{a_1 + a_2}$

P_3선 이내 : $\dfrac{P_1 \cdot a_1 + \left(\dfrac{P_1 + P_2}{2}\right) \cdot a_2 + \left(\dfrac{P_2 + P_3}{2}\right) \cdot a_3}{a_1 + a_2 + a_3}$

식에서, P_1, P_2, P_3 : 단위등우량

a_1, a_2, a_3 : 전술한 등우량선 내의 면적

동일한 조작을 $T_4, T_5 \cdots\cdots T_N$시간에 대하여 실시하고, 그 수치를 편대수방안지에 세로축을 면적, 가로축을 평균 우량으로 한 후, T_N별로 표시한다. 이 평균 우량과 시간(T_N)과 면적을 도시한 것이 DAD곡선이다.

2) 결측 등의 보충

현재의 기후통계 값을 사용할 경우 관측소별로 관측기간이 다른 경우가 있다. 이와 같은 경우의 보충방법의 사례를 제시하면 다음과 같다.

① 통계기간이 부족한 경우

A지점에서는 대상기간 30년(예를 들면 1969~1998년)의 전체 관측 값이 모두 기록되어 있지만, 인접한 B지점에서는 그 중 15년 동안의 관측 값만 있는 것으로 가정할 경우, B지점의 15년간의 관측 값으로부터 해당 지점의 30년간의 평균값은 다음과 같은 방법으로 추정할 수 있다.

우선 A지점의 30년간의 평균값을 t_A, B지점의 15년간의 평균값을 t'_B라고 할 경우, B지점에서 관측이 진행되었던 15년간의 A지점에 있어서의 산출한 평균값을 t'_A라고 하면, B지점에 있어서의 30년간의 추정 평균값 t_B는 다음의 식에 의하여 구할 수 있다(기온과 강수량에서 다름).

기온의 경우 : $t_{Rr} = t_{Ar} + (t'_{Br} - t'_{Ar})$

강수량의 경우 : $t_{BR} = t_{AR} \times \dfrac{t'_{BR}}{t'_{AR}}$

기온의 경우와 강수량의 경우에 있어서의 두 식을 변형하면, $t_{BR} - t_{AR} = t'_{BR} - t'_{AR}$ 및 $t_{Br} \cdot t'_{Ar} = t_{Ar} \cdot t'_{BR}$이 된다. 이는 「근접한 지점 사이의 평균 기온의 차이는 통계기간이 다를지라도 같다」 및 「근접한 두 지점 사이의 강수량의 비율은 통계기간이 다를지라도 같다」는 것을 의미하고 있다.

② 관측기간이 다른 경우

예를 들어 C지점이 A지점 부근에 있고, 1931~1960년의 관측 값이 있을 경우, C지점의 1951년~1980년의 평균값을 추정하는 데에는 이전과 마찬가지로 다음과 같이 실시할 수 있다. 즉, A지점의 1951년~1980년간 및 1931~1960년간의 평균값을 m_A 및 m'_A라고 하고, C지점의 1931년~1960년간의 평균값을 $m_{C'}$, 1951~1980년간의 추정 평균값을 m_C라고 하면,

기온의 경우 : $m_{Cr} = m_{Ar} + (m'_{Cr} - m'_{Ar})$

강수량의 경우 : $m_{CR} = m_{AR} \times \dfrac{m'_{CR}}{m'_{AR}}$

이와 같이 통계기간이 다를지라도 근접한 곳에 완전하게, 더욱이 특정 기간 동시에 관측된 지점이 있다면, 그 불안전한 지점의 통계 값을 보정할 수 있다. 기준이 되는 지점과 보정을 하여야 할 지점 사이의 관측기간의 중복은 통계기간의 1/2, 즉 통계기간이 30년이라면 15년은 필요하다. 부득이 한 경우에도 최저 1/3이 필요하며, 그 이하일 경우에는 참고자료로만 사용한다.

[참고]
1) 강우량의 산지에 있어서의 할증

산지에 강수량 관측소가 없는 경우에는 평지의 관측 값에 할증을 하여 산지의 강수량으로 사용할 수 있다. 강수량은 일반적으로 산지 쪽이 평지보다 많고, 유역 내의 산지지역의 비율이 높으면, 평지의 관측기록만으로는 오차가 생길 수 있다. 따라서 산지의 강수량 관측을 통계 값으로 사용할 수 없는 경우, 평지의 관측값을 100m당 증가율 5~10% 정도를 할증하여 산지의 강수량 통계 값으로 할 수 있다.

2) 기온의 보정

기온의 보정은 일반적으로 -0.6℃/100m 정도를 사용한다.

5.6. 현지에 있어서의 기상조사

기존의 관측자료를 구할 수 없는 경우, 기존의 자료로는 현지 적합성이 현저하게 낮거나 특정 기상요소를 파악할 필요가 있는 경우 등에는 현지조사를 실시한다.

[해설]

1) 조사방법

광역적인 조사는 기존의 자료를 검토하는 수준으로도 충분하지만, 계획지역과 관측소가 멀리 떨어져 있거나 극히 제한된 지역의 자료가 필요할 경우 등은 현지에서 직접 기상관측을 실시하도록 한다.

2) 조사요소

조사하는 기상요소로는 강우량, 기온, 적설량, 바람 등이 있으며, 관측내용, 기간 등은 각각의 목적에 따라 선택한다.

[참고]

○ 적설조사

수평지에서는 관측사면이 북향이 되도록 하며, 경사지에서는 단면이 그늘이 되도록 사면에 평행하게 파면 단면의 눈이 거의 변질되지 않는다. 단면은 연직면으로 하고, 마무리 시에 면(벽)을 누르지 않도록 절개한다.

적설 단면은 성층구조로, 각 층은 눈이 내릴 때마다 그 상황을 표시하여 적설의 기록과 대조하면 각 층이 형성된 날짜를 알 수 있다. 이와 같은 층의 모양을 보다 정확하게 식별하기 위해서는 단면에 분무기로 색깔 있는 물을 뿌려두면 된다. 그리고 적설의 층구조, 측정방법 및 기호는 그림 2-16과 같다.

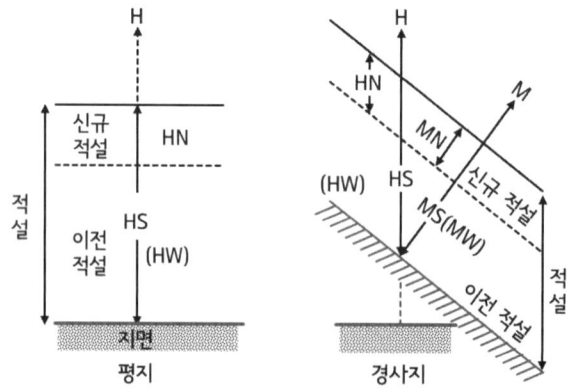

적설 깊이(HS, MS), 신규 적설(HN, MN), 적설 수량(HW, MW)

그림 2-16. 적설량 측정

제6절 산림의 상태, 식생조사

6.1. 총칙

> 산림, 식생조사는 조사대상지 및 그 주변의 산림, 식생 등의 상황을 파악한 후, 계획 및 설계의 기초자료를 제공하는 것을 목적으로 한다.

[해설]
1) 대상구역

산지의 황폐 및 유수, 토사의 유출은 산림, 식생과 상관이 높기 때문에 이들의 관계를 규명하는 것은 사방사업의 계획, 설계 시에 매우 중요하다.

따라서 사업의 목적에 따라 산복사면뿐만이 아니라 계안이나 계류에 생육하고 있는 식생 등의 조사를 필요한 지역에 대하여 실시한다.

2) 기능

산림의 부존상황은 그 지역의 보전 측면에서 크게 관계하고 있으며, 우량한 산림은 토양조건을 개선하고, 수원함양기능이 높은 지역이다. 한편, 임상이 나쁜 곳은 토양조건도 열악하여 보전 측면에서도 주목하여야 할 곳이다.

3) 활용

붕괴지 주변의 산림·식생이 기여하고 있는 역할 등을 조사한 후, 그 결과에 따라 식생의 도입계획을 수립할 때의 수종 선정, 육성방법 등을 검토하여 장래의 합리적인 유역관리를 진행한다.

6.2. 예비조사

> 예비조사는 임상도, 산림조사부, 산림시업계획서, 항공사진 등의 기존 자료에 의하여 다음의 항목에 대하여 필요에 따라 조사한다.
> ① 산림면적율 ② 축적 ③ 산림의 상태, 수종, 영급 ④ 벌채, 조림계획
> ⑤ 식생의 종류 및 특징

[해설]
산림, 임상에 대한 조사는 산림기본계획 단계에서 충분한 조사가 이루어지기 때문에 이들 자료를 활용하도록 한다. 조사항목은 조사의 목적에 따라 선택하도록 한다.

1) 산림면적율
    산림면적율은 조사지 내의 입목지면적의 조사지역면적에 대한 비율로 나타낸다.

2) 축적
    단위면적당의 축적은 높을수록 일반적으로 붕괴방지에 효과적이지만, 울폐도가 지나치게 높으면 지피식생이 감소하여 토사의 유출 등이 증가하는 경우도 있다.

3) 산림의 상태, 수종, 영급
    산림은 그 취급여하에 따라 인공림과 천연림으로 구분할 수 있지만, 수종에 따라서는 침엽수림, 활엽수림 또는 혼효림 및 대나무림으로 구분된다.
    일반적으로 단일 수종의 산림보다 혼효림이 보수력 등이 높다고 알려지고 있으며, 붕괴방지 효과도 높다. 또한, 유령림보다 장령림이 보전효과도 높은 경향이 있다.
    그리고 혼효림인 경우의 혼효비율은 입목재적의 %로 나타낸다.

4) 수관소밀도
    수관소밀도는 수관투영면적이 차지하는 비율로 나타내며, 5/10 이하를 「소(疎)」, 6/10~8/10을 「중(中)」, 9/10 이상을 「밀(密)」로 하여 나타낸다.

5) 식생
    식생은 시공에 도입하는 초본류, 수종의 선정, 시공 이후의 관리 등에 중요하다. 일반적으로 시공 이전의 조사인 경우는 대략적인 조사로 충분하지만, 특히 필요한 경우에는 식생의 생육상황이 거의 표준적이라고 간주되는 장소를 표준구로 산정하여, 세밀하게 조사한다.

6.3. 현지조사

현지조사는 기존의 자료에 의한 조사를 보완하여 일반적인 산림의 상태와 식생의 생육상황 등을 파악하고, 기 시공지에 있어서 식생의 생육상황과 부존상태 등을 파악하기 위하여 실시한다.

[해설]
    사방사업을 실시할 때에는 계획지역의 산림의 상태, 식생 등에 대한 기존의 자료를 사전에 수집하여 식생도입 등에 대한 검토를 실시하지만, 세부상황까지 망라하기는 불가능하다. 따라서 현지답사를 실시하여 보완할 필요가 있다.
    또한, 기 시공지의 식생에 대한 생육상황 등을 조사할 경우에는 원칙적으로 현지조사에 따르도록 한다.

6.3.1. 식생조사법

식생조사는 주로 녹화공사의 성적을 파악하고, 기 시공지의 개량방법의 검토, 초본·목본의 선택 등을 위하여 실시하며, 조사방법은 다음에 따르도록 한다.
① 랜덤추출법 ② 계통적 추출법

[해설]
1) 조사방법
　식생조사는 전수조사를 실시하기 매우 곤란하므로, 일반적으로 표본추출법에 따르는 경우가 많으며, 표본구의 추출방법은 조사대상을 랜덤으로 선정하는 방법과 계통적으로 선정하는 방법 등이 있다.
　① 랜덤추출법
　랜덤추출법에서는 조사대상지를 그림 2-17과 같이 표본구의 크기로 방안의 눈금을 나눈 후, 순차적으로 번호를 부여하고, 난수표 등에 의하여 조사하는 표본구를 결정한다.
　② 계통적 추출법
　계통적 추출법에서는 전술한 방안의 눈금을 연속적 또는 등간격으로 추출하여 표본구를 결정한다.

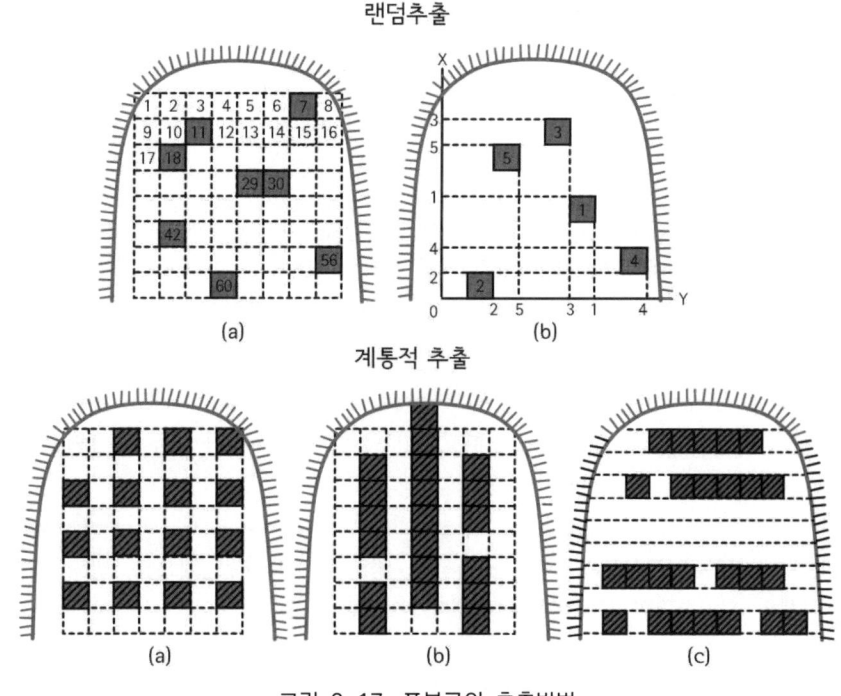

그림 2-17. 표본구의 추출방법

2) 표본구의 조사방법

표본구의 조사방법은 면적인 구획으로 하는 경우와 선적인 구획으로 하는 경우가 있다.

① 면적 조사법

방형구법, 중복틀법 등이 사용되고 있지만, 방형구법이 일반적으로 사용되고 있다. 이 방법은 소위 격자법이라고도 하며, 사방시공지 등의 식생조사에 널리 활용되고 있다. 격자의 형태는 구획이나 면적을 구하는 데 편리하기 때문에 정방형이나 장방형으로 하는 것이 일반적이며, 격자 크기의 표준은 다음과 같다.

- 녹화공의 초기 : 10cm×10cm~1.0m×1.0m
- 시공 후 2~3년 : 1.0m×1.0m~2.0m×2.0m
- 관목림 : 2.0m×2.0m~5.0m×5.0m
- 교목림 : 5.0m×5.0m~20.0m×20.0m

그리고 중복틀법은 주로 산림군락의 조사 등에 사용되는 것으로, 식생의 계층별로 교목용($25m^2$), 관목용($4m^2$), 초본용($1m^2$) 등과 같이 세 가지를 중첩하여 사용하는 방법이다.

② 선적 조사법

선적 조사법에는 선적 피도법, 선적 빈도법 등이 있으며, 조사목적에 따라 선택하도록 한다.

6.3.2. 식생조사의 계측

사방사업 대상지에서 실시하는 식생조사의 계측은 다음과 같은 내용에 대하여 실시한다.
① 기 시공지의 조사에 대해서는 원칙적으로 정량적 계측
② 산림의 군락구분 등에 대해서는 정성적 계측

[해설]

사방시공지 등에서 실시하는 식생조사의 계측에는 피도, 밀도, 빈도, 수도(數度), 생장고 및 중량 등이 있지만, 일반적으로 피도, 밀도, 빈도의 조사가 주로 사용되고 있다.

1) 피도

식생의 지상부가 지표면을 피복하고 있는 정도를 나타내는 것으로, 방형구의 면적에 대한 식생의 수직투영면적의 비율로 나타내는 경우가 많다.

피도 = 종류별 또는 식물전체로서의 피도의 합계 / 조사한 방형구의 총 개수

2) 밀도
　　밀도는 조사한 특정 식생 또는 전체 식생의 총 개체수를 방형구당 개체수로 나눈 값으로, 두 경우 모두 붕괴사면이나 산복사면의 식생 상황을 정량적으로 표시한 것이다. 따라서 식생의 밀도는 사방계획 혹은 기 시공지의 성과 등을 평가하는 지표로 널리 이용되고 있다.

　　　　밀도 = 특정 종류 또는 전체 식생의 총 개체수 / 조사한 방형구의 총 개수

3) 빈도
　　빈도는 특정 종이 나타나는 방형구의 숫자를 조사한 전체 방형구 숫자에 대한 비율로, 조사지구의 구성종 분포에 대한 일양성(一樣性)이나 종류 간의 양적 관계를 나타내는 지표이다.

　　　　빈도 = 특정 종류가 포함된 방형구의 총 개수 / 조사한 방형구의 총 개수

4) 수도
　　수도는 밀도와 관계된 계측 항목으로, 다음과 같이 방형구의 평균 개체수와 추정적 개체수로 표현하고 있다.
　　① 방형구의 평균 개체수
　　특정 종류가 포함된 방형구에 대한 평균 개체수를 말한다.

　　　　수도 = 특정 종류의 총 개체수 / 특정 종류가 포함된 방형구의 숫자

　　② 추정적 개체수
　　식생의 개체수를 추정할 때에는 수고 등을 함께 검토한 후, 표 2-14와 같은 방법으로 표현한다.

표 2-14. 추정적 개체수의 표시

수도	개체수
1	매우 적음
2	적음
3	약간 많음
4	많음
5	상당히 많음

제7절 수문조사

7.1. 총칙

> 수문조사는 사업대상지역의 수문량(水文量)을 파악하여 사업의 계획, 설계에 필요한 기초자료를 제공하는 것을 목적으로 한다.

[해설]

수문현상은 자연의 물리법칙에 따라 발생하는 것으로, 그 특성을 규명하기 위해서는 물리법칙 이외에 통계적 법칙을 이용하여 분석을 실시한 후, 수문량의 시간적·공간적 분포와 그 변화에 대하여 해석할 필요가 있다.

또한, 사방사업의 계획, 설계 등을 실시할 때의 중요한 수문량은 일반적으로 특정한 한 지점뿐만이 아니라 지역 전체의 수문량(유역전체의 수문량)이 필요하지만, 자료로서 파악할 수 있는 것은 각 지점의 수문량이다.

따라서 유역의 수문량을 조사하기가 매우 어렵기 때문에 가능하면 적절한 유역 수문량을 파악하기 위하여 통계적 처리가 반드시 필요하며, 해당 지역이 통일적 수치를 규정하고 있는 경우에는 그것에 따르도록 한다.

7.2. 수문자료의 선정 및 수집정리

> 수문량 해석의 기본이 되는 수문자료는 그 목적, 방법 등을 고려하여 선정하며, 수집된 수문자료에 대해서는 관측 및 기록상의 오류를 조사하고, 결측 값의 보충 등, 필요에 따라 자료의 보정을 실시한다.

[해설]

1) 자료수집

수문자료는 장기간에 걸쳐 측정된 과거의 자료가 중요하다. 그러나 사방사업 대상지역의 수문자료는 충분하지 않은 경우가 많기 때문에 기상 관계기관에서 관리하고 있는 자료를 사용하여 보완할 수밖에 없다.

또한, 수문자료는 하류의 댐 관리자 등이 관리하고 있는 경우가 있으므로, 각 기관의 조사자료도 필요에 따라 수집한다.

2) 수문자료의 선정

수문자료를 선정할 때에는 이미 수집된 자료, 타 기관에서 관리하고 있는 기록된 자료에 대해서도 예비조사를 실시하여 관측지점, 관측시기 등이 이용목적을 만족하는지?

기록된 자료가 편중되지 않은지? 필요한 정밀도가 있는지? 등에 대한 여부 등을 검토하고, 필요에 따라서는 관측방법, 지점의 주변 환경상태와 그 변천에 대하여 조사할 필요가 있다.

3) 결측 값의 보충

결측한 값의 보충은 대상으로 하는 자료와 상관성이 있는 기타 수문요소의 기록이나 부근의 같은 종류의 기록 자료를 이용하여 보충한다.

보통은 대상유역 및 부근 유역의 우량관측기간 일람표를 조사하여(관측지점이 많고, 수문자료가 충실한 기간을 선택함) 해석 대상우량에 대한 관측소 사이의 단(單)상관해석을 실시한 후, 상관이 가장 높은 관측소의 자료를 이용하여 결측 값을 추정한다.

한편, 상관이 높을지라도 분석한 자료의 숫자가 적을 경우에는 그것에 대한 채택 여부는 충분한 검토를 요하며, 산정하는 경우도 검토할 여지가 있다.

[참고]
○ 단(單)상관해석

서로 대응하는 두 종류의 시료가 모두 확률변수인 경우, 해당 변수 사이의 상관계수 및 모(母)상관계수에 관한 추정과 검정은 다음과 같은 방법에 의하여 실시할 수 있다.

1) 단상관계수

두 종류의 변수 사이의 직선적 관련성을 나타내는 통계량에는 단상관계수가 있으며, 다음의 식에 의하여 구할 수 있다.

$$r = \frac{\sum_{j=1}^{n}(x_j - x')}{\sqrt{\sum_{j=1}^{n}(x_j - x')^2 \sum_{j=1}^{n}(y_j - y')}} = \frac{\dfrac{\sum x_1 y_1 - (\sum x_1)(\sum y_1)}{N}}{\sqrt{\left\{\dfrac{\sum x_j^2 - (\sum x_j^2)^2}{N}\right\}\left\{\dfrac{\sum y_j^2 - (\sum y_j^2)^2}{N}\right\}}}$$

식에서, r : 단상관계수
 (x_j, y_j) : 같은 시점에서 파악된 변수 값으로, $j = 1, 2, \cdots\cdots, n$
 x', y' : 각 변수의 평균값
 N : 자료의 숫자

2) 상관계수의 유의성 검증

상관계수의 유의성 검증은 다음의 식에 의하여 구할 수 있다.

$$|r| \geqq \frac{1}{\sqrt{\frac{N-2}{t^2(N-2\alpha)}+1}}$$

식에서, $|r|$: 상관계수의 절대 값
$t(N-2\alpha)$: 자유도 $N-2$, 양쪽 확률 α에 대한 t분포의 t의 값
(위험률은 일반적으로 5%로 함)
α(또는 신뢰계수 $1-\alpha$) : 검정의 위험률

을 만족하는 경우의 변수 x, y가 각각 속하는 모집단 사이에는 상관이 있는 것으로 판정할 수 있으며, 만족히지 못하는 경우에는 상관이 없는 것으로 판정하여도 된다.

3) 두 집단의 상관관계의 차이에 대한 검정

상관관계의 유의성 검정은 다음의 식에 의하여 실시할 수 있다.

$$u_0 = \frac{1}{\sqrt{\frac{1}{N_1-3}+\frac{1}{N_2-3}}}$$

라고 하였을 때 $u_0 \geqq u(\alpha/2)$인 경우에는 위험률 α(또는 신뢰계수 $1-\alpha$)로 두 집단의 상관관계가 유의한 차가 있는 것으로 판정하고, $u_0 \leqq u(\alpha/2)$인 경우에는 유의한 차가 없는 것으로 판정하여도 된다.

여기서, Z_1, Z_2는 두 집단의 시료가 각각의 상관계수 r_1, r_2를 Z로 변환한 값으로, 다음의 식에 따른다.

$$Z = \frac{1}{2}\log e \frac{1+r}{1-r}$$

또한, N_1, N_2는 각각 r_1, r_2를 구한 시료의 숫자, $u(\alpha/2)$는 편측확률 $\alpha/2$에 대한 정규편차의 값이다(위험률 α는 일반적으로 5%로 함).

7.3. 수문량의 생기확률 해석

수문량의 생기확률에 관한 해석은 다음의 항목에 대하여 검토하도록 한다.
① 해석시료의 추출 ② 적용분포형의 선정 ③ 결측 값 및 이상한 값의 기각에 관한 검토
④ 재현기간의 추정

[해설]
1) 유의사항

생기확률에 관한 해석계산에 사용되는 시료는 해석의 전제조건인 독립성, 불편성(不偏性), 등질성(等質性)을 만족하여야 한다.

또한, 시료는 동일 환경조건 하에서 생기된 것으로 간주되는 수문량의 집단으로부터 무작위로 추출되었다고 간주되는 것이어야 한다. 그리고 시료추출 시에 주의하여야 할 점은 다음과 같다.

① 주기성, 지속성을 갖지 않도록 시료를 추출하는 것
② 경향 변화가 없이 시료를 추출하는 것
③ 연간최대수치의 시료를 추출할 경우, 해석의 목적에 따라 대상의 계절을 한정하여 (예를 들면, 홍수기에 한정하여) 취급하는 것이 바람직한 경우가 있다.

한편, 수문요소의 확률을 해석할 경우, 동일 자료로부터 채취한 것일지라도 기간의 결정방법, 기간의 길이 등에 따라 해석결과가 크게 변동한다. 따라서 해석결과 값의 신뢰도를 높이기 위해서는 가능하면 장기간의 자료를 수집할 필요가 있다.

2) 검정방법

확률해석에 있어서 자료의 기각을 검정하는 방법에는 기각한계법을 응용한 가도야(角屋)의 방법(일본), Beard의 방법(미국), Nash의 방법(영국) 등이 있지만, 이상의 검정방법은 충분한 검토가 이루어진 후에 적용되어야 하며, 자료의 연도수가 부족할 경우(예를 들면, 30년 이하)에 대해서는 적용하지 않는 것이 바람직하다.

7.3.1. 재현기간 및 확률수문량

사방사업의 계획규모를 결정하기 위하여 필요로 하는 수문량의 특정 값에 대응하는 재현기간은 그 수문량의 생기도수(生起度數)에 기초하여 결정한다.

[해설]
1) 확률연도 산정

확률연도의 숫자는 다음의 식에 의하여 산정한다.

$$T = \frac{1}{m} \cdot P(X_u) \text{ 또는 } T = \frac{1}{m} \cdot F(X_\alpha)$$

식에서, T : 수문량의 특정 값 X_u, X_α에 각각 대응하는 재현기간
$P(X_u)$: 수문량이 X_u와 같거나 초과하는 값이 생기하는 확률
$F(X_\alpha)$: 수문량이 X_α와 같거나 초과하는 값이 생기하는 확률
m : 산정에 사용한 시료의 연간평균 생기횟수

확률연도수를 지정할 때, 각각에 대응하는 수문량의 값(X_u 또는 X_α)을 T년 확률수문량이라고 한다.

2) 수문량의 연간 생기도수

t년 동안의 자료로부터 추출한 자료의 크기를 N(개)이라고 하는 수문량의 연간 생기도수는 연평균 추출자료의 숫자에 상당하며, $m = \dfrac{N}{t}$이다.

이 식은 수문량이 X_u와 같거나 초과하는 값이 생기하는 경우가 평균적으로 T년에 1회 ($m = 1$인 경우에는 T년에 1회)의 비율로 발생하거나 또는 X_α와 같거나 초과하지 않는 값이 생기하는 경우가 T년에 1회의 비율로 발생하는 경우가 기대되는 것을 의미하고 있다. 따라서 수문량이 특정 크기 x의 값에 대응하는 $P(x)$ 또는 $F(x)$의 값을 추정할 수 있으면, 이 식에 의하여 x의 값에 대한 확률연도수(재현기간)가 산출된다. 또한, 반대로 확률연도수 T를 지정하면, 본문의 식에 의하여 $P(x)$ 또는 $F(x)$의 값을 구할 수 있고, 이에 대응하는 수문량($x = T$년 확률수문량)을 산출할 수 있다.

7.3.2. 확률수문량 계산

수문량의 생기확률에 관한 추정을 해석적으로 실시할 경우에는 다음과 같은 순서에 따라 계산한다.
① 분포함수식을 선정한다.
② 시료를 참고로 함수식의 계수들을 구한다.
③ 재현기간에 대응하는 확률수문량을 구한다.

[해설]
1) 계산방법

수문량의 확률을 계산할 때에는 사용하는 대표적인 방법에는 대수정규분포, 대수피어슨(Pearson) Ⅲ형 분포, 대수극치분포(최대치분포 및 최소치분포) 및 지수분포 등이 있다. 그리고 분포함수의 형태를 선정할 때에는 이론적 또는 경험적으로 적합성 여부를 확인한 후에 적용하도록 한다.

2) 빈도분포

연간 최대일우량을 대상으로 하여 장기간에 있어서의 해당 일우량의 빈도분포를 파악해 보면, 우선 정규분포 형상은 나타나지 않는다. 물론, 변동계수가 부(負)인 경우도 있지만, 대체로 정(正)으로 변형해 있기 때문에 분포함수식에 따른 변동계수에 의하여 보정한다.

3) 사방사업에 사용되는 계산방법

사방사업에 사용하는 직접해법(피어슨(Pearson) Ⅲ형 분포)과 근사해법(대수정규분포)은 다음과 같다.

① 직접해법(피어슨(Pearson) Ⅲ형 분포)

직접해법은 우선 다음과 같이 P', C_V, C_S, C_S'를 구한다.

$$P' = \frac{\sum P_i}{N}$$

식에서, P' : 관측기간 내 최대일우량의 평균값(mm)
　　　　P_i : 각 연도의 최대일우량(mm)
　　　　N : 관측기간

$$C_V = \sqrt{\frac{\sum (P_i - P')^2}{N-1}}$$

식에서, C_V : 표준편차

$$C_S = \frac{\sum (P_i - P')^3}{(N-1)(C_V)^3}$$

식에서, C_S : 변동계수

$$C_S' = C_S \left(1 + \frac{8.5}{N}\right)$$

식에서, C_S' : 모집단의 변동계수

그리고 모집단의 변동계수 C_S'에 대응하는 규준확률변량(K_T)를 표 2-15에 제시한 피어슨(Pearson) 3(아라비아 숫자)형에 의하여 그 값을 구한 후, 표준편차 C_V를 곱하고 관측기간 내 최대일우량의 평균값 P'를 더하면, 각각의 초과확률일우량(P_T)을 구할 수 있다.

$$P_T = K_T + C_V + P'$$

식에서, P_T : 초과확률일우량
　　　　K_T : 규준확률변량

이 경우의 최소일우량 P_M은, $P_M = P' - \dfrac{C_S' \cdot C_V}{2}$로 구할 수 있다.

표 2-15. 피어슨(Pearson) Ⅲ형에 의하여 구한 기준확률변량(K_T)

변형계수 (C_S)	확률연도수(T)							
	2	5	10	20	30	50	100	200
	초과확률($1/T$)(%)							
	50	20	10	5	3.33	2	1	0.5
3.0	-0.40	0.42	1.18	2.02	2.55	3.15	4.02	4.97
2.8	-0.38	0.47	1.20	2.02	2.54	3.11	3.95	4.85
2.6	-0.37	0.51	1.23	2.01	2.52	3.07	3.87	4.72
2.4	-0.35	0.54	1.25	2.01	2.50	3.02	3.78	4.58
2.2	-0.33	0.58	1.28	2.01	2.47	2.97	3.70	4.44
2.0	-0.31	0.61	1.30	2.00	2.44	2.91	3.60	4.30
1.8	-0.28	0.64	1.32	1.98	2.40	2.85	3.50	4.15
1.6	-0.25	0.68	1.33	1.96	2.36	2.78	3.40	3.99
1.4	-0.22	0.71	1.34	1.93	2.32	2.71	3.28	3.83
1.2	-0.19	0.74	1.35	1.90	2.27	2.63	3.15	3.66
1.0	-0.16	0.76	1.34	1.87	2.21	2.54	3.03	3.49
0.8	-0.13	0.78	1.34	1.83	2.15	2.45	2.90	3.31
0.6	-0.09	0.80	1.33	1.79	2.08	2.36	2.77	3.13
0.4	-0.06	0.82	1.32	1.74	2.01	2.26	2.62	2.95
0.2	-0.03	0.83	1.30	1.69	1.94	2.16	2.48	2.76
0.0	0.00	0.84	1.28	1.64	1.83	2.05	2.33	2.58
-0.2	0.03	0.85	1.25	1.58	1.78	1.95	2.18	2.39
-0.4	0.06	0.85	1.22	1.51	1.69	1.83	2.03	2.20
-0.6	0.09	0.86	1.19	1.45	1.60	1.72	1.88	2.02
-0.8	0.13	0.86	1.16	1.38	1.51	1.61	1.74	1.84
-1.0	0.16	0.86	1.12	1.31	1.42	1.49	1.59	1.66
-1.2	0.19	0.85	1.08	1.25	1.32	1.38	1.45	1.50
-1.4	0.22	0.84	1.05	1.18	1.23	1.27	1.32	1.35
-1.6	0.25	0.82	0.99	1.10	1.14	1.17	1.20	1.22
-1.8	0.28	0.80	0.95	1.03	1.05	1.07	1.09	1.10

② 근사해법(대수정규분포)

밀도곡선의 변량을 대수로 치환하면, 일단 정규분포에 근사할 수 있다고 생각되기 때문에 각 초과확률의 역수에 대응하는 규준확률변량을 구한 후, 자료로부터의 표준편차 C_V를 곱하고, 평균값 P를 더하면 초과확률일우량을 구할 수 있다.

$$P' = \frac{\sum P_i}{N-1} \quad \text{(전술한 것과 동일)}$$

$$C_V = \sqrt{\frac{\sum (P_i - P')^2}{N-1}} \quad \text{(전술한 것과 동일)}$$

$$K_T = -\frac{\sqrt{6}}{\pi}\left\{0.5772 + \log e\left(\log e \frac{T}{T-1}\right)\right\}$$

식에서, K_T : 규준확률우량(표 2-16에 따름)
         π : 지름
         e : 자연대수의 밑변
         T : 재현기간(년)

표 2-16. 규정초과확률의 근사 값(K_T)

확률연도수(T)	2	5	10	20	30	50	100	200
초과확률($1/T$%)	50	20	10	5	3.33	2	1	0.5
기준확률변량	0.164	0.720	1.304	1.867	2.189	2.592	3.137	3.683

$$P_T = P' + K_T C_V$$

식에서, P_T : T년의 확률최대일우량(mm)

확률수문량을 산출할 때에는 사방시설의 중요성 및 목적 등에 따라 생기확률을 계산하도록 한다.

7.4. 홍수자료의 조사 등

홍수자료의 조사는 해석 대상지역 내의 관측소의 우량, 수위, 유량 등의 기록을 조사한 후, 조사대상 홍수별로 정리한다.

[해설]
    우량에 대해서는 해당 유역 및 그 주변 유역에서 파악할 수 있는 모든 우량자료를 강우원인을 포함하여 조사한다. 그리고 유량자료에 대해서는 유량의 측정방법을 명시하고,

수위와 기타에 의하여 추정할 경우에는 그 방법을 구체적으로 기입해 두어야 한다.

7.4.1. 유역특성의 조사

유역특성의 조사는 필요에 따라 해당 유역의 형상(면적, 경사, 본유로의 길이, 신장률 등) 및 해당 유역의 토지이용 실태(식생, 지피, 농경지 등) 등에 대하여 조사하고, 유출계산 등에 필요한 특성을 파악한다.

[해설]

유역특성은 수문곡선에 영향을 미치는 요소로, 유역면적은 유출량에, 경사는 유출속도에 각각 영향을 미친다. 또한, 유역의 토지이용 및 지피식생의 상태는 강우손실이나 유출속도를 좌우한다.

따라서 유역이 크면 이들 특성의 다른 유역별로 해석할 필요가 있으므로, 조사 시 이를 충분히 고려하여야 한다.

7.5. 유출량의 추정

강수량으로부터 유출량을 추정하기 위하여 원칙적으로 합리식을 이용하고 있다.

[해설]

유출계산이란 강수량(강설량을 포함함. 이하 같음)으로부터 증발, 증산 등에 의하여 소실되지 않고 계류로 유출하는 수량을 계산하는 것을 말한다.

합리식은 최대홍수유량을 추산하는 방법으로, 비교적 작은 유역(유역면적 200km²)을 대상으로 하는 경우에 적합하다. 유역이 큰 경우에는 유역의 상황에 따라 단위도법, 저류함수법 등을 사용하는 것이 적당하다.

1) 적용

합리식은 유역의 저류현상을 고려할 필요가 없는 계류의 최대홍수유량을 산정하는 경우에 적용하며, 다음의 식에 따라 산출한다.

$$Q = \frac{1}{360} \cdot f \cdot r \cdot A$$

식에서, Q : 최대홍수유량(m³/s)
f : 유출계수
r : 홍수도달시간 내의 우량강도(mm/h)
A : 집수면적(ha)

2) 유의사항

합리식은 다음과 같은 가정 하에서 작성되었기 때문에 적용할 때에는 이 점을 충분히 유의하여야 한다.

① 특정 강우강도의 강우에 의한 유출량은 그 강도의 강우가 도달시간 또는 그 이상의 시간이 계속될 때 최대가 된다.
② 강우의 계속시간이 도달시간과 같거나 그 이상 긴 특정 강도의 강우에 의한 최대유출량은 그 강우강도와 직선 관계가 있다.
③ 최대유출량의 생기확률은 주어진 도달시간에 대한 강우강도의 생기확률과 가깝다.
④ 유출계수는 주어진 유역에 내리는 모든 강우 및 어떠한 확률의 강우에 대해서도 동일하게 적용된다.
⑤ 일반적으로 유역면적이 커지면 저류효과가 증가하며, 합리식의 선형 가정이 성립되기 때문에 주의하여야 한다.

3) 유출계수

유출계수는 강우량에 대하여 계류에 유입되는 우수유출량의 비율로, 유역의 지피, 식생, 지형, 토지이용상황 등을 감안하여 결정할 필요가 있다.

유출계수는 합리식을 이용하는 데 있어서 가장 결정하기 곤란한 요소 중 하나로, 여러 가지 수치가 제안되고 있지만, 사방시설을 설계할 때에는 다음의 표 2-17을 표준으로 하여 실시하도록 한다.

표 2-17. 자연 상태에서의 유출계수(f_1)와 개발지역별 유출계수(f_2)

지질 및 지형		침투능이 불량한 모재			침투능이 보통인 모재			침투능이 양호한 모재		
		급준	사면	평지	급준	사면	평지	급준	사면	평지
f_1	산림	0.65	0.55	0.45	0.55	0.45	0.35	0.45	0.35	0.25
	농경지	0.75	0.65	0.55	0.65	0.55	0.45	0.55	0.45	0.35
	초지	0.85	0.75	0.65	0.75	0.65	0.55	0.65	0.55	0.45
	불모 암석지대	0.90	0.80	0.70	0.80	0.70	0.60	0.70	0.60	0.50

개발지역	도시지구	주택지구	포장도로	자갈도로	정원 잔디	산림	운동장공원
f_2	0.90~0.95	0.70~0.80	0.85~0.98	0.60~0.75	0.45~0.55	0.35~0.40	0.55~0.65

주) 대면적에 대하여 각각의 점유면적에 대한 비율을 구하고, 각각의 온량지수를 곱한 후에 집계하고 난 다음, 그것을 100으로 나누어 대표적인 유출계수로 한다.

4) 우량강도(r)

합리식의 산정하는 데 사용하는 강우강도는 각지에서 측정한 강우량의 실측치를 기본으로 하여 통계 처리한 후, 강우계속시간과의 관계에 따라 다음과 같이 표현할 수 있다.

우량강도를 적용할 때에는 유역의 특성을 고려하여 결정한다.

$$r = \frac{a}{t+b}$$

식에서, r : 우량강도(mm/h)
　　　　t : 강우계속시간(min)
　　　　a, b : 지역별 강우분포의 특성을 나타내는 상수

① 홍수도달시간 내의 우량강도

$$r_N = \beta_N \cdot R_N$$

식에서, r : 1시간 강우강도(mm)
　　　　β : 특성 계수
　　　　R : 1시간 우량(mm)
　　　　N : 확률 N년
　　　　r_N : N년 확률강우강도

② 장시간 강우의 강우강도식은 계류에 있어서의 홍수유량의 계산에 이용된다. 일우량 뿐만이 아니라 주어진 경우의 임의계속시간 중에 있어서의 강우강도 추정 식은 다음과 같다.

$$r_t = P_t \left(\frac{t}{24}\right)^k$$

식에서, r_t : t시간의 계속강우강도(mm)
　　　　P_t : 최대일우량(mm/day)
　　　　K : 정수(일반적으로 1/2~1/3)

5) 홍수도달시간(t)
　　합리식에 사용되는 홍수도달시간은 유역의 가장 먼 지점에 내린 강우가 그 유역의 출구까지 도달하는 데 필요한 시간으로, 통상 다음과 같은 방법에 의하여 구할 수 있다.

　　홍수도달시간(t) = 유입시간(t_1) + 유하시간(t_2)

① 유입시간(t_1)

유입시간은 유로에 도달하기까지의 사면의 형상, 면적, 지표면, 물매, 지피상태, 유하거리, 강우강도 등에 지배되며, 사방사업의 계획, 설계에는 다음의 값을 사용한다.

$$t_1 = \left(\frac{2}{3} \times 3.28L_1 \cdot \frac{nd}{\sqrt{S}}\right)^{0.467}$$

식에서, t_1 : 산복의 유하거리(min)
　　　　S : 평균물매($S = H/L_1$)
　　　　H : 표고차(m)
　　　　nd : 지체계수(표 2-18 참조)
　　　　$3.28L_1$: 유역 내 가장 먼 지점에서 유로까지의 거리(m)
　　　　　　　　(산복을 유하하는 수평거리)

표 2-18. 지체계수

지피상태	nd	지피상태	nd
불투수면	0.02	산림(활엽수림)	0.60
잘 막히는 나지(매끈매끈함)	0.10	산림(활엽수림, 낙엽 등 퇴적지)	0.80
나지(보통의 조도)	0.20	산림(침엽수림)	0.80
불량한 초지 및 농경지	0.20	밀생한 초지	0.80
방목지 또는 일반 초지	0.40		

② 유하시간(t_2)

유수가 유로의 최상류에 유입된 후, 유량 산출지점까지 도달하는 데 소요되는 시간으로, 계류에서는 다음의 매닝의 평균 유속식을 유하속도로 가정하여 계산한다.

$$V = \frac{1}{n} \cdot R^{2/3} \cdot I^{1/2}$$

$$t_2 = \frac{L_2}{V \times 60}$$

식에서, V : 유속(m/s)
　　　　t_2 : 유하시간(min)
　　　　R : 경심
　　　　I : 수면물매
　　　　n : 매닝의 조도계수
　　　　L_2 : 유로길이(m)

표 2-19. 계상의 상황별 매닝의 조도계수

구분	계상의 상황	조도계수 범위	조도계수 기준
자연하천	산지유로(모래, 자갈)	0.030~0.050	
	산지유로(자갈, 굵은 자갈)	0.04 이상	
	대유로(점토, 사질토)	0.018~0.035	
	대유로(사력계상)	0.025~0.040	
인공수로 등	콘크리트 인공수로	0.014~0.020	
	양안 석력, 소유로(진흙 계상)		0.025
산지유로	계상면은 모래, 자갈 및 굵은 자갈	0.030~0.050	0.04
	계상면은 굵은 자갈, 석력 자갈	0.040~0.070	0.05
계류			0.07
산악계류	직경 0.5m 이상의 석력이 점재		0.08
	직경 0.3~0.5m의 석력이 점재		0.07
	계상이 비교적 정리된 상황의 계상		0.06
	요철이 심한 모암이 노출된 계상		0.05

7.6. 유량조사

유량조사는 현지에서 유량을 직접 파악하여야 할 필요가 있는 경우에 실시하고, 원칙적으로 다음의 방법에 따르도록 한다.
① 언측법 ② 유속법 ③ 홍수위흔적법

[해설]
1) 측정방법 선정

유량조사는 목적, 측정하는 유량의 인자, 종류, 정밀도 등에 따라 측정방법이 선정되지만, 사방계획의 대상이 되는 황폐계류 등은 유로 및 유수의 형태가 매우 복잡하기 때문에 정확한 측정은 곤란한 경우가 많다.

2) 유량과 유적

유량은 단위시간 내에 계류의 유로단면을 통과하는 수량을 말하며, 유적(流積)과 유속의 곱으로 표현된다. 그리고 유적의 측정은 유로의 횡단면적과 수위로부터 구하고, 유속은 직접 측정하거나 유수의 수면 등으로부터 추정한다.

3) 종류

유량은 유역면적의 크기, 목적으로 하는 유량의 종류, 정밀도 등에 따라 측정방법을 선택하도록 한다.

① 언측법

이 방법은 집수면적 20~30ha의 계류를 대상으로 사용되며, 장방형, 역삼각형 등의 노치를 설치한 방수로를 월류하는 수위를 측정한 후, 수위유량곡선식을 구하여 유량을 계산한다.

댐은 완전 월류하는 축류웨어를 표준으로 하며, 유량이 적은 경우에는 삼각노치를, 비교적 많은 경우에는 장방형 노치를 사용한다. 이 두 방법을 대비할 경우 전자가 월류수심에 민감하기 때문에 측정 정밀도가 높다.

· 삼각형 노치

$$Q = K \cdot \{2(H+h)^{5/2} - (5H+2h)^{5/2}\}$$
$$K = \frac{4}{15} C\sqrt{2g} \tan\frac{\theta}{2}$$

또한, 노치의 상류에 충분한 크기의 담수지를 설치하여 접근유속을 무시할 수 있을 때에는 다음의 식에 의하여 구한다.

$$Q = 2 \cdot K \cdot H^{5/2}$$

식에서, Q : 유량
        H : 측정 수위
        C : 댐에 있어서 수맥의 수축 등에 의하여 결정되는 유량계수
            C의 값은 수심에 따라 다르다(얕은 경우는 C=0.60)
        g : 중력의 가속도
        θ : 삼각노치의 정각
        h : 접근속도 V일 때의 유속수두 $\left(h = \frac{V^2}{2g}\right)$

· 장방형 노치

$$Q = K \cdot \{(H+h)^{3/2} - 2h^{3/2}\}$$
$$K = \frac{2}{3} C \cdot B \cdot \sqrt{2g}$$

  식에서, B : 노치의 폭

또한, 접근속도가 무시될 수 있을 때는 다음의 식에 따른다.

$$Q = K \cdot H^{3/2}$$
$$= \frac{2}{3} \cdot C \cdot B\sqrt{2g} \cdot H^{3/2}$$

· 사각형 노치

$$Q = \frac{2}{15} \cdot C \cdot \sqrt{2g}\,(2B_2 + 3B_1) \cdot H^{3/2}$$

식에서, B_2 : 댐의 상단 폭
B_1 : 댐의 하단 폭

② 유속법

이 방법은 유역면적이 크고, 댐을 설치할 수 없는 경우 등에 사용되며, 자연단면의 계류에 있어서도 단면이 일정하다면 적용할 수 있다. 유량은 양수로를 만든 후, 그 유로단면을 유하하는 유수의 평균 유속을 측정하여 다음의 식에 따라 산출한다.

$$Q = A \cdot V$$

식에서, Q : 유량(m³/s)
A : 유적(m²)
V : 평균유속(m/s)

평균 유속을 측정하는 데에는 다음과 같은 방법이 있으며, 이외에도 초음파, 레이저광선 등을 이용하여 유속을 측정하는 방법이 있다.

· 부자법

단순히 유속을 측정하는 방법으로, 부자를 투입하여 사전에 거리를 측정한 구간을 유하하는 시간을 측정하여 유속을 계측한다. 이 방법은 표면유속을 측정하는 것으로, 평균유속의 근사치는 측정치의 70~90%이다. 또한, 이러한 표면부자뿐만이 아니라 물속을 유하하는 부자(수중부자)도 있으며, 이것들을 합친 것(복부자)도 있다.

· 유속계법

유속계는 회전축의 주위에 컵 등을 부착한 후, 유수에 의하여 회전을 일으켜 단위시간 내의 회전수와 유속이 직선관계가 있다는 것을 이용하여 유속을 측정한다.

③ 홍수위흔적법

홍수위흔적법은 홍수 이후의 침수흔적, 박피, 계안의 홍수흔적 또는 사전에 설치된 간단한 최고수위 흔적표에 의하여 홍수위를 측정하여 유적을 구한 후, 상하류의 홍수위흔적의 고저차로부터 홍수류의 수면물매를 파악하고, 평균 유속식에 따라 유속을 추정하여 홍수유량을 구한다.

그리고 홍수유량은 전술한 유속법의 식을 사용하며, 측정 시에는 가능하면 사방댐 또는 유로단면이 일정한 단면을 선정할 필요가 있다. 또한, 홍수류는 사력이나 유목 등을 포함하여 그 수면이 일정하지 않기 때문에 오차를 수정할 필요가 있다.

한편, 개수로에 있어서 평균 유속 V를 추정할 때에는 다음의 셰지(Chezy)식이 이용된다.

$$V = C\sqrt{R \cdot I}$$

식에서, C : 수로 벽면의 조도 n 등에 관계하는 계수
R : 경심($= A/S$)
I : 수면물매(%)

한편, C에 대해서는 다양한 식이 발표되고 있지만, 계류에 적용할 때에는 매닝의 식의 적합성이 좋은 것으로 알려지고 있다.

$$C = \frac{1}{n} \cdot R^{1/6}$$

여기서, 매닝의 유속식은 $V = \frac{1}{n} \cdot R^{2/3} \cdot I^{1/2}$이지만, 셰지의 식과 형태를 같게 정리하면 $V = \frac{1}{n} \cdot R^{1/6} \cdot \sqrt{RI}$이 된다.

제8절 황폐현황조사

8.1. 총칙

황폐현황조사는 조사 대상지역 내의 황폐상황을 파악하여 사방계획을 책정하는 데 필요한 자료의 제공을 목적으로 실시한다.

[해설]

사방계획을 책정할 때에는 산지의 황폐상황 및 황폐특성을 파악하는 것이 중요하다. 따라서 황폐지에는 산복이 붕괴된 경우, 수계를 따라 산각이 침식되거나 불안정한 토사가 퇴적하여 계류 전체가 황폐된 경우 및 특별한 사유에 의하여 황폐된 경우 등으로 구분하여 실시하도록 한다.

또한, 황폐의 정도는 성인, 형상, 규모 등은 기상, 지질, 지형 등의 조건에 따라 현저하게 다르기 때문에 조사목적에 대응한 정리가 필요하며, 정밀도와 내용을 충분히 검토한 후에 조사를 실시하도록 한다.

8.2. 예비조사

예비조사는 지형도, 항공사진 등을 사용하여 황폐특성을 개괄적으로 파악하기 위하여 실시한다.

[해설]

예비조사는 황폐상황을 항공사진 등에 의하여 개괄적으로 파악하는 것이다. 따라서 예비조사에 의하여 파악된 결과는 지형도 등에 정리한 후, 현지조사 시에 원활하게 활용할 수 있도록 한다.

8.3. 붕괴지조사

붕괴지조사는 붕괴지 등의 분포, 특성 등을 파악하기 위하여 실시하는 것으로, 필요에 따라 다음의 항목을 조사한다.
① 붕괴지의 분포, 밀도 ② 요인 ③ 동태 ④ 형태 ⑤ 식생 ⑥ 토사량

[해설]

붕괴지 등의 복구, 예방계획을 책정할 때에는 전술한 항목에 대하여 상호 관련성을 충분히 파악한 후, 황폐 특성 등에 따라 가장 효율적, 효과적인 공종을 선정, 배치하여야 한다.

제2장 유역특성조사

따라서 붕괴지조사는 예비조사의 결과에 입각하여 조사의 항목, 내용, 정밀도를 충분히 검토한 후 실시하며, 특정 조사항목에 의한 결정이 아닌 종합적인 판단이 이루어질 수 있도록 계획적, 효율적인 조사를 실시할 필요가 있다.

8.3.1. 붕괴지의 분포, 밀도조사

붕괴지의 분포, 밀도의 조사는 조사 대상지역에 있어서의 붕괴지의 분포상황을 파악하고, 조사 대상지역의 면적에 대한 붕괴지 면적 혹은 단위면적당 붕괴지 개소수를 조사하여 산복붕괴에 관련된 지표를 제공할 목적으로 실시한다.

[해설]

1) 붕괴밀도

붕괴밀도는 유역 또는 중지형 구분에 따른 지역별 토사유출량 등을 검토하는 지표로서 중요한 요소이다. 또한, 붕괴밀도는 산지사면의 경사, 횡단면 형상, 곡밀도 등의 지형인자를 비롯한 지질·토질, 임상 등이 깊게 관여하고 있다.

2) 조사방법

붕괴밀도조사는 전역을 대상으로 붕괴지 면적과 붕괴지 개소수를 일괄적으로 조사하여 그 비율을 산출하고, 붕괴에 가장 밀접하게 관계하는 인자(경사, 횡단면 형상, 곡밀도, 수종 등)를 탐색하는 것이다.

따라서 조사대상지 내에 서로 다른 지질이 있는 경우에는 지질의 다른 지구를 구분하여 지구별 평균 경사와 붕괴, 곡밀도와 붕괴 등의 상관관계를 구한다.

① 메시법(전수 조사법)

지역을 방형 또는 유사한 메시를 사용하여 등(等)면적의 단위지역을 설정한 후, 각 특성을 조사한다.

붕괴다발지역의 특성을 규명하기 위해서는 각 메시별 붕괴에 특별히 영향을 미치는 것으로 예상되는 특성(통상은 경사, 횡단면 형상, 곡밀도, 임상 등) 및 붕괴지의 유무, 크기, 개수 등을 기준으로 분류한다.

이 방법은 사면의 경사 등, 공간적 변화가 심한 특성에 대하여 조사할 수 있지만, 특성에 따라서는 차이가 나타나지 않는 것도 있다. 구체적인 조사방법은 중·소지형 구분을 단위로 하여 축척 1/5,000 지형도에 2cm의 메시를 사용하며, 조사 대상지역이 1/2 이상 들어가는 메시에 대하여 메시별로 주로 다음의 항목을 조사한다.

· 경사 : 메시 내의 내접원(內接圓)에 포함되는 등고선의 본수를 계산하여 경사 및 경사변환점을 조사한다.
· 횡단면 형상 : 지형조사(경사의 계측)에 의한다.

· 임상 : 식생조사에 의한다.
· 계류의 유무 : 메시 내의 계류의 유무를 조사한다.
· 곡밀도 : 지형조사에 의한다.

한편, 붕괴지에 대해서는 주위의 상황으로부터 붕괴가 발생하기 이전의 상황을 예상하도록 한다.

② 기타 방법

기타 방법으로는 포인트 샘플법이 있지만, 이 방법은 항공사진으로 붕괴지의 분포를 파악하고, 전수 분포도를 작성하여 대표적인 붕괴지에 대해서만 현지답사를 실시하여 양적 상태를 파악하는 방법이다. 즉, 평균값으로부터 전체 상황을 파악하려는 방법으로, 정밀도는 전수조사보다 떨어지지만, 전수조사가 막대한 노동력과 장기간의 조사기간을 필요로 하는 데 비하여 단시간에 계측할 수 있다.

8.3.2. 요인조사

요인조사는 붕괴지 발생의 소인과 유인을 파악하기 위하여 실시한다.

[해설]

붕괴지 발생의 요인은 소인과 유인으로 나눌 수 있다. 소인에는 지형, 지질 등이 있으며, 유인으로는 강수, 지진 등을 생각할 수 있다. 이상의 두 가지는 상호 관련하면서 붕괴발생의 요인이 되기 때문에 소인과 유인에 대하여 각각 조사하여야 할 필요가 있다.

1) 소인의 조사

소인을 조사할 때에는 지형조사의 경우 전술한 제2절의 「지형조사」에, 토질 및 지질조사는 제3절의 「토질 및 지질조사」에, 토양조사는 제4절의 「토양조사」에 각각 준하여 필요에 따라 선택한다. 또한, 기타 소인을 조사할 때에는 필요에 따라 조사를 실시한다.

2) 유인의 조사

유인을 조사할 때에는 기상조사는 제5절의 「기상조사」에 준하여 필요에 따라 선택한다. 또한, 기타 유인을 조사할 때에는 필요에 따라 조사를 실시한다.

8.3.3. 동태조사

동태조사는 산복사면의 토층이 현재 활동하고 있거나 또는 활동할 위험이 있는 경우에 지표 또는 토층 속의 변위량을 파악하기 위하여 실시한다.

[해설]
    동태조사는 산복사면의 토층이 현재 활동하고 있을 경우, 사면 위에 균열이 발생하고 있거나 또는 구조물에 변형이 발생하는 등의 토층이 재활동할 위험이 있는 경우 등에 토층의 활동상황을 파악하기 위하여 실시한다.
    이 조사는 사방계획, 설계뿐만이 아니라 경계피난대책에 필요한 것으로, 활동 중인 산사태성 붕괴 등의 조사에는 반드시 필요하다.

8.3.4. 형태조사

형태조사는 붕괴지의 형상 등을 조사하여 조사구역의 붕괴형태를 파악할 목적으로 실시한다.

[해설]
1) 목적
    형태조사는 이미 발생한 붕괴지의 붕괴형태를 파악하여 신생 붕괴지, 재붕괴의 위험이 있는 붕괴지의 붕괴형태, 붕괴규모를 예상하는 것으로, 이 조사는 사방계획, 설계뿐만이 아니라 경계피난대책에 필요한 것이다.

2) 붕괴형태
    붕괴형태를 파악할 때에는 붕괴지의 붕괴발생원, 유송부, 침식부, 퇴적부로 분류하면 형태를 파악하기 쉽다.
  ① 붕괴발생원
    그릇 모양을 띠는 원지형과의 경계에 명료한 경사변환선을 형성하므로, 다음과 같은 사항에 유의하여야 한다.
    · 붕괴깊이
    붕괴깊이를 파악하는 것은 합리적인 사방공법을 선정하는 데에 반드시 필요하다. 또한, 붕괴지 확대의 예측, 붕괴토사량의 추정 면에서도 중요하다.
    · 파이핑 현상
    종종 붕괴 적지에 파이핑 모양의 공동이 나타나는 경우가 있어 붕괴를 일으킨 파이핑 현상의 증거로 삼을 수 있다. 그러나 붕괴에 따른 물질의 제거가 중간류의 봉압(封壓)을 저감하여 반대로 파이프 모양의 침식을 일으킨다고 생각할 수 있기 때문에 이에 대한 충분한 주의가 필요하다.
    · 눈사태 현상
    눈사태에 의한 표층 박리모양의 붕괴지는 붕괴발생원에 상당하는 지형이 나타나지 않는다.
  ② 유송부
    초본은 아래쪽으로 넘어지고 토사가 부착하여 분명히 토사가 아래쪽으로 이동한 흔적

③ 침식부

붕괴발생원에서 생산된 토사가 아래쪽으로 유하될 때 사면·곡저부(谷底部)를 선적으로 침식한다. 그리고 일단 침식작용이 시작되면 그에 따라 토사는 더욱 침식을 증가시켜 토사의 생산량은 붕괴발생원의 2~10배에 달하게 된다. 붕괴발생원에서의 지형변화가 사면의 면적 후퇴인 것에 대하여 침식부에서는 선적인 곡지형이 발달하게 된다.

④ 퇴적부

상부에서 생산된 토사가 퇴적·정지되는 선상지로, 생활권의 경우 대부분이 개발이 진행되어 산지토사재해에 대한 피해 민감도가 높은 곳이다.

8.3.5. 식생조사

식생조사는 붕괴지 및 그 주변부의 임상, 식생에 대하여 그 종류, 출현빈도, 생육상황을 파악할 목적으로 실시한다.

[해설]

1) 목적

이 조사는 붕괴지에 적응하는 도입식생의 선정에 관한 기초자료를 파악하기 위하여 실시한다. 따라서 일반적인 식생 이외에 불량한 입지조건 하에서도 생육할 수 있는 종류에 대해서도 조사할 필요가 있다. 또한, 식생천이의 상황에 관한 조사, 관찰 등을 실시할 필요가 있다.

2) 조사내용

붕괴지 내에 침입하고 있는 식생의 유무 및 그 주변부의 식생을 초본 또는 목본으로 구분하여 조사하고, 붕괴지 내에 대해서는 침입식생이 차지하는 면적율을 다음과 같이 분류하여 정리한다.

① 침입식생 면적율 31% 이상 : 많음
② 침입식생 면적율 11%~30% 정도 : 적음
③ 침입식생 면적율 10% 이하 : 없음

또한, 주변부의 임상은 인공림·천연림, 침엽수림·활엽수림, 영급별로 구분한다.

3) 구체적인 조사항목

구체적인 조사항목은 주변의 우점수종, 수령, 우점하층식생종, 장래 식생 층의 예측, 대상지에 도입 가능한 종류, 종자 또는 묘목의 채취가능량, 대상지 내 현존식물종류와 생육상황, 번식의 예상, 도입 적합종의 선정, 도입할 경우의 생육 및 천이 예상 등이다.

8.3.6. 토사량조사

> 토사량조사는 붕괴토사량, 불안정 토사량 및 붕괴확대예상량으로 구분하여 파악한다.

[해설]

1) 붕괴토사량

　　붕괴토사량은 일반적으로 붕괴면적에 평균 붕괴깊이를 곱하여 산출하며, 평균 붕괴깊이는 붕괴 이전의 지형을 주변 지형 또는 과거 사진, 지형도 등을 참조하여 추정한다.

2) 불안정 토사량

　　불안정 토사량은 붕괴지 내에 잔류하고 있는 부토 및 주변부의 균열 등에 의한 확대예상량의 합계량을 계측한다.

3) 붕괴확대예상량

　　붕괴확대예상량은 주변의 임상, 균열, 지면의 요철 등을 참고로 하여 확대예상면적에 붕괴깊이의 평균값을 곱하여 산출한다.

8.4. 황폐계류조사

> 황폐계류조사는 황폐계류의 분포 및 계류 내 황폐위치의 분포, 토사유출 등의 특성 등을 파악하기 위하여 실시하는 것으로, 필요에 따라 다음의 항목을 조사한다.
> 　① 황폐계류 등의 분포　② 요인　③ 동태　④ 토사량

[해설]

　　황폐계류의 복구, 예방계획을 책정할 때에는 전술한 항목에 대하여 상호 관련성을 충분히 파악한 후, 황폐상태에 따른 가장 효율적이고도 효과적인 공종을 선정, 배치할 필요가 있다.

　　따라서 황폐계류조사는 예비조사의 결과에 입각하여 조사의 항목, 내용, 정밀도를 충분히 검토한 후에 실시하며, 특정 조사항목에 의한 결정보다는 종합적인 판단이 이루어질 수 있도록 계획적, 효율적인 조사를 실시할 필요가 있다.

8.4.1. 황폐계류 등의 분포조사

> 황폐계류의 분포조사는 조사 대상지역에 있어서의 황폐계류 및 계류 내 황폐위치의 분포상황을 파악하기 위하여 실시한다.

[해설]

1) 황폐계류 및 황폐위치

　　황폐계류란 계안이 침식되고 있거나 계상에 토사가 퇴적 또는 계류에 토사가 유입될 것으로 예상되는 계류이며, 황폐위치는 용이하게 현재의 계상면이 변화할 것으로 생각되는 불안정한 부분을 말한다.

2) 조사대상

　　조사를 실시할 때에는 원칙적으로 황폐된 길이가 30m 이상으로, 계상의 원두부의 물매가 20°(36.4%)까지인 것을 황폐계류로 취급한다.

3) 조사방법

　　조사를 실시할 때에는 항공사진, 지형도 등을 사용하여 조사항목별로 개략적인 조사를 실시하고, 필요에 따라 현지조사를 실시한다.

　　황폐계류 조사의 대상지는 산간의 급준한 계류가 많기 때문에 계류 전체를 답사하는 데에는 많은 시간을 요하고, 또한 항공사진으로는 판정하기 어려운 점이 있기 때문에 양자를 병행하는 것이 통례이다.

8.4.2. 요인조사

요인조사는 황폐계류의 토사공급원을 파악하기 위하여 실시한다.

[해설]

　　황폐계류가 되는 요인 중 토사의 공급은 산복붕괴에 의한 것, 계안침식에 의한 것, 산사태에 의한 것으로 나눌 수 있다.

8.4.3. 동태조사

동태조사는 계류의 계상면 및 구성재료의 변위량을 파악하기 위하여 실시한다.

[해설]

　　동태조사는 계류의 계상면 및 그 구성재료인 토석류의 동태를 조사하는 것으로, 파악하는 내용은 계상면의 변동량, 계안의 변동량, 유출토사량 등이다.

1) 계상면의 변동

　　계상면의 변동은 과거에 실시한 계획, 설계자료 등을 수집하여 경년별로 정리한 후, 계류의 각 부분의 침식구역, 퇴적구역을 판별한다.

2) 계안의 변동

계안의 변동은 과거에 실시한 계획, 설계자료 등을 수집하여 경년별로 정리한 후, 계상으로부터의 침식량을 추정한다.

3) 유출토사량

유출토사량은 과거의 토사이동량을 다음과 같은 방법을 이용하여 파악하도록 한다.
① 정점 관측에 의하여 과거에 설치한 사방댐 등과 같은 계류구조물에 의한 퇴사량을 조사한다.
② 재해조사는 과거에 범람이 발생하였을 때의 토사량을 조사한다.
③ 계상면, 계안의 변동으로부터 토사량을 조사한다.

4) 유출수량의 파악

유출수량에 대한 조사는 제7절의 「수문조사」에 준하며, 필요에 따라 선택하도록 한다.

[참고]

토석류의 발생과 계상물매의 관계는 표 2-20에 제시한 바와 같다. 따라서 항공사진, 지형도로부터 물매를 계측하고, 현지답사 시에 포켓 컴퍼스 등을 이용하여 물매 변화점, 공작물의 전후, 계곡이 출구 등에 대하여 측정한 후, 지형도 등에 구분하여 정리한다.

표 2-20. 계상물매의 구분(θ는 계상물매)

구분	참고
$0° \leq \theta < 10°$	토사류 퇴적구간
$3° \leq \theta < 10°$	토석류 퇴적구간
$10° \leq \theta < 20°$	유하구간
$20° \leq \theta$	발생구간

8.4.4. 토사량조사

토사량조사는 계류로부터 유출되는 토사량을 파악하기 위하여 실시한다.

[해설]

토사량조사는 8.4.1로부터 8.4.3까지의 황폐계류조사에 의하여 파악한 황폐계류의 상황으로부터 결정한다.

8.5. 낙석황폐지조사

낙석황폐지조사는 낙석의 위험이 있는 곳에 있어서 낙석의 발생원인, 동태 등을 파악하기 위하여 실시하는 것으로, 원칙적으로 다음의 항목을 조사한다.
① 지형   ② 산림의 상태, 식생   ③ 발생원인   ④ 동태

[해설]
낙석황폐지란 지형이 급준하고, 산복사면 또는 산정부의 전석, 뜬돌 또는 균열, 절리가 발달한 암반 등이 분포하여 강우나 지진 등의 물리적 현상에 따라 활동, 낙하, 활동하여 산복하부에 위치하고 있는 인가나 공공시설에 피해를 줄 수 있는 곳을 말한다.

낙석황폐지조사는 조사 대상구역이 사면단위이면서도 보전대상이 근접해 있는 경우가 많기 때문에 비교적 정밀한 조사가 요구된다.

조사방법은 낙석방지대책의 목적, 내용에 입각하여 항목을 선정하도록 하고, 가장 적절한 방법에 따라 계획적이고도 효율적으로 실시한다.

8.5.1. 지형조사

지형조사는 경사, 사면형상, 미지형, 사면길이, 사면방위 및 보전대상의 위치 등의 지형적 특성을 파악하기 위하여 실시한다.

[해설]
일반적으로 낙석이 발생하는 지형은 물매가 급한 경우가 많으며, 그곳에 존재하는 낙석이 풍화되어 뜬돌 모양이 되거나 균열 및 절리가 발달하여 중력작용에 의하여 전락하는 것이 낙석현상이다.

따라서 낙석운동은 사면의 경사 및 형상, 그리고 지표면의 상태 등과 같은 지형조건에 의하여 지배된다.

1) 경사

사면의 경사가 커질수록 낙석의 운동 에너지가 증가하며, 사면경사가 일정 이하가 되면 감속 또는 정지한다.

2) 사면형상

① 평면형상

낙석은 최대경사 방향을 따라 이동 낙하하는 경우가 많다. 오목형 사면인 경우는 계곡방향으로 집중되고, 직선형 사면인 경우는 불특정하며, 볼록형 사면인 경우는 발산하는 경향이 있다. 다만, 이상은 개략적인 경향으로, 자세히 보면 돌의 크기·형상, 미지형, 식생의 상태에 따라 다양한 경우가 있다.

② 종단형상

등고선에 직각방향인 종단형상은 전술한 제2절 3항 2-2의 「경사의 계측」에서 제시한 바와 같이 분류할 수 있다.

· 상승사면

상승사면(볼록사면)은 암반의 노출이 나타나는 경우가 많고, 뜬돌형의 낙석이 발생할 확률이 높다. 사면 내에 복잡한 요철이 나타나며, 낙석이 발생할 경우 비정상적으로 높이가 도약하는 경우가 있다.

· 하강사면

하강사면(오목사면)은 암반이 노출되는 경우가 적고, 일반적으로 전석형 낙석이 발생한다. 사면상부에서 발생한 낙석은 하부로 갈수록 감속되며, 도약의 높이도 낮아진다.

· 평형사면

평형사면(직선사면)은 볼록형과 오목형의 중간적 성질을 갖고 있지만, 사면이 급할수록 볼록형의 성상에 가깝고, 사면이 완만할수록 오목형의 성상에 가깝다고 볼 수 있다.

· 복합사면

복합사면은 하부로부터 상부를 향하여 볼록형, 직선형, 오목형의 순서로 나타나며, 각종 사면에 따른 성상이 나타난다.

3) 미지형

사면에 요철, 작은 능선, 작은 늪 등과 같은 평탄하지 않은 지형이 있으면, 낙석은 도약운동을 일으키기 쉽고, 평면적인 이동도 변화가 심해진다.

4) 사면길이

동일 물매일 경우 사면길이가 길수록 가속도가 증가하여 에너지가 증대한다. 따라서 낙석의 위험성이 있는 전석 등으로부터 보전대상까지의 사면길이를 파악하고, 그 변화에 대하여 조사할 필요가 있다.

5) 사면방위

적설한랭지에서는 사면방위에 따라 동결융해의 차이가 생긴다. 동결융해가 심할수록 조기에 기암이 풍화하기 때문에 낙석의 빈도도 커진다.

6) 붕괴지 등

조사대상 사면 내에 붕괴지, 애추가 위치하고 있으면, 그것들이 전석의 발생원이 되기 쉽기 때문에 이를 조사할 필요가 있다.

7) 보전대상

낙석에 의한 재해가 발생할 것으로 예상되는 범위에 위치하는 보전대상을 확인할 필요가 있다. 또한, 하류지역에 위치하는 보전대상까지 낙석이 정지할 수 있는 평탄면, 완경사, 오목지대 등이 존재할 경우 낙석에 의한 재해는 발생하지 않기 때문에 보전대상과의 지형적인 위치관계를 규명할 필요가 있다.

8.5.2. 산림의 상태, 식생조사

산림의 상태, 식생조사는 조사구역 및 그 주변의 산림이 상태, 식생의 특성을 파악하기 위하여 실시한다.

[해설]

낙석을 정지시키기 위한 산림의 상태와 식생조사를 실시하는 데에는 두 가지 목적이 있다. 즉, 산림을 조성할 때 도입수종을 결정하기 위하여 필요한 주변 산림의 상태와 식생을 조사하는 것과 현재의 산림이 낙석에 대한 방재효과를 파악하는 조사이다.

1) 식생의 도입조사

조사구역 및 그 주변에 생육하고 있는 초본 및 목본의 종류, 생육상황 등을 파악하고, 황폐방지 및 낙석방지에 적합한 초본류와 목본류를 선정하기 위한 기초자료로 활용한다.

2) 산림의 효과조사

산림의 효과조사는 현재의 산림이 어느 정도 낙석에 대하여 억제효과를 갖고 있는가를 조사하는 것으로, 수종, 수고, 흉고직경, 본수, 배치상황, 과거의 낙석에 의한 찰과·충돌 흔적 등을 조사한 후, 장차 진행할 설계계획 및 산림배치의 기초자료로 활용한다.

8.5.3. 발생원인조사

발생원인조사는 조사 대상구역의 낙석이 될 위험성이 있는 전석 등의 종류, 발생원인, 분포 상황 등을 파악하기 위하여 실시한다.

[해설]
1) 낙석의 종류

낙석은 발생형태에 따라 표 2-21에 제시한 바와 같이 전석형 낙석과 박리형 낙석으로 분류할 수 있다.

표 2-21. 지형·지질과 전석의 형태

전석형낙석	급경사를 이루는 애추사면, 애추의 땅깍기비탈면을 구성하는 애추퇴적물 속의 석력의 불안정과 전락	계안 및 해안단구, 단구의 땅깍기비탈면을 구성하는 단구 층의 석력의 불안정과 전락	연약한 역암, 화쇄류, 화산이류 퇴적물로 이루어진 급사면, 땅깍기비탈면의 불안정과 석력의 전락	화강암의 마사토 등 경암의 현지풍화, 기암의 미풍화, 암괴의 불안정과 전락
	약간 각진 돌~각진 돌	둥근 돌~약간 둥근 돌	둥근 돌~각진 돌	둥근 돌~약간 둥근 돌
	①	②	③	④
박리형전석	유반(流盤)을 이루는 층리, 편리(片理)가 발달한 암반의 층리면, 편리면에 따른 암괴 활동	세 방향으로 발달한 암반의 암석의 틈새로부터의 박락 및 파쇄면으로부터의 박리	급애(急崖)를 이루고 있는 주상절리가 발달한 암반의 절리면으로부터의 박리	선택침식에 따라 돌출된 견질의 파쇄낙하
	괴상(塊狀)~평편	괴상~평편	괴상	괴상
	점판암, 혈암, 편암 및 전술한 것과 다른 암석의 호층(互層)	화강암 등의 심성암, 사암, 휘록응회암, 석회암 등의 퇴적암, 단층파쇄대	절리가 발달한 현무암, 안산암 등의 용암, 용결응회암	층상을 이루는 경연이 현저한 차이가 있는 암석의 호층
	①	②	③	④

2) 낙석의 발생원인

① 소인

낙석 발생의 소인에는 지형조건과 지질조건이 있으며, 지형조건은 사면의 물매가 약 30° 이상에서 발생하기 경우가 많다.

낙석이 발생하기 쉬운 지질조건은 전석형 낙석에서는 애추, 단구 석력층, 화산성 퇴적물, 풍화 화강암 등으로 매트릭스(암괴, 자갈, 석력 등의 주변을 충전하는 토사 등의 연약한 물질)의 풍화·침식에 대한 저항성이 약한 경우, 박리형 낙석에서는 암석의 균열이 발달하고 밀착되지 않은 균열 주변의 암괴, 암편이 들 뜬 상태가 된 것이다.

② 유인

낙석이 발생하는 유인으로는 직접 낙석의 발생의 계기가 되는 현상 이외에 기상현상이 암석의 풍화진도에 영향을 미치는 등, 서서히 낙석의 발생을 촉진하는 현상도 들 수 있다.

따라서 낙석에는 한 가지가 영향을 미치는 경우와 복합적으로 영향을 미치는 경우가 있다. 특히 낙석이 되는 암석 자체가 미묘한 힘의 안정에 의하여 유지되는 경우가 있기 때문에 실제로는 아주 작은 힘이 가해지더라도 발생하는 경우가 많아 발생원인을 복잡하게 하고 있다.

한편, 수목의 경우 근계의 생육이나 바람에 의한 흔들림은 암석의 틈새를 확대, 박리시켜 유인이 되지만, 근계에 따라서는 불안정한 전석을 긴박하여 낙하를 방지하고 있는 경우가 많다.

표 2-22. 낙석의 유인

유인		내용
물		· 지표수, 용출수, 침투수에 의한 기반의 약화와 침식의 촉진 · 유수에 의한 수압
기상 현상	강우	· 유수의 작용 촉진, 풍화의 촉진
	적설	· 글라이드 등에 의한 침식 · 눈사태의 충돌, 글라이드에 의한 전석의 이동
	기온	· 유수의 동결융해에 의한 암석의 틈새 확대, 박리 · 기온 차이가 크고, 연간 동결융해의 횟수가 클수록 조기에 절리 등이 커짐 · 기온변화에 동반된 암석의 팽창수축에 의한 풍화촉진 · 기온변화에 동반된 토양수의 이동에 의한 기반표층의 약화
	바람	· 수목을 매개로 한 요동에 의한 암석의 틈새의 박리, 전석의 불안정화 · 풍압에 의한 이동
식생		· 수목 뿌리의 생육에 따른 암석 틈새의 확대, 박리
지진		· 절리나 층리의 발생, 확대 · 뜬돌 및 사면의 불안정화 · 기타 원인에 비하여 규모가 큼
인위		· 답압에 의한 전석의 불안정화 · 공작물의 설치에 따른 사면의 불안정화 · 용수로의 범람·누수와 배수설비의 처리 미비에 의한 유수 작용의 촉진 · 자동차의 주행, 공사 등의 진동

3) 전석 등의 분포상황조사

전석의 위험이 있는 암괴, 전석, 암편 등의 위치를 평면도에 기재하고, 형상, 규모, 풍화의 상황 등을 스케치 또는 사진 및 표로 정리한다.

8.5.4. 동태조사

> 동태조사는 조사 대상구역에 있어서의 낙석의 발생상황, 운동형태, 특성 등을 파악하기 위하여 실시한다.

[해설]

낙석이란 정지해 있는 암괴, 암편이 박리되거나 사면에 있는 암석이 지표면으로 돌출하여 낙하하는 현상으로, 석력의 양을 개수로 표현하는 것을 말한다.

낙석의 동태는 사면의 상태(경사, 지반, 식생)와 암석의 형질, 크기(형태, 부서지기 쉬운 정도, 크기)와의 조합에 의하여 활동운동, 회전운동, 도약운동 및 이들의 조합된 매우 복잡한 운동을 나타낸다. 이러한 운동을 추정하기 위해서는 일반적으로 실험 등에 의하여 확인된 실험식 등이 사용되고 있다. 또한, 필요에 따라서는 시뮬레이션에 의하여 추정한 후, 대책공사의 공종, 위치, 범위, 높이, 구조를 검토한다.

1) 기왕의 낙석 발생상황

기왕의 낙석 발생상황은 낙석의 동태를 파악한다는 면에서 매우 중요하며, 낙석의 경로, 도달거리, 도약 높이, 크기 등을 파악한다.

2) 낙하방향의 추정

대상 사면의 지형특성을 파악하고, 전술한 「지형조사」의 해설 2)에 따라 낙하방향의 예측 및 그 종단선을 설정한 후, 발생원, 사면지형 및 보전대상의 위치관계를 파악한다.

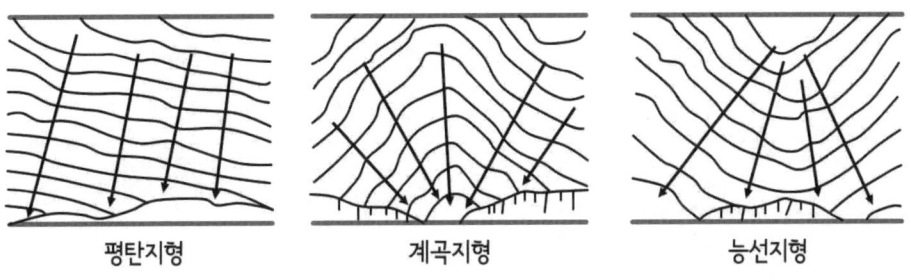

평탄지형   계곡지형   능선지형

그림 2-18. 낙석의 낙하방향과 지형

3) 낙석의 종단적 궤적의 추정

경사가 일정한 사면에서의 전석의 종단적 궤적은 그림 2-19와 같이 모식적으로 나타낼 수 있다. 각지의 실험결과로부터 낙석의 도약하는 양은 많음(80%~85% 정도)이 지상(사면에 직각방향의 높이) 2.0m 이하인 것으로 보고되고 있다. 그러나 사면에 돌기나 점프대 모양의 지형이 있을 경우에는 2.0m를 넘는 경우도 있다.

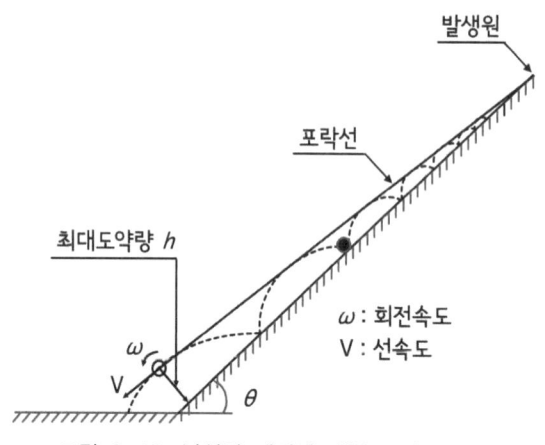

그림 2-19. 낙석의 궤적에 대한 모식도

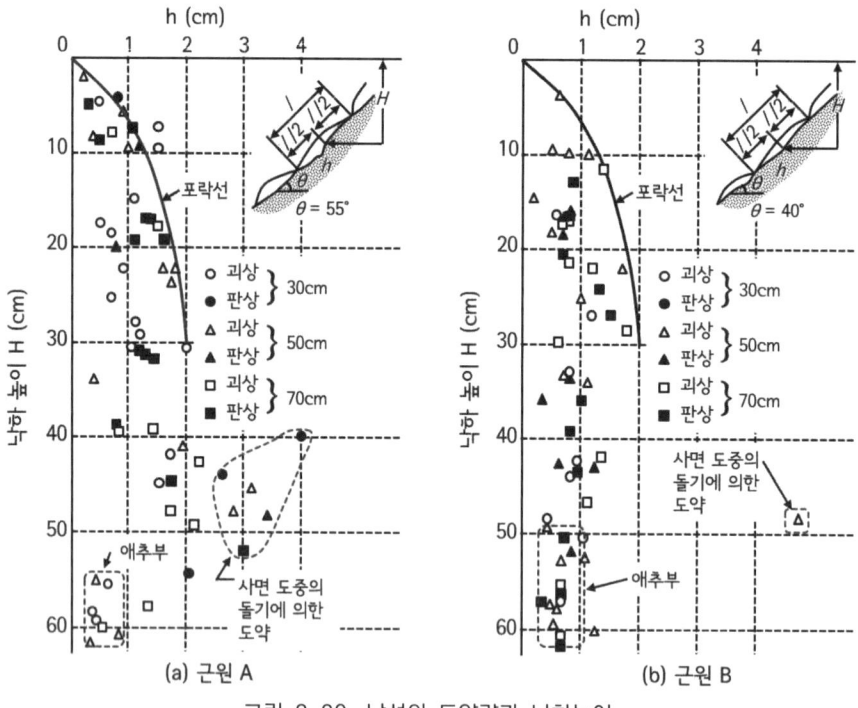

그림 2-20. 낙석의 도약량과 낙하높이

4) 낙석의 속도 측정

사면을 낙하하는 낙석의 속도는 동일 높이에서 자유낙하하는 속도보다 적고, 낙하속도는 낙하 도중의 사면 성상에 좌우되며, 다음의 관계식으로부터 추정할 수 있다.

[참고]
1) 낙하속도(V)와 자유낙하속도($\sqrt{2gH}$)와의 관계식

$$V = \alpha \sqrt{2gH}$$

식에서, g : 중력가속도(9.8m/s²)
H : 낙하높이(m)
α : 잔존계수

2) 잔존계수(α)

$$\alpha = \sqrt{1 - \frac{\mu}{\tan\theta}}$$

식에서, θ : 사면물매(°)
μ : 사면의 등가마찰계수

3) 전술한 두 가지의 식에 의한 낙석속도

$$V = \sqrt{2g\left(1 - \frac{\mu}{\tan\theta}\right)H}$$

다만, 일반적으로 낙석의 높이가 40m를 초과하게 되면 낙석속도는 일정해지는 것으로 보고되고 있다.

표 2-23. 사면의 종류와 등가마찰계수 μ의 값

구분	낙석 및 사면의 특성	계산에 사용하는 μ	실험에서 파악된 μ의 범위
A	경암, 둥근 모양 : 요철 적음, 입목 없음	0.05	0~0.1
B	연암, 각진 모양~둥근 모양 : 요철 중간~많음, 입목 없음	0.15	0.11~0.2
C	토사~애추, 둥근 모양~각진 모양 : 요철 적음~중간, 입목 없음	0.25	0.21~0.3
D	애추, 거력이 섞인 애추, 각진 모양 : 요철 많음~중간, 입목 없음~있음	0.35	0.31~

한편, 사면에 입목이 생육하고 있는 경우에는 토양층의 발달에 따라 μ의 값을 0.45~0.60을 사용하는 경우가 있다.

5) 낙석의 운동에너지

낙석의 운동에너지는 낙석방호시설을 설계할 때의 기초자료가 되는 중요한 요소이다. 그러나 전술한 바와 같이 낙석의 운동에너지는 낙하되는 사면의 성상에 좌우되어 불분명한 부분이 많고, 확립된 산출 식은 발표되고 있지 않지만, [참고]에 제시한 기왕의 실험에 의하여 규명된 낙석속도의 추정 식으로부터 운동에너지를 추정하는 방안이 활용되고 있다.

[참고]
○ 낙석의 운동에너지에 대한 추정 식

$$E = 1.1 \times \left(1 - \frac{\mu}{\tan\theta}\right) W \cdot H$$

식에서, $1 - \frac{\mu}{\tan\theta} \leq 1.0$

  E : 회전에너지의 할증을 고려한 낙석의 운동에너지(kN·m)
  μ : 등가마찰계수(표 2-23 참조)
  θ : 사면의 물매(°)
  W : 낙석의 질량(kN)
  H : 낙하의 높이(m)
    (낙석의 높이가 40m를 초과하면 낙석의 속도는 일정함)

제9절 환경조사

9.1. 총칙

> 사방사업의 주된 실시장소인 산지 및 그 주변 지역은 매우 다양한 생물이 서식하며, 상호 밀접한 관련성을 갖고 생태계를 형성하고 있다. 따라서 환경조사는 이와 같은 생태환경의 현황을 파악하기 위하여 실시하는 것으로, 생태계의 환경과 지역에 조화로운 사업을 실시한다는 측면에서 매우 중요하다.

[해설]

환경조사는 각 조사결과를 참고로 유역의 자연환경의 특성을 정리하는 것으로, 식생은 대표적인 군락과 배치, 희귀종의 군락 등에 대한 분석과 내용, 조류는 대표종, 희귀종 등의 분포와 서식상황에 대하여 정리하여 유역으로서의 특징을 추출한다.

즉, 환경조사는 사방사업을 전개함에 있어서 반드시 배려하여야 할 사항, 정비방침 등을 검토하여 생태계를 배려한 사방사업을 추진하는 데에 활용하는 것이다.

현지조사는 예비조사의 결과, 중요하다고 인정되는 장소를 대상으로 실시하지만, 계획대상유역에 있어서 기존자료나 현지답사에 의하여 필요한 경우에 실시한다.

환경조사는 그림 2-21과 같은 순서에 따라 대상사업의 실시가 환경에 미치는 영향을 예측하여 조사가 필요한 항목에 대하여 실시한다.

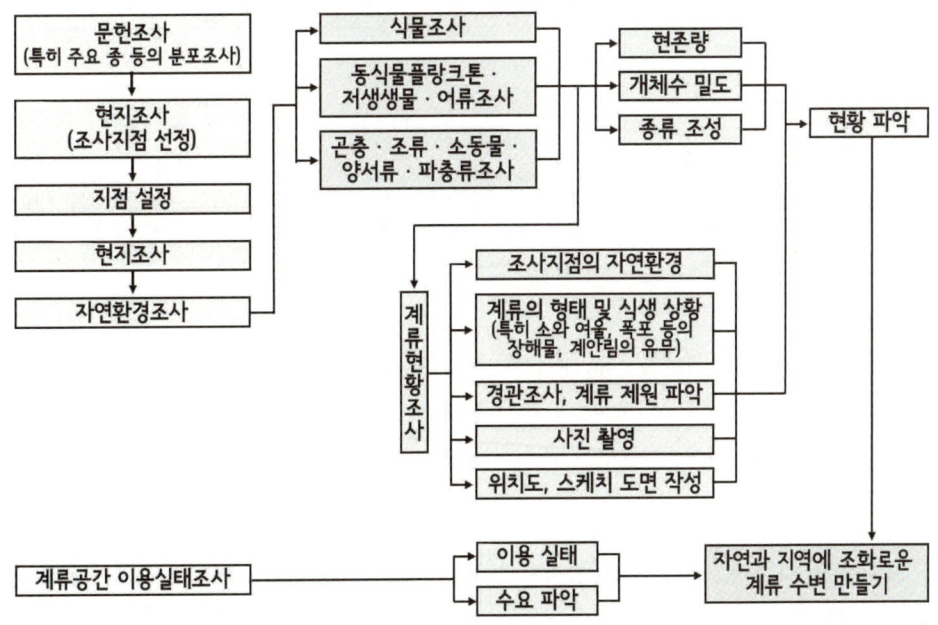

그림 2-21. 환경조사의 순서

표 2-24. 환경조사의 조사항목(鳥取縣縣土整備部治山砂防課, 2014)

항목	세목	환경요소	자료 등
자연환경 (생태계)	어류	천연기념물	문화재조사, 천연기념물현황조사 등
	식생	희귀야생동물(멸종위기종)	야생생물 보호 및 관리에 관한 법률 등
	조류	보호동물, 주요 야생동물	자연환경조사 등
	양서류	뛰어난 자연(식물, 동물)	자연환경조사 등
	파충류	거목	자연환경조사 등
	포유류	지정동물	각종 자연공원에 관한 보고서 등
	곤충류	학술상 가치가 높은 생물	천연기념물현황조사 등
	기타	보호 상 중요한 식물	육상생물군집의 보호조사 등
		현존식생	자연환경조사 등
자연환경 (경관)		사적·명승·경승지	천연기념물현황조사
		자연경관자원	자연환경조사 등
이용실태	관광 자원	산악, 계곡, 폭포, 계안, 여울	통합관광정보시스템
		호수, 소(沼), 댐	전국관광정보
		식물, 동물	전국관광지이용자동향조사
		특수 지형	한국관광협회
		계류낚시	관광 관련 편람 및 팸플릿 등
	계류 이용	캠핑장, 하이킹 코스, 산책로	상기와 동일
		전망대, 공원, 카누, 낚시터	
사회적 요구도 파악		지방자치단체의 이용계획	장기계획, 정비계획
		지역정비계획	관광리조트계획
		주변 도시지역의 접근 상황	앙케트, 청취조사
		이용자 동향	(자치단체, 민간 등)

9.1.1. 개요

조사를 실시함에 있어서 전체 조사항목을 대상으로 보다 적절하고도 효율적인 조사를 위하여 1)에서 3)에 제시한 관점에 의하여 전체 조사계획을 책정한다.

[해설]
1) 일관성 유지

사업지 전체의 각 생물항목에 대하여 서식·생육상황의 파악·평가할 수 있도록 타 부처에서 진행되는 현지조사 조사항목과 사전에 충분한 조정을 거쳐 통일된 조사가 이루어지도록 한다.

2) 각 조사항목의 관련성 확보

조사항목 사이의 생태학적인 관련성에 입각하여 조사지구의 배치 및 조사시기를 설정한다. 그리고 설정 시에는 기존에 실시된 조사상황을 정리하고, 조사지구의 계속성에 대해서도 고려하는 것이 중요하다.

3) 환경보전지역을 고려한 조사지구 설정

사방사업지 및 그 주변에 대한 관리 면에서의 과제추출이나 사방사업이 자연환경에 미치는 영향의 분석·평가에 활용할 수 있도록 사업지 및 그 주변에 분포하는 동물·식물과 서식·생육환경과의 관계를 파악할 수 있는 조사지구를 설정한다.

9.1.2. 조사지구의 설정

사방조사의 진행을 위하여 사방사업지 및 그 주변을 구분하여 해당 지구별로 조사지구를 설정하고, 조사지구의 설정은 다음의 순서에 따라 실시한다.

[해설]

1) 자료수집

대상 사업지의 개요, 기존의 조사결과를 파악할 수 있는 자료(공사 일지, 연차보고서 등)를 수집한다.

2) 사업지 개요의 정리

1)에서 수집된 자료를 기본으로 하여 대상 사업지의 개요(위치, 제원, 목적 등), 하류 하천에 있어서의 지류 합류상황이나 이수상황, 골재 채취적지 등의 지형개변 개소나 비오톱 등의 환경창출 개소의 위치에 대하여 정리한다.

3) 환경보전지역의 설정

2)에서 정리한 결과를 참고로 하여 사방사업지 및 그 주변, 상류 계류, 하류 하천, 기타(지형개변 개소, 환경창출 개소)의 환경보전지역을 설정한다.

4) 조사지구의 설정

3)에서 설정한 환경보전지역별로 조사지구를 설정한다. 조사지구를 설정할 때에는 기존의 모니터링조사와의 계속성, 어류와 저생동물 등의 조사지구를 포함한 각 조사항목에 있어서의 조사지구 배치의 관련성, 현지조사 시의 안전성을 고려한다.

9.1.3. 조사시기 및 횟수의 설정

각 조사항목의 조사시기 및 횟수는 기존의 조사결과 등의 기존자료를 기본으로 대상 생물의 생태나 지역특성을 고려하여 설정한다. 그리고 조사시기 및 횟수는 원칙적으로 조사구역 내의 생물상을 파악하는 데에 부적당하다고 판단되는 경우 이외에는 변경하지 않도록 한다.

[해설]
　환경조사에 있어서 조사시기 및 횟수를 설정할 때에는 다음과 같은 사항에 유의하여야 한다.
　① 조사시기는 지역에 따라 적기가 다르므로, 이를 충분히 고려하여 설정하도록 한다.
　② 조사의 일관성을 유지하기 위하여 동일 지역의 조사시기는 동일한 시기에 이루어지게 설정한다. 다만, 대규모 유역의 상류부와 하류부, 조사지가 비교적 표고가 높은 산지에 위치하는 경우, 각 조사지구에 있어서의 조사적기가 다를 수 있기 때문에 유의하여야 한다.
　③ 전문가의 조언을 충분히 참고한다.
　④ 상세한 조사시기에 대해서는 조사를 실시하는 해당 연도에 있어서 현지조사계획을 책정할 때의 기상조건이나 어류의 소상상황, 식물의 개화시기 등을 감안하여 적절하게 설정한다.

9.2. 식물조사

9.2.1. 조사의 목적

> 식물조사는 사방사업을 실시하는 산지 및 그 주변 지역에 있어서 식물의 생육상황을 파악하는 것을 목적으로 한다.

[해설]
　식물조사는 식물의 양호한 생육환경의 보전을 염두에 둔 적절한 사방사업지를 관리하기 위하여 사방시설의 및 그 주변에 있어서의 관리 측면에서의 문제점을 추출하고, 사방시설이 자연환경에 미치는 영향을 분석·평가하기 위하여 실시한다.
　식물조사에서 대상으로 하는 유관속 식물이란 양치류 이상의 고등식물을 말하며, 식물조사는 조사대상 지역의 양치류 이상의 식물에 대한 분포, 종류조성 및 현존량을 조사하여 환경실태를 파악한다. 그리고 특정 지역을 피복하면서 생활하고 있는 식물의 집단을 식생이라고 하며, 식물군락이라고 하는 경우는 보다 구체적인 경우에 사용된다.

9.2.2. 조사의 구성

> 식물조사는 조사계획을 입안하여 실시하고, 그 내용은 사전조사·현지조사를 주로 하며, 실내분석에 의하여 보완한 후 정리한다.

[해설]
　식생조사는 그림 2-22에 제시한 순서에 따라 실시한다.

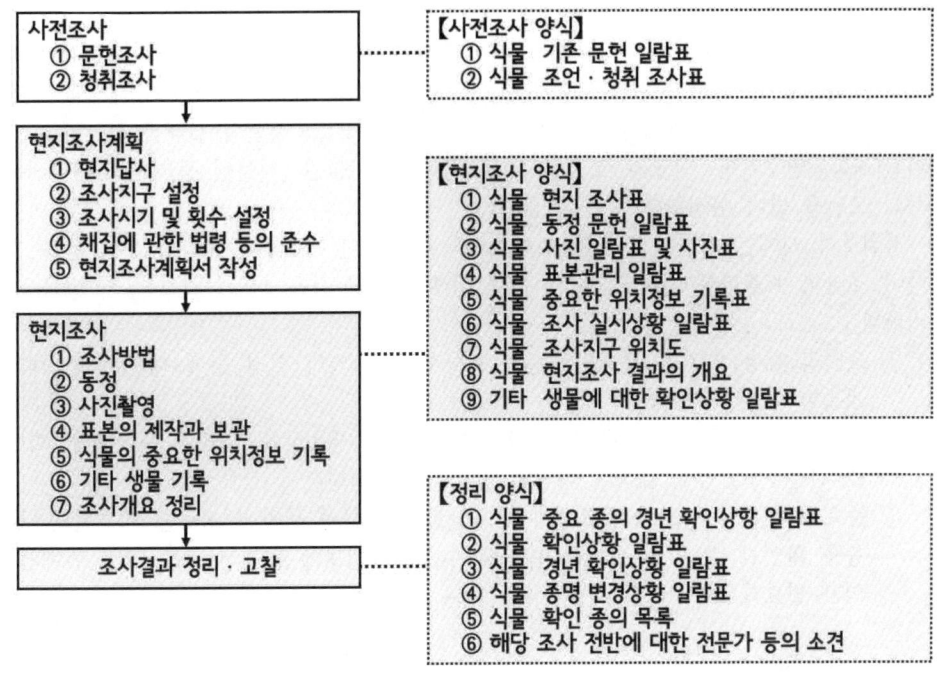

그림 2-22. 식물조사의 순서

9.2.3. 사전조사

> 현지조사를 실시하기 이전에 문헌조사 및 청취조사를 실시하여 조사구역에 있어서의 식물의 생육상황을 중심으로 한 각종 정보를 정리하며, 문헌수집 및 청취대상을 선정할 때에는 관련 전문가에게 조언을 받도록 한다.

[해설]
1) 문헌조사

문헌조사에서는 기존에 실시된 사방사업지의 식물조사 결과와 그리고 이전 조사 이후에 출판·발행된 문헌 등을 수집하여 식물의 생육상황에 대한 정보를 중심으로 정리하도록 한다.

문헌을 수집할 때에는 조사구역에 한정하지 말고, 가능하면 해당 산지 전체를 대상으로 한 문헌을 수집하지만, 이전에 식물조사를 실시한 경우, 그 이후에 발행된 문헌만을 수집한다.

한편, 수집한 문헌을 정리할 때에는 문헌의 명칭, 저자명, 발행연도, 발행처, 입수처(절판 등에 의하여 서점 등에서 구입할 수 없는 경우) 등을 기록한다.

2) 청취조사

청취조사에서는 관련 전문가에게 조사구역 내의 식물의 생육상황, 중요 종 및 외래식물의 생육상황, 확인하기 쉬운 시기 등을 청취하여 정리한다. 청취조사의 대상을 선정할 때에는 기존 청취조사 결과를 참고로 하여 조사구역 및 그 주변의 실태를 파악하고 있는 기관(대학, 연구기관, 학교의 교직원, 각종 동우회, 박물관, 식물원 등)이나 관련 전문가 등의 조언을 받아 선정한다.

청취조사 시에는 이전에 실시한 조사결과와 참고문헌, 그 후에 파악된 문헌 등을 지참하여 조사의 효율화를 기하고, 이전 조사 이후의 상황 등을 파악하여 다음의 항목을 정리한다.

① 조언의 내용 : 기존 문헌의 유무, 조사지구·시기의 설정 등에 대한 조언 내용을 기록한다.
② 식물의 생육상황 : 조사구역 및 그 주변의 식물 생육상황, 외래종 생육상황, 확인하기 쉬운 시기 등에 대하여 파악된 정보를 기록한다.
③ 중요종에 관한 정보 : 중요종의 생육상황에 관하여 파악된 정보를 기록한다. 중요종을 확인할 수 있는 위치를 특정할 수 있는 정보에 관해서는 종 보전 면에서 주의가 필요하므로「식물의 생육상황」과는 구별하여 정리한다.

9.2.4. 현지조사계획

최신의 전체 조사계획 및 사전조사 결과를 참고로 하여 현지답사, 조사지구의 설정, 조사시기 및 횟수를 설정하여 현지조사계획을 책정한다.

[해설]

현지조사를 연초에 실시하고자 할 경우, 그 전년도에 현지조사계획을 책정하면 현지조사를 원활하게 진행할 수 있다. 그리고 현지조사계획을 책정할 때에는 필요에 따라 관련 전문가에게 조언을 받도록 한다.

9.2.4.1. 현지답사

현지조사계획을 책정할 때에는 전체 조사계획 및 사전조사의 결과를 참고로 하여 사업지와 그 주변 등에서 현지답사를 실시한다.

[해설]

현지답사 시에는 전체 조사계획서와 현존식생도를 지참하고, 지형이나 식생·토지 이용 상황, 계안의 물매, 유량이나 소·여울의 형상, 식생분포 등을 확인한 후, 현지답사 시의 유황·수위, 현지조사 시의 접근로 등을 고려하여 전체조사계획에서 책정한 조사지구의 상황을 확인할 뿐만 아니라 조사시기·횟수의 설정 및 조사방법을 선정하기 위한 상황을 파악한다. 또한, 조사지구의 특징을 정리하고, 개략적으로 유역을 파악할 수 있는 사진을 수시로 촬영한다.

한편, 전체조사계획에서 설정된 각 조사지구의 확인은 다음과 같은 내용을 파악하도록 한다.
① 지형이나 토지이용상황 등의 변화 또는 공사 등의 영향에 의한 조사지구의 변경 필요성
② 조사지구에 접근할 때의 안정성
③ 현지조사 시의 안전성

9.2.4.2. 조사지구의 설정

조사지구는 기본적으로 전체 조사계획에 따라 설정한다.

[해설]

사전조사 및 현지조사 결과에 입각하여 전체 조사계획을 책정할 당시와 조사지구 상황이 현저하게 변화되었거나 전체 조사계획을 책정한 이후에 사방시설이 건설된 경우 필요에 따라 조사구간을 다시 설정한다. 이때 표 2-25와 2-26을 참고로 새로운 조사지구의 설정근거를 정리한다.

표 2-25. 식물의 조사지구

구분	조사지구	조사지구의 설정장소
저사 공간	유입부	· 추수식물, 침수식물 등이 생육하는 경우, 해당 식물의 생육상황을 파악하기 위하여 1개 또는 필요에 따라 복수의 조사지구를 설정한다.
	계안부	
	수위변동 구역	· 계상변동에 의하여 매몰과 세굴을 반복하는 구간을 대상으로 한다. · 현지조사 시에 나지이거나 나지가 될 가능성이 있는 경우, 1개 또는 필요에 따라 복수로 설정한다.
저사 공간 주변	에코톤※	· 홍수 시의 변동구역보다 상류에 위치하는 임연부(林緣部)까지의 이행구간에 설정하며, 수림지대는 대상에서 제외한다. · 수제~임연부에 에코톤이 연속된 장소가 있는 경우, 1개 또는 필요에 따라 복수로 설정한다.
	수림 내	· 저사공간 주변의 대표적인 식생(1~3위 군락 등)에 대한 식생생황을 파악하기 위하여 각각 1개 조사지구를 설정한다.
유입 계류		· 기본적으로 유입 계류마다 1개의 조사지구를 설정한다. · 담수의 영향을 받지 않는 유입 계류를 대표하는 장소에 설정한다.
하류 계류		· 건천구간의 유무, 지류의 유입상황 등을 고려하여 대표적인 계류환경을 파악할 수 있는 곳에 1개 또는 필요에 따라 복수로 설정한다.
기타	지형개변 장소	· 대규모 지형개변이 이루어진 장소의 식물의 회복상황을 파악하기 위하여 1개 또는 필요에 따라 복수로 설정한다.
	환경창출 장소	· 식물의 생육상황을 파악하기 위하여 대표적인 환경창출 장소를 대상으로 하여 1개 또는 필요에 따라 복수로 설정한다.

※ 원래 다양한 환경 사이의 이행대(移行帶)를 나타내는 말로, 이 조사에서는 수변으로부터 육역(陸域)으로의 이행대를 대상으로 함

표 2-26. 조사지구의 크기 기준(식물)

구분	조사지구	조사지구의 기준
저사공간	유입부	· 조사지구는 몇 명이 하루에 2개의 조사지구(1지구당 3~4시간)를 조사할 수 있는 범위를 기준으로 한다.
저사공간	계안부	
저사공간	수위변동구역	
저사공간 주변	에코톤	
저사공간 주변	수림 내	
유입 계류		
하류 계류		
기타	지형개변 장소	· 각각의 지형개변 장소 전역을 1개의 지구로 함
기타	환경창출 장소	· 각각의 환경창출 장소 전역을 1개의 지구로 함

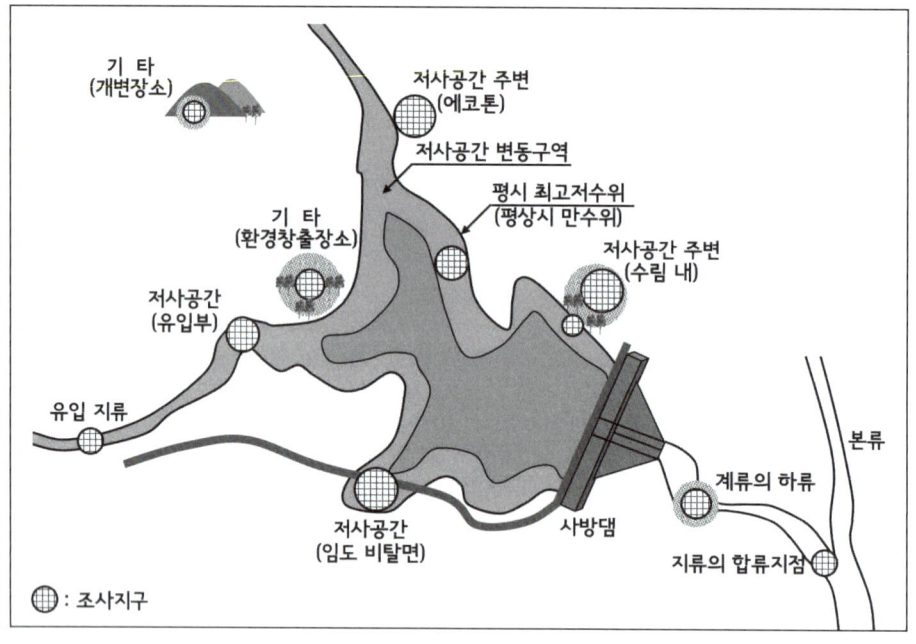

그림 2-23. 조사지구의 배치사례(식물)

9.2.4.3. 조사시기 및 횟수의 설정

조사시기 및 횟수는 기본적으로 전체 조사계획에 따라 설정하도록 하고, 봄철에서 초여름과 가을철을 포함하여 2회 이상 실시한다.

[해설]
    식물에 대해서는 개화기 및 결실기 등과 같이 종의 동정이 쉽고, 개화·결실기에 해당하는 종류가 많은 시기가 조사에 적합하며, 식물의 개화 종수가 많은 시기는 일반적으로 봄철에서 초여름 및 가을철이다. 특히 초봄의 짧은 기간에 생육하는 식물이 확인될 가능성이 높은 지역에서는 초봄에 조사를 실시하는 것이 바람직하다.
    한편, 사전조사 및 현지답사 결과, 조사실시 당해 연도에 있어서의 기상조건, 개화상황 등을 감안하여 적절한 시기로 수정하도록 한다. 그리고 조사시기를 재설정한 경우에는 조사시기의 설정근거에 대하여 정리하도록 한다.

9.2.4.4. 채집에 관련된 법령 등의 준수

사전에 지방환경청, 광역자치단체에 채집허가를 취득하는 등 필요한 조치를 취하도록 한다.

[해설]
    천연기념물을 채취하거나 채집할 가능성이 있는 경우, 천연기념물의 현상변경을 「문화재보호법」에 근거하여 국가기관은 문화재청 청장의 동의를, 광역자치단체는 문화재청 청장의 허가를 받을 필요가 있다.
    그리고 「야생생물 보호 및 관리에 관한 법률(법률 제 16609호)」에서 지정한 국내 희귀 야생식물종을 채집할 경우 또는 채집할 가능성이 있는 경우에는 사전에 환경부장관과 협의할 필요가 있다.
    한편, 채집에 관련된 허가증은 조사자 전원 휴대하고, 특정 외래생물로 지정된 종류에 대해서는 재배, 보관 운반 등이 규제되고 있으므로, 채집 후에는 법률의 취지에 따라 적절하게 취급하도록 유의한다.

9.2.4.5. 현지조사계획서의 작성

「전체 조사계획서」 및 전술한 9.2.4.1로부터 9.2.4.4를 참고로 하여 현지조사가 원만하게 실시되도록 현지조사계획서를 작성한다.

[해설]
    현지조사를 실시할 때의 상황에 따라 현지조사계획서를 수시로 변경하거나 충실을 기하도록 한다.

9.2.5. 현지조사

육안점검에 의한 확인을 기본으로 각 조사지구에 있어서의 식물의 생육상황을 파악한다.

[해설]
    현지조사 시에는 사고방지에 노력하여야 하고, 습지나 용출수지 등과 같이 귀중한 환

경을 조사할 경우에는 가능하면 영향을 미치지 않도록 충분히 배려한다.

9.2.5.1. 조사방법

> 식물조사는 조사지구를 도보로 이동하면서 출현하는 종을 육안점검(목본은 필요에 따라 쌍안경을 사용)에 의하여 확인한 후 종명을 기록하고, 실제로 도보로 이동한 조사경로를 평면도에 기록한다.

[해설]

현지조사 시에는 식생분포, 식물상 및 군락조성을 조사한다. 즉, 식생분포조사 및 식물상조사는 답사에 의하여, 군락조성조사는 방형구법으로 각각 실시하고, 군락조성조사에 의하여 확인된 식물은 식물상조사의 결과에 반영한다.

1) 각 조사방법의 특징
  ① 식생분포조사
식생의 평면적 분포를 파악하는 조사로, 이를 기초로 식생구분도를 작성한다.
  ② 식물상조사
생육하고 있는 식물의 목록을 작성한다.
  ③ 군락조성조사
군락에 있어서 식물의 상황을 파악한다.

2) 식생도작성조사

사전에 작성한 개략식생구분도를 현지에 지참하고, 수역의 주변을 잘 관찰할 수 있는 장소에서 조망하면서 수시조사 대상범위를 답사한 후, 그 결과를 식생분포 현황과 대조하여 식생구분도를 작성한다. 군락의 구분은 상관 및 우점식물에 따라 실시한다.

그리고 식물사회학적인 군락에 대해서는 별도의 조사방법을 참고로 하여 구분한다. 또한, 대표적인 군락을 포함한 수제(水際, 수생식물이 있는 경우는 수역을 포함함)로부터의 식생배치 모식도를 작성한다.

3) 식물상조사

조사대상 범위를 답사하고, 출현하는 식물을 눈(목본은 필요에 따라 쌍안경을 사용함)으로 직접 확인한 후, 식물명과 출현상황을 조사표에 기록한다. 조사대상 식물은 야생식물·귀화식물·특산식물·식재식물 등이며, 공원·경작지 등에 식재된 식물은 목적에 따라 대상을 정한다.

그리고 현지에서 동정하기 곤란한 식물에 대해서는 채취하여 나중에 상세하게 조사하고, 해당 지역에서 처음 발견된 식물은 반드시 채집한다. 다만, 특산식물은 채집이 불가능하므로 사진촬영 등을 실시한 후, 나중에 전문가가 확인할 수 있도록 그 위치를 기록한다.
4) 군락조성조사

군락조성조사는 방형구를 설치한 후, 브라운-블랑케(Braun-Blanquet)법으로 그 안에 생육하는 각 식물의 피도·군도·계층 등을 기록한다. 특히 식물분포조사에 의하여 구분된 군락에 대해서는 한 지점 이상에서 군락조성조사를 실시한다.

또한, 방형구를 설치할 장소는 대상 군락을 잘 관찰한 후, 그 군락이 전형적으로 발달된 구역 안에서 가능하면 균질한 장소를 선정한다. 그리고 군락의 경년적 추이를 파악하기 위하여 같은 지점에서 계속적으로 조사할 수 있도록 방형구의 범위를 도상에 기록한다.

한편, 군락조성조사 시에 유의하여야 할 점은 다음과 같다.

① 조사대상 선택

조사대상 지역을 상관(相觀)한 후, 특정 식물의 조합이 가능한 균질한 몇 개의 지역으로 식생을 구분하고, 각각의 구역 중에서 군락이 가장 잘 발달된 곳을 샘플링한다. 이때 상관이란 식물의 생활형을 주로 하는 외관이나 특정 장소에 생육하고 있는 식물의 전체적인 모양·형태를 파악하는 것을 말한다.

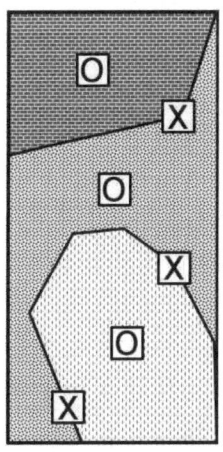

그림 2-24. 방형구의 선정방법(O : 좋은 사례, X : 나쁜 사례)

한편, 식물군락은 조사대상 지역에 한 종류의 군락만이 발달하는 경우는 매우 드물고, 대부분의 경우 다양한 군락이 복수로 성립되어 있다. 따라서 일반적으로는 대상으로 하는 식생이나 지역 속에서 다수의 방형구를 추출한 후, 그것을 대상지역의 대표로 하는 방법이 채택되고 있다.

다만, 이때 문제가 되는 것은 어느 정도의 크기를 몇 개 정도, 어디에 설정하는 것이 해당 지역의 군락을 대표할 수 있는가이다. 따라서 조사지역을 가능하면 폭 넓게 답사한 후, 항공사진 등을 사용하여 전체 식생을 대략적으로 파악한다.

이와 같이 초기에 실시하는 전체 지역을 폭넓게 답사하는 것이 그 곳에 끊임없이 반복적으로 나타나는 특징적인 식물의 종류 조합과 상관으로부터 파악된 군락의 숫자 및 각 군락의 분포상황을 파악하는 데 매우 중요하다. 이때 방형구는 각각의 군락 중에서도 식물이 가장 발달한 곳을 선택하며, 서로 다른 군락의 이행대는 가급적 피하는 것이 바람직하다.

② 방형구의 면적

설치하여야 할 방형구의 면적은 대상으로 하는 군락에 따라 다르다. 또한, 조사하는 면적이 넓을수록 출현하는 식물의 숫자는 증가하지만, 결국은 일정한 값에 이르게 된다. 이와 같이 조사면적에 비례하여 출현식물의 숫자가 증가하는 상태를 나타내는 곡선을 종수 – 면적곡선이라고 한다. 그리고 방형구의 최소면적은 종수 – 면적곡선의 변곡점에 의하여 구하는 것이 바람직하지만, 경험 상 다음과 같이 기준이 사용되고 있다.

- 교목림(아교목층을 포함함) : 150~500m^2
- 관목림(4m 이하의 하층은 초본만을 포함함) : 50~200m^2
- 참억새 초원 : 25~100m^2
- 잔디 초원 : 10~25m^2
- 기타 초원 : 1~10m^2
- 경작지의 잡초 군락 : 25~100m^2

또한, 방형구의 개략적인 결정방법은 군락 내에 생육하고 있는 우점종의 높이를 한 변의 길이로 하는 사각형이 이용되고 있다. 이 방법은 식물의 종류가 많은 복잡한 군락을 제외하면 폭 넓게 적용할 수 있다.

③ 생육종류의 조사

방형구 내에 생육하고 있는 식물 전체를 기록한다.

한편, 현지에서 동정할 수 없는 식물이나 해당 지역에서 최초로 확인된 식물, 그리고 특산식물 등을 취급하는 방법은 식물상조사의 경우와 같다.

④ 피도·군도의 조사

브라운-블랑케(Braun-Blanquet)법에 따라 방형구 내에 생육하고 있는 각종 식물의 피도·군도를 기록한다.

○ 피도
- 5 : 피도가 방형구 면적의 3/4 이상을 차지하고 있는 경우
- 4 : 피도가 방형구 면적의 1/2~3/4을 차지하고 있는 경우
- 3 : 피도가 방형구 면적의 1/4~1/2을 차지하고 있는 경우
- 2 : 개체수가 매우 많거나 적을지라도 피도가 1/10~1/4을 차지하고 있는 경우

· 1 : 개체수는 많지만 피도가 1/20 이하이거나, 또는 피도가 1/10 이하로 개체수가 적은 경우
· + : 개체수가 적고, 피도 역시 적은 경우
· r : 매우 드물게 최저피도로 출현하는 경우(+기호로 정리되는 경우도 많음)

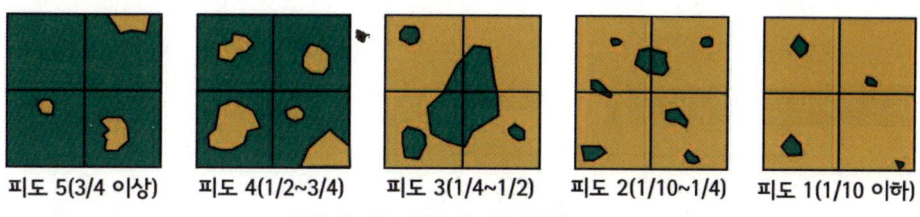

그림 2-25. 피도의 구분방법

○ 군도
 · 5 : 방형구 내에 카펫 모양으로 생육하고 있는 경우
 · 4 : 커다란 얼룩 모양 또는 카펫 모양의 구멍이 이곳저곳에 있는 경우
 · 3 : 작은 무리의 얼룩 모양이 있는 경우
 · 2 : 작은 무리를 이루고 있는 경우
 · 1 : 단독으로 생육하고 있는 경우

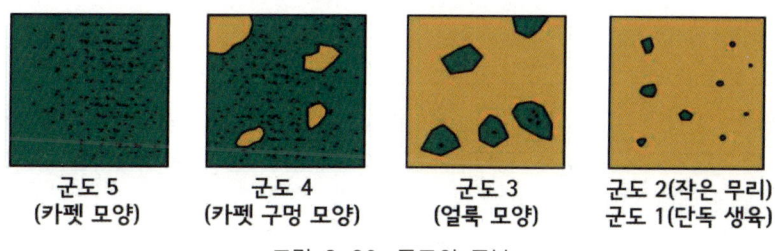

그림 2-26. 군도의 구분

5) 층별조사

산림과 같이 다층 식생으로 구성된 지역에서는 군락을 층별로 조사하게 되면 그 정밀도를 높일 수 있다.

한편, 산림의 기본적인 계층은 다음과 같다.
① 교목층(아교목층을 포함함)
② 관목층
③ 초본층

즉, 식물군락은 단순한 구조를 이루는 경우도 있지만, 일반적으로는 다양한 식물이 공존하여 다층사회를 형성하고 있다. 따라서 식물군락의 계층을 구분할 때에는 사전에 교

목층은 몇 m 이상이라고 정할 수도 있지만, 원래 산림은 다양한 입지조건을 반영하고 있을 뿐만 아니라 통상 각 층의 높이가 일정하지 않기 때문에 조사 시에 구체적인 식물 군락에 대하여 층 구분하는 것이 해당 군락의 실태를 파악하는 데 유효하다.

그러나 일반적인 층 구분의 기준으로 널리 사용되고 있는 라운키에르(Raunkiaer) 생활형인 경우, 교목층은 8m 이상, 아교목층은 2~8m, 관목층은 2m 이하, 초본층은 1~0.5m로 한다. 또한, 덩굴식물과 착생식물은 그 높이에 따라 각 계층에 포함시키는 경우와 별도로 취급하는 경우로 나눌 수 있다.

그림 2-27. 산림의 계층 모식도

6) 활력도(생활력)

활력도는 조사구 내의 특정 식물에 대한 생활 상태를 4계급으로 구분하여 표현한다. 또한, 활력도의 판정은 상당히 어렵기 때문에 실제 야외에서는 특히 생활력이 약한 식물에 대해서만 사용되고 있다.

그리고 활력도는 다음의 부호 또는 숫자(1~4)를 사용하며, 기입방법은 예를 들면 피도, 군도의 오른쪽에 ⟨+°⟩와 같이 부기한다.

· ●●1 : 생육상태가 양호하여 식물의 생활환(生活環, 태어나서부터 죽을 때까지의 주기)을 완전하게 반복하는 식물
· ●2 : 생육상태는 그다지 좋지 않지만 해당 장소에서 번식 가능한 식물, 또는 생육하지만 해당 장소에서 완전한 생활환을 규칙적으로 반복하지 못하는 식물
· ○3 : 영양생식에 의하여 겨우 생육하고 있는 상태로, 완전한 생활환을 반복하지 못하는 식물
· ○○4 : 우연히 발육하는 경우에도 해당 장소에서 번식할 수 없는 식물

7) 현존량조사

목본·초본의 현존량조사는 별도의 조사방법을 참고로 하여 실시한다.

8) 특산식물의 현지 확인

특산식물 등에 대해서는 현지조사 시(식생분포조사, 식물상조사 및 군락조성조사)에 수시로 확인한다. 여기서 특산식물 등이란 일정한 지역에서만 자라는 식물로, 그 지역의 고유식물(固有植物, Endemic plant)이라고도 하며, 우리나라에서만 서식하고 있는 한국특산식물은 393종이 지정되어 있다.
- 총 407종류 : 61과, 172속, 339종, 46변종, 22품종
- 종과 변종을 합한 385종 중
  (양치식물 11종, 나자식물 9종, 단자엽식물 52종, 쌍자엽식물 313종)
- 224종은 남한, 107종은 북한, 그리고 76종은 남북에 걸쳐 분포하고 있음

9) 현지조사 시의 기록

방형구에서 실시하는 기타 조사 시에는 조사지변, 해발고도, 방위와 경사각, 조사면적의 크기, 전식피도(全植被度), 수령과 수고, 인위적인 영향의 종류와 빈도, 조사지에 인접하는 식물군락, 토양형이나 토양의 종류, 생활형, 생육형 및 생육상황 등에 대하여 기록한다.

① 조사월일 : 조사시기를 기록한다.
② 조사지 : 항상 조사지를 쉽게 발견할 수 있도록 상세하게 기록한다. 즉, 자세한 주소 등을 기록하고, 부근의 약도를 첨부한다.
③ 해발고도 : 고도계 또는 지도를 사용하여 기록한다.
④ 방위와 경사각 : 사면인 경우 측정한다.
⑤ 조사면적의 크기 : m×m로 표시한다.
⑥ 전식피도(全植被度)조사구를 피복하고 있는 전체 식생의 피도를 판정하고(%), 다층 군락인 경우 각 계층에 대하여 각각의 식피도를 측정한다.
⑦ 산림조사인 경우 : 가능한 범위에서 수령과 수고를 측정한다.
⑧ 조사지 주변부의 식물군락 : 조사지의 모식도를 그린 후, 필요에 따라 인접지의 구조를 그곳에 포함시킨다.
⑨ 환경조사 : 조도계로 상대조도를 측정하거나 산림 내의 수직기온과 지온을 측정하며, 바람의 영향, 공기 중의 염분량 및 아황산가스 등의 양을 측정한다.
⑩ 토양형과 토양의 종류 : 토양의 종류(모래, 점토 등)를 기입하고, 필요에 따라 함수량, 통기성 및 토양의 이화학성을 파악하기 위하여 각종 실험 등을 실시한다.
⑪ 생활형의 분류 : 식물의 형태가 별도의 기준에 따라 구체적인 방법으로 유형화될 때 그것을 생활형이라고 한다. 분류학의 단위가 종(種)인 것 같이 생태학에서는 생

활형이 하나의 기준으로서 중요시되고 있다.

한편, 생활형을 분류하는 방법은 많은 학자들에 의하여 제시되고 있지만, 특히 라운키에르(Raunkiaer)의 생활형의 경우 유형화의 기준이 확립되어 실용적 가치가 상당히 높기 때문에 널리 사용되고 있다. 이 분류기준은 추운 겨울철 혹은 열대지방의 건조기 등과 같이 식물에게 있어서 생활조건이 매우 나쁜 시기를 경과할 때의 신초의 위치에 따라 분류하는 방법이다.

9.2.5.2. 현지조사의 기록

> 각 조사지구에 있어서의 현지조사 시의 상황을 매 조사마다 조사 시의 상황, 확인상황을 정리한다.

[해설]

1) 조사 시의 상황

조사횟수, 계절, 조사시기, 조사 연월일, 조사 시각 및 날씨 등에 대하여 구체적인 항목을 기록한다.
   ① 조사횟수 : 조사 실시년도에 있어서의 몇 번째 조사인가를 기록한다.
   ② 계절 : 조사를 실시한 계절을 기록한다.
   ③ 조사 연월일, 조사 시각 : 조사를 실시한 연월일, 조사 개시시각 및 조사 종료시각(24시간으로 시)을 기록한다.
   ④ 날씨 : 현지조사 개시 시의 날씨를 기록한다.

2) 확인상황

식물의 확인상황에 대해서는 다음과 같이 종명, 중요 종, 특정 외래생물, 특기사항, 조사책임자, 조사담당자, 동정자를 기록한다.
   ① 종명 : 확인된 식물의 종명을 기록한다.
   ② 중요 종 : 확인된 식물이 중요종인 경우, 확인 순으로 숫자(1, 2, 3…)를 기록한다.
   ③ 특정 외래생물 : 확인된 식물이 특정 외래생물인 경우, 확인 순으로 알파벳(a, b, c…)을 기록한다.
   ④ 비고 : 중요 종 및 특정 외래생물에 대해서는 확인장소, 확인환경, 포기의 수효 등을 기록한다. 이외의 종에 대해서는 종까지 동정할 수 없는 경우에는 그 이유를 기록한다(예 : 잡종, 새로 침입한 외래종으로 도감에 기록이 없고, 개화되기 이전이기 때문에 동정의 근거가 되는 부위를 확인할 수 없다 등). 또한, 기타 특기할 정보가 있으면 필요에 따라 기록하도록 한다.
   ⑤ 특기사항 : 조사지구의 특징이나 식물의 생육에 관련이 있다고 생각되는 상황 등,

조사 시에 기록하지 못한 것이 있을 경우 기록한다. 그리고 이전보다 큰 변화가 발생하면 기록하도록 한다(예 : 주변 식생, 지형 등의 특징, 하예작업, 논·밭두렁 소각, 기타 골재채취나 하천공사 등).

⑥ 조사책임자, 조사담당자, 동정자 : 조사책임자, 조사담당자, 동정자의 이름 및 소속을 기록한다.
그리고 조사지구, 확인위치 등에 대해서는 조사지구의 범위, 조사경로, 사진의 촬영장소와 방향을 기록한다.

⑦ 조사지구의 범위 : 조사지구의 범위를 평면도에 기록하고, 배경도면의 작성년도를 기록한다.

⑧ 조사경로 : 조사경로를 기록한다.

⑨ 사진의 촬영장소와 촬영방향 : 조사지구의 상황에 대하여 사진을 촬영한 위치와 촬영방향을 기록한다.

⑩ 확인위치 : 중요 종 및 특정 외래생물의 확인위치를 기록한다.

9.2.5.3. 동정

식물의 명칭을 현지에서 확인할 수 없을 때에는 그 식물을 채취하여 표본을 작성한 후 실내에서 분석하며, 특히 동정이 곤란한 경우에는 전문가에게 동정을 의뢰하여 식물목록을 작성하도록 한다.

[해설]

현지조사 시에 식물의 명칭을 정확히 확인할 수 없을 때에는 해당 식물의 표본을 작성한 후, 실내로 가져와 각종 참고자료를 이용하여 분석하며, 특히 동정이 곤란한 식물인 경우에는 해당 전문가에게 자문을 받아 식물목록을 작성한다.

1) 동정을 실시할 때의 유의사항

동정을 실시할 때에는 관련 참고문헌이나 유의사항을 참고하여 가능하면 상세히 동정한다. 그리고 종까지 동정할 수 없는 경우에는 "○○속"으로 하고, 속보다 상위의 분류군까지만 동정할 수 없는 경우에도 참고문헌에 따라 가능하면 상세하게 동정한다(예를 들면 "□□과" 등으로 한다).

또한, 동정 상 유의하여야 할 분류군 중, 현지에서 동정하기 어려운 종에 대해서는 그곳에서 동정하지 말고 해당 종을 채집하여 표본으로 만든 후 귀가하여 실내에서 동정하도록 한다. 다만, 현지에서 동정하기 곤란한 중요 종 및 특정 외래생물에 대해서는 채집하지 말고, 사진 등을 촬영한 후에 나중에 확인할 수 있도록 확인위치를 기록한다.

○ 동정 상 유의하여야 할 분류군

① 유사종이 다수 있고, 식별에 주의를 요하는 분류군(예 : 버드나무과, 벼과, 사초속 등)
② 최근 새롭게 침입외래종을 다수 포함한 분류군(예 : 국화과, 금방동사니속 등)
③ 해당 조사지역 주변에서 최초로 확인된 종 등

2) 동정문헌의 정리

동정을 실시할 때에는 사용한 문헌에 대하여 다음과 같이 동정문헌의 번호, 분류군과 종명, 문헌과 저자의 명칭, 그리고 발행연도와 발행처를 정리하도록 한다.
① 동정문헌 No. : 발행연도 순으로 정리한다.
② 분류군·종명 : 동정의 대상이 되는 분류군 또는 종명을 기록한다.
③ 문헌명칭 : 동정에 사용한 문헌명칭을 기록한다.
④ 저자명칭 : 저자의 이름을 기록한다.
⑤ 발행연도 : 문헌이 발행된 연도를 기록한다.
⑥ 발행처 : 출판사의 명칭을 기록한다.

9.2.5.4. 사진촬영 및 정리

조사지구의 상황, 조사실시 상황, 생물종 등에 대하여 사진을 촬영하고, 정리한다.

[해설]

1) 사진촬영
① 조사지구의 상황

조사지구 및 그 주변의 개관을 설명할 수 있는 사진을 매 조사마다 촬영하고, 조사지구의 상황 사진은 계절적인 변화 등을 알 수 있도록 가능하면 같은 위치, 각도, 높이에서 촬영한다.

② 조사실시 상황

조사 시의 상황을 설명하는 사진을 촬영하고, 조사방법을 설명하는 사진은 1장으로 한다.

③ 생물종

중요 종, 특정 외래생물, 조사지구를 대표하는 주요한 종에 대해서는 가능하면 동정을 실시한 근거나 식물의 생육환경을 명확하게 파악할 수 있도록 사진을 촬영한다.

2) 사진의 정리

촬영된 사진에 대하여 다음과 같이 사진의 구분, 표제, 설명 및 촬영 연월일과 지구의 번호, 명칭, 그리고 파일의 명칭 등을 정리하도록 한다.
① 사진구분 : 촬영한 사진에 대하여 「P : 조사지구 등」, 「C : 조사실시 상황」, 「S : 생물 종」, 「O : 기타」로 구분하고, 그 번호를 기록한다.

② 사진표제 : 사진의 표제를 기록한다. 생물종의 사진인 경우에는 한글명을 기록한다.
③ 설명 : 촬영상황, 생물 종에 대한 보충정보 등을 기록한다(예 : ○다리의 하류방향, ○그루 확인 등).
④ 촬영 연월일 : 사진을 촬영한 연월일을 기록한다.
⑤ 지구번호 : 사진을 촬영한 지구의 번호를 기록한다.
⑥ 지구명칭 : 사진을 촬영한 지구의 명칭을 기록한다.
⑦ 파일명칭 : 사진 파일의 명칭을 기록한다. 즉, 파일의 명칭 앞부분에는 사진구분의 알파벳의 첫 번째 문자를 부기하고, 촬영대상을 알 수 있는 이름을 붙이도록 한다.

9.2.5.5. 표본의 제작과 보관

표본의 정밀도를 높이기 위하여 동정 상 문제가 있다고 판단되는 식물 등에 대하여 필요에 따라 표본을 제작하고, 표본정보를 기록한 후에 보관하도록 한다.

[해설]
1) 표본의 제작

표본은 나중에 재동정의 필요가 생기거나 기증할 경우에 대상이 되는 종을 용이하게 꺼낼 수 있도록 제작한다.

그리고 표본을 작성할 때의 표준적인 순서는 다음과 같다.

① 가능하면 꽃, 줄기, 뿌리, 열매 등의 동정에 필요한 부분이 붙어 있는 개체(목본 등과 같이 개체가 큰 경우에는 가지 등이 붙어 있는 식물체의 일부)를 채집한다.
② 채집한 식물은 식물채집통 또는 비닐주머니 등에 넣거나 야책(野冊)에 끼워 넣어 상처입거나 건조되지 않게 조치한 후에 귀가한다.
③ 실내로 가져온 식물은 이물질을 제거한 후, 잎이나 꽃을 곧게 핀 다음 신문지 등에 끼워 넣은 상태에서 강하게 묶고 건조기로 건조시킨다.
④ 습기를 제거하는 종이는 식물체가 충분히 건조될 때까지 젖으면 약 3일~2주간 계속해서 교체한다.
⑤ 이어서 다음과 같이 표본라벨을 작성한다. 동정라벨은 종명, 과명, 동정자의 이름, 동정을 실시한 연월일 등을 기재한 후, 표본에 붙이거나 신문지에 직접 기입하도록 한다.
  · 표본의 번호를 기재한다(표본의 번호는 「식물 표본관리 일람표」와 일치시킨다).
  · 학명을 기재한다.
  · 한글명을 기재한다.
  · 과명을 기재한다.
  · 수계명, 하천명, 지구명, 지구번호를 기재한다.
  · 광역자치단체명, 기초자치단체명, 상세지명을 기재한다.

- 채집한 조사지구의 중심 부근의 위도·경도를 기재한다.
- 채집한 연월일을 기재한다.
- 채집자의 이름과 소속을 기재한다.
- 동정한 연월일을 기재한다.
- 동정자의 이름 및 소속을 기재한다.

2) 표본정보의 기록

제작한 표본에 대하여 다음과 같이 표본의 번호, 종명, 지구의 번호와 명칭, 채집지의 지명, 위도와 경도, 채집자, 채집 연월일, 동정자와 동정 연월일, 그리고 표본의 형식 등에 대하여 기록하도록 한다.

① 표본의 번호 : 표본라벨을 기재한 표본의 번호를 기록한다.
② 종명 : 보관되어 있는 표본의 종명을 기록한다.
③ 지구번호 : 조사지구의 번호를 기록한다.
④ 지구명칭 : 조사지구의 명칭을 기록한다.
⑤ 채집지의 지명 : 광역자치단체명, 기초자치단체명, 상세지명 등을 기재한다.
⑥ 위도·경도 : 채집한 조사지구의 중심 부근의 위도·경도를 기록한다.
⑦ 채집자 : 표본 채집자의 이름과 소속을 기록한다.
⑧ 채집 연월일 : 표본이 채집된 연월일을 기록한다.
⑨ 동정자 : 표본 동정자의 이름과 소속을 기록한다.
⑩ 동정 연월일 : 표본이 동정된 연월일을 기록한다.
⑪ 표본의 형식 : 표본의 제작형식을 기록한다.
⑫ 비고 : 특기사항이 있는 경우에는 기록한다(예 : 표본의 상태(파손 등), 박물관 등록 번호 등)

3) 표본의 보관

표본의 보관기간은 선별검사에 의한 확인 종 목록이 확정되기까지(기본적으로 조사실시 연도의 이듬해 말까지)로 한다. 표본은 방충제, 건조제의 보충 등의 관리를 실시하여 확실하게 보관한다.

보관기간이 만료된 후에는 박물관 등의 표본 기부기관을 탐색하여 가능하면 유효하게 활용하도록 한다. 그리고 박물관 등의 기부 받을 기관이 없는 경우에는 모집하도록 하고, 해당 표본에 대해서는 적절하게 폐기한다.

한편, 보관기간이 만료되기 이전(조사실시 당해 연도)에 기부기관에 표본을 보관하여도 되지만, 재동정이 필요한 경우에 대상으로 하는 표본을 양호한 상태에서 신속하게 제출할 수 있도록 사전에 충분한 조정을 실시할 필요가 있다.

9.2.5.6. 식물의 중요한 위치정보에 대한 기록

> 조사구역 및 그 주변 식물의 중요한 위치정보(식생도에 표시되지 않은 습지식생, 용출수지역의 식생 등의 특징적인 환경)가 현지답사 및 현지조사 시에 확인된 경우에는 그 내용 및 확인 위치를 기록한다.

[해설]

　보충적인 기록을 위하여 식물의 중요한 위치정보에 대한 기록을 별도로 조사를 실시할 필요는 없다.
　① 확인일자 : 확인된 연월일을 기록한다.
　② 중요한 위치정보의 내용 : 확인된 중요한 위치정보에 대하여 대략적인 위치(지명, 하천명, 좌·우안 등)나 그 내용을 기록한다.
　③ 확인 위치도 : 조사지의 식물에 대한 중요한 위치정보를 지형도, 식생도 등에 기록하도록 한다.

9.2.5.7. 기타 생물의 기록

> 현지조사 시에 양서류의 산란장소, 파충류·포유류의 사체(로드킬 등)이나 대형 포유류, 박쥐류를 목격한 경우 등, 식물 이외의 생물에 대해서는 그 중요종과 특정 외래생물 혹은 특별히 기록하여야 할 종이면서도 현지에서 동정이 가능하면 「기타 생물」로 기록한다.

[해설]

　식물 이외의 생물에 대한 동정의 오류를 피하기 위해서는 무리하게 동정을 실시하지 말고, 포획·습득한 생물에 대해서도 사진을 촬영한 후에, 가능하면 표본을 작성하도록 한다. 그리고 현지조사 시에 현장에서 목격한 생물에 대해서도 사진촬영이 가능하면 실시하지만, 무리한 경우에는 해당 생물의 특징(색, 형태, 크기, 행동 및 양식 등)을 대신하여 기록하도록 한다.
　한편, 기타 생물의 기록은 어디까지나 보충적인 사항이기 때문에 본래의 식물조사에 지장을 초래하지 않는 범위에서 실시한다.
　① 생물항목 : 확인된 생물에 대하여 사방조사에 있어서의 조사항목의 명칭을 기록한다.
　② 목명·과명·종명 : 확인된 생물에 대한 목명과 과명, 종명을 기록한다.
　③ 사진, 표본 : 사진을 촬영하거나 표본을 제작한 경우에는 기록한다.
　④ 지구번호 : 확인된 지구의 번호를 기록하고, 조사지구 외에서 확인된 경우 지명 등을 기록한다.
　⑤ 확인 연월일 : 확인된 연월일을 기록한다.
　⑥ 확인상황 : 확인방법, 주변의 환경, 개체수 등을 기록한다.
　⑦ 동정 책임자(소속) : 동정 책임자의 이름 및 소속을 기록한다.

9.2.5.8. 조사개요의 정리

> 현지조사를 실시한 조사지구, 조사시기, 조사방법 및 조사결과의 개요 등에 대하여 다음의 항목을 정리한다.

[해설]
1) 조사실시 상황의 정리

　　현지조사를 실시한 조사지구 및 조사시기에 대하여 다음의 항목을 정리한다.
　　① 조사지구 : 사업지의 공간구분, 지구번호, 지구명, 지구의 특징, 조사지구의 선정근거를 기록하고, 이전 조사지구와 전체 조사계획과의 대응을 기록한다.
　　② 조사시기 : 조사횟수, 계절, 조사 연월일, 조사시기의 선정근거, 조사를 실시한 지구를 기록한다.

2) 조사지구 위치의 정리

　　해당 조사지역의 위치를 파악할 수 있도록 지형도나 관내도 등에 사업지의 공간구분 및 조사지구의 위치를 기록한다. 축척과 방위를 반드시 기입하도록 한다.

3) 조사결과의 개요 정리

　　현지조사의 결과에 대하여 문장으로 알기 쉽게 정리한다.
　　① 현지조사 결과의 개요 : 현지조사 결과의 개요를 정리한다(예 : 현지조사에 있어서의 확인 종의 숫자, 식물상의 특징 등).
　　② 중요종에 관한 정보 : 중요종의 확인상황 등을 정리한다. 그리고 중요종의 확인위치를 특정할 수 있는 정보에 관해서는 중요종의 보전 면에서 취급에 주의하여야 하므로, 「현지조사 결과의 개요」와 구별하여 정리한다.

9.2.6. 조사결과의 정리 및 고찰

9.2.6.1. 조사결과의 정리

> 현지조사의 결과는 중요종에 대한 경년 확인상황, 종명의 변경내용, 확인 종의 목록, 조사전반에 대한 전문가 등의 소견 등을 정리한다.

[해설]
1) 중요종에 대한 경년 확인상황의 정리

　　기존 및 해당 조사에서 확인된 중요종에 대하여 다음과 같은 항목을 정리한다. 그리고 현지조사에서 확인되지 않은 경우에는 현지조사의 란에 ×로 기입하고, 현장의 상황 등에 의하여 판단한 서식 가능성에 대한 조언이나 전문가의 의견 등을 기입하도록 한다.
　　한편, 종명이 변경된 경우에는 변경내용을 별도로 정리한다.

① 종명 : 중요종의 한글명을 기록한다(한글명이 없는 경우에는 학명을 기록하고, 한글명이 다른 종과 혼동되기 쉬운 경우에는 학명을 함께 기록한다).
② 지정구분 : 국가지정 천연기념물 등과 같은 중요종의 지정구분을 기록하고, 지정구분의 범례는 별도로 기록한다.
③ 조사실시 연도 : 확인된 식생조사의 실시연도를 기록한다.
④ 조사자 : 조사를 실시한 사람의 이름 및 소속기관을 기록한다.
⑤ 확인상황 : 확인 시의 상황(주변 환경, 확인시기, 개체수 등)을 기록한다.

2) 확인상황의 정리

해당 사업지 조사에서 확인된 식물에 대하여 조사시기, 조사지구별로 분류체계 순서에 따라 확인상황을 정리한다.

3) 경년 확인상황의 정리

기존 및 해당 조사에서 확인된 식물을 조사 실시연도별로 정리하고, 종명이 변경되었을 때에는 변경내용을 별도로 정리한다.

4) 종명 변경내용의 정리

기존의 식생조사에서 확인된 식생 중에서 종명을 변경된 것에 대하여 다음의 항목을 정리한다.
① 원래의 종명 : 기존의 식물조사 결과에 게재된 종명을 기록한다.
② 변경종명 : 변경 이후의 종명을 기록한다.
③ 조사실시 연도 : 확인한 식생조사의 실시 연도를 기록한다.
④ 비고 : 종명을 변경할 때에 특별히 기재하여야 할 내용이 있으면 기록한다.

5) 확인 종의 목록 정리

해당 현지조사에서 확인된 식물에 대하여 다음과 같이 번호, 과명과 종명, 중요 종, 외래종, 처음으로 확인된 종 및 생물목록에 게재되지 않은 종에 대하여 확인하도록 한다.
① 번호 : 식물 목록 순으로 번호를 붙인다.
② 과명, 종명 : 해당 현지조사에서 확인된 식물에 대하여 기록한다.
③ 중요 종 : 확인된 식물이 중요종인 경우에는 그 지정구분을 기록한다.
④ 외래종 : 확인된 식물이 외래종인 경우에는 기록한다.
⑤ 처음으로 확인된 종 : 확인된 식물이 조사구역에서 처음 확인된 종인 경우에는 기록한다.
⑥ 생물 목록에 게재되지 않은 종 : 확인된 식물이 미게재 종인 경우에는 동정 문헌 일람표의 번호를 기록한다.

6) 해당 조사 전반에 대한 전문가의 소견 정리

해당 조사 전반에 대한 전문가 등의 소견을 정리한다.

9.2.6.2. 양식집

사전조사 및 현지조사의 결과를 참고로 하여 조사결과를 정리하고, 사전조사 양식, 현지조사 양식 및 정리 양식을 작성한다.

[해설]

1) 양식 기입 시의 유의사항

① 종명의 기입

종명을 기입할 때에는 다음과 같은 사항에 유의한다.

- 원칙적으로 종, 아종, 변종, 품종으로 동정된 식물을 대상으로 한다.
- 조사결과를 정리할 경우, 종명의 기입, 종명의 배열에 대해서는 「사방기술(사방협회, 2020)」등을 참조한다.
- 종, 아종까지 동정할 수 없는 경우에는 「○○속」(속명도 불분명한 경우 「○○과」)로 한다.

② 종수를 집계할 때의 유의사항

종, 아종, 변종, 품종까지 동정되지 않은 식물에 대해서도 동일 분류군에 속하는 종이 목록에 등재되지 않은 경우는 집계한다.

③ 종명에 정리번호를 부여하는 방법

각 정리 양식별로 종명에 정리번호를 부여하고, 정리번호는 전술한 「② 종수의 집계할 때의 유의사항」에 근거하여 집계대상으로 하는 종명에 번호를 부여한다. 이때 종별로 중복되지 않도록 주의하여 각 정리 양식에 종수가 알 수 있게 기술하도록 한다.

2) 사전조사 양식의 작성

사전조사 양식은 「사전조사」에 의하여 파악된 정보 및 자료를 표 2-27과 같이 정리한다.

표 2-27. 사전조사 양식의 내용

양식의 명칭	정리하여야 할 내용
기존 문헌 일람표	사전조사에서 정리된 조사구역 및 그 주변에 있어서의 식물에 관한 기존 문헌의 일람을 작성한다.
조언 · 청취 조사표	전문가의 조언 내용이나 「청취조사」에 의하여 파악된 정보를 조사한 상대별로 정리한다.

③ 현지조사 양식의 작성
현지조사 양식은「현지조사」에 의하여 파악된 결과를 기입하며, 정리내용은 표 2-28과 같다.

표 2-28. 현지조사 양식의 내용

양식의 명칭	정리하여야 할 내용
현지조사표 (저사공간 이외)	각 조사지구 내에서 확인된 종에 대하여 조사횟수별로 기록하고, 각 조사지구 내에 설정한 조사개소(조사경로), 중요 종 및 특정 외래생물의 확인 위치를 평면도에 기입한다.
동정문헌 일람표	동정에 사용한 문헌을 일람으로 정리한다.
사진 일람표	촬영한 사진에 대하여 해당 내용을 기입한 일람표를 작성한다.
사진표	사진 일람표에서 정리된 사진별로 사진표를 작성한다.
표본관리 일람표	제작된 표본에 대하여 전부 기입한다.
식물의 중요 위치정보 기록표	식물의 중요한 위치정보가 현지답사 및 현지조사 시에 확인된 경우, 기록한다.
조사상황 일람표	해당 현지조사에 대한 실시 상황을 정리한다.
조사지구 위치도	해당 현지조사의 조사지구에 대한 위치를 정리한다.
현지조사 결과의 개요	해당 현지조사 결과의 개요를 기술한다.
기타 생물에 대한 확인상황 일람표	양서류·파충류·포유류 등의 목격이나 사체가 발견된 경우, 기타 생물의 기록으로 정리한다.

④ 정리 양식의 작성
사전조사, 현지조사 등의 결과에 근거하여 다음의 표 2-29와 같은 정리 양식을 작성한다.

표 2-29. 정리 양식의 내용

양식의 명칭	개요
중요종의 경년 확인상황 일람표	기존 및 해당 현지조사에 있어서의 중요종의 확인상황에 대하여 경년적으로 정리한다.
확인상황 일람표	조사시기별로 확인된 식물에 대하여 확인상황을 정리한다.
경년 확인상황 일람표	기존 및 해당 조사에서 확인된 식물을 경년적으로 정리한다.
종명 변경상황 일람표	기존의 조사에서 확인된 식물에 대하여 종명의 기재를 변경한 경우, 변경내용을 정리한다.
확인 종 목록	현지조사에서 확인된 식물에 대하여 확인 종의 목록을 정리한다.
전문가 등의 소견	해당 조사에 대한 전문가 등의 소견을 정리한다.

사방조사론

9.2.6.3. 고찰

> 조사 전체에 의하여 파악된 결과가 식물의 양호한 서식환경을 보전하기 위한 수역 및 수변역 관리방안을 마련하기 위한 사방시설의 저사공간 및 그 주변에 있어서의 과제를 추출하고, 사방시설이 자연환경에 미치는 영향을 분석·평가하는 데에 활용될 수 있도록 관련 분야 전문가의 조언을 받아 고찰한다.

[해설]

특히 식생의 상황을 경시적으로 비교할 경우, 계절별로 비교할 것인지, 아니면 연간 조사결과에 준하여 비교할 것인지에 따라 사용하는 방법이 다양하기 때문에 적절한 방법을 선택하여 표 2-30에 제시한 고찰방법과 같이 생육환경조건의 변화에 따른 식물의 생육환경 변화를 공간별로 고찰하도록 한다.

표 2-30. 식물조사에 있어서의 고찰방법

	생육환경조건의 변화	식물의 생육환경 변화를 파악하는 방법
저사 공간	· 지수(止水)환경의 존재 · 수위변동지역의 나지화 · 생육환경의 교란	· 지수환경의 존재에 의하여 수초가 양호하게 생육하고 있는가? · 수위변동지역에 어떠한 식물이 생육하고 있는가? · 외래종의 침입이 어느 정도 확인되고 있는가? 등
저사 공간 주변	· 임지의 바람에 의한 변화 · 임지의 광환경·습도의 변화 · 생육환경의 교란	· 임내가 변화함에 따라 건조에 약한 종, 건조에 강한 종이 변화하고 있는가? · 임상의 하초(下草)가 종 구성이 변화하였는가? · 외래종의 침입이 어느 정도 확인되고 있는가? 등
유입 계류	· 계상퇴적지의 출현 · 생육환경의 교란	· 출현한 계상퇴적지에 식생이 생육하고 있는가? · 외래종의 침입이 어느 정도 확인되고 있는가? 등
하류 계류	· 유황의 변화 · 담수지역의 존재 · 생육환경의 교란	· 계상의 교란정도가 감소함에 따라 계상퇴적지의 수림화가 발생하고 있는가? · 계류환경이 분단됨에 따라 확산식물의 종자 등의 유하가 방해받고 있는가? · 외래종의 침입이 어느 정도 확인되고 있는가? 등
기타	〈지형개변 개소〉 · 개변 개소의 회복상황 · 생육환경의 교란	· 지형 개변이 발생한 개소에 식생이 어느 정도 회복되고 있는가? · 외래종의 침입이 어느 정도 확인되고 있는가? 등
	〈환경창출 개소〉 · 목적의 달성상황	· 계획 시의 목적과의 비교 등

※ 이러한 관점은 어디까지나 참고 사례로, 반듯이 이러한 관점에 따라 고찰할 필요는 없으며, 해당 지역의 특성을 감안하여 필요에 따라 취사선택하거나 새로운 관점을 추가하여 고찰하여도 상관이 없음.

9.3. 동식물플랑크톤조사

9.3.1. 조사의 목적

> 동식물플랑크톤조사는 사방사업을 실시하는 산지의 수계 및 그 주변 지역에 있어서 동·식물 플랑크톤의 서식상황을 파악하는 것을 목적으로 한다.

[해설]
　　동식물플랑크톤조사는 산지의 수계 및 그 주변의 수질과 생태계를 보전을 고려한 사방사업을 추진하기 위하여 산지관리 측면에서의 과제를 추출하고, 사방사업이 자연환경에 미치는 영향을 분석·평가할 목적으로 진행한다.

9.3.2. 조사의 구성

> 동식물플랑크톤조사는 조사계획을 입안하고, 사전조사·현지조사를 주요 내용으로 하며, 그 결과에 대하여 분석·정리한다.

[해설]
　　동식물플랑크톤조사는 그림 2-28에 제시한 순서에 따라 실시한다.

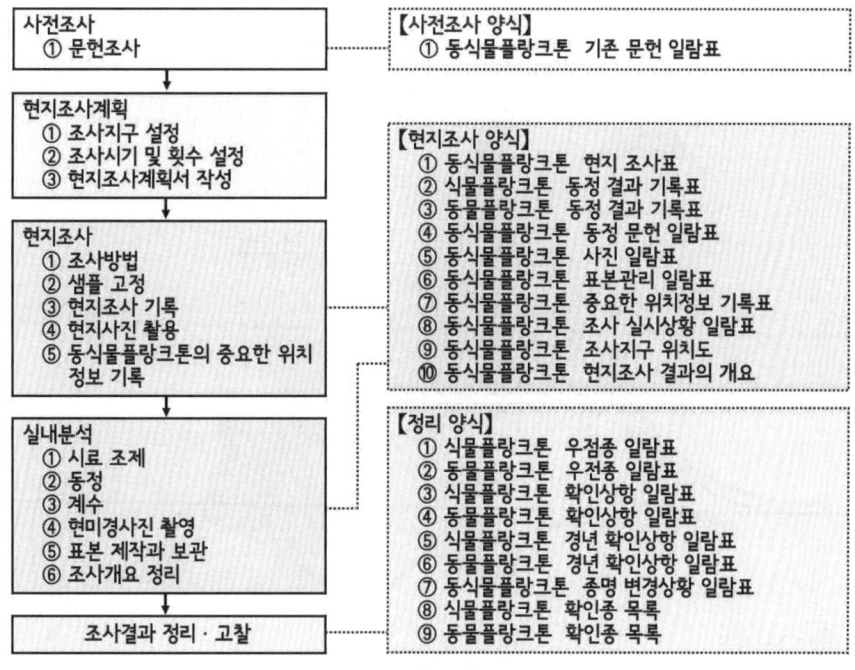

그림 2-28. 동식물플랑크톤조사의 순서

9.3.3. 사전조사

현지조사를 실시하기 이전에 전년도까지의 수질조사 등의 기존 문헌을 정리하여 조사구역에 있어서의 동식물플랑크톤의 생식·생육상황 등의 각종 정보를 정리한다.

[해설]

문헌조사에서는 기존에 실시된 각종 조사성과, 보고서, 직전 조사 후에 출판·발행된 문헌 등을 수집하여 동식물플랑크톤의 생식·생육상황에 대한 정보를 중심으로 정리하고, 문헌의 명칭, 저자명, 발행연도, 발행처, 입수처 등을 기록한다.

9.3.4. 현지조사계획
9.3.4.1. 조사지구의 설정

조사지구 설정 시 전체 조사계획에 따라 수질자료와 비교 해석할 수 있도록 한다.

[해설]

사전에 예상 조사대상 수역의 저수량과 수심, 수질에 영향을 미치는 계류의 위치·유량·수질 등의 자료, 평면도와 항공사진, 기존의 조사결과 등을 이용하여 수역의 환경특성을 기입한 평면도 등을 작성한다. 조사지점은 수역의 형태를 고려하여 유수가 유입되는 부분에 설정하고, 조사가 종료될 때까지 변경하지 않도록 한다.

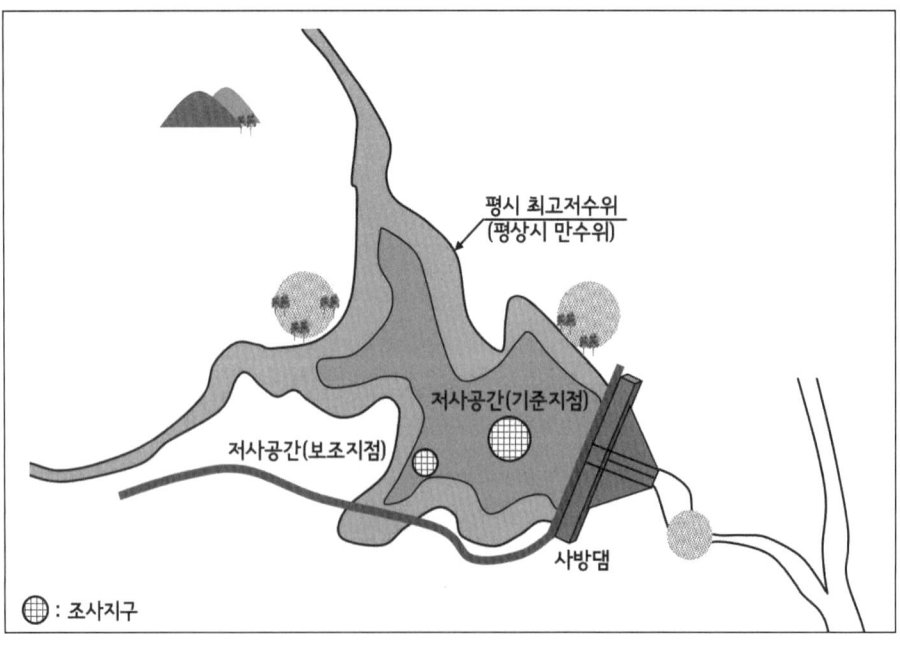

그림 2-29. 조사지구의 설정사례(동식물플랑크톤)

9.3.4.2. 조사시기 및 횟수의 설정

> 동식물플랑크톤의 조사시기 및 횟수는 원칙적으로 많을수록 좋지만, 산지 계류 등에서는 수리상태를 충분히 고려하여 결정한다. 특히, 조사횟수는 최저 연 2회(여름철과 겨울철) 실시하여야 하며, 통상 2~3개월에 1회 정도가 널리 이용되고 있다.

[해설]

　　식물플랑크톤에 대해서는 기타 수질조사 결과자료와 비교할 수 있도록 수질조사와 동시에 시료를 채취하고, 원칙적으로 수질조사와 같은 빈도(수질조사가 1회/월이라면 1회/월)로 실시한다(표 2-31 참조).

　　동물플랑크톤에 대해서는 원칙적으로 순환기인 5월 중순~6월 중순, 성층기(成層期)인 8월, 성층의 경계면이 하층으로 확대되는 10월~11월에는 3회/년으로 한다. 다만, 유입·유출의 상황이나 물빼기구멍의 위치에 따라 성층하지 않는 경우도 있기 때문에 해당 사방댐의 특성·운용상황도 배려하도록 하고, 계절변동을 파악할 수 있는 시기를 조사시기로 설정한다.

　　한편, 동물플랑크통의 현지조사에 있어서도 기타 수질조사 결과자료와 비교 해석할 수 있도록 수질조사와 동시에 실시하고, 시료를 채취한다. 특히, 식물플랑크톤과 비교 검토가 필요한 경우에는 식물플랑크톤에 맞추어 매월 실시하여도 된다.

표 2-31. 연간 조사횟수 및 시기

조사항목	조사시기(월)											
	4	5	6	7	8	9	10	11	12	1	2	3
식물플랑크톤	○	○	○	○	○	○	○	○	○	○	○	○
동물플랑크톤	△	○	△	○	△	○	△	△	△	△		△

※ ○ : 조사를 실시함　△ : 필요에 따라 실시함

9.3.4.3. 현지조사계획서의 작성

> 「전체 조사계획서」 및 전술한 9.3.4.1로부터 9.3.4.2를 참고로 하여 현지조사가 원만하게 실시되도록 현지조사계획서를 작성한다.

[해설]

　　현지조사를 실시할 때에는 동정 상의 유의사항 등을 참조하고, 해당 야계사방사업지 등의 특성을 고려한 구체적인 실시방법 등을 포함하도록 한다.

9.3.5. 현지조사

> 현지조사는 현지조사계획에 따라 실시하며, 계류환경의 특성 및 조사목적을 정확하게 파악할 수 있는 조사방법을 선정한다.

[해설]
　　시료는 저수공간에 있어서 수질조사와 동시에 채수법(동식물플랑크톤 : 다만, 동물플랑크톤에 대해서는 네트에 의하여 여과된 것을 시료로 함)에 의하여 채취하도록 하고, 수질에 맞춘 해석에 이용하기 쉬운 자료를 취득한다.
　　그리고 현지조사를 실시할 때에는 구명동의를 착용하는 등, 사고방지에 주의하여야 한다. 표 2-32에 현지에서의 시료채집으로부터 고정까지의 개요를 정리하였고, 조사방법은 9.3.5.1로부터 9.3.5.2에 상세하게 제시하였다.

표 2-32. 현지조사의 개요

항목		식물플랑크톤	동물플랑크톤
조사방법		채수법	
조사지구		기준지점, 보조 기준지점(수질조사와 함께 실시함)	
채취층위		표층(0.5m)의 한 층	투명도에 따라 5m 간격으로 채취
채수방법	기구	반돈(van Dorn)식 채수기	쉰들러 트랩(Schindler Trap), 반돈식 채수기, 펌프 채수 중 선택
	채수량	2L	총량 50~100L 여과
	기타		채수 후 NXXX25(약 40μm) 여과망으로 여과
시료 수용 용기		페트병(2L 등)	페트병(500mL 정도)
현지 사용 고정액		중성 포르말린 또는 산성이나 중성 루골(Lugol)용액	중성 포르말린 또는 알코올

9.3.5.1. 조사방법

　　현지조사 시에는 채수법·네트법에 의하여 시료를 채취한 후 보존(고정)한다. 채수법에 의하여 시료를 채취할 때에는 채수기 등을, 그리고 네트법에 의하여 시료를 채취할 때에는 정성·정량용 플랑크톤 네트 등을 이용한다.

[해설]
　　일반적으로 정량적 채취는 현존량과 군집구성을 파악할 때 이용하며, 정성적 채취는 군집구성을 파악하기 위하여 실시하는 것으로, 그 방법이 비교적 간단하다.

1) 정량적 채취방법(현존량 조사용)
　　① 플랑크톤 네트를 사용하지 않는 방법(채수법)
　　에크맨(Ekman)식 또는 반돈식 채수기, 윙 펌프 등을 사용하여 소정의 깊이에서 시료를 채취하는 방법이다. 이 방법은 부영양화가 진행된 수역에서 사용할 경우 50~100ml 정도의 시료로도 충분하지만, 일반적으로는 500~1,000ml 정도, 특히 빈(貧)영양

상태의 수역에서는 10ℓ 이상의 시료가 필요하며, 이 경우 반돈식 채수기 또는 윙 펌프를 사용한다.

한편, 정량적 채취의 경우, 플랑크톤 네트의 망을 빠져나올 수 있는 식물플랑크톤(나노플랑크톤)이 많을 때에는 네트보다 채수기로 채취하는 것이 바람직하다.

② 플랑크톤 네트를 사용할 경우(주로 동물플랑크톤용)

정량용 네트(그물눈의 긴지름이 $94\mu m$인 것)를 사용하며, 이 경우 여과수량을 명확하게 파악하여야 한다(개구면적×네트의 거리, 여과계로부터 산출함). 이때 네트를 당기는 속도는 $0.5m/s$ 정도가 적당하며, 가능하면 일정하게 유지한다. 또한, 특정 깊이의 플랑크톤 혹은 동물플랑크톤의 수직분포 상황을 조사할 경우, 소정의 정량용 개폐식 플랑크톤 네트를 사용한다. 특히 깊이별로 플랑크톤을 채취할 경우에는 다음과 같은 사항에 주의한다.

· 네트를 당기는 속도는 가능하면 일정(0.5m/s)하게 유지한다.
· 네트의 최대직경이 충분히 열려 있는지를 확인한 후에 물에 담근다.
· 시료를 용기에 옮기기 전에 네트를 깨끗이 세정하여 그 속에 생물이 남아있지 않도록 주의한다. 특히 다음 깊이의 시료를 채취하기 전에 재차 네트 입구 부근을 물속에 충분히 담근 후 끌어올려 네트 속에 플랑크톤이 남아있지 않게 한다.
· 수직상태의 현존량을 조사할 경우, 적어도 투명도의 1~2배, 필요에 따라서는 그 이상의 깊이까지 채취한다.

한편, 대상수역의 특성 상 깊이별로 상세하게 채취하여야 할 필요가 있을 경우, 5m→0m, 10m→5m, 15m→10m, 20m→15m, 25m→20m 순으로 채취한다.

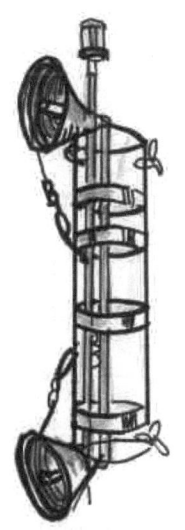

그림 2-30. 반돈식 채수기

2) 정성적 채취방법(군집구성, 출현빈도 및 분포용)

① 플랑크톤 네트를 사용하지 않는 방법(채수법)

부영양화가 진행된 소, 여울 또는 사방댐의 저수공간 등에서는 체류수 1L~500mL를 채취하여 시료로 사용하며, 채수 시에는 다음의 사항에 충분히 유의하여야 한다.

- 플랑크톤 네트를 사용할 경우, 채취가 종료되면 즉시 물속에 네트를 입구까지 충분히 담근 상태에서 상하좌우로 수차례 흔들어 깨끗이 씻어낸 후, 물위로 끌어올려 물을 빼는 조작을 세 차례 정도 반복한다. 이때 네트를 깨끗이 닦지 않으면 다음 지점에서 시료를 채취할 때 이전의 시료가 섞일 수 있으므로 주의하여야 한다.
- 플랑크톤 네트의 크기는 얕은 수역에서는 직경 20cm, 길이 40cm 정도, 그리고 깊은 소, 여울 또는 사방댐의 저수공간 등에서는 직경 30cm, 길이 100cm 정도의 것을 사용한다.
- 대규모의 계류나 대형 사방댐의 저수공간은 계안지역 또는 유심부분과는 플랑크톤의 종류조성이나 현존량이 다르고, 주야로 깊이가 변하기 때문에 각 지점의 플랑크톤 분포상황은 수평 또는 수직(바닥으로부터 표면까지)방향으로 채취하는 것이 바람직하다.

② 플랑크톤 네트를 사용할 경우

플랑크톤 네트를 사용하여 미소동물플랑크톤을 채취할 경우, 망의 직경이 $40\mu m$인 네트를 사용하고, 동물플랑크톤은 망의 긴지름이 $94\mu m$인 네트를 사용하여 채취하도록 한다.

또한, 수초군락 사이에서 네트를 사용할 때에는 수초 조각이 들어가지 않도록 주의하며, 특히 부착성 플랑크톤이 섞일 수 있기 때문에 해석 시에 주의한다. 그리고 수직으로 채취할 때에는 플랑크톤 네트를 소정의 깊이까지 충분히 담근 후 0.5m/s로 끌어올리고, 수심이 얕거나 한 차례만으로는 시료를 충분히 확보할 수 없을 경우, 매 채취 시마다 플랑크톤 네트 안의 물을 완전히 뺀 후에 다시 담그는 조작을 수차례 반복한다.

한편, 플랑크톤 네트의 망은 나일론으로 제작하지만, 눈금이나 직조방법이 같은 경우 다른 것을 사용할 수도 있다.

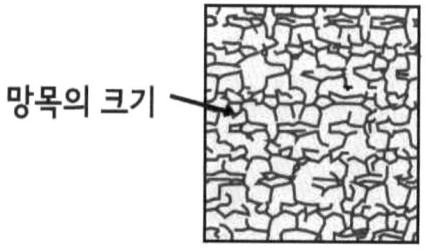

그림 2-31. 플랑크톤 네트(그물눈의 긴지름 $94\mu m$)

9.3.5.2. 시료의 고정

> 일반적으로 동식물플랑크톤을 고정하는 데에는 포르말린을 사용하지만, 알코올을 사용하는 경우도 있다. 그러나 식물플랑크톤인 경우 알코올이 탈색되기 쉬우므로 사용하지 않는 것이 원칙이며, 담수적조가 발생할 수 있는 시료는 글루타알데히드를 사용하는 것이 바람직하다.

[해설]

현지에서 채취한 식물플랑크톤의 시료는 중성 포르말린 또는 루골액으로, 동물플랑크톤의 시료는 중성 포르말린 또는 알코올(에틸알코올)을 사용하여 각각 고정한다. 그러나 알코올은 식물플랑크톤의 색소를 추출하여 무색으로 만드는 경우가 있을 뿐만 아니라, 특히 스티롤에 피해를 가하여 그 자체가 파손되는 경우가 있기 때문에 피하도록 한다.

한편, 시료의 고정에 대한 개요를 정리하면 표 2-33과 같다.

표 2-33. 시료 고정의 개요

구분		포르말린		루골액	알코올
		중성	중성이 아님		
식물	식물플랑크톤 시료를 현지에서 고정하는 경우	◎	×	○	×
	현지에서 고정하지 않은 시료를 동정 시 참고하기 위하여 고정하는 경우	○	×	○	×
동물	식물플랑크톤 시료를 현지에서 고정하는 경우	◎	×	×	○

※ ◎ : 권장, ○ : 사용하여도 무방함, × : 사용하지 않음

1) 포르말린

식물플랑크톤, 동물플랑크톤 모두 포르말린에 의한 고정을 권장하며, 포르말린으로 고정할 경우, 시료의 농도가 약 5%가 되도록 첨가한다(시판하는 포르말린은 약 35%의 포름알데히드 용액임). 또한, 농축 중탄산소다 용액으로 중화시킨 후에 사용하는 경우도 있다(이때 하부에 침전된 것은 사용하지 않음).

2) 루골액

원래 루골액은 전자현미경 시료를 고정하기 위하여 사용하는 것으로, 포르말린과 같이 고정능력이 강력하지는 않지만, 침투력이 강하여 편모조류(鞭毛藻類) 등도 잘 고정할 수 있다. 특히 시중에는 25~75%의 글루타알데히드 수용액이 시판되고 있지만, 일반적으로 1급인 25%의 글루타알데히드를 사용한다.

3) 알코올

알코올은 거의 단독으로 사용되지 않지만, 특별히 단독으로 사용할 경우, 물 2 : 90% 알코올 1의 비율로 희석하여 사용한다. 특히 알코올은 식물성 검사물체의 색소를 추출하여 무색으로 만들기도 하고, 스티롤에 피해를 주어 손상시킬 수 있다.

9.3.5.3. 현지조사의 기록

현지조사의 실시 상황에 대하여 조사지구, 조사횟수별로 기록한다.

[해설]

1) 조사지구

조사지구에 대하여 다음과 같이 지구의 번호와 명칭, 사방댐의 댐자리부터의 거리 및 위도와 경도를 기록한다.

① 지구번호 : 조사지구의 번호를 기록한다.
② 지구명칭 : 근처의 교량이나 지명 등과 함께 조사지구의 특징을 나타내는 명칭을 기록한다.
③ 사방댐 댐자리로부터의 거리(km) : 사방댐 댐자리로부터의 거리(km)를 기록한다.
④ 위도·경도 : 조사지구의 위도·경도를 GPS 등을 이용하여 기록한다.

2) 조사 시의 상황

현지조사 실시 시의 상황에 대하여 다음과 같이 조사의 횟수, 계절, 연월일, 개시시각과 종료시각, 그리고 날씨와 기온, 사방댐의 저수위와 투명도 등을 기록한다.

① 조사횟수 : 조사 실시년도에 있어서 몇 번째 조사인지를 기록한다.
② 계절 : 현지조사를 실시한 계절을 기록한다.
③ 조사 연월일 : 조사를 실시한 연월일을 기록한다.
④ 조사 개시시각·조사 종료시각 : 현지조사 개시시각 및 종료시각을 기록한다.
⑤ 날씨 : 조사 개시 시의 날씨를 기록한다.
⑥ 기온 : 조사 개시 시의 기온(℃)을 기록한다.
⑦ 사방댐의 저수위 : 조사 시의 사방댐의 저수위를 EL.(m)로 기록한다.
⑧ 투명도(m) : 투명도판(직경 25~30cm의 백색 원판)을 물속에 담근 후, 주위의 물과 식별할 수 없는 깊이를 측정한다. 특기사항 란에 투명도 ○m라고 기입한다.

3) 채수층위의 수질

채수층위의 수질에 대하여 다음과 같은 수질항목을 측정한다. 그리고 기본적으로 동시에 실시된 수질조사의 값을 이용한다(동물플랑크톤 채수층위의 수질은 측정하지 않아도 됨).

① pH : 표층(수심 0.5m)의 pH를 측정한다.
② 수온 : 표층(수심 0.5m)의 수온(℃)을 측정한다.
③ DO : 표층(수심 0.5m)의 DO(mg/L)을 측정한다.
④ 엽록소 a : 표층(수심 0.5m)의 엽록소 a(μg/L)를 측정한다.

4) 조사방법

식물플랑크톤 및 동물플랑크톤의 조사방법의 개요에 대하여 다음의 사항을 기록하도록 한다.
· 사용기계, 채수층위별 채수수심(m), 채수 층위별 채수량(L)을 기록한다.

5) 조사위치

조사지구의 위치를 도면 위에 기록한다.

6) 특기사항

투명도를 기록하고, 현지조사 시에 파악된 조사지구의 특징이나 플랑크톤과 관련된 상황에 대해서는 특기사항으로 기록한다.
① 수위, 유량, 수질 면에서 특별히 기록 하여야 할 사항(방류에 따른 수위·유량변동, 거품이나 흙탕물의 유무, 녹조나 담수적조의 발생상황, 염분농도 등)
② 기타(조사지구 및 주변에 있어서의 자연재해, 공사 실시상황 등)

7) 조사 담당자

조사 담당자의 이름 및 소속을 기록한다.

9.3.5.4. 사진촬영

조사지구의 상황, 조사실시 상황 등에 대하여 사진을 촬영하고, 정리한다.

[해설]

1) 사진촬영

현지조사 실시 시에 다음과 같은 사진을 촬영한다. 그리고 조사지구의 상황사진에 대해서는 계절적인 변화 등을 파악할 수 있도록 가능하면 같은 위치, 각도, 높이에서 촬영하는 것이 바람직하다.
① 조사지구의 상황
조사지구 및 주변의 개관을 설명할 수 있는 사진을 조사횟수별로 촬영한다.
② 조사실시 상황
조사 시의 상황에 대한 설명 사진을 실시한 채수방법의 종류(반돈식 채수기·쉰들러

트랩 등)별로 촬영한다. 그리고 각 채수방법의 상황에 대한 설명 사진은 조사횟수별, 채수방법별로 각 1장씩 촬영한다.

2) 사진의 정리

사진의 정리대상이 되는 사진에 대하여 그 구분과 표제, 설명, 촬영 연월일, 그리고 지구의 번호, 명칭, 그리고 파일의 명칭 등을 정리한다.

① 사진구분 : 촬영한 사진에 대하여 「P : 조사지구 등」, 「C : 조사실시 상황」, 「S : 생물종」, 「O : 기타」로 구분하고, 그 번호를 기록한다.
② 사진표제 : 사진의 표제를 기록한다(예 : 조사지구의 상황, 반돈식 채수기 등).
③ 설명 : 촬영상황에 대한 보충정보 등을 기록한다(예 : 8월 조사 시, 수질기준점 등).
④ 촬영 연월일 : 사진을 촬영한 연월일을 기록한다.
⑤ 지구번호 : 사진을 촬영한 지구의 번호를 기록한다.
⑥ 지구명칭 : 사진을 촬영한 지구의 명칭을 기록한다.
⑦ 파일명칭 : 사진(전자자료)의 파일 명칭을 기록한다. 파일의 명칭 앞부분에는 사진구분의 알파벳의 첫 번째 문자를 부기하고, 촬영대상을 알 수 있는 이름을 붙이도록 한다.

9.3.5.5. 동식물플랑크톤의 중요한 위치정보에 대한 기록

조사구역에 있어서 동식물플랑크톤의 중요한 위치정보(녹조나 담수적조 등, 동식물플랑크톤의 이상발생 위치)가 현지답사 및 현지조사 시에 육안으로 확인된 경우, 그 내용과 확인위치를 기록한다.

[해설]

이 기록은 어디까지나 보충 기록으로 하고, 반드시 별도의 조사를 실시할 필요는 없지만, 조사를 실시할 경우 확인일자, 중요한 위치정보의 내용 및 확인 위치도 등을 기록한다.

① 확인일자 : 확인된 연월일을 기록한다.
② 중요한 위치정보의 내용 : 확인된 중요한 위치정보에 대하여 대략적인 위치(지명, 계류명, 좌·우안 등)나 그 내용을 기록한다.
③ 확인 위치도 : 중요한 위치정보를 지형도 등에 기록한다.

9.3.6. 실내분석

채취한 시료는 정치침전, 원심침전 등으로 처리한 후에 현미경으로 종을 동정한다. 특히 종의 동정·집계는 식물플랑크톤과 동물플랑크톤을 구분하여 실시하며, 조사지점·조사기일, 시료채취별·조사자별로 표본을 제작한다.

[해설]
　고정한 시료는 실내로 가져와 시료를 조제한 후, 현미경으로 식물플랑크톤과 동물플랑크톤을 각각 종의 동정·계수를 실시하여 조사지구, 조사횟수별로 표본을 제작한다.

표 2-34. 실내분석의 개요

항목		식물플랑크톤		동물플랑크톤
시료의 조정		정치침적법에 의하여 농축한다.	세디먼트 챔버를 사용하여 침전시킨다.	정치침적법에 의하여 농축한다.
동정·계수	주요 사용기구	정립(正立)현미경 (생물현미경)	도립(倒立)현미경	생물현미경 도립현미경 실체현미경
	계수 시의 배율	200~400배 정도	200~400배 정도	50~100배 정도
	환산	1L 당	1L 당	1m³ 당
	사용기준	○	◎	◎

※ ◎ : 권장, ○ : 사용하여도 무방함

9.3.6.1. 시료의 조제

　채취된 시료는 통상 농축하여 처리하지만, 부영양화가 진행되고 있는 사방댐의 저수공간 등과 같이 동·식물플랑크톤의 현존량이 많은 경우에는 직접 채수한 일정량을 보존하고, 시료는 정치침전법 등을 이용하여 농축하지만, 침전시키기 어려운 시료는 직접 검경하도록 한다.

[해설]
1) 식물플랑크톤
　식물플랑크톤의 분석은 건조대물 40배의 정립현미경 또는 도립현미경과 세디먼트 챔버를 사용하여 검경한다. 도립현미경과 세디먼트 챔버는 정치침전법에 비하여 작업순서가 단순하기 때문에 농축으로부터 동정·계수작업에서 발생하는 오차가 적어진다. 따라서 보다 정확하게 세포수를 계수하기 위하여 세디먼트 챔버로 침강시킨 시료를 도립현미경으로 검경하는 것이 바람직하다.
　① 세디먼트 챔버
　도립현미경으로 검경할 경우에는 그림 2-32에 제시한 원기둥 모양의 세디먼트 챔버를 이용하여 침강시킨다. 빈영양인 경우는 100mL, 중영양인 경우에는 10mL나 50mL의 원통을 받침대에 올려놓고 그 속에 채취한 시료를 공극이 발생하지 않도록 넣은 다음, 뚜껑을 닫고 24시간 정치한 후, 윗부분의 액은 제거한다. 그리고 부영양인 경우에는 원통을 사용할 필요는 없고, 받침대의 구멍에 채취한 시료를 넣은 후, 뚜껑을 닫고 3~4시간 정치한다. 과영양인 경우에는 희석하여야 할 경우도 있다.

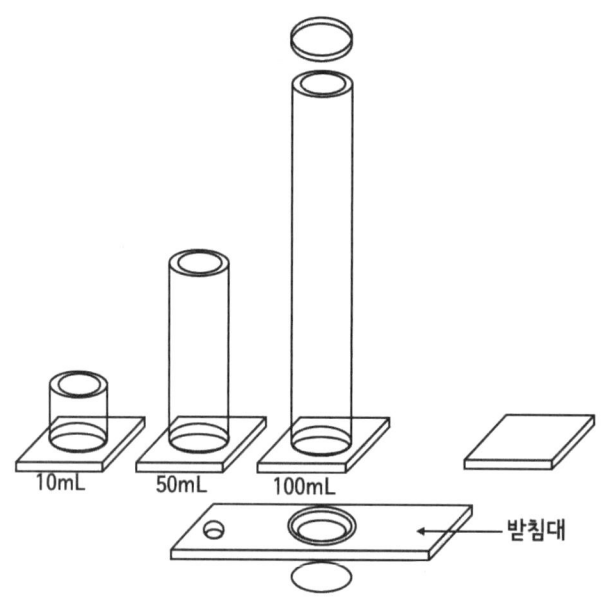

그림 2-32. 세디먼트 챔버의 단위

② 정치침전법

고정한 시료(2L) 중에서 1L를 메스실린더 혹은 원뿔형 용기에 넣고, 시료를 24시간 이상 정치한 후, 윗부분의 액은 제거한다. 이와 같은 작업을 용기에 나누어 수차례 반복(용기를 옮길 경우, 용기의 안쪽 벽은 세척한 다음 시료를 첨가한다)하여 최종적으로 10mL 정도까지 농축한다.

2) 동물플랑크톤

동물플랑크톤에 대해서는 통상 채취한 시료를 농축 처리한다. 다만, 부영양화가 진행된 곳에서는 동물플랑크톤의 현존량이 많은 경우에는 채취한 시료의 일정량을 나누어 동정할 수도 있다. 시료의 농축에는 정치침전법을 이용한다.

① 정치침전법

고정한 시료를 메스실린더 혹은 원뿔형 용기에 넣고, 시료를 12~24시간 정도 정치한 후, 윗부분의 액은 제거한다. 이와 같은 작업을 용기에 나누어 수차례 반복(용기를 옮길 경우, 용기의 안쪽 벽은 세척한 다음 시료를 첨가한다)하여 농축한다.

9.3.6.2. 동정

종의 동정은 조사지구, 조사횟수별로 식물플랑크톤과 동물플랑크톤을 별도로 실시한다.

[해설]
　　동정은 관련 문헌에 근거하여 실시한다. 즉, 식물플랑크톤에 관하여 수질에 장해를 주는 종이 확인된 경우에는 유침(油浸)렌즈를 사용한 고배율의 현미경으로 가능하면 종까지 동정한다.

1) 동정을 실시할 때의 유의사항
　　식물플랑크톤과 동물플랑크톤의 구분은 기본적으로는 광합성의 실시 여부에 따라 구별하고, 광합성 색소로 광합성을 실시하는 종을 포함하는 분류군을 식물플랑크톤이라고 한다. 그리고 분류체계가 유동적인 원생생물은 육질편모충류나 섬모충류를 동물플랑크톤으로, 은편모조류, 와편모조류, 녹조류 등의 편모조류를 식물플랑크톤으로 분류한다.
　　그리고 식물플랑크톤, 동물플랑크톤별로 조사지구, 조사횟수별로 총세포수·총군체수·총개체수의 5% 이상을 차지하는 종류를 우점종으로 하여 신중하게 동정을 실시한다. 그리고 식물플랑크톤의 동정에는 기본적으로 건조 40배의 대물렌즈를 사용하도록 한다.
　　다만, 곰팡내가 나는 원인조류의 종을 동정할 때에는 보다 높은 배율의 유침 렌즈 등을 사용하여 동정하는 것이 유리한 경우도 있으므로, 그와 같은 경우에는 필요에 따라 사용하도록 한다.

2) 동정 결과의 정리
　　동정한 결과는 식물플랑크톤, 동물플랑크톤별로 조사지구, 조사횟수별로 조사 연월일, 지구의 번호와 명칭, 채집방법, 채수층위, 계수방법, 번호, 문명, 강명, 목명, 과명 및 종명, 그리고 세포수와 개체수 및 동정자 등을 정리한다.
　　① 조사 연월일 : 현지조사를 실시한 연월일을 기록한다.
　　② 지구번호 : 조사지구의 지구번호를 기록한다.
　　③ 지구명칭 : 기준지점, 보조기준지점 등, 조사지구의 특징을 나타내는 명칭을 기록한다.
　　④ 채집방법 : 채수방법을 기록하고, 사용한 채수기(반돈식 채수기, 쉰들러 트랩, 펌프 채수)를 기술한다.
　　⑤ 채수층위 : 채수층위(m)를 기록한다.
　　⑥ 계수방법 : 식물플랑크톤에 대해서는 계수에 사용한 방법(정립현미경 또는 도립현미경 등)을 기록한다.
　　⑦ 번호 : 종명에 정리번호를 붙인다.
　　⑧ 문명(門名), 강명(綱名), 목명(目名), 과명(科名), 종명(種名)(학명) : 확인된 생물의 문명, 강명, 목명, 과명 및 종명(학명)을 기입한다.

⑨ 세포수·개체수 : 세포수, 군체수, 개체수를 기록한다(식물플랑크톤 : 세포수 또는 군체수/L, 동물플랑크톤 : 개체수/m^3).
⑩ 비고 : 식물플랑크톤에서는 수질을 장해하는 종(남조)의 동정에 사용한 L-W비와 그 측정값, 형태적 특징 등을, 동물플랑크톤에서는 자웅 등을 각각 기입한다. 그리고 상세한 내용에 대해서는 「종을 동정할 때의 참고문헌 및 유의사항」을 참조하도록 한다.
⑪ 동정자 : 동정을 실시한 담당자의 이름 및 소속을 기록한다.

3) 동정문헌의 정리

동정을 실시할 때에 사용한 문헌에 대하여는 다음과 같은 항목 등을 기록하도록 한다.
① 문헌의 번호 : 발행연도 순으로 번호를 붙인다.
② 분류군·종명 : 동정의 대상이 되는 동식물플랑크톤의 분류군 또는 종명을 기록한다.
③ 해당하는 분류군·종명별로 문헌의 명칭, 저자명, 발행연도, 발행처 등을 기록한다.

9.3.6.3. 계수

식물플랑크톤은 도립현미경과 정립현미경으로, 그리고 동물플랑크톤은 생물현미경이나 도립현미경으로 각각 계수한다.

[해설]

1) 식물플랑크톤

보다 정확하게 세포의 숫자를 계수하기 위하여 세디먼트 챔버에 의하여 침강시킨 시료를 도립현미경으로 검경하고, 세포의 숫자를 계수하는 것이 바람직하다. 정립현미경인 경우에는 건조대물 40배를 사용한다.

① 도립현미경을 이용한 계수

식물플랑크톤에 대해서는 전술한 바와 같이 세디먼트 챔버로 침강시킨 후, 도립현미경으로 세포의 숫자, 군체수를 계수한다. 계수를 위한 현미경의 배율은 200배~400배 정도가 적당하며, 종류에 따라 적절한 배율로 계수한다. 이때 밑바닥의 직경을 포함한 선상을 따라 몇 열을 실시하고, 다음의 식에 따라 밀도를 구한 후, 단위체적(1L) 당으로 환산한다.

이 방법에서는 농축이나 미량의 시료 채취 등의 작업이 적기 때문에 정립현미경을 사용하여 계수한 경우에 비하여 오차가 작아진다고 생각된다. 따라서 보다 정확하게 세포의 숫자를 계수하기 위하여 세디먼트 챔버에 의하여 침강시킨 시료를 도립현미경으로 검경하는 것이 바람직하다.

밀도(세포의 숫자/mL) = $\dfrac{CA}{aV}$

식에서, C : 계수의 값
A : 밑바닥의 면적(mm²)
a : 계수한 면적(mm²)
V : 침적 농축한 체적(mL)

그림 2-33. 세디먼트 챔버의 계수면

한편, 남조류 중에서 군체를 형성하는 종에 대해서는 사상체(絲狀體) 내지 군체의 숫자를 계수하고, 녹조류의 Volvox sp.에 대해서도 군체의 숫자를 계수한다. 그리고 계수에 사용한 방법(도립현미경)을 현지조사양식에 기록한다.

② 정립현미경을 이용한 계수

농축한 시료를 용량 25mL이 되게 조정하고 잘 섞은 후, 마이크로 피펫 등을 이용하여 0.5mm 눈금이 표시된 슬라이드 글라스(바닥유리) 위에 0.05mL를 올려놓는다. 그리고 분취한 시료에 18×18mm 커버 글라스(덮개유리)를 덮고, 눈금에 따라 현미경 하에서 종별로 세포와 군체의 숫자를 계수한다. 계수는 커버글라스에 1/2(눈금 18열)이 걸린 것을 대상으로 하지만, 편중되는 것을 방지하기 위하여 1열 건너서 계수하며, 이때 계수된 1개가 1세포/mL에 상당하는 것으로 간주한다.

계수는 세포의 숫자가 400개 이상인 경우를 기준으로 하고(400번째의 세포에서 종료하는 것이 아니라, 전술한 방법으로 계산한 결과가 400개 이상의 세포이면 가능함), 상황에 따라 전술한 계수를 반복한다(빈영양인 곳에서는 400개의 세포가 미달되는 경우도 있음). 그리고 계수한 값은 단위체적당(1L)으로 환산하며, 계수를 위한 현미경의 배율은 200배~400배(동정은 건조 대물 40배)가 적당하지만, 종류나 상황에 따라 적절한 배율로 계수한다.

한편, 남조류 중에서 군체를 형성하는 종에 대해서는 사상체 내지 군체의 숫자를 계수하고, 녹조류의 Volvox sp.에 대해서도 군체의 숫자를 계수한다. 그리고 계수에 사용한 방법(정립현미경)을 현지조사양식에 기록한다.

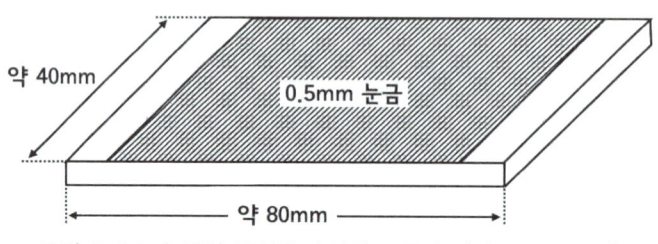

그림 2-34. 눈금이 표시된 슬라이드 글라스(식물플랑크톤용)

2) 동물플랑크톤

동물플랑크톤은 원칙적으로 채집한 전량을 계수하도록 한다. 다만, 전량 중에서 100개체 이상인 종(또는 일정량 이상의 분류군이나 어린 새끼)은 시료의 일부를 추출하여 계수하여도 상관이 없지만, 이 경우 추출량은 계수한 개체수가 50개 이상이 되도록 한다. 그리고 알코올 시료를 계수할 때에는 전체 시료의 1/10 정도는 무수(無水) 알코올 표본 상태의 보관용 시료로 남겨두어야 한다.

또한, 시료를 일부 추출할 때에는 원칙적으로 플랑크톤 분할기를 사용하지만, 소형 동물플랑크톤의 경우에는 흡입구가 넓은 메스피펫으로 시료를 잘 섞어가면서 빨아들이는 방법을 이용하여도 된다.

동물플랑크톤의 계수는 기계적 재물대(mechanical stage)가 부착된 생물현미경이나 도립현미경으로 실시하고, 계수판은 세지윅·래프터 셀(sedgwick·rafter cell) 등을 붙인 눈금이 표시된 계수판을 사용한다. 셀 안의 용량을 증가시키는 경우에는 셀을 중첩하여 붙이거나 아크릴판이나 염화비닐판으로 동등한 계수판을 작성한다.

한편, 계수를 위한 현미경의 배율은 50~100배 정도가 적당하며, 종류에 따라 적절한 배율로 계수한다.

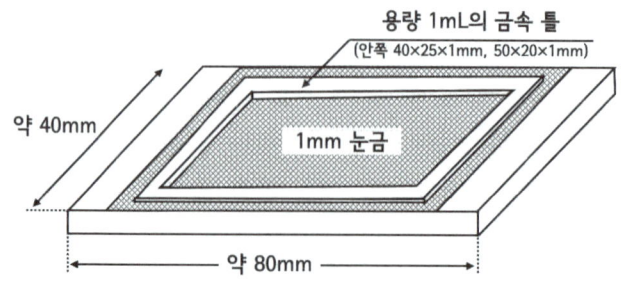

그림 2-35. 눈금 슬라이드 글라스(동물플랑크톤용)

9.3.6.4. 현미경사진의 촬영

> 현미경사진은 조사지구, 조사횟수별로 종에 대한 동정 상의 특징을 파악할 수 있도록 촬영한다.

[해설]

식물플랑크톤의 촬영에는 건조대물 40배의 정립현미경을 사용한다. 특히 우점종으로 예상되는 종이 다른 조사지구, 조사횟수에서 촬영대상이 된 경우에는 그때마다 촬영하여 같은 사진을 반복하여 사용하지 않도록 한다.

그리고 루골액에 의하여 착색된 표본을 촬영할 경우에는 티오황산나트륨을 사용하는 방법에 따라 색이 빠진 후에 촬영하여야 하고, 필요에 따라서는 특징을 알 수 있게 스케치 등을 남겨두도록 한다.

한편, 촬영한 사진 등은 전술한 9.3.5.4의 「2) 사진의 정리」에 따라 우점종과 신규확인 종 및 상세한 동정을 실시한 종 등을 정리하도록 한다.
① 우점종(총세포수·총군체수·총개체수의 5% 이상을 차지하는 종류)
② 신규 확인 종 혹은 상세한 동정을 실시한 경우

9.3.6.5. 표본의 제작과 보관

> 표본의 정밀도를 높이기 위하여 동정 상 문제가 있다고 판단되는 동식물플랑크톤에 대하여 필요에 따라 표본을 제작하고, 표본정보를 기록한 후에 보관하도록 한다.

[해설]

1) 표본의 제작
① 표본은 재동정의 필요가 생길 경우가 있으므로, 식물플랑크톤과 동물플랑크톤별로 조사횟수, 조사지구별로 제작한다.
② 시료 보관용 병은 표 2-35의 규격을 참고하여 선택한다.

표 2-35. 시료 보관용 병의 규격

병의 종류	재질	크기(mm)	내용량(mL)	크기(mm)	내용량(mL)
나선형 바이알	경질 유리제(마개는 폴리프로필렌이나 멜라닌수지, 안쪽 마개 패킹은 TF/니트릴)	8×35	1	30×65	30
		18×40	6	35×78	50
		19×55	10	50×90	110

③ 표본은 원칙적으로 밀봉성이 높은 유리병을 사용한 시료 보관용 병에 넣는다. 그 외에 유리병 이외에도 밀봉성이 높은 시료 보관용 용기를 사용하여도 상관이 없다. 다만, 알코올 시료인 경우에는 열화될 염려가 작은 유리병을 시료 보관용 용기로 사용하는 것이 바람직하다. 그러나 보존액이 증발하는 경우가 있으므로, 정기적으

로 보존상황을 확인하고, 필요에 따라서는 포르말린, 알코올 등을 보충한다.
④ 이어서 제시한 두 종류의 레이블(채집자료 레이블, 시료 레이블)을 작성한다. 특히 채집자료 레이블은 표면 가공처리를 하지 않은 질이 좋은 종이를 원료로 한 내수성 용지를 사용하고, 내수성, 내(耐)알코올·포르말린 등의 내용제성(耐溶劑性)이 뛰어난 안료계 잉크젯 프린터나 프린터 리본을 사용하여 백흑인쇄를 한 레이블을 사용한다. 그리고 직접 손으로 쓴 경우도 같은 내수지(耐水紙)를 사용하고, 내(耐)알코올·포르말린 등의 내용제성(耐溶劑性)이 뛰어난 안료계 사인펜이나 흑색연필을 사용하여 기입한다.
⑤ 레이블은 인쇄 후에 충분히 건조(약30분)시킨 다음, 시료 보관용 병에 봉입하고 붙인다.

● 채집자료 레이블(봉입용)

채집자료 레이블에는 수계의 명칭, 계류의 명칭, 지구의 명칭, 지구번호, 채집지의 지명, 위도·경도, 채집 연월일, 채집자의 이름 등을 기재하고, 레이블의 크기는 세로 15mm×가로 35mm 정도로 한다.

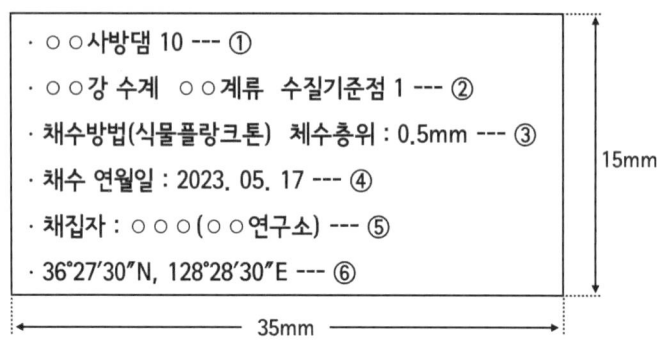

그림 2-36. 채집자료 레이블(봉입용)

① 사방댐의 명칭 : 표본의 번호를 기재한다. 표본의 번호는 동식물플랑크톤 표본관리 일람표에 일치시킨다.
② 수계의 명칭, 계류의 명칭, 지구의 명칭, 지구번호를 기재한다.
③ 조사방법(식물플랑크톤·동물플랑크별), 채수층위를 기재한다.
④ 채집한 연월일을 기재한다.
⑤ 채집자의 이름과 소속을 기재한다.
⑥ 채집한 조사지구의 중심 부근의 위도·경도를 기재하고, 측지계(測地系)도 함께 기재한다.

● 시료 레이블(부착용)

시료 레이블의 양식은 임의로 하지만, 반드시 「동식물플랑크톤 표본관리 일람표」와 일치한 표본의 번호를 기재하고, 시료 보관용 병에 붙인다.

그림 2-37. 표본(사례)

2) 표본의 기록

제작한 표본에 대하여 다음의 항목을 기록한다.

① 표본의 번호 : 채집한 시료의 레이블에 기재한 표본의 번호를 기록한다. 동물플랑크톤의 시료를 보관용과 검경용으로 구분한 경우에는 구별하여 기록한다.
② 지구번호 : 조사지구의 번호를 기록한다.
③ 지구명칭 : 조사지구의 명칭을 기록한다.
④ 조사방법·채수층위 : 각 조사지구에 있어서 조사방법(식물플랑크톤·동물플랑크톤별)과 채수층위를 기록한다(예 : 식물플랑크톤을 채수법으로 0.5m에서 채집한 경우, 「식 - 채수 - 0.5m」, 동물플랑크톤을 채수법으로 5m 간격으로 5층 채집한 경우, 「동 - 채수 - 5m 간격 - 5층 혼합」 등).
⑤ 채집지의 지명 : 광역자치단체명, 기초자치단체명, 상세지명 등을 기재한다.
⑥ 위도·경도 : 채집한 조사지구의 중심 부근의 위도·경도를 기록한다.
⑦ 채집자 : 표본 채집자의 이름과 소속을 기록한다.
⑧ 채집 연월일 : 표본이 채집된 연월일을 기록한다.
⑨ 동정자 : 표본 동정자의 이름과 소속을 기록한다.
⑩ 동정 연월일 : 표본이 동정된 연월일을 기록한다.
⑪ 표본의 형식 : 표본의 제작형식을 기록한다(예 : 액침표본).
⑫ 비고 : 특기사항이 있는 경우에는 기록한다. 동물플랑크톤의 시료를 보관용과 검경용으로 구분한 경우에는 특기사항에 비율(용량 1/10, 용량 9/10 등)을 기록한다. 그리고 고정액의 종류를 기록한다.

3) 표본의 보관

표본의 보관기간은 조사를 실시한 연도 이후에 당해 사방댐의 동식물플랑크톤조사 자료의 선별검사에 의한 종명 등의 정밀조사 실시 이후에 확인 종의 목록이 확정되기까지의 기간으로 한다. 그리고 표본은 선별검사 시에 재검경·재동정을 실시하는 경우가 있기 때문에 포르말린이나 알코올의 보충, 교체 등의 관리를 실시하여 확실하게 보관한다. 보관장소는 표본의 백화, 변질을 방지한다는 의미에서 시원하면서도 어두운 장소가 바람직하며, 누설·분실 등이 발생하지 않도록 밀폐 가능한 컨테이너 등에서 보관한다.

보관기간이 만료된 후에는 박물관 등의 표본 기부기관을 탐색하여 가능하면 유효하게 활용하도록 한다. 그리고 박물관 등의 기부기관이 없는 경우에는 모집하도록 하고, 기부 받을 기관이 없는 표본에 대해서는 적절하게 폐기하지만, 포르말린 등은 해당 법률의 규제항목으로 지정되어 있기 때문에 분해·중화처리 하거나 전문업자에게 의뢰하여 적정 처리 후에 폐기한다.

한편, 시료 보관용 병에 의한 보관 이외에 현미경 표본(Präparat) 등의 형식으로도 보관하며, 이 경우 표본관리 일람표에 기록하도록 한다.

9.3.6.6. 조사개요의 정리

현지조사를 실시한 조사지구, 조사시기, 조사방법 및 조사결과의 개요 등에 대하여 다음의 항목을 정리한다.

[해설]

1) 조사실시 상황의 정리

현지조사를 실시한 조사지구 및 조사시기에 대하여 다음의 항목을 정리한다.

① 조사지구 : 사업지의 공간구분, 지구번호, 지구명, 지구의 특징, 조사지구의 선정근거를 기록한다. 그리고 이전 조사지구와의 대응, 전체 조사계획과의 대응 및 해당 조사지구에 있어서 실시한 조사방법에 대해서도 기록한다.

② 조사시기 : 조사횟수, 계절, 조사 연월일, 조사시기의 선정근거, 조사를 실시한 지구 및 해당 조사지구에 있어서 실시한 조사방법을 기록한다.

③ 조사방법 : 조사방법, 구조·규격·숫자 등, 해당 조사방법을 실시한 조사지구 및 조사횟수를 기록하고, 특기사항이 있으면 기록한다.

④ 분석방법 : 고정방법, 계수방법, 해당 분석방법을 실시한 조사지구 및 조사횟수를 기록하고, 특기사항이 있으면 기록한다.

2) 조사지구 위치의 정리

해당 조사지역의 위치를 파악할 수 있도록 지형도나 관내도 등에 사업지의 공간구분 및 조사지구의 위치를 기록하며, 축척과 방위를 반드시 기입하도록 한다.

3) 조사결과의 개요 정리

현지조사의 결과에 대하여 문장으로 알기 쉽게 정리한다.

① 현지조사 결과의 개요 : 현지조사 결과의 개요를 정리한다(예 : 확인 종의 특징, 우점종, 계절변화 등).

9.3.7. 조사결과의 정리 및 고찰

9.3.7.1. 조사결과의 정리

> 현지조사의 결과는 우점종의 확인상황, 확인상황, 경년 확인상황 종명의 변경내용, 확인된 종의 목록 등을 정리한다.

[해설]

1) 우점종의 확인상황 정리

해당 현지조사에서의 우점종(세포수, 개체수가 전체의 5% 이상을 차지하는 종)에 대하여 식물플랑크톤, 동물플랑크톤별로 조사지구마다 계절변화를 정리한다(각 조사시기에 있어서 우점종이 된 종에 대해서는 종명(학명), 세포수·군체수·개체수, 전체에서 차지하는 비율(%)을 기록한다.

2) 확인상황의 정리

해당 사업지 조사에서 확인된 종에 대하여 식물플랑크톤, 동물플랑크톤별로 조사지구마다 계절변화를 정리하고, 각 조사시기에 있어서 확인 된 종의 종명(학명) 및 세포수·군체수·개체수를 기록한다.

종을 동정할 때에는 최신 결과를 반영시킨 경우, 결과참조 란에 「●」을 기입하고, 이러한 정보가 없는 종에는 「해당 없음」이라고 기입한다.

3) 경년 확인상황의 정리

기존 및 해당 조사에서 확인된 동식물플랑크톤에 대하여 조사 실시연도별로 정리하고, 종명이 변경되었을 때에는 변경내용을 별도로 정리한다.

4) 종명 변경내용의 정리

기존의 조사에서 확인된 동식물플랑크톤 중에서 종명이 변경된 것에 대하여 다음의 항목을 정리한다.

① 원래의 종명 : 기존의 식물조사 결과에 게재된 종명을 기록한다.
② 변경종명 : 변경 이후의 종명을 기록한다.
③ 조사실시 연도 : 확인한 동식물플랑크톤조사의 실시 연도를 기록한다.
④ 비고 : 종명을 변경할 때에 특별히 기재하여야 할 내용이 있으면 기록한다.

5) 확인 종의 목록 정리

해당 현지조사에서 확인된 동식물플랑크톤에 대하여 다음과 같이 확인 종의 번호, 문명 등, 처음으로 확인된 종과 생물 목록에 게재되지 않은 종 등에 대하여 작성한다.

① 번호 : 정리번호를 기록한다.

② 문명, 강명, 목명, 과명, 종명 : 현지조사에서 확인된 동식물플랑크톤에 대하여 기록한다.

③ 처음으로 확인된 종 : 확인된 동식물플랑크톤이 조사구역에서 처음 확인된 종인 경우에는 기록한다.

④ 생물 목록에 게재되지 않은 종 : 확인된 동식물플랑크톤이 미게재 종인 경우에는 동정 문헌의 번호(동정 근거문헌 조사표의 번호)를 기입한다. 다만, 각종 사방시설의 일상적인 유지관리에 필요한 수준에서의 동정을 목적으로 하는 식물플랑크톤에서는 건조 40배의 대물렌즈로 동정할 수 있는 수준의 종 혹은 종군을 망라하고 있기 때문에 기본적으로는 신규로 추가하지 않는다. 또한, 명확하지 않은 종이나 기록되지 않은 종이 다수 출현한 경우에는 필요에 따라 전문가에게 조언을 받아 게재하도록 한다.

9.3.7.2. 양식집

사전조사 및 현지조사의 결과를 참고로 하여 사전조사, 현지조사 및 정리 양식을 정리한다.

[해설]

1) 양식 기입 시의 유의사항

① 종명의 기입

종명을 기입할 때에는 다음과 같은 사항에 유의한다.

- 원칙적으로 기존의 기재 종 내지 분류군을 대상으로 한다.
- 종까지 동정할 수 없는 경우에는「○○sp.」내지「○○속」(속명도 불분명한 경우「○○과」)로 한다.

② 종수를 집계할 때의 유의사항

종, 아종, 변종, 품종까지 동정되지 않은 동식물플랑크톤에 대해서도 동일 분류군에 속하는 종이 목록에 등재되지 않은 경우는 1개의 종으로 집계한다.

③ 종명에 정리번호를 부여하는 방법

각 정리 양식별로 종명에 정리번호를 부여하고, 정리번호는 전술한「② 종수의 집계할 때의 유의사항」에 근거하여 집계대상으로 하는 종명에 번호를 부여한다. 이때 종별로 중복되지 않도록 주의하여 각 정리 양식에 종수를 알 수 있게 기술한다.

2) 사전조사 양식의 작성

사전조사 양식은 「사전조사」에 의하여 파악된 정보 및 자료를 표 2-36과 같이 양식의 명칭과 정리하여야 할 내용에 대하여 작성한다.

표 2-36. 사전조사 양식의 내용

양식의 명칭	정리하여야 할 내용
동식물플랑크톤 기존 문헌 일람표	사전조사에서 정리된 조사구역 및 그 주변에 있어서의 동식물플랑크톤에 관한 기존에 발간된 문헌의 일람을 작성하도록 한다.

3) 현지조사 양식의 작성

현지조사 양식은 「현지조사」에 의하여 파악된 결과를 기입하며, 양식은 표 2-37과 같다.

표 2-37. 현지조사 양식의 개요

양식의 명칭	개요
현지조사표	각 조사지구의 상황, 채수층위의 수질 및 조사방법 등에 대하여 조사횟수별로 기록한다.
동정결과 기록표	각 조사지구에서 확인된 동식물플랑크톤의 동정결과를 조사방법, 채수층위, 조사횟수별로 정리한다.
동정문헌 일람표	동정에 사용한 문헌을 일람으로 정리한다.
사진 일람표	현지조사에서 촬영한 사진에 대하여 해당 내용을 기입한 일람표를 작성한다.
사진표	사진 일람표에서 정리된 사진별로 현지조사 사진표를 작성하도록 한다.
표본관리 일람표	제작된 표본에 대하여 전부 기입한다.
중요 위치정보 기록표	동식물플랑크톤의 중요한 위치정보가 현지답사 및 현지조사 시에 확인된 경우, 기록한다.
조사상황 일람표	해당 현지조사에 대한 실시 상황을 정리한다.
조사지구 위치도	해당 현지조사의 조사지구에 대한 위치를 정리한다.
현지조사 결과의 개요	해당 현지조사 결과의 개요를 기술한다.

4) 정리 양식의 작성

사전조사 및 현지조사 등의 결과에 근거하여 다음의 표 2-38에 제시한 것과 같은 정리 양식을 작성하도록 한다.

표 2-38. 정리 양식의 내용

양식의 명칭	개요
우점종 일람표	해당 현지조사에 있어서의 우점종에 대하여 조사지구별로 계절변화를 정리한다.
확인상황 일람표	각 조사지구에서 확인된 동식물플랑크톤에 대하여 조사시기별로 확인상황을 정리한다.
경년 확인상황 일람표	기존 및 해당 조사에서 확인된 동식물플랑크톤을 경년적으로 정리한다.
종명 변경상황 일람표	기존의 조사에서 확인된 동식물플랑크톤에 대하여 종명의 기재를 변경한 경우, 변경내용을 정리한다.
확인 종 목록	현지조사에서 확인된 동식물플랑크톤에 대하여 확인 종 목록을 정리한다.

9.3.7.3. 고찰

조사 전체에 의하여 파악된 성과에 대하여 수질·생태계 보전을 염두에 둔 적절한 수역 및 수변역 관리방안을 마련할 목적으로 사방사업지 및 그 주변에 있어서의 과제를 추출하고, 해당 내용이 사방시설이 자연환경에 미치는 영향을 분석·평가하는 데에 활용될 수 있도록 고찰하도록 한다.

[해설]

　　동식물플랑크톤의 상황을 경시적으로 비교할 경우, 계절별로 비교할 것인지, 아니면 연간 조사결과에 준하여 비교할 것인지에 따라 방법이 다양하므로, 적절한 방법을 선택하도록 한다.

　　또한, 동물플랑크톤 조사결과에 있어서는 갑각류가 주된 구성종일 것으로 예상되지만, 크기와 분포밀도가 크게 다르기 때문에 별도로 자료를 정리하는 등, 해당 사항을 충분히 고려하여 고찰, 정리하도록 한다.

표 2-39. 동식물플랑크톤조사에 있어서의 고찰방법

상정한 동식물플랑크톤의 생식·생육환경조건의 변화		동식물플랑크톤의 생식·생육환경 변화를 파악하는 방법
저사공간	· 수질의 변화	· 수질변화에 의하여 우점종 등에 변화가 나타나고 있는가?
	· 포식자의 상황	· 플랑크톤을 섭식하는 어류의 생식변화에 따라 플랑크톤의 생식·생육상황에 변화가 있는가?

※ 이상은 어디까지나 참고 사례로, 반듯이 이러한 관점에 따라 고찰할 필요는 없으며, 해당 지역의 특성을 감안하여 필요에 따라 취사선택하거나 새로운 관점을 추가하여 고찰하여도 상관이 없음

9.4. 저생동물조사

9.4.1. 조사의 목적

저생동물조사는 사방사업을 실시하는 산지의 수계 및 그 주변 지역에 있어서 저생동물의 서식상황을 파악하는 것을 목적으로 한다.

[해설]

저생생물조사는 산지의 수계 및 그 주변의 수질과 생태계 보전을 고려한 사방사업을 추진하기 위하여 산지관리 면에서의 과제를 추출하고, 사방사업이 자연환경에 미치는 영향을 분석·평가할 목적으로 저생동물의 생식상황을 파악하는 것이다.

9.4.2. 조사의 구성

저생동물조사는 조사계획을 입안하여 실시하고, 사전조사·현지조사를 주요 내용으로 하며, 그 결과에 대하여 분석·정리한다.

[해설]

저생동물조사는 그림 2-38에 제시한 순서에 따라 실시한다.

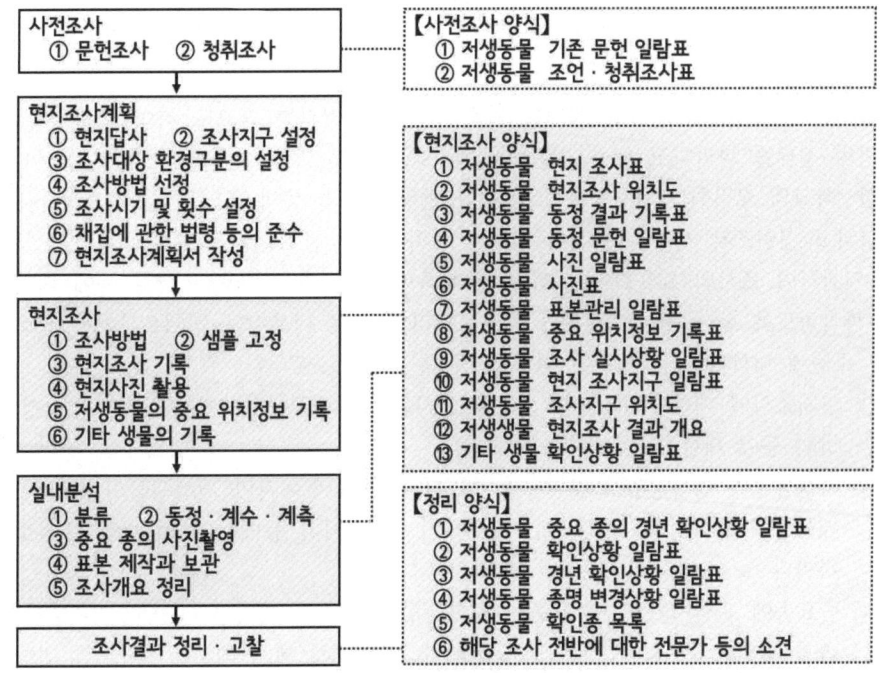

그림 2-38. 저생동물조사의 순서

9.4.3. 사전조사

현지조사를 실시하기 이전에 기존 문헌을 정리하고, 청취조사를 실시하여 조사구역에 있어서의 저생동물의 생식상황을 중심으로 한 각종 정보를 정리한다.

[해설]
1) 문헌조사

문헌조사에서는 기존에 실시된 각종 조사성과와 보고서, 이전 조사 이후에 출판·발행된 문헌 등을 수집하여 조사지구에 있어서의 저생동물의 생식상황에 대한 정보를 중심으로 정리하도록 한다.

문헌을 수집할 때에는 조사구역에 한정하지 말고, 가능하면 해당 수계 전체를 대상으로 하여 문헌을 수집하지만, 이전에 저생동물조사를 실시한 경우, 그 이후에 발행된 문헌만을 수집한다.

그리고 수집된 문헌 및 보고서에 대하여 문헌의 명칭, 저자명, 발행연도, 발행처, 입수처(절판 등에 의하여 서점 등에서 구입할 수 없는 경우) 등을 정리한다.

2) 청취조사

청취조사에서는 관련 전문가에게 자문을 받아 조사구역 내의 저생동물의 생육상황, 중요 종 및 외래식물의 생육상황, 확인하기 쉬운 시기 등에 대한 정보를 중심으로 정리하도록 한다.

청취조사의 대상을 선정할 때에는 기존 청취조사 결과를 참고로 하여 조사구역 및 그 주변의 실태를 파악하고 있는 기관(박물관, 동식물원, 대학, 연구기관, 전문가, 어업협동조합, 학교의 교직원, 각종 동우회 등)이나 관련 전문가 등의 조언을 받아 선정한다.

그리고 청취조사 시에는 이전에 실시한 조사결과와 참고문헌, 그 후에 파악된 문헌 등을 지참하여 조사의 효율화를 기하고, 가능하면 이전 조사 이후의 상황 등에 대한 정보를 파악하도록 한다. 또한, 전문가 등으로부터의 조언 내용이나 청취조사에서 획득한 정보·소견에 대하여 다음과 같은 항목을 정리한다.

① 현지조사에 대한 조언 내용 : 기존 조사문헌의 유무, 조사지구·시기의 설정, 조사방법 등에 대한 조언 내용을 기록한다.
② 저생동물의 생육상황 : 조사구역 및 그 주변에 있어서의 저생생물의 생육상황, 외래동물의 생육상황, 번식상황, 확인하기 쉬운 시기 등에 대하여 파악된 정보를 기록한다.
③ 중요종에 관한 정보 : 중요종의 생육상황에 관하여 파악된 정보를 기록한다. 중요종을 확인할 수 있는 위치를 특정할 수 있는 정보에 관해서는 종 보전 면에서 주의가 필요하므로「저생동물의 생육상황」과는 구별하여 정리한다.

9.4.4. 현지조사계획

> 최신의 전체 조사계획 및 사전조사 결과를 참고로 하여 현지답사, 조사지구의 설정, 조사시기 및 횟수를 설정하여 현지조사계획을 책정한다.

[해설]

현지조사를 연초에 실시하고자 할 경우, 그 전년도에 현지조사계획을 책정하면 현지조사를 원활하게 진행할 수 있다. 그리고 현지조사계획을 책정할 때에는 필요에 따라 관련 전문가에게 조언을 받도록 한다.

9.4.4.1. 현지답사

> 현지조사계획을 책정할 때에는 전체 조사계획 및 사전조사의 결과를 참고로 하여 조사대상지와 그 주변 등에서 현지답사를 실시한다.

[해설]

현지답사 시에는 전체 조사계획서와 현존식생도를 지참하고, 지형이나 식생·토지이용 상황, 계안의 물매, 유량이나 소·여울의 형상, 수변의 식생분포 등을 확인한 후, 현지답사 시의 유황·수위, 현지조사 시의 접근로 등을 고려하여 전체조사계획에서 책정한 조사지구의 상황을 확인할 뿐만 아니라 조사시기·횟수의 설정 및 조사방법을 선정하기 위한 상황을 파악한다. 또한, 조사지구의 특징을 정리하고, 개략적으로 유역을 파악할 수 있는 사진을 수시로 촬영한다.

한편, 전체조사계획에서 설정된 각 조사지구의 확인은 다음과 같이 조사지구의 변경 필요성, 각종 안정성 등을 파악하도록 한다.
① 지형이나 토지이용상황 등의 변화 또는 공사 등의 영향에 의한 조사지구의 변경 필요성
② 조사지구에 접근할 때의 안정성
③ 현지조사 시의 안전성

9.4.4.2. 조사지구의 설정

> 조사지구는 기본적으로 전체 조사계획에 따라 설정한다.

[해설]

사전조사 및 현지조사 결과에 입각하여 전체 조사계획을 책정할 당시와 조사지구 상황이 현저하게 변화되었거나 전체 조사계획을 책정한 이후에 사방시설이 건설된 경우 필요에 따라 조사구간을 다시 설정한다.

이때 표 2-40과 2-41을 참고로 하여 그림 2-39와 같이 조사지구를 배치하도록 한다.

표 2-40. 저생동물의 조사지구

구분	조사지구	조사지구의 설정장소
저사공간	유입부	· 저사환경구역을 구분하기 위하여 설정한 유입 계류가 유입되는 저사공간 내의 얕은 곳에 설정한다.
	계안부	· 유입부 이외의 얕은 곳에 설정한다. · 완경사지나 추수식물, 침수식물 등이 생육하는 장소 등, 어류가 생식할 가능성이 있는 장소에 1개 또는 필요에 따라 복수로 설정한다.
	중심부	· 저사공간의 가장 깊은 곳에 설정한다.
유입 계류		· 기본적으로 유입 계류마다 1개의 조사지구를 설정하여 조사하도록 한다. · 담수의 영향을 전혀 받지 않는 유입 계류를 대표하는 장소에 설정한다.
하류 계류		· 건천구간, 감수구간의 유무나 지류의 유입상황 등에 따라 저생동물상이 변하는 것을 고려하여 대표적인 계류환경을 파악할 수 있는 장소에 설정한다. · 대표적인 계류환경이 복수로 존재하는 경우에는 필요에 따라 복수로 설정한다.
기타	환경창출 장소	· 대표적인 환경창출 장소를 대상으로 하여 1개 또는 필요에 따라 복수로 설정한다. · 수변환경이 없는 경우에는 설정하지 않아도 된다.

표 2-41. 조사지구의 크기 기준(저생동물)

구분	조사지구	계류의 형태	조사지구의 기준
저사 공간	유입부	-	· 상·하류방향에 30~100m 정도의 범위로 함
	계안부	-	· 계안을 따라 30~100m 정도의 범위로 함
유입 계류 하류 계류		Aa형	· 유입 계류나 하류 계류의 4~6단위 형태를 1지구로 함
		Bb형	· 유입 계류나 하류 계류의 1~3단위 형태를 1지구로 함
		Bc형	· 유입 계류나 하류 계류의 1~2단위 형태를 1지구로 함
		여울·소의 구분이 불분명	· 수면 폭의 5배 정도를 기준으로 하여 1지구로 함
기타	환경창출 장소	-	· 환경창출 장소 1개소당 수역부분을 1지구로 함

※ 1단위 형태란 1조의 소·여울이 연속되는 구간

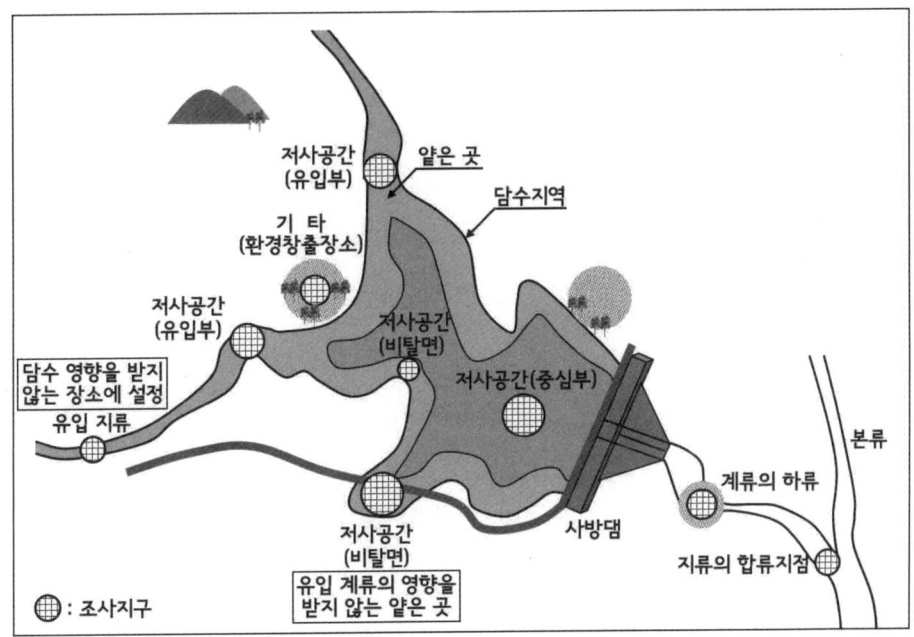

그림 2-39. 조사지구의 배치사례(저생동물)

9.4.4.3. 조사대상 환경구분의 설정

> 저생동물은 종별로 다양한 환경에 적응하면서 생육하고 있으므로, 조사지구의 저생동물상을 파악하기 위해서는 다양한 환경에서 조사할 필요가 있다. 따라서 현지답사 및 현지조사 시에는 저사공간 및 계류지역(유입 계류·하류 계류)을 대상으로 조사개소(상세한 해비탯)의 유무나 상태에 대하여 확인하고, 조사대상 환경구분을 파악한다.

[해설]
1) 저사공간 내
    ① 정량조사(정점조사 : 중심부)
  저사공간 내의 정량조사(정점조사 : 중심부)는 기본적으로 저사공간의 가장 깊은 곳에서 실시한다.
    ② 정성조사(계안부·유입부)
  저사공간의 계안부 및 유입부에 있어서의 정성채집에서는 전체 조사계획에서 설정한 조사지구를 대상으로 다음과 같은 환경으로 구분하여 조사하고, 시료는 조사대상 환경구분별로 각 1개씩을 채집한다.
    ○ 저사공간 및 유입부에 있어서의 조사대상 환경구분
      · 계상재료가 석력인 경우

·계상재료가 모래인 경우
·계상재료가 진흙인 경우
·물속에 낙엽이 쌓여있는 곳
·암반·콘크리트
·수생식물의 군락
·도목 등이 물에 잠겨있는 곳
·큰 전석·쓰레기
·기타

2) 계류지역
　① 정량조사
　계류지역에 있어서의 정량채집은 원칙적으로 유속이 빠르고 무릎 높이의 수심인 장소에서 실시한다. 이와 같은 장소가 없는 지구에서는 가능하면 유수가 있는 곳에서 실시한다.
　② 정성조사
　계류지역(유입 계류 및 하류 계류)에 있어서의 정성채집에서는 다음에 제시한 방법에 따라 조사대상 환경구분에 의하여 채집한다. 즉, 각 조사지구에 포함되는 조사개소(상세한 해비탯)에서 채집하고, 각각의 조사개소를 「1. 여울, 2. 소, 3. 용출수, 4. 웅덩이, 담수지역」, 「5. 기타(식생 있음)」, 「6. 기타(식생 없음)」의 6개를 기본으로 하여 구분한다.
　그리고 시료는 조사대상 환경구분별로 각 조사개소의 시료를 혼합하여 1개의 시료로 한다(조사지구당 최대 검체수는 6개 검체로 함).
　○ 계류지역에 있어서의 조사대상 환경구분
　·여울·소
　구체적인 여울·소의 정의는 곤란한 경우가 있기 때문에 육안관찰에 있어서 수심이 얕고, 수면에 흰 파도가 이는 등의 특징을 갖고 있는 개소를 여울로 판단한다. 그리고 소는 흰 색이 짙은 등, 주위보다 상대적으로 수심이 깊을 것으로 예상되는 개소를 소로 판단하며, 저수로 폭 전체에서 수심이 깊은 개소가 연속되는 부분은 「6. 기타(식생 없음)」에 포함된다.
　·용출수
　육안관찰에 의하여 강바닥에서 사력이 뿜어 나오는 등 용출수라고 판단되는 개소, 수온이나 물의 색 등이 본류와 비교하여 현저하게 차이가 나타나는 등 용출수라고 판단되는 개소로 한다.
　·웅덩이, 담수지역
　평상시에도 본류와 연속되는 지수지역(止水地域)이나 고수부지에서 발견되는 폐쇄적인 수역(水域) 등, 계류구역 내에서 발견되는 계류의 통상적인 물의 흐름과는 분리된 수역을

「웅덩이」로 판단한다. 기본적으로 계류의 통상적인 물의 흐름과 분리된 수역인 것으로 인식되는 개소를 표현하는 것으로, 본류에 연속되는 세류(細流)나 수로 등에 형성되는 지수역도 포함된다.

그리고 계간횡공작물 등에 의하여 통상적인 물의 흐름이 저지되어 담수된 구간을 담수지역으로 판단하며, 유입부에 있어서 담수역의 경계지역은 수면물매의 변화점까지로 한다.

· 기타(식생 있음)

추수식물(갈대 등, 식물체의 일부가 물속에 가라앉은 식물), 침수식물(수생식물 중에서 식물체 전체가 물속에 있고, 물아래에 뿌리를 뻗은 식물)을 포함한 수생식물이 발견되는 개소이다.

· 기타(식생 없음)

계안이 나지나 기슭막이 등으로, 추수식물이나 수제식물이 없는 개소이다. 그리고 전술하지 않은 것에 대해서는 「기타(식생 없음)」으로 구분한다.

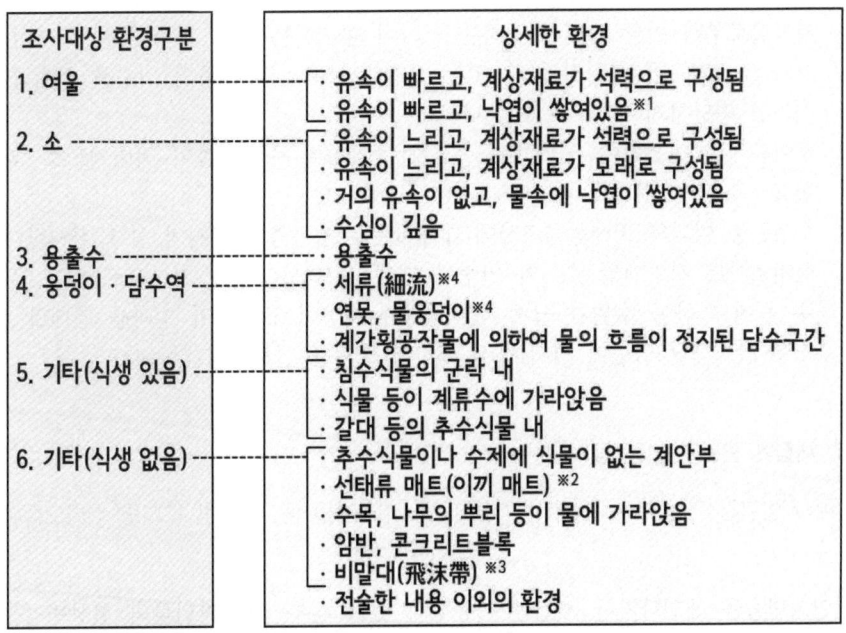

그림 2-40. 조사대상 환경구분에 포함되는 상세한 환경(계류지역)

9.4.4.4. 조사시기 및 횟수의 설정

조사시기 및 횟수는 기본적으로 전체 조사계획에 따라 설정하도록 하고, 겨울철에서 초봄과 초여름에서 여름철을 포함하여 2회 이상 실시한다.

[해설]

사전조사 및 현지답사 결과, 조사실시 당해 연도에 있어서의 기상조건 등을 감안하여 적절한 시기로 수정하도록 한다. 그리고 조사시기를 재설정한 경우에는 조사시기의 설정 근거에 대하여 정리하도록 한다. 또한, 조사시기를 설정할 때에 유의하여야 할 사항은 다음과 같다.

① 수생곤충에 대해서는 성충이 우화하지 않으면서도 유충이 어느 정도 성장하고 있는 시기가 조사에 적합하다. 수생곤충은 봄철에 우화하는 집단이 가장 많고, 이어서 봄철과 가을철에 2회 우화하는 집단이 많기 때문에 조사는 각 집단이 우화하기 이전이 실시하도록 한다. 다만, 이른 봄을 조사시기로 설정하기 위해서는 대설지대에서는 융설 이전, 적설양이 적은 지역에서는 수목의 싹이 뜨기 전이 기준이 된다.
② 겨울철로부터 이른 봄에 실시하는 조사에 대해서는 눈의 영향 등에 의하여 물리적으로 조사지구에 포함시킬 수 없는 상황에서는 전문가 등의 의견을 청취하여 조사시기를 적당하게 변경하여도 된다.
③ 늦여름에는 여름철에 우화하는 종류가 증가하여 수생곤충이 적어지므로, 피하도록 한다.
④ 수생곤충 이외의 저생동물조사에 대해서는 수생곤충의 조사와 함께 실시한다.
⑤ 현지조사는 사방댐의 수위가 안정될 때에 실시하는 것을 기본으로 하고, 홍수·갈수 등에 의하여 수위가 크게 변화하거나 계상이 교란되어 성과를 기대할 수 없는 경우에는 해당 영향이 경미해 질 때까지 조사를 실시하지 않는다.

9.4.4.5. 채집에 관련된 법령 등의 준수

사전에 지방환경청, 광역자치단체에 채집허가를 취득하는 등, 필요한 조치를 취하도록 한다.

[해설]

천연기념물을 채취하거나 채집할 가능성이 있는 경우, 천연기념물의 현상변경을 「문화재보호법」에 근거하여 국가기관은 문화재청 청장의 동의를, 광역자치단체는 문화재청 청장의 허가를 받을 필요가 있다. 그리고 「야생생물 보호 및 관리에 관한 법률(법률 제16609호)」에서 지정한 국내 희귀야생식물종을 채집할 경우 또는 채집할 가능성이 있는 경우에는 사전에 환경부장관과 협의할 필요가 있다.

또한, 어업대상이 되는 종은 조사시기, 포획방법 등에 따라서는 채집허가 등이 필요한 경우가 있다. 사전에 어업협동조합이나 광역자치단체에 확인하는 등, 특별포획 허가를 받는 등의 필요한 조치를 강구한다. 또한, 기초자치단체 단위의 환경조례 등에 따라 조사장소, 조사방법(어구·어법)이 제한된 경우도 있기 때문에 사전에 확인이 필요하다.

한편, 이와 같은 허가를 받는 데에는 신청 후 시간이 걸리는 경우도 있으므로, 조사시기를 고려하여 조기에 준비하도록 한다. 그리고 채집에 관련된 허가증은 조사자 전원 휴대하고, 각 조사자도 허가증의 복사본을 휴대하는 것이 바람직하다.

또한, 특정 외래생물로 지정된 종류에 대해서는 사양, 운반 등이 규제되고 있으므로, 채집 후에는 법률의 취지에 따라 적절하게 취급하도록 유의한다. 특히 자치단체에 따라서는 조례로 외래종의 재방류가 금지된 경우도 있으므로, 사전에 확인하도록 한다.

9.4.4.6. 현지조사계획서의 작성

「전체 조사계획서」 및 전술한 9.4.4.1로부터 9.4.4.5를 참고로 하여 현지조사가 원만하게 실시되도록 현지조사계획서를 작성한다. 그리고 현지조사를 실시할 때의 상황에 따라 수시로 변경하거나 충실을 기하도록 한다.

9.4.5. 현지조사

현지조사는 저사공간의 가장 깊은 곳에서 실시하는 정량채집(정점채집), 저사공간의 계안부나 유입부에서 실시하는 정성채집, 그리고 계류지역에서 실시하는 정성채집과 정량채집을 실시한다.

[해설]

저생동물의 생육상황을 파악하기 위해서는 정량채집뿐만 아니라 다양한 장소에서 채집하는 정성채집이 반드시 필요하며, 정성채집에 충분한 시간을 들여 실시하도록 한다. 그리고 현지조사를 실시할 때에는 특히 사고방지에 노력하여야 하고, 작은 웅덩이 등과 같이 소규모 환경에서 채집할 경우에는 가능하면 영향을 미치지 않도록 충분히 배려한다.

9.4.5.1. 조사방법

저생동물의 현지조사는 채집에 의한 확인을 기본으로 하며, 각 조사지구에 있어서의 저생동물상을 정확히 파악하도록 노력한다. 특히 정성채집을 실시할 때에는 다양한 장소에서 생육하고 있는 저생동물을 정확하게 채집하기 위하여 저생동물의 생태에 전문지식을 가진 자가 실시할 필요가 있다.

[해설]
　시료는 「9.4.4.3. 조사대상 환경구분의 설정」에서 설정한 조사대상 환경구분별로 1개를 채취한다.

1) 저사공간 내에서의 조사방법
　저사공간 내의 가장 깊은 곳에서는 정량채집(정점채집)을, 계안부·유입부에서는 정성채집을 실시한다.
　① 정량채집(정점채집 : 가장 깊은 곳)
　보트 등의 위에서 에크맨·버지형 채니기(15cm×15cm)를 사용하여 3회 채니하고, 각 채니마다 별도의 시료로 사용한다(시료를 모으지 않음). 그리고 채니한 시료는 0.5mm의 체로 거른 후, 체에 남아 있는 것을 250mL 정도의 페트병에 넣어 시료로 사용한다.

그림 2-41. 에크맨·버지(Ekman-Berge)형 채니기(採泥器)와 투하 장면

　② 정성채집(계안부·유입부)
　저사공간의 계안부·유입부에서의 조사는 기본적으로 0.5mm(NGG38)의 D프레임네트, 갈퀴그물, 그물 바구니 등과 같은 채집용구를 사용하여 실시한다. 조사대상 환경구분을 파악하기 위하여 현지에서 다음과 같은 환경의 유무를 기록한 후에 채집을 실시하며, 조사과정에서 상이한 조사대상 환경구분이 발견된 경우에는 적절하게 추가하여 채집한다.
　채집된 시료는 조사대상 환경구분별로 각각의 시료로 사용한다.
　육지방향에서 계안부로 접근할 수 없는 조사지구나 조사대상 환경구분에서는 보트 등을 이용하여 접안하고, 필요에 따라 웨트슈트 등을 착용한 후에 조사를 실시하도록 한다.

제2장 유역특성조사

그림 2-42. D프레임네트와 채집 모양

○ 계상재료가 석력인 경우
계상재료가 석력인 경우에는 석력의 주변에 D플레임네트를 설치한 후, 석력에 부착된 생물을 손이나 발로 떼어낸 다음 생물을 네트를 이용하여 채집한다. 또한, 손과 발로 떼어내지 못하여 석력에 부착된 생물은 석력으로부터 직접 채집한다. 그리고 대형 수생생물(게 등)이 있는 곳에서는 D플레임네트, 그물망으로 채집하거나 게 바구니 등을 설치하여도 된다.

그림 2-43. 그물망과 채집 모양

【작업량의 기준】
조사대상 환경구분 전체의 저생동물상을 파악할 수 있도록 총면적 $0.5m^2$ 정도를 대상으로 하여 D플레임네트 등을 하류에 설치한 후, 계상재료를 깊이 5cm 정도까지 굴취하

165

여 채집한다.
　○ 계상재료가 모래인 경우
계상재료가 모래인 곳에서는 모래의 표면을 네트로 훑어낸다.
【작업량의 기준】
조사대상 환경구분 전체의 저생동물상을 파악할 수 있도록 총면적 $0.25m^2$ 정도를 대상으로 하여 D플레임네트 등을 하류에 설치한 후, 계상재료를 깊이 5cm 정도까지 굴취하여 채집한다.
　○ 계상재료가 진흙인 경우
계상재료가 진흙인 곳에서는 진흙의 표면을 네트로 훑거나 다리·막대기 등으로 계상을 휘저은 후에 떠오른 진흙을 D프레임네트로 건져내도 된다.
【작업량의 기준】
조사대상 환경구분 전체의 저생동물상을 파악할 수 있도록 총면적 $0.25m^2$ 정도를 대상으로 하여 D플레임네트 등으로 계상재료를 5cm 정도 건져낸다.
　○ 물속에 낙엽이 쌓여있는 곳
물속에 낙엽이 쌓여있는 곳에서는 낙엽을 D프레임네트 등으로 건져낸다.
【작업량의 기준】
낙엽 웅덩이 전체를 대상으로 하여 채집한다. 조사대상 환경구분의 면적이 큰 경우에는 총면적 $0.5m^2$ 정도를 대상으로 하여 계상에 고정한 D플레임네트에 발로 낙엽을 밀어 넣어 채집한다. 이때 계상재료를 깊이 5cm 정도까지 파내어 채집한다.
　○ 암반·콘크리트
암반, 콘크리트에 부착된 생물을 손이나 D플레임네트 등으로 건져내며, 고착성인 생물은 정이나 스크레이퍼를 사용하여도 된다. 물속이 잘 보이지 않는 경우에는 장갑을 낀 손으로 암반이나 콘크리트의 표면을 문질러 떨어지는 생물을 네트로 채집하거나 직접 D플레임네트를 대고 떨어진 것을 채집하여도 된다.
【작업량의 기준】
채집 가능한 조사대상 환경구분 전체를 대상으로 하여 채집한다. 조사개소의 면적이 큰 경우에는 조사개소 전체의 저생동물상을 파악할 수 있도록 총면적 $0.5m^2$ 정도의 면적을 대상으로 하여 채집한다.
　○ 수생식물의 군락
수생식물의 군락을 발로 휘저어 떨어진 생물을 D플레임네트로 채집한다. 그리고 일부를 뿌리째 뽑아 D플레인 네트에서 깨끗이 씻어 부착된 생물을 채집한다.
【작업량의 기준】
조사대상 환경구분 전체의 저생동물상을 파악할 수 있도록 총면적 $0.5m^2$ 정도의 면적을 대상으로 하여 채집한다.

○ 도목 등이 물에 잠겨있는 곳

도목은 가만히 들어 올려 부착된 생물을 포집한다. 들어 올릴 수 없는 경우에는 장갑을 끼고 표면을 긁은 후에 떨어진 생물을 D플레임네트로 채집한다. 그리고 그물 바구니 등을 설치하여도 된다.

【작업량의 기준】

채집 가능한 조사대상 환경구분 전체를 대상으로 하여 채집한다. 조사대상 환경구분의 면적이 큰 경우에는 구분 전체의 저생동물상을 파악할 수 있도록 총면적 $0.5m^2$ 정도의 면적을 대상으로 하여 채집한다.

○ 큰 전석

큰 전석이 있는 경우에는 표면에 부착된 생물을 채집한 후에 뒤집은 돌의 아랫부분을 손이나 발로 문지른 후에 떠다니는 생물을 D플레임네트로 건져낸다. 그리고 돌의 뒷면에 부착된 생물을 직접 손이나 핀셋 등으로 채집한다.

【작업량의 기준】

큰 전석이 많은 경우에는 3개를 기준으로 하여 채집하고, 3개 이하인 경우에는 모든 돌에서 채집한다.

○ 대규모 쓰레기

유목, 폐타이어, 비닐주머니, 빈 캔 등은 건져 낸 후, 표면에 부착해 있거나 속에 있는 생물을 채집한다. 그리고 쓰레기 등을 제거한 웅덩이에 서식하는 생물을 손이나 네트로 채집한다.

【작업량의 기준】

채집 가능한 조사개소 전체를 대상으로 하여 채집한다. 조사대상 환경구분의 면적이 큰 경우에는 구분 전체의 저생동물상을 파악할 수 있도록 총면적 $0.5m^2$ 정도의 면적을 대상으로 하여 채집한다.

2) 계류지역에 있어서의 조사방법

계류지역(유입 계류·하류 계류)에 있어서는 조사지구별로 다양한 조사개소에서 정성채집을, 여울에서는 정량채집을 실시한다.

① 정성채집

정성채집에서는 대부분의 환경에 생육하는 저생동물을 채집하는 것을 목적으로 하며, 계류지역에서는 다음과 같은 조사개소를 설정하여 채집을 실시한다. 기본적으로는 0.5mm(NGG38)의 D프레임네트, 그물 바구니 등을 사용하지만, 필요에 따라서는 다양한 채집용구를 사용하여 조사를 실시하고, 조사개소별로 채집된 시료는 조사대상 환경구분별로 정리하도록 한다. 이때 「9.4.4.3. 조사대상 환경구분의 설정」을 참조하여 「1. 여울, 2. 소, 3. 용출수, 4. 웅덩이, 담수지역」, 「5. 기타(식생 있음)」, 「6. 기타(식생 없음)」

의 6개의 조사대상 환경으로 구분한다.

시료는 조사대상 환경구분별로 각 조사개소의 시료를 혼합하여 1개의 시료로 한다(조사지구당 최대 검체수는 6개 검체로 함).

ⓐ 여울

○ 유속이 빠르고 계상이 석력인 곳

유속이 빠르고 계상이 석력인 곳에서는 채집개소의 하류부에 네트를 설치하고, 그 속의 돌에 부착된 생물을 손이나 발로 문지른 다음 생물을 네트를 이용하여 채집한다. 또한, 단단히 붙어 있어 떨어지지 않은 생물은 손이나 핀셋 등으로 직접 채집하도록 한다.

그리고 대형 수생생물(게 등)이 있는 곳에서는 D플레임네트, 그물 바구니를 채집개소의 하류부에 설치한 후, 상류부를 수차례 휘저어 그물에 몰아넣는 형태로 채집한다.

【채집 작업량의 기준】

조사개소 전체의 저생동물상을 파악할 수 있도록 총면적 $0.5m^2$ 정도의 면적을 대상으로 하여 D플레임네트 등을 하류부에 설치하고, 계상을 5cm 정도 깊이까지 파서 뒤엎은 후에 채집한다.

○ 유속이 빠르고 낙엽이 쌓여있는 곳

유속이 빠른 곳으로, 석력이나 도목 사이에 낙엽이 쌓여있는(리터 백) 개소에서는 석력이나 도목을 끌어올린 후, 흘러오는 낙엽을 하류부에 설치한 D플레임네트로 채집한다.

【채집 작업량의 기준】

낙엽 웅덩이 전체를 대상으로 하여 채집한다. 조사개소의 면적이 크거나 복수인 경우에는 석력이나 도목을 끌어올린 후, 흘러오는 낙엽을 하류부에 설치한 D플레임네트로 채집하는 곳을 3개소 정도에서 실시한다.

이때 계상은 5cm 정도 깊이까지 파서 뒤엎은 후에 채집한다.

ⓑ 소

○ 유속이 느리고 계상이 석력인 곳

유속이 느리고 계상이 석력인 개소에서는 하류부에 네트를 설치하고, 그 속의 돌에 부착한 생물을 손이나 발로 문지른 다음 흐르는 생물을 네트를 이용하여 채집한다. 또한, 손과 발로 떼어내지 못하여 석력에 부착된 생물은 석력으로부터 직접 채집한다.

그리고 대형 수생생물(게 등)이 있는 곳에서는 D플레임네트, 그물 바구니를 하류부에 설치하고 상류부를 수차례 휘저은 후에 그물로 채집하거나 게 바구니 등을 설치하여도 된다.

【채집 작업량의 기준】

조사개소 전체의 저생동물상을 파악할 수 있도록 총면적 $0.5m^2$ 정도의 면적을 대상으로 하여 D플레임네트 등을 하류부에 설치하고, 계상을 5cm 정도 깊이까지 파서 뒤엎은 후에 채집한다.

○ 유속이 느리고 계상이 모래인 곳

유속이 느리고 계상이 모래인 곳에서는 모래의 표면을 네트로 훑어서 채집한다.

【채집 작업량의 기준】

조사개소 전체의 저생동물상을 파악할 수 있도록 총면적 $0.25m^2$ 정도의 면적을 대상으로 하여 D플레임네트 등을 이용하여 계상을 5cm 정도 훑어서 채집한다.

○ 거의 유속이 없고, 물속에 낙엽이 쌓여있는 곳

거의 유속이 없고, 물속에 낙엽이 쌓여있는 장소에서는 낙엽을 D플레임네트 등으로 훑어서 채집한다.

【채집 작업량의 기준】

낙엽 웅덩이 전체를 대상으로 하여 채집한다. 조사개소의 면적이 큰 경우에는 $0.5m^2$ 정도의 면적을 대상으로 하고, 계상에 고정된 D플레임네트에 발로 낙엽을 밀어 넣듯이 채집한다. 이때 계상은 5cm 정도의 깊이까지 뒤엎은 후에 채집한다.

○ 수심이 깊은 곳

수심이 깊은 장소에서는 에크맨·버지형 채니기나 준설기 등으로 밑바닥의 진흙 등을 건져내거나 계상에 고정된 D플레임네트에 발로 석력이나 낙엽을 밀어 넣듯이 하여 채집한다. 이때 계상은 5cm 정도의 깊이까지 뒤엎은 후에 채집한다. 그리고 2~3m의 손잡이가 부착된 D플레임네트를 사용하여 계안으로부터 긁어모으듯이 채집한다. 가능하면 소형 준설기 등으로 밑바닥의 진흙을 끌어 모아 채집하여도 된다.

【채집 작업량의 기준】

조사개소 전체의 저생동물상을 파악할 수 있도록 총면적 $0.5m^2$ 정도의 면적을 대상으로 하여 채집한다. 계상에 고정된 D플레임네트에 발로 석력이나 낙엽을 밀어 넣듯이 채집할 경우, 계상은 5cm 정도의 깊이까지 뒤엎은 후에 채집한다.

ⓒ 용출수

○ 용출수

용출수가 유출되는 부근의 계안 중에서 수생식물이 생육하고 있을 것으로 예상되는 곳에서 D플레임 네트로 채집한다. 그리고 중앙부에 대해서는 수심이 얕은 경우에는 D플레임네트로 낙엽이나 진흙을 긁어모아 채집하고, 수심이 깊은 경우에는 2~3m의 손잡이가 부착된 D플레임네트를 이용한다.

【채집 작업량의 기준】

채집 가능한 조사개소 전체를 대상으로 하여 채집한다. 그리고 조사개소의 면적이 큰 경우에는 조사개소 전체의 저생동물상을 파악할 수 있도록 총면적 $0.5m^2$ 정도의 면적을 대상으로 하여 채집한다.

ⓓ 웅덩이, 담수지역

○ 세류(細流), 연못, 물웅덩이

계안 중에서 수생식물이 생육하고 있을 것으로 예상되는 곳에서 D플레임네트로 채집한다. 그리고 중앙부에 대해서는 수심이 얕은 경우에는 D플레임네트로 낙엽이나 진흙을 긁어모아 채집하고, 수심이 깊은 경우에는 2~3m의 손잡이가 부착된 D플레임네트를 이용한다.

【채집 작업량의 기준】

채집 가능한 조사개소 전체를 대상으로 하여 채집한다. 그리고 조사개소의 면적이 큰 경우에는 조사개소 전체의 저생동물상을 파악할 수 있도록 총면적 $0.5m^2$ 정도의 면적을 대상으로 하여 채집한다. 이때 계상을 5cm 정도 깊이까지 파서 뒤엎은 후에 채집한다.

○ 계류횡공작물에 의하여 물의 흐름이 멈춘 담수구간

수심이 깊은 장소에서는 에크맨·버지형 채니기나 준설기 등으로 밑바닥의 진흙 등을 건져내거나 계상에 고정된 D플레임네트에 발로 석력이나 낙엽을 밀어 넣듯이 하여 채집한다. 그리고 2~3m의 손잡이가 부착된 D플레임네트를 사용하여 계안으로부터 긁어모으듯이 채집한다. 가능하면 소형 준설기 등으로 밑바닥의 진흙을 끌어 모아 채집하여도 된다.

【채집 작업량의 기준】

조사개소 전체의 저생동물상을 파악할 수 있도록 총면적 $0.5m^2$ 정도의 면적을 대상으로 하여 채집한다. 계상에 고정된 D플레임네트에 발로 석력이나 낙엽을 밀어 넣듯이 하여 채집할 경우, 계상은 10cm 정도 깊이까지 파서 뒤엎은 후에 채집한다.

ⓔ 기타(식생 있음)

○ 침수식물의 군락

침수식물의 군락 내에서는 침수식물을 발로 훑은 후에 식물로부터 떨어진 생물을 네트로 채집한다. 그리고 식물의 일부를 뿌리째로 뽑은 후, D플레임네트에서 깨끗이 씻어 부착된 생물을 채집한다.

【채집 작업량의 기준】

조사개소 전체의 저생동물상을 파악할 수 있도록 총면적 $0.5m^2$ 정도의 면적을 대상으로 하여 채집한다.

○ 식물 등이 물속에 잠겨있는(돌출부) 곳

식물의 군락을 발로 훑은 후에 식물로부터 떨어진 생물을 D플레임네트로 채집한다. 그리고 식물의 일부를 뿌리째로 뽑은 후, D플레임네트에서 깨끗이 씻어 부착된 생물을 채집한다.

【채집 작업량의 기준】

조사개소 전체의 저생동물상을 파악할 수 있도록 총면적 $0.5m^2$ 정도의 면적을 대상으로 하여 채집한다.

○ 갈대 등의 추수식물

갈대 등과 같은 추수식물의 줄기 하나하나를 잘 관찰하여 부착된 생물을 채집하고, 발로 갈대 등의 추수식물을 훑은 후에 D플레임네트로 부유하는 생물을 채집한다. 그리고 게 바구니 등을 설치하여도 된다.

【채집 작업량의 기준】

조사개소 전체의 저생동물상을 파악할 수 있도록 총면적 $0.5m^2$ 정도의 면적을 대상으로 하여 채집한다. 그리고 게 등의 대형 저생동물이 발견된 경우에는 그때마다 채집한다.

ⓕ 기타(식생 없음)

○ 추수식물이나 수제에 식물이 없는 계안부

계안에 게가 서식하는 장소에서는 손이나 D플레임네트 등을 이용하여 필요에 따라 삽 등으로 진흙이나 석력을 제거하면서 채집하고, 채집이 곤란한 경우에는 가능하면 사진을 촬영한다.

그리고 종을 동정할 수 있는 선명한 사진이 촬영된 경우에는 채집에 의한 확인도 좋지만, 무리한 동정은 피하도록 한다. 또한, 계류지역에 식물이 없는 계안부는 하루살이류 등의 알이 막 부화한 유생 등의 생식환경이기도 하며, 이와 같은 장소에서는 삽이나 맨손으로 사력을 채집한다.

【채집 작업량의 기준】

계안에 게가 서식하는 장소에서는 가능하면 많은 종을 채집하도록 한다. 계류지역에 있어서는 조사개소 전체의 저생동물상을 파악할 수 있도록 총면적 $0.25m^2$ 정도의 면적을 대상으로 하여 채집한다.

○ 큰돌 아래

긴 변의 길이가 50cm 이상인 큰돌이 있는 경우에는 돌을 뒤집어 그 아래를 손이나 발로 훑은 후에 떠있거나 떠다니는 생물을 D플레임네트로 채집한다. 그리고 돌의 아래에 부착된 생물을 직접 손이나 핀셋 등으로 채집한다.

【채집 작업량의 기준】

큰돌이 많은 경우에는 3개를 기준으로, 3개 이하인 경우에는 모든 돌에서 채집한다.

○ 계안 부근의 수심이 얕고 계상이 사력인 곳

계안 부근의 수심이 얕고 계상이 사력인 곳에서는 계안의 사력을 네트로 훑어 모은다. 그리고 수제부의 계안에 있는 돌의 아래에도 생물이 생육할 수 있으므로, 필요에 따라 돌을 뒤집어 D플레임네트 등으로 돌의 뒤편이나 움푹 파인 곳에 있는 생물을 채집한다.

【채집 작업량의 기준】

조사개소 전체의 저생동물상을 파악할 수 있도록 총면적 $0.5m^2$ 정도의 면적을 대상으로 하여 D플레임네트 등을 하류부에 설치하고, 계상은 5cm 정도 깊이까지 파서 뒤엎은 후에 채집한다.

　○ 이끼 매트(모스매트)

이끼 매트는 계류지역에 있어서 수생곤충 등의 생식환경으로서 중요하다. 이끼 매트는 수제를 따라 돌의 표면뿐만 아니라 수심이 깊은 장소에서도 생육하고 있다. 이와 같은 이끼 매트의 표면을 긁은 후에 떨어져 나온 생물을 채집한다.

【채집 작업량의 기준】

채집 가능한 조사개소 전체를 대상으로 하여 채집한다. 그리고 조사개소의 면적이 큰 경우에는 조사개소 전체의 저생동물상을 파악할 수 있도록 총면적 0.25m² 정도의 면적을 대상으로 하여 채집한다.

　○ 도목, 나무의 뿌리 등이 물에 잠겨있는 곳

도목은 가만히 들어 올려 부착된 생물을 포집한다. 들어 올릴 수 없는 경우에는 장갑을 끼고 표면을 긁은 후에 떨어진 생물을 D플레임네트로 채집한다. 그리고 그물 바구니 등을 설치하여도 된다.

【채집 작업량의 기준】

채집 가능한 조사개소 전체를 대상으로 하여 채집한다. 그리고 조사개소의 면적이 큰 경우에는 조사개소 전체의 저생동물상을 파악할 수 있도록 총면적 0.5m² 정도의 면적을 대상으로 하여 채집한다.

　○ 암반, 콘크리트

암반, 콘크리트에 부착된 생물을 손이나 D플레임네트 등으로 채집한다. 그리고 고착성인 생물은 정이나 스크레이퍼를 사용하여도 된다. 물속이 흐리거나 유속이 빨라 물속이 잘 안보이는 경우에는 손으로 암반이나 콘크리트의 표면을 긁은 후에 떨어지는 생물을 네트로 채집하거나 직접 D플레임네트를 대고 떨어진 것을 채집하여도 된다.

【채집 작업량의 기준】

채집 가능한 조사개소 전체를 대상으로 하여 채집한다. 그리고 조사개소의 면적이 큰 경우에는 조사개소 전체의 저생동물상을 파악할 수 있도록 총면적 0.5m² 정도의 면적을 대상으로 하여 채집한다.

　○ 비말대(飛沫帶)

암반의 표면 비말대는 계류지역에 있어서의 강도래속 등의 생육장소로서 중요하다. 이와 같은 장소에서는 암반의 표면을 긁듯이 벗겨서 채집한다.

【채집 작업량의 기준】

채집 가능한 조사개소 전체를 대상으로 하여 채집한다. 그리고 조사개소의 면적이 큰 경우에는 조사개소 전체의 저생동물상을 파악할 수 있도록 총면적 0.5m² 정도의 면적을 대상으로 하여 채집한다.

② 정량채집

정량채집은 원칙적으로 유속이 빠르고, 수심이 무릎 정도인 여울에서 실시하며, 이와 같은 장소가 없는 지구에서는 가능하면 물이 흐르는 곳에서 실시한다. 채집용구로는 서버네트(25cm × 25cm, 눈금 0.5mm, NGG38)를 사용하고, 서버네트의 네트 길이는 입구의 물이 역류되는 것을 방지하기 위하여 구경의 2배 이상인 것을 사용한다.

채집은 유사한 환경에서 3회 실시하고, 각 구획마다 시료를 채취한다(3개의 시료를 하나로 합치지 않도록 함). 그리고 채집 시에는 역류를 방지하고 네트나 시료가 파손되는 것을 방지하기 위하여 돌 등은 네트에 넣지 말고 양동이에 직접 넣도록 한다.

그림 2-44. 서버네트와 정량채집

9.4.5.2. 시료의 고정

현지에서 채집한 채집물질은 현지에서 큰 석력이나 쓰레기 등을 제거한 후, 포르말린으로 시료를 고정한다.

[해설]

1) 시료의 정리

① 정성채집(저사공간·계류지역)

정성채집에서는 채집물질을 물을 뺀 백색 통에 넣고 큰 석력이나 쓰레기를 제거한 후, 사력이나 쓰레기 등과 함께 페트병에 넣고, 네트에 남아있는 생물은 핀셋으로 페트병에 집어넣는다. 활동력이 강한 대형 생물 등은 네트로부터 혹은 통에 옮기는 단계에서 직접 선별하여도 된다.

그리고 뱀잠자리, 대형 강도래, 민물게 등과 같이 다른 생물에 손상을 가할 수 있는 생물은 따로 보존하고, 입경이 큰 사리나 모래가 많은 경우에는 부유선별(양동이 등에 채집물질을 물에 넣고 잘 휘저은 후, 체로 거르는 작업)을 4~5회 반복한다. 부유선별이 종료된 후 조개류 등과 같은 대형 생물이나 사력에 둥지를 짓는 날도래 등이 남아있지 않은가를 확인한 후, 남아있는 경우에는 직접 채집하여 페트병에 넣는다.

② 정량채집(정점채집 : 저사공간)

저사공간에 있어서의 정량채집(정점채집)에서는 채집물질을 0.5mm의 체나 0.5mm(NGG38 등)의 네트 등을 이용하여 미세한 진흙을 제거한 후, 채집물질을 백색 배트(vat)에 올려놓고 큰 사력이나 쓰레기를 제거한 다음 페트병에 넣는다.

③ 정량채집(계류지역)

계류의 정량채집에서는 채집물질을 안정된 장소로 운반한 후, 물을 넣은 양동이에 채집물질을 올려놓고, 서버네트를 물로 깨끗이 닦은 다음 네트 안쪽에 부착된 생물도 양동이에 떨어뜨린다. 그리고 양동이의 채집물질을 0.5mm의 체나 0.5mm (NGG38)의 네트 등을 이용하여 미세한 진흙을 제거한 후, 채집물질을 백색 배트에 올려놓고 큰 사력이나 쓰레기를 제거한 다음 페트병에 넣는다.

2) 시료의 고정

전술한 「1) 시료의 정리」와 같이 현지에서 정리한 후, 조사대상 환경구분별로 각각 페트병 등에 넣고, 시판되고 있는 포르말린 원액(포름알데히드 함유량 35% 정도)을 100%로 한 경우에 5~10%의 농도가 되도록 포르말린을 섞고 고정한다. 포르말린을 넣는 것을 잊으면 부패되어 동정이 불가능하게 되므로, 확실하게 고정액을 넣도록 주의한다.

그리고 수생곤충·소형 갑각류 등은 포르말린에 장시간 동안 넣어두면 물체가 경화되기 때문에 가능하면 빨리 분류한 후, 고정액을 60~70%의 에틸알코올로 교환하는 것이 바람직하다.

한편, 포르말린은 인체에 유해하여 다양한 법규제의 규제항목으로 지정되어 있다. 따라서 불용 처리하여야 할 포르말린은 분해·중화처리하거나 전문업자에 위탁하여 적정한 처리 후에 폐기하도록 한다.

9.4.5.3. 현지조사의 기록

조사횟수별로 조사지구의 상황, 조사 시의 상황, 조사대상 환경구분, 조사개소 등에 대하여 기록한다.

[해설]

1) 조사실시 상황(저사공간)

조사횟수별로 조사지구의 상황, 조사 시의 상황, 조사방법 및 조사개소에 대하여 다음과 같은 항목을 기록한다.

○ 조사지구의 상황
    저사공간 내의 각 조사지구에 대하여 다음과 같은 항목을 기록한다.
    ① 지구번호 : 조사지구의 번호를 기록한다.
    ② 지구명칭 : 근처의 교량이나 지명 등과 함께 조사지구의 특징을 나타내는 명칭을 기록한다.
    ③ 사방댐 댐자리로부터의 거리(km) : 사방댐 댐자리로부터의 거리(km)를 기록한다.
    ④ 위도·경도 : 조사지구가 저사공간의 중심부인 경우, 위도·경도를 GPS 등을 이용하여 기록한다.

○ 조사 시의 상황
    현지조사 시의 계절과 날씨 등과 같은 조사 당시의 상황에 대하여 다음과 같이 기록한다.
    ① 조사횟수 : 조사 실시년도에 있어서 몇 번째 조사인지를 기록한다.
    ② 계절 : 현지조사를 실시한 계절을 기록한다.
    ③ 조사 연월일 : 조사를 실시한 연월일을 기록한다.
    ④ 조사 시각 : 조사 개시시각 및 종료시각을 기록한다.
    ⑤ 날씨 : 조사 개시 시의 날씨를 기록한다.
    ⑥ 기온 : 조사 개시 시의 기온(℃)을 기록한다.
    ⑦ 사방댐의 저수위 : 조사 시의 사방댐의 저수위를 EL.(m)로 기록한다.
    저사공간의 중심부에서 실시하는 정량조사(정점조사) 시에는 다음의 항목도 함께 기록한다.
    ① 수온의 연직분포 : 표층(수면 아래 0.5m)로부터 수심 10m까지는 1m 간격으로, 그보다 깊은 곳은 10m 간격, 그리고 맨 밑바닥(계상 0.5m)의 수온을 측정한다.
    ② 투명도 : 투명도판을 이용하여 투명도를 0.1m 단위로 기록한다.
    ③ 수심 : 간승(間繩)을 사용하여 수심을 m단위로 기록한다.
    ④ 계상재료의 성상 : 채집한 시료에 대한 성상을 암·력·모래·실트·기타 등으로 구분하여 기록한다. 그리고 석력인 경우에는 대표적인 입경을 함께 기록하도록 한다.
    ⑤ 산화된 층의 두께 : 채집한 계상재료 시료가 흐트러지지 않도록 아크릴 코어 등으로 일부를 추출한 후 산화된 층의 두께를 mm 단위로 기록한다.
    ⑥ 진흙의 색 : 채집한 계상재료 시료인 진흙의 색깔을 기록한다.
    ⑦ 냄새 : 채집한 계상재료 시료의 냄새를 기록한다.
    ⑧ 진흙의 온도 : 채집한 계상재료 시료의 온도를 기록한다.
    ⑨ 특기사항 : 계상재료의 상황 중에서 특이사항(조개껍질 다수 혼입 등)이 있으면 기입한다.

○ 조사방법 및 조사개소
  정량채집(정점채집) 및 정성채집을 실시한 조사개소에 대하여 다음의 내용을 기록한다.
  ● 정량채집(정점채집)
   사용한 채니기의 규격 및 채집횟수를 기록한다.
  ● 정성채집
   ① 환경의 유무 : 각 조사대상 환경구분에 해당하는 환경에 대하여 유무를 ○×로 기록한다.
   ② 채집 실시 : 각 환경에서의 채집 실시상황을 ○×로 기록한다.
   ③ 채집을 실시하지 않은 이유 : 환경은 있지만, 채집을 실시하지 않은 이유를 구체적으로 기록한다.
   ④ 대략적인 채집면적 : m²단위로 기록한다.
   ⑤ 비고 : 현지조사 시의 상황에 대하여 알게 된 사항을 비고에 기록한다.
     [사례]
       · 유입수의 상황, 수질(담수적조, 남조류 발생 등)에서 특기하여야 할 사항
         발전방류에 의한 유량변동, 거품이나 흙탕물의 유무, 염분농도 등
       · 조사상황에서 특기하여야 할 사항
         계상퇴적물, 쓰레기의 상황
       · 기타(공사 등)
   ⑥ 조사책임자, 조사담당자 : 각각의 이름과 소속을 기록한다.

2) 조사 실시상황(계류지역)
  각 조사지구에 설정한 조사대상 환경구분에 대하여 조사횟수별로 조사지구, 조사 시의 상황, 조사방법 및 조사개소에 대한 다음의 항목을 기록한다.
  ○ 조사지구
  조사지구에 대하여 다음의 항목을 기록한다.
   ① 지구번호 : 조사지구의 번호를 기록한다.
   ② 지구명칭 : 근처의 교량, 지명 등과 조사지구의 특징을 나타내는 명칭을 기록한다.
   ③ 사방댐 댐자리로부터의 거리(km) : 사방댐 댐자리로부터의 거리(km)를 기록한다.
   ④ 저사공간 환경지역 구분 : 저사공간 환경지역의 구분명칭을 기록한다.
   ⑤ 계상물매 : 조사지구 부근의 평균 계상물매가 판단되는 경우에는 기록한다.
   ⑥ 하천의 형태 : 조사지구에 있어서의 하천의 형태를 구분한다.
   ⑦ 유역구분 : 조사지구의 하천공학적인 유역구분을 기록한다.

표 2-42. 각 유역과 특징

	유역 M	유역 1	유역 2 2-1	유역 2 2-2	유역 3
지형구분	←산 간 부→	←선 상 지→ ←곡 저 평 야→ ←자 연 제 방→			←델 타→
계상재료의 대표입경(d_r)	여러 가지	2cm 이상	3~1cm	1cm~ 0.3mm	0.3mm 이하
계안의 구성물질	계상·계안이 암반인 경우가 많음	표층에 모래 실트가 얇게 덮여있고, 계상재료와 동일물질이 차지하고 있음	하층은 계상재료와 같이 가는 모래, 실트, 점토의 혼합물로 구성됨		실트·점토로 구성됨
물매의 기준	여러 가지	1/60~1/400	1/400~1/5000		1/5000~수평
사행 정도	여러 가지	사행 정도가 적음	사행이 심하지만, 계폭과 수심의 비율이 높은 곳은 8자 형태의 사행 또는 섬이 발생함		사행이 큰 것도 있지만, 작은 것도 있음
계안침식 정도	대단히 심함	대단히 심함	중간 정도. 계상재료가 큰 쪽이 계상변동이 심함		약함. 수로의 위치는 거의 움직이지 않음
저수로의 평균 깊이	여러 가지	0.5~3m	2~8m		3~8m

○ 조사 시의 상황

현지조사 시의 계절과 날씨 등과 같은 조사 시의 상황을 다음과 같이 기록한다.

① 조사횟수 : 조사 실시년도에 있어서 몇 번째 조사인지를 기록한다.
② 계절 : 현지조사를 실시한 계절을 기록한다.
③ 조사 연월일 : 조사를 실시한 연월일을 기록한다.
④ 조사 시각 : 조사 개시시각 및 종료시각을 기록한다.
⑤ 날씨 : 조사 개시 시의 날씨를 기록한다.
⑥ 수온 : 조사 시의 계류 표층수의 수온을 기록한다.

○ 조사방법 및 조사개소

정량채집(정점채집) 및 정성채집을 실시한 조사개소는 다음의 내용을 기록한다.

● 정량채집

① 구획의 번호 : 정량채집에 대해서는 시료를 구별하기 위하여 구획별로 3개의 시료에 각각 ①, ②, ③으로 번호를 붙인다.

② 조사개소 : 조사개소의 환경에 대한 개황(유속·계상재료)을 기록한다.
③ 구획의 규격 : 사용한 구획의 규격과 채집횟수를 기록한다.
④ 계상형태 : 조사개소의 계상형태를 표 2-43의 구분에 따라 기록한다.

표 2-43. 계상형태의 구분

계상형태	구분
여울	평평한 여울(平瀨)·급류(早瀨)·불분명
소	S형·R형·M형·D형·O형

※ 평평한 여울, 급류로 구분하기 어려울 경우 「불분명」으로 함
  계상형태의 어떤 형에도 해당하지 않는 경우는 「-」로 함

⑤ 유속 : 조사개소의 표층유속을 측정한 후, 실측치를 cm/s로 기록한다.
⑥ 계상재료 : 계상재료를 육안으로 구분한다. 구획을 설치한 장소에서 우점하고 있는 계상재료 및 석력의 상황에 따라 표 2-44를 기준으로 하여 구분하고, 계상이 잘 안보일 경우에는 발이나 막대기로 가능하면 구분하도록 한다. 그리고 수심이 깊어 관측할 수 없는 경우에는 「불분명」으로 한다.
  또한, 계상재료는 우점하고 있는 계상재료 및 석력의 상황을 종합하여 구분하고, 계상재료가 섞여 있는 장소는 우점도에 따라 판별한다. 기록방법은 제1 우점형과 제2 우점형 「MB/MG」(중간 돌/중간 자갈), 「M/S」(진흙 속에 모래가 섞여 있는 상태)와 같이 기록한다. 그리고 8할 이상이 단일 형인 경우에는 제1 우점형(M, S등)으로 기록한다.

표 2-44. 계상재료

형태	크기(mm)	약자	형태	크기(mm)	약자
암반	암반 또는 콘크리트	R	굵은 자갈	50~100mm	LG
진흙	0.074mm 이하	M	작은 돌	100~200mm	SB
모래	0.074~2mm	S	중간 돌	200~500mm	MB
가는 자갈	2~20mm	SG	큰 돌	500mm 이상	LB
중간 자갈	20~50mm	MG			

⑦ 석력의 상황 : 뜬돌, 잠긴돌 중 우점하고 있는 쪽을 기록한다.
⑧ 수심 : 조사개소의 수심(m)을 기록한다.
⑨ 비고 : 식생이나 구조물의 유무 등에서 특기하여야 할 내용이 있으면 기록한다.

표 2-45. 석력의 상황

석력의 상황	약자	석력의 상황	약자
뜬돌	U	잠긴돌	H

● 정성채집
① 상세한 환경의 유무 : 각 조사대상 환경구분에 포함되는 상세한 환경에 대한 유무를 ○×로 기록한다.
② 채집 실시 : 각 환경에서의 채집 실시상황을 ○×로 기록한다.
③ 채집을 실시하지 않은 이유 : 환경은 있지만, 채집을 실시하지 않은 이유를 구체적으로 기록한다.
④ 대략적인 채집면적 : m^2 단위로 기록한다.
⑤ 상세한 환경 전체의 면적 : 다음의 상세한 환경 중에서 대상이 되는 환경 전체의 대략적인 면적을 정수 값으로 기록한다(예 : $2m^2$, $50m^2$ …). 이때 기록하는 면적이란 조사대상 환경구분별로 존재하는 상세한 환경 전체의 면적으로, 실제로 채집한 면적과는 다르다.

표 2-46. 면적 기록의 대상 환경

	상세한 환경	대상 환경	기록대상
계류지역	· 유속이 빠르고, 계상재료가 석력인 곳	-	
	· 유속이 빠르고, 낙엽이 쌓여있는 곳	낙엽이 쌓인 부분	
	· 유속이 느리고, 계상재료가 석력인 곳	-	
	· 유속이 느리고, 계상재료가 모래인 곳	-	
	· 거의 유속이 없고, 물속에 낙엽이 쌓여있는 곳	낙엽이 쌓인 부분	
	· 수심이 깊은 곳	-	
	· 큰 돌의 아래	-	
	· 계안의 수심이 얕고, 계상재료가 사력인 곳	-	
	· 침수식물의 군락	침식식물 군락 전체	
	· 식물 등이 물에 젖어있는 곳	물에 젖은 식물 부분	
	· 갈대지대 등의 추수식물	추수식물 전체	
	· 이끼 매트(모스매트)	이끼 매트 전체	
	· 도목, 나무뿌리 등이 물에 젖어있는 곳	-	
	· 암반, 콘크리트블록	-	
	· 추수식물이나 수제 식물이 없는 계안부	-	
	· 비말대	-	
	· 용출수	-	
	· 세류(細流)	세류 전체	
	· 연못, 물웅덩이	연못, 물웅덩이 전체	
	· 계류의 횡구조물에 의하여 물이 멈춘 담수구간	담수구간 전체	

⑥ 비고 : 현지조사 시의 상황에 대하여 알게 된 사항을 비고에 기록한다.
⑦ 조사책임자, 조사담당자 : 각각의 이름과 소속을 기록한다.

3) 조사지구의 개황 기록

저생동물의 생식환경에 대한 특징을 표현할 수 있도록 계류지역의 조사지구에서는 여울·소 등과 같은 수역의 상황을 기록하고, 저사공간이나 계안의 인공구조물(기슭막이·바닥막이 등) 또는 자연환경의 상황을 기록한다.

현지조사 시에 다음의 내용 도면에 기록한다. 그리고 현지의 상황과 기존의 자료가 다른 경우에는 대략적인 수제선의 위치를 수정하여 기입한다. 그리고 평면도가 작성되어 있지 않은 지구는 현장에서 개략 평면도를 작성하거나 항공사진 등의 자료를 활용하도록 한다.

○ 조사대상 환경구분의 분포(계류지역)
　① 조사대상 환경구분의 분포 : 표 2-47에 제시한 구분에 의하여 조사지구 내에서의 조사대상 환경구분의 경계를 기록하고, 조사지구 내의 하류 쪽으로부터 순서에 따라 번호를 부여한다. 다만, 조사대상 환경구분 등과 같은 수제의 구분에 대해서는 다음의 「② 수제의 상황」에 따른다.
　② 사진 촬영장소와 촬영방향 : 조사지구의 사진촬영 위치와 촬영방향을 ●→로 기록한다.

표 2-47. 조사대상 환경구분

구분	조사대상 환경구분의 개요
1. 여울	수심이 얕고, 수면이 흰 물결이 치는 등의 특징이 있는 곳을 여울이라고 한다. 수면의 상태가 흰 물결이 치는 여울을 「급류(早瀨)」, 잔물결이 치는 여울을 「평평한 여울(平瀨)」, 둘 중에 해당하는 않는 것을 「불분명」으로 구분한다.
2. 소	물의 색이 짙어 주위보다 상대적으로 수심이 깊다고 생각되는 곳을 소라고 하며, 저수로의 폭 전체가 수심이 깊게 연속되는 부분은 「6. 기타」에 포함된다. 소는 성인에 따라 S형, R형, M형, D형(담수지역에 포함)으로 구분한다.
3. 용출수	육안 관찰에 의하여 계상재료가 솟아나오는 곳이나 수온·물의 색 등이 본류와 비교하여 용출수라고 판단되는 곳이다.
4. 웅덩이 담수지역	평소에도 본류와 연속되고 있는 지수지역(止水域)이나 고수부지로 보이는 폐쇄적 수역 등, 통상적인 물의 흐름과 분리된 수역을 「웅덩이」라고 한다. 기본적으로는 본류에 연속되는 세류(細流)나 수로 등에 형성된 지수지역도 포함한다. 그리고 계류 횡공작물 등에 의하여 통상의 물의 흐름이 막혀 담수된 지역을 담수지역이라 하며, 담수지역의 경계는 수면물매의 변환점까지이다.
5. 기타 (식생 있음)	추수식물(갈대 등과 같은 물체의 일부가 물속에 잠겨있는 식물), 침수식물(수생식물 중, 식물체 전체가 물속에 있고, 물속의 바닥에 뿌리를 내린 식물)을 포함한 수생식물이 나타나는 곳이다.
6. 기타 (식생 없음)	이상(1~5)의 구분에 포함되지 않는 환경은 모두 「기타(식생 없음)」으로 구분한다.

○ 수제의 상황

표 2-48에 제시한 구분을 참고로 하여 조사지구 내의 현지조사 시의 수제선(정선을 중심으로 2 m 정도의 폭을 대상으로 함)이 전체에서 차지하는 각각의 구분에 대한 거리의 비율을 10% 단위로 기록한다. 그리고 10%에 미달하는 소규모 구분은 +로 표시한다.

표 2-48. 수제부의 상황에 대한 구분

구분				개요
인공 구조물		기슭막이		각종 재료에 의한 기슭막이
		바닥막이		각종 재료에 의한 바닥막이
자연 환경	식생	초본	추수식물	뿌리는 물속의 바닥에 고착하며, 식물체의 하부는 물속에 있고, 상부는 공중에 나와 있는 식물(갈대류는 제외함)이 생육하고 있음
			부엽식물	뿌리는 물속의 바닥에 고착하며, 줄기를 수면까지 뻗고 있어 잎이 수면에 떠있는 식물이 생육하고 있음
			침수식물	뿌리는 물속의 바닥에 고착하며, 잎이나 줄기는 수면 아래에 있는 식물이 생육하고 있음
			부엽식물	물속의 바닥에 뿌리를 내리지 않고, 수면에 떠있는 식물이 생육하고 있음
			갈대류	갈대, 달뿌리풀 등의 갈대류가 우점하여 생육하고 있음
			기타 초본	추수식물, 부엽식물, 침수식물, 부유식물 및 갈대류 이외의 초본류가 수면 방향으로 생육하고 있음
		목본	버드나무 관목림	약 4m 미만의 버드나무류의 수목 및 버드나무류를 중심으로 한 목본이 생육하고 있음
			버드나무 교목림	약 4m 이상의 버드나무류의 수목 및 버드나무류를 중심으로 한 목본이 생육하고 있음
			관목림	약 4m 미만의 나무(버드나무 이외)가 생육하고 있음
			활엽수림	약 4m 이상의 활엽수가 생육하고 있음
			침엽수림	약 4m 이상의 침엽수가 생육하고 있음
			대나무림	대나무가 생육하고 있음
			근경	계안부보다 물속에 목본의 뿌리가 나와 있음
	나지		암반	수제부가 암반으로 되어 있음
			벼랑	수제부가 벼랑 모양으로 되어 있음
			석력지	돌이나 자갈을 중심으로 한 나지로 되어 있음
			사력지	모래나 자갈을 중심으로 한 나지로 되어 있음
			사니(砂泥)지	모래나 진흙을 중심으로 한 나지로 되어 있음

○ 채집위치
　　채집을 실시한 조사개소를 굵은 실선 등으로 위치를 기록한 후, 조사개소의 알파벳 및 조사개소의 명칭을 가늘게 기록한다.
○ 조사구의 번호
　　정량채집을 실시한 조사개소에 대해서는 조사구의 번호를 기록한다.
○ 기타
　　기타 조사 시에 확인된 것을 지도에 수시로 기록한다.
　　예 : 수질상태, 남조류나 담수적조의 발생, 낚시꾼의 유무, 수생식물의 종류와 번무상황, 계상퇴적물, 쓰레기의 상황, 기타(자갈채취나 사방공사 등)

9.4.5.4. 현지 사진촬영

　　현지조사를 실시할 때에 다음과 같은 사진을 디지털카메라 등을 이용하여 촬영한다. 그리고 조사지구 등의 상황, 조사대상 환경구분의 상황에 대한 사진은 계절적인 변화 등을 파악할 수 있도록 가능하면 같은 위치, 각도, 높이, 화각(畵角)으로 촬영하는 것이 바람직하다.

[해설]
1) 조사지구 등
　　① 조사지구의 상황
　　조사지구 및 주변의 개략적인 상황을 설명할 수 있는 사진을 조사횟수마다 촬영하도록 한다.
　　② 조사개소의 상황
　　조사개소별로 특징(환경의 특징, 수제의 상황 등)을 설명할 수 있는 사진을 조사횟수마다 촬영한다.

2) 조사 실시상황
　　조사 시의 상황을 설명하는 사진에 대해서는 조사방법별로 특징을 알 수 있도록 사진을 촬영한다.
　　그리고 조사지구, 조사개소의 상황을 설명하는 사진은 조사횟수마다 각 1장, 채집도구의 형태나 규격 등을 알 수 있는 사진은 조사연도도 각 1장 촬영하면 된다.

9.4.5.5. 저생동물의 중요한 위치정보에 대한 기록

　　조사구역 및 그 주변에 있어서 저생동물의 중요한 위치정보(습지. 용출수지역, 잠자리류의 산란장소, 반딧불을 볼 수 있는 장소 등)가 현지답사 및 현지조사 시에 확인된 경우, 그 확인위치를 기록한다.

[해설]
　이 기록은 어디까지나 보충 기록으로 하고, 별도 조사를 실시할 필요는 없다.
　① 확인일자 : 확인된 연월일을 기록한다.
　② 중요한 위치정보의 내용 : 확인된 중요한 위치정보에 대하여 대략적인 위치(지명, 계류의 명칭, 좌·우안 등)나 그 내용을 기록한다.
　③ 확인 위치도 : 중요한 위치정보를 지형도 등에 기록한다.

9.4.5.6. 기타 생물의 기록

　현지조사 시에 어류를 포획한 경우 양서류의 산란장소, 파충류·포유류의 사체(로드킬 등)이나 대형 포유류의 목격, 박쥐류의 목격, 수중식물의 관찰 등이 있을 경우, 저생동물 이외의 생물에 대하여 그 중요종과 특정 외래생물 혹은 특별히 기록하여야 할 종이면서도 현지에서 동정이 가능하면 「기타 생물」로 기록한다.

[해설]
　동정의 오류를 피하기 위하여 무리하게 동정하지 말고, 포획·습득한 생물에 대해서도 사진을 촬영하며, 가능하면 표본을 작성한다. 그리고 목격한 생물에 대해서도 사진촬영이 가능하면 바람직하지만, 무리한 경우에는 그 생물의 특징(색, 형태, 크기, 행동 등)을 대신 기록한다.
　그리고 기타 생물의 기록은 어디까지나 보충적인 사항이기 때문에 본래의 어류조사에 지장을 초래하지 않는 범위에서 실시한다.
　① 생물항목 : 확인된 생물에 대하여 사방조사에 있어서의 조사항목의 명칭을 기록한다.
　② 목명·과명·종명 : 확인된 생물에 대한 목명과 과명, 종명을 기록한다.
　③ 사진, 표본 : 사진을 촬영하거나 표본을 제작한 경우에는 기록한다.
　④ 지구번호 : 확인된 지구의 번호를 기록하고, 조사지구 외에서 확인된 경우 지명 등을 기록한다.
　⑤ 조사 연월일 : 확인된 연월일을 기록한다.
　⑥ 확인상황 : 확인방법, 주변의 환경, 개체수 등을 기록한다.
　⑦ 동정 책임자(소속) : 동정 책임자의 이름 및 소속을 기록한다.

9.4.6. 실내분석

　현지조사에 있어서 채집한 시료는 실내로 가져와 분류작업(생물의 선별)을 실시한 후, 이어서 실체현미경 등을 사용하여 종을 동정한다.

[해설]
　동정은 전문가의 조언을 받아 실시하도록 한다.

9.4.6.1. 분류작업(생물의 선별)

실내에 있어서 현지조사에서 채집한 시료로부터 분류작업(생물의 선별)을 실시한다. 분류작업은 충분히 경험을 쌓은 자가 실시하는 것이 바람직하다.

[해설]

페트병 속의 시료를 눈금 0.5mm의 체로 옮긴 후(이때 눈금 4.75mm나 2.8mm의 체를 겹쳐서 통과시키면 시료가 크기별로 분리되기 때문에 이후의 분류작업이 용이함), 포르말린이나 진흙 등을 깨끗이 제거한다. 이어서 배트(vat)에 넣고, 생물이 잘 보이도록 시료를 넓게 편 상태에서 적당량의 물을 채운다. 그리고 쓰레기나 흙에 부착된 생물을 제거하고, 배트 속의 저생동물을 핀셋 등으로 선별하여 샬레로 옮긴다. 이때 사력이나 식물 부스러기로 만든 둥지, 쓰레기, 껍데기 등이 남아 있을 수 있으므로, 주의하여 선별한다.

채집된 생물이 대략적으로 500개체 이상인 경우에는 다음에 제시한 분할 샘플링을 실시하도록 한다.

① 눈금 2.8mm의 체에 남아있는 개채의 크기가 큰 종류나 개체수가 적은 종류(희귀한 종류)는 전량 분류한다.

② 눈금 2.8mm의 체를 통과하고, 눈금 0.5mm의 체에 남아있는 시료는 개체수가 적은 종류(희귀한 종류)를 전량 분류한 후, 분할 후의 총 개체수가 200개체 이상이 되도록 분할하여 재차 분류한다. 분할을 실시할 때에는 플랑크톤 샘플러나 상자식 샘플러 등, 균등하게 분할할 수 있는 기기를 사용하여 분할하고, 눈대중 등에 의한 애매한 분할은 피하도록 한다.

작은 생물의 분류에는 실체현미경이나 2~5배의 확대경 등을 사용한다. 그리고 주의하여 분류한 샘플에도 작은 생물이 반드시 남아 있을 수 있으므로, 일단 분류가 끝난 나머지는 재차 배트 위에서 생물의 유무를 체크한다. 체크는 분류를 실시한 사람과는 다른 사람이 실시하는 것이 바람직하다. 이 단계에서 크게 그룹(목 수준, 과 수준 등)을 구별해 두면 이후의 동정작업이 순조롭게 진행될 수 있다.

분류작업 시에 나오는 포르말린은 배트나 양동이 등으로 회수하여 적절하게 폐기한다. 특히 시료를 0.5mm의 체로 옮기거나 체에 옮긴 후에 시료를 수돗물 등으로 씻을 때에 나오는 고농도의 포르말린 폐액은 적절하게 폐기한다.

9.4.6.2. 동정·계수·계측

동정·계수·계측을 실시할 때에는 관련 참고문헌이나 유의사항을 참고하여 가능하면 상세하게 실시한다.

[해설]
종까지 동정할 수 없는 경우에는 "○○속"으로 하고, 속보다 상위의 분류군까지만 동정할 수 없는 경우에도 참고문헌에 따라 가능하면 상세하게 동정한다(예를 들면, "□□과" 등).

1) 동정을 실시할 때의 유의사항
  동정 시의 유의사항은 다음과 같다.
  ① 동정을 실시할 때에는 참고문헌 등을 활용하여 가능하면 상세하게 동정한다. 다만, 어린 개체나 분류학상 동정이 곤란한 것에 대해서는 속, 과 등의 상위 분류군까지만 동정하여도 상관이 없다.
  ② 동정에 의문이 있는 종에 대해서는 특별히 표본의 보관을 확실하게 실시한다.

2) 계수
  정성채집에 대해서는 10개체까지는 개체수를 계수하고, 그 이상은 개략적인 숫자를 산출하여 표시하며(10 단위 : 20, 50 등, 100 단위 : 100, 700 등, 1000 단위 : 3000, 5000 등), 정량채집에 대해서는 모든 개체수를 계수한다. 계수는 원칙적으로 머리가 붙어있는 개체를 대상으로 한다. 해면동물문(海綿動物門)이나 촉수동물문(触手動物門) 등의 군체(群体)를 형성하는 동물의 계수에 대해서는 개체수의 란에 숫자 0을 기입하고, 군체 혹은 구아(球芽). 휴면아(休眠芽)라는 것을 비고에 기록한다. 그리고 분류 시에 분할한 경우에는 시료 1개당의 개체수가 되게 환산한다.

3) 습중량(湿重量)의 측정
  정량채집(정점채집)에 대해서는 시료별로 1mg 단위로 습중량을 계측한다. 계측 시에는 여과지로 시료의 수분을 제거하고, 날도래 등과 같이 둥지를 만드는 저생동물은 둥지로부터 추출하도록 한다. 그리고 분류 시에 분할한 경우에는 시료 1개당의 습중량이 되도록 환산한다.

4) 동정 결과의 정리
  전술한 1)~3)에 입각하여 정량채집(정점채집) 및 정성채집으로 수집된 각 시료를 동정한 저생동물에 대하여 다음과 같은 항목을 기록한다.
  ① 채집 시의 정보 : 조사 연월일, 지구번호, 지구명칭, 저사공간 구분, 조사방법(정량채집·정성채집), 조사구의 번호, 조사대상 환경구분, 조사개소에 대하여 기록한다.
  ② 강명(綱名), 목명(目名), 과명(科名), 종명(種名) : 확인된 생물의 문명, 강명, 목명, 과명 및 종명(학명)을 기입한다. 한글명이 없는 종에 대해서는 학명만 기록한다.

③ 개체수 : 정량채집에 대해서는 채집 개체수를 기록한다. 정성채집에 대해서는 10개 체까지는 개체수를 계수하고, 그 이상은 개략적인 숫자를 산출하여 표시한다(10 단위 : 20, 50 등, 100 단위 : 100, 700 등, 1000 단위 : 3000, 5000 등). 군체를 형성하는 동물에 대해서는 수자 0을 기입한다. 정량채집의 합계란에는 합계 개체수를 기록하고, 정성채집의 합계란에는 - 를 기입한다.

④ 비고 : 종까지 동정할 수 없을 때에는 그 이유, 문제점(파손, 어린 나이, 현재로서는 동정 곤란 등)을 기록한다. 군체를 형성하는 동물에 대해서는 「군체」라고 기록한다.

⑤ 습중량 : 정량채집에 한하여 시료의 습중량을 기록한다(유효 자리 : 1mg).

⑥ 동정자 : 동정을 실시한 담당자의 이름 및 소속을 기록한다.

5) 동정문헌의 정리

동정을 실시할 때에는 사용한 문헌에 대하여 다음과 같은 항목을 정리한다.

① 동정문헌 No. : 발행연도 순으로 정리한다.

② 분류군·종명 : 동정의 대상이 되는 분류군 또는 종명을 기록한다(예 : 날도래목 등).

③ 문헌명칭 : 동정에 사용한 문헌명칭을 기록한다.

④ 저자명칭 : 저자의 이름을 기록한다.

⑤ 발행연도 : 문헌이 발행된 연도를 기록한다.

⑥ 발행처 : 출판사의 명칭을 기록한다.

9.4.6.3. 중요종의 사진촬영

중요종의 특징을 알 수 있는 사진을 확인된 종별로 촬영한다.

[해설]

사진촬영 시에는 촬영 개체의 크기를 알 수 있도록 축척을 넣어 촬영한다.

9.4.6.4. 표본의 제작과 보관

표본의 정밀도를 높이기 위하여 동정 상 문제가 있다고 판단되는 저생동물에 대하여 필요에 따라 표본을 제작하고, 표본정보를 기록한 후에 보관하도록 한다.

[해설]

1) 표본의 제작

표본은 원칙적으로 전체 종류의 저생동물을 대상으로 조사횟수, 조사지구, 조사대상 환경구분(정성채집인 경우)·조사구(정량채집인 경우)별로 제작하고, 복수의 조사지구 등의 표본을 함께 시료 보관용 병에 보관하지 않도록 한다.

그리고 채집 시에 포르말린으로 고정한 시료에 대해서도 표본의 보존액은 원칙적으로 60% 이상, 70% 미만의 에탄올로 한다. 또한, 포르말린, 에탄올 등은 「독물 및 극물에 관한 법률」 등의 다양한 법률의 규제항목으로 지정되어 있기 때문에 불필요한 포르말린, 에탄올 등의 폐액에 대해서는 분해·중화처리나 전문업자에 의한 적정한 처리를 통하여 적절하게 폐기한다.

한편, 표본제작 시에는 중요종과 기타로 구별하여 다음과 같은 사항에 유의한다.

○ 중요종 이외의 표본

중요종 이외의 종류에 대해서는 다음에 따라 표본을 제작한다.

① 중요종 이외의 표본에 대해서는 조사횟수, 조사지구, 조사대상 환경구분·조사구별로 제작하지만, 재동정의 필요가 발생한 경우나 표본을 기증할 경우에는 대상으로 하는 종을 쉽게 꺼낼 수 있도록 각 분류군(강, 목 등)별로 나누는 등의 방법을 강구한다.

② 시료 보관용 병으로는 밀봉성이 높은 유리병(50~100mL 정도)을 사용하면 되지만, 그 외에도 내(耐)알코올성의 나사 입으로 밀봉성이 높은 용기를 사용하여도 상관이 없다. 시료 보관용 병은 표 2-49의 규격을 참고하여 선택한다.

표 2-49. 시료 보관용 병의 규격

병의 종류	재질	크기(mm)	내용량(mL)	비고
나선형 바이알	경질 유리제품(마개는 폴리프로필렌이나 멜라닌수지, 안쪽 마개 패킹은 TF/니트릴)	8×35	1	이중으로 된 병의 안쪽 병
		18×40	6	
		19×55	10	
		30×65	30	
		35×78	50	
		50×90	110	
광구(廣口) 병	PVC제품(마개와 안쪽 뚜껑의 패킹은 폴리프로필렌)	75×92	300	
		90×118	500	
		97×167	1000	
		112×225	2000	
		134×263	3000	

③ 이어서 제시한 두 종류의 레이블(채집자료 레이블, 시료 레이블)을 작성한다. 특히 채집자료 레이블은 표면 가공처리를 하지 않은 질이 좋은 종이를 원료로 한 내수성 용지를 사용하고, 안료계 잉크젯 프린터로 백흑인쇄를 한 것이 바람직하다. 레이블

은 인쇄 후에 충분히 건조(약 30분)시킨 다음, 시료 보관용 병에 봉입하고 붙인다.
● 채집자료 레이블(봉입용)

채집자료 레이블에는 수계의 명칭, 계류의 명칭, 지구의 명칭, 지구번호, 채집지의 지명, 위도·경도, 채집 연월일, 채집자의 이름 등을 기재한다. 그리고 레이블의 크기는 나선형 바이알용은 세로 15mm×가로 35mm로 하고, 광구(廣口)병용은 세로 30mm×가로 50mm로 한다.

그림 2-45. 채집자료 레이블(봉입용)

① 사방댐의 명칭과 표본의 번호를 기재한다. 표본의 번호는 「저생동물 표본관리 일람표」에 일치시킨다.
② 수계의 명칭, 계류의 명칭, 지구의 명칭, 지구번호를 기재한다.
③ 광역자치단체의 명칭, 기초자치단체의 명칭, 상세한 지명을 기재한다.
④ 채집한 연월일을 기재한다.
⑤ 채집자의 이름과 소속을 기재한다.
⑥ 채집한 조사지구 중심 부근의 위도·경도와 측지계(測地系)를 함께 기재한다.
● 시료 레이블(부착용)

시료 레이블의 양식은 임의로 하지만, 반드시 「저생동물 표본관리 일람표」와 일치한 표본의 번호를 기재하고, 시료 보관용 병에 붙인다.

○ 중요종의 표본

중요종에 대해서는 다음에 따라 표본을 제작한다.
① 중요종의 표본에 대해서는 종별로 시료 보관용 병에 보관하고, 조사횟수, 조사지구, 조사대상 환경구분·조사구가 다른 표본에 대해서는 별도의 시료 보관용 병에 넣도록 하며, 복수의 조사지구 등의 표본을 함께 시료 보관용 병에 보관하지 않도록 한다. 자웅이 분명한 것은 1쌍 이상을 표본으로 하며, 일부 날도래목과 같이 산란장소를 만드는 것은 그것을 함께 시요 보관용 병에 넣는다.

② 시료 보관용 병은 중요종 이외의 표본과 같이 표 2-49의 규격을 참고하여 선택한다.
③ 보존액이 증발하는 경우가 있으므로, 글리세린을 몇 방울 섞은 후에 보관하는 것이 바람직하다.
④ 이어서 제시한 세 종류의 레이블(채집자료 레이블, 동정 레이블, 시료 레이블)을 작성한다. 특히 채집자료 레이블과 동정 레이블은 표면 가공처리를 하지 않은 질이 좋은 종이를 원료로 한 내수성 용지를 사용하고, 안료계 잉크젯 프린터로 백흑인쇄를 한 것이 바람직하다. 레이블은 인쇄 후에 충분히 건조(약30분)시킨 다음, 시료 보관용 병에 봉입하고 붙인다. 그리고 채집자료 레이블과 동정 레이블은 기재하는 정보가 충분한 경우에는 1장의 레이블로 작성하여도 된다.

● 채집자료 레이블(봉입용)
전술한 「○ 중요종 이외의 표본」의 채집자료 레이블(봉입용)과 같은 내용으로 한다.

● 동정 레이블(봉입용)
동정 레이블에는 종명, 과명, 동정 연월일, 동정자의 이름을 기재한다. 레이블의 크기는 나선형 바이알용은 세로 15mm×가로 35mm, 광구(廣口)병용은 세로 30mm×가로 50mm로 한다.

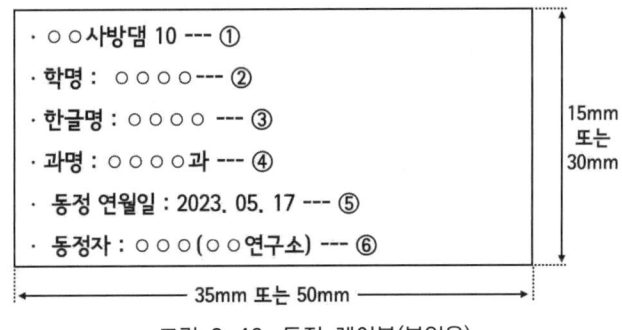

그림 2-46. 동정 레이블(봉입용)

① 사방댐의 명칭과 표본의 번호를 기재한다. 표본의 번호는「저생동물 표본관리 일람표」에 일치시킨다.
② 학명을 기재한다.
③ 한글명을 기재한다.
④ 과명을 기재한다.
⑤ 동정한 연월일을 기재한다.
⑥ 채집자의 이름과 소속을 기재한다.

● 시료 레이블(부착용)
전술한 「○ 중요종 이외의 표본」의 시료 레이블(부착용)과 같은 내용으로 한다.

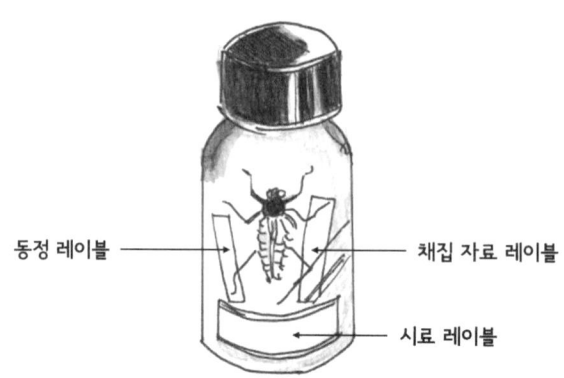

그림 2-47. 중요종의 표본(사례)

2) 표본정보의 기록

제작한 표본에 대하여 다음의 항목을 기록한다.
① 표본의 번호 : 채집한 시료의 레이블 및 동정 레이블에 기재한 표본의 번호를 기록한다.
② 분류군·종명 : 보관되어 있는 표본의 분류군의 명칭, 종명 등을 기록한다.
③ 지구번호 : 조사지구의 번호를 기록한다.
④ 지구명칭 : 조사지구의 명칭을 기록한다.
⑤ 조사대상 환경구분·조사구의 번호 : 각 조사지구에 있어서 정량채집인 경우에는 정량 - 조사구의 번호(예 : 정량 - 1), 정성채집인 경우에는 조사대상 환경구분을 기록한다.
⑥ 채집지의 지명 : 광역자치단체명, 기초자치단체명, 상세지명 등을 기재한다.
⑦ 위도·경도 : 채집한 조사지구의 중심 부근의 위도·경도를 기록한다.
⑧ 개체수 : 중요종의 표본인 경우, 시료 보관용 병에 넣은 개체수를 기록한다.
⑨ 채집자 : 표본 채집자의 이름과 소속을 기록한다.
⑩ 채집 연월일 : 표본이 채집된 연월일을 기록한다.
⑪ 동정자 : 표본 동정자의 이름과 소속을 기록한다.
⑫ 동정 연월일 : 표본이 동정된 연월일을 기록한다.
⑬ 표본의 형식 : 표본의 제작형식을 기록한다(예 : 액침표본).
⑭ 비고 : 특기사항이 있으면 기록한다(예 : 표본의 상태, 박물관 등록번호 등).

3) 표본의 보관

표본의 보관기간은 분류작업에 의한 확인종 목록의 확정까지(조사 실시연도의 이듬해 말까지)로 한다. 그리고 표본은 에탄올의 보충, 교체 등의 관리를 실시하여 확실하게 보관하고, 보관장소는 표본의 백화, 변질을 방지한다는 의미에서 시원하면서도 어두운 장소가 바람직하다.

보관기간이 만료된 후에는 박물관 등과 같은 표본 기부기관을 탐색하여 가능하면 유효하게 활용할 수 있도록 한다. 그리고 박물관 등의 기부기관이 없는 경우에는 모집하도록 하고, 기부 받을 기관이 없는 표본에 대해서는 적절하게 폐기하지만, 포르말린 등은 해당 법률의 규제항목으로 지정되어 있기 때문에 분해·중화처리를 실시하거나 전문업자에게 의뢰하여 적정 처리 후에 폐기한다.

한편, 보관기간이 만료되기 이전(조사실시 해당 연도)에 각 기부기관에서 표본을 보관하여도 되지만, 재동정이 필요한 경우에는 대상으로 하는 표본을 양호한 상태에서 신속하게 제출할 수 있도록 충분히 사전조정을 실시할 필요가 있다.

9.4.6.5. 조사개요의 정리

현지조사를 실시한 조사지구, 조사시기, 조사방법 및 조사결과의 개요 등에 대하여 다음의 항목을 정리한다.

[해설]
1) 조사실시 상황의 정리

현지조사를 실시한 조사지구, 조사시기 및 조사방법에 대하여 정리한다.
① 조사지구 : 사업지의 공간구분, 지구번호, 지구명, 지구의 특징, 조사지구의 선정근거를 기록한다. 그리고 이전 조사지구와의 대응, 전체 조사계획과의 대응 및 해당 조사지구에 있어서 실시한 조사방법에 대해서도 기록한다.
② 조사시기 : 조사횟수, 계절, 조사 연월일, 조사시기의 선정근거, 조사를 실시한 지구 및 해당 조사시기에 실시한 조사방법을 기록한다.
③ 조사방법 : 조사방법·구조·규격·숫자 등, 해당 조사방법을 실시한 조사지구 및 조사횟수를 기록하고, 특기사항이 있으면 기록한다.

2) 조사지구의 상황 정리

현지조사를 실시한 조사지구에 대하여 조사횟수별로 다음의 항목을 정리한다.
① 조사횟수, 계절, 조사 연월일을 기록한다.
② 저사공간 환경지역 구분 : 저사공간 환경지역의 구분 명칭을 기입한다.
③ 지구번호 : 조사지구의 번호를 기록한다.
④ 지구의 명칭 : 근처의 교량·사방댐 등을 기본으로 하고, 확인장소의 특징을 나타내는 명칭을 기록한다.
⑤ 댐자리로부터의 거리(km) : 댐자리로부터의 거리(km)를 기록한다.
⑥ 계류의 형태 : 조사지구에 있어서의 계류의 형태를 구분한다(「여울·소의 해설」을 참조).

⑦ 조사대상 환경구분 : 조사대상 환경구분을 기록한다.
⑧ 조사개소 : 조사대상 환경구분에 포함되는 조사개소를 기록한다.
⑨ 조사방법 : 각 조사개소에서 실시한 조사(정량, 정성)에 ○을 붙인다(같은 조사개소에서 양쪽 조사를 실시한 경우에는 양쪽에 ○를 붙인다).

3) 조사지구 위치의 정리

해당 조사지역의 위치를 파악할 수 있도록 지형도나 관내도 등에 사업지의 공간구분 및 조사지구의 위치를 기록하고, 축척과 방위를 반드시 기입하도록 한다.

4) 조사결과의 개요 정리

현지조사의 결과에 대하여 문장으로 알기 쉽게 정리한다.
① 현지조사 결과의 개요 : 현지조사 결과의 개요를 정리한다(예 : 확인 종의 특징, 유수에 따른 분포 특징, 주요 종의 분포상황 등).
② 중요종에 관한 정보 : 중요종의 확인상황 등을 정리한다. 그리고 중요종이 확인된 위치를 특정할 수 있는 정보에 관해서는 중요종의 보전 상 주의하여 다룰 필요가 있기 때문에 「현지조사 결과의 개요」와는 구별하여 정리한다.

9.4.7. 조사결과의 정리 및 고찰

9.4.7.1. 조사결과의 정리

기존 및 해당 조사에서 확인된 중요종에 대하여 다음의 항목을 정리한다.

[해설]
1) 중요종의 경년 확인상황 정리

현지조사에서 확인할 수 없었던 경우에는 현지조사 란에 ×를 기입하고, 현장의 상황 등으로부터 판단한 생육 가능성에 대한 코멘트나 전문가의 의견 등을 기입하도록 한다. 그리고 종명이 변경된 경우에는 변경내용을 별도로 정리한다.
① 종명 : 중요종의 한글명을 기록한다(한글명이 없는 경우에는 학명도 가능하며, 한글명이 다른 종과 혼동하기 쉬운 경우에는 학명을 함께 기록한다.).
② 지정구분 : 천연기념물 등, 중요종의 지정구분 여부를 기록하고, 지정구분의 범례는 기타 란에 기록한다.
③ 기존 조사 실시연도 : 확인된 기존 조사의 실시연도를 기록한다.
④ 조사자 : 조사 실시자의 이름 및 소속기관을 기록한다.
⑤ 확인 상황 : 확인 시의 상황(주변 환경, 확인시기, 개체수 등)을 기록한다.

2) 확인상황의 정리
○ 조사지구별·조사개소별 정리
　　각 조사지구에서 조사횟수 및 조사대상 환경구분별로 출현한 저생동물에 대하여 다음의 항목을 정리한다.
　　① 조사횟수, 계절, 조사 연월일을 기록한다.
　　② 저사공간 환경지역 구분 : 저사공간 환경지역의 구분 명칭을 기입한다.
　　③ 지구번호 : 조사지구의 번호를 기록한다.
　　④ 지구의 명칭 : 근처의 교량·사방댐 등을 기본으로 하고, 확인장소의 특징을 나타내는 명칭을 기록한다.
　　⑤ 강명, 목명, 과명, 종명 : 확인된 저생동물에 대하여 기록한다.
　　⑥ 조사대상 환경구분 : 조사대상 환경구분을 기록한다.
　　⑦ 정량채집 : 출현한 저생동물의 개체수를 시료별로 정리하고, 개체수의 합계, 종수의 합계 및 습중량을 기록한다.
　　⑧ 정성채집 : 출현한 저생동물의 개체수를 조사대상 환경구분별로 정리하고, 종수의 합계를 기록한다.
○ 조사시기별·조사지구별 정리
　　각 조사지구에서 출현한 저생동물의 출현상황에 대하여 다음의 항목을 기록한다.
　　① 강명, 목명, 과명, 종명 : 확인된 저생동물에 대하여 기록한다.
　　② 조사계절별 출현상황을 기록한다.
　　③ 조사지구별 출현상황을 기록한다.
　　④ 조사지구별 계절별 출현상황을 기록한다.

3) 경년 확인상황의 정리
　　기존 및 해당 조사에서 확인된 식물을 조사 실시연도별로 정리하고, 종명이 변경되었을 때에는 변경내용을 별도로 정리한다.

4) 종명 변경내용의 정리
　　이전 조사에서 확인된 저생동물 중, 종명이 변경된 것은 다음의 항목을 정리한다.
　　① 원래의 종명 : 기존의 식물조사 결과에 게재된 종명을 기록한다.
　　② 변경종명 : 변경 이후의 종명을 기록한다.
　　③ 조사실시 연도 : 확인한 저생동물조사의 실시 연도를 기록한다.
　　④ 비고 : 종명을 변경할 때에 특별히 기재하여야 할 내용이 있으면 기록한다.

5) 확인 종의 목록 정리
　　해당 현지조사에서 확인된 저생동물에 대하여 다음의 내용을 작성한다.

① 번호 : 정리번호를 기록한다.
② 문명, 강명, 목명, 과명, 종명 : 확인된 동식물플랑크톤에 대하여 기록한다.
③ 중요종 : 확인된 저생동물이 중요종인 경우에는 그 지정구분을 기록한다.
④ 외래종 : 확인된 저생동물이 외래종인 경우에는 "○"(특정외래생물인 경우에는 "특정")을 기록한다.
⑤ 처음으로 확인된 종 : 기존 조사에서 확인되지 않고, 해당 조사에서 처음 확인된 종에 대하여 ○을 기록한다.
⑥ 생물 목록에 게재되지 않은 종 : 확인된 저생동물이 미게재 종인 경우에는 동정 문헌의 번호(동정 근거문헌 조사표의 번호)를 기입한다.

6) 해당 조사 전반에 대한 전문가의 소견 정리
해당 조사 전반에 대한 전문가 등의 소견을 정리한다.

9.4.7.2. 양식집

사전조사 및 현지조사 결과를 사전조사, 현지조사 및 정리 양식에 따라 정리한다.

[해설]
1) 양식 기입 시의 유의사항
○ 종명의 기입
종명을 기입할 때에는 다음과 같은 사항에 유의한다.
① 한글명에 대해서는 종, 아종까지 동정되지 않은 경우에는 ○○속(속명도 불분명한 경우에는 ○○과)로 표기한다. 한글명이 없는 종은 학명을 기입한다.
② 학명에 대해서는 종, 아종까지 동정되지 않은 경우에는 분명히 1종이라고 판단할 수 있는 경우, 복수의 종인 것으로 판단할 수 있는 경우, 어느 쪽으로도 판단할 수 없는 경우 등, 모두 「○○ sp.」로 표기한다.
문헌조사에 있어서 원래 기재된 종명을 변경하여 기재한 경우에는 변경 종명의 해당 문헌번호를 저생동물 종명 변경상황 일람표에 기록한다.
○ 종수를 집계할 때의 유의사항
종, 아종까지 동정되지 않은 저생동물에 대해서도 동일 분류군에 속하는 종이 목록에 등재되지 않은 경우는 계수한다.
○ 종명에 정리번호를 부여하는 방법
정리양식을 작성할 때의 종명에 붙이는 정리번호는 전술한 「② 종수의 집계할 때의 유의사항」에 근거하여 집계대상으로 하는 종명에 번호를 부여한다. 이때 종별로 중복되지 않도록 주의하여 각 정리 양식에 종수가 알 수 있게 기술한다.

제2장 유역특성조사

2) 사전조사 양식의 작성

「사전조사」에서 파악된 정보 및 자료를 표 2-50과 같은 내용으로 정리한다.

표 2-50. 사전조사 양식의 내용

양식의 명칭	정리하여야 할 내용
저생동물 기존 문헌 일람표	사전조사에서 정리된 조사구역 및 그 주변에 있어서의 저생동물에 관한 기존 문헌의 일람을 작성한다.
저생동물 조언·청취조사표	전문가로부터의 조언내용이나 「청취조사」에 의하여 파악된 정보를 조사대상자별로 정리한다.

3) 현지조사 양식의 작성

「현지조사」에 의하여 파악된 결과를 표 2-51에 따라 작성하도록 한다.

표 2-51. 현지조사 양식의 개요

양식의 명칭	개요
현지조사표	각 조사지구 내에 설정한 조사대상 환경구분에 대하여 조사횟수별, 조사지구별로 조사 시의 상황, 조사대상 환경구분의 상황 및 채집상황을 기록한다.
현지조사 위치도	각 조사지구 내에 설정한 조사대상 환경구분의 위치 및 조사상황을 평면도에 기록한다.
동정결과 기록표	동정한 결과에 대하여 조사대상 환경구분별로 정리한다.
동정문헌 일람표	동정에 사용한 문헌을 일람으로 정리한다.
사진 일람표	촬영한 사진에 대하여 해당 내용을 기입한 일람표를 작성한다.
사진표	사진 일람표에서 정리된 사진별로 사진표를 작성한다.
표본관리 일람표	제작된 표본에 대하여 전부 기록한다.
중요 위치정보 기록표	저생동물의 중요한 위치정보가 현지답사 및 현지조사 시에 확인된 경우, 기록한다.
조사 실시상황 일람표	해당 현지조사의 실시상황을 정리한다.
현지 조사지구 일람표	각 조사지구에서 조사횟수별로 채집한 조사대상 환경구분의 내역을 정리한다.
조사지구 위치도	해당 현지조사에 대한 조사지구의 위치를 기록한다.
현지조사 결과의 개요	해당 현지조사 결과의 개요를 기술한다.
기타 생물 확인상황 일람표	양서류·파충류·포유류 등의 목격되거나 사체가 발견된 경우, 그 외의 생물의 기록으로 정리한다.

4) 정리 양식의 작성

사전조사와 현지조사 등의 결과에 근거하여 다음에 제시한 표 2-52와 같은 정리 양식에 따라 작성한다.

표 2-52. 정리 양식의 내용

양식의 명칭	개요
중요종의 경년 확인상황 일람표	기존 및 해당 현지조사에 있어서의 중요종의 확인상황에 대하여 경년적으로 정리한다.
확인상황 일람표 1	각 조사지구에서 조사횟수별로 확인된 저생동물에 대하여 조사지구별, 조사 대상 환경구분별로 정리한다.
확인상황 일람표 2	각 조사지구에서 조사횟수별로 확인된 저생동물에 대하여 조사시기별, 조사 지구별로 정리한다.
경년 확인상황 일람표	기존 및 현지조사에서 확인된 저생동물을 경년적으로 정리한다.
종명 변경상황 일람표	기존 조사에서 확인된 저생동물의 종명 변경상황을 정리한다.
확인 종 목록	현지조사에서 확인된 저생동물의 확인 종 목록을 정리한다.
전문가 등의 소견	해당 조사의 전반에 대한 전문가 등의 소견을 정리한다.

9.4.7.3. 고찰

> 저생동물의 양호한 생육환경의 보전을 염두에 둔 계류 관리방안을 마련하기 위하여 사방사업지 및 그 주변에 있어서의 과제를 추출하고, 사방시설이 자연환경에 미치는 영향을 분석·평가하는 데 활용될 수 있게 전문가의 조언 등을 받아 고찰한다.

[해설]

저생동물의 상황을 경시적으로 비교할 경우, 계절별·특정 계절(산란기나 소상시기 등)·연간 조사결과 중, 어느 것에 준하여 비교할 것인지를 적절하게 선택한다.

표 2-53. 저생동물조사에 있어서의 고찰방법

생육환경조건의 변화		식물의 생육환경 변화를 파악하는 방법
저사 공간	· 지수(止水)환경의 존재 · 생육환경의 교란	· 지수환경에 저생동물이 생육하고 있는가? · 외래종이 어느 정도 확인되고 있는가? 등
유입 계류	· 계류의 연속성 분단 · 지수(완경사)환경의 출현 · 생육환경의 교란	· 상류에서 확인되지 않는 저생동물이 있는가? · 지수환경이 출현하여 저생동물의 유하·소상이 사방댐 상·하류에서 변화하였는가? · 생육환경이 감소되어 종이 줄어들지 않았는가? · 외래종이 어느 정도 확인되고 있는가? 등
하류 계류	· 유황의 변화 · 토사 공급량의 감소 · 수온의 변화 · 생육환경의 교란	· 유입 계류와 저생동물의 생육환경이 차이가 있는가? · 토사 공급량이나 생육환경이 변화하여 종이 감소하였는가? · 수온이 변화하여 유입 계류와 저생동물의 성장이나 우화시기가 변하지 않았는가? · 생육환경이 감소되어 종이 줄지 않았는가? · 외래종이 어느 정도 확인되고 있는가? 등
기타	〈환경창출 개소〉 · 목적의 달성상황	· 계획 시의 목적과의 비교 등

9.5. 어류조사

9.5.1. 조사의 목적

어류조사는 사방사업을 실시하는 산지의 수계 및 그 주변 지역에 있어서 어류의 서식상황을 파악하는 것을 목적으로 한다.

[해설]

어류조사는 어류의 양호한 서식환경의 보전을 염두에 둔 적절한 사방사업을 추진하기 위하여 산지관리 면에서의 과제를 추출하고, 사방사업이 자연환경에 미치는 영향을 분석·평가할 목적으로 어류의 서식상황을 파악하는 것이다.

9.5.2. 조사의 구성

어류조사는 조사계획을 입안하여 실시하고, 사전조사·현지조사를 주요 내용으로 하며, 그 결과에 대하여 분석·정리한다.

[해설]

어류조사는 그림 2-48에 제시한 순서에 따라 실시한다.

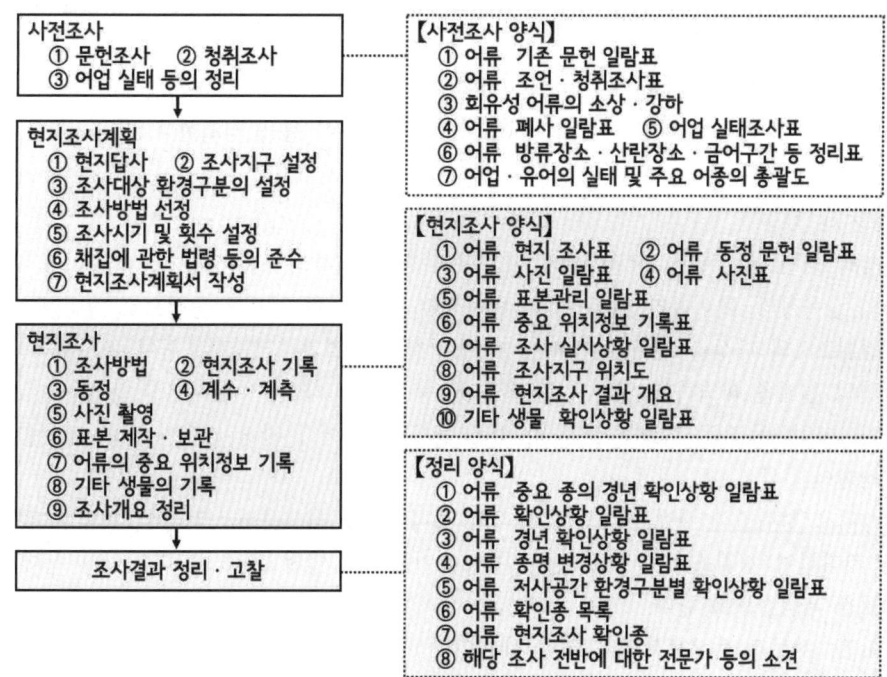

그림 2-48. 어류조사의 순서

9.5.3. 사전조사

현지조사를 실시하기 이전에 기존 문헌을 정리하고, 청취조사를 실시하여 조사구역에 있어서의 어류의 생식상황을 중심으로 한 각종 정보를 정리한다.

[해설]

현지조사를 연초에 실시할 경우, 사전조사를 현지조사 실시 전년도에 실시하면 현지조사를 원활하게 실시할 수 있다. 또한, 문헌수집 및 청취대상으로 선정할 때에는 전문가의 조언을 받도록 한다.

그리고 기존에 각종 조사가 실시된 사방댐에 대해서는 이전 조사가 실시된 이후의 상황에 대하여 특히 주의하여 정리, 파악한다.

1) 문헌조사

문헌조사에서는 기존에 실시된 각종 조사성과와 보고서, 이전 조사 이후에 출판·발행된 문헌 등을 수집하여 조사지구에 있어서의 어류의 생식상황에 대한 정보를 중심으로 정리한다.

문헌을 수집할 때에는 조사구역에 한정하지 말고, 가능하면 해당 수계 전체를 대상으로 하여 문헌을 수집하지만, 이전에 어류조사를 실시한 경우, 그 이후에 발행된 문헌만을 수집한다.

그리고 수집된 문헌 및 보고서에 대하여 문헌의 명칭, 저자명, 발행연도, 발행처, 입수처(절판 등에 의하여 서점 등에서 구입할 수 없는 경우) 등을 정리한다.

2) 청취조사

청취조사에서는 관련 전문가에게 조사구역 내의 어류의 생육상황, 중요 종 및 외래식물의 생육상황, 확인하기 쉬운 시기, 번식상황 등에 대한 정보를 중심으로 정리한다.

청취조사의 대상을 선정할 때에는 기존 청취조사 결과를 참고로 하여 조사구역 및 그 주변의 실태를 파악하고 있는 기관(박물관, 동식물원, 대학, 수산시험장 등 연구기관, 전문가, 어업협동조합, 학교의 교직원, 각종 동우회 등)이나 관련 전문가 등의 조언을 받아 선정한다.

그리고 청취조사 시에는 이전에 실시한 조사결과와 참고문헌, 그 후에 파악된 문헌 등을 지참하여 청취조사의 효율화를 기하고, 가능하면 이전 조사 이후의 상황 등에 대한 정보를 파악하도록 한다.

한편, 전문가 등으로부터의 조언 내용이나 청취조사에서 획득한 정보·소견에 대하여 다음과 같은 항목을 정리한다.

① 현지조사에 대한 조언 내용 : 기존 조사문헌의 유무, 조사지구·시기의 설정, 조사 방법 등에 대한 조언 내용을 기록한다.
② 어류의 생육상황 : 조사구역 및 그 주변에 있어서의 어류의 생육상황, 외래동물의 생육상황, 번식상황, 확인하기 쉬운 시기, 회유어의 소상·강하시기 등에 대하여 파악된 정보를 기록한다.
③ 중요종에 관한 정보 : 중요종의 생육상황에 관하여 파악된 정보를 기록한다. 그리고 중요종을 확인할 수 있는 위치를 특정할 수 있는 정보에 관해서는 중요종의 보전 면에서 주의가 필요하므로, 「어류의 생육상황」과는 구별하여 정리한다.

3) 어업실태 등의 정리

수산통계자료 및 청취조사 조사결과에 따라 조사구역 및 그 주변에 있어서의 회유성 어류의 소상·강하, 폐사 사례, 어업 실태, 어류 방류·산란장소·금어구간 등에 관한 정보에 대하여 정리한다. 그리고 수집 대상이 되는 자료에는 다음과 같은 것이 있다.
① 내수면어업협동조합의 사업보고서 등의 자료
② 광역자치단체의 「통계연감」
③ 광역자치단체 수산 관련 부서의 방류·어획 등에 관한 자료
④ 해양수산부의 「해양수산통계연보」 등

그리고 정리하여야 할 내용은 다음과 같이 회유성 어류의 소상과 강하에 관한 정보, 폐사 사례, 어업의 실태, 어류의 어종 등에 대하여 정리한다.

○ 회유성 어류의 소상·강하에 관한 정보의 정리

회유성 어류의 소상·강하에 관한 정보에 대한 다음과 같은 항목을 정리한다.
① 회유성 어류에 관한 정보·식견으로 종명, 소상시기, 소상 시의 전체 길이, 강하시기, 강하 시의 전체길이 및 활동 시간대를 정리한다.
② 생육상황 : 조사구역 및 그 주변에 있어서의 회유성 어류에 관한 생육상황으로 육봉화(陸封化)의 상황이나 유입 계류에서의 산란, 어도를 통한 소상, 강하의 정보 등을 기록한다.
③ 문헌·청취대상 : 문헌 또는 보고서에 대해서는 문헌의 명칭 또는 보고서의 명칭, 보고자의 이름 또는 편집자의 명칭, 발간(보고) 연도(월일), 발행기관 등을 기록한다. 또한, 청취대상에 대해서는 청취대상자의 이름 및 소속을 기록하도록 한다.

○ 폐사 사례의 정리

조사구역 및 그 주변에 있어서 어류가 폐사한 사례에 대하여 다음과 같은 항목을 정리한다. 그리고 정리 대상기간은 최근 5년간 정도로 한다.
① 발생일 : 폐사가 확인된 연월일을 기록한다.

② 발생장소 : 폐사가 확인된 계류의 명칭, 지역의 명칭, 근처의 교량·사방댐 등을 기본으로 하여 확인된 장소의 특징을 나타내는 명칭, 댐자리로부터의 거리(km) 등을 기록한다.
③ 상황 : 폐사된 물고기의 숫자 및 한글명을 기록한다.
④ 원인 : 폐사가 발생한 원인을 알 수 있다면 기록한다.

○ 어업실태의 정리

조사구역 및 그 주변에 있어서의 어업권 및 최근 5년간의 어패류의 종별 어획량, 방류량(알, 치어, 어미 물고기) 등에 대하여 다음과 같은 항목을 정리한다.
① 내수면어업협동조합의 개요 : 내수면어업협동조합의 명칭, 소재지·대표자명, 공동어업권 번호, 어업권 설정기간, 설정구간 및 대상이 되는 어패류의 명칭을 기록한다.
② 대상 어패류의 내용 : 연간 어획량, 알의 방류량 및 치어·어미 물고기의 방류량에 대하여 매년 정리한다.
③ 종묘 산지(수계 등) : 방류한 알이나 치어·어미 물고기의 산지(수계 등)를 기록한다.
④ 비고 : 어종별로 특별히 기록하여야 할 정보(예 : 방류장소, 방류한 물고기의 평균 체중 등)가 있다면 기록한다.
⑤ 특기사항 : 연간 낚시꾼의 숫자 등, 기록하여야 할 정보가 있다면 기록한다.
⑥ 문헌·청취대상 : 문헌 또는 보고서에 대해서는 문헌의 명칭 또는 보고서의 명칭, 보고자의 명칭 또는 편집자의 명칭, 발간(보고) 연도(월일) 및 발행기관을 기록한다. 그리고 청취대상에 대해서는 청취 대상자의 이름 및 소속을 기록하도록 한다.

○ 어류 방류장소·산란장소·금어구간 등의 정리

조사실시 당해 연도에 있어서의 어류의 방류장소, 산란장소, 금어구간, 보호수면 등에 대하여 정리한다.
① 어류의 방류장소, 산란장소, 금어구간 등 : 방류 대상어종별로 종명, 계류의 명칭, 댐자리로부터의 거리(km) 및 방류장소·산란장소·금어구간을 모두 기록한다.
② 문헌·청취대상 : 문헌 또는 보고서에 대해서는 문헌의 명칭 또는 보고서의 명칭, 보고자의 명칭 또는 편집자의 명칭, 발간(보고) 연도(월일) 및 발행기관을 기록한다. 그리고 청취대상에 대해서는 청취 대상자의 이름 및 소속을 기록하도록 한다.
③ 비고 : 산란장소 등의 조성 상황, 낚시꾼의 숫자, 어획기간, 금어구간, 보호수면 등에 대하여 기록한다.

○ 어업·낚시 실태 및 주요 어종의 총괄도

조사대상 저사공간이 위치하는 계류 및 저수지에 있어서의 어업권의 설정상황, 주요 어업구간, 방류장소, 산란장소(산란장소가 조성된 곳은 그 취지를 기재), 낚시구간, 금어구간과 금어기간, 보호수면, 관광이용 등을 댐자리나 유입 계류 등을 기입한 개요도에 정리한다.

9.5.4. 현지조사계획

최신의 전체 조사계획 및 사전조사 결과를 참고로 하여 현지답사, 조사지구의 설정, 조사방법의 선정, 조사시기 및 횟수를 설정하여 현지조사계획을 책정한다.

[해설]

현지조사를 연초에 실시하고자 할 경우, 그 전년도에 현지조사계획을 책정하면 현지조사를 원활하게 진행할 수 있다. 그리고 현지조사계획을 책정할 때에는 필요에 따라 관련 전문가에게 조언을 받도록 한다.

9.5.4.1. 현지답사

현지조사계획을 책정할 때에는 전체 조사계획 및 사전조사의 결과를 참고로 하여 조사대상지와 그 주변, 유입계류, 하류 계류 등에서 현지답사를 실시한다.

[해설]

현지답사 시에는 전체 조사계획서와 현존식생도를 지참하고, 지형이나 식생·토지이용상황, 계안의 물매, 유입 계류·하류 계류의 유량이나 소·여울의 형상, 수변의 식생분포 등을 확인한 후, 현지답사 시의 유황·수위, 현지조사 시의 접근로 등을 고려하여 전체 조사계획에서 책정한 조사지구의 상황을 확인할 뿐만 아니라 조사시기·횟수의 설정 및 조사방법을 선정하기 위한 상황을 파악한다.

또한, 조사지구의 특징을 정리하고, 개략적으로 유역을 파악할 수 있는 사진을 수시로 촬영한다.

한편, 전체조사계획에서 설정된 각 조사지구의 확인은 다음과 같은 내용을 파악하도록 한다.
  ① 지형이나 토지이용상황 등의 변화 또는 공사 등의 영향에 의한 조사지구의 변경 필요성
  ② 조사지구에 접근할 때의 안정성
  ③ 현지조사 시의 안전성

9.5.4.2. 조사지구의 설정

조사지구는 기본적으로 전체 조사계획에 따라 설정한다.

[해설]

사전조사 및 현지조사 결과에 입각하여 전체 조사계획을 책정할 당시와 조사지구 상황이 현저하게 변화되었거나 전체 조사계획을 책정한 이후에 사방시설이 건설된 경우 필요에 따라 조사구간을 다시 설정한다.

이때 새로운 조사지구를 설정하는 근거에 대해서는 전술한 「저생동물조사」의 표 2-40과 표 2-41을 참고로 하여 그림 2-49와 같이 어류의 조사지구를 배치하도록 한다.

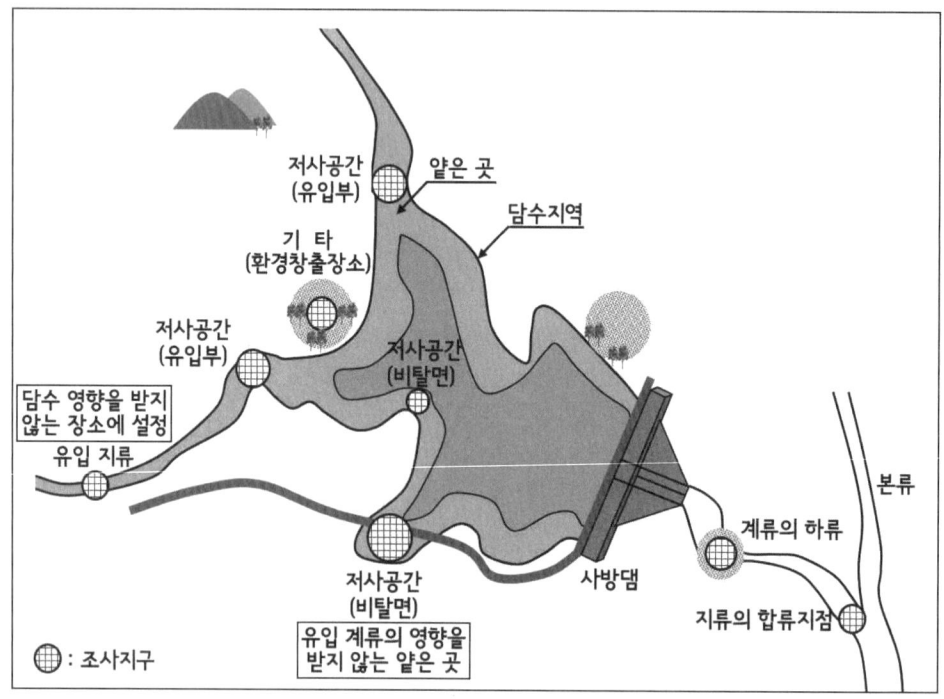

그림 2-49. 조사지구의 배치사례(어류)

9.5.4.3. 조사대상 환경구분의 설정

어류는 다양한 환경에 적응하면서 생육하고 있으므로, 조사지구의 어류상을 파악하기 위해서는 다양한 환경에서 어류를 포획할 필요가 있다. 따라서 현지조사계획서에 지형이나 수제부 등의 현지 상황을 정확하게 반영시키기 위하여 조사구간 내에 존재하는 조사대상 환경구분을 사전에 확인한다.

[해설]

계류지역(유입 계류 및 하류 계류)에서의 조사대상 환경구분은 「1. 여울, 2. 소, 3. 용출수, 4. 웅덩이, 5. 담수지역, 6. 기타」를 기본으로 하여 구분하도록 한다. 그리고 저사공간에서는 조사지구의 어류를 포획하는 데에 적합한 장소나 조건(골짜기 입구의 형태, 능선의 그늘 형태, 어류의 회유경로가 되기 쉬운 기복 등)을 충분히 파악하도록 한다.

표 2-54. 계류지역의 조사대상 환경구분

구분	조사대상 환경구분의 개요
1. 여울	수심이 얕고, 수면이 흰 물결이 치는 등의 특징이 있는 곳을 여울이라고 한다. 수면의 상태가 흰 물결이 치는 여울을 「급류(早瀬)」, 잔물결이 치는 여울을 「평평한 여울(平瀬)」, 둘 중에 해당하는 않는 것을 「불분명」으로 구분한다.
2. 소	물의 색이 짙어 주위보다 상대적으로 수심이 깊다고 생각되는 곳을 소라고 하며, 저수로의 폭 전체가 수심이 깊게 연속되는 부분은 「6. 기타」에 포함된다. 소는 성인에 따라 S형, R형, M형, D형(담수지역에 포함)으로 구분한다.
3. 용출수	육안 관찰에 의하여 계상재료가 솟아나오는 것으로 보아 용출수라고 판단되는 곳이나 수온·물의 색 등이 본류와 비교하여 용출수라고 판단되는 곳이다.
4. 웅덩이	평소에도 본류와 연속되고 있는 지수지역(止水域)이나 고수부지로 보이는 폐쇄적 수역 등, 통상적인 물의 흐름과 분리된 수역을 「웅덩이」라고 한다. 기본적으로는 계류의 통상적인 물의 흐름과 분리된 수역이라고 인식되는 곳을 표현하는 것으로, 본류에 연속되는 세류(細流)나 수로 등에 형성된 지수지역도 포함한다.
5. 담수지역	계류 횡공작물 등에 의하여 통상의 물의 흐름이 막혀 담수된 지역을 담수지역이라 하며, 유입부에 있어서의 담수지역의 경계는 수면물매의 변환점까지이다.
6. 기타 (식생 없음)	이상(1~5)의 구분에 포함되지 않는 환경은 모두 「기타(식생 없음)」으로 구분한다.

9.5.4.4. 조사방법의 선정

각 조사지구에 있어서의 각 조사대상 환경구분에 대한 어류의 생육상황을 효율적으로 파악할 수 있는 조사방법을 선정한다.

[해설]

어류조사는 저사공간의 조사지구에서는 기본적으로 자망, 투망 등, 계류의 조사지구에서는 투망, 정치망 등을 사용하여 실시하지만, 조사지구 및 조사대상 환경구분의 특성, 어류의 특성에 따라 적절한 조사방법을 선정한다. 각 조사방법의 구체적인 내용은 「9.5.5.1. 조사방법」을 참고로 한다.

9.5.4.5. 조사시기 및 횟수의 설정

조사시기 및 횟수는 기본적으로 전체 조사계획에 따라 설정하도록 하고, 봄철에서 가을철에 걸쳐 원칙적으로 2회 실시한다,

[해설]

사전조사 및 현지답사 결과, 조사실시 당해 연도에 있어서의 기상조건이나 어류의 소

상상황 등을 감안하여 적절한 시기로 수정하도록 한다. 그리고 조사시기를 재설정한 경우에는 조사시기의 설정근거에 대하여 정리하도록 한다.

또한, 조사시기를 설정할 때에 유의하여야 할 사항은 다음과 같다.

① 봄철~가을철은 수온이 상승하여 어류가 활발하게 활동하기 때문에 포획에 적합하다. 특히 이 시기에는 대부분의 회유어가 소상하므로, 기수(汽水)지역·연안지역에서는 성장한 치어가 소상하거나 산란을 위하여 계류를 소상하는 어미 물고기를 확인할 수 있다. 그리고 이 시기에는 자치어기(仔稚魚期)를 기수지역에서 보낸 기수·해수어(海水魚)가 침입하는 시기이다.
② 특정 시기에 한하여 계류로 소상·침입하는 어류(회유어 또는 기수·해수어)를 가능하면 많이 확인할 수 있는 시기를 설정한다.
③ 종에 따라서는 확인할 수 있는 시기(회유어의 소상시기 등)가 크게 다르므로, 확인에 적합한 지구를 중심으로 조사횟수를 증가하여도 된다.

9.5.4.6. 채집에 관련된 법령 등의 준수

사전에 지방환경청, 광역자치단체에 채집허가를 취득하는 등, 필요한 조치를 취하도록 한다.

[해설]

천연기념물을 채취하거나 채집할 가능성이 있는 경우, 천연기념물의 현상변경을 「문화재보호법」에 근거하여 국가기관은 문화재청 청장의 동의를, 광역자치단체는 문화재청 청장의 허가를 받을 필요가 있다. 그리고 「야생생물 보호 및 관리에 관한 법률(법률 제16609호)」에서 지정한 국내 희귀야생식물종을 포획할 경우 또는 포획할 가능성이 있는 경우에는 사전에 환경부장관과 협의할 필요가 있다.

어류에 대해서는 조사시기, 포획방법 등에 따라서는 포획허가 등이 필요한 경우가 있으므로, 사전에 어업협동조합이나 광역자치단체에 확인하는 등의 필요한 조치를 강구하여야 한다. 그리고 기초자치단체 단위의 환경조례 등에 따라 조사장소, 조사방법(어구·어법)이 제한된 경우도 있기 때문에 사전에 확인이 필요하다.

한편, 이와 같은 허가를 받는 데에는 신청 후 시간이 걸리는 경우도 있으므로, 조사시기를 고려하여 조기에 준비하도록 한다. 그리고 포획·채집에 관련된 허가증은 조사자 전원 휴대하고, 각 조사자도 허가증의 복사본을 휴대하는 것이 바람직하다.

또한, 포획된 외래종에 대하여 각종 법률에서 「특정외래생물」로 지정된 종류에 대해서는 사양, 운반 등이 규제되고 있으므로, 포획 후에는 법률의 취지에 따라 적절하게 취급하도록 유의한다. 특히 자치단체에 따라서는 조례로 외래종의 재방류가 금지된 경우도 있으므로, 사전에 확인하도록 한다.

제2장 유역특성조사

9.5.4.7. 현지조사계획서의 작성

「전체 조사계획서」 및 전술한 9.5.4.1로부터 9.5.4.6을 참고로 하여 현지조사계획서를 작성하도록 한다. 그리고 현지조사를 실시할 때의 상황에 따라 수시로 변경하거나 충실을 기하도록 한다.

9.5.5. 현지조사

현지조사는 포획에 의한 확인을 기본으로 하여 각 조사지구에 있어서의 어류의 생육상황을 파악하도록 한다.

[해설]
현지조사를 실시할 때에는 특히 사고방지에 주의하도록 하고, 물웅덩이나 용출수지 등의 귀중한 환경을 조사할 때에는 가능하면 영향을 미치지 않도록 충분히 배려하여야 한다.

9.5.5.1. 조사방법

어류의 현지조사는 포획에 의한 확인을 기본으로 하며, 각 조사지구의 다양한 장소에서 확인하고, 필요에 따라서는 잠수 육안확인 등의 방법을 이용하여 가능하면 많은 종을 확인할 수 있도록 한다. 그리고 해당 조사지구에서 실시한 기존 조사에서 중요종이 확인된 경우에는 해당 종의 생육 가능성을 염두에 둔 조사를 실시한다.

[해설]
어류조사는 주로 산간부에 건설된 사방댐의 저사공간 및 그 주변의 담수지역에서 실시하기 때문에 다음을 참고하도록 한다.

표 2-55. 조사방법의 일람(1)

조사방법	필요성※			적합한 환경	조사량의 기준	주요 대상 어종
	저사지역	계류지역	기타지역			
투망	△	○	△	수심이 깊거나 여울 등이 있는 곳	각 조사대상을 구분할 때에는 각 그물눈별로 각각 5회 정도	· 은어, 황어, 피라미 등, 유영어 전반 · 저생어 중, 붕어 등과 같은 대형 어종
뜰채	○	○	○	계안 식물대, 담수 식물대, 계상재료의 아래, 모래·진흙	1개 조사지구당 1인 × 1시간 정도	· 칠성장어과, 잉어과, 미꾸라지과, 망둑어과 등과 같은 소형 어종 · 치어 전반

표 2-56. 조사방법의 일람(2)

조사 방법	필요성※			적합한 환경	조사량의 기준	주요 대상 어종
	저사 지역	계류 지역	기타 지역			
정치망	△	△	△	정치망을 고정할 수 있는 수심으로, 누름돌이나 말뚝으로 고정할 수 있는 장소	저녁에 설치하고, 다음날 아침에 회수	· 어류 전반 특히 둑중개나 메기, 뱀장어 등과 같은 야행성의 저생 어류
자망	○	△	△	물의 흐름이 완만하고, 어도로 이용 가능한 곳	저녁나절에 설치하고, 다음날 아침에 회수	· 어류 전반 송어, 빙어 등과 같은 회유성 어류의 포획에 유리
족대	△	△	△	수심이 깊은 곳이나 장해물이 많은 개소	1개 조사지구당 1인 × 1시간 정도	· 칠성장어과 연어과, 미꾸리지과 등의 소형 어종 메기, 붕어속, 둑중개 등
주낙	△	△	△	수심이 깊은 곳이나 장해물이 많은 개소	저녁나절에 설치하고, 다음날 아침에 회수	· 뱀장어, 메기 등과 같은 야행성의 육식성 어류 곤들매기속, 산천어 등의 담수 연어과 어류
가리	△	△	△	물속에 잠겨있는 장해물 부근이나 수심이 깊은 곳	저녁나절에 설치하고, 다음날 아침에 회수	· 뱀장어, 메기 등과 같은 야행성의 육식성 어류
후릿그물 (地曳網)	△	△	△	깊이가 얕은 계안	예망(曳網) 장소의 크기를 감안하여 작업량을 설정	· 주로 저생어 전반 · 자치어(仔稚魚) 전반
사내끼	△	△	△	투명도가 높은 곳	-	· 소형 저생어 전반
통발	△	△	△	물의 흐름이 완만한 곳, 이형 블록의 간극 등	1시간 정도 설치	· 황어, 버들치 등 · 기타 잉어과 어류의 치어 유치어 전반
관형 트랩	△	△	△	물의 흐름이 완만한 곳, 블록의 간극 등	1시간 정도 설치	· 황어, 버들치 등 · 기타 잉어과 어류의 치어 유치어 전반
잠수 포획	△	△	△	투명도가 높은 곳	-	· 유영어, 저생어 전반
일렉트로피셔	△	△	△	도강할 수 있는 계류	-	· 어류 전반 특히 대형 어류 이외
잠수 관찰	△	△	△	투명도가 높은 곳	-	· 유영어, 저생어 전반

※ 조사의 필요성   ○ : 실시함   △ : 조사지구에 적합한 환경이 있는 경우, 실시함

1) 포획에 의한 조사

어류의 포획방법에 대하여 어구·어법(漁法)의 특성, 조사량의 기준, 주요 대상어 등은 다음과 같다. 즉, 저사공간에서는 기본적으로 자망, 투망 등, 계류의 조사지점에서는 투망, 뜰채 등에 의하지만, 지역의 특성, 조사지구 및 조사대상 환경구분의 특성, 어류의 특성에 따라 적절한 조사방법으로 실시한다.

그리고 다음에 제시한 어구·어법 중에는 광역자치단체에서 금지어구로 지정한 종류도 있으므로, 사전에 충분히 확인하고 난후에 포획조사를 실시하도록 한다.

한편, 포획한 어류의 계측은 조사방법별(그물눈의 차이도 구별함), 여울·소 등의 조사대상 환경구분별로 실시하기 때문에 포획한 시료가 섞이지 않도록 유의한다.

① 투망

【어구·어법의 특성】

투망은 수심이 얕은 계안이나 여울 등에서 서식하고 있는 어류를 포획하는 데에 유효하다. 투망을 이용한 포획은 수심이 깊은 곳에서는 망이 가라앉는 동안 물고기가 도망하기 때문에 포획효과가 떨어진다. 그리고 장해물이 많아 투망이 걸리기 쉽거나 투망을 던질 수 있는 공간이 충분하지 못한 곳 등에서는 다른 방법(자망, 잠수포획 등)을 사용하는 것이 바람직하다.

투망은 기술을 익히는 데 시간이 걸리므로, 숙련된 기술자가 실시하도록 한다.

【포획방법】

투망에 의한 포획은 계안이나 물속을 걸으면서 그물을 던지는 방법을 기본으로 하지만, 수심이 깊은 곳에서는 보트를 이용하도록 한다. 그리고 경계심이 많은 어류는 한번 그물을 던지면 흩어지는 경우가 많기 때문에 시간을 두고 그물을 던지도록 한다, 또한, 가능하면 한 지점에서 투망이 집중되지 않도록 조사대상 환경구분에 따라 다양한 조사개소에서 투망이 이루어지도록 배려한다.

그림 2-50. 투망에 의한 포획

【작업량의 기준】

다양한 크기의 어종을 포획할 수 있도록 여울조사에서는 원칙적으로 12mm 및 18mm

의 투망을 사용한다. 다만, 생육하고 있는 어종이나 수심 등의 상황에 따라 적절한 크기의 투망을 사용한다. 투망의 횟수는 여울에서는 12mm 및 18mm에서 각각 5회, 계 10회 정도 실시하는 것을 기준으로 한다. 여울이나 기타 환경구분에서 실시할 경우에는 각 조사대상 구분에서 각각 5회 정도 실시하는 것을 기준으로 하고, 조사대상 환경구분의 숫자나 크기, 어류의 포획상황에 따라 적당하게 조절하여 조사지구의 투망횟수는 총 20회 이상을 기준으로 한다.

그리고 투망을 실시한 조사대상 환경구분별로 규격, 투망 횟수 등을 기록한다.

【대상 어종】
- 은어, 황어, 피라미 등의 유영어 전반
- 저생어 중, 붕어 등의 대형 어종

② 뜰채

【어구·어법의 특성】

뜰채는 계안·계안 식물대, 침수식물대, 계상재료의 아래, 모래·진흙에 잠겨있는 비교적 작은 어류를 포획하는 데에 유효하다. 일반적으로 뜰채에 의한 포획은 매우 많은 종류를 확인할 수 있으므로, 어류상을 파악하는 데에 반드시 필요한 조사방법이다. 또한, 치어의 포획에도 적합하다. 뜰채는 간편한 방법이지만, 어류의 생태 등을 숙지하지 못하면 충분히 성과를 올릴 수 없기 때문에 숙련된 기술자가 실시한다.

그리고 조사에는 다음의 조건을 갖춘 뜰채를 사용하도록 한다.
- 계상, 계안에 간극이 생기지 않도록 선단이 직선 모양인 것을 사용한다.
- 뜰채의 주머니는 눈금이 2mm 정도, 길이가 뜰채의 구경에 대하여 약 1.5~2배 정도를 기준으로 하고, 구경, 자루의 길이, 그물눈 등이 다른 종류를 준비하여 현지의 상황에 따라 적당하게 사용하도록 한다.

한편, 뜰채를 사용할 때에는 다음과 같은 사항에 유의한다.。
- 투망과 함께 사용하는 경우에는 어류가 흩어지지 않도록 투망에 의한 포획이 종료된 후에 사용한다.
- 하류에서 상류를 향하여 포획하는 것을 기본으로 한다.
- 습지·웅덩이 등의 소규모 환경이 조사압에 의하여 파괴되지 않도록 충분히 배려한다.

【포획방법】

사용 시에는 뜰채를 계상 및 계안에 극간이 생기지 않도록 고정한 후, 상류 쪽으로부터 발로 밟으면서 몰아넣는다. 계안에서는 주로 식물대인 곳을 중심으로 실시하고, 처마 모양을 하고 있는 곳에서는 가능하면 안속 깊은 곳까지 뜰채를 넣는다. 그리고 계상부에서는 뜬돌 계상의 하류 쪽에 설치한 후에 뜬돌을 들추면서 물고기를 몰거나 진흙이나 모래를 표면으로부터 수 cm의 두께로 벗기고, 진흙이나 모래 속의 물고기를 자세히 찾으면 된다.

그림 2-51. 뜰채에 의한 포획

【작업량의 기준】
조사대상 환경구분의 규모나 숫자에 따라 다르지만, 1개의 조사지구당 1인×1시간 정도를 기준으로 하고, 조사대상 환경구분별로 구경, 조사 작업량 등을 기록한다.

【대상 어종】
· 칠성장어과, 잉어과, 미꾸라지과, 망둥어과 등의 소형 어종·치어 전반

③ 정치망

【어구·어법의 특성】
정치망은 치어로부터 어미 물고기에 이르는 어종 전반의 포획에 적합하다. 특별한 기술이 없을지라도 누구나 비교적 쉽게 설치할 수 있기 때문에 투망, 뜰채에 비하여 개인의 기량에 의한 차이가 적고, 유영어, 저생어, 야행성 어종까지 광범위한 어종을 포획할 수 있다. 또한, 정치망을 사용할 때에는 다음과 같은 사항에 유의한다.
· 수망(袖網)을 설치하는 위치는 유속이 느린 곳을 선정한다.
· 쓰레기가 대량 유하하는 곳에서는 수망에 쓰레기가 걸리는 것을 배려하여야 할 필요가 있다.
· 말뚝, 누름돌 등에 의하여 그물을 고정할 수 있는 곳을 선정한다.

【포획방법】
사용하는 정치망은 저사공간이나 계류의 특성, 대상으로 하는 어종에 따라 자루그물의 직경이나 수망의 숫자, 길이, 그물눈이 다른 것을 적절하게 사용한다. 설치개소는 정치망을 고정할 수 있는 수심에서 누름돌이나 말뚝 등으로 고정할 수 있는 곳을 선정한다. 수망은 반드시 계상면과 간극이 없도록 설치하고, 계상재료의 입경이 커서 간극이 생길 수 있는 경우에는 돌 등으로 신중하게 수망을 눌러 간극을 막도록 한다. 그리고 유수의 흐름이나 수심이 가장 깊은 곳 위치, 수심변화 등을 감안하여 어류의 통로가 될 곳을 설치개소로 선정한다. 유입되는 세류나 웅덩이가 있는 경우에는 차단하듯이 설치하여도 된다. 계류의 순류(順流)구간에서는 일반적으로 상류 쪽에 자루그물을 설치하고, 수망은 한 쪽을 계안에 부착되도록 하는 것이 좋다.

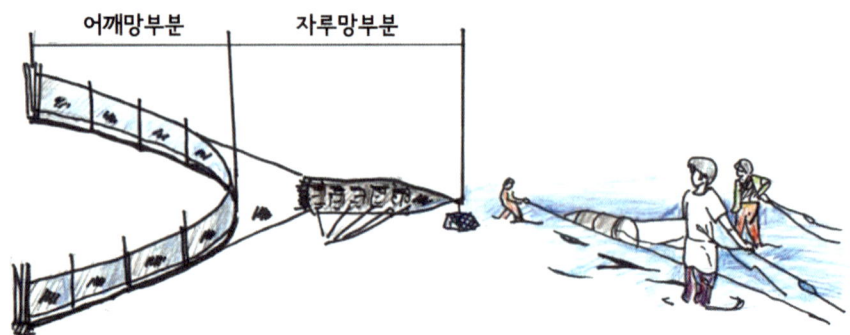

그림 2-52. 정치망의 구조와 설치

【작업량의 기준】

일반적으로 저녁에 설치하고, 다음날 아침에 회수하는 경우가 많다. 정치망에 의한 포획을 실시한 조사대상 환경구분별로 자루그물의 직경과 그물눈, 수망의 그물눈, 그물의 크기, 길이 및 설치한 숫자 등을 기록한다.

【대상 어종】
- 어류 전반
- 특히 둑중개나 메기, 뱀장어 등과 같은 야행성의 저생 어류

④ 자망

【어구·어법의 특성】

자망은 저사공간의 조사지구에 유효한 방법이다. 그리고 대상으로 하는 어류에 따라 그물눈이나 수심, 시간 등을 고려하면 유영어를 비롯하여 야행성의 어류, 저생어 등, 폭 넓은 어종에 대응할 수 있다. 그리고 그물눈이 서로 다른 복수의 그물로 구성된 2중 그물 혹은 3중 그물은 다양한 크기의 어류를 포획하는 데에 유효하기 때문에 상황에 따라 사용하면 된다.

【포획방법】

사용하는 자망은 저사공간이나 계류의 특성 또는 대상으로 하는 어종에 따라 그물눈이나 그물의 크기, 길이가 다른 것을 적절하게 사용한다. 설치개소는 통상 물의 흐름이 완만한 곳을 선정하며, 대상으로 하는 어종에 따라 설치하는 장소나 수심, 시간대가 다르므로, 유의한다.

그리고 자망을 사용할 때에는 유속의 변화, 식물의 밀도나 사석 등과 같은 장해물의 위치를 고려하여 어류의 통로가 될 만한 곳을 선정하도록 한다. 특히 세류나 웅덩이가 있는 경우에는 어구·어법에 의한 포획을 실시하기 전에 해당 지역의 외곽을 포위하듯이 설치하고, 투망이나 뜰채로 물고기를 몰면 매우 효과적으로 사용할 수 있다.

그림 2-53. 자망

【작업량의 기준】
 자망은 포획하는 어류의 크기를 고려하여 그물눈이 다른 2종류(15mm와 50mm 정도를 표준으로 함)를 함께 사용하는 것이 유리하며, 일반적으로 저녁나절에 설치하고, 다음날 아침에 회수한다. 계폭이 좁은 곳이나 웅덩이 등을 포위하듯이 설치하고, 기타 어구·어법과 함께 사용할 경우에는 기타 어구·어법에 의한 포획이 종료된 후에 그물을 거두도록 한다.
 그리고 자망에 의하여 포획된 어류는 쉽게 죽고, 포식자에 의한 식해를 받기 쉽기 때문에 가능하면 효율적인 설치시간을 채택하도록 한다. 또한, 자망에 의한 포획을 실시한 조사대상 환경구분별로 그물눈, 그물의 크기, 길이, 통수(매수)를 기록하도록 한다.
【대상 어종】
 · 어류 전반
 · 특히 송어, 빙어 등과 같은 회유성 어류의 포획에 유리

⑤ 족대
【어구·어법의 특성】
 족대는 뜰채와 마찬가지로 저사공간·계안식물대, 침수식물대, 계상재료의 아래, 모래·진흙에 숨어있는 비교적 작은 어류의 포획에 유효하다. 뜰채보다 구경이 크고 자루그물의 깊이가 충분하기 때문에 계안의 식생이 늘어진 곳에서 포획효과가 좋다는 점, 보다 대형 어류를 포획할 수 있다는 점 등이 우수하다.
 그리고 조사에는 다음과 같은 조건을 갖추고 있는 족대를 선정하여 사용하도록 유의하여야 한다.
  · 계상, 계안에 대하여 간극이 없게 고정할 수 있는 선단이 직선인 것을 사용한다.
  · 계상재료가 클 경우에는 선단이 끈 모양인 것을 사용하면 간극을 쉽게 메울 수 있다.

· 구경, 그물눈 등이 다른 종류를 모두 준비한 후, 현지의 상황에 따라 적절하게 사용하도록 한다.

【포획방법】

기본적인 포획방법은 뜰채와 같으며, 족대를 사용할 때에는 다음과 같은 사항에 유의한다.

· 투망과 함께 사용할 경우, 물고기가 흩어지지 않도록 투망 포획이 종료된 후에 사용한다.
· 하류로부터 상류를 향하여 포획하는 것을 기본으로 한다.
· 세류 등을 차단하는 형태로 족대를 설치한 후, 몇 명이 고기를 몰아도 효과적이다.

그림 2-54. 자망에 의한 포획

【작업량의 기준】

조사대상 환경구분의 규모와 숫자에 따라 다르지만, 1개의 조사지구당 1인×1시간 정도를 기준으로 한다. 다만, 뜰채를 함께 사용할 때에는 포획방법이 같기 때문에 작업량을 조정한다. 뜰채에 의한 포획을 실시한 조사대상 환경구분별로 구경, 조사작업량 등을 기록한다.

【대상 어종】

· 칠성장어과, 잉어과, 미꾸라지과, 망둥어과 등의 소형 어종
· 메기, 붕어속, 둑중개 등
· 치어 전반

⑥ 주낙

【어구·어법의 특성】

다른 어구·어법을 사용할 수 없는 수심이 깊은 곳이나 장해물이 많은 개소에서 사용할 수 있으며, 뱀장어, 메기 등 야행성의 육식성 어류를 포획하는 데에 적합하다.

【포획방법】

사용하는 주낙은 저사공간이나 계류의 특성, 대상으로 하는 어종에 따라서는 낚싯바늘

의 크기, 먹이, 구조가 다른 것을 적당하게 사용한다. 설치장소는 어류가 숨어 있는 장해물 부근이나 수심이 깊은 개소 등을 선정한다. 주낙은 트인 장소에서 사용할 경우에는 5~10본 정도의 낚싯바늘을 달지만, 어소(魚巢)블럭의 내부 등에서 사용할 경우에는 1본씩 달도록 한다.

　주낙은 잡힌 물고기에 따라 주낙이 유실되지 않도록 계안에 확실히 고정된 가지나 돌 등에 결속시킨다. 뱀장어나 메기 등을 대상으로 하는 경우에는 먹이가 물에 뜨지 않도록 적정한 간격을 두고 추 등을 붙이도록 한다. 곤들매기속, 산천어속 등을 대상으로 하는 경우에는 먹이가 물의 흐름에 흔들거리도록 설치하면 유효하다. 그리고 사용하는 먹이나 설치장소에 대해서는 사전에 해당 지역의 어업 종사자 등에 청취조사를 실시하여 적절한 것을 사용하는 것이 바람직하다.

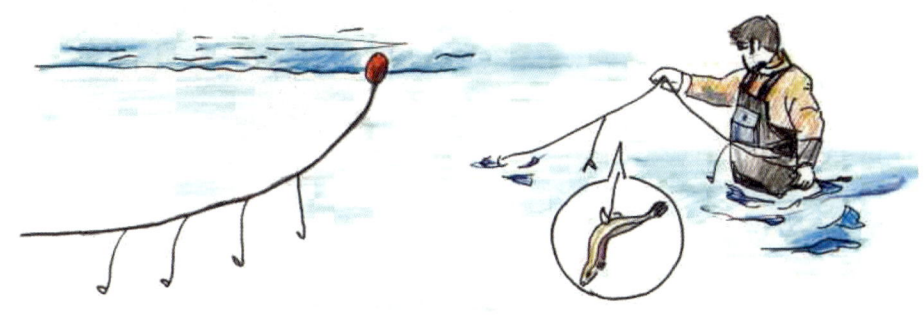

그림 2-55. 주낙에 의한 포획

【작업량의 기준】
　저녁나절에 설치하고, 다음 날 아침에 회수한다. 주낙에 의한 포획을 실시한 조사 대상 환경구분별로 주낙의 낚싯바늘 본수, 사용한 먹이를 기록한다.
　【대상어종】
　　· 뱀장어, 메기 등과 같은 야행성의 육식성 어류
　　· 곤들매기속, 산천어 등의 담수 연어과 어류
　　· 기타 육식성 어류

　⑦ 가리
　【어구·어법의 특성】
　수심이 기타 어구·어법을 사용할 수 없는 곳이나 장해물이 많은 곳에 유효하며, 뱀장어나 메기 등과 같은 야행성의 육식성 어류를 포획하는 데에 적합하다.

【포획방법】

설치장소는 어류가 숨어있는 장해물 근처나 어느 정도 수심이 있는 곳을 선정한다. 가리를 설치할 때에는 어구가 뜨지 않도록 미리 추를 달거나 돌 등으로 고정하고, 일반적으로 물의 흐름에 대하여 하류 쪽에 입구가 위치하도록 설치한다. 그리고 사용하는 먹이나 설치장소에 대해서는 사전에 지역 관계자 등에게 확인하여 적절한 것을 사용하는 것이 바람직하다.

그림 2-56. 가리의 설치

【작업량의 기준】

저녁나절에 설치한 후, 다음 날 아침에 회수한다. 가리에 의하여 포획을 실시한 조사대상 환경구분별 크기와 사용한 먹이 등을 기록한다.

【대상 어종】
· 뱀장어, 메기 등과 같은 야행성의 육식성 어류

⑧ 후릿그물(地曳網)

【어구·어법의 특성】

후릿그물은 저수용 사방댐의 계안 등에 서식하는 저생어나 치어를 포획하는 데에 적당하며, 포획 시에는 계상재료의 상태(사질이 바람직함)에 충분히 주의하여야 한다. 그리고 후릿그물은 대형인 것과 두 사람이 당길 수 있는 소형인 것을 상황에 따라 적절하게 사용한다.

【포획방법】

어류의 포획 대상지를 포위하는 형태로 그물을 친 후, 좌우에서 그물을 일정한 속도로 계안까지 그물을 당긴다. 그물을 당길 때에 수망이나 자루그물의 입구에 부착한 추가 뜨게 되면 그곳으로 물고기가 빠져나가기 때문에 후릿그물을 당기는 속도에 충분히 유의하여야 한다.

그리고 그물눈이 작은(1mm 정도) 소형의 후릿그물은 정선 부근이나 침수식물대를 중심으로 생육하는 치어를 포획하는 데에 유효하다.

그림 2-57. 후릿그물(地曳網)

【작업량의 기준】
후릿그물을 칠 수 있는 장소의 넓이를 감안하여 적절한 작업량을 설정한다. 후릿그물에 의한 포획을 실시한 조사대상 환경구분별로 자루그물의 직경, 그물눈, 수망의 그물눈, 그물의 크기, 길이 및 후릿그물의 거리·횟수 등을 기록한다.

【대상 어종】
 · 주로 저생어 전반
 · 치어 전반

⑨ 사내끼
【어구·어법의 특성】
사내끼는 투명도가 높은 수역의 수면 위 혹은 잠수에 의하여 어류를 육안으로 확인하면서 포획하는 데에 적합하다. 조사에는 다음과 같은 조건에 적합한 사내끼를 사용하면 된다.
 · 직경이 5~10cm 정도로, 호박돌 사이의 밀어(密魚)속의 어류 등을 포획할 때에 적합할 것
 · 그물의 색은 검정 또는 갈색인 것을 사용하고, 흰색을 피할 것
 · 그물은 지나치게 부드럽지 않고, 자루그물이 형태를 유지하는 것을 사용하도록 할 것

【포획방법】
확인된 어류의 위쪽으로부터 그물을 덮는 형태로 포획한다. 뜬돌이 있는 장소에서는 하류 쪽에서 돌을 치우면 밀어속의 어류나 둑중개 등이 그 장소에 있는 경우가 있다.

미꾸라지 등과 같이 모래 속에 숨어있는 어류를 포획할 때에는 가볍게 손가락으로 모래를 훑고, 도망친 어류가 재차 숨은 장소를 육안으로 확인하도록 한다. 이때 통가리 등의 위험한 어류나 유리 파편 등에 의하여 상처를 입을 수 있으므로 반드시 장갑을 착용한다. 잠수에 의한 포획에 이용하면 유효하다.

그림 2-58. 사내끼에 의한 포획

【작업량의 기준】
조사대상 환경구분의 규모나 숫자에 따라 다르지만, 1개 조사지구당 1인×1시간 정도를 기준으로 한다. 사내끼에 의한 포획을 실시한 조사대상 환경구분별로 그물의 구경, 그물눈, 조사 작업량 등을 기록한다.

【대상 어종】
· 소형의 저생어 전반

⑩ 통발
【어구·어법의 특성】
통발은 물의 흐름이 약한 곳에 생육하는 소형 어류의 포획에 적합하다. 특히, 이형블록이나 블록의 간극 등과 같이 뜰채나 투망으로 포획하기 어려운 곳에서 사용하면 효과적이다.

【포획방법】
기타 어구·어법에 의한 조사 사이에 먹이로 시판되는 번데기 가루 등의 떡밥을 탁구공 정도의 크기로 만든 것을 넣고, 1시간 정도 물속에 담근다. 계류에서 사용하는 경우에는 출입구가 상·하류방향을 향하게 하여 계상면에 고정시킨다. 다만, 물의 흐름이 빠른 곳에는 적합하지 않다.

설치할 때에는 계상면에서 뜨지 않도록 추 등을 달아 고정한다. 그리고 그늘과 응달에 절반 정도 감춰지게 하면 된다.

그림 2-59. 통발의 설치

【작업량의 기준】
　설치시간은 1시간 정도를 기준으로 하지만, 어류의 활성에 맞추어 적절하게 설정하면 된다. 지나치게 장시간 설치하면 집어효과가 떨어져 물고기의 포획이 나빠질 뿐만 아니라 통발에 들어갔던 물고기가 빠져나가는 일이 있다.
　【대상 어종】
　　· 납자루아과, 황어, 버들치 등
　　· 기타 잉어과 어류의 치어, 유치어 전반

　⑪ 관형 트랩
　【어구·어법의 특성】
　관형 트랩은 물의 흐름이 늦은 곳에서 생육하는 소형 어류의 포획에 적합하다. 특히, 이형블록의 간극 등으로, 뜰채나 투망으로 포획하기 어려운 곳에서 사용하는 것이 효과적이다.
　【포획방법】
　기타 어구·어법에 의한 조사 사이에 먹이로 시판되는 번데기 가루 등의 떡밥을 넣고 30분 정도 물속에 담근 후, 속에 들어온 물고기를 회수한다. 계류에서 사용하는 경우에는 출입구가 상·하류방향을 향하게 하여 계상면에 고정시킨다. 다만, 물의 흐름이 빠른 곳에는 적합하지 않다. 사용하는 관형 트랩은 때가 없고, 투명할수록 물고기가 잘 들어온다.
　【작업량의 기준】
　설치시간은 1시간 정도를 기준으로 하지만, 어류의 활성에 맞추어 적절하게 설정하면 된다.
　【대상 어종】
　　· 납자루아과, 황어, 버들치 등
　　· 기타 잉어과 어류의 치어, 유치어 전반

그림 2-60. 관형 트랩의 설치

⑫ 잠수에 의한 포획

【어구·어법의 특성】

투명도가 높은 곳에서 실시하는 조사에 적합하며, 특히 돌이 많은 곳이나 깊은 곳 등과 같이 투망을 사용할 수 없는 경우에도 유효하게 사용할 수 있다. 다만, 유속이 빠르거나 수심이 깊은 곳에서는 위험이 동반되기 때문에 조사경험이 풍부한 사람이 실시하도록 한다.

그리고 스쿠버 잠수 등과 같이 잠수기를 사용하는 잠수작업에는 「산업잠수사」 면허가 필요하다.

【포획방법】

잠수에 의한 어류조사의 경험이 풍부한 사람이 수중카메라, 슈뇌르켈(schnörkel), 웨트슈트, 핀(fin) 등을 착용하고 실시한다. 유영어에는 구경 20cm 정도, 저생어에는 구경 10cm 정도의 사내끼 등을 사용하면 효과적이다.

그림 2-61. 잠수에 의한 포획

【작업량의 기준】
  조사대상 환경구분의 규모나 숫자에 따라 다르지만, 1개의 조사지구당 1인×1시간 정도를 기준으로 한다.
【대상 어종】
 · 투명도가 높은 곳에서의 유영어, 저생어 전반

⑬ 일렉트로 피셔(전기충격포어기)
【어구·어법의 특성】
  물고기를 포획하는 방법에 전기를 이용할 수 있다는 것이 널리 알려져 있다. 특히, 계류에서는 생식하고 있는 어류를 고르게 포획할 수 있고, 사용자에 따른 포획효율의 차이도 적을 뿐만 아니라 계폭이 좁거나 계안이 수목으로 덮인 곳, 큰 암석의 간극, 어류의 피난처가 많은 경우에 매우 유효하다. 더구나 많은 개체를 포획할 수 있으므로, 어류의 생식밀도를 파악할 수 있다.
  일반적으로 등에 배터리를 짊어지는 배낭식 일렉트로 피셔를 사용하는 경우가 많지만, 물고기에 다양한 영향을 미친다는 보고(골격 등의 손상, 행동저해)가 있으므로, 사용 시에는 주의를 요한다. 그리고 교류에서의 사용은 물고기에 타격을 사할 수 있고, 인체에도 위험하기 때문에 반드시 절연성의 장갑과 의복을 착용한다.
 · 가능하면 낮은 전압·낮은 순간 파동으로 설정하고, 교류에서는 사용하지 않도록 유의할 것
 · 물고기가 장시간 전기에 노출되지 않도록 경련을 일으킨 물고기는 신속하게 족대 등으로 회수할 것
 · 물고기 알의 발육기간 중에는 사용하지 말 것
【포획방법】
  일반적으로 계류의 상류방향을 소상하면서 채집하며, 전기에 의하여 경련·기절한 물고기를 뜰채 등으로 포획한다. 따라서 어획효율을 고려하면 복수의 작어인부가 실시하도록 한다.
  그리고 둑중개나 망둥어과 어류는 전기에 경련을 일으키면서 계상면 부근을 유하기 때문에 하류 쪽에 족대 등을 설치한 후, 상류로부터 몰아가는 형태로 포획하면 효율이 좋다.
【작업량의 기준】
  조사대상 환경구분의 규모나 숫자에 따라 다르지만, 1개의 조사지구당 1조×1시간 정도를 기준으로 한다. 사용하는 일렉트로 피셔의 형식, 전압, 전류의 형식, 사용시간 등을 기록한다.
【대상 어종】
 · 어류 전반
 · 특히 대형어가 아니면 문제없이 포획할 수 있음

그림 2-62. 일렉트로 피셔에 의한 포획

2) 육안에 의한 조사

　① 잠수관찰

　【어구·어법의 특성】

　투명도가 높은 장소에서 실시하는 조사에 적합하고, 바위가 많거나 깊은 곳 등, 투망을 사용할 수 없는 경우에도 유효한 방법이며, 면적 당 어류의 생식밀도를 추정하는 데에 적합하다. 다만, 물의 흐름이나 수심이 깊은 곳에서는 위험하기 때문에 조사경험이 풍부한 사람이 실시하도록 하고, 스쿠버 잠수 등과 같이 잠수기를 사용하는 잠수작업에는 「잠수산업기사」 자격이 필요하다.

　【관찰방법】

　잠수에 의한 어류조사의 경험이 풍부한 사람이 위험하지 않도록 수중카메라, 슈뇌르켈(schnörkel), 웨트슈트, 핀(fin) 등을 착용하고, 가능하면 수중카메라 등으로 기록한다. 잠수관찰에 의하여 확인된 어종은 잘못된 동정을 피하기 위하여 무리하게 동정하지 말고, 투망·뜰채·족대 등으로 가능하면 포획 확인하도록 한다.

　【작업량의 기준】

　조사대상 환경구분의 규모나 숫자에 따라 다르지만, 1개의 조사지구당 1조×1시간을 정도를 기준으로 한다.

　【대상 어종】

　· 투명도가 높은 곳에서의 유영어, 저생어 전반

　② 육안 확인

　어류조사는 포획에 의한 확인을 기본으로 하지만, 조사 중에 육안에 의하여 분명하게 종이 판별된 종(송어, 잉어 등)에 대해서는 육안조사 결과를 기록하여도 된다. 다만, 현지조사 시에 포획에 의하여 확인된 종에 대해서는 기록하지 않아도 된다.

[참고]
○ **어류의 생식밀도 추정방법**
1) 제거법

제거법이란 설정한 조사구 내에서 동일 조사 작업량에 의하여 복수로 포획조사를 실시하고(포획한 어류는 재방류하지 않음), 매 조사의 누적포획개체수의 변화로부터 조사구 내의 총개체수를 추정하는 방법이다. 이 방법은 개체수 추정을 위한 자료가 동일 조사지구에서 일정 시간을 두고 복수의 포획조사에 의하여 획득되고, 표식 등의 특별한 처치를 하지 않아도 되기 때문에 널리 이용되고 있다. 그리고 제거법 등으로 개체수를 추정할 경우, 물고기가 빠져나가지 않도록 조사구를 미리 그물 등으로 포위해 두면 높은 정밀도의 결과를 얻을 수 있다. 또한, 조사결과를 현지조사표에 기록할 때에는 매 채집 시마다 자료를 구분하여 기록한다.

한편, 단위 작업량에서 포획된 개체수는 해당 시점에서의 생식 개체수 N_t에 비례한다고 가정하면, 다음과 같은 식이 성립된다.

$$\frac{n_t}{f_t} = qN_t$$

식에서, n_t : t번째의 조사에서 포획된 개체수
f_t : t번째의 조사에 있어서의 작업량(조사에 참가한 인원수, 사용된 그물의 숫자, 일렉트로 피셔의 숫자, 조사시간 등)
N_t : t번째의 조사를 실시한 직전에 그물에 남아 있던 어류의 개체수

그리고 N_t는 원래 개체수 N_0로부터 t번째 조사까지 그물에서 제거한 누적 개체수를 뺀 값과 같으므로,

$$N_t = N_0 - K_t$$

식에서, N_0 : 조사를 실시한 시점의 어류 개체수
K_t : t번째의 조사까지 포획된 누적 개체수

이 되며, 전술한 두 식에 의하여

$$\frac{n_t}{f_t} = qN_0 - qK_t$$

와 같이 단위 작업량의 포획숫자가 해당 시점에 있어서 누적 포획수의 일차식으로 표현된다.

2) 육안관찰법

　　잠수육안관찰은 숙련된 조사자가 실시하면, 어구로는 포획하기 어려운 종류나 대형 개체를 확인할 수 있다는 장점이 있다. 그리고 잠수육안관찰에 의하여 어류의 밀도를 추정할 수도 있다. 이 경우, 조사자는 물고기의 개체수를 종류별, 체장별로 숫자를 헤아려 물속에서의 관찰과 함께 육안관찰을 실시한 면적(육안 폭×거리)을 기록한다. 이상과 같은 내용을 현지의 계상형태 등에 따라 적절하게 반복하면, 평균 밀도를 추정할 수 있다.

　　육안관찰의 범위를 설정하는 방법에는 계상에 조사구를 설치하는 방법, 계류를 횡단하여 조사측선을 설치한 후에 측선을 따라 일정 거리마다 관찰하는 방법(벨트트랜섹트법) 등이 있다. 그리고 복수의 조사자를 횡단방향으로 배치하고, 동시에 관찰하면 넓은 범위를 효율적으로 조사할 수 있다.

　　한편, 조사결과를 현지조사표에 기록할 때에는 매 채집 시마다 자료를 구분하여 기록한다. 이와 같이 잠수관찰에 의한 육안확인이 가장 일반적이지만, 조사구법이나 벨트트랜섹트법과 함께 2스테이지 샘플링법이 있다.

　　이 방법은 제1단계에서 잠수관찰을 실행하는 해비탯과 지점을 선택한다. 예를 들면, 소라고 하는 해비탯의 어류 개체수를 추정할 경우에는 조사구간에 있는 모든 소의 N_p개로부터 잠수관찰을 실시하는 소의 n_p개를 무작위로 추출한다. 그리고 제2단계에서는 잠수부가 선택된 N_p개의 소에서 하류로부터 상류를 향하여 발견된 물고기의 숫자를 헤아려 (d_i), 각 소별로 기록한다. 과소평가된 d_i를 보정하기 위하여 n_p개의 소로부터 기계적으로 m_p개의 소를 선택한 후, 그 소에 있는 물고기를 일렉트로 피셔 등으로 포획하고, 제거법에 의하여 개체수를 추정한다. 이 제거법에 의한 추정 개체수를 P_{ei}를 확실한 개체수로 간주하여 d_i를 보정하는 계수를 구한다.

$$R = \frac{\sum_{i}^{m_p} P_{ei}}{\sum_{i}^{m_p} d_i}$$

　　이어서 잠수관찰을 실시한 n_p개의 소에 R을 곱하여 각 소에 있어서 어류의 개체수를 추정한다.

$$P_i = d_i R \, (i = 1, 2, \cdots, n_p)$$

그리고 마지막으로 전체 조사구간에 생식하는 어류의 개체수를 다음에 식에 의하여 구한다.

$$P = \frac{N_p}{n_p} \sum_{i}^{n_p} P_i$$

한편, 피터슨법에 의하여 상하류를 네트로 나눈 구간의 어류 개체수를 추정할 경우, 우선 첫 번째에 포획된 어류 n_1에 표식을 붙여 방류하고, 충분히 섞은 후에 재차 포획한다. 이때의 포획 개체수를 n_2로 하고, 표시된 물고기의 숫자를 m이라고 하면, m이 n_2에서 차지하는 비율이 n_1이 전체 개체수 N에서 차지하는 비율을 반영한다고 생각할 수 있다.

$$N = \frac{(n_1+1)(n_2+1)}{(m+1)} - 1$$

이 경우, N의 분산 추정치는 다음과 같이 식으로 나타낼 수 있다.

$$V = \frac{(n_1+1)(n_2+2)(n_1-m)(n_2-m)}{(m+1)(m+2)}$$

그리고 개체군이 폐쇄계가 아닌 경우에는 졸리-세버법이 이용된다. 이 방법에서는 표식은 개체를 식별할 수 있는 것(예를 들면, 번호를 단 것 등)을 사용하고, 3회 이상의 포획과 방식방류를 반복할 필요가 있다. 그렇게 되면 2회 이상 포획된 물고기도 나타나므로, 몇 번째에 포획된 것인가를 정확하게 기록하는 작업을 실시한다.

이상과 같이 개체수를 추정하기 위해서는 해당 장소에 생식하는 어류를 확실하게 포획하여야 한다. 일반적으로는 투망이나 뜰채가 사용되지만, 일렉트로 피셔는 기타 어구를 사용한 포획법과 비교하여 사용자에 의한 포획효율의 차이가 적고, 생식하는 어류의 종류나 크기에 관계없이 포획할 수 있다고 하는 특징이 있다. 이러한 장점을 이용하여 최근 계류에 있어서의 어류의 개체수 추정을 위한 조사방법으로 사용되는 경우가 많다.

9.5.5.2. 현지조사의 기록

현지조사를 실시한 조사환경(조사지구·조사대상 환경구분의 상황) 및 조사결과(포획 결과)에 대하여 기록한다.

[해설]
1) 조사환경

어류의 생식환경의 특징을 파악하기 위하여 현지조사 시의 조사환경에 대하여 조사횟수별로 다음과 같이 기록한다.

○ 조사지구의 상황

어류의 생식환경에 대한 특징을 표현할 수 있도록 계류의 조사지구에서는 여울·소 등과 같은 수역(조사대상 환경구분)의 상황을 기록한다. 그리고 계안의 수제에 대한 상황으로는 인공구조물(기슭막이·바닥막이 등)이나 자연환경 등의 상황 등을 기록한다.

현지조사 시에 다음과 같은 내용을 최신 자료 등을 참고하여 도면에 기록한다. 그리고 현지의 상황과 기존의 자료가 다른 경우에는 대략적인 수제선의 위치를 기입하여 수정한다. 또한, 기존 자료가 없는 경우에는 평면도를 사용하고, 평면도가 없는 지구는 현장에서 개략 평면도를 작성하거나 항공사진 등의 자료를 이용한다.

● 수역(水域)의 상황

① 조사대상 환경구분의 위치 : 전술한 표 2-47에 제시한 구분에 따라 조사를 실시한 조사대상 환경구분의 위치(여울·소의 경계)를 기록하고, 조사지구 내의 하류 쪽으로부터 차례로 번호를 부여한다.

② 사진의 촬영장소와 촬영방향 : 조사지구의 개요 및 조사대상 환경구분의 사진을 촬영한 위치와 촬영방향을 기록한다.

● 수제(水際)의 상황

① 전술한 표 2-48에 제시한 구분을 참고로 하여 조사지구 내의 현지조사 시의 수제선(정선을 중심으로 2m 정도의 폭을 대상으로 함)이 전체에서 차지하는 각각의 구분에 대한 거리의 비율을 10% 단위로 기록한다. 그리고 10%에 미달하는 소규모 구분은 +로 표시한다.

○ 조사대상 환경구분의 상황

조사대상 환경구분별 계상재료 등의 물리환경에 대하여 측정 등을 실시하고, 기록한다. 그리고 수제의 상황을 기존 자료를 참고로 하여 기록한다.

● 물리환경(계류지역)

조사를 실시한 조사대상 환경구분에 대하여 환경의 기준으로 다음과 같은 항목에 대하여 기록한다.

① 유속 : 유속계나 부자를 이용하여 조사대상 환경구분의 대표적인 장소에서 표층유속을 10cm/s 단위로 측정한다.

② 계상재료·석력의 상황 : 계상재료를 육안으로 관찰하여 우점하고 있는 계상재료 및 석력의 상황에 따라 전술한 표 2-44, 표 2-45를 기준으로 하여 구분하고, 기록

한다. 계상이 잘 안보일 경우에는 발이나 막대기로 가능하면 구분하고, 수심이 깊어 관측할 수 없는 경우에는 「불분명」으로 한다.

③ 수심 : 조사대상 환경의 대표적인 장소에서 스태프나 줄자(間繩) 등을 이용하여 수심 10cm 단위로 측정한다. 깊이가 깊은 소를 측정할 때에는 수심계측에 위험이 따를 경우 무리하게 수심이 깊은 곳에서 실시하지 말고, 가능한 범위에서 기록한다.

④ 수온 : 표층의 수온을 0.1℃ 단위로 측정한다.

● 물리환경(저사공간)

조사를 실시한 조사대상 환경구분(저사공간의 조사에서는 범위는 「조사지구」와 같음)에 대하여 환경의 기준으로 다음과 같은 항목에 대하여 기록한다. 그리고 측정은 자망 등의 어구를 설치한 가장 깊은 지점에서 실시하는 것을 기본으로 한다.

① 수심 : 스태프, 줄자, 음파탐사기 등을 이용하여 0.1m 단위로 측정한다.

② 수온 : 자망 설치 시에 서미스터 수온계 등을 이용하여 연직수온을 0.1℃ 단위로 측정한다. 표층(수면 아래 0.5m)으로부터 수심 10m까지는 1m 간격, 10m 이후는 10m 간격을 기본으로 하지만, 수온 약층의 형성 상황에 따라 측정 간격은 적절하게 변경하여도 된다.

③ 투명도 : 투명 보드를 사용하여 0.1m 단위로 기록한다.

④ pH : 표층수를 채수한 후, 리트머스 시험지, 팩테스트 등의 간단한 방법으로 측정한다.

⑤ 계상면의 성상 : 계상면이 보일 경우에는 육안으로, 수심이 깊어 잘 보이지 않는 경우에는 막대기나 추가 부착된 줄자 등을 이용하여 감촉에 의하여 대략적인 계상면의 성상을 판단하며, 판단하기 어려운 경우에는 「불분명」으로 한다. 계상면의 구분은 전술한 표 2-44에 제시한 바와 같다. 그리고 구분의 기준은 「9.4. 저생동물조사」와 같다.

○ 수제부의 상황

계류지역의 조사지구에 있어서는 조사대상 환경구분별 수제의 상황에 대하여 전술한 표 2-48에 제시한 구분방법에 따라 현지조사 시의 수제선이 차지하는 각 구분의 비율을 10% 단위로 기록한다. 10% 미만인 소규모 구분은 +로 표시한다.

그리고 저사공간의 조사지구에 있어서는 「조사지구의 상황」에서 이미 파악되어 있기 때문에 기록하지 않아도 된다.

2) 조사결과

조사 시의 상황, 조사방법 및 어류의 확인상황에 대하여 다음과 같은 항목을 기록한다.

○ 조사 시의 상황

조사시기, 조사시각 및 날씨 등에 대하여 다음과 같은 항목을 기록한다.

① 조사횟수, 계절, 조사 연월일 : 조사횟수, 계절, 조사 연월일을 기록한다.

② 조사시각 : 조사 개시시각 및 종료시각을 기록한다.
③ 날씨 및 기온 : 조사 개시 시의 날씨와 기온(℃)을 기록한다.
④ 바람의 상황 : 조사 개시 시의 바람의 상황(없음·약·중·강)을 기록한다.

○ 조사방법

조사방법, 어구 등의 규격과 설치장소, 작업량 등에 대하여 다음과 같은 항목을 기록한다.
① 조사방법 : 조사방법을 기록한다.
② 어구 등의 규격 : 사용한 어구의 규격을 기록한다.
③ 작업량 : 조사방법에 따라 작업량을 기록한다.
④ 비고 : 조사방법에 따라 조사인원의 숫자, 먹이의 종류 등을 기록한다.
⑤ 어구의 설치위치 : 정치망, 자망, 주낙, 가리 및 관형 트랩 등의 설치 시에 사용한 어구가 있는 경우에는 설치한 위치를 기록한다.

○ 확인상황

어류의 확인상황에 대하여 조사대상 환경구분별, 조사방법별로 다음과 같은 항목을 기록한다.
① 한글명 : 확인된 어류의 한글명을 기록한다.
② 중요종 및 특정 외래생물 : 중요종 및 특정 외래생물에 대하여 기록한다.
③ 사진, 표본 : 사진을 촬영하거나 표본을 제작한 경우에는 기록한다.
④ 개체수 합계 : 종별 확인 개체수를 기록한다.
⑤ 체장(cm) : 확인된 어종의 최대 개체 및 최소 개체의 표준체장을 0.1cm 단위로 기록한다.
⑥ 비고 : 중요종 및 특정 외래생물인 경우에는 확인장소, 확인환경, 개체수 등을 기록한다. 기타 종에 대해서는 종까지 동정할 수 없는 개체인 경우, 그 이유를 기록한다(예 : 잡종, 신규 침입 외래종으로 도감에 기록이 없거나 어린 개체이기 때문에 동정의 근거가 되는 부위를 확인할 수 없는 경우). 그리고 기타 특별한 정보가 있으면 적절하게 기록한다.
⑦ 특기사항 : 조사지구의 특징이나 어류의 생식에 관련된 상황 등에 대하여 조사 시에 파악된 사항이 있을 경우 기록한다. 그리고 지난 조사 시보다 큰 변화가 있으면 기록한다(예 : 유량, 수질 면에서 특별한 사항(발전방류에 의한 유량변동, 거품이나 흙탕물의 유무, 염분농도 등), 낚시꾼 등의 상황(대상어종, 인수, 위치 등), 계상퇴적물, 쓰레기 상황, 식생의 종류나 생육상황, 조사지구 및 주변의 자갈채취나 사방공사 등).
⑧ 조사 책임자, 조사 담당자, 동정 책임자 : 각각의 이름과 소속을 기록한다.

9.5.5.3. 동정

어류의 종을 동정할 때에는 최신 참고문헌이나 유의사항 등을 활용한다.

[해설]

1) 동정을 실시할 때의 유의사항

어류의 종까지 동정할 수 없는 경우에는 "○○속"으로 기록하고, 속보다 상위의 분류군 까지만 동정할 수 있는 경우에도 참고문헌을 참조하여 가능하면 상세하게 동정한다(예를 들면, "□□과" 등).

그리고 현장에서 동정을 정확하고도 신속하게 실시하여 재차 방류할 수 있도록 어류의 분류동정에 전문적인 지식이 있는 자가 조사를 담당하도록 한다. 또한, 다음에 제시한 동정 상 특히 유의하여야 할 종, 현지에서 동정이 곤란한 종이나 전문가가 지적한 종에 대해서는 사진촬영과 함께 표본을 작성하고, 실내에서 실체현미경 등을 이용하여 동정한다. 다만, 포획한 종이 중요종일 가능성이 있는 경우에는 가능하면 사진만 촬영한 후, 곧바로 현지에서 재차 방류하는 것이 바람직하다.

한편, 동정 시에 특히 유의하여야 할 종은 다음과 같다.

① 해당 수계에서 처음 확인된 종

처음 확인된 어종에 대해서는 과거에 잘못 동정된 사례도 있을 수 있으므로, 동정 시에는 특히 주의한다.

② 자연분포지역 이외의 종

은어의 방류, 기타에 동반되어 이입된다고 판단되는 어류 은어

③ 동정 시에 특히 주의하여야 할 분류군

칠성장어과, 붕어속, 납자루아과, 갈겨니, 피라미, 황어속, 중고기속, 곤들매기속, 연어속, 큰가시고기속, 둑중개속, 숭어과, 꾹저구속, 밀어속, 검정망둑속 등의 어류

④ 산천어·송어의 구분

산천어에는 바다에서 대형이 되는 개체와 계류 상류지역이나 호수 등에서 대형화하는 개체가 있다. 대형화된 개체는 송어, 대형 산천어라고 하지만, 외부형태 만으로 구분하기는 곤란하며, 그 분류방법은 조사연구 단계이다. 그리고 불명료한 대형 개체를 포획한 경우에는 나중에 재검토할 수 있도록 개체사진을 촬영하거나 표본을 작성하도록 한다.

2) 종명의 표기

종명을 표기할 때에는 다음과 같은 사항에 유의하도록 한다.

① 종·아종·형(型)까지 동정되지 않을 경우에는 그 속에 포함되는 것이 종수에 관계

없이 ○○속(○○ sp.)으로 기입하고, 속(屬)도 불분명할 때에는 ○○과로 한다.
② 지역적으로 특이한 생태적 특징을 갖고 있는 지역 개체군이 확인된 경우에는 종·아종 수준에서 기타 종과 같을지라도 지방의 명칭 등을 붙여 구별한다(예 : 춘천호 둑중개 등).

3) 동정문헌의 정리

동정을 실시할 때에는 사용한 문헌에 대하여 다음과 같은 항목을 중심으로 하여 정리한다.
① 동정문헌 No. : 발행연도 순으로 정리한다.
② 분류군·종명 : 동정의 대상이 되는 분류군 또는 종명을 기록한다.
③ 문헌명칭, 저자명칭, 발행연도, 발행처(출판사의 명칭)를 기록한다.

9.5.5.4. 계수·계측

조사대상 환경구분별, 어구·어법별로 개체수를 계수하고, 종별 최소 개체와 최대 개체의 몸 길이를 계측한다.

[해설]

계수·계측은 원칙적으로 현장에 실시하고, 사진촬영 및 표본작성의 대상이 아닌 개체에 대해서는 가능하면 그 장소에서 방류하도록 한다. 그리고 포획한 물고기가 활기를 유지하도록 계측하는 도중에 양동이 등의 물을 교체하거나 에어레이션(aeration)을 사용하는 등, 유의하도록 한다. 특히 여름철에는 얼음 등을 이용하여 수온의 상승을 억지하는 것도 효과적이다.

한편, 포획된 외래종에 대해서는 자치단체에 따라 조례로 재차 방류하는 것을 금지하는 경우도 있으므로, 사전에 확인하도록 한다. 또한, 특정 외래생물 생체의 운반 등이 규제된 경우도 있으므로, 현장에서도 충분히 유의하여야 한다.

1) 계수

조사대상 환경구분별로 어구·어법에 따라 포획된 전체 개체를 대상으로 하여 개체수를 계수한다. 그리고 정치망과 후릿그물 등에 의하여 치어가 수백 개체 포획된 경우 등과 같이 포획 개체수가 많은 경우에는 적정하게 포획 개체를 분할(샘플링)하여 계수한 후, 그 포획 개체수를 기록한다.

2) 계측

조사대상 환경구분별로 어구·어법에 따라 포획된 전체 개체를 대상으로 하여 종별 최소, 최대개체의 몸길이를 계측한다. 또한, 계측 후에 가능하면 방류하는 것을 전제로 하여 계측하도록 유의한다.
○ 몸길이의 측정
　　어류조사에서는 조사방법별로 각 어종의 최대 및 최소 몸길이를 계측하는 것을 기본으로 한다. 그러나 환경영향평가에 있어서의 예측·평가나 보전대책 효과의 평가, 자연재생사업 등의 효과를 파악하기 위해서는 평가 대상종의 개체군에 대한 각종 대책의 효과를 여측하거나 평가할 필요가 있다.
　　특히 중요종을 대상으로 한 조사에서는 생식상황을 파악하거나 보전대책 효과의 예측·평가에 있어서도 각 개체의 몸길이 자료는 매우 중요하므로, 분석 가능한 자료를 취득할 수 있도록 충분히 유의하여 조사할 필요가 있다.

9.5.5.5. 사진촬영

조사지구의 상황, 조사 실시상황, 생물종 등에 대하여 사진을 촬영하고, 정리한다.

[해설]
1) 사진의 촬영
　　현지조사를 실시할 때에는 다음과 같은 내용을 중심으로 하여 사진을 촬영하도록 한다.
○ 조사지구 등
　　● 조사지구의 상황
　　조사지구 및 주변의 개략적인 상황을 설명할 수 있는 사진을 조사시기별로 촬영한다. 그리고 조사지구의 상황 사진에 대해서는 계절적인 변화 등을 알 수 있도록 가능하면 같은 위치, 각도, 높이에서 촬영하는 것이 바람직하다.
　　● 조사대상 환경구분의 상황
　　조사대상 환경구분별로 특징(환경의 특징, 수제의 상황 등)을 설명할 수 있는 사진을 조사시기별로 촬영한다.
○ 조사 실시상황
　　투망, 뜰채, 기타의 포획방법에 의한 조사 시의 상황을 설명하는 사진을 포획방법별로 특징을 알 수 있도록 사진을 촬영한다. 그리고 어구에 대해서는 형태나 규격 등을 알 수 있는 사진도 함께 촬영한다. 또한, 어구·어법에 대한 조사 시의 상황을 설명하는 사진은 조사시기별로 포획방법에 따라 각 1매씩, 어구의 형태나 규격 등을 알 수 있는 사진은 조사 연도별로 1매씩 촬영하면 된다.
○ 생물종
　　동정의 근거로서 포획한 전체어종의 선명한 사진을 촬영한다. 사진촬영 시에는 다음의 사항에 대하여 유의한다.

① 촬영 개체의 크기를 알 수 있도록 축척을 넣어 촬영한다.
② 머리가 좌측이 되도록 촬영하는 것을 기본으로 한다.
③ 개체의 윤곽이나 색채가 선명하도록 배경 색을 고려한다.
④ 가능한 한 동정의 근거가 명확하도록 사진을 촬영한다. 예를 들면, 지느러미가 동정의 근거가 되는 어종에 대해서는 지느러미가 펴진 상태에서 촬영하도록 한다. 그리고 쏘가리, 밀어속, 곤들매기속, 검정망둥속 등과 같이 살아있을 때의 몸 색깔이 종, 아종의 동정에 유효한 어종은 가능한 한 살아있는 상태에서 촬영하도록 특히 주의한다.
⑤ 될 수 있으면 표본제작 대상이 되는 개체를 촬영한다.
⑥ 가능하면 살아있는 상태에서 촬영하기 위하여 신속하게 촬영한다.
⑦ 소형 어종에 대해서는 수조의 사진을 촬영하여 살아있는 자연상태에 가까운 사진을 얻도록 한다.
⑧ 사진을 촬영한 후, 표본을 제작하지 않는 개체에 대해서는 그 곳에서 방류하도록 한다.

2) 사진의 정리

촬영한 사진에 대하여 다음과 같이 사진의 구분과 표제, 설명, 촬영 연월일, 지구의 번호와 명칭, 그리고 파일의 명칭 등을 기록한다.
① 사진구분 : 촬영한 사진에 대하여 「P : 조사지구 등」, 「C : 조사 실시상황」, 「S : 생물종」, 「O : 기타」로 구분한 후, 그 번호를 기록한다.
② 사진의 표제 : 사진의 표제를 기록한다. 생물종의 사진인 경우에는 그 종명을 기록한다(예 : 조사지구의 상황, 자망의 설치환경, 은어).
③ 설명 : 촬영상황, 생물종에 대한 보충정보 등을 기록한다(예 : ○○교량보다 하류방향, 갈대군락, 치어 등).
④ 촬영 연월일 : 사진을 촬영한 연월일을 기록한다.
⑤ 지구번호 : 지구번호를 기록한다.
⑥ 지구명칭 : 지구의 명칭을 기록한다.
⑦ 파일명칭 : 사진(전자자료)에 대한 파일의 명칭을 기록한다. 파일의 명칭 선두에는 사진구분의 알파벳 첫 문자를 부기하고, 촬영대상을 알 수 있도록 이름을 붙이도록 한다.

9.5.5.6. 표본의 제작과 보관

조사구역 내에서 포획한 어류 중, 동정 상 특히 유의하여야 할 종, 현지에서 동정이 곤란한 종, 전문가 등에 의하여 지시된 종, 조사과정에서 폐사한 개체 등을 대상으로 하여 원칙적으로 한 종류에 다수의 표본을 제작한다.

[해설]
1) 표본의 제작

표본을 제작할 때에는 나중에 재차 동정할 필요가 발생하거나 기증할 경우에 대비하여 대상으로 하는 종의 표본을 쉽게 꺼낼 수 있도록 제작·보관하는 것이 바람직하다.

그리고 표본을 제작할 때에 사용하는 포르말린, 에탄올 등은 「독물 및 극물에 관한 법률」 등의 다양한 법률의 규제항목으로 지정되어 있기 때문에 불필요한 포르말린, 에탄올 등의 폐액에 대해서는 분해·중화처리하거나 전문업자에 의한 적정한 처리를 통하여 적절하게 폐기한다.

○ 현장작업

표본을 제작할 때의 현장작업은 다음과 같은 사항에 대하여 유의하면서 실시한다.

① 시료는 쉽게 꺼낼 수 있는 입구가 넓은 페트병 등에 넣은 후, 그 곳에서 10% 정도의 용액이 되도록 포르말린을 넣고 고정한다.

② 포르말린 농도가 낮은 경우나 고정액의 양이 적은 경우, 시료가 충분히 고정되지 않아 내장이 썩는 일이 있고, 반대로 농도가 지나치게 높으면 시료가 탈수상태가 된다. 그리고 보관병 안에 시료를 많이 채우면 몸통이 휘거나 망가질 수 있으므로, 충분히 주의한다.

③ 몸의 길이가 15cm 이상인 대형 개체 등은 몸 전체가 고정액에 골고루 침적되지 않아 충분히 고정되지 않는 경우가 있다. 이 경우에는 복강 안에 포르말린 원액을 주사기로 주입하거나 복부의 오른 쪽을 메스 등으로 개복하여 포르말린이 복강 안으로 침투되도록 한다.

④ 암수를 판별할 수 있는 경우에는 가능하면 암수의 표본을 제작한다.

⑤ 천연기념물, 희귀야생동식물종으로 지정된 종 등과 같이 특히 희귀한 어종에 대해서는 사진을 확실하고도 신속하게 촬영한 후에 현장에서 곧바로 방류하도록 한다.

⑥ 「4.5.5.3의 1) 동정을 실시할 때의 유의사항」에서 대상이 되는 종에 대해서는 가능하면 많은 형태를 포함한 개체를 남기도록 한다.

⑦ 억센 지느러미의 숫자나 모양이 동정 시의 근거가 되는 종에 대해서는 고정 시에 지느러미를 바로 세워 놓으면 나중에 재동정을 실시할 때에 특징을 확인하기 쉽다.

⑧ 포르말린은 인체에 유해하므로, 취급 시에 충분히 주의한다.

○ 실내작업

포르말린으로 고정된 표본은 원칙적으로 60% 이상 70% 미만의 에탄올을 가득 채운 시료 병에 보존하고, 조사지구 및 조사시기가 다른 표본은 따로 보관한다. 다만, 중요종이나 특별히 기록하여야 할 종에 대해서는 종별로 다른 시료 병에 분리하여 보존한다.

한편, 시료 병에는 표본과 함께 레이블을 붙인다. 그리고 재동정이 필요할 때에 대상 표본을 용이하게 찾을 수 있도록 시료 병에는 봉입된 표본의 표본번호를 기재하여 둔다.

그리고 시료의 보관용 병은 표본의 크기에 따라 표 2-57의 규격을 참고하여 선택한다.

표 2-57. 시료 보관용 병의 규격

병의 종류	재질	크기(mm)	내용량(mL)	비고
나선형 바이알	경질 유리제품(마개는 폴리프로필렌이나 멜라닌수지, 안쪽 마개 패킹은 TF/니트릴)	19×55	10	
		30×65	30	
		35×78	50	
		50×90	110	
광구(廣口)병	PVC제품(마개와 안쪽 뚜껑의 패킹은 폴리프로필렌)	75×92	300	
		90×118	500	
		97×167	1000	
		112×225	2000	
		134×263	3000	

● 표본 레이블의 작성

　표본 레이블은 채집자료 레이블과 동정 레이블의 2종을 작성하고, 표본과 함께 시료 보관용 병 안에 봉입한다. 각 레이블은 시료 보관용 레이블의 크기에 맞추어 작성한다. 그리고 채집자료 레이블과 동정 레이블은 기재하는 정보가 충족된 경우에는 1장의 표본레이블로 작성하여도 된다.

　표본 레이블은 표면 가공처리를 하지 않은 질이 좋은 종이를 원료로 한 내수성 용지를 사용하고, 안료계 잉크젯 프린터로 백흑인쇄를 한 것이 바람직하다. 레이블은 인쇄 후에 충분히 건조(약 30분)시킨 다음, 시료 보관용 병에 봉입하고 붙인다.

● 채집자료 레이블

　채집자료 레이블에는 수계의 명칭, 계류의 명칭, 지구의 명칭, 지구번호, 채집지의 지명, 위도·경도, 채집 연월일, 채집자의 이름 등을 기재한다. 그리고 레이블의 크기는 나선형 바이알용은 세로 15mm×가로 35mm로 하고, 광구(廣구)병용은 세로 30mm×가로 50mm로 한다.

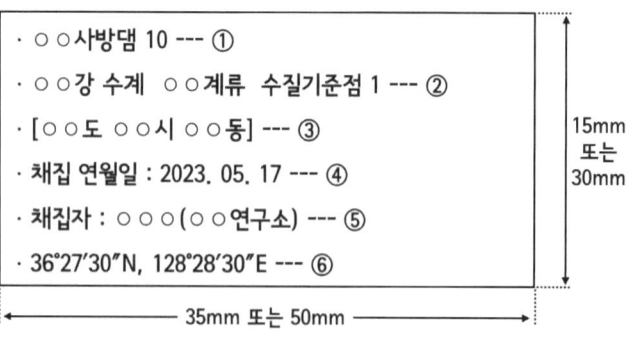

그림 2-63. 채집자료 레이블

① 사방댐의 명칭과 표본의 번호를 기재한다. 표본의 번호는 「어류 표본관리 일람표」에 일치시킨다.
② 수계의 명칭, 계류의 명칭, 지구의 명칭, 지구번호를 기재한다.
③ 광역자치단체의 명칭, 기초자치단체의 명칭, 상세한 지명을 기재한다.
④ 채집한 연월일을 기재한다.
⑤ 채집자의 이름과 소속을 기재한다.
⑥ 채집한 조사지구의 중심 부근의 위도·경도를 기재하고, 측지계(測地系)도 함께 기재한다.

● 동정 레이블(부착용)

동정 레이블에는 종명, 과명, 동정 연월일, 동정자의 이름을 기재한다. 레이블의 크기는 나선형 바이알용은 세로 15mm×가로 35mm, 광구(廣口)병용은 세로 30mm×가로 50mm로 한다.

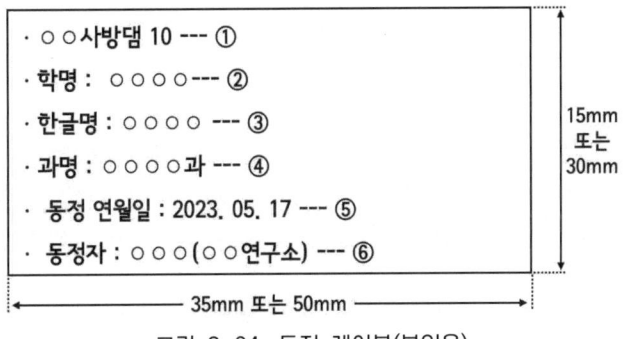

그림 2-64. 동정 레이블(봉입용)

① 사방댐의 명칭과 표본의 번호를 기재한다. 표본의 번호는 「저생동물 표본관리 일람표」에 일치시킨다.
② 학명을 기재한다.
③ 한글명을 기재한다.
④ 과명을 기재한다.
⑤ 동정한 연월일을 기재한다.
⑥ 채집자의 이름과 소속을 기재한다.

2) 표본정보의 기록

제작한 표본에 대하여 다음의 항목을 기록한다.
① 표본의 번호 : 채집한 시료의 레이블 및 동정 레이블에 기재한 표본의 번호를 기록한다.

② 분류군·종명 : 보관되어 있는 표본의 분류군의 명칭, 종명 등을 기록한다.
③ 지구번호 : 조사지구의 번호를 기록한다.
④ 지구명칭 : 조사지구의 명칭을 기록한다.
⑤ 채집지의 지명 : 광역자치단체명, 기초자치단체명, 상세지명 등을 기재한다.
⑥ 위도·경도 : 채집한 조사지구의 중심 부근의 위도·경도를 기록한다.
⑦ 개체수 : 시료 보관용 병에 넣은 개체수를 기록한다.
⑧ 암수(암컷 : 수컷) : 암수의 판별이 가능한 경우에는 그 내역을 기록한다.
⑨ 포획자 : 표본 포획자의 이름과 소속을 기록한다.
⑩ 포획 연월일 : 표본이 포획된 연월일을 기록한다.
⑪ 동정자 : 표본 동정자의 이름과 소속을 기록한다.
⑫ 동정 연월일 : 표본이 동정된 연월일을 기록한다.
⑬ 표본의 형식 : 표본의 제작형식을 기록한다(예 : 액침표본).
⑭ 비고 : 특기사항이 있는 경우에는 기록한다(예 : 포획방법, 표본의 상태(파손 등), 박물관 등록번호 등).

3) 표본의 보관

표본의 보관기간은 분류작업에 의한 확인종 목록의 확정까지(조사 실시연도의 이듬해 말까지)로 한다. 그리고 표본은 에탄올의 보충, 교체 등의 관리를 실시하여 확실하게 보관하고, 보관장소는 표본의 백화, 변질을 방지한다는 의미에서 시원하면서도 어두운 장소가 바람직하다.

보관기간이 만료된 후에는 박물관 등과 같은 표본 기부기관을 탐색하여 가능하면 유효하게 활용하도록 한다. 그리고 박물관 등의 기부기관이 없는 경우에는 모집하도록 하고, 기부 받을 기관이 없는 표본에 대해서는 적절하게 폐기하지만, 포르말린 등은 해당 법률의 규제항목으로 지정되어 있기 때문에 분해·중화처리를 실시하거나 전문업자에게 의뢰하여 적정 처리 후에 폐기한다.

한편, 보관기간이 만료되기 이전(조사실시 해당 연도)에 각 기부기관에서 표본을 보관하여도 되지만, 재동정이 필요한 경우에는 대상으로 하는 표본을 양호한 상태에서 신속하게 제출할 수 있도록 충분히 사전조정을 실시할 필요가 있다.

9.5.5.7. 어류의 중요한 위치정보에 대한 기록

조사구역 및 그 주변 어류의 중요한 위치정보(번식에 관련된 정보 등)가 현지답사 및 현지조사 시에 확인된 경우에는 그 내용 및 확인위치를 기록한다.

[해설]
　　그러나 보충적인 기록을 위하여 별도 조사를 실시할 필요는 없다.
　　① 확인일자 : 확인된 연월일을 기록한다.
　　② 중요한 위치정보의 내용 : 확인된 중요한 위치정보에 대하여 대략적인 위치(지명, 계류명, 좌우안 등)나 그 내용을 기록한다.
　　③ 확인 위치도 : 중요한 위치정보를 지형도 등에 기록한다.

9.5.5.8. 기타 생물의 기록

현지조사 시에 새우·게·조개류를 포획하거나 양서류의 산란장소, 파충류·포유류의 사체나 대형 포유류, 박쥐류를 목격한 경우, 어류 이외의 생물이 중요종과 특정 외래생물 혹은 특별히 기록하여야 할 종이면서도 현지에서 동정이 가능하면 「기타 생물」로 기록한다.

[해설]
　　동정의 오류를 피하기 위하여 무리하게 동정하지 말고, 포획·습득한 생물에 대해서도 사진을 촬영하며, 가능하면 표본을 작성한다. 그리고 목격한 생물에 대해서도 사진촬영이 가능하면 바람직하지만, 무리한 경우에는 그 생물의 특징(색, 형태, 크기, 행동 등)을 대신 기록한다.
　　한편, 기타 생물의 기록은 어디까지나 보충적인 사항이기 때문에 본래의 어류조사에 지장을 초래하지 않는 범위에서 실시한다.
　　① 생물의 항목 : 확인된 생물에 대하여 사방조사에 있어서의 조사항목의 명칭을 기록한다.
　　② 목명·과명·종명 : 확인된 생물에 대한 목명과 과명, 종명을 기록한다.
　　③ 사진, 표본 : 사진을 촬영하거나 표본을 제작한 경우에는 기록한다.
　　④ 지구번호 : 확인된 지구의 번호를 기록하고, 조사지구 외에서 확인된 경우에는 지명 등을 기록한다.
　　⑤ 확인 연월일 : 확인된 연월일을 기록한다.
　　⑥ 확인상황 : 확인방법, 주변의 환경, 개체수 등을 기록한다.
　　⑦ 동정 책임자(소속) : 동정 책임자의 이름 및 소속을 기록한다.

9.5.5.9. 조사개요의 정리

현지조사를 실시한 조사지구, 조사시기, 조사방법 및 조사결과의 개요 등에 대하여 다음과 같은 항목을 정리한다.

[해설]
1) 조사실시 상황의 정리
　　현지조사를 실시한 조사지구, 시기 및 방법에 대하여 다음의 항목으로 정리한다.

① 조사지구 : 사업지의 공간구분, 지구번호, 지구의 명칭, 지구의 특징, 조사지구의 선정근거를 기록한다. 그리고 이전 조사지구와의 대응, 전체 조사계획과의 대응 및 해당 조사지구에 있어서 실시한 조사방법에 대해서도 기록한다.
② 조사시기 : 조사횟수, 계절, 조사 연월일, 조사시기의 선정근거, 조사를 실시한 지구 및 해당 조사시기에 실시한 조사방법을 기록한다.
③ 조사방법 : 조사방법·구조·규격·숫자 등, 해당 조사방법을 실시한 조사지구 및 조사횟수를 기록하고, 특기사항이 있으면 기록한다.
④ 조사지구별, 조사시기별로 현지조사의 대상으로 한 조사대상 환경구분, 사용한 어구·어법을 일람표에 정리한다.

2) 조사지구 위치의 정리
해당 조사지역의 위치를 파악할 수 있도록 지형도나 관내도 등에 사업지의 공간구분 및 조사지구의 위치를 기록하고, 축척과 방위를 반드시 기입하도록 한다.

3) 조사결과의 개요 정리
현지조사의 결과에 대하여 문장으로 알기 쉽게 정리한다.
① 현지조사 결과의 개요 : 현지조사 결과의 개요를 정리한다(예 : 확인 종의 특징, 분포상황 등).
② 중요종에 관한 정보 : 중요종의 확인상황 등을 정리한다. 그리고 중요종이 확인된 위치를 특정할 수 있는 정보에 관해서는 중요종의 보전 상 주의하여 다룰 필요가 있기 때문에 「현지조사 결과의 개요」와는 구별하여 정리한다.

9.5.6. 조사결과의 정리 및 고찰

9.5.6.1. 조사결과의 정리

사전조사 결과 및 현지조사 결과에 입각하여 조사결과를 정리하고, 고찰한다.

[해설]
1) 중요종의 경년 확인상황 정리
기존 및 현지조사에서 확인된 중요종에 대하여 다음과 같은 항목을 정리하고, 종명이 변경된 경우에는 변경내용을 별도로 정리한다.
① 종명, 지정구분 : 중요종의 종명과 천연기념물 등과 같은 중요종의 지정구분을 기록한다.
② 조사 실시연도 : 중요종을 확인한 현지조사의 실시연도를 기록한다.
③ 조사자 : 조사 실시자의 이름 및 소속기관을 기록한다.

④ 확인상황 : 확인장소 및 확인시기, 주변 환경, 개체수 등을 기록한다.

2) 확인상황의 정리

현지조사에서 확인된 어류에 대하여 조사시기, 조사지구, 조사대상 환경구분 및 조사방법별로 개체수 및 종수를 정리한다. 그리고 조사지구별로 조사시기, 조사대상 환경구분별 및 조사방법별로 개체수 및 종수를 정리한다.

3) 경년 확인상황의 정리

기존 및 해당 조사에서 확인된 어류를 조사 실시연도별로 정리하고, 종명이 변경되었을 때에는 변경내용을 별도로 정리한다.

4) 종명 변경내용의 정리

기존 조사에서 확인된 어류 중에서 종명이 변경된 것에 대하여 다음과 같은 항목을 정리한다.
① 원래의 종명 : 기존의 어류조사 결과에 게재된 종명을 기록한다.
② 변경종명 : 변경 이후의 종명을 기록한다.
③ 조사실시 연도 : 확인한 어류조사의 실시 연도를 기록한다.
④ 비고 : 종명을 변경할 때에 특별히 기재하여야 할 내용이 있으면 기록한다.

5) 저사공간별 확인상황의 정리

기존 및 현지조사에서 확인된 어류에 대하여 저사공간별로 정리한다.
① 종명 : 기존 및 현지조사에서 확인된 어류에 대하여 기록한다.
② 확인 상황 : 확인된 저사공간별로 현지조사에서 확인된 어류와 이전의 현지조사에서 확인된 어류를 기록한다.
③ 중요종 : 확인된 어류가 중요종인 경우에는 그 지정구분을 기록한다.
④ 외래종 : 확인된 어류가 외래종인 경우에는 기록한다.
⑤ 처음 확인된 종 : 확인된 어류가 조사구역에서 처음 확인된 종인 경우에는 기록한다.

6) 확인 종의 목록 정리

해당 현지조사에서 확인된 저생동물에 대하여 다음과 같은 내용을 정리한다.
① 번호 : 정리번호를 기록한다.
② 목명, 과명, 종명 : 현지조사에서 확인된 어류에 대하여 기록한다.
③ 중요종 : 확인된 어류가 중요종인 경우에는 그 지정구분을 기록한다.
④ 외래종 : 확인된 어류가 외래종인 경우에는 기록한다.
⑤ 처음으로 확인된 종 : 확인된 어류가 조사구역에서 처음 확인된 종인 경우에는 기록한다.

⑥ 생물 목록에 게재되지 않은 종 : 확인된 어류가 미게재 종인 경우에는 동정 문헌의 번호(동정 근거문헌 조사표의 번호)를 기입한다.

7) 현지조사 확인종에 대한 정리

해당 조사에서 처음 확인된 종, 지금까지 분포가 알려졌지만 해당 조사에서는 확인되지 않은 종, 중요종, 기타 특별히 기록하여야 할 종에 대하여 확인 상황과 그 평가를 정리한다.
① 처음 확인된 종 : 해당 현지조사에서 처음 확인된 종
② 지금까지 분포가 알려졌지만, 이번에는 확인되지 않은 종 : 기존 조사에서 확인되었지만, 해당 조사에서는 확인되지 않은 종
③ 중요종 : 천연기념물, 희귀야생동식물종 및 긴급지정종 등
④ 특별히 기록하여야 할 종 : 지역고유종 등과 같은 지리적인 분포지역에 대하여 특징적인 종이나 신기록 종 등

8) 해당 조사 전반에 대한 전문가의 소견 정리

해당 조사 전반에 대한 전문가 등의 소견을 정리한다.

9.5.6.2. 양식집

사전조사 및 현지조사의 결과를 참고로 하여 사전조사, 현지조사 및 정리 양식을 정리한다.

[해설]
1) 양식 기입 시의 유의사항
① 종명의 기입
원칙적으로 종, 아종, 변종, 품종으로 동정된 것을 대상으로 하고, 종까지 분명하지 않은 경우에는 「○○속」(속명도 불분명한 경우에는 「○○과」)으로 한다.
② 종수를 집계할 때의 유의사항
회유형과 담수형 및 육봉형의 구분이 이루어진 경우나 지역 개체군이 확인된 경우일지라도 종으로 구분되지 않은 경우에는 같은 종으로 집계한다. 그리고 금붕어는 기타 붕어 속이 출현하여도 1종으로 집계하고, 종, 아종까지 동정되지 않은 어류에 대해서도 동일 분류군에 속하는 종이 목록에 등재되지 않은 경우는 계수한다.
③ 종명에 정리번호를 부여하는 방법
정리양식을 작성할 때의 종명에 붙이는 정리번호는 전술한 「② 종수의 집계할 때의 유의사항」에 근거하여 집계대상으로 하는 종명에 번호를 부여한다. 이때 종별로 중복되지 않도록 주의하여 각 정리 양식에 종수가 알 수 있게 기술한다.

2) 사전조사 양식의 작성

「사전조사」에 의하여 파악된 정보 및 자료를 표 2-58과 같이 정리한다.

표 2-58. 사전조사 양식의 내용

양식의 명칭	정리하여야 할 내용
어류 기존 문헌 일람표	사전조사에서 정리된 조사구역 및 그 주변에 있어서의 저생동물에 관한 기존 문헌의 일람을 작성한다.
어류 조언·청취조사표	전문가로부터의 조언내용이나 「청취조사」에 의하여 파악된 정보를 조사 대상자별로 정리한다.
회유성 어류의 소상·강하	회유성 어류에 대하여 기존의 조사결과 등을 참고로 조사대상 사방댐 및 주변 계류의 소상·강하에 관한 정보를 정리한다.
어류 폐사 일람표	기존의 자료를 참고로 조사대상 사방댐이나 주변 계류의 어류 폐사 사례에 대하여 정리한다.
어류 방류장소·산란장소·금어구간 등 정리표	조사대상 사방댐 및 주변 계류의 방류장소, 산란장소, 금어구간에 대하여 정리한다.
어업·유어실태 및 주요 어종의 총괄도	조사대상 사방댐 및 주변 계류의 방류장소, 산란장소, 금어구간과 금어기간, 관광이용 등을 정리한다.

3) 현지조사 양식의 작성

「현지조사」에 의하여 파악된 결과를 표 2-59에 제시한 양식에 따라 현지조사표, 동정문헌과 사진, 표본관리, 조사 실시상황, 기타 생물 확인상황 일람표 및 조사지구 위치도 등을 정리한다.

표 2-59. 현지조사 양식의 개요

양식의 명칭	개요
현지조사표	조사대상 환경구분에 대하여 조사횟수별, 조사지구별로 조사 시의 상황, 조사대상 환경구분의 상황 및 포획상황을 기록한다.
동정문헌 일람표	동정에 사용한 문헌을 일람으로 정리한다.
사진 일람표	촬영한 사진에 대하여 해당 내용을 기입한 일람표를 작성한다.
사진표	사진 일람표에서 정리된 사진별로 사진표를 작성한다.
표본관리 일람표	제작된 표본에 대하여 전부 기록한다.
중요 위치정보 기록표	어류의 중요한 위치정보가 확인된 경우, 기록한다.
조사 실시상황 일람표	해당 현지조사의 실시상황을 정리한다.
조사지구 위치도	해당 현지조사에 대한 조사지구의 위치를 기록한다.
현지조사 결과의 개요	해당 현지조사 결과의 개요를 기술한다.
기타 생물 확인상황 일람표	새우·게·조개류를 포획한 경우, 양서류·파충류·포유류의 목격되거나 사체가 발견된 경우, 기타의 생물을 기록한다.

4) 정리 양식의 작성

사전조사와 현지조사 등의 결과에 근거하여 다음에 제시한 표 2-60과 같은 정리 양식에 따라 작성한다.

표 2-60. 정리 양식의 내용

양식의 명칭	개요
중요종의 경년 확인상황 일람표	기존 및 해당 현지조사에 있어서의 중요종의 확인상황에 대하여 경년적으로 정리한다.
확인상황 일람표	조사시기별로 확인된 어패류의 확인상황을 정리한다.
경년 확인상황 일람표	기존 및 현지조사에서 확인된 어류를 경년적으로 정리한다.
종명 변경상황 일람표	어패류의 종명이 변경된 경우, 변경내용을 정리한다.
저사공간별 확인상황 일람표	기존 및 현지조사에서 확인된 어류를 저사공간별로 정리한다.
확인 종 목록	현지조사에서 확인된 저생동물의 확인 종 목록을 정리한다.
현지조사 확인종에 대하여	현지조사 확인종에 대하여 지금까지 분포가 알려졌지만 해당 조사에서는 확인되지 않은 종이나 중요종에 대하여 정리한다.
전문가 등의 소견	해당 조사의 전반에 대한 전문가 등의 소견을 정리한다.

9.5.6.3. 고찰

어류의 생육환경의 보전을 염두에 둔 계류관리에 필요한 과제를 추출하고, 사방시설이 자연환경에 미치는 영향을 분석·평가하는 데에 활용되도록 전문가의 조언 등을 받는다.

[해설]

어류의 상황을 경시적으로 비교할 경우, 계절별로 비교할 것인지, 특정 계절(산란기나 소상시기 등)에 착안하여 비교할 것인지 등에 대하여 선택한다.

표 2-61. 어류조사에 있어서의 고찰방법

	생육환경조건의 변화	어류의 생육환경 변화를 파악하는 방법
저사 공간	· 지수환경의 존재 · 계류의 연속성 분단 · 생육환경의 교란	· 지수환경이 형성되어 지수성 어류가 생육하고 있는가? · 회유성 어류가 육봉화(陸封化)된 공간에 생식하는가? · 외래종이 어느 정도 확인되고 있는가? 등
유입 계류	· 계류의 연속성 분단 · 지수환경의 출현 · 생육환경의 교란	· 상류에 없는 회유성 또는 육봉화된 어류가 있는가? · 지수환경이 출현하여 치어 등의 유하가 완화됨으로서 상류에 개체수가 증가된 어류가 있는가? · 생육환경이 감소되어 분포가 제한된 종이 있는가? · 외래종이 어느 정도 확인되고 있는가? 등
하류 계류	· 유황의 변화 · 토사 공급량의 감소 · 수온의 변화 · 생육환경의 교란	· 감수구간 때문에 어류의 종수, 개체수가 감소하였는가? · 토사 공급량이 감소하여 평평한 여울의 사력계상을 생식환경이나 산란장소로 하는 종이 감소하고 있는가? · 수온의 변화 등에 의하여 저생 어류의 생식환경과 유입 계류와 어류의 성장이 변하지 않았는가? · 외래종이 어느 정도 확인되고 있는가? 등
기타	〈환경창출 개소〉 · 목적의 달성상황	· 계획 시의 목적과의 비교 등

제2장 유역특성조사

9.6. 육상곤충류조사

9.6.1. 조사의 목적

> 육상곤충류조사는 사방사업을 실시하는 육상에 서식하는 곤충류를 대상으로 실시하며, 조사대상 범위는 조사대상 계류 주변의 육상지역으로 한다.

[해설]

사방사업지의 육상곤충류 등의 서식상황을 파악하여 계류복원사업지의 환경관리와 보전을 위한 자료를 취득할 목적으로 진행한다.

9.6.2. 조사의 구성

> 육상곤충류조사는 조사계획을 입안하여 실시하고, 사전조사·현지조사를 주요 내용으로 하며, 그 결과에 대하여 분석·정리한다.

[해설]

육상곤충류조사는 그림 2-65에 제시한 순서에 따라 실시한다.

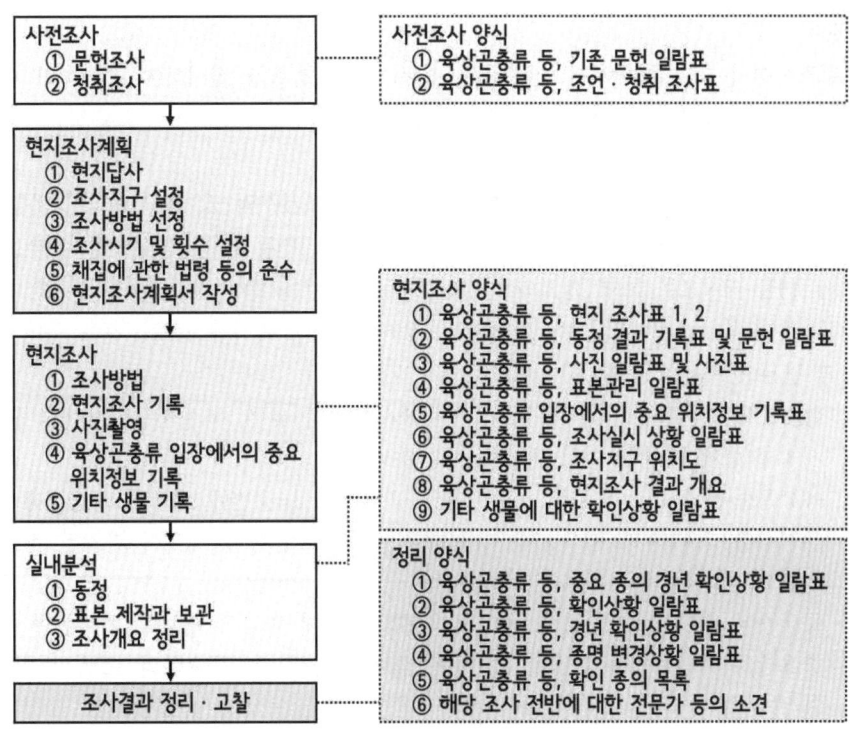

그림 2-65. 육상곤충류조사의 순서

9.6.3. 사전조사

> 현지조사를 실시하기 이전에 기존 문헌을 정리하고, 청취조사를 실시하여 조사구역에 있어서의 육상곤충류 등에 대한 서식상황을 중심으로 한 각종 정보를 정리한다.

[해설]

1) 문헌조사

문헌조사에서는 기존에 실시된 계류 수변의 사방조사 결과 및 이전 조사 이후에 출판·발행된 문헌 등을 수집하여 육상곤충류 등의 서식상황에 대한 정보를 중심으로 정리한다.

그리고 관련 문헌을 수집할 때에는 조사구역에 한정하지 말고, 가능한 한 해당 계류 전체에 대한 문헌의 원본을 수집하도록 한다. 다만, 이전에 육상곤충류 등을 조사한 경우에는 그 이후의 문헌만을 수집하여도 된다. 또한, 인터넷 등의 문헌 서비스를 활용하여 관련 문헌을 수집·정리하도록 한다.

한편, 수집한 문헌 및 보고서 등에 대해서는 수집한 문헌의 명칭, 저자명, 발행연도, 발행처, 입수처(절판 등에 의해 서점 등에서 구입할 수 없는 경우)를 정리한다.

2) 청취조사

청취조사에서는 계류 주변에 거주하는 전문가에게 청취를 실시하여 조사구역 내의 육상곤충류 등에 대한 서식상황, 중요종·외래종의 서식상황, 확인하기 쉬운 시기 등의 정보를 중심으로 정리한다.

그리고 청취대상은 기존의 청취대상을 참고로 하여 조사구역 및 그 주변의 실태를 잘 알고 있는 기관이나 개인(박물관, 동물원, 대학, 연구기관, 전문가, 학교 교직원, 동우회, 각종 동아리 등)을 대상으로 하며, 지역의 환경단체 등의 조언을 받아 청취대상을 선정한다.

한편, 전문가 등으로부터 받은 조언이나 청취조사에서 파악된 정보·견해 등에 대하여 다음과 같은 항목을 정리한다.

① 현지조사에 대한 조언 내용 : 기존의 조사문헌의 유무, 조사지구·시기의 설정, 조사방법 등에 대한 조언의 내용을 기록한다.
② 육상곤충류 등의 서식상황 : 조사대상 구역 및 그 주변에 있어서 육상곤충상 등의 서식상황, 외래종의 서식상황, 확인하기 쉬운 시기 등에 대하여 파악된 정보를 기록한다.
③ 중요종에 관한 정보 : 중요종의 서식상황에 관해 파악된 정보를 기록한다. 그리고 중요종의 확인위치를 특정할 수 있는 정보에 관해서는 중요종의 보전 면에서 청취에 주의해야 할 필요가 있기 때문에 「육상곤충류 등의 서식상황」과는 구별하여 정리한다.

9.6.4. 현지조사계획

> 최신의 전체 조사계획 및 사전조사 결과를 참고로 하여 현지조사, 조사지구의 설정, 조사방법의 선정, 조사시기 및 횟수 등을 설정하고, 현지조사계획을 책정하도록 한다.

[해설]

현지조사를 연초에 실시할 경우, 현지조사계획의 책정을 현지조사 실시 전년도에 실시하면 현지조사를 원활하게 실시할 수 있다.

그리고 현지조사계획을 책정할 때에는 필요에 따라 계류 주변의 전문가에게 조언을 받도록 한다.

9.6.4.1. 현지답사

> 현지조사계획을 책정할 때에는 전체 조사계획 및 사전조사의 결과를 참고로 하여 계류복원사업지와 그 주변 계류의 상·하류 등에서 현지답사를 실시한다.

[해설]

전체 조사계획서, 계류의 수변자료나 현존식생도를 지참하여 지형이나 식생·토지이용 상황, 계안의 물매, 계류의 상·하류의 유량, 소·여울의 형상, 수변의 식생분포 등을 확인하고, 현지답사 시의 유황·수위, 현지조사 시의 조사경로 등을 고려하여 조사지구의 상황, 조사지구별 조사대상 환경구분과 조사시기·횟수의 설정 및 조사방법을 선정하기 위한 상황을 파악한다. 또한, 조사지구의 특징을 정리하고, 그 개관을 알 수 있는 사진을 수시로 촬영한다.

한편, 전체 조사계획에서 설정된 각 조사지구에서의 확인은 다음과 같은 관점에서 실시하도록 한다.

① 지형이나 토지이용 상황 등의 변화나 공사 등의 영향에 의한 조사지구의 변경 필요성
② 조사지구에 접근할 때의 안전성
③ 현지조사 시의 안전성

9.6.4.2. 조사지구의 설정

> 조사지구는 기본적으로 전체 조사계획에 따라 설정한다.

[해설]

사전조사 및 현지조사 결과를 참고로 하여 전체 조사계획 책정 시의 설정근거와 상황이 현저하게 변화하였거나 이후에 사방댐설치사업 등이 이루어진 경우는 조사구간을 재설정한다.

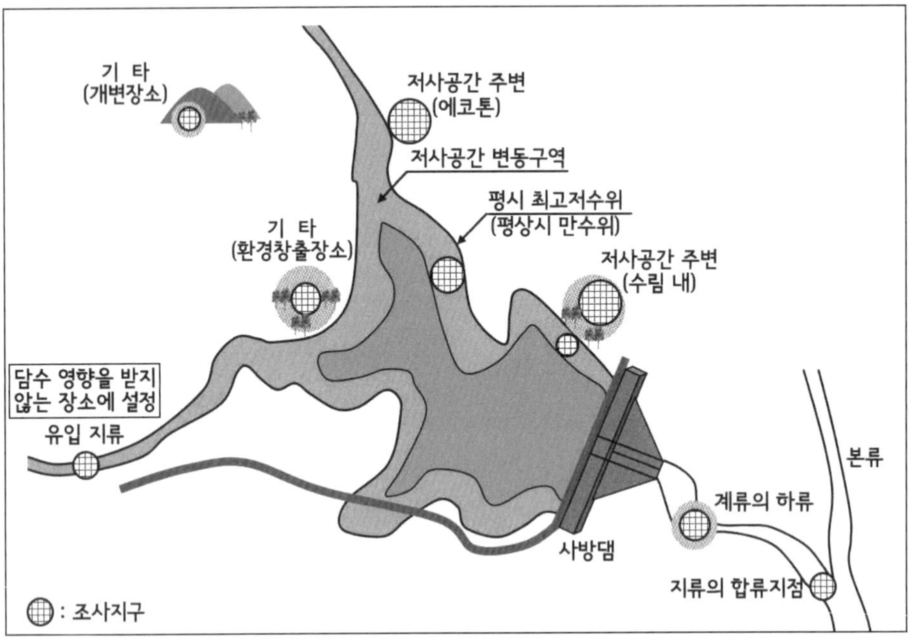

그림 2-66. 조사지구의 배치사례(육상곤충류 등)

9.6.4.3. 조사방법의 선정

각 조사지구에 있어서 조사대상 환경구분별 육상곤충류 등의 서식상황을 효율적으로 파악할 수 있도록 조사방법을 선정한다.

[해설]

육상곤충류 등의 조사는 기본적으로 임의채집, 등화채집(light trap), 먹이트랩채집 등에 의해 실시하지만, 지역의 특성, 조사지구 및 조사대상 환경구분의 특성, 육상곤충류 등의 특성 등에 따라 적절한 조사방법을 선정한다.

9.6.4.4. 조사시기 및 횟수의 설정

조사시기 및 횟수는 기본적으로 전체 조사계획에 따라 설정하고, 봄, 여름, 가을을 포함하여 3회 이상 실시한다.

[해설]

육상곤충류에 대해서는 성충이 우화하는 시기가 조사에 적합하지만, 같은 종류일 경우에도 지방에 따라 우화시기가 다소 차이가 있기 때문에 지역별 환경특성을 배려하여 설정한다.

한편, 사전조사 및 현지답사 결과, 조사실시 해당 연도의 기상조건 등을 감안하여 적절한 시기를 수정하여 설정해도 된다. 그리고 조사시기를 재설정할 경우에는 조사시기의 설정 근거에 대하여 정리해 둔다.

9.6.4.5. 채집에 관한 법령 등의 준수

천연기념물을 채취할 경우나 채집할 가능성이 있는 경우에는 천연기념물의 현상변경에 대하여 「문화재보호법(법률 제 17711호)」에 근거하여 국가기관은 문화재청 청장의 동의를, 광역자치단체는 문화재청 청장의 허가를 받을 필요가 있다.

[해설]

「야생생물 보호 및 관리에 관한 법률(법률 제 16609호)」에서 지정한 국내 희귀야생동식물 종을 채집할 경우나 채집할 가능성이 있는 경우, 사전에 환경부장관과 협의할 필요가 있다.

한편, 이러한 허가를 얻는 데에는 시간이 걸리므로, 조사시기에 맞춰 신속하게 준비하도록 한다. 그리고 채집에 관련된 허가증은 조사 시에 휴대하도록 하고, 각 조사자도 허가증(필요에 따라 허가증의 사본)을 휴대한다. 또한, 특정 외래생물에 대한 생체의 사육, 운반 등이 규제되고 있으므로, 채집 후에는 법률의 취지에 따라 적절하게 취급하도록 유의한다.

9.6.4.6. 현지조사계획서의 작성

「전체 조사계획서」 및 전술한 9.6.4.1.의 현지답사로부터 9.6.4.5.의 채집에 관한 법령 등의 준수사항을 참고로 하여 현지조사가 원만하게 실시될 수 있도록 현지조사계획서를 작성하도록 한다.

[해설]

현지조사를 실시할 때의 상황에 따라 현지조사계획서를 수시로 변경하도록 하고, 이때 충실을 기하도록 한다.

9.6.5. 현지조사

현지조사는 채집에 의한 확인을 기본으로 하여 각 조사지구에 있어서의 육상곤충류 등의 서식상황을 파악하도록 한다.

[해설]

현지조사를 실시할 때에는 특히 사고방지에 노력해야 하고, 습지나 용출수지 등과 같이 귀중한 환경을 조사할 경우에는 가능하면 영향을 미치지 않도록 충분히 배려하여야 한다.

9.6.5.1. 조사방법

현지조사는 기본적으로 임의채집, 등화채집 및 먹이트랩채집에 의해 조사지구의 다양한 장소에서 채집하여 확인하고, 필요에 따라서는 기타 조사방법을 사용하여 가능한 한 많은 종을 채집, 확인할 수 있도록 한다.

[해설]

해당 조사지구에 있어서 실시되었던 기존 조사에서 확인된 경우에는 해당 육상곤충류 등의 서식 가능성을 염두에 두고 조사하도록 한다.

1) 임의채집
    ① 채집방법의 특성

임의채집은 발견된 곤충이나 거미류를 포충망을 사용하거나 손으로 직접 채집하는 방법이다. 이 방법은 다양한 환경에서 다양한 종류를 대상으로 하여 사용할 수 있다는 장점이 있기 때문에 곤충류의 조사에는 반드시 필요한 조사이며, 충분한 시간을 들여 실시하도록 한다.

    ② 채집방법
    ○ 관찰채집

관찰채집은 곤충을 육안으로 발견하여 포획하는 방법으로, 관찰된 곤충이나 거미류를 포충망을 사용하거나 손으로 직접 채집하며, 다양한 종류의 곤충을 대상으로 사용할 수 있다. 즉, 잠자리류·대형 나비류·메뚜기류 등과 같이 비행하는 힘이 강력한 곤충은 추적 혹은 잠복하여 채집하고, 실잠자리류는 수변지역에 분포하고 있는 풀을 흔들면서 채집한다.

그리고 수액, 썩은 나무, 동물의 사체 및 배설물 등에는 곤충이 집중적으로 서식하기 때문에 반드시 채집하고, 수변지역이나 낙엽이 쌓여 있는 장소 등에 모여드는 많은 종류를 채집한다. 또한, 물웅덩이 등과 같은 지수(止水)지역에서는 거미 망을 사용하여 물장군류, 물방개류 등의 수서곤충류를 채집한다.

    ○ 쓸어잡기채집

쓸어잡기(sweeping)채집은 주로 수림지대, 관목림 및 초원에서 사용되는 방법으로, 포충망을 수평방향으로 강하게 훑으면서 풀이나 나무의 가지 앞부분을, 꽃이 피었을 때에는 꽃을 스치듯이 건져내어 나무나 풀, 꽃 위에 정지해 있는 곤충을 포집한다. 이 방법은 주로 소형인 파리류, 벌류, 모기류, 딱정벌레류, 방귀벌레류, 멸구류 등의 곤충을 채집하는 데에 사용한다.

한편, 같은 장소에서 연속하여 포충망을 훑지 말고, 식생 등에 따라 목적으로 하는 환경을 정한 후, 그 속을 이동하면서 채집한다. 그리고 포충망에 채집된 곤충류 중에서 날개가 부드러운 것은 삼각형의 종이로 잘 포장하여 대형인 것은 독병(毒瓶) 등으로 살충하고, 소형인 것은 흡충(吸蟲)용 관으로 흡입하여 살충관 등에 옮겨 보관한다. 또한, 식물의 잎이나 줄기 등과 같은 쓰레기는 수거한 후, 에테르 또는 클로로포름을 적신 거즈를 넣은 포충망을 비닐주머니에 넣고 밀봉한다.

그림 2-67. 쓸어잡기채집

○ 털어잡기채집

털어잡기(beating)채집은 나뭇가지, 풀 등을 막대기로 두들겨 아래쪽으로 떨어지는 곤충을 망(우산도 좋음)으로 채집하는 방법으로, 나뭇가지와 풀 등에 붙어있는 곤충을 일일이 채집하지 않아도 흰색 망 위에 떨어지는 곤충을 효율적으로 수집할 수 있다.

그리고 망 속에 낙하된 곤충은 살충관 등에 넣어 보전하며, 가능하면 대상으로 하는 수종을 변경하면서 같은 작업을 반복한다.

그림 2-68. 털어잡기채집

○ 돌들춰잡기채집

돌들춰잡기채집은 계류 및 그 주변의 돌을 들춰 그곳에 서식하고 있는 곤충을 채집하는 방법으로, 계곡 주변 들판에 서식하고 있는 방아벌레류, 집게벌레류 등을 채집하는 데에 유효하다.

그림 2-69. 돌들춰잡기채집

③ 작업량 등의 표준

다양한 육상곤충류 등을 확인할 수 있도록 필요에 따라 채집방법을 구분하여 사용한다. 그리고 조사대상 환경구분의 규모나 숫자에 따라 다르지만, 한 개의 조사지구 당 2명×2~3시간 정도를 표준으로 하고, 조사구간의 상황과 필요에 따라 증감하도록 한다.

2) 등화채집

① 채집방법의 특성

등화(light trap)채집은 야간에 불빛으로 모여드는 곤충류의 습성을 이용하여 채집하는 방법으로, 가능한 한 조사지구가 설정된 환경에 의존성이 높은 종류가 채집될 수 있는 박스법을 채택하고, 조사지구의 환경에 소원한 종이 채집되지 않기 위해 기본적으로 커튼법은 사용하지 않도록 한다.

그리고 트랩을 설치할 때에는 조사지구 내의 육상곤충류 등의 서식상황을 정확하게 파악할 수 있도록 설치하는 장소·범위·개체수 등을 충분히 배려한다. 또한, 현지의 다양한 상황과 전문가의 조언을 참고로 채집방법을 선택하고, 채집할 때에는 음력 보름밤, 바람이 강한 날, 비오는 날은 피하도록 하며, 가능하면 부근에 조명이 없는 장소에서 조사하는 것이 바람직하다. 특히 등화채집은 광범위한 곤충류를 채집할 수 있지만, 조사구역 내의 곤충상을 정확하게 파악할 수 있도록 광원의 강도, 설치방향 등을 충분히 배려하도록 해야 한다.

② 채집방법
  ○ 박스법
 주광색 형광등과 자외선 등이 설치된 아래쪽에 대형 로트부 및 곤충 수납용 박스로 구성된 포충기를 설치하고, 광원을 향해 모여드는 곤충이 대형 로트로 떨어지는 것을 포충기에 수납하여 채집한다. 또한, 트랩은 임지에서는 임상이 조망되는 장소에 설치하도록 하고, 초지에서는 가능하면 공개지에 설치하도록 한다.
 그리고 박스 속에는 스테인리스 용기 등에 넣은 살충제 등을 100mL(다음날 아침까지 남을 정도의 분량) 정도를 탈지면이나 헝겊에 적신 후 넣어두며, 포충기는 저녁에 설치하고 다음 날 아침에 회수한다. 이때 살충제 등에는 극약이 많으므로 취급 시에 충분히 주의하여야 한다.
 한편, 기본적으로 동일 조사구역 내에서는 가능하면 같은 날 트랩을 설치하도록 한다. 이를 위해서는 야간에 광원을 붙인 상태에 트랩을 설치하고, 다음날 회수하여도 된다. 다만, 대규모 사방댐 등과 같이 환경조건이 다양한 조사구역 내에서의 조사날짜가 다른 경우에는 반드시 같은 기상조건에서 조사가 이루어지도록 배려하여야 한다.

그림 2-70. 등화채집(박스법)

  ○ 커튼법
 커튼법은 1m×2m 혹은 1.5m×1.5m 정도의 흰색 스크린(커튼)을 조망이 좋은 장소에 설치하고, 그 앞에 주광색 형광등과 자외선 등(블랙 라이트) 등을 매달아둔다. 그리고 일몰 직후로부터 3시간 정도에 스크린을 향해 모여드는 곤충을 흡충용 관, 살충 캔, 포충 네트를 이용하여 채집한다.

그림 2-71. 등화채집(커튼법)

③ 작업량 등의 표준

4~6W 정도인 광원(FL 4 BLB, FL 6 BLB), 박스의 직경이 45cm 정도를 표준으로 하고, 트랩은 한 조사지구에 1개소는 설치하도록 한다.

3) 먹이트랩채집

① 채집방법의 특징

먹이트랩채집에는 다양한 방법이 있지만, 비트 폴 트랩(beat fall trap)에 먹이를 넣어둔 후, 지상을 기어 다니는 곤충류를 채집하는 방법이 주로 사용되었다. 그러나 곤충을 유인하기 위해 먹이를 사용하면, 먹이의 종류에 따라 채집되는 곤충이 다르기 때문에 먹이를 넣어두는 방법은 사용하지 않고 있다.

즉, 이전에는 썩은 고기(생선, 소고기)와 발효 음료수(맥주, 소주 혹은 이것에 흑설탕이나 유산음료 등을 섞은 것 등)를 사용하였지만, 최근에는 에틸렌글리콜(용기의 1/3), 빙초산을 주로 사용하고 있다.

② 채집방법

지면과 트랩의 입구가 일치하도록 피켈 등을 사용하여 215mL의 종이컵·캔·병 등을 높이 9cm가 되게 매설하고, 하루 밤 정도 경과한 후에 트랩에 포집된 곤충을 회수한다. 이때 먹이트랩은 가능하면 다양한 환경을 고려하여 설치지점을 선정한다.

③ 작업량 등의 표준

조사구간 내에 나타나는 조사대상 환경구분(주로 식물군락) 중에서 우점하는 3구분에 대하여 조사를 실시하도록 한다(예를 들면, 계류의 하류부분에서는 나지, 초지 및 관목림으로 구분하여 설치함). 또한, 1개의 조사구간에 있어서 트랩의 숫자는 1개의 조사대상 환경구분 당 10개씩, 합계 30개를 표준으로 한다.

한편, 사방댐 주변의 계안림은 조사구간과 조사대상 환경구분이 거의 같기 때문에 수고, 임내의 밝기, 경사도, 사면의 방위 등을 고려하여 주된 환경을 세 가지로 구별한 후, 각각의 환경에 10개씩 합계 30개의 트랩을 설치한다. 그리고 면적이 작을지라도 특징적인 환경이 나타난 경우에는 조사대상 환경구분을 늘여도 상관없지만, 트랩의 개수는 1개의 조사지구 당 30개로 한다.

그림 2-72. 먹이트랩채집

4) 목격

잠자리류·나비류·벌류·매미류·메뚜기류·귀뚜라미류 등과 같이 눈에 잘 띄는 대형 곤충이나 울음소리를 내는 곤충은 직접 채집할 수 없어도 목격 혹은 울음소리에 의해 종을 식별할 수 있는 경우가 있다. 특히 포충망으로 채집할 수 없는 높은 곳을 날아 다니는 나비류나 교목의 줄기에 붙어있는 매미류는 쌍안경 등을 이용하여 확인하면 된다. 그리고 목격에 의해 확인된 종에 대해서는 참고자료로 기록한다.

5) 기타 채집방법

전술한 등화채집(박스법), 먹이트랩채집 이외에도 등화채집(커튼법), 장애물을 만나면 위로 올라가는 곤충을 대상으로 한 말레이즈트랩채집, 막걸리에 흑설탕을 넣어 끓인 뒤 나무에 바르고 나무진에 모이는 곤충들을 유인하여 채집하는 당밀채집, 노란색 그릇에 물을 담아 색깔에 유인된 곤충을 수집하는 황색수반채집 등이 있다.

9.6.5.2. 현지조사의 기록

현지조사의 상황은 조사대상 환경구분(주로 식물군락)을 매 조사마다 기록한다.

[해설]
1) 현지조사의 상항

조사대상 환경구분은 표 2-62를 참조하여 조사구간 내에 있어서의 대략적인 면적비율(10% 단위)을 기록하며, 10% 미만의 소규모 구분은 "+"로 기입한다.

2-62. 조사대상 환경구분

구분		내용
개방수역	유수지역	침수식물군락, 부엽식물군락, 추수(抽水)식물군락을 제외한 계류의 유수지역
	물웅덩이	침수식물군락, 부엽식물군락, 추수(抽水)식물군락을 제외한 평상시에도 본류와 연속된 지수(止水)지역이나 계상퇴적지라고 판단되는 폐쇄적인 수역 등과 같이 계류구역 내에서 볼 수 있는 통상의 계류수와 분리된 영역
나지		식생으로 피복되지 않은 모래·자갈·진흙의 땅(조성 중인 나지도 포함됨)
초지	키가 작은 초지	풀의 길이가 1m 미만인 초지
	키가 큰 초지	풀의 길이가 1m 이상인 초지
관목림		약 4m 미만의 목본이 우점하는 영역(조림 침엽수 포함)
활엽수림		약 4m 이상의 활엽수림이 우점하는 영역(죽림은 제외)
침엽수림		약 4m 이상의 침엽수림이 우점하는 영역(조림 침엽수 포함)
죽림		대나무가 우점하는 영역
인공구조물		사방댐, 기슭막이, 임도, 교량 등의 건축·건조물로, 사력층이 그다지 없는 지역
기타		전술한 이외의 구분

2) 조사 시의 상황

각 조사구간에 있어서 현지조사 시의 상황을 매 조사마다 정리한다.
① 조사횟수 : 조사를 실시한 연도에 있어서 몇 번째의 조사인가를 기록한다.
② 계절 : 조사를 실시한 계절을 기록한다.
③ 날씨 : 임의채집법에 의한 현지조사 개시 시의 날씨를 기록한다.
④ 기온 : 임의채집법에 의한 현지조사 개시 시의 기온을 기록한다.
⑤ 바람의 상황 : 임의채집법에 의한 현지조사 개시 시의 바람의 상황을 없음·약함·중간·강함으로부터 선택한다.
⑥ 조사개시 일시·조사종료 일시 : 실시한 조사방법(임의채집, 먹이트랩채집, 등화채집)별로 조사개시 일시, 조사종료 일시를 기록한다. 그리고 비고란에 조사의 작업량(조사원의 숫자, 시간, 트랩의 규격, 설치 개소수 등)에 대하여 기록한다.
⑦ 특기사항 : 현지조사 시에 육상곤충류의 서식과 관련이 있다고 생각되는 상황에 대

하여 특기사항에 기록한다(예 : 하예작업, 자갈채취, 사방공사 등).
⑧ 조사담당자 : 현지조사를 실시한 조사담당자의 성명 및 소속을 기록한다.
⑨ 조사지구 · 조사장소의 위치도 : 조사지구 및 조사장소를 평면도(계류복원사업지의 도면을 사용하는 것이 바람직함)에 다음과 같이 기록한다.
- 현지조사를 실시한 조사지구의 범위를 실선으로 표시한다.
- 스케일, 방위 및 유수의 방향(→)을 기록한다.
- 조사지구의 개황에 대하여 촬영을 실시한 위치와 방위를 ●→로 기록한다.
- 임의채집법 및 목격을 실시한 조사장소(답사경로)는 ─, 등화채집을 실시한 조사장소는 ●, 먹이트랩채집을 실시한 조사장소는 ■로 표시한다.

9.6.5.3. 사진촬영

현지조사를 실시할 때에는 조사지구의 상황, 조사실시 상황, 생물종 등을 촬영한다.

[해설]

1) 조사지구의 상황

조사지구 및 그 주변의 개관을 설명할 수 있는 사진을 매 조사마다 촬영한다. 그리고 조사지구의 상황 사진에 대해서는 계절적인 변화 등을 알 수 있도록 가능하면 같은 위치, 각도, 높이에서 촬영하는 것이 바람직하다.

2) 조사실시 상황

임의채집법, 등화채집, 먹이트랩채집 등에 대한 조사 시의 상황을 설명하는 사진을 실시한 채집방법의 종류별로 촬영한다. 그리고 각 조사방법의 상황을 설명하는 사진은 조사별로, 조사방법별로 각 1장 있으면 좋다.

3) 생물종
① 중요종 : 가능하면 동정의 근거가 명확히 나타날 수 있도록 사진을 촬영한다.
② 환경을 대표하는 주요 종에 대하여 특징을 판단할 수 있는 사진을 촬영하지만, 조사에서 파악된 모든 육상곤충류 등의 사진을 촬영할 필요는 없다.

4) 사진의 정리

사진정리의 대상이 되는 사진에 대하여 정리한다.
① 사진구분 : 촬영한 사진에 대하여 「P : 조사지구 등」, 「C : 조사실시 상황」, 「S : 생물 종」, 「O : 기타」로 구분하고, 그 번호를 기록한다.
② 사진의 표제 : 사진의 표제를 기록한다(예 : 조사지구의 상황, ○○잠자리).

③ 설명 : 촬영상황, 생물 종에 대한 보충정보 등을 기록한다(예 : ○○다리로부터 하류방향, 암컷·수컷 등).
④ 촬영 연월일 : 사진을 촬영한 연월일을 기록한다.
⑤ 지구번호 : 사진을 촬영한 지구번호를 기록한다.
⑥ 지구명 : 사진을 촬영한 지구명을 기록한다.
⑦ 파일명 : 사진의 파일명을 기록한다. 즉, 파일명의 앞부분에는 사진구분의 알파벳의 첫 번째 문자를 부기하고, 촬영대상을 알 수 있도록 이름을 붙인다.

9.6.5.4. 육상곤충류 입장에서 본 중요한 위치정보의 기록

조사구역 및 그 주변에 있어서 육상곤충류 등의 입장에서 중요한 위치정보(습지, 용출수 지역 등)가 현지답사 및 현지조사를 실시할 때에 확인될 경우, 그 내용 및 확인된 위치를 기록한다.

[해설]
육상곤충류 입장에서 본 중요한 위치정보의 기록은 어디까지나 보충적인 기록으로 하고, 별도 조사를 실시할 필요는 없다.
① 확인 일자 : 확인된 연월일을 기록한다.
② 중요한 위치정보의 내용 : 확인된 중요한 위치정보에 대하여 대략적인 위치(지명, 계류명, 좌·우안 등)나 그 내용에 대하여 기록한다.
③ 확인 위치도 : 중요한 위치정보를 지형도, 식생도, 계류복원사업 설계도면 등에 기록한다.

9.6.5.5. 기타 생물의 기록

현지조사 시에 새우·게·조개류를 포획하였거나 양서류의 산란장소, 파충류·포유류의 사체(로드 킬 등) 및 대형 포유류와 박쥐류의 목격, 각종 수중식물의 관찰 등이 이루어진 경우, 그 중요종과 특정 외래생물 혹은 기타 특별히 기록하여야 할 종이면서도 현지에서 동정이 가능하면 「기타 생물」로 기록한다.

[해설]
동정의 오류를 피하기 위하여 무리한 동정은 실시하지 말고, 포획·습득한 생물에 대해서는 사진을 촬영하고, 가능하면 표본을 작성하도록 한다. 그리고 목격한 생물에 대해서는 사진촬영이 가능하면 바람직하지만, 무리한 경우에는 그 생물의 특징(색, 형태, 크기, 행동 등)을 대신 기록한다.
한편, 기타 생물의 기록은 어디까지나 보충적인 사항이기 때문에 본래의 육상곤충류 등의 조사에 지장을 초래하지 않는 범위에서 실시한다.
① 생물항목 : 확인된 생물에 대하여 사방조사에서의 조사항목 명칭을 기록한다.
② 목명·과명·종명 : 확인된 생물에 대한 목명과 과명, 종명을 기록한다.

③ 사진, 표본 : 사진을 촬영하거나 표본을 제작한 경우에는 기록한다.
④ 지구번호 : 확인된 지구번호를 기록한다. 그리고 조사지구 외에서 확인된 경우에는 지명 등을 기록한다.
⑤ 확인 연월일 : 확인된 연월일을 기록한다.
⑥ 확인상황 : 확인방법(목격, 사체 및 알 덩어리 등), 주변의 환경, 개체수 등을 기록한다.
⑦ 동정 책임자(소속) : 동정 책임자의 이름 및 소속을 기록한다.

9.6.6. 실내분석

현지조사에서 채집한 시료는 실내로 가져와 분류작업을 실시한 후, 실체현미경 등을 사용하여 종을 동정한다.

[해설]
현지조사에서 채집한 각종 시료에 대한 동정은 전문가의 조언을 받아 실시한다.

9.6.6.1 동정

육상곤충류의 종을 동정할 때에는 최신 참고문헌이나 유의사항 등을 활용한다.

[해설]
1) 동정을 실시할 때의 유의사항
동정을 실시할 때에는 각종 참고문헌 등을 활용하여 과(科)에 속한 종(種)을 가능하면 상세하게 동정한다. 그리고 현지조사 시에 채집한 육상곤충류 등에 대해서는 다음과 같은 사항에 유의하여 가능하면 종 또는 아종(亞種) 수준까지 동정한다.
① 채집한 육상곤충류 등에 대해서는 성충을 대상으로 하여 동정한다. 그리고 유충, 알 등에 대해서도 판명된 것에 대해서는 기입한다.
② 동정을 실시할 때에는 각종 참고문헌에 제시된 과에 속하는 종 또는 아종만을 동정한다. 다만, 동정이 불가능하거나 어려운 집단에 대해서는 무리하게 종까지 동정하지 않아도 된다.
③ 별종인 것으로 판별된 경우에도 종까지 동정할 수 없는 경우에는 sp.1, sp.2와 같이 기호를 붙여 구별하지 말고, sp.로 정리한다.
④ 처음으로 확인된 종과 분포 면에서 귀중한 기록이 될 것으로 판단되는 종에 대해서는 동정에 특히 주의한다.

2) 동정 결과의 정리
각 조사지구에 있어서 확인된 육상곤충류 등에 대해서는 조사시기별로 조사 연월일, 지구번호, 지구명 등을 정리한다.

① 조사 연월일 : 현지조사를 실시한 연월일을 기록한다.
② 지구번호, 지구명 : 조사지구의 번호 및 명칭을 기록한다.
③ 지구명 : 근처의 교량·사방댐 등을 기본으로 하여 조사지구의 특징을 나타내는 명칭을 기록한다. 그리고 각 조사지구에서 확인된 육상곤충류 등에 대하여 목명·과명·종명, 개체수, 채집방법, 동정 담당자 등을 기록한다.
④ No. : 종명에 대한 정리번호를 붙인다.
⑤ 목명(目名)·과명(科名)·종명(種名) : 확인된 생물에 대한 목명과 과명, 종명을 기입한다. 한글 명칭이 없는 중에 대해서는 학명을 기록한다.
⑥ 개체수 : 개체수를 기록한다.
⑦ 채집방법 : 확인된 육상곤충류 등의 채집방법을 임의채집, 등화채집, 먹이트랩채집 및 목격과 같은 채집방법별로 구분한 후, 각각의 개체수를 기록한다.
⑧ 비고 : 동정을 실시할 때의 문제점(파손 등) 등, 특기 사항을 기록한다.
⑨ 동정 담당자 : 동정을 실시한 담당자의 이름 및 소속을 기록한다.

3) 동정문헌의 정리

동정할 때에 사용한 문헌에 대하여 다음과 같은 항목을 기록한다.
① 문헌 No. : 발행연도 순으로 정리한다.
② 분류군·종명 : 동정의 대상이 되는 분류군 또는 종명을 기록한다.
③ 해당하는 분류군·종명별로 문헌의 명칭, 저자명, 발행연도 및 발행처를 기록한다.

9.6.6.2 표본의 제작과 보관

표본의 정밀도를 높이기 위하여 동정 상 문제가 있다고 판단되는 저생동물에 대하여 필요에 따라 표본을 제작하고, 표본정보를 기록한 후에 보관하도록 한다.

[해설]
1) 표본의 제작

현지조사에 의해 파악된 육상곤충류 등은 목격만으로 확인한 종을 제외하고, 모든 확인 종(종 수준까지 동정이 불가능한 것을 포함)에 대하여 1종 1개체 이상의 표본을 제작하지만, 암컷과 수컷 또는 다수의 개체를 표본으로 제작할 필요는 없다.

그리고 표본을 제작할 때에는 나중에 재동정할 필요가 생기거나 표본을 기증할 경우에는 대상으로 하는 종을 쉽게 꺼낼 수 있도록 각 분류군(목, 과 등)별로 구분하는 등의 필요성에 맞추는 것이 바람직하다.

한편, 표본을 제작할 때에는 다음과 같은 사항에 유의한다.
① 표본은 속, 과 및 목 등의 분류군별로 일괄적으로 제작해도 된다. 다만, 조사지구, 조사시기 및 조사방법이 다른 표본에 대해서는 별도로 구분하도록 한다(표본의 작

성단위 사례 : 2023.5.18. ○○△1 임의채집 □□목).
② 중요 종 및 특별이 기록해야 할 종에 대해서는 개별로 삼각봉투나 사각봉투에 넣어 반드시 종별로 표본을 제작한다.
③ 표본제작은 표준은 다음과 같다.
· 건조표본 : 잠자리목, 딱정벌레목, 방귀벌레목 등과 같이 몸통이 단단하거나 나비목과 같이 비늘 모양의 부스러기가 있는 것
· 액침(液浸)표본 : 땅강아지목, 하루살이목, 미소한 파리목 및 곤충 전반의 유충, 번데기 등과 같이 몸통이 부드러운 것

2) 표본정보의 기록

제작한 표본에 대하여 표본의 번호와 형식, 지구의 번호와 명칭, 개체수, 자웅, 그리고 채집자와 동정자 등을 기록한다.
① 표본 No. : 표본의 라벨에 기재한 표본 No.를 기록한다.
② 분류군·종명 : 분류군과 종명을 함께 기록한다. 그리고 한글명이 분명하지 않을 때에는 과명과 목명 등을 기록한다. 다만, 속, 과 및 목 등의 분류군에 따라 일괄적으로 분류한 것에 대해서는 속명, 과명 및 목명 등은 상관이 없다.
③ 지구번호 : 조사지구의 번호를 기록한다.
④ 지구명 : 조사지구의 명칭을 기록한다.
⑤ 채집지의 지명 : 광역 및 기초자치단체의 명칭, 상세 지명 등을 기록한다.
⑥ 위도·경도 : 채집한 조사지구에 대한 중심 부근의 위도·경도를 기록한다.
⑦ 개체수 : 개체수를 기록한다.
⑧ 자웅 : 중요종의 표본에 의해 자웅을 판별할 수 있는 경우에는 그 내역을 기록하고, 기타 분류군 단위로 정리된 것은 자웅을 기록하지 않아도 된다.
⑨ 채집자 : 포본 채집자의 이름과 소속을 기록한다.
⑩ 채집 연월일 : 표본이 채집된 연월일을 기록한다.
⑪ 동정자 : 표본 동정자의 이름과 소속을 기록한다.
⑫ 동정 연월일 : 표본이 동정된 연월일을 기록한다.
⑬ 표본의 형식 : 표본을 제작한 형식을 기록한다(예 : 액침표본).
⑭ 비고 : 특기사항이 있는 경우에는 기록한다(예 : 표본의 상태(파손 등), 박물관 등록번호 등).

3) 표본의 보관

표본의 보관기간은 선별에 의한 확인 종의 목록이 확정되기까지(조사실시 연도의 이듬해 말까지)로 한다.

그리고 표본은 방충제나 보존액의 보충 및 교체 등의 관리를 실시하여 확실하게 보관하고, 보관하는 장소는 표본의 백화와 변질을 방지한다는 의미에서 시원하고도 어두운

장소가 바람직하다. 또한, 보관기간이 만료된 후에는 박물관 등과 같은 연구기관의 표본 보관시설을 물색하여 가능한 한 유효하게 활용되도록 하고, 해당 시설이 없는 경우에는 별도 기관을 수배하도록 한다. 특히, 기증받을 곳이 없는 표본에 대해서는 폐기해도 되지만, 포르말린과 에탄올 등은 「독물 및 극물에 관한 법률(법률 제3332호)」 등의 다양한 법률에 규제항목으로 지정되어 있기 때문에 분해·중화처리하거나 전문 업체에 의한 적정한 처리를 통해 적절하게 폐기한다.

한편, 보관기간이 만료되기 이전(조사실시 해당 연도)에 기증받을 각 기관에 표본을 양도해도 되지만, 재동정이 필요한 경우에 대상이 되는 표본을 양호한 상태에서 신속하게 제출받을 수 있도록 충분히 사전조정을 실시하도록 한다.

9.6.6.3. 조사개요의 정리

현지조사를 실시한 상황, 조사지구의 위치 및 조사결과의 개요 등에 대하여 다음과 같은 항목을 정리한다.

[해설]
1) 조사실시 상황의 정리

현지조사를 실시한 조사지구, 조사시기 및 조사방법에 대하여 다음의 항목을 정리한다.
① 조사지구 : 계류복원사업지의 공간구분, 지구번호, 지구명, 지구의 특징, 조사지구의 선정근거를 기록한다. 그리고 이전 조사지구와의 대응, 전체 조사계획과의 대응 및 해당 조사지구에서 실시한 조사방법에 대해서도 기록한다.
② 조사시기 : 조사횟수, 계절, 조사 연월일, 조사시기 선정근거, 조사를 실시한 지구 및 해당 조사시기에 실시한 조사방법을 기록한다.
③ 조사방법 : 조사방법, 구조·규격·숫자 등, 해당 조사방법을 실시한 조사지구 및 조사횟수를 기록한다.

2) 조사지구 위치의 정리

해당 조사지역의 위치를 파악할 수 있도록 지형도나 관내도 등에 계류복원사업지의 공간구분 및 조사지구의 위치를 기록한다. 그리고 축척과 방위를 반드시 기입하도록 한다.

3) 조사결과의 개요 정리

현지조사 결과의 개요와 중요종에 관한 정보에 대하여 문장으로 알기 쉽게 정리한다.
① 현지조사 결과의 개요 : 현지조사 결과의 개요를 정리한다(예 : 현지조사에서 확인된 종수, 육상곤충류상의 특징 등).
② 중요종에 관한 정보 : 중요종의 확인상황 등을 정리한다. 그리고 중요종의 확인위치를 특정할 수 있는 정보에 관해서는 중요종의 보전 면에서 취급에 주의해야 하기 때문에 「현지조사 결과의 개요」와를 구별하여 정리한다.

9.6.7. 조사결과의 정리 및 고찰

9.6.7.1. 조사결과의 정리

> 중요종에 대한 경년 확인상황, 종명 변경내용, 확인 종의 목록 및 해당 조사 전반에 대한 전문가의 소견 등에 대하여 정리한다.

[해설]

1) 중요종에 대한 경년 확인상황의 정리

기존 및 해당 조사에서 확인된 중요종에 대하여 다음과 같은 항목을 정리한다. 그리고 현지조사에서 확인되지 않은 경우에는 현지조사의 란에 ×로 기입하고, 현장상황 등으로부터 판단된 서식 가능성에 대한 조언이나 전문가의 의견 등을 기입한다.

한편, 종명이 변경된 경우에는 변경내용과 지정구분, 조사실시 연도, 조사자 및 확인상황 등을 별도로 정리한다.

① 종명, 지정구분 : 중요종의 종명과 국가지정 천연기념물 등과 같은 중요종에 대한 지정구분을 기록한다.
② 조사실시 연도 : 중요종을 확인한 계류 수변의 조사실시 연도를 기록한다.
③ 조사자 : 조사를 실시한 사람의 이름 및 소속기관을 기록한다.
④ 확인상황 : 확인 시의 상황(주변 환경, 확인시기, 개체수 등)을 기록한다.

2) 확인상황의 정리

해당 계류 수변조사에서 확인된 육상곤충류 등에 대하여 조사시기, 조사지구별로 분류체계 순서에 따라 확인상황을 정리한다.

3) 경년 확인상황의 정리

기존 및 해당 계류 수변조사에서 확인된 육상곤충류 등에 대하여 조사를 실시한 연도별로 정리한다. 그리고 종명이 변경되었을 때에는 변경내용을 별도로 정리한다.

4) 종명 변경내용의 정리

문헌조사, 청취조사 및 기존의 계류 수변조사에서 확인된 육상곤충류 중에서 종명을 변경한 것에 대하여 다음과 같이 원래의 종명, 변경된 종명, 조사실시 연도 및 특별히 기재하여야 할 내용 등을 정리한다.

① 원래의 종명 : 기존의 계류 수변조사에서 확인된 종명을 기록한다.
② 변경종명 : 중요종의 종명을 기록한다.
③ 조사실시 연도 : 확인된 계류 수변조사의 실시 연도를 기록한다.
④ 비고 : 종명을 변경할 때에 특별히 기재해야 할 내용이 있으면 기록한다.

5) 확인 종의 목록 정리
　　해당 현지조사에서 확인된 육상곤충류 등에 대하여 다음과 같은 내용을 정리한다.
　　① 표본 No. : 정리번호를 기록한다.
　　② 목명, 과명, 종명 : 현지조사에서 확인된 육상곤충류 등에 대하여 기록한다.
　　③ 중요 종 : 확인된 육상곤충류 등이 중요종인 경우, 그 지정구분을 기록한다.
　　④ 외래종 : 확인된 육상곤충류 등이 외래종인 경우에는 기록한다.
　　⑤ 처음으로 확인된 종 : 조사구역에서 처음으로 확인된 경우에는 기록한다.
　　⑥ 생물 목록에 게재되지 않은 종 : 확인된 육상곤충류 등이 미게재 종인 경우에는 동정 근거문헌의 No.를 기록한다. 이때 동정 근거문헌의 No.는 별도로 정리한 동정 근거문헌 조사표의 No.를 기록한다.

6) 해당 조사 전반에 대한 전문가의 소견 정리
　　해당 조사에 대한 전문가 등의 소견을 정리한다.

9.6.7.2. 양식집

　사전조사 및 현지조사의 결과를 참고로 하여 사전조사, 현지조사 및 정리 양식을 정리하도록 한다.

[해설]
1) 양식 기입 시의 유의사항
　　종명을 기입할 때에는 다음과 같은 사항에 유의한다.
　　① 원칙적으로 종·아종으로 동정된 육상곤충류 등을 대상으로 한다.
　　② 조사결과를 정리할 때에는 종명의 기입, 종명의 배열에 대해서는 「재해 위험성 및 사방 조사방법 정립에 관한 연구(사방협회, 2017)」등을 참조한다.
　　③ 종명까지 동정할 수 없는 경우에는 속명을 기입하고, 속명도 불분명한 경우는 과명 등으로 기입한다.
　　④ 한글명이 없고 학명만 있을 때에는 한글명 란에 학명을 기입한다.
　　⑤ 문헌조사 등에 원래의 종명을 변경하여 기입할 때에는 「육상곤충류 등 종명 변경 조사표」에 기입한다.

2) 종수를 집계할 때의 유의사항
　　종, 아종까지 동정되지 않은 육상곤충류에 대해서도 동일 분류군에 속하는 종이 목록에 등재되지 않은 경우에는 계수한다.

3) 종명에 정리번호를 부여하는 방법
　　각 정리 양식별로 종명에 정리번호를 부여하고, 정리번호는 전술한 「2) 종수의 집계할 때의 유의사항」에 근거하여 집계대상으로 하는 종명에 번호를 부여한다. 이때 종별로 중복되지 않도록 주의하여 각 정리 양식에 종수가 알 수 있도록 한다.

4) 사전조사 양식의 작성

사전조사 양식은 「사전조사」에 의하여 파악된 정보, 자료를 표 2-63과 같이 양식의 명칭에 따라 정리하도록 한다.

표 2-63. 사전조사 양식의 내용

양식의 명칭	정리하여야 할 내용
육상곤충류 등, 기존 문헌 일람표	사전조사에서 정리된 계류복원사업지 및 그 주변의 육상곤충류 등에 관한 기존 문헌의 일람을 작성한다.
육상곤충류 등, 조언·청취 조사표	전문가의 조언 내용이나 「청취조사」에 의해 파악된 정보를 조사한 상대별로 정리한다.

5) 현지조사 양식의 작성

현지조사 양식은 「현지조사」에 의해 파악된 결과를 표 2-64와 같이 양식의 명칭에 따라 정리하도록 한다.

표 2-64. 현지조사 양식의 내용

양식의 명칭	정리하여야 할 내용
현지조사표 1	각 조사지구의 상황 및 조사방법을 조사시기별로 기록한다.
현지조사표 2	각 조사지구에 설정한 조사장소(조사경로 및 트랩 설치장소)를 평면도에 기입하고, 조사시기별로 작성한다.
동정 결과 기록표	각 조사지구에서 확인된 육상곤충류 등의 동정 결과를 정리한다.
동정 문헌 일람표	동정에 사용한 문헌을 일람하여 정리한다.
사진 일람표	촬영한 사진에 대하여 해당 내용을 기입한 일람표를 작성한다.
사진표	「사진 정리표」에서 정리한 사진별로 사진표를 작성한다.
표본관리 일람표	제작된 표본에 대하여 모두 기입한다.
육상곤충류 입장에서의 중요 위치정보 기록표	육상곤충류 입장에서의 중요 위치정보가 현지답사 및 현지조사 시에 확인된 경우, 기록한다.
조사실시 상황 일람표	해당 현지조사에 대한 실시 상황을 정리한다.
조사지구 위치도	해당 현지조사의 조사지구에 대한 위치를 정리한다.
현지조사 결과 개요	해당 현지조사 결과의 개요를 기술한다.
기타 생물에 대한 확인상황 일람표	새우·게·조개류를 포획하거나 양서류·파충류·포유류 등의 목격, 사체가 발견되었을 경우, 기타 생물 기록으로 정리한다.

6) 정리 양식의 작성

　　사전조사, 현지조사 등의 결과에 근거하여 표 2-65와 같은 작성양식의 명칭에 따라 정리하도록 한다.

표 2-65. 정리 양식의 내용

양식의 명칭	정리하여야 할 내용
중요종의 경년 확인상황 일람표	기존의 계류 수변조사 및 해당 현지조사에 의해 확인된 중요종의 상황에 대하여 경년적으로 정리한다.
확인상황 일람표	각 조사지구에서 조사시기별로 확인된 육상곤충류 등에 대하여 그 확인상황을 정리한다.
경년 확인상황 일람표	기존의 계류 수변조사 및 해당 현지조사에 의해 확인된 육상곤충류 등을 경년적으로 정리한다.
종명 변경상황 일람표	기존의 계류 수변조사에서 확인된 육상곤충류 등에 대하여 종명의 기재를 변경한 경우, 그 내용을 정리한다.
확인 종 목록	현지조사에서 확인된 육상곤충류 등에 대하여 확인 종의 목록을 작성한다.
해당 조사 전반에 대한 전문가 등의 소견	해당 조사 시에 제시된 전문가 등의 소견을 기입한다.
표본관리 일람표	제작된 표본에 대하여 모두 기입한다.
육상곤충류 입장에서의 중요 위치정보 기록표	육상곤충류 입장에서의 중요 위치정보가 현지답사 및 현지조사 시에 확인된 경우, 기록한다.
조사실시 상황 일람표	해당 현지조사에 대한 실시 상황을 정리한다.
조사지구 위치도	해당 현지조사의 조사지구에 대한 위치를 정리한다.
현지조사 결과 개요	해당 현지조사 결과의 개요를 기술한다.
기타 생물에 대한 확인상황 일람표	새우·게·조개류를 포획하거나 양서류·파충류·포유류 등의 목격, 사체가 발견되었을 경우, 기타 생물 기록으로 정리한다.

9.6.7.3. 고찰

　　조사를 통해 파악된 결과가 육상곤충류 등의 양호한 서식환경의 보전을 염두에 둔 계류복원 사업에 활용되도록 문제점을 추출하고, 자연환경에 미치는 영향을 분석·평가한다.

[해설]

　　경시적인 비교를 실시할 경우, 계절별로 비교할 것인지, 특정 계절(우화시기 등)에 착안하여 비교할 것인지, 연간 조사결과를 이용하여 비교할 것인지 등에 따라 그 결과가 다르기 때문에 적절한 방법을 선택한다.

표 2-66. 육상곤충류조사에 있어서의 고찰방법

생육환경조건의 변화		육상곤충류 등의 생육환경 변화를 파악하는 방법
저사 공간	· 저사공간의 나지화	· 저사공간에 어떠한 종이 서식하고 있는가? 등
유입 계류	· 계상퇴적지의 출현 · 생식환경의 교란	· 출현한 계상퇴적지를 이용하는 종이 나타났는가? · 수림화된 계상퇴적지를 이용하는 종이 나타났는가? · 외래종이 어느 정도 확인되고 있는가? 등
하류 계류	· 유황의 변화 · 생식환경의 교란	· 계상의 교란빈도가 감소된 계상퇴적지가 수림화된 곳을 이용하는 종이 감소되지 않았는가? · 교란빈도가 감소된 계상퇴적지에 목본이 증가하였는가? · 외래종이 어느 정도 확인되고 있는가? 등
저사 공간 주변	· 육역(陸域)의 연속성의 분단 · 생식환경의 교란	· 지수환경이 인접하여 지수성(止水性) 수서곤충의 성충이 공급되는가? · 외래종이 어느 정도 확인되고 있는가? 등
기타	〈지형개변장소〉 · 개변장소의 회복상황 · 생식환경의 교란	· 개변장소의 식생변화에 따라 서식종의 변화가 나타났는가? · 외래종이 어느 정도 확인되고 있는가? 등
	〈환경창출 개소〉 · 목적의 달성상황	· 계획 시의 목적과의 비교 등

9.7. 조류조사

9.7.1. 조사의 목적

조류조사는 사방사업을 실시하는 산지 및 그 주변 지역에 있어서 조류의 서식실태를 파악하는 것을 목적으로 한다.

[해설]

조류조사는 조류의 서식환경을 보전하는 데에 필요한 수역 및 수변역의 관리방안을 마련하기 위하여 사방시설의 저사공간 및 그 주변에서 발생하고 있는 관리 면에서의 문제점을 추출하고, 사방시설이 자연환경에 미치는 영향을 파악하기 위하여 실시한다.

조사구역은 사방시설 및 그 주변, 상류(유입) 계류, 하류(유출) 계류, 기타 장소(지형개변 장소, 환경창출 장소)로 하며, 조사내용은 현지조사를 중심으로 문헌조사와 청취조사 결과까지를 포함한다. 특히, 현지조사에서는 조류 센서스조사(라인 센서스법, 정점 센서스법, 스폿 센서스법 등) 및 집단 분포지조사를 실시하고, 조사빈도는 원칙적으로 10년에 1회 정도로 한다.

9.7.2. 조사의 구성

조류조사는 해당 조사지역 및 그 주변의 조류의 서식상황을 파악하는 것으로, 현지조사 등을 실시한 후, 분석·정리하는 것으로 구성한다.

[해설]

조류조사는 그림 2-73에 제시한 바와 같이 사전조사, 현지조사 계획, 현지조사, 조사결과 정리, 고찰과 평가, 그리고 보고서 작성 순으로 실시한다.

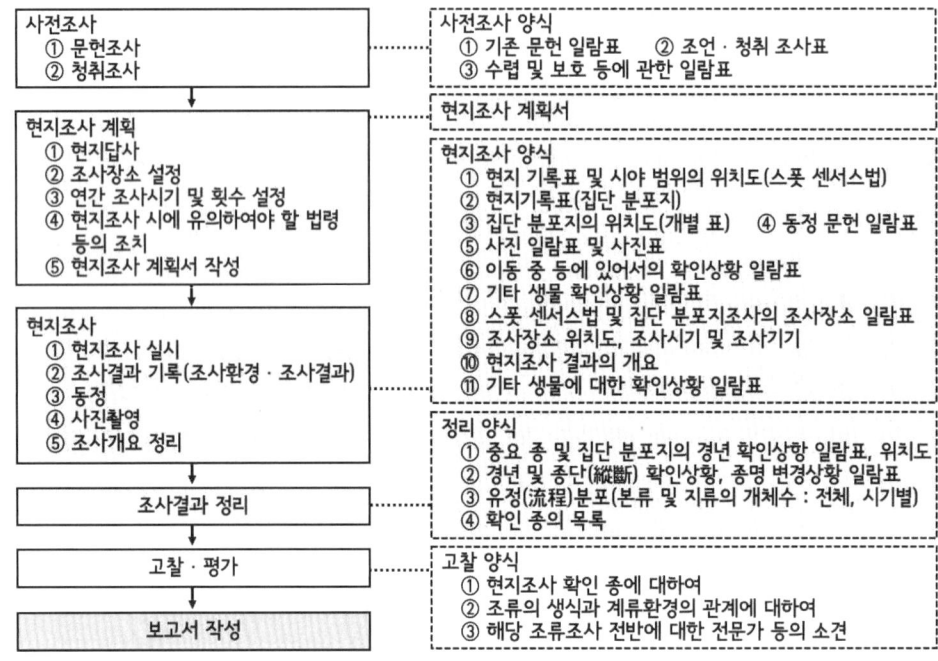

그림 2-73. 조류조사의 순서

9.7.3. 사전조사

현지조사를 실시하기 이전에 문헌조사 및 청취조사를 실시하여 조사구역의 조류 서식상황을 중심으로 한 각종 정보를 정리하며, 문헌수집 및 청취대상을 선정할 때에는 관련 전문가에게 조언을 받도록 한다.

[해설]
1) 문헌조사

문헌조사에서는 기존에 실시된 계류 주변의 조사결과와 이전 조사 이후에 출판

발행된 문헌 등을 수집하여 조류의 서식상황에 대한 정보를 정리한다.

문헌을 수집할 때에는 조사구역에 한정하지 말고, 가능하면 해당 산지 전체를 대상으로 한 문헌을 수집하지만, 이전에 조류조사를 실시한 경우, 그 이후에 발행된 문헌만을 수집한다.

수집한 문헌을 정리할 때에는 문헌의 명칭, 저자명, 발행연도, 발행처, 입수처(절판 등에 의하여 서점 등에서 구입할 수 없는 경우) 등을 기록한다.

2) 청취조사

청취조사에서는 관련 전문가에게 조사구역 내에 있어서 조류의 서식상황, 중요 종 및 외래생물의 서식상황, 확인하기 쉬운 시기 등을 청취하여 정리한다. 그리고 청취조사의 대상을 선정할 때에는 기존 청취조사 결과를 참고로 하여 조사구역 및 그 주변의 실태를 파악하고 있는 기관(대학, 연구기관, 박물관, 동물원 등)이나 관련 전문가 등의 조언을 받아 선정한다.

청취조사 시에는 직전에 실시한 조사의 결과, 직전 조사 시에 참고로 한 기존 문헌, 그 후에 파악된 문헌의 일람 등을 지참하여 조사의 효율화를 기하고, 가능하면 직전 조사 이후의 상황 등에 대한 정보를 파악할 뿐만 아니라 조사구역 및 그 주변의 수렵대상 조류, 수렵기간, 수렵구역, (특별)조수보호구역, 수렵 금지구역 등에 대해서도 조사하도록 한다. 또한, 조류의 수렵 및 방사 실적이 있을 경우, 해당 조류의 종류, 장소 및 시기 등을 파악한다.

① 현지조사에 대한 조언 : 기존 문헌의 유무, 조사지구·시기의 설정, 조사방법 등에 대한 조언 내용을 기록한다.
② 조류의 서식상황 : 조사구역 및 그 주변의 조류 서식상황, 외래종 서식상황, 이동방법 및 시기 등에 대하여 파악된 정보를 기록한다.
③ 중요종에 관한 정보 : 중요종의 서식상황에 관하여 파악된 정보를 기록한다. 그리고 중요종을 확인할 수 있는 위치를 특정할 수 있는 정보에 관해서는 종 보전 측면에서 주의가 필요하기 때문에 「조류의 서식상황」과는 구별하여 정리한다.

9.7.4. 현지조사계획

현지조사계획의 수립 시에는 기 수립된 최신의 전체 조사계획 및 사전조사 결과를 참고로 하여 현지답사, 조사지구의 설정, 조사방법의 선정, 조사시기 및 횟수를 설정한다.

[해설]

만일 현지조사를 연초에 실시하고자 할 경우에는 그 전년도에 현지조사계획을 책정하는 것이 바람직하다. 그리고 현지조사계획을 책정할 때에는 필요에 따라 관련 전문가에게 조언을 받도록 한다.

9.7.4.1. 현지답사

현지조사계획을 책정할 때에는 전체 조사계획 및 사전조사의 결과를 참고로 하여 사업지와 그 주변 계류의 상·하류 등에서 현지답사를 실시한다.

[해설]

현지답사 시에는 전체 조사계획서, 지형도, 현존식생도, 토지이용도 등을 지참하여 지형이나 식생·토지이용 상황, 계상·계안의 물매, 유역면적, 홍수유량 등을 확인한다. 그리고 현지답사를 통하여 유황·수위, 소·여울의 형상, 조사경로 등을 파악하고, 전체 조사계획에서 책정된 조사지구의 상황, 조사방법의 선정 및 조사시기·횟수의 설정을 위한 자료로 활용한다. 만일 조사지구 내에 특이사항이 있으면 그 상황을 자세히 묘사하고, 사진을 촬영하여 보조자료로 활용한다.

한편, 전체 조사계획에서 설정된 각 조사지구는 다음과 같은 사항을 확인한다.
① 조류를 관찰할 수 있는 시야의 확보
② 지형이나 토지이용 상황 등의 변화 또는 공사 등의 영향에 의한 조사지구의 변경 필요성
③ 조사지구에 접근할 때의 안전성
④ 현지조사 시의 안전성

9.7.4.2. 조사지구의 설정

조사지구는 기본적으로 전체 조사계획에 따라 설정한다.

[해설]

사전조사 및 현지조사 결과를 참고로 전체 조사계획을 책정할 당시와 조사지구 상황이 현저하게 변화되었거나 전체 조사계획을 책정한 이후에 사방시설이 건설된 경우 필요에 따라 조사구간을 다시 설정한다.

표 2-67. 조사지구의 크기 기준(조류)

구분	조사지구	조사지구의 기준
저사공간	평상시	· 전 지역을 1개의 지구로 함
	홍수 시	
저사공간 주변	에코톤	· 조사지구는 몇 명이 하루에 2개의 조사지구(1지구 당 2~3시간)를 조사할 수 있는 범위로 함
	수림 내	
	광역 정점	· 맹금류를 관찰하는 데에 적합한 범위로 함
유입 계류		· 1개의 스폿(관찰 정점)로부터 반경 100m 정도가 보이는 범위로 함
하류 계류		
기타	지형개변장소	· 각각의 지형개변 장소 전역을 1개의 지구로 함
	환경창출장소	· 각각의 환경창출 장소 전역을 1개의 지구로 함

표 2-68. 조류의 조사지구

구분	조사지구	조사지구의 설정장소
저사 공간	평상시	· 사방댐의 저사공간 전체를 대상으로 함
	홍수 시 변동구역	· 만사상태 이하의 구역으로, 계상변동에 의하여 매몰이나 세굴을 반복하는 전체 구간을 대상으로 함
저사 공간 주변	에코톤※	· 홍수 시의 변동구역보다 상류 지역으로, 임연부(林緣部)까지의 이행구간에 설정하며, 수림지대는 대상으로 하지 않음 · 수제~임연부 사이에 연속된 장소가 있으면 1개 또는 복수로 설정함
	수림 내	· 저사공간 주변의 대표적인 식생지역에서 1개의 지구를 설정함
	광역정점	· 맹금류의 서식상황은 조망이 좋은 곳에 조사지점(광역정점)을 설정함
유입 계류		· 저사공간 환경구역을 설정한 유입 계류, 하류 계류에 기본적으로 250m마다 조사장소(관찰 정점)를 설정하는 스폿 센서스를 실시함
하류 계류		
기타	지형개변 장소	· 대규모 지형개변이 이루어진 곳에서는 대표적인 지형개변 장소를 대상으로 1개의 지구를 설정하며, 필요에 따라 복수로 설정할 수 있음
	환경창출 장소	· 조류의 서식상황을 파악하기 위하여 대표적인 환경창출 장소를 대상으로 1개의 지구를 설정하며, 필요에 따라 복수로 설정할 수도 있음

※조류조사에서는 수변으로부터 육역(陸域)으로의 이행대(移行帶)를 대상으로 함

한편, 이전부터 조사가 실시되어 계속해서 맹금류의 서식상황을 파악하여야 할 필요가 있는 경우에는 광역 정점을 설정하여도 된다(그림 2-74).

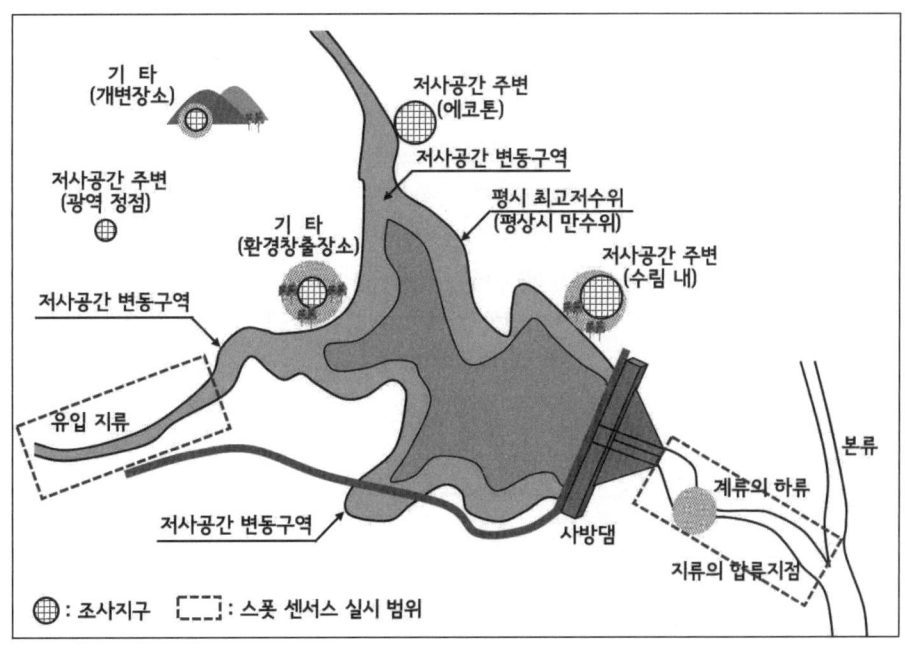

그림 2-74. 조사지구의 배치사례(조류)

9.7.4.3. 조사방법의 선정

조류에 대한 현지조사는 조사지구에 따라 저사공간에서는 육상조사, 저사공간 주변에서는 라인 센서스법(일부 스폿 센서스법을 포함함) 또는 정점 센서스법, 상류 계류와 하류 계류에서는 스폿 센서스법 등을 우선적으로 적용한다.

[해설]

각 조사방법의 구체적인 내용에 대해서는 후술하는 「9.7.5. 현지조사」에 제시한 것을 참고로 한다.

9.7.4.4. 조사시기 및 횟수의 설정

조사를 지속하여 자료를 축적하기 위해서는 기본적으로 전체 조사계획에서 설정한 조사시기를 변경하지 않도록 하고, 번식기와 월동기에는 2회 이상 조사를 실시한다.

[해설]

기존 조사에서 도요새·물떼새류가 다수 도래하는 것으로 예상된 지구는 봄철의 도래시기와 가을철의 번식기에도 조사한다. 그리고 번식기와 월동기에는 해당 지구에서 월동하는 조류를, 봄철과 가을철의 도래시기에는 도래 중인 도요새·물떼새류를 파악한다.

한편, 조사시기를 설정할 때에는 다음과 같은 사항에 유의하여야 한다.
① 고지대는 평야부(저지대)보다 보름 정도 번식기조사를 늦게 실시한다.
② 장기간에 걸쳐 전면적으로 결빙되는 곳은 전면 결빙기에 월동기조사를 실시하도록 한다.
③ 단기간 동안에만 전면 결빙하는 곳은 전면 결빙기를 피하여 월동기조사를 실시한다.
④ 장기 적설지역의 월동기조사는 장기 적설시기에 실시한다.
⑤ 계류의 유량이 극단으로 감소하는 경우에는 해당 시기를 피한다.
⑥ 수렵기가 월동기와 중복되는 경우에는 이를 충분히 고려하여 조사시기를 설정하고, 수렵기는 전국적으로 다를 수 있기 때문에 관할 부서에 문의한 후에 진행한다.

9.7.4.5. 현지조사계획서의 작성

「전체 조사계획서」 및 전술한 9.7.4.1로부터 9.7.4.4를 참고로 하여 현지조사가 원만하게 실시되도록 현지조사계획서를 작성한다.

[해설]

그리고 현지조사를 실시할 때의 상황에 따라 수시로 변경하거나 충실을 기하도록 한다.

9.7.5. 현지조사

> 육안점검에 의한 확인을 기본으로 각 조사지구에 있어서의 조류의 서식상황을 파악한다.

[해설]

현지조사 시에는 사고방지에 노력하여야 하고, 습지나 용출수지 등과 같이 귀중한 환경을 조사할 경우에는 가능하면 영향을 미치지 않도록 충분히 배려한다.

9.7.5.1. 조사방법

> 조류조사는 조류 센서스조사(라인 센서스법, 정점 센서스법, 스폿 센서스법)와 집단 분포지조사를 실시한다.

[해설]
1) 조류 센서스조사

조류 센서스조사는 조사지구의 조류 분포상황을 파악하는 조사로, 자세한 내용은 다음과 같다.

① 라인 센서스법

라인 센서스법은 도보하면서 조사 정선(定線, census line) 주변에 출현하는 조류의 모습 또는 울음소리에 따라 종, 개체수 및 위치를 확인하는 방법이다.

그림 2-75. 라인 센서스법에 의한 조류 관찰

조사 정선은 지형, 식생 등을 고려하여 조사지구를 파악할 수 있도록 1개의 조사지구당 1km의 라인을 설정한 후, 설정된 조사 정선을 아주 느린 속도(시속 1.5~2.5km 정도)로 도보하면서 약 7~10배의 쌍안경으로 관찰한다. 관찰 폭은 한쪽 편이 25m(계

50m)이 되게 설정하는 것을 기본으로 하고, 시야가 좋은 곳은 관찰 폭을 조사지구의 범위 한도에서 적당하게 넓혀도 되지만, 기록할 때에는 자료를 구별하도록 한다.

수림 내의 조사지구에 있어서는 기본적으로 라인 센서스법을 실시하지만, 상류 계류, 하류 계류에서 실시하는 스폿 센서스법과의 자료를 비교하기 위해서는 1km의 조사 정선에서 3개소(약 250m, 500m, 750m 지점)를 선정하여 스폿 센서스법을 실시한다. 다만, 조사지구가 좁고, 1km의 조사 정선을 설정할 수 없는 경우에는 3개소의 스폿 라인법만 실시하고, 관찰한 범위를 1/2,500 평면도 등에 도시한다.

② 정점 센서스법

정점 센서스법은 조사 정점에 체류하면서 주변의 조류를 확인하는 방법으로, 경계심이 많아 조사자가 기다리지 않으면 관찰할 수 없는 종이나 전망이 넓은 경우에 사용한다. 따라서 에코톤이나 기타(지형개변 장소, 환경창출 장소)의 조사지구에서는 기본적으로 정점 센서스법으로 조사하며, 조사지구의 주요한 환경을 관찰할 수 있도록 1~3개의 조사장소를 설치한다.

이때 조사지구의 주요한 환경을 관찰할 수 있는 전망장소가 있다면 조사개소를 반드시 조사지구 내에 설정할 필요는 없지만, 관찰반경은 50m를 기본으로 하기 때문에 지나치게 떨어진 장소에 설정하지 않는다.

그림 2-76. 정점 센서스법에 의한 조류 관찰

관찰은 약 7~10배의 쌍안경 및 약 20~30배의 망원경(스포팅 스코프)으로 관찰하며, 개체수가 많은 경우에는 수취기(카운터)를 함께 사용한다. 조사시간은 1개의 조사장소에서 30분을 기준으로 한다(다만, 상류 및 하류 계류에서 실시되는 스폿 센서스법과 비교하기 위해서는 10분 이내와 이상으로 구별하여 기록한다).

한편, 넓은 범위를 행동반경으로 하는 대형 종(참매, 뿔매 등의 희소 맹금류나 황새 등)을 중점적으로 파악할 때에는 필요에 따라「광역 정점조사」등을 실시한다.

③ 스폿 센서스법

유입 계류, 하류 계류 및 저사공간의 주변(수림 내)에서 조사할 경우에는 조사방법을 통일하기 위하여 스폿 센서스법으로 조사한다(수림 내에서는 라인 센서스법을 진행하는 도중에 실시함).

○ 상류(유입) 계류 및 하류(유출) 계류

상류 및 하류 계류인 경우, 약 250m마다 조사원의 조사장소(스폿)를 설정한다. 이때 관찰범위는 조사장소로부터 반지름 약 100m 범위로 한다(다만, 수림 내의 스폿 센서스법과의 자료 비교를 위해서는 반지름 50m 이내와 50m 이상으로 기록을 구별함). 그리고 조사지구 내(조사장소로부터 거리 반지름 약 100m 또는 50m 이내)일지라고 근처의 수림이나 계류의 굴곡도, 거석, 교량 등이 시야를 방해하여 육안에 의한 동정이 불가능한 곳은 시야도(視野圖)를 작성하여 육안에 의한 동정이 가능한 범위와 불가능한 범위를 파악하는 자료로 활용한다.

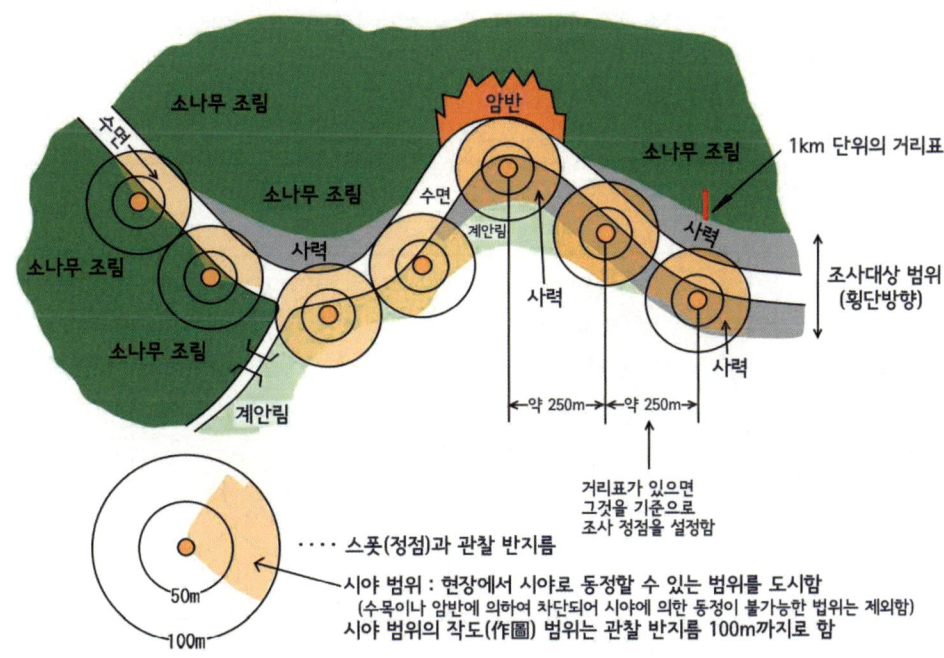

그림 2-77. 계류에 있어서의 스폿 센서스법의 조사지구(조사장소) 배치 이미지

조사장소는 계폭(계상퇴적지 포함)이 넓은(100m 이상) 경우를 제외하면, 기본적으로 기슭의 도보하기 쉬운 장소에 설정한다. 구체적으로는 기슭막이의 둑마루나 계류 근처의

임도, 산책로, 보행이 가능한 생태통로, 줄기가 작은 초지, 사력지대 등에 설치하며, 보행이 가능한 복수의 통로가 있으면 수면에 가까운 쪽을 채택한다.

한편, 1개의 조사지구에 대한 관찰시간은 10분을 원칙으로 하고, 10분 이내에 개체가 전혀 관찰되지 않았을 경우에는 추가로 관찰할 수도 있다. 이 경우, 조사표에 기입하는 종료시각은 실제로 기록이 종료된 시각을 기입한다.

관찰용 도구는 약 7~10배의 쌍안경 및 약 20~30배의 망원경(스포팅 스코프)을 이용하고, 개체수가 많은 경우에는 수취기(카운터)도 함께 사용하면 보다 정확하게 파악할 수 있다. 그리고 기록이 종료된 후에는 조사표의 기록 누락 여부를 확인하고, 다음 조사장소로 이동한다.

○ 저사공간 주변(수림 내)

저사공간 주변(수림 내)에서는 라인 센서스법을 원칙으로 하며, 특히 1km의 조사정선의 경우 3개소(약 250m, 500m, 750m 지점)에서 스폿 센서스법을 실시하고, 관찰범위는 상류 및 하류 계류보다 시야가 나쁘므로 반지름 약 50m의 범위로 한다.

1개의 조사지구에 대한 관찰시간은 10분으로 하는 것을 원칙으로 하고, 10분 이내에 그 어떤 개체도 관찰되지 않았을 경우에는 추가로 관찰할 수도 있다. 이 경우, 조사표에 기입하는 종료시각은 실제로 기록이 종료된 시각을 기입한다.

한편, 관찰도구는 상류 및 하류 계류와 마찬가지로 약 7~10배의 쌍안경 및 약 20~30배의 망원경을 이용하고, 기록이 종료된 후에는 조사표의 기록이 누락된 여부를 확인한 후에 라인 센서스법을 실시하면서 다음 조사장소로 이동한다.

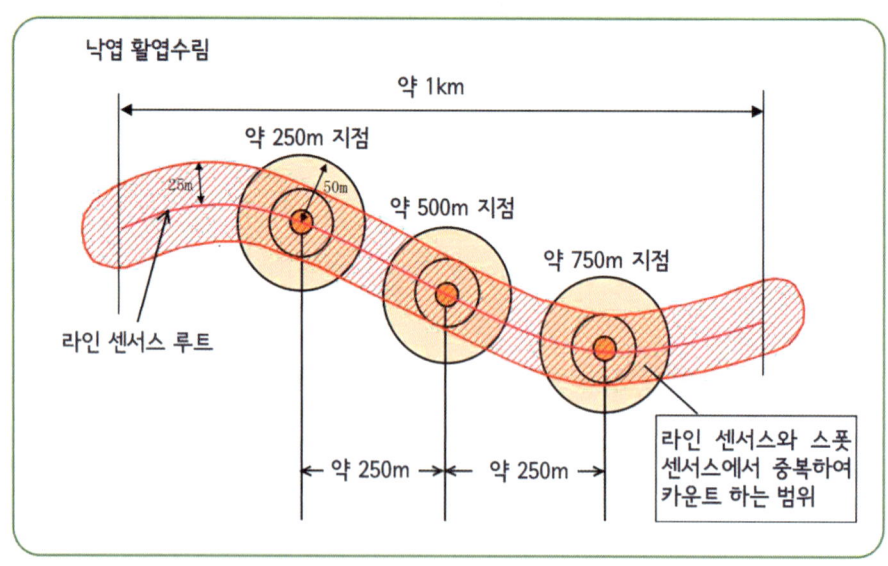

그림 2-78. 수림 내에 있어서의 스폿 센서스법의 조사지구(장소) 배치 이미지

○ 조사 시의 유의사항

현지조사를 실시할 때에는 다음과 같은 사항에 유의하여야 한다.
① 조사는 2인 1조로 실시하는 것을 원칙으로 하고, 1인은 식별을, 나머지 1인은 기록하는 체제로 조사한다.
② 번식기조사 등에서 저사공간에 서식하는 조류의 개체수가 적은 경우에는 기록을 생략할 수 있다.
③ 기본적으로 종 수준까지의 식별을 육안관찰 및 울음소리에 의하여 실시한다. 또한, 일부 야외에서 아종을 식별할 수 있는 것은 아종 수준까지 식별한다.
④ 조사원은 반드시 전문가일 필요는 없지만, 조류의 야외 식별능력이 있는 조사자가 담당하도록 한다.
⑤ 희귀종뿐만이 아니라 출현하는 모든 조류에 대하여 기록한다. 다만, 사육 개체라고 판단되는 조류는 기록하지 않는다.
⑥ 조사 시 번식지·산란지 등에 부득이하게 출입하여야 할 경우, 조류가 둥지를 떠나지 않도록 떨어진 곳에서 확인하는 등, 주의를 기울여야 한다.

표 2-69. 관찰 시간대의 기준

주요 환경 (주 1)	예상되는 주요 조류	시간대 시기	새벽	조기	오전의 이른 시각	오전의 늦은 시각	오후
초지, 수림	매목, 꿩목, 비둘기목, 뻐꾸기목, 딱따구리목, 참새목	번식기	○	○	○	△(구름, 적은 비)	×
		월동기	○	○	○	○	
사력지	할미새과	연중	·주간(시간대는 불문)				
갯벌	도요새·물떼새류, 백로과 등	봄·가을 이동기 월동기	·주간의 적절한 썰물 시 ·동정 및 계수하기 쉬운 시간대에 조사하고, 조류를 동정하기 어려운 시간대는 피함				
	백로과 등	번식기	·주간(시간대는 불문)				
수면	논병아리목, 가마우지과, 오리목, 갈매기과, 백로과 등	연중	·주간(시간대는 불문)				

※ 주 1 : 동일 장소에서 주요 환경이 복수인 경우에는 양쪽을 겸한 시간대에 관찰하도록 함
※ 주 2 : 다음과 같이 날씨가 나쁜 날은 안전 상 문제가 있고, 동정의 정밀도가 떨어지기 때문에 조사하지 않도록 함.
  ① 강풍 시(약 풍력 4 이상, 황사가 발생하거나 작은 쓰레기나 낙엽이 휘날릴 때)
  ② 강우 시(이슬비는 제외)   ③ 폭설 시 등

2) 집단 분포지조사

집단 분포지조사는 조사구역 내에서 조류의 집단 분포지와 그 조류의 서식상황을 대략적으로 파악하는 조사로, 조사할 때에는 조사 자체에 의하여 둥지를 포기하거나 분포지

가 교란되는 것을 방지하기 위하여 가능하면 조류가 놀라지 않도록 노력한다.
○ 조사대상
조류의 집단 분포지에 있어서 해당 조사대상은 다음의 조건을 만족하는 경우로 한정한다.
① 특정 이용형태(번식지, 둥지, 먹이 섭취 등)로 특정 장소(나무, 암석지, 습지, 수면, 사력지, 구조물 등)를 이용하고 있다.
② 같은 무리가 같은 장소를 일정기간 동안 거의 매일같이 집단으로 이용하고 있는 것으로 판단된다.

다만, 집단 분포지가 몇 쌍 이상인지를 나타내는 정의는 없으며, 조사효율의 향상 및 조사수준의 통일을 위하여 기록대상 집단과 확인 개체수(한 개의 집단 당)의 기준은 표 2-65에 제시한 바와 같다. 그러나 특정 장소에 대한 의존도(장소의 선택성)가 낮거나 집단성이 낮은(분산되기 쉬운) 집단은 이 조사에서는 제외한다.

표 2-70. 조류조사에서 기록하는 집단 분포지의 사례

이용형태	주요 종류(사례)	기록 대상 집단의 확인 기준
집단 번식지 (거주지)	·까마귀류 ·백로류 ·매류(황조롱이 등) ·갈매기류(제비갈매기류 포함)	5둥지 이상(오래된 둥지: 제외, 판별 불가능한 둥지: 포함)
	·바늘꼬리칼새류 ·찌르레기 ·제비류(흰털발제비, 갈색제비 등)	50둥지 이상(오래된 둥지: 제외, 판별 불가능한 둥지: 포함)
집단 둥지	·까마귀류 ·백로류 ·기러기류 ·두루미류 ·매류(개구리매, 흰꼬리수리, 참수리 등) ·올빼미류(칡부엉이, 쇠부엉이 등)	약 10마리 이상
	·참새목 : 제비류(늦여름~가을), 참새 ·찌르레기(늦여름~겨울) ·되새류(겨울)	약 100마리 이상
집단 월동지 집단 중계지	·기러기류 ·백조류 ·혹부리오리류 ·아비류 ·논병아리류 ·노랑부리저어새류	약 10마리 이상
	·오리류(기러기류, 백조류 제외) ·갈매기류	약 100마리 이상
	·도요새 ·물떼새류	약 10마리 이상
	·제비류 등 ·논병아리	약 50마리 이상
집단 섭식지	·백로류(섭식을 위하여 댐 등에 모이는 경우) ·연어 등, 어류의 소상 시에 모여드는 조류	약 10마리 이상
기타	(조사표에 구체적으로 이용형태와 종명 등을 기입함)	

※ 이 표는 조류조사의 현장 확인에 대한 작업효율의 향상과 전국적 집계를 위하여 기록대상 집단 숫자를 정하였음(이보다 숫자가 많은 경우, 집단 분포(지)라고 함)
※ 특정 장소에 대한 의존도가 낮은 무리는 이 조사의 집단 분포지조사에서 제외함
 (사례 : 박새와 쇠딱따구리가 섞인 무리, 민물가마우지 무리, 상공을 통과하는 무리)
※ 분산되기 쉬운 무리는 조류조사의 집단 분포지조사에서 제외함
 (사례 : 쓰레기나 인위적인 사체 등(먹이)에 모여드는 큰부리까마귀나 갈매기류)

○ 조사방법
 전체 조사구역을 대상으로 조류의 집단 분포지의 위치와 상황(종명, 개체수, 나이, 둥지의 숫자, 이용하는 수종 등)을 기록한다. 이때 해당 분포지가 잘 보이는 다수의 관찰 정점에서 관찰하는 것이 원칙이지만, 정점에서 잘 보이지 않을 때에는 조사원을 이동시켜 개체수 등을 파악한다.
 그리고 번식지·둥지에 부주의하게 출입하면 조류가 둥지를 떠나는 원인이 되기 때문에 경계심이 많은 종은 멀리 떨어진 장소에서 확인한다.
○ 조사시기
 집단 분포지는 종별·이용형태에 따라 확인하기 쉬운 시기가 다르고, 해마다 장소나 시기가 변하기 때문에 조사시기만으로 분포상황을 파악할 수 없는 경우가 있다. 이와 같은 경우에는 집단 분포지를 조사할 수 있는 적기, 일수, 지구 등을 사전에 설정하고, 기타 조사시기에 함께 파악할 수 있는 집단 분포지가 있으면 같은 시기에 조사한다.
○ 조사시간대
 조사시간대는 조사대상의 종류와 이용형태(번식지, 둥지, 월동지, 중계지 등)를 고려하여 관찰하기 쉬운 시간대를 설정한다. 예를 들면, 둥지는 일출이나 일몰 즈음에 조사하는 것이 바람직하며, 도요새·물떼새류는 썰물 시에 조사한다.
 그리고 종일 해당 장소를 이용 또는 둥지를 관찰할 수 있는 집단 분포지(쇠제비갈매기의 집단번식지 등)에서는 기록할 수 있다면 시간대는 언제라도 상관없다.

9.7.5.2. 현지조사의 기록

조류의 현지조사의 기록은 조류 센서스조사와 집단 분포지에 대한 상황 등을 기록한다.

[해설]
1) 조류 센서스조사
 ○ 조사지구의 상황
  조사지구의 상황은 매 조사마다 조사대상의 환경구분(주로 식물군락)을 표 2-71을 참조하여 조사구간의 대략적인 면적비율(10% 단위)로 기록한다(10% 미만은 "+"로 기입).
 ○ 조사 시의 상황
  각 조사구간에 있어서 현지조사를 실시할 때의 상황을 매 조사 시마다 정리하도록 한다.
  ① 조사횟수 : 조사를 실시한 연도에 있어서 몇 번째로 실시한 조사인가를 기록하도록 한다.
  ② 조사시기 : 조사를 실시한 시기(번식기, 월동기 등)를 기록한다.
  ③ 조사 연월일 : 조사 연월일을 기록한다.

④ 조사시각 : 조사를 개시한 시각 및 종료 시각(24시간 표시)을 기록한다.
⑤ 날씨 : 현지조사 개시 시의 날씨를 기록한다.
⑥ 기온 : 현지조사 개시 시의 기온을 기록한다.
⑦ 바람의 상황 : 현지조사 개시 시의 바람 상황을 「없음·약·중·강」 중에서 선택한다.
⑧ 특기사항 : 현지조사 시에 조류의 서식과 관련이 있다고 판단되는 상황을 기록한다 (사례 : 풀베기, 자갈 채취, 계류의 공사 등).
⑨ 조사책임자, 조사담당자 : 현지조사를 실시한 조사책임자, 조사담당자의 이름, 소속 등을 기록한다.

표 2-71. 조사대상 환경구분

구분		개요
개방 수로	유수지역	침수식물 군락, 부엽식물 군락, 추수(抽水)식물 군락을 제외한 계류의 유수지역(유입 지류는 포함)
	웅덩이	침수식물 군락, 부엽식물 군락, 추수식물 군락을 제외한 평상시에도 본류와 연속된 지수(止水)지역이나 계상퇴적지의 폐쇄적 수역(水域) 등, 계류구역 내에 통상의 물의 흐름과 분리된 수역
침수·부엽식물 군락		침수식물 군락 및 부엽식물 군락이 우점하는 영역
나지		식생으로 덮여 있지 않은 모래·자갈·진흙지대(조성 중인 나지)
초지	낮은 줄기	풀의 길이가 1m 미만인 초지
	높은 줄기	풀의 길이가 1m 이상인 초지
관목림		약 4m 미만의 목본이 우점하는 영역(인공 침엽수 포함)
활엽수림		약 4m 이상인 활엽수림이 우점하는 영역(죽림은 제외)
침엽수림		약 4m 이상인 침엽수림이 우점하는 영역(인공 침엽수은 포함)
죽림		대나무가 우점하는 영역
조릿대밭		약 4m 미만의 대나무나 조릿대가 우점하는 영역
과수원		과수원으로 이용되고 있는 영역(봉나무밭은 포함)
밭		최근에 경작되고 있는 밭(논·과수원은 포함하지 않음)
논		최근에 경작되고 있는 논
잔디밭		운동장, 운동공원, 골프장 등의 인공 잔디밭
인공구조물		사력토층 등이 거의 없는 도로면, 기슭막이, 교량 등의 지역
기타		전술한 이외의 구분

○ 조사결과(저사공간 이외)
조사방법별로 확인한 상황에 대하여 다음과 같은 항목을 기록한다.
① 종명
동일 조사지구 내에서 같은 종이 확인되어도 조사장소, 동정수단, 번식행동, 관찰시간이 다른 경우에는 별도로 기록한 후, 원칙적으로 종 수준까지 식별·동정한다.
다만, 이동시기 등의 이유로 복수의 아종이 기록될 수 있는 시기이지만, 형태, 소리 등으로 야외식별이 가능한 아종은 종명과 아종명을 함께 기록한다. 이때 종명과 아종명이 구분이 어려울 경우에는 이를 혼동하지 않도록 기술하고, 학명을 함께 기록한다.
② 개체수
통계처리를 위하여 개체수는 자연수로 기록하지만, 정확한 개체수를 파악할 수 없을 때에는 30마리, 200마리 등과 같은 자연수로 기록한다. 단, 약 200마리, ±200마리, 200마리 이상, 200마리 미만 등의 개략적 표현은 하지 않는다.
③ 조사장소
저사공간 주변(수림 내) 조사지구에서 라인 센서스법과 스폿 센서스법을 실시하거나 에코톤 및 기타(지형개변 장소·환경창출 장소) 조사지구에서 정점 센서스법을 실시할 경우, 동일 조사지구에서는 조사장소(조사 라인·조사 정점)별로 조사결과를 기록한다. 상류 계류·하류 계류에서 스폿 센서스법을 실시할 경우에는 스폿별로 조사지구의 번호가 다르기 때문에 조사장소에 따라 조사결과를 구별할 필요는 없다.

표 2-72. 조사장소의 구분(1)

약자	조사장소
L	라인 센서스법(1.0km)
SP1	스폿 센서스법(약 250m 지점)
SP2	스폿 센서스법(약 500m 지점)
SP3	스폿 센서스법(약 750m 지점)

※ 이 표는 저사공간 주변 수림 내의 조사지구임

표 2-73. 조사장소의 구분(2)

약자	조사장소
L	라인 센서스법(1.0km)
SP1	정점 센서스법(첫 번째의 정점)
SP2	정점 센서스법(두 번째의 정점)
SP3	정점 센서스법(세 번째의 정점)

※ 이 표는 에코톤 및 기타 : 지형개변 장소, 환경창출 장소

④ 확인 위치

관찰한 조류에 대하여 조사장소(조사 라인 · 조사 정점)로부터의 거리를 표 2-74에 따라 기록하고, 확인 후에 조류가 이동한 경우에는 확인 시의 거리를 기록하도록 한다.

표 2-74. 확인 위치의 구분

조사방법	약자	조사장소로부터의 거리
라인 센서스법	25	25m 이내인 곳
	>25	25m보다 먼 곳
정점 센서스법 스폿 센서스법	50	50m 이내인 곳
	100	50m보다 멀고, 100m 이내인 곳
	>100	100m보다 먼 곳

⑤ 동정수단

관찰한 조류를 동정한 수단을 기록한다. 복수의 수단으로 동정한 경우에는 조사결과를 구별하여 기록한다.

표 2-75. 동정수단

약자	주요 동정수단	설명
V	육안 Visual	육안으로 동정하는 것으로, 관찰도구를 함께 사용하는 것을 포함함
S	지저귀는 소리 Song	주로 작은 새의 수컷이 내는 특징 있는 소리로, 구애나 영역을 선언하는 기능이 있는 것으로 알려지고 있음
C	울음소리 Call	지저귀는 소리 이외의 소리로, 작은 울음소리(지저귀는 소리와 비슷한 작은 소리를 포함함)나 지저귀는 소리인지 아닌지가 불분명한 경우를 포함하도록 함
O	기타(비고란에 구체적으로 기입)	동정할 수 있는 특징적인 흔적 등(새털이나 사체, 먹이 흔적, 발자국 및 제비과인 경우에는 오래된 둥지 등)

⑥ 번식행동

조류가 번식을 나타내는 행동이 관찰된 경우에는 표 2-76에 제시한 구분방법에 따라 그 내용을 기록한다.

표 2-76. 번식행동의 구분방법

랭크	주요 대상	약칭	설명
A 번식 확인	어미 새 (번식 가능한 어린 새를 포함)	둥지의 출입	둥지나 둥지가 있을 것 같은 곳에 반복 출입함
		포란·포추 추정	알이나 새끼를 품고 있거나 품고 있음
		배설물 운반	어미 새가 새끼의 배설물을 운반하고 있음
		둥지 근처에서의 먹이 운반	어미 새가 둥지에 먹이를 운반하고 있고, 주변에 둥지가 있는 경우에 한함
		위장 흔적	위장 흔적이 발견됨
	둥지	둥지를 사용한 흔적(알껍데기)	둥지를 사용한 흔적(알껍데기)이 있는 둥지
		〃 (새끼 깃털)	둥지를 사용한 흔적(새끼 깃털)이 있는 둥지
		〃 (배설물)	둥지를 사용한 흔적(배설물)이 있는 둥지
		〃 (먹이 찌꺼기)	둥지를 사용한 흔적(토설물, 찌꺼기)이 있는 둥지
	알	둥지 내 알	둥지에 알(부화 전)이 확인됨
	둥지 내 어린 새	둥지 내 새 모습	둥지 내의 새끼가 육안으로 확인됨
		둥지 내 새소리	새끼의 소리가 들림
	둥지 떠난 어린 새	이동성이 낮은 둥지를 떠난 새끼	둥지로부터 거의 이동하지 않은 것으로 판단되는 둥지를 떠난 새끼가 발견됨
	-	기타	번식이 확인된 사항을 구체적으로 기입함
B 번식 가능성	어미 새 (번식 가능한 어린 새를 포함)	지저귀는 소리	둥지를 사용할 수 있고, 해당 종의 번식시기에 지저귀는 소리를 들음(겨울새나 철새는 제외함)
		쪼는 소리	둥지를 사용할 수 있는 환경으로, 번식기에 쪼는 소리(딱따구리류)를 들음(겨울새나 철새는 제외)
		구애	구애행동을 보았지만, 겨울새나 철새는 제외함
		교미	교미행동을 보았지만, 겨울새나 철새는 제외함
		경계	위협이나 경계행동에 의하여 부근에 둥지 또는 새끼가 있는 것으로 판단됨
		추정 둥지의 어미 새	둥지는 잘 안 보이지만, 둥지가 있을 만한 곳에 어미 새가 나타남(잠자리일 때는 제외함)
		둥지 만들기	둥지를 만드는 행위를 발견함
		둥지 재료 운반	어미 새가 둥지 재료를 운반하고 있음, 다만, 주변에 둥지가 있는 것으로 판단되는 경우에 한함
		둥지는 분명하지만 먹이 운반	어미 새가 먹이를 운반하고 있지만, 둥지가 주변에 있는지 모름(번식기의 물수리, 물총새 등)
	둥지	둥지뿐	둥지를 발견하였지만, 둥지, 새끼, 어미 새, 둥지를 사용한 흔적 등을 근처에서 발견하지 못함
	알 껍데기	알 껍데기뿐	알껍데기를 발견하였지만, 새끼, 어미 새, 둥지를 사용한 흔적 등을 근처에서 발견하지 못함
	둥지 떠난 새끼나 가족 무리	이동성이 높은 둥지를 떠난 새끼	상당히 이동한 것으로 판단되는 둥지를 떠난 새끼를 발견함
		가족 무리	상당히 이동한 가족 무리를 발견함
	-	기타	번식 가능성이 있는 사항을 구체적으로 기입함

⑦ 관찰시간

정점 센서스법 및 스폿 센서스법을 실시한 경우, 10분 이내와 30분 이내 등과 같이 확인한 시간을 기록하고, 라인 센서스법인 경우에는 빈칸으로 한다. 그리고 조사구역 내에 있어서 현지조사 전후 또는 스폿 사이의 이동 중 등에 확인된 종에 대해서는 「이동 중의 확인 종」으로 기록한다. 다만, 조사시간 내에 확인된 종과 같은 종인 경우에는 기록하지 않아도 된다.

⑧ 중복 개체

저사공간 주변(수림)의 조사지구에 있어서 라인 센서스법 및 스폿 센서스법을 실시한 경우, 각 방법마다 같은 개체에 대하여 중복하여 기록하는 경우가 있다. 이 경우 두 번째 기록한 개체에 대해서는 최초에 확인하였을 때의 No.를 기록한다.

⑨ 조사지구·조사장소 위치도

조사지구·조사장소를 평면도(식생도를 사용하는 것이 바람직함)에 다음과 같이 기록한다.
- 현지조사를 실시한 조사지구의 범위를 실선으로 표시한다.
- 스케일, 방위 및 흐름의 방향(→)을 기록한다.
- 조사지구의 개황을 촬영한 위치와 방향을 ●→와 같이 기록한다.
- 라인 센서스법의 조사경로를 ──으로, 정점 센서스법 및 스폿 센서스법의 조사 정점을 ■으로 표시한다.

○ 조사결과(저사공간)

종명, 개체수, 동정수단 및 번식행동은 ③과 같이 기록한다. 그리고 저사공간 및 퇴사 변동지역의 범위를 기록한 후, 조류 전체를 대상으로 최초(날아가기 이전)에 확인한 위치를 약 1/2,500~1/5,000 평면도에 기록한다. 또한, 무리를 이루고 있을 경우에는 중심부의 위치를 기록하지만, 큰 무리가 다른 환경에 중복되었거나 떨어져 있는 경우에는 적당하게 블록을 나누어 기록한다.

2) 집단 분포지조사

발견·동정한 조류를 종별로 종명, 나이, 개체수, 번식 행동, 관찰범위의 둥지 숫자, 새끼 숫자, 동정수단 등을 기록하고, 집단의 상황이나 번식상황은 상세하게 기술한다. 그리고 집단 분포지별로 조사일자, 기록개시·종료시각, 날씨, 환경구분 등에 대하여 1)을 참고하여 기록한다.

① 종명 : 확인된 조류의 우리말을 기록한다.
② 나이 : 「A」는 어미 새, 「I」는 젊은 새, 「J」는 어린 새, 「C」는 둥지 내 새끼, 「U」는 불분명 등으로 기록한다. 다만, 어린 새 「J」는 둥지를 떠난 새끼로부터 당해 연도 12월 31일까지로 하고, 젊은 새 「I」는 둥지를 떠난 이듬해의 1월 1일 이후로 한다.

③ 개체수 : 확인된 개체수를 기록한다.
④ 동정수단 : 동정에 기여한 주요 수단을 선택하여 기록한다(표 2-75 참조).
⑤ 번식행동 : 번식을 나타내는 행동을 확인하였을 때에는 그 내용을 기록한다(표 2-76 참조).
⑥ 둥지의 숫자 : 확인된 둥지의 숫자를 기록한다.
⑦ 비고 : 기타, 조사 시에 염려사항을 기록한다.
⑧ 특기사항 : 조사장소의 특징이나 조류의 서식과 관련된 것은 특기사항으로 기록한다.

9.7.5.3. 동정

조류의 동정을 실시할 때의 유의사항, 동정에 사용한 문헌 등을 정리한다.

[해설]
1) 동정을 실시할 때의 유의사항

동정은 각종 참고문헌이나 유의사항을 활용하여 육안관찰(관찰도구를 함께 사용) 및 울음소리(지저귀는 소리 등), 특징적인 흔적(깃털, 사체, 오래된 둥지, 발자국 등) 등에 의하여 실시한다.

한편, 현지조사 시에 기록이 적은 종이지만 지리적으로 새롭게 분포 또는 번식할 가능성이 높은 곳은 동정근거로서 사진을 촬영하여 기록하는 것이 바람직하며, 관련 학회 등의 학술지에 적극적으로 투고하여 학술적인 기록을 남기도록 한다.

2) 동정문헌의 정리
① 문헌 No. : 발행연도 순으로 정리한다.
② 분류군·종명 : 동정의 대상이 되는 분류군 또는 종명을 기록한다.
③ 해당하는 분류군·종명별로 문헌의 명칭, 저자명, 발행연도 및 발행처를 기록한다.

9.7.5.4. 사진촬영 및 정리

조사지구의 상황, 조사실시 상황, 생물종 등에 대하여 사진을 촬영하고, 정리한다.

[해설]
1) 사진촬영
① 조사지구의 상황

조사지구 및 그 주변의 개관을 설명할 수 있는 사진을 매 조사마다 촬영하고, 조사지구의 상황 사진은 계절적인 변화 등을 알 수 있도록 가능하면 같은 위치, 각도, 높이에서 촬영한다.

집단 분포지가 확인된 경우에는 조류의 상황을 알 수 있는 근경사진(둥지 등), 집단 분포지의 장소에 대한 상황(식생, 계상퇴적지나 수제와의 위치관계) 등을 알 수 있는 원경사진을 집단 분포지별, 조사횟수별로 촬영한다. 다만, 집단 번식지에 대해서도 무리하여 접근하면 둥지를 떠나는 원인이 되므로, 주의를 기하면서 촬영하고, 해당 조류가 경계심이 많아 접근하기 곤란한 경우에는 근경사진을 생략한다.

② 조사실시 상황

라인 센서스법, 정점 센서스법 등의 조사상황이나 기자재를 설명할 수 있는 사진을 촬영하고, 각 조사방법, 기자재의 상황 등에 대한 설명사진은 각 1장으로 한다.

③ 생물종

조류는 이동성이 높고, 쉽게 접근할 수 없기 때문에 조사 중에 사진을 촬영하기 어렵다. 또한, 조류의 촬영에 적합한 망원렌즈는 무겁기 때문에 들고 다니면서 조사하기가 곤란하다. 따라서 기본적으로는 조류의 사진촬영은 실시하지 않아도 된다. 다만, 동정 상 의문이 있는 종이나 기록이 없는 종, 국내에 새롭게 출현하여 관찰기록이 거의 없는 경우에는 동정근거로서 종의 특징을 알 수 있게 사진을 촬영한다.

한편, 둥지가 발견된 경우에는 무리하게 접근하면 둥지를 떠나는 원인이 될 가능성이 있기 때문에 영향을 줄 것으로 염려될 경우에는 촬영하지 않는다.

2) 사진의 정리

① 사진구분 : 촬영한 사진에 대하여 「P : 조사지구 등」, 「C : 조사실시 상황」, 「S : 생물 종」, 「O : 기타」로 구분하고, 그 번호를 기록한다.
② 사진표제 : 사진의 표제를 기록한다.
③ 설명 : 촬영상황, 생물 종에 대한 보충정보 등을 기록한다(예 : ○다리의 하류, 수컷 등).
④ 촬영 연월일 : 사진을 촬영한 연월일을 기록한다(예 : 조사지구의 상황, 물새 등).
⑤ 지구번호 : 사진을 촬영한 지구번호를 기록한다.
⑥ 지구명 : 사진을 촬영한 지구명을 기록한다.
⑦ 파일명 : 사진의 파일명을 기록한다. 즉, 파일명의 앞부분에는 사진구분의 알파벳의 첫 번째 문자를 부기하고, 촬영대상을 알 수 있도록 이름을 붙인다.

9.7.5.5. 이동 중인 확인 종의 기록

조사구역 내의 조사지구 사이를 이동하고 있는 중일지라도 중요종이나 집단 분포지를 확인한 경우에는 종류와 개체수, 위치 등을 기록한다.

[해설]
 우연히 발견된 집단 분포지에 대해서도 시기, 시간대, 관찰장소 등을 고려하여 필요에 따라서는 미리 집단 분포지조사를 추가하여 실시한다.

9.7.5.6. 기타 생물의 기록

> 현지조사 시 새우·게·조개류, 양서류의 산란장소, 파충류·포유류의 사체(로드 킬 등)이나 대형 포유류, 박쥐류, 수중식물 등, 조류 이외의 관찰 가능한 생물에 대한 그 중요종과 특정 외래생물 혹은 특별히 기록하여야 할 종이면서도 현지에서 동정이 가능하면 「기타 생물」로 기록한다.

[해설]
 동정의 오류를 피하기 위하여 무리하게 동정하지 말고, 포획·습득한 생물에 대해서도 사진을 촬영하며, 가능하면 표본을 작성한다. 그리고 목격한 생물에 대해서도 사진촬영이 가능하면 바람직하지만, 무리한 경우에는 그 생물의 특징(색, 형태, 크기, 행동 등)을 대신 기록한다.
 한편, 기타 생물의 기록은 어디까지나 보충적인 사항이기 때문에 본래의 조류조사에 지장을 초래하지 않는 범위에서 실시한다.
  ① 생물항목 : 확인된 생물에 대하여 사방조사에서의 조사항목 명칭을 기록한다.
  ② 목명·과명·종명 : 확인된 생물에 대한 목명과 과명, 종명을 기록한다.
  ③ 사진, 표본 : 사진을 촬영하거나 표본을 제작한 경우에는 기록한다.
  ④ 지구번호 : 확인된 지구번호를 기록하고, 조사지구 외에서 확인된 경우 지명을 기록한다.
  ⑤ 확인 연월일 : 확인된 연월일을 기록한다.
  ⑥ 확인상황 : 확인방법, 주변의 환경, 개체수 등을 기록한다.
  ⑦ 동정 책임자(소속) : 동정 책임자의 이름 및 소속을 기록한다.

9.7.5.7. 조사개요의 정리

> 현지조사를 실시한 조사지구, 조사시기, 조사방법 및 조사결과의 개요 등에 대하여 구체적인 항목을 정리한다.

[해설]
1) 조사실시 상황의 정리
 현지조사를 실시한 조사지구, 시기 및 방법에 대하여 다음의 항목으로 정리한다.
  ① 조사지구 : 사업지의 공간구분, 지구번호, 지구명, 지구의 특징, 조사지구의 선정근거를 기록한다. 그리고 이전 조사지구와의 대응, 전체 조사계획과의 대응 및 해당 조사지구에서 실시한 조사방법에 대해서도 기록한다.

② 조사시기 : 조사횟수, 시기(번식기, 월동기 등), 조사 연월일, 조사시기의 선정근거, 조사를 실시한 지구 및 해당 조사시기에 실시한 조사방법을 기록한다.
③ 조사방법 : 조사방법, 구조·규격·숫자 등, 해당 조사방법을 실시한 조사지구 및 조사횟수를 기록한다. 또한, 특기사항이 있으면 기록한다.

2) 조사지구 위치의 정리

해당 조사지역의 위치를 파악할 수 있도록 지형도나 관내도 등에 사업지의 공간구분 및 조사지구의 위치를 기록한다. 축척과 방위를 반드시 기입하도록 한다.

3) 조사결과의 개요 정리

현지조사의 결과에 대하여 문장으로 알기 쉽게 정리한다.
① 현지조사 결과의 개요 : 현지조사 결과의 개요를 정리한다(예 : 현지조사에 있어서의 확인 종의 숫자 조류상의 특징 등).
② 중요종에 관한 정보 : 중요종의 확인상황 등을 정리한다. 그리고 중요종의 확인위치를 특정할 수 있는 정보에 관해서는 중요종의 보전 면에서 취급에 주의하여야 하므로, 「현지조사 결과의 개요」와 구별하여 정리한다.

9.7.6. 조사결과의 정리 및 고찰

9.7.6.1. 조사결과의 정리

현지조사의 결과는 중요종에 대한 경년 확인상황, 집단 분포지의 경년 확인상황, 종명의 변경내용, 확인 종의 목록, 현지조사에서 확인된 종, 전문가의 소견 등을 양식집에 정리하고, 고찰한다.

[해설]
1) 중요종에 대한 경년 확인상황의 정리

기존 및 해당 조사에서 확인된 중요종에 대하여 다음과 같은 항목을 정리한다. 또한, 현지조사에서 확인되지 않은 경우에는 현지조사 란에 ×로 기입하고, 현장의 상황 등에 의하여 판단한 서식 가능성에 대한 조언이나 전문가의 의견 등을 기입한다.

한편, 종명이 변경된 경우에는 종명과 지정구분, 주사실시 연도, 조사자 및 확인상황 등의 변경내용을 별도로 정리한다.
① 종명, 지정구분 : 중요종의 종명과 국가지정 천연기념물 등과 같은 중요종에 대한 지정구분을 기록한다.
② 조사실시 연도 : 중요종을 확인한 조류조사의 실시연도를 기록한다.
③ 조사자 : 조사를 실시한 사람의 이름 및 소속기관을 기록한다.
④ 확인상황 : 확인 시의 상황(주변 환경, 확인시기, 개체수 등)을 기록한다.

2) 확인상황의 정리
  해당 사업지 조사에서 확인된 조류에 대하여 조사시기, 조사지구별로 분류체계 순서에 따라 확인상황을 정리한다.

3) 경년 확인상황의 정리
  기존 및 해당 조사에서 확인된 조류의 집단 분포지에 대하여 조사를 실시한 연도별로 정리하고, 종명이 변경되었을 때에는 변경내용을 별도로 정리한다.

4) 집단 분포지의 경년 확인상황에 대한 정리
  기존 및 해당 조사에서 확인된 조류의 집단 분포지를 일람표에 기록한다.

5) 종명 변경내용의 정리
  기존의 조류조사에서 확인된 조류 중에서 종명을 변경한 것에 대하여 원래의 종명, 변경된 종명 등을 정리한다.
  ① 원래의 종명 : 기존의 조류조사에서 확인된 종명을 기록한다.
  ② 변경종명 : 변경 이후의 종명을 기록한다.
  ③ 조사실시 연도 : 확인한 조류조사의 실시 연도를 기록한다.

6) 확인 종의 목록 정리
  해당 현지조사에서 확인된 조류에 대하여 번호, 목명, 과명, 종명, 중요종과 외래종, 처음으로 확인된 종, 생물목록에 게재되지 않은 종 등을 작성한다.
  ① No. : 정리번호를 기록한다.
  ② 목명, 과명, 종명 : 해당 현지조사에서 확인된 조류에 대하여 기록한다.
  ③ 중요 종 : 확인된 조류가 중요종인 경우에는 그 지정구분을 기록한다.
  ④ 외래종 : 확인된 조류가 외래종인 경우에는 기록한다.
  ⑤ 처음으로 확인된 종 : 확인된 조류가 조사구역에서 처음으로 확인된 종인 경우에는 기록하도록 한다.
  ⑥ 생물 목록에 게재되지 않은 종 : 확인된 조류가 미게재 종이면 동정 근거문헌의 No.를 기록하고, 별도로 정리한 조류 동정문헌 일람표의 No.를 기록한다.

7) 현지조사에서 확인된 종에 대한 정리
  해당 현지조사에서 처음으로 확인된 종이거나 지금까지 분포가 알려졌지만 해당 조사에서 확인되지 않은 종, 중요종이나 기타 특별히 기술하여야 할 종에 대하여 확인상황과 그 평가내용을 정리한다.

① 처음으로 확인된 종 : 해당 현지조사에서 처음 확인된 종
② 지금까지 분포가 알려졌지만, 해당 조사에서 확인되지 않는 종 : 기존 조사에서 확인되었지만, 해당 조사에서는 확인되지 않은 종
③ 중요 종 : 「문화재보호법(법률 제17711호)」에 지정된 천연기념물, 「야생생물 보호 및 관리에 관한 법률(법률 제16609호)」에서 지정한 희귀야생동식물종 등에 게재된 종
④ 특별히 기술하여야 할 종 : 지역 고유종 등과 같은 지리적 분포지역에 대한 특징적인 종이나 새롭게 기록된 종 등

8) 해당 조사 전반에 대한 전문가의 소견
해당 조사에 대한 전문가 등의 소견을 정리한다.

9.7.6.2. 양식집

사전조사 및 현지조사의 결과를 참고로 하여 조사결과를 정리하고, 사전조사 양식, 현지조사 양식 및 정리 양식을 작성한다.

[해설]
1) 양식 기입 시의 유의사항
  ○ 종명의 기입
    종명을 기입할 때에는 다음과 같은 사항에 유의한다.
    ① 원칙적으로 종·아종으로 동정된 조류를 대상으로 한다.
    ② 조사결과를 정리할 경우, 종명의 기입, 종명의 배열에 대해서는 「사방기술(사방협회, 2020)」등을 참조한다.
    ③ 종, 아종까지 동정할 수 없는 경우에는 「○○속」(속명도 불분명한 경우에는 「○○과」)로 기입한다.
  ○ 종수를 집계할 때의 유의사항
    종까지 동정되지 않은 조류에 대해서도 동일 분류군에 속하는 종이 목록에 등재되지 않은 경우에는 집계한다(종수가 혼잡한 경우도 같음).
  ○ 종명에 정리번호를 부여하는 방법
    각 정리 양식별로 종명에 정리번호를 부여하고, 정리번호는 전술한 「② 종수의 집계할 때의 유의사항」에 근거하여 집계대상으로 하는 종명에 번호를 부여한다.

2) 사전조사 양식의 작성
사전조사 양식은 「사전조사」에 의하여 파악된 정보 및 자료를 표 2-77과 같은 내용에 대하여 정리한다.

표 2-77. 사전조사 양식의 내용

양식의 명칭	정리하여야 할 내용
기존 문헌 일람표	문헌조사를 실시한 문헌 및 보고서의 기본정보를 정리한다.
조언·청취 조사표	전문가의 조언 내용이나 「청취조사」에 의하여 파악된 정보를 조사한 상대별로 정리한다.
조류의 수렵 및 보호 등에 관한 일람표	(특별)조수보호구, 휴렵구, 총렵금지구역, 총렵제한구역, 일반적조수포획금지구역 등에 대하여 일람표로 정리한다.
조류의 수렵 및 보호 등에 관한 위치도	(특별)조수보호구, 휴렵구, 총렵금지구역, 총렵제한구역, 일반적조수포획금지구역 등에 대해서도 도시한다.

3) 현지조사 양식의 작성

현지조사 양식은 「현지조사」에 의하여 파악된 결과를 기입하며, 정리내용은 다음의 표 2-78과 같다.

표 2-78. 현지조사 양식의 내용

양식의 명칭	정리하여야 할 내용
현지조사표(저사공간 이외)	각 조사방법에 의하여 확인된 상황을 조사지구마다 조사횟수별로 기록한다.
조사위치도(저사공간 이외)	각 조사방법에 의하여 확인된 조사장소를 조사지구마다 조사횟수별로 기록한다.
조사위치도(저사공간)	저사공간의 확인된 상황에 대하여 조사횟수별로 기록한다.
현지조사표(저사공간)	저사공간의 확인된 위치에 대하여 조사횟수별로 기록한다.
현지조사표(집단 분포지)	조사환경과 상황, 조류의 집단 분포지 등을 기록한다.
조사위치도(집단 분포지)	각 조사장소의 위치를 조사횟수별로 평면도에 기록한다.
이동 중인 확인 종의 일람표	조사지구까지의 이동 중에 확인된 개체를 정리한다.
동정문헌 일람표	동정에 사용한 문헌을 정리한다.
사진 일람표	사진 정리의 대상이 되는 사진에 대하여 정리한다.
사진표	조류 사진 정리표에서 정리된 사진에 대하여 작성한다.
조사상황 일람표	해당 현지조사에 대한 실시 상황을 정리한다.
조사지구 위치도	해당 현지조사의 조사지구에 대한 위치를 정리한다.
현지조사 결과의 개요	해당 현지조사 결과의 개요를 기술한다.
기타 생물에 대한 확인상황 일람표	조류조사에서 확인된 조류 이외의 생물에 대한 확인상황을 정리한다.

4) 정리 양식

사전조사, 현지조사 등의 결과에 근거하여 표 2-79와 같은 내용을 정리 양식에 따라 작성한다.

표 2-79. 정리 양식

양식의 명칭	정리하여야 할 내용
중요종의 경년 확인상황 일람표	기존의 계류 수변조사와 해당 현지조사에서 확인된 중요종의 상황에 대하여 경년적으로 정리한다.
확인상황 일람표	조사시기별로 확인된 조류에 대하여 확인상황을 정리한다.
경년 확인상황 일람표	기존 및 해당 조사에서 확인된 조류를 경년적으로 정리한다.
집단분포지의 경년 확인상황 일람표	기존의 계류 수변조사와 해당 현지조사에서 확인된 집단 분포지에 대하여 정리한다.
종명 변경상황 일람표	기존의 조사에서 확인된 조류 중, 변경된 종명을 정리한다.
확인 종 목록	현지조사에서 확인된 조류에 대하여 목록을 정리한다.
현지조사 확인종에 대하여	해당 조사에서 확인되지 않은 종이나 중요종을 정리한다.
전문가 등의 소견	해당 조사에 대한 전문가 등의 소견을 기입한다.

9.7.6.3. 고찰

조류의 양호한 서식환경을 보전하기 위한 수역 및 수변역 관리방안을 마련하기 위하여 사방시설의 저사공간 및 그 주변의 과제를 추출하고, 사방시설이 자연환경에 미치는 영향을 분석·평가하는 데에 활용되도록 전문가의 조언을 받아 고찰한다.

[해설]

조류조사에 대한 경시적인 비교를 실시할 경우, 계절별로 비교할 것인지, 연간 조사결과를 합산한 것으로 비교할 것인지 등, 개별로 적절한 방법을 선택한다.

표 2-80. 조류조사에 있어서의 고찰방법

	생육환경조건의 변화	조류의 생육환경 변화를 파악하는 방법
저사 공간	· 지수환경의 존재 · 저사지역의 나지화 · 생식환경의 교란	· 어떠한 물새가 어디에, 어느 정도 날아 오는가? · 물떼새류 등 퇴적지 환경을 이용하는 종이 나타나는가? · 외래종이 어느 정도 확인되고 있는가? 등
저사 공간	· 수림 내의 식생변화 · 육역의 연속성 분단 · 지수환경의 존재 · 생식환경의 교란	· 식생변화로 수림성 조류의 이용상황이 변화하였는가? · 조류의 집단분포지의 위치나 종류가 변화하였는가? · 지수환경의 존재가 맹금류의 생식상황이 변화하였는가? · 외래종이 어느 정도 확인되고 있는가? 등
유입 계류	· 계상퇴적지의 출현 · 생식환경의 감소	· 출현한 계상퇴적지를 이용하는 종이 나타났는가? · 생식환경이 감소되어 계류성 조류 등이 증가하였는가?
하류 계류	· 유황의 변화 · 생식환경의 감소	· 유황 변화로 계상퇴적지를 이용하는 종이 감소하였는가? · 생식환경의 감소로 계류성 조류 등이 줄어들지 않았는가?
기타	〈지형개변장소〉 · 개변장소의 회복 · 생식환경의 교란	· 식생변화에 따라 서식종의 변화하였는가? · 외래종이 어느 정도 확인되고 있는가? 등
	〈환경창출 개소〉 · 목적의 달성상황	· 계획 시의 목적과의 비교 등

제2장 유역특성조사

9.8. 양서류·파충류·포유류조사

9.8.1. 조사의 목적

이 조사는 사방사업을 실시하는 계류 및 주변 지역에 있어서 소동물(양서류·파충류·포유류)의 서식실태를 파악하는 것을 목적으로 한다.

[해설]
　　이 조사는 조사대상 구역의 보전방법에 필요한 기초자료를 얻을 목적으로 해당 수역 및 그 주변을 생활공간으로 하는 양서류·파충류·포유류를 대상으로 실시한다.

9.8.2. 조사의 구성

이 조사는 해당 조사지역 및 그 주변의 양서류·파충류·포유류의 서식상황을 파악하는 것으로, 현지조사 등을 실시한 후, 분석·정리하는 것으로 구성한다.

[해설]
　　양서류·파충류·포유류조사는 그림 2-79에 제시한 바와 같이 사전조사, 현지조사계획, 현지조사 및 조사결과의 정리·고찰 순으로 실시한다.

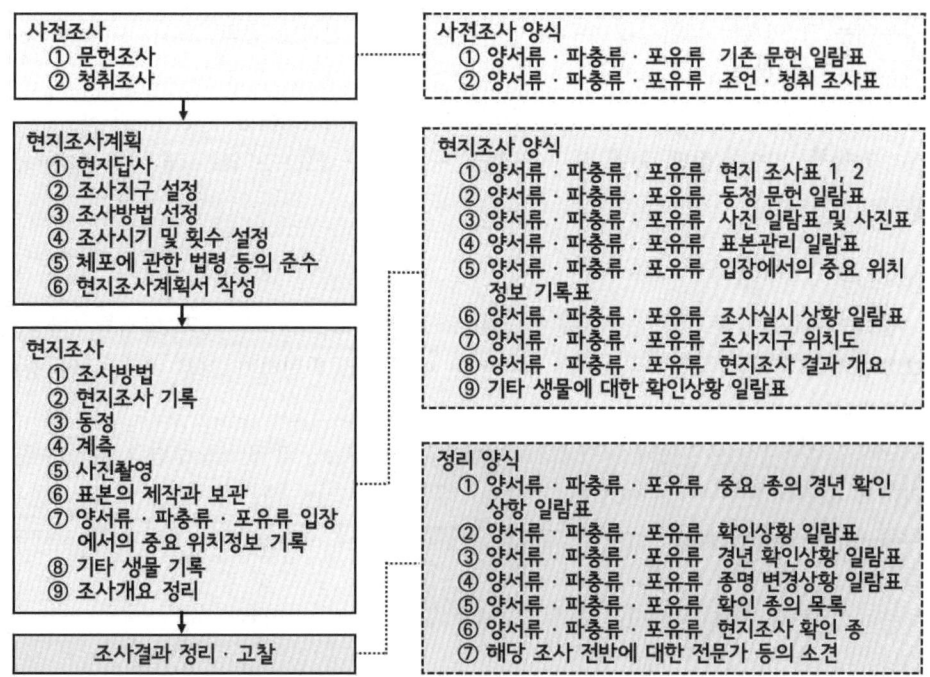

그림 2-79. 양서류·파충류·포유류조사의 순서

9.8.3. 사전조사

> 현지조사를 실시하기 이전에 기존의 문헌을 정리하고, 청취조사를 실시하여 조사구역에 있어서의 양서류·파충류·포유류에 대한 서식상황을 중심으로 한 각종 정보를 정리한다.

[해설]

현지조사를 연초에 실시하는 경우, 현지조사를 실시하기 전년도에 사전조사를 실시하면 현지조사를 원활하게 실시할 수 있다. 또한, 문헌수집 및 청취대상을 선정할 때에는 계류 주변의 전문가에게 조언을 받도록 한다. 그리고 지금까지 사방사업지 주변에서 사방조사가 실시된 적이 있는 지역은 이전 조사 이후의 상황에 대하여 특히 주의하여 정리, 파악한다.

1) 문헌조사

문헌조사에서는 기존에 실시된 사방조사의 결과 및 이전 조사를 실시한 이후에 출판·발행된 문헌 등을 수집하여 양서류·파충류·포유류의 서식상황에 대한 정보를 중심으로 정리한다.

그리고 문헌을 수집할 때에는 조사구역에 한정하지 말고, 가능한 한 해당 사방사업지 전체에 대한 문헌의 원본을 수집한다. 다만, 이전에 양서류·파충류·포유류를 조사한 경우에는 그 이후의 문헌만을 수집하여도 된다. 또한, 인터넷 등의 문헌 서비스를 활용하여 수집·정리한다.

한편, 수집한 문헌 및 각종 보고서 등에 대해서는 수집한 문헌의 명칭, 저자명, 발행연도, 발행처, 입수처(절판 등에 의하여 서점 등에서 구입할 수 없는 경우)를 정리하도록 한다.

2) 청취조사

청취조사에서는 주변의 전문가에게 청취를 실시하여 조사구역 내의 양서류·파충류·포유류에 대한 서식상황, 중요 종·외래종의 서식상황, 확인하기 쉬운 시기 등의 정보를 정리한다.

그리고 청취대상은 기존의 청취대상을 참고로 하여 조사구역 및 그 주변의 실태를 잘 파악하고 있는 기관이나 개인(박물관, 동물원, 대학, 연구기관, 전문가, 학교 교직원, 동우회, 각종 동아리 등)을 대상으로 하며, 지역의 환경단체 등의 조언을 받아 청취대상을 선정하도록 한다.

한편, 전문가 등의 조언이나 청취조사에서 파악된 정보·견해 등에 대한 항목을 정리한다.

① 현지조사에 대한 조언 내용 : 기존의 조사문헌의 유무, 조사지구·시기의 설정, 조

사방법 등에 대한 조언의 내용을 기록한다.
② 양서류·파충류·포유류의 서식상황 : 조사대상 구역 및 그 주변에 있어서의 서식상황, 외래종의 서식상황, 확인하기 쉬운 시기 등에 대하여 파악된 정보를 기록한다.
③ 중요종에 관한 정보 : 중요종의 서식상황에 관하여 파악된 정보를 기록하고, 중요종의 확인 위치를 특정할 수 있는 정보는 주의 깊게 청취하여 ②와는 구별하여 정리한다.

9.8.4. 현지조사계획

최신의 전체 조사계획 및 사전조사에서 파악된 결과를 참고로 하여 현지조사, 조사지구의 설정, 조사방법의 선정, 조사시기 및 횟수를 설정하고, 현지조사계획을 책정한다.

[해설]
현지조사를 연초에 실시할 경우, 현지조사계획의 책정을 현지조사 실시 전년도에 실시하면 현지조사를 원활하게 실시할 수 있고, 필요에 따라 사업지 주변의 전문가에게 조언을 받도록 한다.

9.8.4.1. 현지답사

현지조사계획을 책정할 때에는 전체 조사계획 및 사전조사의 결과를 참고로 하여 사업지와 그 주변 계류의 상·하류 등에서 현지답사를 실시한다.

[해설]
현지조사계획 책정 시에는 전체 조사계획서, 수변자료나 현존식생도를 지참하여 지형이나 식생·토지이용 상황, 계안의 물매, 상·하류의 유량, 소·여울의 형상, 수변의 식생 분포 등을 확인한다.

그리고 현지답사 시의 유황·수위, 현지조사 시의 조사경로 등도 고려하여 조사지구의 상황, 조사지구별 조사대상 환경구분과 조사시기·횟수의 설정 및 조사방법을 선정하기 위한 상황을 파악한다. 또한, 조사지구의 특징을 정리하고, 그 개관을 알 수 있는 사진을 수시로 촬영한다.

한편, 전체 조사계획에서 설정된 각 조사지구의 확인은 다음과 같은 관점에서 실시한다.
① 지형이나 토지이용 상황 등의 변화나 공사 등의 영향에 의한 조사지구의 변경 필요성
② 조사지구에 접근할 때의 안전성
③ 현지조사 시의 안전성

9.8.4.2. 조사지구의 설정

조사지구는 기본적으로 전체 조사계획에 따라 설정한다.

[해설]

사전조사 및 현지조사 결과, 전체 조사계획 책정 시의 조사지구 등의 설정근거가 현저하게 변화하거나 조사계획 책정 이후에 건설된 사방시설 등에 대해서도 조사구간을 재설정한다.

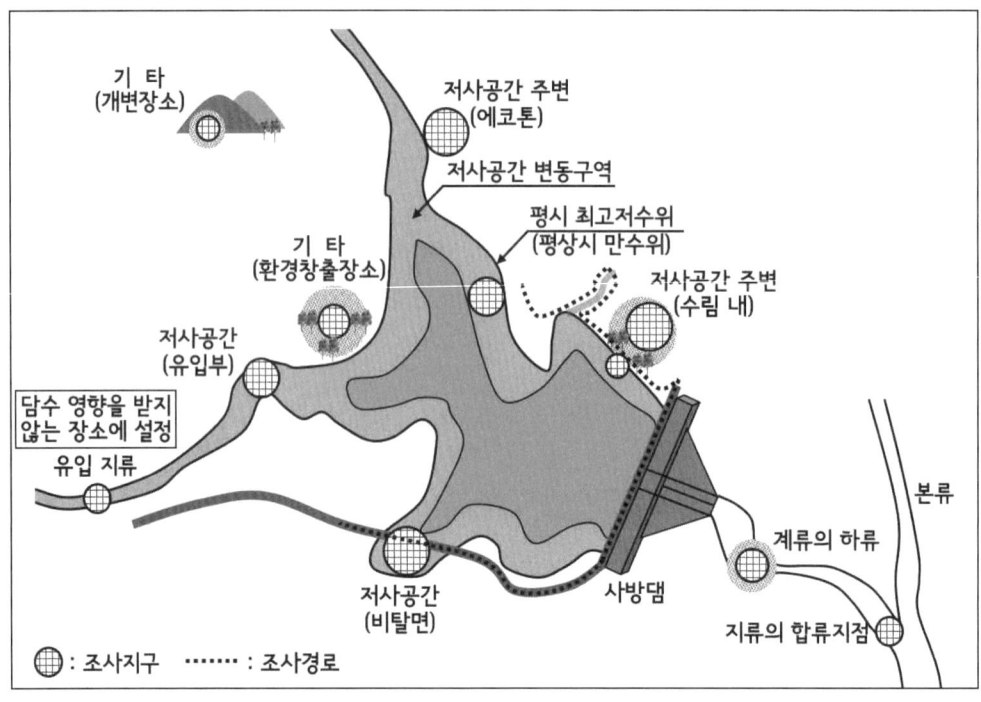

그림 2-80. 조사지구의 배치사례(양서류 · 파충류 · 포유류)

9.8.4.3. 조사방법의 선정

조사방법은 각 조사지구에 있어서 조사대상 환경구분별 양서류 · 파충류 · 포유류의 서식상황을 효율적으로 파악할 수 있도록 선정한다.

[해설]

양서류, 파충류 및 포유류의 현지조사는 목격을 기본적으로 하여 실시하고, 거북을 대상으로 한 트랩 등을 함께 사용하도록 한다. 그리고 포유류의 경우에는 현지조사를 답사에 의한 목격과 필드 사인을 기본으로 하여 실시하고, 트랩을 병행하여 사용한다.

9.8.4.4. 조사시기 및 횟수의 설정

조사시기 및 횟수는 기본적으로 전체 조사계획에 따라 설정하고, 봄철에서 초여름에 걸쳐 2회, 가을에 1회를 포함하여 총 3회 이상 실시하며, 포유류의 트랩에 의한 방법은 봄철에서 초여름까지 1회, 가을에 1회를 포함하여 총 2회 이상 실시하도록 한다.

[해설]
다만, 사전조사 및 현지답사 결과, 조사실시 해당 연도의 기상조건 등을 감안하여 적절한 시기를 수정하여야 할 경우에는 설정 근거를 정리하고, 다음과 같은 사항에 유의하여야 한다.

1) 양서류

융설기에 해당하는 초봄으로부터 장마가 끝나는 초여름까지는 양서류의 경우 번식기로부터 유생(幼生, 올챙이 등)의 시기에 해당하여 조사에 적합하지만, 양서류의 번식기는 종에 따라 초봄에서 초여름에 걸쳐 폭이 넓기 때문에 조사시기의 간격을 적절하게 고려하여야 한다.

한편, 기온이 높은 한여름에는 응달에 들어가거나 여름잠을 자므로, 조사시기로는 부적당하다.

2) 파충류

파충류는 봄철이나 가을철에는 일광욕을 하는 경우가 많아 육안으로 확인하기 쉽다. 특히, 가을에는 뱀이나 도마뱀류의 유체가 쉽게 확인되지만, 기온이 지나치게 낮은 시기는 피하도록 한다.

한편, 기온이 높은 한여름에는 응달에 들어가거나 여름잠을 자므로, 조사시기로는 부적당하다.

3) 포유류

봄철에서 초여름에 걸쳐 활동이 활발해 지므로 조사에 적합하고, 가을철에는 번식기에 해당하여 활동이 활발해지고, 쥐 종류의 개체수가 증가하여 조사에 적합하다. 특히, 적설 지역에서는 적설 시 발자국 등의 필드 사인을 쉽게 확인할 수 있기 때문에 조사시기로 설정한다.

9.8.4.5. 채집에 관한 법령 등의 준수

사전에 지방환경청, 광역자치단체에 포획허가를 취득하는 등, 필요한 채집에 필요한 법적 조치를 취하도록 한다.

[해설]
　　천연기념물을 채취하거나 포획할 경우, 천연기념물의 현상변경을 「문화재보호법」에 근거하여 국가기관은 문화재청 청장의 동의를, 광역자치단체는 문화재청 청장의 허가를 받을 필요가 있다. 그리고 「야생생물 보호 및 관리에 관한 법률(법률 제 16609호)」에서 지정한 국내 희귀야생동식물 종을 포획할 경우 또는 포획할 경우에는 사전에 환경부장관과 협의할 필요가 있다. 특히, 포유류에 대해서도 시궁쥐, 곰쥐, 생쥐를 제외한 모든 포유류를 포획할 때에는 허가가 필요하다.
　　한편, 채집에 관련된 허가증은 조사자 전원이 휴대하여야 하고, 특정 외래생물에 대한 생체의 사양, 운반 등이 규제되고 있으므로, 채집 후에는 법률의 취지에 따라 적절하게 취급하도록 한다.

9.8.4.6. 현지조사계획서의 작성

「전체 조사계획서」 및 전술한 현지답사로부터 채집에 관한 법령 등의 준수사항을 참고로 하여 현지조사가 원만하게 실시될 수 있도록 현지조사계획서를 작성한다.

[해설]
　　그리고 현지조사를 실시할 때의 상황에 따라 수시로 변경하거나 충실을 기하도록 한다.

9.8.5. 현지조사

현지조사는 목격과 포획에 의한 확인을 기본으로 실시하여 각 조사지구의 서식상황을 파악하도록 한다.

[해설]
　　현지조사 시에는 사고방지에 노력하여야 하고, 습지나 용출수지 등과 같이 귀중한 환경을 조사할 경우에는 가능하면 영향을 미치지 않도록 한다.

9.8.5.1. 조사방법

양서류・파충류는 답사에 의한 포획을 기본적으로 목격과 울음소리에 의한 확인, 거북 포획용 트랩을 함께 사용하고, 포유류는 답사에 의한 목격, 필드 사인을 기본으로 두더지류나 쥐류 포획용 트랩을 병행하여 사용한다.

[해설]
　　실제로 답사하는 경로나 트랩의 위치는 지도에 기록하고, 표 2-81과 같은 방법으로 조사한다.

표 2-81. 양서류 · 파충류 · 포유류의 조사방법 등

조사방법	대상생물	사용 기자재	표준 작업량	필요성[1]
목격, 포획, 필드 사인[2]	양서류 · 파충류 · 포유류 전반	뜰채 망 등	조사지구 당 2명 × 2~3시간 정도	◎
트랩	포유류(뒤쥐 등)	추락관 등	설치기간 : 이틀 밤 설치개수 : 조사지구 당 30개	◎
	포유류(쥐류)	샤먼형 트랩 등	〃	◎
	파충류(거북류)	카메라 랩, 게 바구니 등	설치기간 : 하루 밤 설치개수 : 조사지구 당 1개 이상	○
	포유류(두더지류)	몰 트랩 등	적당히 실시함	○
무인촬영	포유류(중대형)	무인촬영장치	설치기간 : 이틀 밤 설치개수 : 조사지구 당 2대	◎
	포유류(수통성)	무인촬영장치	적당히 실시함	○
기타	포유류(박쥐류)	박쥐탐지기	적당히 실시함	○

※ 1 : ◎ 기본적으로 모든 조사지구에서 실시 ○ 조사지구의 특성 등에 따라 실시
※ 2 : 울음소리에 의한 확인을 포함

1) 양서류

양서류에 대한 조사는 답사에 의한 포획을 기본으로 하며, 목격과 울음소리 등에 의하여 확인한다. 주요 대상생물별 유의사항은 다음과 같다.

① 개구리류

개구리류는 초봄부터 초여름에 걸쳐 번식하며, 번식기에는 물웅덩이에 모여들기 때문에 종을 확인하기 쉽다. 또한, 종에 따라 번식기는 다르지만, 알이나 올챙이로도 동정할 수 있다(명확하지 않을 경우, 종을 판별할 수 있을 때까지 사육한다). 또한, 비오는 날의 야간에는 개구리류가 활발하게 활동하기 때문에 확인하기에 적당하다.

따라서 조사지구 내에 연못, 늪, 물웅덩이, 습지, 용출수, 시내, 수제, 풀숲 및 수림지대 안에 낙엽이 쌓인 장소 등, 서식이 예상되는 장소를 답사하여 알, 올챙이, 유체, 성체(成體) 및 사체를 확인한다. 특히, 기생개구리는 상류지역의 돌 위나 물속에, 그리고 붉은 개구리는 계류지역의 돌 아래나 구멍 깊은 곳에 서식하는 경우가 많지만, 모두 번식기인 봄부터 초여름에 울음소리로 확인하기 쉽다.

한편, 종은 원칙적으로 포획하여 동정하지만, 포획할 수 없는 경우에는 눈으로 직접 확인하여 기록할 수도 있다. 그리고 개구리류는 울음소리로도 종을 동정할 수 있기 때문에 울음소리를 듣게 되면 종류와 대략적인 위치 및 개체수를 기록한다. 특히 번식기의 야간에는 울음소리가 활발해지므로 조사를 실시하는 시간대로 유효하다. 다만, 현지조사 시에

는 복수의 종류가 동시에 울음소리를 내는 경우가 많아 종의 판별이 어려운 경우가 많기 때문에 개구리의 울음소리의 판별에 뛰어난 사람이 동정하도록 한다. 또한, 울음소리를 녹음하여 나중에 동정하여도 된다.

② 소형 도롱뇽류

소형 도롱뇽류는 일반적으로 초봄에서 봄철에 걸쳐 번식하며, 번식기에는 수변에 모여들기 때문에 확인하기 쉽다. 그리고 번식기는 비교적 짧지만, 알과 올챙이로도 종을 확인할 수 있는 경우가 있다(명확하지 않을 때에는 종을 판별할 수 있을 때까지 사육하여도 된다). 또한, 복수의 종이 혼생하고 있는 경우도 있기 때문에 충분히 유의하여야 한다.

한편, 도롱뇽의 올챙이는 대부분의 경우 산지나 그 주변의 계류, 연못, 물웅덩이, 용출수지대, 옆도랑 등의 돌이나 낙엽 아래에 서식하고 있는 경우가 많다. 그리고 성체는 숲의 낙엽, 도목, 바위 등의 아래에도 서식하고 있기 때문에 주의하여 관찰하도록 한다.

③ 꼬리치레도롱뇽

사전조사에서 꼬리치레도롱뇽의 서식이 예상되는 계류의 경우, 번식기인 8월에서 9월의 야간에(경우에 따라서는 주간에 관찰하는 것도 가능), 사전조사에 의하여 확인지점을 참고로 설정한 조사경로를 답사하여 눈으로 확인한다.

한편, 꼬리치레도롱뇽은 서울특별시 보호종이므로, 포획하기 위해서는 관련 기관의 허가가 필요하며, 목격해도 포획할 수 없기 때문에 대략적인 크기와 행동 등에 대하여서만 기록한다. 또한 야간에 계류를 답사하기 때문에 필요에 따라 사전에 지역 주민 등과 조정하여도 된다.

2) 파충류

파충류의 조사는 답사에 의한 포획을 기본으로 하며, 목격과 탈피 허물에 의한 확인 등에 의하여 실시한다. 그리고 주요 대상생물별로 현지조사 시에는 다음의 사항에 유의하여야 한다.

① 뱀·도마뱀류

뱀·도마뱀류는 변온동물이기 때문에 봄·가을철에는 따뜻한 곳, 여름철에는 시원한 곳을 중심으로 탐색한다. 특히 초봄과 같이 아직 초본류가 번무하지 않았거나 비가 내린 다음날의 오전에는 일광욕으로 체온을 상승시키기 위하여 밖으로 나오기 때문에 조사에 적합하다. 또한, 통상적으로 주간에는 숲길 등과 같은 곳에서 일광욕을 하는 경우가 많으므로, 그와 같은 곳을 중점적으로 탐색한다. 그리고 바위너설의 바위 아래나 폐기된 함석판의 아래 등에 숨어 있는 경우가 있으므로 그와 같은 장소에서는 돌이나 함석판의 아래쪽을 탐색한다.

한편, 뱀의 종류에는 야행성도 있기 때문에 야간조사를 실시할 때에는 주간에 예비점검을 실시하여 풀숲이나 관목 등과 같이 식생이 발달한 장소나 수변, 뱀의 주요 먹이가 되는 개구리가 서식하는 곳을 울음소리로 확인한 후, 중점적으로 탐색한다.

그리고 종은 원칙적으로 포획하여 동정하지만, 포획할 수 없는 경우에는 눈으로 직접 확인하여 기록하며, 뱀 껍데기로도 종류를 판정할 수 있다. 특히 독사나 율모기, 반시뱀류 및 산무애뱀 등에는 독이 있기 때문에 조사 시 장화, 헐렁헐렁한 바지, 목장갑을 준비하는 등, 안전에 만전을 기해야 하며, 눈으로 직접 확인할 수 있는 경우에는 포획하지 않도록 한다.

② 도마뱀붙이류

도마뱀붙이류는 습한 지역의 구조물 사이 등에서 서식한다. 특히 봄철부터 가을철에 걸쳐서는 야간에 교량 등의 조명이 있는 곳에 모여드는 벌레 등을 포식하기 때문에 교량 등에 달라붙어 있는 경우가 있으므로 쉽게 발견할 수 있다.

③ 거북류

거북류는 변온동물이기 때문에 봄철과 가을철에는 따듯한 곳, 여름철에는 시원한 곳을 탐색한다. 또한, 비가 내린 다음날의 오전 등에는 돌이나 수목 위에서 일광욕을 하는 경우가 많아 조사에 적합하다. 특히 거북류는 물이 완전히 마르지 않는 곳 중에서 은신처가 될 수 있는 돌이나 수제에 습생초지가 있고, 산란장이 될 수 있는 둑에 주로 서식하기 때문에 그와 같은 장소를 중점적으로 탐색한다.

한편, 거북류는 일반적으로 봄철로부터 가을철에 걸쳐 번식하기 때문에 이 시기에는 육상에서도 종종 발견되기도 하고, 수제 등에서도 발자국을 확인할 수 있으므로 종을 구분하기 위해서는 포획하거나 쌍안경 등을 사용하여 확인한다. 특히 거북류는 후각이 예민하기 때문에 물고기 등의 먹이를 넣은 소쿠리 모양의 망을 설치하면 쉽게 포획할 수 있다. 이때 소쿠리 모양의 망은 포획된 거북이 호흡할 수 있도록 절반 정도는 표면에 띄워 하룻밤 정도를 설치하며, 허가가 필요한 경우는 사전에 포획을 위한 조치를 강구하도록 한다.

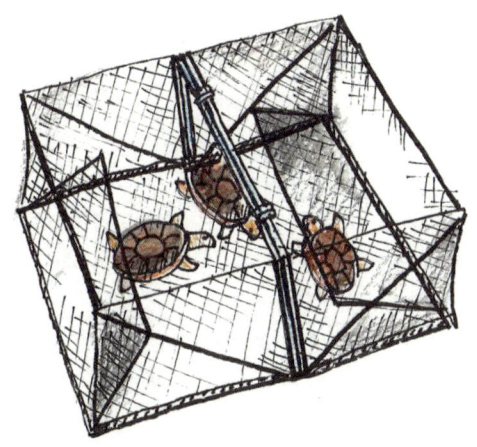

그림 2-81. 거북 포획용 트랩

3) 포유류

포유류는 목격, 필드 사인 및 트랩에 의하여 조사한다. 그리고 무인촬영장치나 박쥐탐지기 등, 조사대상에 따라 유효한 기자재가 있으므로 적당하게 활용하면 된다.

그리고 주요 포유류 조사 시의 유의사항은 다음과 같다.

① 뒤쥐 등

뒤쥐 등이 확인될 가능성이 높은 장소에서는 한 개의 조사지구당 30개 정도의 추락관을 설치하여 적극적으로 이들 포유류를 확인할 수 있도록 한다. 그리고 설치기간은 원칙적으로 이틀 밤으로 하지만, 설치한 다음 날에도 포획상황을 확인한다.

한편, 뒤쥐 등과 같이 점프력이 약한 것을 대상으로 하는 경우에는 비교적 작은 통(플라스틱 컵 등)으로도 포획할 수 있다. 그리고 추락관의 설치방법은 낙엽이 두껍게 쌓인 곳이나 토양이 부드러운 장소 중에서 사면의 하단부, 구조물의 기초 벽, 풀로 덮인 도랑 등과 같이 소형 포유류가 통로로 이용할 가능성이 높은 곳에 설치하도록 한다.

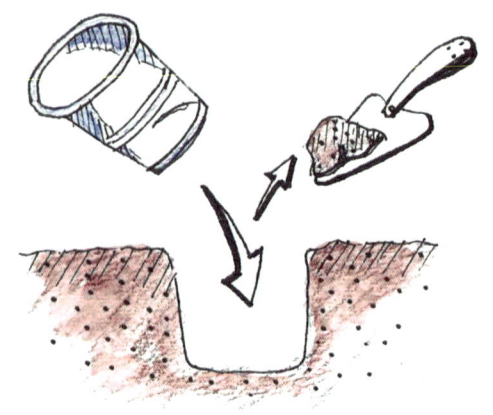

그림 2-82. 추락관 설치

② 두더지류

두더지는 동면하지 않기 때문에 기본적으로는 연중 활동하지만, 비교적 두더지 둔덕이 자주 발견되는 계절은 번식시기인 봄 및 두더지 굴을 확장하는 늦가을보터 초겨울까지이다. 그리고 사전조사 결과, 조사구역에 서식하고 있는 두더지류가 한 종류인 것으로 판명될 경우에는 필드 사인에 의한 확인을 기본으로 하고, 반드시 포획할 필요는 없다. 그러나 서식하는 두더지류가 두 종류 이상이라고 판명될 경우에는 트랩 등에 의하여 포획하여 종을 확인하는 것이 바람직하다.

한편, 트랩에는 몰 트랩이 널리 사용되며, 트랩의 설치장소는 확실하게 두더지가 행동하고 있는 환경(두더지 둔덕이 밀하게 분포하고, 새로운 두더지 둔덕이 다량으로 분포하는 곳)을 선택하여야 한다. 그리고 두더지가 빈번하게 이용하고 있는 통로는 붕괴해도 나중에 복원되는 경우가 많으므로, 그와 같은 장소에 트랩을 설치하면 된다.

③ 박쥐류

교량이나 대경목의 숲속에는 박쥐류가 서식하고 있으므로, 이와 같은 경우에는 저녁에 날아 다니는 것을 목격할 수 있고, 교량의 아래에는 배설물이 쌓여 있는 경우도 있다. 그리고 박쥐탐지기를 사용하면 박쥐류의 서식 유무를 확인 할 수 있고, 종까지 동정할 수 없는 경우에도 「박쥐목」, 「애기박쥣과」 등으로 기록한다.

한편, 새그물 등으로 포획하는 경우에는 사전에 포획을 위한 조치를 강구한다.

④ 쥐류

쥐류는 트랩으로 포획하는 것을 기본으로 하며, 쥐잡기용 트랩에는 라이브 트랩(샤먼형 트랩)을 사용하고, 땅콩, 소시지 등을 먹이로 하여 한 개의 조사지구당 30개 정도를 설치한다. 그리고 설치기간은 이틀 밤으로 하고, 설치한 다음 날에도 포획상황을 확인한다.

한편, 트랩의 설치장소는 기본적으로 쥐구멍에 가깝게 하고, 풀 속, 도목의 아래, 관목 덤불 등, 쥐류가 행동하는 장소를 선정한다. 그리고 토양이 잘 발달하여 부드러운 곳이나 어두운 숲 속, 습한 초지 등도 포함하도록 한다.

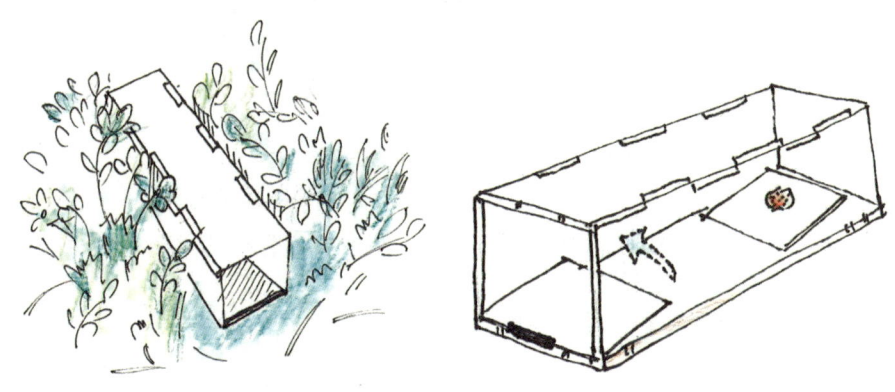

그림 2-83. 샤먼형 트랩

○ 수통성 포유류(날다람쥐, 하늘다람쥐, 겨울잠쥐 등)

수림지의 대경목 나무구멍 안에서 날다람쥐, 하늘다람쥐, 겨울잠쥐 등의 포유류 수통성(樹洞性) 포유류나 둥지 재료가 발견되는 경우도 있다. 그리고 수림지의 대경목 주변에는 둥지가 발견되는 경우도 있으므로 주의 깊게 관찰한다.

○ 중·대형 포유류(산토끼, 다람쥐, 너구리, 족제비, 담비, 고라니, 멧돼지 등)

● 목격법

목격법은 수제, 풀숲 및 수림지 등과 같이 포유류의 출몰이 예상되는 장소를 조용히 접근하면서 모습을 목격하는 방법이다. 이때 모습이 발견되면 곧바로 정지하여 포유류가 경계하지 않도록 한 후, 쌍안경 등을 이용하여 종류를 식별하고, 목격된 장소의 상황 등을 기록한다. 특히 박쥐류가 출현한 경우, 종까지 확인하지 못할지라도 박쥐류로 기록한다. 또한, 성숙 임지가 분포할 경우 나무 위에서 서식하는 포유류에도 주의를 기울여야 하며, 출수 시에는 제방 위로 피신하기 때문에 모습을 목격하기 쉽다. 그리고 야간에는 암시경(light scope)으로 각각 확인한다.

한편, 사체가 발견된 경우에는 심하게 부패되어 그 상태가 나쁠지라도 종을 동정할 수 있기 때문에 사체를 포르말린 용액으로 처리한 후 실내로 운반한다.

● 필드 사인법

필드 사인법은 초본류가 번무하기 이전인 봄철이나 낙엽이 지는 가을철, 또는 적설지역에서는 적설 시에 쉽게 확인할 수 있는 방법이다. 따라서 수제(모래땅, 진흙땅 및 습지 등), 토양이 부드러운 장소, 풀숲 및 수림지 등의 서식지와 출몰이 예상되는 장소를 답사한 후, 발자국, 배설물, 먹이 찌꺼기, 둥지, 발톱자국, 빠진 털 및 땅굴(두더지 굴과 무덤 등) 등을 관찰한다.

그리고 콘크리트나 돌 등의 위에 있는 배설물은 장기간 동안 남아있기 때문에 발견할 수 있는 기회가 많고, 수변의 가는 모래나 진흙이 퇴적된 장소에 남아있는 발자국은 그 종류를 식별하기 용이하다. 따라서 포유류의 이용 빈도가 높다고 판단되는 동물 이동통로에 모래를 깔아 발자국을 남기게 하고, 필드 사인을 발견하면 사진을 촬영한 후, 필요에 따라서는 발자국과 둥지의 크기를 측정한다.

한편, 주요 유의사항은 다음과 같다.
① 적설지대에서는 발자국에 의한 트래킹이 유효하다.
② 물가나 모래땅, 습지 등은 발자국이 잘 남아 발견하기 쉽다.
③ 다리 아래의 콘크리트나 돌 등의 위에 있는 배설물은 장기간 남기 때문에 확인할 수 있는 기회가 많다.
④ 과수의 결실기에는 과수 주변에 모여드는 경우가 있기 때문에 필드 사인을 확인하기 쉽다.
⑤ 담비, 족제비 등의 배설물은 임도, 돌, 그루터기의 위 등과 같이 눈에 잘 띄는 곳에서 발견되는 경우가 많다.

9.8.5.2. 현지조사의 기록

현지조사의 상황, 조사 시의 상황과 조사결과(목격, 필드 사인 등, 트랩) 등을 기록한다.

[해설]
1) 현지조사의 상황

현지조사의 상황은 조사대상 환경구분(주로 식물군락)을 매 조사마다 기록한다. 즉, 조사대상 환경구분은 조사구간 내에 있어서의 대략적인 면적비율(10% 단위)을 기록하며, 10% 미만의 소규모 구분은 "+"로 기입한다.

2) 조사 시의 상황
   ○ 목격, 필드 사인 등
   각 조사구간에 있어서 현지조사 시의 상황을 매 조사마다 정리한다.
   ① 조사횟수 : 조사를 실시한 연도에 있어서 몇 번째의 조사인가를 기록한다.
   ② 계절 : 조사를 실시한 계절을 기록한다.
   ③ 조사 연월일 : 조사 연월일을 기록한다.
   ④ 조사시각 : 조사를 개시한 시각 및 종료 시각(24시간 표시)을 기록한다.
   ⑤ 날씨 : 현지조사 개시 시의 날씨를 기록한다.
   ⑥ 기온 : 현지조사 개시 시의 기온을 기록한다.
   ⑦ 바람의 상황 : 임의채집법에 의한 현지조사 개시 시의 바람의 상황을 없음·약함·중간·강함으로부터 선택한다.
   ⑧ 조사지구·조사장소의 위치도 : 조사지구 및 조사장소를 평면도(계류복원사업지의 도면을 사용하는 것이 바람직함)에 다음과 같이 기록한다.
   - 현지조사를 실시한 조사지구의 범위를 실선으로 표시한다.
   - 축척, 방위 및 유수의 방향(→)을 기록한다.
   - 조사지구의 개황에 대하여 촬영을 실시한 위치와 방향을 ●→로 기록한다.
   - 포획, 필드 사인 등을 실시한 조사장소(답사경로)는 ──로 표시한다.

   ○ 트랩
   각 조사구간에 있어서 현지조사 시의 상황을 매 조사마다 정리한다.
   ① 설치·순찰일 : 트랩을 설치한 날과 순찰한 날의 연월일을 기록한다.
   ② 시각 : 트랩을 설치한 날과 순찰한 날의 시각을 기록한다.
   ③ 날씨 : 트랩을 설치한 날과 순찰한 날의 날씨를 기록한다.
   ④ 바람의 상황 : 트랩을 설치한 날과 순찰한 날의 바람의 상황을「없음」·「약함」·「중간」·「강함」으로부터 선택하여 기록한다.
   ⑤ 기온 : 트랩을 설치한 날과 순찰한 날의 기온을 기록한다.
   ⑥ 설치장소의 No. : 트랩 설치장소의 No.를 기록한다.
   ⑦ 트랩의 종류·명칭 : 설치한 트랩의 종류와 명칭을 기록한다.
   ⑧ 먹이의 종류 : 트랩에 사용한 먹이의 종류를 기록한다.
   ⑨ 설치환경 : 트랩을 설치한 장소의 환경을 기록한다.
   ⑩ 트랩을 설치한 숫자·회수한 숫자 : 설치한 트랩의 숫자와 회수된 트랩의 숫자를 기록한다.

⑪ 조사지구·조사장소의 위치도 : 조사지구 및 조사장소를 평면도(계류복원사업지의 도면을 사용하는 것이 바람직함)에 다음과 같이 기록한다.
- 현지조사를 실시한 조사지구의 범위를 실선으로 표시한다.
- 축척, 방위 및 유수의 방향(→)을 기록한다.
- 조사지구의 개황에 대하여 촬영을 실시한 위치와 방향을 ●→로 기록한다.
- 트랩을 설치한 장소는 ○으로 표시한다.

3) 조사결과

조사방법별로 확인한 상황에 대하여 다음과 같은 항목을 기록한다.

○ 목격, 필드 사인 등

목격, 필드 사인 등에 의하여 확인된 양서류·파충류·포유류의 확인상황을 다음과 같이 기록한다.
① No. : 확인한 생물별로 번호를 붙인다.
② 확인방법과 확인상태 : 필드 사인, 목격 및 포획한 개체에 대한 관찰내용을 표 2-82에 따라 선택하여 기록한다.

표 2-82. 관찰내용

대상생물		관찰내용
양서류	확인방법	포획/목격/사체/울음소리/기타
	확인상태	알/올챙이/유체/성체/불분명
파충류	확인방법	포획/목격/사체/허물/발톱자국/기타
	확인상태	알/올챙이/유체/성체/불분명
포유류	확인방법	포획/목격/사체/울음소리/발자국/손톱자국/둥지/배설물/빠진털/파헤침/무인촬영/기타
	확인상태	유체/성체/불분명

③ 종명 : 모습·울음소리·필드 사인에 의하여 추정되는 종류(알 수 없으면 과명, 목명도 가능)를 기록한다. 특히 포유류의 경우, 종까지의 동정이 곤란한 경우가 많기 때문에 무리해서 종까지 동정하지 않아도 된다. 이와 같은 경우, 조사표에는 조사자가 확인한 상황, 지리적 요인 등을 고려하여 추정 종명을 기록하고, 비고란에 그 이유를 기록한다.
④ 관찰숫자 : 관찰숫자는 원칙적으로 개체수를 기입하고, 필드 사인(배설물, 발자국 등)인 경우에는 장소숫자를 기록한다. 그리고 개구리의 올챙이와 같이 다수 출현한 경우에는 개략적인 숫자를 기록한다(다만, 자연수로 기입하고, >500이나 200+ 등의 기록은 하지 않는다).

⑤ 관찰환경 : 필드 사인 및 목격, 포획한 개체가 확인된 주변의 환경을 기록한다.
⑥ 사진, 표본 : 사진과 표본이 있는 경우에는 기록한다.
⑦ 비고 : 관찰 시의 상황이나 관찰한 장소의 식생, 은신처, 물가로부터의 위치 등을 기록한다.
  그리고 종명의 란에는 추정종명을 기록한 경우, 그 이유를 기록한다.
① 특기사항 : 조사지구의 특징이나 현지조사 시의 양서류·파충류·포유류의 서식과 관계가 있는 것으로 판단되는 상황에 대하여 기록한다. 그리고 이전 조사로부터 큰 변화가 있으면 기록한다(예 : 주변 식생과 지형 등의 특징, 하예작업·논두렁 태우기 등이 실시된 경우에는 그 기록, 골재채취, 사방공사 등).
② 조사책임자, 담당자 : 현지조사를 실시한 조사책임자, 담당자의 이름과 소속을 기록한다.
③ 확인위치 : 포획, 목격, 필드 사인에 의하여 생물을 확인한 위치를 기록한다.

○ 트랩
트랩으로 확인된 양서류·파충류·포유류의 확인상황에 대하여 다음의 항목을 기록한다.
① No. : 확인한 개체별로 번호를 붙인다.
② 종명 : 포획한 개체별로 종명을 기록한다.
③ 트랩의 종류 : 포획된 트랩의 종류를 기록한다.
④ 설치장소 : 트랩의 설치장소 No.를 기록한다.
⑤ 먹이 : 트랩에 사용한 먹이의 종류를 기록한다.
⑥ 성별 : 암수가 판별되었을 경우에만 기록한다.
⑦ 머리통 길이, 다리 길이, 뒷굽 길이, 귀 길이, 체중, 앞굽의 길이 × 앞굽의 폭 : 두더지류, 쥐류에 대해서는 각 부위의 길이 및 체중을 계측하고, 길이는 0.5mm, 체중은 0.1g 단위로 기록한다. 그리고 식해(食害) 등에 의한 참고 값을 나타내는 경우에는 ( ) 안의 숫자, 측정이 불가능한 경우에는 "NG"로 기록한다. 또한, 두더지류, 쥐류를 생포한 경우에는 체중만을 측정하여도 된다.
⑧ 사진, 표본 : 사진과 표본이 있는 경우에는 ○을 기록한다.
⑨ 비고 : 유두의 숫자, 임신 유무, 태아의 숫자 등을 알 수 있으면 기록한다.
⑩ 포획일자 : 개체별 포획일자를 기록한다.
⑪ 특기사항 : 조사지구의 특징이나 현지조사 시에 양서류·파충류·포유류의 서식과 관련이 있는 것으로 판단되는 상황을 기록한다. 그리고 이전 조사로부터 큰 변화가 있으면 기록한다(예 : 주변 식생과 지형 등의 특징, 하예작업·논두렁 태우기 등이 실시된 경우에는 그 기록, 골재채취, 사방공사 등).
⑫ 조사책임자, 담당자 : 현지조사를 실시한 조사책임자, 담당자의 이름과 소속을 기록한다.
⑬ 확인위치 : 포획, 목격, 필드 사인에 의하여 생물을 확인한 위치를 기록한다.

9.8.5.3. 동정

동정을 실시할 때의 유의사항, 동정에 사용한 문헌 등을 정리한다.

[해설]

1) 동정을 실시할 때의 유의사항

동정을 실시할 때에는 각종 참고문헌이나 유의사항을 활용하여 과(科)에 속한 종(種)을 가능하면 상세하게 동정한다. 그리고 종까지의 동정이 불가능한 경우에는 ○○속으로 하고, 속보다 상위의 분류군까지만 동정할 수 없는 경우에 대해서도 참고문헌에 따라 가능하면 상세하게 동정한다(예를 들면, △△목, □□과 등으로 한다).

한편, 현장에서 동정을 정확하고도 신속하게 실시하여 살상하는 일 없이 방사하기 위하여 양서류·파충류·포유류의 분류에 경험이 많은 자가 조사를 담당한다. 그리고 현장에서의 동정이 곤란한 종에 대해서도 사진촬영과 표본을 확실하게 제작한다.

2) 동정 문헌의 정리

동정할 때에 사용한 문헌에 대하여 문헌의 번호, 분류군과 종명, 해당하는 분류군과 종별로 관련된 문헌 등을 기록한다.

① 문헌 No. : 발행연도 순으로 정리한다.
② 분류군·종명 : 동정의 대상이 되는 분류군 또는 종명을 기록한다.
③ 해당하는 분류군·종명별로 문헌명칭, 저자명, 발행연도 및 발행처를 기록한다.

9.8.5.4. 계측

쥐류와 두더지류를 생포한 경우와 포살한 경우의 종명, 성별, 체중, 체위별 치수 등을 계측하여 기록한다.

[해설]

쥐류를 생포한 경우에는 종명, 성별, 체중을 측정하여 기록하고, 유두의 숫자, 임신 유무가 파악되면 기록한다. 또한, 쥐류를 포살한 경우에는 종명, 성별을 기입하고, 머리통 길이, 꼬리 길이, 뒷굽 길이(발톱은 포함하지 않음), 귀 길이, 체중 등을 측정한다.

두더지류를 생포한 경우에는 종명, 성별(판별할 수 없는 경우), 체중을 기록하고, 성별, 유두의 숫자, 임신 유무가 파악되면 기록한다. 또한, 두더지류를 포살한 경우에는 종명, 성별(판별할 수 없는 경우)을 기입하고, 머리통 길이, 꼬리 길이, 앞굽 길이(발톱은 포함하지 않음), 뒷굽 길이(발톱은 포함하지 않음), 체중을 측정한다.

한편, 머리통의 길이는 등을 아래로 하여 전체 길이를 측정한 후, 그 전체 길이에서 꼬리 길이를 제외한 부분을 산출하고, 꼬리 길이는 엎어놓고 꼬리를 수직으로 늘인 상태에서 측정한다.

9.8.5.5. 사진촬영

조사지구의 상황, 조사실시 상황, 생물종 등에 대하여 사진을 촬영하고, 정리한다.

[해설]

1) 조사지구의 상황

조사지구 및 그 주변의 개관을 설명할 수 있는 사진을 매 조사마다 촬영한다. 그리고 조사지구의 상황 사진에 대해서는 계절적인 변화 등을 알 수 있도록 가능하면 같은 위치, 각도, 높이에서 촬영하는 것이 바람직하다.

2) 조사실시 상황

① 조사실시 상황

필드 사인, 목격, 트랩 등, 조사 시의 상황을 설명할 수 있는 사진을 조사방법별로 각 1장씩 촬영한다.

② 사용한 트랩, 먹이의 종류 및 트랩의 설치상황

트랩으로 사용한 트랩의 종류, 먹이의 종류 및 트랩의 설치상황을 알 수 있는 사진을 트랩의 종류별로 촬영하고, 사진은 사용한 트랩별, 설치한 조사대상 환경구분별로 1장 있으면 된다.

3) 생물종

① 필드 사인 사진

필드 사인 사진은 서식 증거로 알기 쉬운 것을 매 조사마다 각 조사지구별로 각 생물종의 각 필드 사인에 대하여 1장 이상 촬영한다. 또한, 필드 사인의 위치 등을 파악하기 어려운 경우에는 촬영 시에 표시를 하는 등, 쉽게 알 수 있도록 한다. 특히, 동정 면에서 문제가 있는 종에 대해서도 반드시 사진을 촬영한다.

② 양서류·파충류·포유류의 사진

생체를 확인한 양서류·파충류·포유류는 매 조사마다 조사지구별로 각 생물종에 대하여 1장 이상 촬영한다. 특히, 동정에 문제가 있는 종에 대해서도 반드시 사진을 촬영한다.

③ 중요종의 사진

중요종의 특징과 확인 환경을 알 수 있는 사진을 확인된 종별로 촬영한다. 그리고 중요종이 한순간에 은신처로 숨어들어 사진을 촬영할 수 없는 경우에는 확인된 장소나 피신처의 사진을 촬영한다.

4) 사진의 정리

촬영한 사진에 대하여 사진의 구분과 표제, 설명, 촬영 연월일, 지구의 번호와 명칭, 그리고 파일의 명칭 등을 기록한다.

① 사진구분 : 촬영한 사진에 대하여 「P : 조사지구 등」, 「C : 조사실시 상황」, 「S : 생물 종」, 「O : 기타」로 구분하고, 그 번호를 기록한다.
② 사진표제 : 사진의 표제를 기록하고, 생물종의 사진인 경우에는 그 종명을 기재한다(예 : 조사지구의 상황, 트랩의 설치환경, 흰넓적다리붉은쥐).
③ 설명 : 촬영상황, 생물 종에 대한 보충정보 등을 기록한다(예 : ○○다리로부터 하류방향, 갈대군락, 새끼 짐승 등).
④ 촬영 연월일 : 사진을 촬영한 연월일을 기록한다.
⑤ 지구번호 : 사진을 촬영한 지구번호를 기록한다.
⑥ 지구명 : 사진을 촬영한 지구명을 기록한다.
⑦ 파일명 : 사진의 파일명을 기록한다. 즉, 파일명의 앞부분에는 사진구분의 알파벳의 첫 번째 문자를 부기하고, 촬영대상을 알 수 있게 이름을 붙인다.

9.8.5.6. 표본의 제작과 보전

표본의 제작, 표본정보의 기록 및 표본의 보관 등의 방법에 따라 실시한다.

[해설]

1) 표본의 제작

표본은 원칙적으로 현장조사에서 포획된 종 중에서 동정이 곤란한 종, 조사과정에서 폐사한 개체를 대상으로 하여 조사지구별로 한 종류 당 수 개체 정도를 표준으로 제작한다. 그리고 표본을 제작할 때에는 이후에 재동정할 필요가 생기거나 표본을 기증할 경우에는 대상으로 하는 종을 쉽게 꺼낼 수 있도록 한다.

한편, 표본을 제작할 때에 사용하는 포르말린, 에탄올 등은 「독물 및 극물에 관한 법률(법률 제3332호)」 등의 다양한 법률에 규제항목으로 지정되어 있으므로, 분해·중화처리 하거나 전문 업체에 의뢰하여 적절하게 폐기한다.

2) 표본정보의 기록

제작한 표본에 대하여 표본의 번호와 형식, 종명, 지구의 번호와 명칭, 포획지의 지면과 위치, 개체수, 자웅, 폭획자와 포획 연월일, 그리고 동정자와 동정 연월일 등을 기록한다.
① 표본 No. : 포획 데이터 라벨 및 동정 라벨에 기재한 표본 No.를 기록한다.
② 종명 : 보관된 표본의 종명을 기록한다.
③ 지구번호 : 조사지구의 번호를 기록한다.
④ 지구명 : 조사지구의 명칭을 기록한다.
⑤ 포획지의 지명 : 광역자치단체와 기초자치단체의 명칭, 상세 지명 등을 기록한다.

⑥ 위도·경도 : 포획한 조사지구에 대한 중심 부근의 위도·경도를 기록한다.
⑦ 개체수 : 시료 병에 넣은 개체수를 기록한다.
⑧ 자웅 : 자웅의 판별이 가능한 경우에는 그 내역을 기록한다.
⑨ 포획자 : 표본 포획자의 이름과 소속을 기록한다.
⑩ 포획 연월일 : 표본이 포획된 연월일을 기록한다.
⑪ 동정자 : 표본 동정자의 이름과 소속을 기록한다.
⑫ 동정 연월일 : 표본이 동정된 연월일을 기록한다.
⑬ 표본의 형식 : 표본을 제작한 형식을 기록한다(예 : 액침표본).
⑭ 비고 : 특기사항이 있는 경우에는 기록한다(예 : 포획방법, 표본의 상태(파손 등), 박물관 등록번호 등).

3) 표본의 보관

표본의 보관기간은 선별에 의하여 확인된 종의 목록이 확정되기까지(기본적으로는 조사 실시 연도의 이듬해 말까지)로 한다. 그리고 표본은 에탄올 용액의 보충 및 교체 등을 확실하게 실시하여 보관하고, 보관하는 장소는 표본의 백화와 변질을 방지하기 위하여 시원하고도 어두운 장소가 바람직하다.

한편, 보관기간이 만료된 후에는 기증받을 박물관이나 연구기관 등의 표본 보관시설을 물색하여 유효하게 활용한다. 그리고 보관기간이 만료되기 이전에 기증받을 각 기관에 표본을 양도하여도 되지만, 재동정이 필요한 경우에 대상 표본을 양호한 상태에서 신속하게 제출받을 수 있도록 사전에 충실히 조정한다.

9.8.5.7. 양서류·파충류·포유류 입장에서 본 중요한 위치정보의 기록

조사구역 및 그 주변에 있어서 양서류·파충류·포유류의 입장에서 중요한 위치정보(양서류의 산란장소, 포유류의 급수장, 도하지점, 박쥐가 있는 동굴 등)가 현지답사 및 현지조사 실시 시에 확인될 경우, 그 내용 및 확인된 위치를 기록한다.

[해설]

양서류·파충류·포유류 입장에서 본 중요한 위치정보는 보충적인 기록으로 하고, 별도 조사를 실시할 필요는 없다.

① 확인 일자 : 확인된 연월일을 기록한다.
② 중요한 위치정보의 내용 : 확인된 중요한 위치정보에 대한 대략적인 위치(지명, 계류명, 좌·우안 등)나 그 내용에 대하여 기록한다.
③ 확인 위치도 : 중요한 위치정보를 지형도, 식생도 및 사방사업의 설계도면 등에 기록한다.

9.8.5.8. 기타 생물의 기록

현지조사 시에 거북 트랩이나 자라 포획용인 주낙으로 뱀장어·메기·쏘가리 등의 어류 등이 포획된 경우, 수중식물의 관찰 등이 가능한 경우 등과 같이 양서류·파충류·포유류 이외의 생물에 대하여 그 중요종과 특정 외래생물 혹은 기타 특별히 기록하여야 할 종이면서도 현지에서 동정이 가능하면 「기타 생물」로 기록한다.

[해설]

동정의 오류를 피하기 위하여 무리하게 동정하지 말고, 포획·습득한 생물에 대해서는 사진을 촬영하고, 가능하면 표본을 작성하도록 한다. 그리고 목격한 생물에 대해서도 사진촬영이 가능하면 바람직하지만, 무리한 경우에는 그 생물의 특징(색, 형태, 크기, 행동 등)을 대신하여 기록한다.

한편, 기타 생물의 기록은 어디까지나 보충적인 사항이기 때문에 본래의 양서류·파충류·포유류의 조사에 지장을 초래하지 않는 범위에서 실시한다.

① 생물항목 : 확인된 생물에 대하여 사방조사에서의 조사항목 명칭을 기록한다.
② 목명·과명·종명 : 확인된 생물에 대한 목명과 과명, 종명을 기록한다.
③ 사진, 표본 : 사진을 촬영하거나 표본을 제작한 경우에는 기록한다.
④ 지구번호 : 확인된 지구번호를 기록한다. 그리고 조사지구 외에서 확인된 경우에는 지명 등을 기록한다.
⑤ 확인 연월일 : 확인된 연월일을 기록한다.
⑥ 확인상황 : 확인방법(목격, 사체 및 알 덩어리 등), 주변의 환경, 개체수 등을 기록한다.
⑦ 동정 책임자(소속) : 동정 책임자의 이름 및 소속을 기록한다.

9.8.5.9. 조사개요의 정리

현지조사를 실시한 조사지구, 조사시기, 조사방법 및 조사결과의 개요 등에 대하여 구체적인 항목을 정리한다.

[해설]

1) 조사실시 상황의 정리

현지조사를 실시한 조사지구, 조사시기 및 조사방법에 대하여 다음의 항목을 정리한다.

① 조사지구 : 사방사업지의 공간구분, 지구번호, 지구명, 지구의 특징, 조사지구의 선정근거를 기록한다. 그리고 이전 조사지구와의 대응, 전체 조사계획과의 대응 및 해당 조사지구에서 실시한 조사방법에 대해서도 기록한다.
② 조사시기 : 조사횟수, 계절, 조사 연월일, 조사시기 선정근거, 조사를 실시한 지구 및 해당 조사시기에 실시한 조사방법을 기록한다.

③ 조사방법 : 조사방법, 구조·규격·숫자 등, 해당 조사방법을 실시한 조사지구 및 조사횟수, 그리고 특기사항이 있으면 기록한다.

2) 조사지구 위치의 정리

해당 조사지역의 위치를 파악할 수 있도록 지형도나 관내도 등에 사방사업지의 공간구분 및 조사지구의 위치, 축척과 방위를 반드시 기입한다.

3) 조사결과의 개요 정리

현지조사 결과의 개요에 대하여 문장으로 알기 쉽게 정리한다.
① 현지조사 결과의 개요 : 확인 종의 특징, 분포상황 등을 정리한다.
② 중요종에 관한 정보 : 중요종의 확인상황 등을 정리한다. 그리고 중요종의 확인위치를 특정할 수 있는 정보에 관해서는 중요종의 보전 면에서 취급에 주의하여야 하므로, 「현지조사 결과의 개요」와 구별하여 정리한다.

9.8.6. 조사결과의 정리·고찰

9.8.6.1. 조사결과의 정리

현지조사의 결과는 중요종에 대한 경년 확인상황, 종명의 변경내용, 확인 종의 목록, 현지조사에서 확인된 종, 전문가의 소견 등을 양식집에 정리하고, 고찰한다.

[해설]

1) 중요종에 대한 경년 확인상황의 정리

기존 및 해당 조사에서 확인된 중요종에 대하여 다음과 같은 항목을 정리한다. 그리고 현지조사에서 확인되지 않은 경우에는 현지조사의 란에 ×로 기입하고, 현장상황 등으로부터 판단된 서식 가능성에 대한 조언이나 전문가의 의견 등을 기입한다.

한편, 종명이 변경된 경우에는 변경내용을 별도로 정리한다.
① 종명, 지정구분 : 중요종의 종명과 국가지정 천연기념물 등과 같은 중요종에 대한 지정구분을 기록한다.
② 조사실시 연도 : 중요종을 확인한 지역의 조사실시 연도를 기록한다.
③ 조사자 : 조사를 실시한 사람의 이름 및 소속기관을 기록한다.
④ 확인상황 : 확인 시의 상황(주변 환경, 확인시기, 개체수 등)을 기록한다.

2) 확인상황의 정리

해당 조사지에서 확인된 양서류·파충류·포유류에 대하여 조사시기, 조사지구별로 분류체계 순서에 따라 확인상황을 정리한다.

3) 경년 확인상황의 정리

기존 및 해당 조사에서 확인된 양서류·파충류·포유류에 대하여 조사를 실시한 연도별로 정리하고, 종명이 변경되었을 때에는 변경내용을 별도로 정리한다.

4) 종명 변경내용의 정리

문헌조사, 청취조사 및 기존의 조사에서 확인된 육상곤충류 중에서 종명을 변경한 것에 대하여 다음과 같은 항목을 정리한다.
① 원래의 종명 : 기존의 조사에서 확인된 종명을 기록한다.
② 변경종명 : 중요종의 종명을 기록한다.
③ 조사실시 연도 : 확인된 조사의 실시 연도를 기록한다.
④ 비고 : 종명을 변경할 때에 특별히 기재하여야 할 내용이 있으면 기록한다.

5) 확인 종의 목록 정리

해당 현지조사에서 확인된 양서류·파충류·포유류에 대하여 다음과 같은 내용을 정리하도록 한다.
① 표본 No. : 정리번호를 기록한다.
② 목명, 과명, 종명 : 해당 현지조사에서 확인된 양서류·파충류·포유류의 목명, 과명, 종명을 기록한다.
③ 중요종 : 확인된 양서류·파충류·포유류가 중요종인 경우에는 그 지정구분을 기록한다.
④ 외래종 : 확인된 양서류·파충류·포유류가 외래종인 경우에는 기록한다.
⑤ 처음으로 확인된 종 : 양서류·파충류·포유류가 조사구역에서 처음으로 확인된 경우에는 기록한다.
⑥ 생물 목록에 게재되지 않은 종 : 확인된 양서류·파충류·포유류가 미게재 종인 경우에는 동정 근거문헌의 No.를 기록한다. 이때 동정 근거문헌의 No.는 별도로 정리한 동정 근거문헌 조사표의 No.를 기록한다.

6) 현지조사에서 확인된 종에 대한 정리

해당 현지조사에서 처음으로 확인된 종, 지금까지 분포가 알려졌지만 해당 조사에서 확인되지 않는 종, 중요 종, 기타 특별히 기술하여야 할 종에 대하여 확인상황과 그 평가를 정리한다.

그리고 각각의 종에 대한 상세한 내용을 다음과 같다.

① 처음으로 확인된 종 : 해당 현지조사에서 처음 확인된 종
② 지금까지 분포가 알려졌지만, 해당 조사에서 확인되지 않는 종 : 기존 조사에서 확인되었지만, 해당 조사에서는 확인되지 않은 종
③ 중요 종 : 「문화재보호법(법률 제 17711호)」에 지정된 천연기념물, 야생생물 보호 및 관리에 관한 법률(법률 제 16609호)」에서 지정한 희귀야생동식물종 등에 게재된 종
④ 특별히 기술하여야 할 종 : 지역고유종 등과 같은 지리적 분포지역에 대한 특징적인 종이나 새롭게 기록된 종 등

7) 해당 조사 전반에 대한 전문가의 소견 정리
   해당 조사에 대한 전문가 등의 소견을 정리한다.

9.8.6.2. 양식집

양식 기입 시의 유의사항을 참고로 하여 사전조사 양식, 현지조사 양식, 정리 양식을 작성한다.

[해설]
1) 양식 기입 시의 유의사항
   ○ 종명의 기입
   종명을 기입할 때에는 다음과 같은 사항에 유의한다.
   ① 원칙적으로 종·아종으로 동정된 양서류·파충류·포유류를 대상으로 한다.
   ② 조사결과를 정리할 경우, 종명의 기입, 종명의 배열에 대해서는 「사방기술(사방협회, 2020)」등을 참조한다.
   ③ 종명까지 동정할 수 없는 경우에는 「○○속」(속명도 불분명한 경우에는 「○○과」)로 기입하도록 한다.
   ○ 종수를 집계할 때의 유의사항
   종까지 동정되지 않은 양서류·파충류·포유류에 대해서도 동일 분류군에 속하는 종이 목록에 등재되지 않은 경우에는 계수한다(종수가 혼잡한 경우도 같음).
   ○ 종명에 정리번호를 부여하는 방법
   각 정리 양식별로 종명에 정리번호를 부여하고, 정리번호는 전술한 「2) 종수의 집계할 때의 유의사항」에 근거하여 집계대상으로 하는 종명에 번호를 부여한다. 이때 종별로 중복되지 않도록 주의하여 각 정리 양식에 종수가 알 수 있게 한다.

2) 사전조사 양식의 작성
   사전조사 양식은 「사전조사」에 의하여 파악된 정보와 자료를 표 2-83과 같은 내용에 대하여 정리한다.

표 2-83. 사전조사 양식의 내용

양식의 명칭	정리하여야 할 내용
양서류·파충류·포유류, 기존 문헌 일람표	사전조사에서 정리된 사방사업지와 그 주변의 양서류·파충류·포유류에 관한 기존 문헌의 일람을 작성한다.
양서류·파충류·포유류, 조언·청취 조사표	전문가의 조언 내용이나「청취조사」에 의하여 파악된 정보를 조사한 상대별로 정리한다.

3) 현지조사 양식의 작성

　　현지조사 양식은「현지조사」에 의하여 파악된 결과를 표 2-84와 같이 양식의 명칭에 따라 정리하도록 한다.

표 2-84. 현지조사 양식의 내용

양식의 명칭	정리하여야 할 내용
현지조사표 1-1(목격, 필드 사인)	목격, 필드 사인 등에 의하여 확인된 양서류·파충류·포유류를 조사지구마다 조사횟수별로 기록한다.
현지조사표 1-2(목격, 필드 사인)	목격, 필드 사인 등에 의하여 확인된 양서류·파충류·포유류의 위치를 조사지구마다 조사횟수별로 기록한다.
현지조사표 2-1(트랩)	트랩에 의하여 포획한 파충류·포유류를 조사지구마다 조사횟수별로 기록한다.
현지조사표 2-2(트랩)	트랩의 설치 위치나 종류를 조사지구마다 조사횟수별로 도면에 기록한다.
동정문헌 일람표	동정에 사용한 문헌을 일람하여 정리한다.
사진 일람표	촬영한 사진에 대하여 해당 내용을 기입한 일람표를 작성한다.
사진표	「양서류·파충류·포유류, 사진 일람표」에서 정리한 사진별로 사진표를 작성한다.
표본관리 일람표	제작된 양서류·파충류·포유류의 표본에 대하여 모두 기입한다.
양서류·파충류·포유류 입장에서의 중요 위치정보 기록표	양서류·파충류·포유류 입장에서의 중요 위치정보가 현지답사나 현지조사에서 확인된 경우, 기록한다.
조사실시 상황 일람표	양서류·파충류·포유류에 대한 해당 현지조사에 대한 실시 상황을 정리한다.
조사지구 위치도	양서류·파충류·포유류에 대한 해당 현지조사의 조사지구에 대한 위치를 정리한다.
현지조사 결과 개요	양서류·파충류·포유류에 대한 해당 현지조사 결과의 개요를 기술한다.
기타 생물에 대한 확인상황 일람표	새우·게·조개류를 포획하거나 조류의 목격, 사체가 발견되었을 경우, 기타 생물 기록으로 정리한다.

4) 정리 양식의 작성

사전조사, 현지조사 등의 결과에 근거하여 표 2-85와 같이 양식의 명칭인 중요종의 경년 확인상황, 종명의 변경상황, 확인 종의 목록, 전문가 등의 소견 등을 정리 양식에 따라 작성하도록 한다.

표 2-85. 정리 양식의 내용

양식의 명칭	정리하여야 할 내용
중요종의 경년 확인상황 일람표	기존의 조사 및 해당 현지조사에 의하여 확인된 양서류·파충류·포유류의 중요종에 대한 상황을 경년적으로 정리한다.
확인상황 일람표	각 조사지구에서 조사시기별로 확인된 양서류·파충류·포유류에 대하여 그 확인상황을 일람표에 정리하도록 한다.
경년 확인상황 일람표	기존의 조사와 해당 현지조사에 의하여 확인된 양서류·파충류·포유류에 대한 경년적인 변화 과정을 정리한다.
종명 변경상황 일람표	기존의 조사에서 확인된 양서류·파충류·포유류의 종명을 변경한 경우, 그 변경상황에 대한 내용을 정리하도록 한다.
확인 종 목록	현지조사에서 확인된 양서류·파충류·포유류에 대하여 확인 종의 목록을 작성하도록 한다.
현지조사 확인 종	현지조사에서 확인된 종에 대하여 지금까지 분포가 알려졌지만, 해당 조사에서 확인되지 않은 종이나 중요종을 정리하도록 한다.
해당 조사 전반에 대한 전문가 등의 소견	해당 조사 시에 제시된 전문가 등의 전반적인 소견을 기입하도록 한다.

9.8.6.3. 고찰

조사 전체를 통하여 파악된 결과가 양서류·파충류·포유류의 양호한 서식환경의 보전을 염두에 둔 사방사업에 유효하게 활용되어야 하며, 이를 위해서는 먼저 해당 사업의 문제점을 추출하고, 해당 사업이 자연환경에 미치는 영향을 분석·평가하여야 한다.

[해설]

특히, 사방사업의 경시적인 비교를 실시할 경우, 계절별로 비교할 것인지, 특정 계절(우화시기 등)에 착안하여 비교할 것인지, 연간 조사결과를 이용하여 비교할 것인지 등에 따라 그 결과가 다르기 때문에 해당 사업의 목적에 적절한 방법을 선택하도록 한다.

표 2-86. 양서류·파충류·포유류조사에 있어서의 고찰방법

생육환경조건의 변화		양서류·파충류·포유류의 생육환경 변화를 파악하는 방법
저사 공간	· 지수(止水)환경의 존재 · 육역의 연속성 분단 · 생식환경의 교란	· 지수환경이 형성되어 어떠한 지수성 생물(거북류 등)이 확인되고 있는가? · 지수환경이 포유류의 식수 등으로 이용되고 있는가? · 계곡의 횡단구조물이 양서류·파충류·포유류의 이동에 이용되고 있는가? · 외래종이 어느 정도 확인되고 있는가? 등
유입 계류	· 계상퇴적지의 출현 · 생식환경의 감소	· 출현한 계상퇴적지를 이용하는 종이 나타났는가? · 생식환경이 감소되어 계류성 양서류·파충류·포유류의 종이 감소하였는가? 등
하류 계류	· 유황의 변화 · 생식환경의 감소	· 유황의 변화에 의해 형성된 계상퇴적지의 수림지대를 이용하는 종이 나타났는가? · 생식환경이 감소되어 양서류·파충류·포유류의 종이 감소하였는가? 등
저사 공간 주변	· 수림 내의 바람에 의한 건조화 · 육역의 연속성 분단 · 생식환경의 교란	· 수림 내의 식생변화에 의해 수림성(樹林性) 양서류·파충류·포유류의 생식상황이 변화하였는가? · 육역이 분단되어 저사공간의 좌우안의 교류가 이루어지지 않아 생식환경이 변화한 종이 없는가? · 육역이 분단되어 로드킬이 일어나고 있지 않은가? · 외래종이 어느 정도 확인되고 있는가? 등
기타	〈지형개변장소〉 · 개변장소의 회복상황 · 생식환경의 교란	· 지형개변장소의 식생변화에 따라 서식종의 변화가 나타났는가? · 외래종이 어느 정도 확인되고 있는가? 등
	〈환경창출 개소〉 · 목적의 달성상황	· 계획 시의 목적과의 비교 등

제2장 유역특성조사

제10절 기타 조사

10.1. 서식지조사

10.1.1. 조사의 목적

> 서식지란 생물의 생식공간을 의미하는 것으로, 서식지조사에서는 대상으로 하는 생물의 서식지를 조사하여 그 분포와 특징을 파악하는 것을 목적으로 한다.

[해설]

서식지란 「생물이 실제로 서식하는 공간, 실제로 생물을 조사하는 공간, 생물을 발견할 수 있는 공간」로, 소(沼)나 여울 등과 같이 형태적으로 어느 정도 동일성이 있는 장소, 공간이 그 단위가 된다. 예를 들면, 여울은 먹이 생산력이 높기 때문에 섭이(攝餌)장소로서 적당하여 열목어와 산천어를 비롯한 유영성(遊泳性)의 어류가 서식하고 있다. 또한, 계안의 식물대는 계류어(溪流魚)의 중요한 산란장소로, 유영어(遊泳魚)나 어린 물고기의 휴식장소 또는 피난처가 되며, 계상퇴적지의 교목은 백로 등의 둥지가 되고, 하도 내에 형성된 퇴적지는 물떼새나 제비갈매기의 둥지가 된다.

그리고 생물은 그 생활사의 각 단계에서 섭이, 휴식, 산란 및 피난 등에 특정 서식지를 이용하고 있다. 따라서 하도(河道)와 그 주변 서식지의 분포나 특징을 파악하면 해당 계류에 서식하는 생물종을 예상하거나 자연환경을 보전할 장소 등을 쉽게 설정할 수 있으며, 계류의 경관관리 측면에서도 유효한 정보를 제공받을 수 있다.

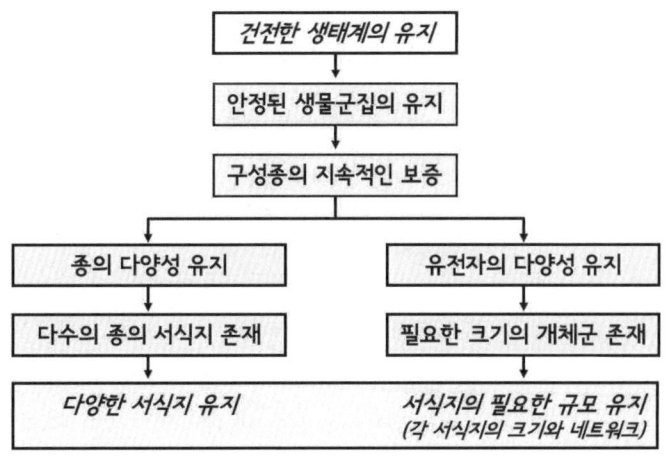

그림 2-84. 건전한 생태계의 유지와 서식지의 보전

한편, 서식지조사는 필요에 따라 다음과 같은 항목에 대하여 구체적으로 검토하면서

사방조사론

조사를 진행한다.
① 대상 생물종의 선정 ② 조사 대상구역의 설정 ③ 조사시기 및 빈도의 설정
④ 조사방법의 설정 ⑤ 정리

10.1.2. 조사의 내용

서식지조사에서는 서식지를 이용하는 생물종, 서식지의 구성요소, 서식지의 생성과 소멸, 서식지의 복원성 등에 대하여 조사한다.

[해설]
서식지조사에서는 계류를 수역, 천이역 및 육역으로 구분하여 조사한다. 즉, 수역~천이역에는 어류를 비롯한 수생생물, 천이역~육역에는 조류나 육생생물의 서식지가 중심이 된다. 이와 같은 서식지의 분류방법은 대상으로 하는 생물종에 따라 달라질 수 있다. 표 2-87은 대표적인 서식지의 분류방법으로, 실제로는 이를 기준으로 각종 문헌을 참고로 조사지의 서식지를 분류한다.

표 2-87. 서식지의 분류방법

Thomas A. Wesche	미국 오하이오 주 EPA	일본 토목연구소

· Flood Producing Area (식물생산 장소)
· 급여울(riffle)이 가장 중요함
 	
· Spawning-EGG, Incubation Area (산란, 부화 장소)
  - 유속 0.15~0.9m/s
  - 수심 ~0.15m
· 계상재료의 입경
  - 0.6~7.36cm
 	
· cover(커버)
· overhang cover (오버행 형태의 커버)
  - 오버행 형태의 계안
  - 계안림
· submerged cover (수몰형 커버)
  - 침수식물대
  - 다공질의 계상재료
	· riffle(급여울) : 유속이 빠르고 수심이 얕은 유역으로, 수면에 물결이 발생함
	· run(평여울) : 수심이 깊고 riffle의 하류에 위치하며, 계상은 평탄한 곳이 많아 수면은 거의 물결치지 않음
	· pool(소) : 유속이 느리고 수심이 깊으며, 수면물매는 매우 완만함
	· glide(활주) : 소나 급여울이 발견되지 않는 직선 형태의 개수구간에서 나타나며, 수면물매는 비교적 완만함
	
	· Instream cover
	  - 오버행 형태의 계안
	  - 오버행 식물대
	  - 물웅덩이
	  - 추수(抽水)식물대, 침수식물대
	  - 유목의 퇴적
	  - 근경군(根莖群)
	  - 대규모 소(수심 70cm 이상)
	  - 거석
		· 수역
		  - 유수지역
		    급여울
		    평여울
		    소
		    물웅덩이
		  - 계상
		    가라앉은 돌
		    뜬돌
		    침수식물
		    모래진흙(砂泥)
		
		· 천이역
		  - 계안
		    계안식물
		    계안림
		    침식계안, 퇴적계안
		  - 계안단구
		
		· 육역
		  - 초본지대
		  - 수림지대(목·초본)
		  - 나지(모래, 사력)

1) 이용 생물종

계류 및 그 주변의 서식지를 이용하는 생물종의 성질을 나타내는 지표로, 대부분의 경우 하나의 서식지를 다수의 생물종이 이용하고 있다. 따라서 각 생물종이 서식지를 이용하고 있는 시기를 파악하면 계류환경조사나 공사시기 등을 검토할 때에 중요한 참고자료로 활용할 수 있다.

2) 서식지의 구성요소

수역의 서식지는 수질이나 수량, 상·하류구간의 연속성 등에 의하여 수생생물의 서식에 관계하고 있다. 따라서 서식지를 보전하기 위해서는 이들 요소를 모두 검토하여야 하지만, 계류복원사업 등에서는 공간의 형상이나 소재가 조작되는 경우가 많기 때문에 결과로서의 서식지 보전은 공간의 보전과 같아지는 경우가 대부분이다.

3) 서식지의 생성과 소멸

통상 서식지는 장기간에 걸쳐 생성과 소멸을 반복하기 때문에 생성과 소멸기간을 인위적으로 보존하는 데에는 막대한 노력이 소요된다. 따라서 해당 서식지의 생성과 토사의 퇴적 및 홍수 시의 생성과 소멸기간을 사전에 충분히 검토하여야 한다.

4) 서식지의 복원성

복원성이란 서식지의 재생에 소요되는 시간 혹은 인공적인 노력의 필요성에 대한 특성으로, 복원성이 높은 계안식물대나 물웅덩이 등은 인위적 혹은 자연의 힘에 의하여 복원되지만, 복원성이 낮은 벼랑이나 수림지 등은 재생이 어렵거나 재생되는 데에 많은 시간이 소요된다. 따라서 사전에 서식지의 복원성을 검토하여 복원이 가능한 것은 복원계획을 수립하고, 불가능한 것은 원상태를 잘 보전하도록 강구한다.

10.1.2.1. 서식지의 계층구조

생물은 유전적인 특징에 따라 "종"별로 서로 다른 생활(생존)공간을 필요로 한다. 즉, 종의 입장에서 "서식지"란 해당 종의 개체 및 개체군이 필요에 따라 먹이나 영양분을 섭취하고, 대사·성장하며, 피난·휴식·이동·번식에 필요한 공간(환경)을 말한다.

[해설]

야생생물은 종이 해당 서식지에 필연적으로 성립된 생물군집 속에서 다른 종과 직·간접적으로 상호 의존하고 있다. 특히, 이동을 필요로 하는 종의 생존과 이에 필요한 개체군의 분산과 교류를 위해서는 서식지가 일정 규모가 유지되고, 다수의 서식지가 연계되어 개체의 왕래가 가능하여야 한다.

한편, 서식지의 존재양식은 그림 2-85와 같이 서식지의 계층구조를 현미경적인 것부터 글로벌한 것까지 생물에 따라 비오톱 네트워크의 표현방법이 다양하다.

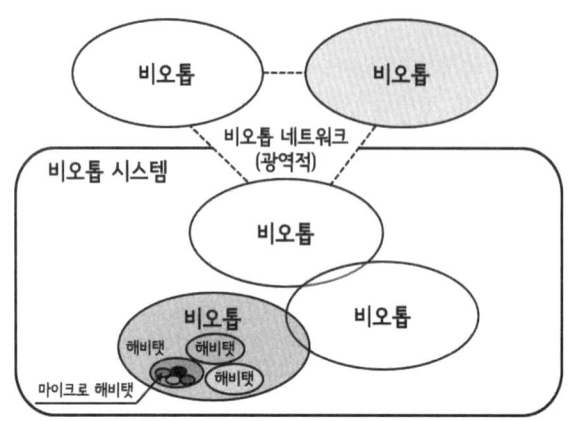

그림 2-85. 서식지의 계층구조와 네트워크를 나타내는 모식도

각 계층의 서식지는 생물의 군집이 생활하고 있는 장소에 일체적으로 존재하기 때문에 이를 「서식지의 계층구조」라고 하며, 계류와 호수의 연안대에 대한 슈퍼마이크로 해비탯으로부터 비오톱 네트워크까지의 서식지는 표 2-88과 같다.

표 2-88. 계류와 호수의 연안대에 나타나는 서식지의 계층에 대한 개요

서식지의 계층	계류(하천)	호소
슈퍼 마이크로 해비탯	계상퇴적물의 표면에 착생하고 있는 생물막(膜)이나 계상재료 속의 간극과 같은 현미경적인 공간	수생생물체의 착생 생물막이나 사력의 간극과 같은 현미경적인 미세한 공간
마이크로 해비탯	계상의 석력이나 수제·침상 등과 같은 간극, 수생식물이나 수중 도목(倒木) 등이 만드는 복잡한 작은 공간	수생생물 군락의 줄기나 잎, 자연 또는 인공 돌구조물이나 말뚝의 재료 등이 만드는 복잡한 작은 공간
해비탯	급(평)여울, 소(沼), 수제, 수중식물군락, 구조물 등이 만드는 균일성과 넓이를 갖는 공간으로, 천변의 석력들판, 초본 및 관목군락, 버드나무림 등	추수식물, 부엽식물, 침수식물, 습생식물, 버드나무 등과 같이 어느 정도의 크기를 갖는 군락, 식물이 분포하지 않는 천수대(淺水帶), 갯벌 등
비오톱	다양한 해비탯의 유기적인 집합에 의하여 형성되는 상당히 큰 서식지로, 여울-소 비오톱, 천변 비오톱 등	추수, 부엽, 침수식물 군락으로 이루어진 수초군락 비오톱, 습지 비오톱 양쪽을 합친 연안대 비오톱 등
비오톱 시스템	계류(하천)나 호수의 다양한 비오톱과 그 주변의 야생생물에 의하여 이용되고 있는 습지, 초지, 산림, 농경지, 수로, 주택 등을 포함하는 넓은 서식지	
비오톱 네트워크	메타(meta) 개체군의 형성과 존속을 지탱하는 같은 종류의 비오톱 혹은 비오톱 시스템이 일정 범위로 연계되어 존속하는 상태 및 그것들을 연결하는 생태적 통로로, 계절에 따라 이동하면서 생활사를 영위하는 생물의 각 계절, 각 성장단계에 필요한 서식지가 연관되어 존재하는 상태	

10.1.2.2. 하도관리와 서식지

> 서식지를 계층적으로 파악한다는 것은 단순히 이론적인 것이 아니라 실제로 어느 정도의 수준에서 주요한 대상으로 설정할 것인가를 정리하는 데에 도움이 되어야 하므로, 대상으로 하는 장소에 서식하고 있는 생물의 서식지를 계층적으로 정리한 정보가 실제의 사방사업에 어떻게 유효하게 사용될 것인가를 정리한다.

[해설]

이전에는 생태적인 측면에서 사업의 대상이 되는 장소에 서식하고 있는 동식물의 목록이 중요하게 간주되었지만, 그 목록이 실제의 관리 측면에서 해당 정보가 충분히 활용되지 못하였다. 따라서 해당 생물이 서식지를 어떻게 이용하고 있는지를 파악하기 위해서는 생태학적인 입장에서의 면적, 구조, 기능, 질, 계절로 대표되는 내용이 구체적으로 정리되어야 한다.

물론, 사방사업도 이와 유사한 범주의 정보를 갖고 있기 때문에 각각의 정보를 중첩시키면 비로소 그 영향에 따른 대비책을 마련할 수 있게 된다. 즉, 계층구조제도를 채택하여 해석·정리한 서식지의 정보는 서식지 보전을 위한 계류복원에도 크게 도움이 될 수 있을 것이다.

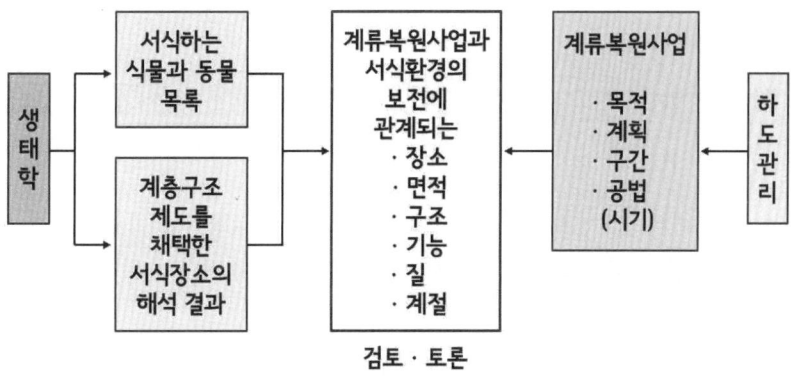

그림 2-86. 계류의 서식지 환경을 보전하기 위한 "계류복원"과 "생태"의 관계

한편, 이상과 같은 과정에서 무엇보다 중요한 것은 생태학적인 측면에서의 「서식지 지도」를 작성하는 것이라고 할 수 있다(그림 2-87). 즉, 서식지를 해비탯 수준 혹은 비오톱 수준으로 구분한 후, 사업을 진행하는 장소의 「서식지 지도」를 작성하여 각각의 서식지를 어떠한 생물 종 혹은 군집이 언제, 어떻게 이용하고 있는지에 대하여 정리하는 것이다.

이와 같은 일련의 과정이 체계적으로 진행될 때 비로소 생물의 서식조건을 보전하는 데에 생태적인 정보가 종합적으로 도움을 줄 수 있게 될 것으로 판단된다.

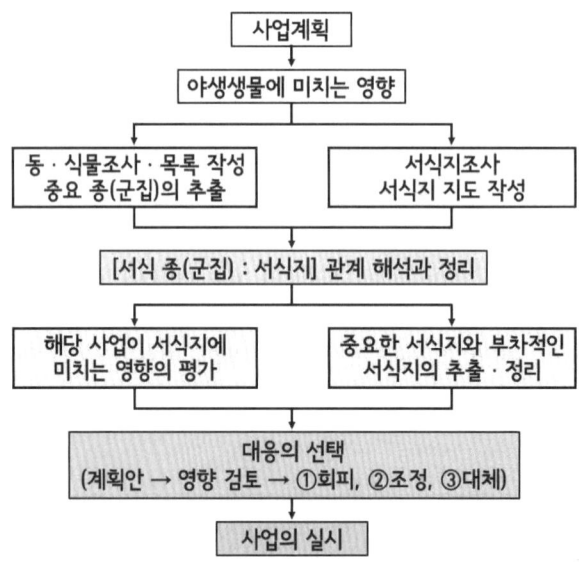

그림 2-87. 서식지의 조사와 평가의 필요성

10.1.2.3. 범용적인 서식지조사

서식지 지도는 「해비탯 지도」나 「비오톱 지도」로 구분하여 범용적인 서식지를 조사하고, 평가한다.

[해설]

그림 2-88에서 알 수 있듯이 우선 조사범위를 수역과 육역으로 구분하여 설정하고, 서식기반은 평면도에 해당 장소의 서식기반이 되는 요소를 정리하기 위하여

① 평면도에 의한 파악(면적, 분포)
② 경관사진에 의한 파악(서식기반의 입체구조)
③ 단면도에 의한 파악(횡단방향의 변화)
④ 대상 사방댐 주변 지역에 있어서의 서식기반의 분포(배치) 상황

을 조사하고, 중요한 서식기반과 서식생물의 관련성을 정리하여 대상이 되는 장소에 서식지의 분포상태와 그것을 생물이 어떻게 이용하고 있는지를 정리한다.

이를 위해서는 현지조사와 문헌조사 등이 필요하다. 즉, 전체 생물 혹은 중요한 생물에 대한 현지조사만으로는 자료를 완전하게 정비할 수 없기 때문에 학술적인 논문뿐만이 아니라 넓은 의미에서의 문헌정보를 수집하여 분석하도록 한다.

구체적으로는 서식기반에 관한 자료, 계류의 수변조사 자료, 도감·문헌 등의 서식생물에 대한 생태적 소견 등이 수집되어야 하며, 이를 위하여 관련 자료를 폭 넓게 수집하거나, 아니면 그 소유자를 적극적으로 참가시키도록 한다.

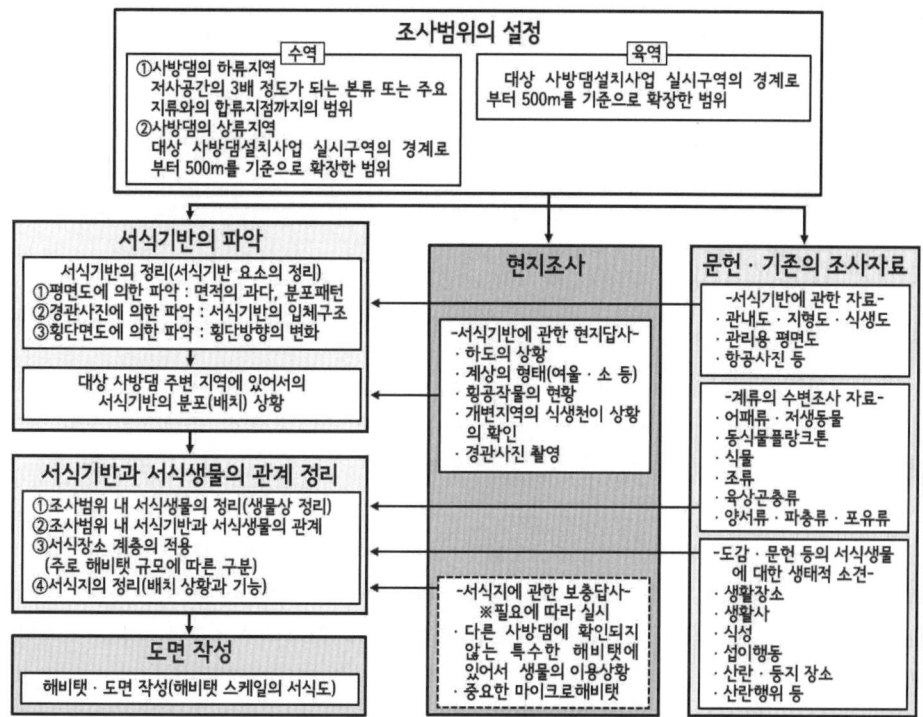

그림 2-88. 범용적인 서식지조사의 흐름도

10.1.2.4. 서식지의 표현방법

> 서식지는 그 형태적인 특징을 기술하여 표현하도록 한다.

[해설]

대부분의 서식지는 유속, 수심 등과 같이 간단한 물리량으로 표현할 수 없으므로 그 형태적인 특징을 기술하여 표현하며, 일반적으로 측정된 물리량은 서식지를 더욱 한정하는 경우에 사용된다. 즉, 중요성과 희소성이 높은 서식지 등을 한정할 경우에는 「수심 2m 이상인 소」, 「표고 8m인 교목」 등과 같이 표현한다.

10.1.3. 대상 생물종 및 대상 구역

> 서식지의 조사대상 생물은 기본적으로 어류와 조류 등과 같은 상위 포식자로 하며, 보전의 대상이 되는 특정 생물이 있는 경우에는 예외로 한다. 그리고 서식지조사는 계류의 유역, 천이역, 수역에 대하여 실시하는 것을 기본으로 하지만, 계류 주변의 녹지 등과의 네트워크가 중요한 경우에는 주변 지역도 조사구역으로 한다.

[해설]
1) 서식지조사의 대상 생물종

생물의 서식지가 일정 크기의 공간을 확보하고 있을 뿐만이 아니라 그 형태적인 특징이 명확하기 때문에 조사가 비교적 용이하고, 광범위한 서식지의 분포를 파악할 수 있기 때문이다.

그리고 해당 계류에 있어서 보호종이나 희귀종 등과 같은 특정 생물은 별도의 서식지조사를 통하여 보전방안을 마련하여야 한다.

2) 서식지조사의 대상 구역

서식지조사는 평상시에 실시하며, 조사범위는 계상퇴적지나 모래톱 등의 육역, 평상시에 수위가 변동하는 천이역, 그리고 갈수기 이외에는 유수가 상시 존재하는 수역 등이다. 특히 육역~천이역에서는 조류를, 천이역~수역에서는 어류를 대상으로 조사를 각각 실시한다.

한편, 계류와 그 주변의 녹지, 즉 산림이나 논 등과의 네트워크가 형성되어 있는 경우에는 이들 구역을 포함하여 조사하는 것이 바람직하다. 다만, 조사구역이 지나치게 광범위한 경우에는 계류와의 네트워크가 중요한 생물종에 한정하여 주변 지역을 조사하도록 한다.

10.1.4. 조사시기 및 조사빈도

서식지조사를 실시시기는 조사의 용이성이나 대상 생물종 및 이용상황 등을 종합적으로 감안하여 5년에 1회 정도 실시하는 것을 기본으로 한다. 그러나 자연적·인위적 요인에 의하여 서식지가 크게 변화할 것으로 예상되는 경우에는 필요에 따라 조사하도록 한다.

[해설]
1) 서식지조사의 시기

서식지조사는 연중 서식지의 형태나 이용 생물종의 시기적 변화를 파악하여야 하지만, 사계절을 통한 조사는 막대한 노력이 필요하므로, 조사대상 생물종과 조사시기를 한정하여 조사한다.

따라서 조사시기는 조사가 용이하고 서식지를 명확하게 파악할 수 있는지와 대상 생물종이 해당 서식지를 이용하고 있는 시기인지에 대한 두 가지 관점을 종합적으로 감안하여 결정한다.

특히 조사대상 구역에서 처음으로 서식지조사를 실시할 때에는 연중 서식지조사를 실시하여 서식지의 형태나 이용 생물종의 시기적인 변화에 대하여 개략적으로 파악하도록 한다.

2) 서식지조사의 빈도에 대한 기준

서식지는 식물의 성장이나 식물군락의 천이, 자연이나 인위에 의한 요인에 따라 변화한다. 즉, 식물의 성장이나 식물군락의 천이는 수 년~수 십년에 걸쳐 변화하지만, 홍수나 갈수라는 자연적 요인과 사방사업과 같은 인위적 요인에 동반되는 서식지 변화는 짧은 시간에 발생한다.

따라서 서식지조사는 원칙적으로 5년에 한번 정도 실시하여 완만한 서식지의 변화를 파악한다. 그러나 홍수나 계류공사 등에 의하여 서식지가 변화할 것으로 예상될 경우 혹은 앞으로 변화할 것으로 예상되는 경우에는 필요에 따라 수시조사를 실시하도록 한다.

10.1.5. 조사방법

서식지조사는 현지답사, 항공사진의 판독, 현존 식생도의 이용 등, 다양한 방법을 조합하여 조사의 효율을 높이도록 한다.

[해설]

계류의 규모가 클수록 서식지 분포를 파악하기 어렵다. 특히 하도 내에 초본이나 목본류가 번무한 경우에는 조망이 나쁘기 때문에 현지답사만으로는 서식지의 분포를 파악하는 데에는 한계가 있다. 따라서 해당 구간의 항공사진이나 현존 식생도를 구할 수 있는 경우에는 이와 같은 면적 정보를 활용하여 조사의 효율화를 꾀하는 것이 바람직하다.

그리고 현지답사에서는 대상으로 하는 생물의 전문가와 동행하여 서식지조사를 실시한다. 특히 회유어나 철새와 같이 생활사의 각 단계별로 서식지가 다를 때에는 서식지를 조사하기 어렵기 때문에 전문가를 동행하도록 한다.

한편, 항공사진은 촬영한 시기나 계절에 따라 그 이용도가 다르지만, 육역의 식생 번무 상황이나 수역의 여울 또는 소의 상황을 대략적으로 파악하는 데에는 적합하다. 또한, 항공사진을 입체화하면 식생의 높이를 파악할 수 있기 때문에 관목과 교목을 어느 정도 추측할 수 있다. 특히 현종 식생도가 있는 경우에는 군락·군집단위로 정리하여 특정 영역을 서식지라고 하는 관점(나지, 초본, 관목 등)에서 재분류하여 서식지 분포를 규정하도록 한다.

10.1.6. 조사결과의 정리 및 고찰

자연환경 보전에 관한 이론과 방법에 대한 조사·연구가 진보되고 있으므로, 정부나 지방자치단체의 위원회나 전문가 및 시민과의 교류를 통하여 그 성과를 활용하도록 정리, 고찰한다.

[해설]
　　자연을 관리한다는 측면에서의 자연환경의 보전, 즉 야생동식물의 생육·서식환경의 보전과 재생, 자연환경의 개변에 관련된 분야의 사업에 비하여 사방사업에서는 야생동물의 생존기반인 서식지의 존재양식을 파악하고, 생물의 서식지를 계층구조 이론에 근거하여 정리한 정보가 사업현장에 적용되지 못하고 있다.
　　따라서 산림분야에서도 생물의 서식장소가 자연 속에서 어떠한 시스템을 갖고 있는지를 확인할 수 있는 이론과 방법 및 기술의 개선이 앞으로도 지속되어 현장에 실용화되어야 할 것이다.

10.2. 경관조사

10.2.1. 조사의 목적

경관조사는 사방사업을 실시하는 계류 및 주변 지역에 있어서 경관을 파악하는 것을 목적으로 한다.

[해설]
　　계류의 모양은 홍수나 지형형성, 생물적 작용 등과 같은 자연의 작용과 이수(利水)나 치수, 역사·문화 등의 인간의 행위에 따라 만들어진다. 따라서 계류는 각기 개성이 있기 때문에 조사대상구역의 경관을 충분히 이해한 후, 그에 근거하여 계류경관을 정비하여야 한다.
　　그리고 계류 및 그 주변의 경관상황을 파악하기 위한 조사는 해당 계류의 전체적인 경관의 특징 및 종단적으로 변화하는 경관의 파악을 목적으로 하는 개략조사, 각 계류의 경관특징을 결정하는 경관대상, 시선 지점, 공간구성 등의 파악을 목적으로 하는 요소조사 및 상세한 요소를 조사하는 소재조사와 색채조사 등이 있다. 또한, 조사영역에 대해서도 조사목적에 따라 정하도록 한다.

10.2.2. 조사의 내용

경관조사는 계획준비, 사전조사 및 현지조사로 구분하여 실시한다.

[해설]
1) 계획준비
　　사업자는 업무의 목적, 요지를 파악한 후, 설계도서에 제시한 업무내용을 확인하여 업무계획서를 작성하고, 감독관에게 제출하도록 한다.

2) 사전조사

사업자는 현지조사를 실시하기 이전에 과거에 실시된 조사결과, 기존 문헌, 통계자료 및 청취조사 등에 의하여 계류 및 주변 지역의 각종 정보를 정리하도록 한다. 또한, 수집하는 자료는 발주자가 대여한 것 이외에 설계도서에 제시한 타 기관으로부터 수집하는 것으로 한다.

3) 현지조사

사업자는 사전조사의 성과에 입각하여 차기를 설정한 후, 조사대상으로 하는 계류를 중심으로 한 경관특성의 실태를 사진촬영 등에 의하여 조사하고, 경관대상물의 특성에 따라 적절한 방법에 의하여 경관을 예측하도록 한다. 또한, 사업자는 사전조사 및 현지조사 결과를 소정의 양식에 따라 정리하고, 사진의 정리, 조사성과의 활용, 고찰 등을 실시하도록 한다.

10.2.3. 조사방법

경관조사는 계류 및 그 주변의 경관에 대하여 조사한다. 조사항목에 대해서도 조사목적에 따라 정하고, 상세한 조사는 필요에 따라 실시하도록 한다.

[해설]

계류 및 그 주변의 경관을 파악하기 위해 실시하는 조사에는 전체적인 경관의 특징 및 종단적으로 변화하는 경관을 파악할 목적으로 실시하는 개략조사, 그리고 경관의 특징을 결정하고 있는 경관대책, 조망지점, 공간구성 등을 파악할 목적으로 실시하는 요소조사 등이 있으므로 이에 대하여 조사한다.

이 외 상세한 소재조사 및 색채조사 등에 대해서도 대상구역의 상황에 따라 실시한다.

10.2.3.1. 개략조사

개략조사에서는 대상 계류 및 그 주변 지역의 전체에 대하여 경관조사를 실시하며, 전체적인 경관의 특징 및 종단적인 경관의 변화를 파악하는 것을 목적으로 한다. 그리고 개략조사의 결과는 계류의 경관정비의 기본적인 방침의 결정, 유역구분 등에 반영하도록 한다.

[해설]

계류의 하도특성의 변화, 주변의 모양 변화 등에 따라 계류의 경관은 종단적으로 변화한다. 따라서 개략조사에서는 전체적인 풍경의 특징 및 종단적으로 변화하는 풍경의 특징 등을 파악하도록 한다.

그리고 개략조사에서는 계류의 현지조사를 효율적으로 실시하기 위하여 사전에 문헌 자료 등을 참고로 하여 현지조사 시의 주요한 조사지점을 검토하는 것이 바람직하다.

한편, 참고가 될 수 있는 문헌·자료는 다음과 같다.
  ① 관내 지도 ② 지형도 ③ 항공사진 ④ 계류의 종횡단면도
  ⑤ 관광 팸플릿 ⑥ 친수활동 실태조사 결과 ⑦ 지방 역사자료

그리고 사전검토 시에 검토하여야 할 사항은 다음과 같이 계류와 그 주변, 그리고 접근에 관련된 상황 등이다.

1) 계류의 상황
   ① 종단물매의 변화지점 : 하도특성의 변화지점
   ② 굴곡부
   ③ 지류 등의 분지 또는 합류지점
   ④ 계상퇴적지의 발달상황
   ⑤ 주요 계류의 구조물(사방댐, 골막이, 바닥막이 및 기슭막이 등)
   ⑥ 교량의 위치
   ⑦ 계안의 정비상황

2) 계류 주변의 상황
   ① 계류 주변의 토지이용
   ② 계류 주변의 공공시설(관공서, 문화센터, 학교, 절, 공원 등)
   ③ 계류 주변으로부터 볼 수 있는 산지 풍경, 언덕 등)
   ④ 계류를 조망할 수 있다고 생각되는 고지대 등의 조망지점 선별

3) 접근상황
   ① 계류 주변도로의 통행 가능성
   ② 계안 및 수변으로의 접근 가능성
   ③ 교량 등의 계류 종단통로의 위치

10.2.3.2. 거점조사

거점조사는 대상 계류의 경관특징을 결정하는 경관대상, 관망지점 및 공간구성 등을 추출하여 파악하는 것을 목적으로 한다. 그리고 거점조사의 결과는 구체적인 정비방침에 반영하도록 한다.

[해설]
계류경관은 계류(하도, 계상퇴적지·계상재료 등과 같은 하도 내의 미지형, 수면, 기슭막이 등의 계류구조물, 하도식생 등), 임도나 건축물, 원경으로 보이는 산의 풍경·산림·구조물 등의 다양한 요소로 구성된다.

거점조사는 다양한 계류경관의 구성요소를 파악하고, 풍경의 특징을 결정하는 경관대상, 관망지점, 공간구성 등, 그리고 보전·정비하여야 할 경관요소 등을 추출하는 것이다.

1) 관망지점
  ○ 관망지점이 되는 곳
    ① 조망지점 ② 기슭막이 ③ 교량 ④ 사람이 많이 모이는 장소
    ⑤ 양호한 경관지점 : 합류·분지지점의 주변, 사방댐, 바닥막이 주변, 소·여울 등의 계류지형에 관한 지명·지점, 수면의 표정을 즐길 수 있는 수제, 역사적 구조물의 주변
    ⑥ 야외 레크리에이션 시설 : 공원시설, 사이클링 코스나 산책로
    ⑦ 수면이용이 있는 곳
  ○ 관망지점으로서의 평가 관점
    ① 시인성(視認性) : 대상이 어떻게 보이는가? 등
    ② 이용성 : 대상 시점에 어떠한 사람들이 어느 정도 모이는가? 등

2) 대상 : 경관을 구성하고 있는 요소
    ① 자연물(산, 언덕 및 수목 등)
    ② 인공물(계류 구조물, 건물 등)

3) 공간구성
    ① 열린 공간   ② 폐쇄된 공간   ③ 한쪽이 열린 공간 등

10.2.3.3. 사진촬영

> 사진은 시야 또는 시각을 일치시키는 것을 기본으로 촬영하는 것으로 한다. 그리고 촬영장소는 사람의 시선을 염두에 두고 설정하며, 태양광의 방향을 고려하여 역광이 되지 않도록 촬영시간을 설정하도록 한다.

[해설]

계류경관의 현황을 파악하기 위해서는 현지조사 시에 충분히 관찰하는 것이 중요하지만, 대상을 기록·보존을 위하여 사진촬영을 실시하도록 한다.

시야란 사람이 볼 수 있는 범위로, 통상 좌우 각각 60°, 상하 각각 70°, 80°이며, 시각이란 대상물을 망막으로 연결하는 각도(크기)이다. 따라서 경관을 기록할 때에는 시야 또는 시각을 일치시키는 것이 기본이다. 사진촬영의 상세한 내용은 다음과 같다.

1) 사용 렌즈

　　35mm, 135mm 렌즈(35mm 렌즈는 시야에 대응하며, 135mm 렌즈인 경우 현장과 같은 크기)로 촬영할 수 있다.

2) 촬영방법

　　사진촬영의 촬영방법은 촬영지점(관망지점)별로 다음을 기준으로 하며, 기본적으로 35mm 렌즈로 촬영한다.

　　① 기슭막이·계안의 위 : 파노라마
　　② 고지대 들판 위 : 상류, 하류, 기슭
　　③ 교량 위 : 상류, 하류
　　④ 조망지점 : 주요한 주 대상의 방향(파노라마)

그리고 35mm 렌즈 및 135mm 렌즈를 사용하여 촬영한 사진을 자료로 이용하도록 한다. 이 사진촬영 방법의 의미를 시각특성과 연관시키면 다음과 같다. 즉, 일반적으로 사람이 한 지점을 주시하고 있는 공간의 범위를 시야라고 하며, 이때 두 눈으로 동시에 보고 있는 범위는 좌우 약 60°, 상하 약 50°이다. 그리고 외관의 크기는 시각으로 표현할 수 있다.

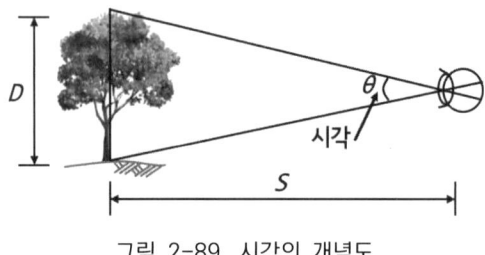

그림 2-89. 시각의 개념도

풍경 속에 담겨 있는 정도나 조화, 통일감 등은 시야에 들어오는 경관의 크기나 배치에 따라 결정된다. 세부를 관찰하는 방법은 시각에 따라 결정된다.

10.2.3.4. 소재 및 디자인조사

소재·디자인조사는 계류의 경관설계 시에 필요한 소재 선정이나 디자인 고안 등을 위한 기초자료로 사용하는 것을 목적으로 하며, 이때 소재란 기슭막이 등과 같은 구조물의 표면자재의 재료를, 디자인이란 사방댐, 교량 등의 구조물의 형태, 고안에 관계하는 것이다.

[해설]

　　소재·디자인조사는 유역경관과의 조화, 지역특성 및 개성을 살린 경관을 정비하기 위하여 실시하며, 대상계류의 사방구조물 및 유역 구조물의 소재나 디자인, 대상 지역에 주로 사용되고 있거나 그 지역에서 생산되는 석재나 산업제품·공예품의 소재·디자인을 파악한다.

　지역경관과의 조화를 이루기 위해서는 기존에 사용되고 있는 소재나 디자인을 파악하고, 그에 입각하여 소재와 디자인을 결정하는 것이 유효한 방법이 될 수 있다. 또한, 개성을 연출하기 위하여 대상계류의 주변에서 생산되는 석재를 사용하거나 지역의 특산품·지역 공예품을 사용하는 것도 유효한 방법이라고 할 수 있다. 이러한 소재·디자인은 직접 구조물의 재료나 디자인과 연결되지 않더라도 그 디자인이나 의미를 설계에 반영할 수 있다는 점에서 그 의의가 있다.

　따라서 대상유역 주변을 대상으로 하여 다음과 같은 항목 등에 대하여 재료와 디자인 등을 조사하도록 한다.

① 양호한 계류 구조물(기슭막이·교량·사방댐) 등의 재료·디자인
② 역사적인 계류 구조물(기슭막이·교량·사방댐) 및 계류 주변의 역사적 구조물 등의 재료·디자인
③ 대상지역 부근에서 생산되는 석재의 종류
④ 대상지역의 지역 특산물·지역 공예품

10.2.3.5. 색채조사

　색채의 선정은 시각에 의한 방법이나 기계를 사용하는 방법 중에서 적당한 것을 채택하여 사용하도록 한다.

[해설]

　계류 구조물 등의 색채나 소재를 선정할 경우, 그 구조물이 설치될 주변 풍경의 색채를 파악하여야 한다. 색채조사는 계류경관을 구성하고 있는 요소의 색채를 선정한 후, 계류경관을 구성하는 색채를 파악하는 것이다.

　색채의 측정방법에는 색을 측정하고자 하는 구조물을 색견본과 대조하여 관측자의 눈으로 직접 비교하여 색채를 결정하는 시관측색방법(視觀測色方法)과 색채계(色彩計) 등의 기기를 사용하는 방법이 있다. 엄밀하게 측정할 때에는 기기를 사용하는 방법이 좋지만, 간단한 시관측색방법도 자주 사용되고 있다.

　채색의 표현방법은 먼셀 표색계(Munsell color system)가 기본이 되며, 색을 색상(色相 : H=hue)·명도(明度 : V=value)·채도(彩度 : C=chroma)의 세 속성으로 나누어 HV/C라는 형식에 따라 번호로 표시한다. 먼저 색생환(色相環)을 10으로 나누고, 필요에 따라 각각의 사이를 다시 반분한다. 즉, 빨강(R)·노랑(Y)·녹색(G)·파랑(B)·보라(P)를 기본색으로 하고, 그 중간에 주황(YR)·연두(GY)·청록(BG)·남색(PB)·자주(RP)를 두어 합계 10가지의 색상으로 구분한다.

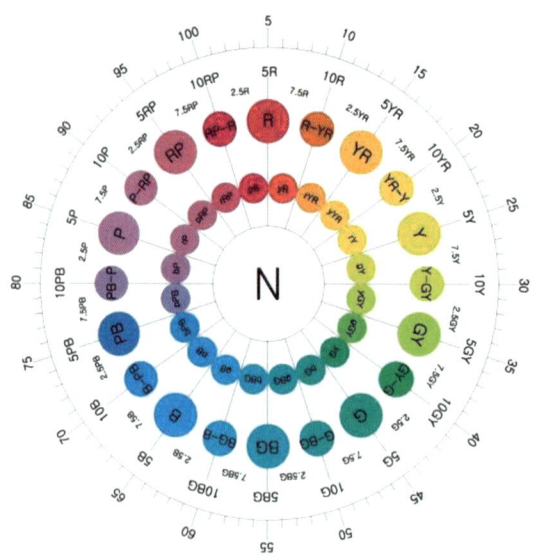

그림 2-90. 먼셀 표색계의 색상환

한편, 명도를 나타내는 척도로서는 흰색으로부터 흑색까지의 무채색(N)의 밝은 정도를 11단계로 등분하여 흰색을 10, 흑색을 0으로 하며, 이를 다시 세분하여 소수점을 찍을 수도 있다. 또한, 채도의 척도로는 무채색을 0으로 하고, 그와 같은 감각 차이에 준하여 순도가 높아지는 정도에 따라 1, 2, 3, …과 같이 번호를 부여한다.

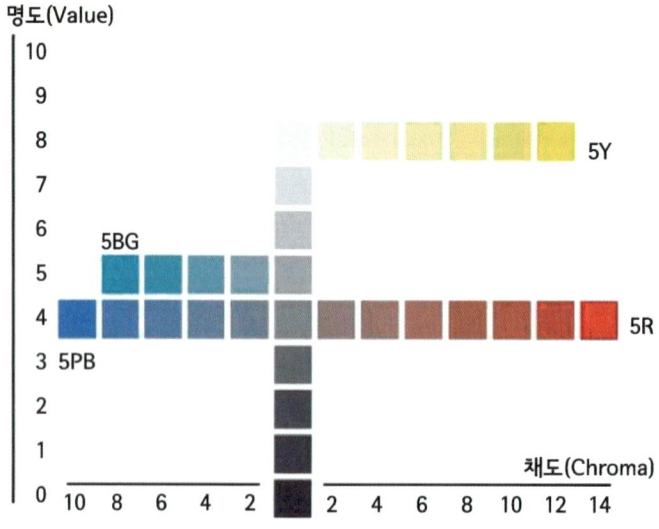

그림 2-91. 먼셀 표색계의 명도와 채도

10.2.4. 경관예측

> 사방구조물이 완성된 이후의 모습을 예측하기 위하여 경관예측을 실시하며, 경관을 예측하는 방법에는 다양한 종류가 있지만, 경관 대상물의 특성에 따라 적절한 방법을 선정하여 사용하도록 한다.

[해설]

사방사업지 부근에 구조물 등을 축조할 때에는 사전에 그 구조물이 완성된 이후 어떠한 모습으로 사람들의 눈에 비칠까를 파악하도록 하며, 기본적으로는 경관예측·평가는 다음과 같은 순서에 따라 실시한다.

1) 경관예측의 지점 검토

계류의 경관을 예측할 때에는 어느 장소로부터 계류 구조물 등을 조망할 수 있는가가 중요한 과제이므로, 그 구조물의 모습을 단적으로 나타낼 수 있는 지점을 선택한다. 특히 해당 지점은 사람들이 많이 모이고, 지역의 개성이 포착될 수 있는 곳이 바람직하다.

2) 완성 예상도의 작성

계류공간에 구축하는 구조물 등의 계획을 기초로 하여 완성 예상도를 작성한다. 예측방법은 그 완성된 모양에 각각 정밀도 면에서 차이가 있으므로, 예상도가 요구하는 목적에 따라 적합한 정밀도를 나타낼 수 있는 방법을 선택하도록 한다.

3) 경관의 평가

일반적으로 예상도 작성단계까지는 계류 관리자가 주체가 되어 평가하며, 이때 전문가나 지역 주민을 포함하여 폭 넓게 의견을 청취하도록 한다. 즉, 적절한 설계·시공방법을 선택하고 평가를 실시한 후, 그 결과를 피드백 하여 양호한 경관이 형성되도록 한다.

한편, 경관예측에는 다음과 같은 방법이 이용되고 있다.

① 스케치

설계대상 또는 경관정보를 인간의 시각능력에 따라 그림으로 표현하는 것으로, 스케치나 이미지맵이라고 한다. 설계의 구상이나 경관정보를 간단하게 시각화하는 것을 목적으로 하며, 설계대상의 간이 스케치나 완성 예상도로 이용된다.

이 방법은 누구나 손쉽게 처리할 수 있다는 장점이 있지만, 인간의 표현능력에 따라 결과의 차이가 나타난다는 점과 현실성이 결여될 수 있다는 단점이 있다.

② 투시도

중심투영변환을 이용하여 건축물이나 지형의 투시형태를 2차원 평면에 선으로 표현하는 방법이다. 구조물의 3차원적인 모양을 미관, 쾌적감, 기능성 등의 면에서 검토하는 것을 목적으로 하며, 지형투시도, 구조투시도, 연속투시도 및 입체투시도 등으로 작성된다.

실체가 지각적으로 판단될 수 있고, 직관적으로 느낄 수 있으며, 관망지점의 이동에 따라 작도하기 쉽다는 장점이 있다. 그러나 세부적인 표현과 음영의 처리가 복잡하고, 수정 정보를 설계에 피드백 하거나 자연조건과 색채표현이 곤란하다는 문제점이 있다. 또한, 계류공간의 이미지를 표현한다는 생각에서 조감도적인 투시도가 작성되는 경우가 많지만, 실제로 사람이 조망하는 지점에서의 투시도, 사람의 눈에 어떻게 보일 것인가에 대한 검토가 어렵다는 문제가 해결하여야 할 과제이다.

③ 합성사진(Photomontage)

현지의 사진 위에 시공 구조물의 투시도를 중첩하여 시공 이후의 경관을 합성하는 방법으로, 구조물의 시공 이후의 경관을 구현하고, 영향을 사전에 평가하는 데 자주 이용된다. 시공 이후의 상태가 사전에 실시간으로 표현될 수 있기 때문에 직감적으로 판단할 수 있다. 또한, 설치 구조물의 변경, 비교가 용이하고, 사진을 이용하기 때문에 주변의 풍경정보의 정밀도가 높다는 장점이 있지만, 사진공정 등의 특수기술을 필요로 한다.

④ 컬러 시뮬레이션

사진에 표현되는 요소(구조물 등)의 색채, 재질을 컬러 시뮬레이션에 의하여 변환할 수 있고, 시공 구조물의 색채, 재질의 검토나 자연과의 조화에 관한 색채를 검토할 수 있다. 따라서 임의의 색채로 변경이 자유롭고, 시공 이후의 상태를 신속하게 구현할 수 있지만, 특수기계와 특수한 기술이 필요하며, 사진공정에 따른 색바램과 중첩에 따른 위치변경 등에 대한 정밀도 유지가 필요하다.

⑤ 모형

구조물, 지형 등을 각종 모형재료를 이용하여 3차원 모형으로 표현하는 것으로, 구조모형, 지형모형 및 경관모형으로 만들 수 있다. 입체적인 파악과 검토가 가능하며, 직관적·시각적 판단이 가능하지만, 세부적인 표현이 곤란하다.

⑥ 비디오

배경이 되는 풍경 및 예측대상이 되는 구조물·지형변경 등을 카메라에 입력하는 것으로, 비디오와 사진, 모형, 컴퓨터 그래픽 등과의 합성이 가능하다. 관망지점의 변화 등에 따라 경관의 연속적 변화를 포함하여 파악할 수 있지만, 비디오모니터의 재현성이 사진과 비교하여 약간 떨어지며, 고도의 기술을 필요로 한다.

⑦ 컴퓨터 그래픽

컴퓨터를 이용하여 수치지형모델, 식생정보를 사용하면 구조물 및 주변 지형·식생을 파악한 후, 플로터 등을 이용하여 출력할 수 있다. 관망지점의 숫자가 많을 경우나 계획시설의 대체안이 많을 경우에 유효하며, 전략적 예측이 가능하기 때문에 합성사진까지 가능하다. 또한, 자료 작성에 노력이 많이 들기 때문에 정밀도, 조작 면에서의 기술개발이 필요하며, 최근 새로운 시스템이 개발되고 있다.

10.2.5. 경관평가방법

> 경관을 평가하는 데에는 다음과 같은 방법 중에서 해당 대상물의 중요도, 사회적 상황 등에 따라 적당한 방법을 선택하도록 한다.
> ① 전문가 등으로 구성된 위원회에 의한 방법
> ② 복수의 연구자에 의한 통계적 방법(계량심리학 평가방법)
> ③ 경험에 의한 방법
> ④ 기타

[해설]

1) 평가방법

　　공공 구조물인 사방구조물은 공공성이 강한 구조물이기 때문에 대다수의 사람들이 좋아할 수 있는 객관적인 평가를 받아야 하며, 평가방법에는 전술한 방법 이외에 개인의 주관이나 직관에 의한 평가방법이 있다.

　　이 방법은 매우 유효한 정보가 되는 경우도 있지만, 객관성이 결여되는 결점이 있기 때문에 객관성을 유지하기 위해서는 다음과 같은 방법 등을 이용하도록 한다.
　① 전문가 등으로 구성된 위원회에 의한 방법
　② 복수의 연구자에 실시한 주관적인 평가를 통계적으로 처리하여 평균적 평가를 얻은 계량심리학적 방법에 의하여 평가를 실시하는 방법
　③ 고전적 경관론이나 평가가 진행된 경관 등으로부터 법칙을 추출하는 방법

2) 계량심리학 평가방법

　계량심리학 평가방법에는 다음과 같은 방법이 있다.
　① 평정척도를 사용하여 피험자에게 평가되는 방법(평가방법 : 질문법, 면접법)
　② 평정척도를 사용하지 않고, 언어나 그림 등으로 표현 또는 인지시키는 방법(이미지·지도조사법 등)
　③ 의학적 혹은 생리적 반응이나 행동을 관찰하는 방법(관찰법, 시각 기록계를 사용한 시선·주시점조사 등)

10.2.6. 조사결과의 정리 및 고찰

> 계류경관의 특징 등을 사람들에게 전달하고, 정비계획에 반영하기 위하여 조사결과를 정확하게 정리하여야 한다. 또한, 조사에서 파악된 기술, 사진, 지도 등에 대해서도 조사의 목적에 따라 알기 쉽게 정리하고, 고찰하도록 한다.

[해설]

　　공공조사의 결과는 다음과 같은 조사목적에 따라 사진을 촬영하고, 관찰한 것을 기술하며, 지도나 평면도 등에 정리한 후에 고찰하도록 한다.

1) 사진촬영

　　사진은 현장을 재현하는 것이다. 따라서 연속사진으로 활용할 수 있도록 일목요연하게 정리하여야 한다. 또한, 앨범에 사진 만을 부착하기 보다는 같은 지면에 경관의 특징이 기술될 수 있도록 정리하는 것이 바람직하다.

2) 경관의 기술

　　사진촬영과 함께 관찰한 것을 기술한다.
　　① 전체적인 경관의 인상, 분위기 등을 기술한다.
　　② 계류풍경(수면풍경, 수제풍경, 계안풍경), 주변풍경(원경, 중경, 근경), 공간구성, 특히 눈에 띠는 곳 등의 경관특징을 기술한다.

3) 지도, 평면도 등

　　계류의 종단적인 파악 및 주변과의 관계성 등을 파악한다.

10.3. 계류이용실태조사

10.3.1. 조사의 목적

> 계류의 이용실태조사는 사방사업을 실시하는 계류 및 주변 지역에 있어서 계류공간의 이용실태, 요구도를 파악하는 것을 목적으로 한다.

[해설]

　　인간은 오래 전부터 수계를 중심으로 한 수변과 관계하면서 삶을 영위하고 있다. 따라서 계류의 이용실태인 친수행위를 파악하는 것은 과거로부터 현재에 이르기까지 인간과 수변과의 관계를 파악하는 것이며, 이를 통하여 해당 계류의 친수공간으로서의 퍼텐셜을 평가할 때의 중요한 관점이 된다.

10.3.2. 조사의 내용

> 계류의 이용실태조사는 계획준비, 계류공간의 이용실태조사 및 이용자 및 지역의 의향조사로 구분하여 실시한다.

[해설]

1) 계획준비

　　사업자는 업무의 목적, 요지를 파악한 후, 설계도서에 제시한 업무내용을 확인하여 업무계획서를 작성하고, 감독관에게 제출하도록 한다.

2) 계류공간의 이용실태조사
   사업자는 조사 대상으로 하는 계류의 이용자수, 이용구간 등의 실태를 조사한다.

3) 이용자 및 지역의 의향조사
   사업자는 조사 대상으로 하는 계류의 이용자, 계류가 위치하는 지역을 대상으로 하여 해당 계류의 이용에 관한 이용을 청취조사에 의하여 조사·집계하도록 한다.

4) 조사항목
   실태파악은 이용의 종류, 장소, 시기, 시간대, 이용자의 숫자와 그 속성, 그리고 이용시설 등을 필요에 따라 실시하도록 한다.
   한편, 친수행위를 이용자가 수변활동에 이용하는 관점에서 분류하면 다음과 같다.
   ① 생산활동
   계류와 연관된 생업(생활을 위한 직업)은 표 2-89와 같이 생업활동으로서의 계류와의 관련성으로, 산업구조가 변천됨에 따라 그 중심내용이 변화하였다. 즉, 근세까지는 농업을 중심으로 한 1차 산업이 중심이었지만, 고도성장기에는 공업의 진보에 따른 2차 산업, 최근에는 관광 등의 3차 산업으로 비중이 옮겨지고 있다.

표 2-89. 생업활동으로서의 계류의 관련성

구분	계류와의 관련성	이용 방법	현황
농업	계상퇴적지나 계안 등의 토지이용	농경지 방목지	계류의 관리가 강화되고, 산촌인구가 감소함에 따라 점차 쇠퇴하고 있음
	계류에서의 세정활동	야채, 농기구 세정	점차 쇠퇴함
어업	어류의 포획장소	어류 등의 포획	관광화, 레저화하는 경향임
	어류의 서식장소	어류 등의 양식	관광화, 레저화하는 경향임
임업	유수	뗏목	거의 볼 수 없음
	저수	저목장	거의 볼 수 없음
공업	공업용수	각종 공업용수	요구도가 높아지는 경향임
	세정	염색과 종이	거의 볼 수 없음
	생산지	자갈 및 돌 채취	계상의 높이 유지를 위하여 제한됨
광업	생산지	사금·사철 채취	거의 볼 수 없음
관광업	경승지	협곡, 수향 등	계류의 정비가 증가하고 있는 경향임
	생활활동에서 전환	세탁	일부 지역에서만 볼 수 있음
	어업으로부터 전환	낚시, 양식	관광화, 레저화하는 경향이 나타남
	임업으로부터 전환	뗏목	거의 볼 수 없음

② 생활활동

인간은 예부터 일상생활을 영위하는 과정에서 계류와 밀접하게 관계하고 있으며, 개인이나 가족 등이 일상생활 속에서 계류와 관련된 활동을 하는 것을 생활활동이라고 한다.

한편, 표 2-90은 생활활동에 있어서의 계류의 이용방법과 그 변천요인 등을 제시한 것이다. 즉, 도시지역의 경우 최근 수도가 보급됨에 따라 생활수준에서 계류를 접할 기회는 거의 없어졌지만, 레크리에이션 면에서 그 이용방법이 변화하고 있다.

표 2-90. 일상생활로서의 계류와의 관련성 변천

계류 이용방법	생활활동	변천의 요인	현재의 상황
수원	생활용수	수도의 보급	일부 지역에서 이용되고 있음
	농업용수	조직화·규모화	개인이 이용하는 차원을 넘어서고 있음
세정	야채·세탁	수도의 보급	일부 지역에서 부분적으로 이용되고 있음
유수	각종 수로	—	중요함
방재활동	수방활동	조직화	조직화된 수방훈련의 중요성이 대두됨
먹거리 생산지	조업	생업화	상업화 또는 레저화되고 있음

③ 신앙활동

인간은 이전부터 계류를 깨끗하고 변함없이 흐르는 대상으로 인식하고 있으며, 자연숭배사상에서 볼 수 있는 원시적인 종교나 불교의 무상함과 같이 신앙의 대상이나 장소로 간주하고 있다. 특히 우리나라에서는 논농사를 중심으로 발전해 왔기 때문에 농업용수에 대한 관심이 높았으며, 그로 인하여 기우제나 용수에 관련된 신앙도 각지에서 볼 수 있다.

④ 사회활동

생업활동 이외의 활동을 사회활동이라고 하며, 용수의 확보나 공공성이 높은 홍수의 방어 및 계류의 청소 등에 주민이 자발적으로 관계하는 활동이 이에 속한다.

⑤ 창작활동

계류를 화제로 하거나 장소로 하는 창작활동이 이루어지고 있다. 즉, 계류가 갖고 있는 자정기능이나 운반기능 등을 깨끗한 존재나 흘러가는 존재(무상함의 대상) 및 유구한 존재로 다루거나, 계류의 분단기능을 심리적 또는 사회적인 경계로 취급하기도 한다.

⑥ 교육활동

원래 인간은 수계를 중심으로 생활을 영위하면서 영향을 주거나 받고 있다. 특히 홍수나 수자원 등에 관한 자료는 그 지역의 풍토를 이해할 수 있는 귀중한 교재일 뿐만 아니라 계류에 서식하는 생물이나 생태계를 이해할 수 있는 기초자료이다.

⑦ 레크리에이션활동

계류에는 수역, 천이역 및 육역이라고 하는 횡단적인 공간의 변화, 그리고 상류, 중류 및 하류라고 하는 종단적인 변화가 중첩되어 다양성이 풍부한 공간이 형성되어 있다. 이와 같이 변화하는 공간은 그 특성에 따라 산책, 스포츠 및 낚시 등과 같은 다양한 레크리에이션활동의 장소로 이용되고 있다.

10.3.3. 조사방법

> 계류의 이용실태조사는 현지조사, 청취조사 및 문헌조사 등에 의하여 계류의 이용에 관계하는 환경요소를 조사한다.

[해설]

최근 아웃도어 라이프의 지향, 여유시간의 증가 등에 의하여 주변의 계류환경에 대한 관심이 고조되고 있다. 특히 계류를 가깝고 좋은 휴식처라는 인식과 함께 관광, 레크리에이션의 핵심장소로 이용하려는 움직임도 활발해지고 있다.

이러한 상황 속에서 앞으로 더욱 증가될 지역주민의 다양한 요구에 적극적으로 대응하고, 점적인 정비에서 면적으로의 전개라고 하는 광역적인 정비와 계류로부터의 지역문화 창출과 지역 활성화를 적극적으로 촉진한다는 인식전환이 필요하다.

계류의 이용실태조사는 생태계의 조사와 함께 계류를 귀중한 자산으로 간주하여 보전, 정비하는 데에 필요한 기초자료를 확보하고, 계획대상구역의 주변에서 책정하고 있는 지역계획을 파악하기 위하여 실시하도록 한다.

한편, 계류공간이란 유수가 존재하는 범위일 뿐만 아니라 모래톱, 사력퇴 및 계류에 인접하고 있는 계안림 등과 같은 다양한 자연을 포함하기 때문에 사방사업 등을 실시하기 위해서는 조사 착수 시 기존의 관련문헌과 함께 해당 지자체 등의 자문을 받아 조사장소를 선정하도록 한다.

계류의 이용에 관계하는 환경요소에는 다음과 같은 것이 있다.

○ 계류의 이용방법
  ① 풍경탐방(산책로)   ② 캠프장(숙박시설 포함)
  ③ 하이킹 코스   ④ 전망대 등 시설
  ⑤ 공원   ⑥ 물놀이장
  ⑦ 래프팅   ⑧ 내수 양식업
  ⑨ 축제 · 전통행사 · 이벤트   ⑩ 조류관찰 · 자연관찰회 등

사방조사론

그림 2-92. 계류의 다양한 이용방법

○ 관광자원
① 산악 ② 계곡·폭포·소·여울 ③ 계안림 ④ 사방댐 등 각종 사방시설
⑤ 식물·동물 ⑥ 특수 지형 ⑦ 약수(샘물) ⑧ 낚시 등

그림 2-93. 계류의 다양한 관광자원

이상의 내용 이외에도 청취조사나 설문조사조사를 실시하여 다음과 같은 내용을 파악하도록 한다.
① 앞으로의 지방자치단체, 민간 등의 계류정비, 이용계획
② 계류 주변의 시가지, 관광지와의 접근
③ 이용자 및 기초자치단체의 계류정비·이용에 대한 의향조사

현지조사는 예비조사를 실시한 후, 중요하다고 인정되는 장소에 대해서는 필요에 따라 실시하도록 한다.

10.3.4. 조사결과의 정리 및 고찰

현지조사의 조사자는 이용자수 집계표에 따라 정리한 후, 보고서를 작성하여 고찰한다.

[해설]
조사는 조사결과를 소정의 양식(표 2-91 참조)에 근거하여 정리한 후, 고찰하도록 한다.

표 2-91. 이용자수 집계표

지역명	사업소명	계류명	조사일자	날씨	조사자	소속

구간	좌우안	이용형태					
		산책	동식물 관찰	계류 스포츠	낚시	물놀이	캠핑	기타

2) 보고서 작성
해당 사업자는 업무의 성과로서 계획업무 및 조사업무의 성과에 준하여 보고서를 작성한다.

10.4. 기설 공작물조사

10.4.1. 조사의 목적 및 내용

도상 또는 현지조사에 의하여 대상유역 내의 기설 공작물의 위치, 사업종류, 시공연도, 공종 및 그 효과 등을 조사하여 사방기본계획의 기초자료로 활용할 목적으로 실시한다.

[해설]
사방시설의 설비대장 등의 자료 현지조사에 의하여 기설 공작물의 상황(위치 및 제원)을 정리한다. 즉, 기설 공작물의 제원 및 그 효과를 조사하여 토사의 생산·유출현상의 유역특성을 파악하도록 한다.

조사내용은 위치, 종류, 형식, 재질, 규모(댐의 높이, 댐의 폭, 댐둑마루의 폭 등), 소관, 명칭, 준공연월일, 퇴사상태, 파손, 누수 등이다.

10.4.2. 예비조사

예비조사는 실내에서 사방시설대장을 이용하거나 현지조사를 실시하여 위치, 사업의 종류, 시공연도 등의 정보를 획득한다.

[해설]
기설 공작물조사는 사방관련 대장 등에 의한 실내조사 및 현지조사를 실시하여 다음과 같은 정보를 파악하도록 한다.

1) 위치

기설 공작물의 위치는 지형도(1/2,500~1/5,000), 시설대장, 공중사진 등을 이용하여 파악하고, 현지조사를 실시하여 확인한다. 또한, 현지조사 시에 확인된 시설에 대해서도 동일하게 그 위치를 기록한다.

2) 사업종류

기설공작물의 사업종별로 다음과 같이 구분하여 파악한다.
① 사방사업(국가, 자방자치단체)
② 기타 사업(국가, 지방자치단체, 공단, 공사 등)
③ 민간 시설

3) 시공연도

기설 공작물의 준공연도를 파악한다.

10.4.3. 현지조사

기설 공작물에 관한 자료(지형도, 설비대장, 공중사진, 평면도 등)나 현지조사를 실시하여 공종, 연장 및 규모 등을 파악한다.

[해설]
1) 공종, 제원

현지조사에 실시하여야 할 사방시설물의 조사항목 및 각 공작물의 제원(기호, 단위 및 유효숫자)은 다음과 같다.

표 2-92. 사방시설물의 조사항목

공종	항목	기호	단위	유효숫자
계류보전공사 및 골막이	연장	L''	(m)	소수점 첫째자리
	계상 폭	W'	(m)	소수점 첫째자리
	억제 두께	D'	(m)	소수점 첫째자리
사방댐	유효 높이	H	(m)	소수점 첫째자리
	슬릿 높이	H'	(m)	소수점 첫째자리
	미만사 높이	$\triangle H$	(m)	소수점 첫째자리
	원 계상의 폭	B_0	(m)	소수점 첫째자리
	현 계상의 폭	B_1	(m)	정수
	계획퇴사의 폭	B_2	(m)	정수
	댐둑어깨의 높이	B'	(m)	소수점 첫째자리
	슬릿 폭	W	(m)	소수점 첫째자리
	현 퇴사길이	L_0	(m)	정수
	평상시의 퇴사길이	L	(m)	정수
	계획퇴사길이	L_2	(m)	정수
	불투과부의 퇴사길이	L'	(m)	정수
	원 계상물매	i_0	(m)	소수점 첫째자리
	평상시의 퇴사물매	i_1	-	소수점 첫째자리
	계획퇴사물매	i_2	-	소수점 첫째자리
	평균 침식깊이	D	-	소수점 첫째자리

주) 토석류퇴적공사, 유도둑에 대해서도 사방시설대장 및 설계도서에 의하여 그 규모 및 구조를 파악한다.

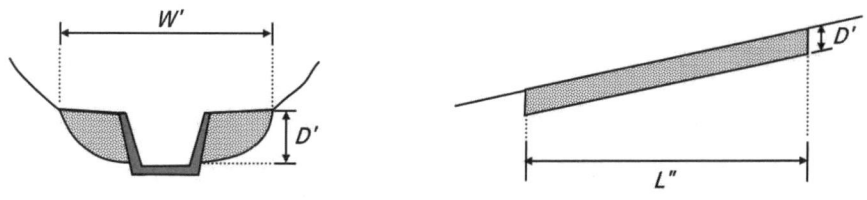

그림 2-94. 계류보전공사의 제원

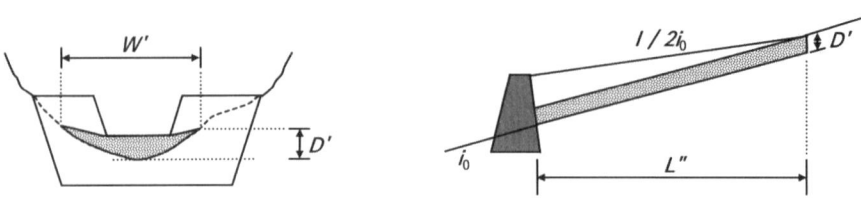

그림 2-95. 골막이의 제원

불투과형 사방댐

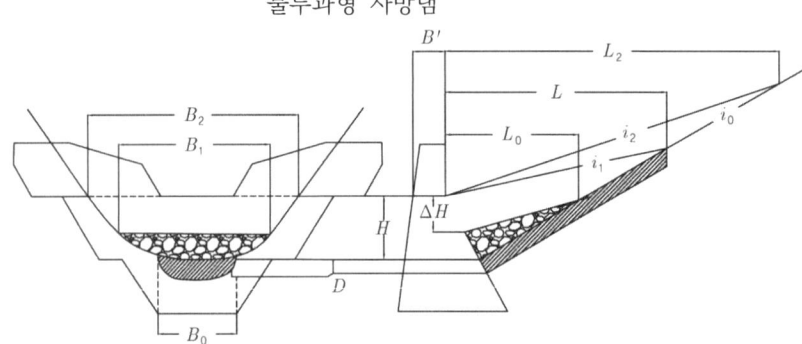

부분투과형 사방댐

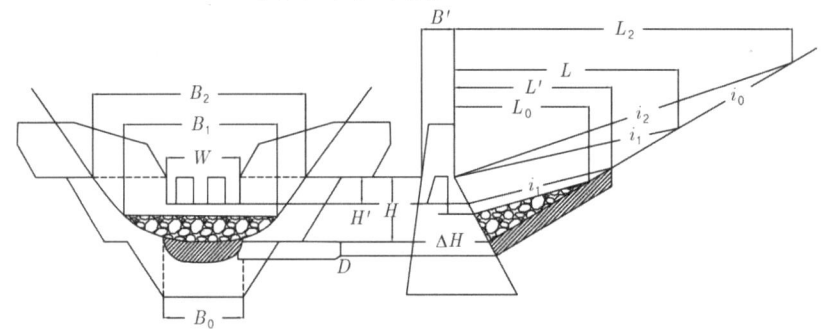

투과형 사방댐

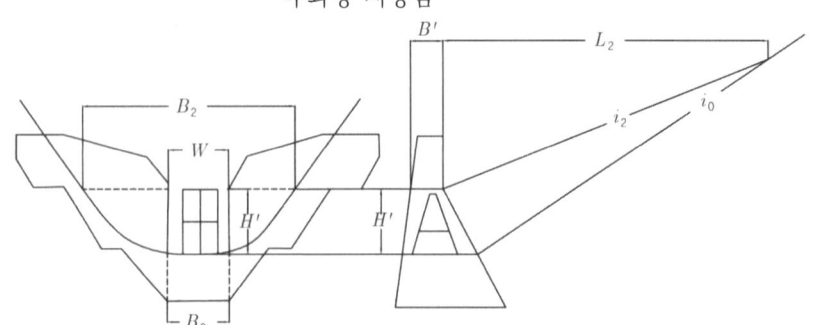

그림 2-96. 사방댐의 제원

10.5. 재해이력조사

10.5.1. 조사의 목적 및 내용

> 계획대상 유역에 위치하고 있는 지방자치단체의 재해사 등의 기존 문헌을 이용하여 과거의 재해이력을 조사한다. 이 재해이력의 결과로부터 피재 당시의 붕괴지, 침수구역, 피재인가의 호수 등을 확인하고, 현재의 상태와 비교하여 사방기본계획의 기초자료로 한다.

[해설]

과거에 어떠한 재해가 발생하였는지를 파악하는 것은 앞으로 실시할 사방시설계획에 필요하다. 또한, 피해 실태 및 토사의 수지 등을 파악하는 것은 사방공사의 시공순위를 결정하는 유효한 자료가 된다.

10.5.2. 예비조사

> 예비조사에서의 조사항목 및 유의하여야 할 점 등은 발생연월일, 발생시각, 발생위치, 재해 발생유인, 토석류 등의 규모, 인적 피해의 상황, 피해 가옥의 구조, 피해정도 및 피해 호수, 강우량, 피해 실적자료의 정리 등이다.

[해설]

1) 발생연월일, 발생시각, 발생위치, 재해 발생유인

   ① 발생연월일

   재해가 발생한 연월일은 서력(西曆)을 사용한다.

   ② 발생시각

   발생시각에 대해서도 24시간법을 사용하여 분 단위까지 기록한다. 불명확한 경우에는 「불명확 시각」, 「불분명」이라고 하고, 「저녁」, 「심야」 등의 대략적인 시각을 알 수 있는 경우에는 그 의미를 기록한다.

   ③ 발생위치

   재해 발생위치에 대해서도 토석류의 범람 개시지점의 위치를 지형도(1/2,500~1/5,000)에 나타낸다.

   ④ 재해 발생유인

   토석류 발생의 유인이 된 강우 등의 자연현상의 상황(명칭, 발생시각, 계속시간 및 규모 등)에 대하여 기록한다.

2) 토석류 등의 규모

   토석류나 유목 등의 규모에 대해서도 자료가 있는 범위 내에서 재해정보의 양식에 따라 정리하도록 한다. 또한, 토석류 등의 발생에 따른 범람구역과 재해가옥 등의 위치는 다음과 같이 정리한다.
    ① 범람구역 등
    범람구역 내의 토석류 및 토사의 퇴적범위, 흙탕물 등의 침수범위가 구별되는 것이 바람직하다.
    ② 재해 가옥
    가옥의 위치 및 피해정도(전파, 반파 등)의 정보가 있을 경우, 이를 도면에 기록한다.

3) 인적 피해의 상황(사망·부상자의 숫자), 피해 가옥의 구조(목조·비목조), 피해정도(전파·반파·일부 파손) 및 피해 호수
    ① 인적 피해
    인적 피해에 대해서도 해당 붕괴에 의한 피해 인원수를 기록하고, 사망, 행방불명, 부상자로 구분한다. 또한, 부상자에 대해서도 경상, 중상으로 구분하고, 구분이 불가능할 경우는 일괄하여 부상자로 기록한다.
    ② 가옥 피해
    가옥 피해에 대해서도 해당 붕괴에 의한 피해 동수를 기록하고, 구조에 따른 구분(목조·비목조), 피해정도에 따른 구분(전파·반파·일부 파손)을 실시하며, 구분이 불가능할 경우에는 일괄하여 기록한다.

4) 강우량
    강우량에 대해서도 토석류 발생까지의 연속우량, 24시간우량 및 토석류 발생 직전의 1시간 우량, 10분간우량 등에 대하여 조사하고, 기재 시에는 모두 수치로 확실하게 명시하도록 한다.

5) 피해 실적자료의 정리
    장래에 이용할 수 있는 자료를 축적하기 위해서는 상세하고도 통일적인 양식에 따라 정리하여야 한다. 재해 실적자료의 정리양식에 관해서는 재해보고 양식에 등에 따라 정리하고, 양식의 항목 이외의 위치정보도, 우량정보 등이 있으면, 별첨자료로 첨부한다.

10.5.3. 현지조사

해당 지역에서 현장에서 청취조사 등을 실시하여 유역 내에서 발생한 과거의 재해이력 등을 조사한다.

[해설]
    산사태, 토석류, 땅밀림, 낙석 및 홍수(해안지역에서는 해일이나 쓰나미를 포함함) 등의 자연재해 상황을 현지조사를 통하여 파악한다. 이와 같은 재해기록이나 청취에 의한 조

사·검토는 사방시설의 계획·설계·시공 및 사방계획 상 반드시 필요하다.

1) 주의사항
   ① 재해의 발생이나 피해상황의 기록뿐만이 아니라 발생 시의 강우·지형·지질·수리 등의 자료도 함께 수집·정리하면 이후의 재해발생이나 움직임을 예측하는 데에 도움이 된다.
   ② 재해기록이 없기 때문에 앞으로도 재해가 발생하지 않는다고는 할 수 없다. 대규모의 자연재해는 몇 백 년에 한번이라고 하는 주기나 빈도로 발생하기 쉽기 때문에 주의를 요한다.
   ③ 홍수에 의한 관수지역이나 토석류 재해의 면적의 확대는 오래된 기록이나 청취조사로는 알 수 있는 경우가 많지 않기 때문에, 미지형이나 식생, 토지이용 등으로부터 판단하도록 한다.

2) 수집방법
   재해기록은 관련 관공서(산림부서, 토목부서, 하천부서), 도로공사 등의 보고서나 출판물 이외에 오래된 것에 대해서는 언론매체, 지방지 등에도 남아 있는 경우가 많고, 청취조사는 지역의 주민으로부터 수집하도록 한다.

10.6. 경제효과조사

10.6.1. 조사의 목적 및 내용

사방사업에 관한 비용편익분석은 사방시설에 의하여 가져올 수 있는 경제적인 편익을 계측하는 것을 목적으로 실시하는 것으로, 계획유역의 자산 및 토지의 이용실태, 앞으로의 개발계획 등을 조사하여 사방공사의 효과를 파악한다.

[해설]
사방설비의 정비에 따른 편익은 토사재해 등에 의하여 발생하는 직접적 또는 간접적인 자산피해를 경감함으로써 얻을 수 있는 가처분 소득의 증가(편익), 토사재해의 감소에 따른 토지이용 가능지역 확대효과·산업입지 진행효과 등에 동반되는 편익, 치수 안전도의 향상에 동반되는 정신적인 안심감과 산림지대를 보전하는 효과 등이 있다.

사방시설은 사회경제적 활동을 지탱하는 안정기반으로써 중요한 시설이다. 그러나 각각의 효과를 정리하면, 다음의 모든 효과는 사방설비의 정비만으로 그 효과가 발휘되는 것은 아니다.

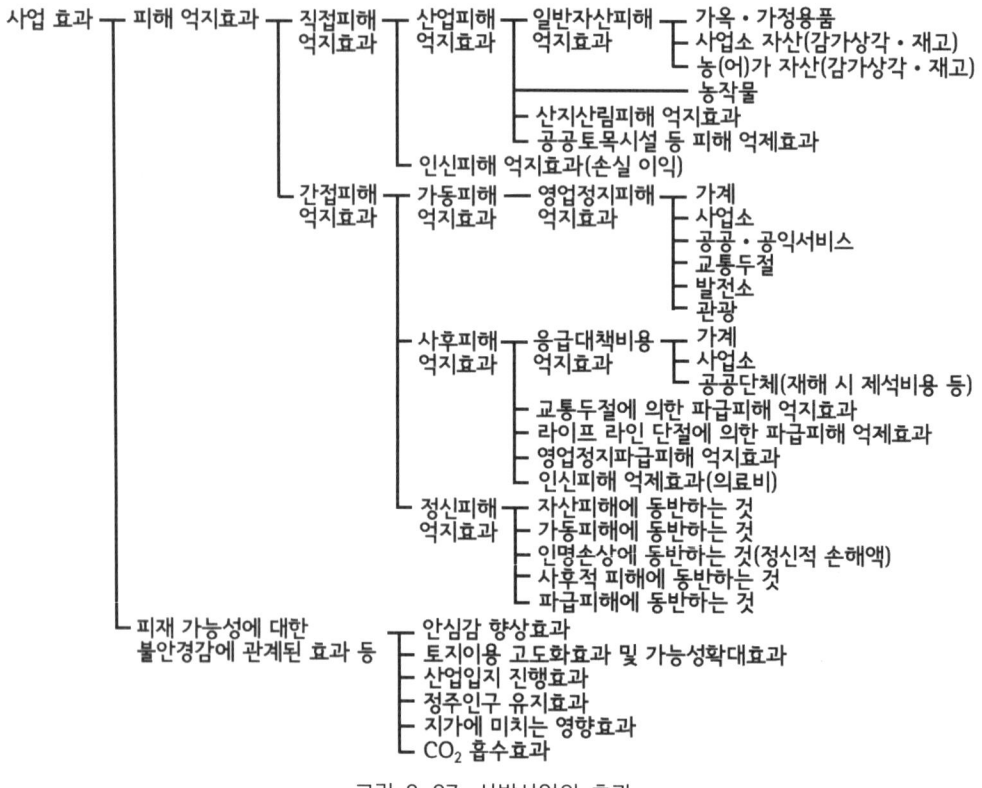

그림 2-97. 사방사업의 효과

10.6.2. 현지조사

유역 내의 자산이나 토지이용의 실태, 앞으로의 개발계획 등을 조사하여 사방공사의 효과를 파악한다.

[해설]

　유역 내의 자산이나 토지이용 실태, 앞으로의 개발계획 등을 조사하여 사방공사의 효과를 조사하는 것은 사방계획상 중요한 조사이다.

10.6.3. 예상범람구역의 설정

토사 등의 유출에 따른 피해는 다음과 같이 구분할 수 있다.
　① 토석류의 직격 피해　② 토사류에 의한 피해　③ 홍수류에 의한 피해

[해설]
　사방사업의 경제효과를 파악할 때에는 ①~③별로 피해예상구역을 추정한 후, 그 구역 내의 인가·농경지·관공서·재해약자시설·철도·도로 등을 조사하는 것이 중요하다. 즉, 계상의 물매가 약 1/100 지점보다 상류지역이거나 범람이 발생한 경우에 피해를 받을 위험이 있는 구역으로 간주하여 각종 보전대상물 등을 조사하도록 한다.

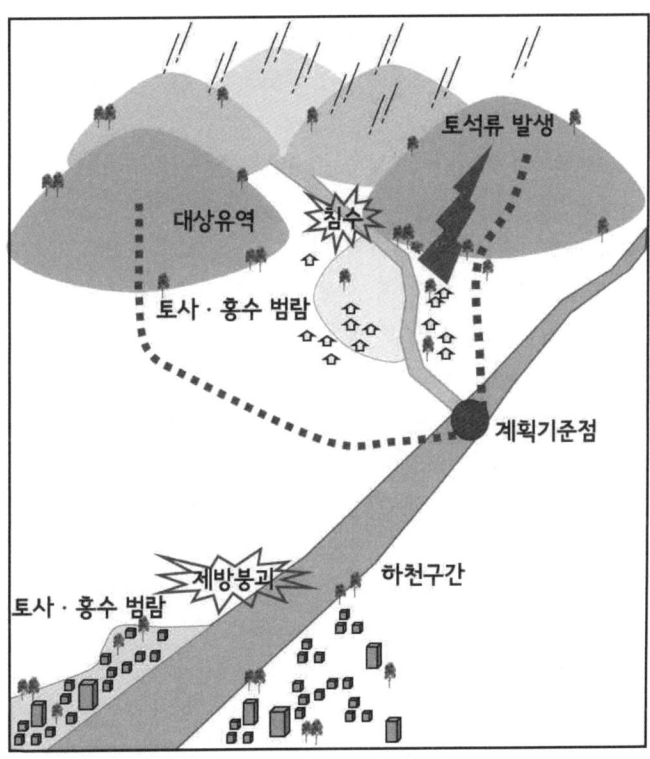

그림 2-98. 사방사업의 피해를 계상하는 구역의 이미지

1) 토석류의 유하 도달범위의 추정
　① 종단방향
　토석류의 퇴적 개시지점(지형물매 약 1/6~1/4 : 약 10~15°)으로부터 퇴적 말단 지점(지형물매 1/30 : 약 2°)까지를 종단방향의 유하도달범위로 추정한다.
　② 횡단방향
　토석류의 유하는 계안단구 등의 지형조건에 제약을 받는다. 일반적으로 토석류의 분산 각도는 지형조건에 강하게 영향을 받기 때문에 일반화할 수 없지만, 비교적 좁은 10~60° 범위에 분포하고 있다.

토석류의 유하 폭과 최대퇴적 폭과의 비율은 토석류와 토사류가 각각 최대 30, 210이며, 특히 토석류의 경우는 대부분이 10 이하로 5인 경우가 가장 많은 것으로 알려지고 있다.

2) 토사류·홍수류의 유하 도달범위의 추정

계산방법은 범람이 예상되는 지구의 현재 지형을 사용하여 1차원 계상변동 계산 또는 2차원 범람 계산에 의하여 예상범람구역을 설정한다. 또한, 치수대책의 일환으로 사업이 전개되고 있는 구간에 대해서도 계획유량의 규모에 대응한 하도단면을 사용하는 것을 기본으로 한다.

다만, 이와 같은 하도의 단면이 실제로 존재하지 않거나 명확하게 나타나지 않은 경우에는 현재의 하도단면을 사용할 수도 있다. 이와 같이 사방사업을 실시한 경우와 실시하지 않은 경우와의 예상범람구역의 차이에 따른 사방사업의 편익을 산정하도록 한다.

그리고 1차원 하상변동을 계산할 때 사용하는 메시는 격자구조를 기본으로 하지만, 현지의 상황을 감안하여 비구조격자를 사용하여도 무방하다. 또한, 계산에 사용하는 하이드로그래프는 해당지역의 것을 기본으로 하지만, 그 방법으로 과거의 재해실적 등을 충분히 재현할 수 없는 경우에는 기존에 발생한 재해 시의 강우실적 등을 고려하여 보다 재해실적 등의 재현성이 높은 하이드로그래프를 설정하는 것으로 한다.

한편, 유사에 대한 계산방법은 계산대상이 되는 지구의 지형을 감안하여 예상되는 토사이동현상에 적합한 방법을 사용하는 것으로 하고, 과거의 재해실적 등에 대하여 재현성이 좋은 방법을 사용하는 것으로 한다.

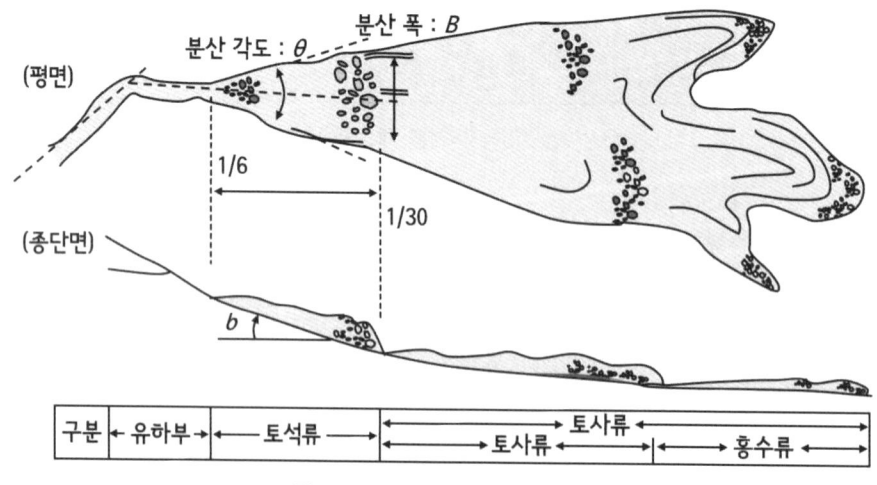

그림 2-99. 피해예상구역의 모식도

10.7. 법령지정상황조사

10.7.1. 조사의 목적

> 법령 등 지정상황에 대한 조사는 사업대상지 및 주변에 있어서 법령 등의 지정상황에 대하여 환경법·문화재관리법·하천법 등의 지정을 파악하고, 법령 등이 정하는 바에 따라 조성할 필요가 있다.

[해설]
　　유역 내에 개발제한지역·국유림·공원구역·매장문화시설 등의 존재 여부를 조사하고, 타 법령에 의한 지정상황을 파악한다.

10.7.2. 조사의 내용

> 자연환경보전법, 수질 및 수생태계 보전에 관련 법률, 토양환경보전법, 문화재보호법, 문화재수리법, 매장문화재법, 국토계획법, 개발제한구역의 지정 및 관리에 관한 특별조치법, 공공주택법 및 하천법 등에 대하여 조사한다.

[해설]
1) 자연환경보전법
　　○ 목적
　　　　자연환경을 인위적 훼손으로부터 보호하고, 생태계와 자연경관을 보전하는 등 자연환경을 체계적으로 보전·관리함으로써 자연환경의 지속가능한 이용을 도모하고, 국민이 쾌적한 자연환경에서 여유 있고 건강한 생활을 할 수 있도록 함을 목적으로 한다.
　　○ 주요 내용
　　　　① 생태·경관보전지역의 관리 등
　　　　② 생물다양성의 보전
　　　　③ 자연자산의 관리, 생태계보전협력금

2) 수질 및 수생태계 보전에 관련 법률
　　○ 목적
　　　　수질오염으로 인한 국민건강 및 환경상의 위해를 예방하고, 하천·호소 등 공공수역의 수질 및 수생태계를 적정하게 관리·보전함으로써 국민이 그 혜택을 널리 향유할 수 있도록 함과 동시에 미래의 세대에게 물려 줄 수 있도록 함을 목적으로 한다.

○ 주요 내용
   ① 공공수역의 수질 및 수생태계 보전
   ② 점오염원과 비점오염원의 관리
   ③ 기타 수질오염원의 관리, 폐수처리업

3) 토양환경보전법
  ○ 목적
    토양오염으로 인한 국민건강 및 환경상의 위해(危害)를 예방하고, 오염된 토양을 정화하는 등, 토양을 적정하게 관리·보전함으로써 토양생태계를 보전하고, 자원으로서의 토양가치를 높이며, 모든 국민이 건강하고 쾌적한 삶을 누릴 수 있게 함을 목적으로 한다.
  ○ 주요 내용
    ① 토양오염의 규제
    ② 토양보전대책지역의 지정 및 관리
    ③ 토양관련전문기관 및 토양정화업

4) 문화재보호법
  ○ 목적
    문화재를 효율적으로 보존하여 민족문화를 계승하고, 이를 활용할 수 있도록 함으로써 국민의 문화적 향상을 도모함과 아울러 인류문화의 발전에 기여함을 목적으로 한다.
  ○ 주요 내용
    ① 문화재 보호정책의 수립 및 추진, 문화재 보호의 기반 조성
    ② 국가지정문화재, 등록문화재, 일반동산문화재, 국외소재문화재 등
    ③ 국유문화재에 관한 특례, 문화재매매업 등

5) 문화재수리 등에 관한 법률(문화재수리법)
  ○ 목적
    문화재를 원형으로 보존·계승하기 위하여 문화재수리·실측설계·감리와 문화재수리업의 등록 및 기술관리 등에 필요한 사항을 정함으로써 문화재수리의 품질향상과 문화재수리업의 건전한 발전을 도모함을 목적으로 한다.
  ○ 주요 내용
    ① 문화재수리기술자 및 문화재수리기능자
    ② 문화재수리업 등의 운영
    ③ 문화재수리협회, 감독

6) 매장문화재 보호 및 조사에 관한 법률(매장문화재법)
   ○ 목적
   　　매장문화재를 보존하여 민족문화의 원형(原形)을 유지·계승하고, 매장문화재를 효율적으로 보호·조사 및 관리하는 것을 목적으로 한다.
   ○ 주요 내용
   　① 매장문화재의 지표조사, 발굴 및 조사
   　② 발견신고된 매장문화재의 처리 등
   　③ 매장문화재 조사기관

7) 국토의 계획 및 이용에 관한 법률(국토계획법)
   ○ 목적
   　　국토의 이용·개발과 보전을 위한 계획의 수립 및 집행 등에 필요한 사항을 정하여 공공복리를 증진시키고, 국민의 삶의 질을 향상시키는 것을 목적으로 한다.
   ○ 주요 내용
   　① 광역도시계획, 도시·군관리계획, 개발행위의 허가 등
   　② 용도지역·용도지구 및 용도구역에서의 행위 제한
   　③ 도시·군계획시설사업의 시행, 비용, 도시계획위원회, 토지거래의 허가 등

8) 개발제한구역의 지정 및 관리에 관한 특별조치법
   ○ 목적
   　　「국토의 계획 및 이용에 관한 법률」제38조에 따른 개발제한구역의 지정과 그 구역에서의 행위 제한, 주민에 대한 지원, 토지 매수, 그 밖에 개발제한구역을 효율적으로 관리하는 데에 필요한 사항을 정함으로써 도시의 무질서한 확산을 방지하고, 도시 주변의 자연환경을 보전하여 도시민의 건전한 생활환경을 확보하는 것을 목적으로 한다.
   ○ 주요 내용
   　① 국가의 책무, 개발제한구역 지정 등과 이에 관한 도시·군관리계획의 입안
   　② 해제된 개발제한구역의 재지정에 관한 특례, 취락지구에 대한 특례
   　③ 개발제한구역에서의 행위 제한

9) 공공주택건설 등에 관한 특별법(공공주택건설법)
   ○ 목적
   　　공공주택의 원활한 건설 등을 위하여 필요한 사항을 규정함으로써 저소득층의 주거안

정 및 주거수준 향상을 도모하고, 무주택자의 주택마련을 촉진하여 국민의 쾌적한 주거생활에 이바지함을 목적으로 한다.
○ 주요 내용
① 공공주택지구의 지정 등
② 공공주택지구의 조성, 공공주택통합심의위원회
③ 공공주택 건설 등, 공공시설 부지 등에서의 공공주택사업, 공공주택 매입

10) 하천법
○ 목적
하천사용의 이익을 증진하고 하천을 자연친화적으로 정비·보전하며, 하천의 유수로 인한 피해를 예방하기 위하여 하천의 지정·관리·사용 및 보전에 관한 사항을 규정함으로써 하천을 적정하게 관리하고 공공복리의 증진에 이바지함을 목적으로 한다.
○ 주요 내용
① 하천의 지정 등, 조사 및 계획 수립
② 하천공사 등의 시행, 하천의 점용 등
③ 하천환경의 보전·관리, 하천수의 사용 및 분쟁조정 등

이 외에도 폐기물관리법, 환경정책기본법, 환경영향평가법, 대기환경보전법, 소음·진동관리법, 고도 보존 및 육성에 관한 특별법(고도육성법), 문화재보호기금법, 문화유산과 자연환경자산에 관한 국민신탁법 및 한국전통문화대학교 설치법, 산업입지 및 개발에 관한 법률(산업입지법), 도시공원 및 녹지 등에 관한 법률, 택지개발촉진법, 도시 및 주거환경정비법, 도시개발법, 도로법, 댐건설 및 주변지역지원 등에 관한 법률, 건축법, 주택법, 친수구역 활용에 관한 개발제한구역의 지정 및 관리에 관한 특별조치법 등도 필요에 따라 파악하도록 한다.

10.8. 재해 시의 조사

10.8.1. 조사의 목적 및 내용

재해 시의 조사는 크게 응급복구를 위한 사방사업에 관한 조사와 재해실태조사로 구분할 수 있다.

[해설]

　　응급복구를 위한 사방사업에 관한 조사는 재해관련 응급복구 사방사업의 신청용 자료를 작성하기 위하여 재해발생 후 신속하게 간이측량(응급사방의 요구에 필요한 측량), 사진촬영 등을 실시하는 것이다.

　　재해의 범위가 넓거나 재해의 규모가 심각한 경우에는 헬리콥터, 드론 등으로 공중 사진을 촬영하도록 한다. 또한, 사진은 현지의 응급복구사업이 시작되기 이전에 반드시 촬영하여야 하며, 특히 토사 등의 유출상황, 피해 상황, 보전대상 등을 알 수 있도록 해당 지점을 중점적으로 촬영한다.

　　응급복구를 위한 사방사업에 관계되는 실태조사는 다음의 산림청의 지침에 따라 실시하도록 한다. 즉 "산사태예방지원본부의 구성 및 운영에 관한 규정(산림청훈령 제1299호)"과 "산사태 예방·대응 행동매뉴얼(표준안)(작성근거 : 국가위기관리 기본지침(대통령훈령 제318호) 및 「풍수해재난」위기관리 표준·실무매뉴얼"에 따라 실시하도록 한다.

10.8.2. 재해관련 응급복구를 위한 사방사업에 관한 조사

　　재해관련 응급복구를 위한 사방사업의 신청용 자료를 작성하기 위하여 계류의 상황, 입목·도목의 분포상황, 거석의 상황 및 피해 상황 등에 대하여 사진 촬영을 하고, 필요한 조사를 실시한다.

[해설]

　　재해관련 응급복구를 위한 사방사업의 신청용 자료에는 다음의 표 2-93 및 표 2-94와 같은 현지조사 항목, 작성자료 및 내용을 포함한다.

10.8.3. 재해관련 응급복구를 위한 재해실태조사

　　재해관련 응급복구를 위한 사방사업에 관련된 조사를 실시하고, 동시에 재해관련 응급복구 사방사업에 관련된 재해실태조사를 실시한다.

[해설]

　　재해 발생 시에는 제해관련 응급복구 사방사업의 신청용 자료를 작성하기 위한 조사를 최우선적으로 실시한다. 그러나 동시에 재해관련 응급복구 사방사업에 관련된 재해실태조사를 실시하도록 한다.

　　다음의 표 2-95는 상정된 재해실태조사 항목을 추출하여 재해관련 응급복구 사방사업에 관련된 조사에 의하여 보고할 수 있는 항목과 그렇지 않은 항목을 정리한 것이다.

표 2-93. 재해관련 응급복구를 위한 사방사업에 관계된 조사항목 및 작성자료

조사항목	작성자료	내용
계류조사	계류 횡단면도	폴 등으로 계류의 횡단지형을 파악하여 불안정한 퇴적토사의 폭, 깊이 및 입목이 생육하는 폭 등을 설정하도록 한다.
	계류상황 사진	계류의 상황을 촬영하도록 한다.
	토사량·유목량 산정평면도	불안정한 토사량·유목량을 산정한 근거 도면을 작성하도록 한다.
	불안정토사량계산서	불안정한 토사량을 산정하도록 한다.
	토사수지도	각종 시설배치계획이 가미된 토사수지도를 작성하도록 한다.
입목·도목조사	입목조사결과표	표본조사를 실시하여 그 임목조사 결과를 정리하도록 한다.
	입목상황사진	표본조사를 실시한 수목을 대상으로 하여 그 상황을 촬영하도록 한다.
	입목조사위치도	표본조사를 실시한 장소에 대한 위치도면을 작성하도록 한다.
	도목조사결과표	도목조사를 실시하여 그 결과에 대하여 표로 정리하도록 한다.
	도목상황사진	도목조사를 실시한 수목을 대상으로 하여 그 상황을 촬영하도록 한다.
	입목밀도 산정표	표본조사를 실시하여 그 결과로부터 입목밀도를 산정하도록 한다.
	유목량계산서	입목밀도와 계류조사를 실시한 결과로부터 유목량을 산정하도록 한다.
거석의 입경조사	거석조사결과표	거석조사 결과를 정리하도록 한다.
	거석상황사진	거석의 상황을 촬영하도록 한다.
	거석입경조사위치도	거석의 입경조사를 실시한 범위의 위치도면을 작성하도록 한다.
	거석입경누적곡선	거석의 입경누적곡선을 작성하여 최대입경을 산정하도록 한다.
피해상황 조사	인적, 물적 피해상황표	인적, 물적 피해상황을 정리하도록 한다.
	피해상황사진	피해상황을 촬영하도록 한다.
	보전대상사진	보전대상을 촬영하도록 한다.

※ 각 조사방법에 대해서도 제2장의 유역특성조사, 제3장의 사방계획조사, 제4장의 토석류대책조사 및 제5장의 유목대책조사를 참조하도록 함.
※ 각 조사방법에 대해서도 제2장의 유역특성조사, 제3장의 사방계획조사, 제4장의 토석류대책조사 및재해관련 응급복구를 위한 사방사업은 유역에 남아 있는 불안정한 토사, 유목 등을 대상으로 하기 때문에 계류의 상황을 파악하기 위한 사진은 토사가 침식된 상황이 아니라 남아있는 불안정한 토사·유목의 상황을 기록하도록 함.

표 2-94. 재해관련 응급복구를 위한 사방사업의 신청용 자료의 작성사례

조사항목	작성사례	
1. 계류조사	1-1. 계류의 상황사진 및 횡단면도	1-3. 불안정토사량계산서
	1-2. 불안정한 토사량·유목량산정평면도	1-4. 토사수지도
2. 입목· 도목조사	2-1. 입목상황사진	2-2. 입목조사위치도
	2-3. 입목밀도산정표	2-4. 유목량계산서
3. 거석의 입경조사	3.1. 거석상황사진	3.2. 거석입경조사위치도　　3.3. 거석입경누적곡선
4. 피해상황 조사	4.1. 피해상황사진(경사사진)	4.2. 피해상황사진(피해 인가)

표 2-95. 재해관련 응급복구 사방사업에 관련된 재해실태조사의 주요 항목

조사항목		조사항목의 내용에 따른 분류	
(대항목)	(소항목)	이 조사로 보고 가능한 항목	별도의 조사가 필요한 항목
표층붕괴에 기인한 토석류의 발생형태에서의 조사	상세평면도, 횡단면도	· 상세평면도 작성 (축척 1/1,000 정도)	-
	토석류 발생장소 (표층붕괴 발생구역) 의 개요	· 붕괴지 주변의 지질구분 · 각 붕괴지의 붕괴토량과 붕괴면적 및 평균 물매 · 주요 유역별 붕괴면적율 · 붕괴지의 종(횡)단면도	· 붕괴지 주변의 식생상황 · 붕괴지에서의 용출수 장소, 파이프와 용출수의 유무 · 붕괴지 주변의 균열의 크기와 분포 상황
	토석류 유하장소의 개요	· 계상퇴적토사의 침식구간별 평균 물매와 침식량 · 잔존 계상퇴적토사량	· 유하 흔적에 의한 토석류의 유속 산출
	토석류 퇴적장소의 개요	· 토석류의 퇴적범위 표시 · 토석류의 범람 개시지점과 범람구역 도달지점의 물매	· 토석(사)류의 양, 최대입경 · 토석류, 토사류 및 이류의 유동 깊이
	토사수지도	· 토사수지도 작성	-
	퇴적토사의 토질 특성	-	· 입도분포, 체분석, 토질시료를 실험 종료 후 송부
토석류대책을 위한 조사	토석류 피크유량의 추정	· 사방기술교본에 의한 추정	· 유하 흔적으로부터 추정 · (비디오 등)영상해석에 의하여 파악한 속도로부터 추정
유목대책을 위한 조사	계곡 출구 유출 비율	· 발생유목량을 표본조사법에 의하여 추정	· 골자기 출구에 퇴적된 유목량의 측정
	유목의 용적율	· 퇴사 상황 촬영	· 촬영된 유목의 본수, 길이, 직경에 대한 조사
인적, 가옥 등의 물적 피해 실태	-	· 유실, 전파, 반파, 일부 파손, 침수 가옥의 위치 · 경계구역의 유실, 전파, 반파, 일부 파손 침수 가옥의 숫자와 각 구역 내에서의 총 가옥에 대한 비율	· 가옥의 벽에 남아 있는 유하흔적에서 추정된 유동깊이 · 가옥의 파손을 야기한 유목의 길이, 평균 입경 및 본수 · 파손 장소를 기록한 가옥의 청취도면 작성
토석류의 전조현상, 토사의 도달시간	-	-	· 각 가옥에 토사, 유목 등이 유입된 시각 · 토석류의 전조현상과 촬영된 영상, 그 시각 및 내용
사방시설의 효과와 피해실태 등	-	· 사방시설의 위치	· 기설 사방댐의 토사(유목)포착량과 퇴사물매, 용적량 등 · 토사(유목) 포착 사진, 최대입경, 사방시설의 피해상황
토지이용 실태	-	-	· 토지이용 형태와 소유자 · 토지관리 상황

제3장 사방계획조사

제1절 총설

사방계획조사는 토사의 생산량 및 유출량을 파악하기 위하여 해당 유역의 생산토사량조사와 유송토사량조사를 실시한다.

[해설]
사방계획조사는 산지에서 생산되는 토사의 생산량, 이동량 및 유출량을 정량적으로 파악하기 위하여 사방사업 대상지의 생산토사량조사와 유송토사량 조사를 실시하여야 한다.
여기서 사방계획이란 유해한 토사를 사방계획구역 내에서 합리적이고도 효과적으로 처리하는 것으로, 항목은 다음과 같다.
① 사방기준점
② 계획규모
③ 계획에서 다루는 토사량
④ 토사처리
⑤ 환경보전과의 조정

1.1. 조사의 목적

사방계획조사는 유역에 있어서 토사의 생산 및 그 유출에 따른 토사재해의 대책계획을 입안하기 위한 조사를 목적으로 한다.

[해설]
사방계획조사는 사방사업 대상지에서 발생하고 있는 토사의 생산, 이동 및 유출에 따른 산지토사재해를 방지하기 위한 대책계획을 입안할 목적으로 하여 실시하는 조사를 말한다.

1.2. 조사의 내용

사방계획조사는 계획의 준비, 자료수집과 정리, 현지조사, 유역특성조사, 강우유출해석, 지형·지질조사, 자연환경조사, 기존시설조사, 생산토사량조사, 유송토사량조사 및 경제조사 등으로 구분하여 실시한다.

[해설]
1) 계획준비
사업자는 사업의 목적과 요지를 파악한 후, 계획도서에 제시된 업무내용을 확인하여 업무계획서를 작성하고, 감독관에게 제출한다.

2) 자료수집과 정리

사업자는 업무에 필요한 문헌·자료·기존의 유사한 조사에 관한 보고서를 수집하고, 정리하도록 한다. 또한, 수집 시에는 발주자가 대여한 것 이외에도 설계도서에 필요한 자료를 타 기관으로부터 수집하도록 한다.

3) 현지조사

사업자는 업무내용을 파악하고 실시방침을 확립하기 위하여 현지를 답사하여 현지의 상황을 파악하도록 한다. 또한, 별도의 현지조사를 필요로 하는 경우에는 조사내용을 감독관과 협의하도록 한다. 즉, 유역특성, 기설 사방시설, 이동가능토사량 등, 각종 토사재해 대책자료에서 파악할 수 없는 것에 대해서는 현지조사를 실시한다. 다만, 각종 토사재해 대책자료에 근거하는 것은 이에 해당하지 않는다.

4) 유역특성조사

사업자는 문헌·자료, 공중사진 판독결과, 각종 토사재해 대책자료 및 현지조사 결과에 근거하여 조사대상 유역의 지형, 지질, 황폐상황, 기왕의 재해 및 보전대상의 상황에 대하여 정리하고, 대상유역의 유역과 곡차수를 구분하여 도표로 정리하도록 한다.

5) 강우유출해석

사업자는 강우유출해석에 대하여 다음의 내용을 조사하도록 한다.

① 우량 등의 자료수집, 정리

대상유역 및 부근의 우량자료에 근거하여 최대시우량, 최대일우량 및 누적 유출수의 시우량을 조사한다.

② 통계해석

유역의 주요한 지점에 대하여 설계도서에 제시된 해석조건에 따라 시간과 일우량의 확률해석을 실시한다.

③ 강우특성 검토

주요 재해 시의 강우 원인, 총강우량, 유역분포 및 강우계속시간 등을 조사하고, 그 특성을 파악한다.

④ 유출해석

설계도서에 근거한 해석조건에 따라 유출상황을 해석하고, 계획기준점에 있어서의 계획 수문곡선을 설정한다.

6) 지형·지질조사

사업자는 사업 대상유역의 지형·지질에 대하여 다음의 내용을 조사하도록 한다.

① 기존 지형자료의 조사 및 정리

문헌·자료로 대여된 지형도, 항공사진 등을 참고로 하여 주변의 지형·붕괴·선형 등의 지형특성을 정리한다.

② 기존 지질자료의 조사 및 정리

문헌·자료로 대여된 기존의 지질도 및 지질자료를 참고로 하여 지질개황도를 작성한다.

③ 현지조사에 의한 지형해석

기존자료의 정리 및 현지조사에 의하여 계획토사량과 사방시설 배치계획을 검토하는 데에 필요한 지형정보를 파악한다.

④ 현지조사에 의한 지질해석

기존자료의 정리 및 현지조사에 의하여 계획토사량과 사방시설 배치계획을 검토하는 데 필요한 지질정보를 파악한다.

7) 자연환경조사

사업자는 사업 대상유역의 자연환경에 대하여 다음의 내용을 조사하도록 한다.

① 사전조사

현지조사를 실시하기 이전에 과거에 실시된 조사결과, 기존의 문헌조사 및 청취조사에 의하여 계류 및 그 주변 지역의 각종 정보를 정리한다.

② 현지조사

사전조사의 성과에 따라 조사구역을 현지답사하여 조사계획을 검토, 책정하고, 감독관의 승낙을 얻은 후 현지조사를 실시한다.

③ 조사결과의 정리

조사결과는 소정의 양식에 따라 정리하고, 고찰한다.

8) 기존시설조사

사업자는 사업 대상유역의 기존시설에 대하여 다음의 내용을 조사하도록 한다.

① 자료의 수집과 정리

기설 사방시설대장에 의하여 시설의 종류와 제원 등을 정리하고, 시설현황도를 작성한다. 또한, 타 기관 관할 시설에 대한 조사는 설계도서에 의하는 것으로 한다.

② 현지조사의 정리

사방시설대장에 계상되지 않은 시설의 제원은 현지조사를 실시하여 정리한다.

9) 생산토사량조사

사업자는 사업 대상유역의 생산토사량에 대하여 붕괴지조사, 계류조사 및 변동조사를 실시하도록 한다.

① 붕괴지조사

항공사진 혹은 실측도면 및 현지조사 자료를 사용하여 붕괴규모와 생산토사량을 파악하고, 신규 붕괴토사량·확대예상토사량·기존 붕괴의 잔존토사량을 추정한다.

② 계류조사

계류조사는 지류의 합류지점을 기준으로 하여 하도 종단선형에 따른 누적거리별 계상물매, 계폭 및 계상의 퇴적깊이를 파악한다.

③ 변동조사

계류조사의 결과에 근거하여 계상생산토사량을 추정한다.

10) 유송토사량조사

사업자는 사업 대상유역의 유송토사량에 대하여 계상재료조사, 계상변동량조사 및 유사량조사를 실시하도록 한다.

① 계상재료조사

계상재료조사는 설계도서에 제시된 조사방법을 이용하여 입도분포, 평균 입경 및 필요에 따라 비중·침강속도·공극률 등을 조사한다.

② 계상변동량조사

종단측량 성과에 의하여 사방시설계획을 위한 계상변동량을 파악한다.

③ 유사량조사

유사량조사는 우선 계상의 종단물매와 계상재료조사의 결과 등을 이용하여 하도를 소류구간과 토석류구간으로 구분한다. 그리고 유송형태별로 만사가 되지 않은 사방댐이나 저사공간의 퇴사량을 측정하고, 사방사업에 따른 계상변동량 혹은 유사량 산정식 등으로부터 기준지점의 유사량을 산출한다.

11) 경제조사

사업자는 사업 대상유역의 경제조사 및 사회특성조사를 실시하도록 한다.

① 경제조사

경제조사는 발주처로부터 대여 받은 자산자료 및 사방실적도면에 근거하여 설계도서에 제시된 방법에 따라 예상범람구역 내의 경제효과를 평가한다.

② 사회특성조사

사회특성조사는 산지황폐지, 계류황폐지 등과 해당 지역으로부터 영향을 받는 보전대상과의 관련 및 지역개발계획 등에 대하여 조사한다. 보전대상은 인가, 공공시설 및 농지 등으로, 황폐지, 황폐계류 등으로부터의 유출토사에 의하여 영향을 받는 구역으로 한다.

1.3. 대여자료

> 발주처가 사업자에 대여하는 자료는 유역특성에 관련된 자료, 각종 조사자료, 사업도면, 시설에 관련된 자료 등으로 한다.

[해설]

사방계획조사를 실시할 때에 발주처가 사업자에게 대여하는 자료는 다음을 표준으로 한다.

① 지형도
② 항공사진
③ 기존의 지질도, 지질자료
④ 국립공원, 천연기념물, 희귀 동·식물에 관한 자료
⑤ 우량자료
⑥ 사방시설대장
⑦ 타 기관 소관시설에 대한 자료
⑧ 붕괴지 실측도면
⑨ 계상의 종·횡단측량 성과물
⑩ 자산자료
⑪ 사방실적도면
⑫ 토지이용, 법 규제에 관한 자료
⑬ 항공레이저측량 성과물
⑭ 업무에 관련된 기존의 조사보고서

제2절 생산토사량조사

2.1. 총칙

생산토사량조사는 사방계획의 기본이 되는 토사량을 결정하기 위한 자료수집을 목적으로 하여 황폐계류와 그 유역에서 생산되는 토사 및 유출되는 토사에 관한 표준적 조사방법을 정하는 것으로 한다.

[해설]

생산토사량조사는 토사처리계획의 대상 토사량 파악에 기초가 되는 토사생산원의 토사생산 실태와 계류의 토사운반 실태를 조사하여 생산토사량과 유출토사량을 파악하기 위하여 실시한다.

1) 유송토사, 생산토사 및 유출토사

하류지역의 소류지역에 있어서 유수에 의하여 하도를 이동하는 토사를 유송토사라고 하며, 이에 대하여 토사가 생산되어 계류로 유출되는 토사를 생산토사라고 한다. 또한, 유송토사와 생산토사가 사방계획기준점에 토석류, 소류 등의 유출형태로 유출되는 토사를 유출토사라고 한다.

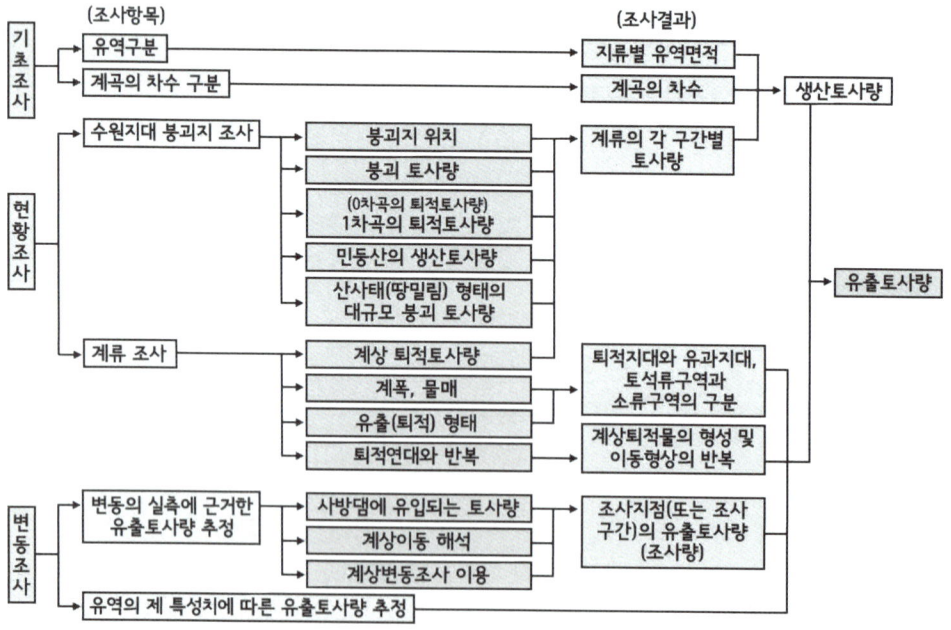

그림 3-1. 생산토사량조사의 계통도

2) 토사처리계획의 대상 토사량

사방계획에서는 토사생산원지역에서의 조사량을 기본으로 보전대상의 중요도 등을 고려하여 계획생산토사량을 설정하고, 그 중에서 계획기준점으로 유출될 것으로 예상되는 토사량을 각종 조사에 의하여 계획유출토사량을 추정한다. 또한, 기준점에서의 계획허용 유사량을 고려하여 유해한 계획초과토사량을 구한 후, 토사처리계획의 대상 토사량으로 한다.

3) 유출토사량의 구분 및 의미

사방계획의 기본이 되는 유출토사량은 단위가 되는 시간의 길이에 따라 다음과 같이 세 가지로 구분할 수 있다.
① 유사량(m^3/s)
② 홍수유출토사량(m^3/홍수)
③ 연간유출토사량(m^3/년)

그리고 세 가지 유출토사량을 평균한 값은 다음과 같이 표현할 수 있다.
④ 홍수비(比)유출토사량(m^3/홍수/km^2)
⑤ 연간비(比)유출토사량(m^3/년/km^2)

따라서 사방계획의 자료로서 유출토사량을 다룰 때에는 각각의 유출토사량이 갖고 있는 의미를 숙지할 필요가 있다.
① 유사량은 유수에 있어서의 유량과 같은 의미이지만, 아직까지는 계류에 있어서 실측에 의해 파악할 수 있는 방법이 확립되지 않았고, 추정하는 식도 실용화되지 않았다.
② 홍수유출토사량은 특정 홍수 시에 발생한 유출토사량을 의미한다.
③ 연간유출토사량은 특정 연도의 연간 유출토사량이다.

특히 유출토사량은 기간의 채택방법에 따라 그 속에 포함되는 대규모 유출토사의 횟수나 규모가 달라지기 때문에 유출토사량은 반드시 과거에 발생한 재해를 시계열적으로 검토하여 그 의미를 명확하게 규명하여야 한다. 또한, 유출토사량의 의미는 시계열적인 요소뿐만이 아니라 장소적인 요소에 따라서도 차이가 나타난다. 즉, 토석류에 의해 유출된 토사량인지, 소류 형태로 유출된 토사량인지는 계류의 장소에 따른 것이다.

따라서 과거에 대규모의 재해가 발생한 시기에 측량한 홍수비유출토사량을 사방계획 수립 시에 참고자료로 사용할 때에는 대상계류의 어느 구간에서 측정한 토사량을 말하는지, 분모인 유역면적은 붕괴나 계상변동이 심한 유역의 면적만을 집계한 것인지, 그렇지 않으면 단순히 하나의 수계에 대한 유역면적인지를 파악하여야 한다. 이는 조건에 따라 유출토사량이 갖고 있는 의미와 적용방법 등이 달라지기 때문이다.

2.2. 기초조사

2.2.1. 유역구분

> 기초조사는 우선 1/50,000 지형도를 사용하여 사방계획 기준점보다 상류에 해당하는 지역을 계류별로 구분한 후, 각각의 유역면적을 구한다.

[해설]

유역이란 산지계류에 있어서 임의 지점에 집수되는 유수(유출량)의 근간이 되는 강수가 낙하하는 전체 지역으로, 집수구역과는 같은 의미로 사용되고 있다. 또한, 인접 유역과의 경계는 지형 상의 분수계(分水界), 즉 지표수 분수계(地表水 分水界)에 따라 구분하고 있다.

2.2.2. 수계도

> 기초조사에서는 유역구분에서 사용하는 지형도 위에 수계도를 작성하여 계곡의 차수를 구분한다.

[해설]

수계도를 작성할 때, 1/50,000 지형도에 유수의 기호가 게재된 계곡은 실선, 게재되지 않은 계곡은 점선으로 수계를 표현한다.

그리고 계곡의 차수는 일반적으로 Strahler법칙에 따라 구분한다. 다만, 1차곡을 판정하는 방법은 수계의 최상류 지역을 계곡 또는 산복으로 간주할 것인지가 문제가 된다. 따라서 그림 3-2에 제시한 바와 같이 1/50,000 지형도에 있어서 등고선의 오목 형태가 폭보다 그 길이가 큰 경우에는 1차곡으로 판정하고, 반대인 경우는 산복으로 간주하고 있다.

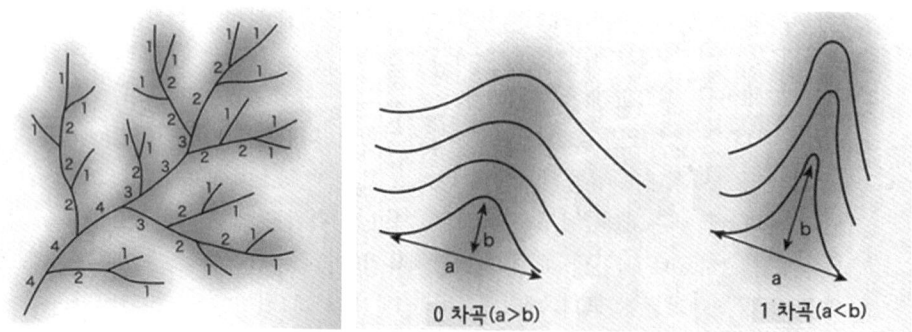

그림 3-2. 계곡의 차수 구분 및 1차곡의 판정도
(a : 등고선의 폭, b : 등고선의 길이)

2.3. 현황조사

2.3.1. 수원지대의 붕괴조사

2.3.1.1. 조사대상

> 수원지대의 붕괴조사는 산복붕괴지와 계안붕괴지 및 그의 모체가 되는 지역 외에 1차곡의 계상을 대상으로 하여 실시한다.

[해설]
　해당 유역의 전체 붕괴지에 대하여 붕괴상황과 토사생산에 관계하는 제원을 답사·실측하여 붕괴잔토량과 확대생산예상토량을 추정하도록 한다.
　조사항목은 붕괴규모·위치·물매·지질·형상·토사량으로, 이러한 항목을 조사하여 붕괴토사량을 예측한다.

2.3.1.2 붕괴지의 토사량

> 유역 내의 모든 붕괴지에 대하여 실측하거나 항공사진 등으로 붕괴 상황과 토사생산에 관계하는 제원을 조사하고, 붕괴잔토량과 확대생산예상토사량을 추정한다. 이때 붕괴지로부터 하도에 유입되는 토사공급지점은 하도의 거리로 표시한다. 다만, 토사공급지점이 1차곡인 경우에는 1차곡의 최하단부를 토사공급지점으로 한다.

[해설]
　현황조사 실시대상은 경사가 급하기 때문에 답사·실측할 경우, 포켓 컴퍼스나 핸드레벨, 클리노미터 및 검척 등의 간단한 측정기기를 사용하여도 된다. 그리고 항공사진을 사용할 경우에는 지류별로 적어도 1개소 이상 실측하고, 그 결과를 대조하여 다음과 같은 내용을 각 항목별로 설명하도록 한다.

1) 토사공급지점
　하도거리는 붕괴지로부터 하도까지의 거리를 말한다. 예를 들면, 그림 3-3에서 붕괴지 A 및 B는 하도거리 16.0km, C는 15.5km, D는 15.3km이다.

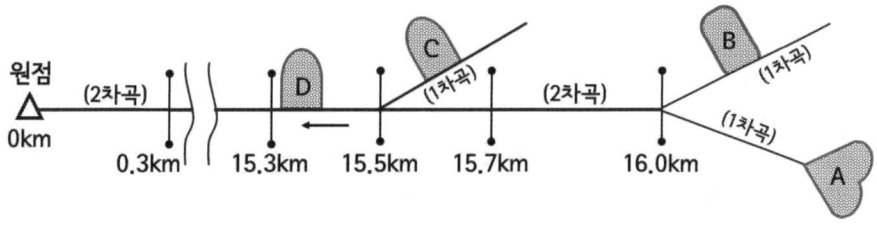

그림 3-3. 토사공급지점의 표시

2) 규모
　① 원 사면의 설정
　우선 그림 3-4와 같이 붕괴가 발생하기 이전의 원 사면을 추정하여 설정한다. 이 작업은 개인차가 발생하기 쉽기 때문에 가능하면 도면 위에서 붕괴면에 다수의 종·횡단선을 설치하여 설정하는 것이 바람직하다. 그러나 도면 위에서 설정하는 경우나 부득이하게 목측에 의하여 추정하는 경우에도 붕괴지에 접속하는 사면의 형상이 판단의 기준이 된다.
　② 평균 폭, 평균 길이, 면적, 평균 깊이
　붕괴면의 평균 폭 및 평균 길이는 원 사면과의 교점 사이의 평균 길이로 나타낸다. 그리고 붕괴지의 면적은 이들 교점을 연결한 도형의 면적이며, 평균 길이는 원 사면으로부터 붕괴면까지의 깊이를 평균한 것이다. 이때 붕괴토와 잔토는 따로 계상한다.

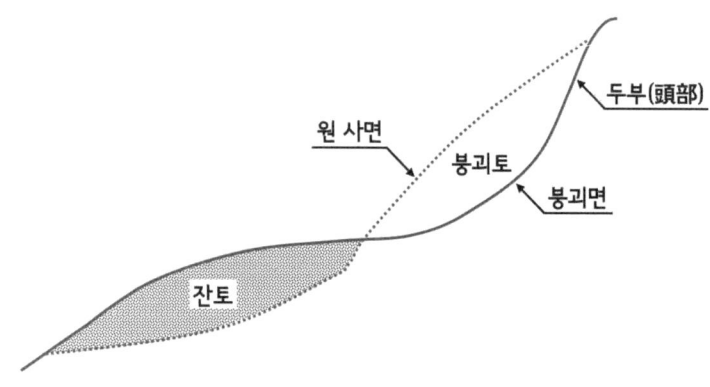

그림 3-4. 원 사면의 설정

3) 붕괴토량, 잔토량, 유출토사량
　붕괴지의 붕괴토량, 잔토량, 유출토사량은 다음에 제시한 방법에 따라 그 양을 산출한다.
　① 붕괴토량(A) = 붕괴의 면적 × 붕괴의 평균 깊이
　② 잔토량(B) = 잔토의 면적 × 잔토의 평균 깊이
　③ 유출토사량 = (A) - (B)

4) 확대생산예상량
　표 3-1과 같이 지질별 항목인 평균 폭, 평균길이, 면적, 평균 깊이 등을 참고로 하여 현지에서 붕괴가 어느 정도 확대될 것인지를 검토한 후, 생산(붕락)되는 토사를 추정한다.

표 3-1. 붕괴현황 조사표

하천명			수계명				조사일시		
계류명	지류명	토사의 공급지점	산복붕괴 계안붕괴	규모				붕괴 토량 (m³)	잔토량 (m³)
				평균 폭 (m)	평균 길이 (m)	면적 (m²)	평균 깊이 (m)		

유출 토사량 (m³)	확대 생산 예상량 (m³)	지질	물매		용출수 유무	유심에 대한 각도 (°)	형상	붕괴 시기	원인	비고
			상연부 (°)	잔토 (°)						

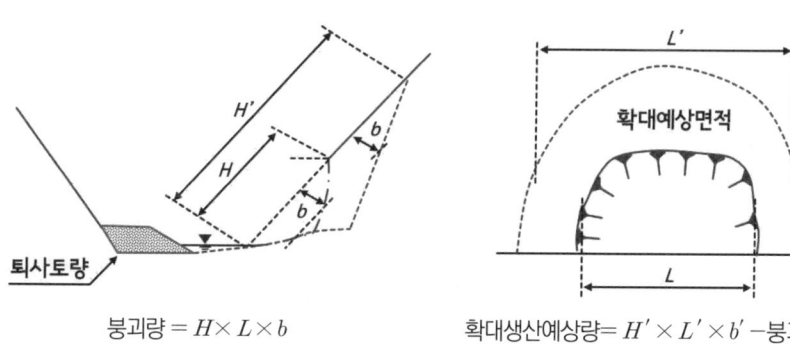

붕괴량 = $H \times L \times b$ 확대생산예상량 = $H' \times L' \times b'$ − 붕괴량

그림 3-5. 붕괴토사 및 확대생산예상량 사례

5) 지질

표 3-1과 같이 지질별로 다음에 제시한 항목은 붕괴지에 있어서 토사량을 추정하는 데에 정성적으로 참고가 되는 사항으로, 분류하는 내용은 다음과 같다.

① 붕적토 : 붕락하여 퇴적된 토사
② 표토 : 표면의 토사
③ 풍화잔적토 : 암석(기암)의 풍화물(기암의 명칭도 필요함)
④ 암석 : 암반(기암의 명칭도 필요함)

6) 유심에 대한 각도

  붕괴지의 유신에 대한 각도는 계안붕괴지에 있어서 중심선의 방위와 유심의 방위와의 각도 차이를 말한다.

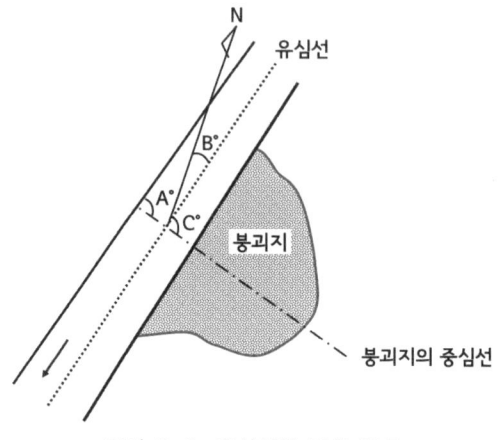

그림 3-6. 유심선에 대한 각도

7) 형상

  붕괴지의 형상은 ① 반원통형, ② 수지형, ③ 스푼형 및 ④ 초승달형 등의 형상에 대한 특징을 파악하여 간단히 표현한다.

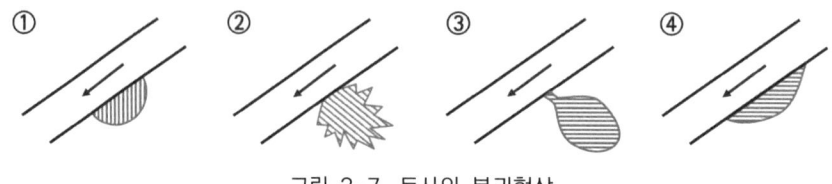

그림 3-7. 토사의 붕괴형상

2.3.1.3. 1차곡의 계상토사퇴적량

민둥산의 생산토사량은 직접적인 방법과 간접적인 방법 중에서 선택하여 추정한다.

[해설]

  조사방법은 계류조사의 계상토사퇴적량에 준한다.

2.3.1.4. 민둥산의 생산토사량

민둥산에서 생산되는 토사량은 원칙적으로 직접적인 방법과 간접적인 방법 중에서 선택하여 추정하도록 한다.

[해설]
1) 직접적인 방법

　　측정하려는 구역에 2~5m 메시의 측선을 설정한 후, 그 교점에 측정 기준점을 표시한 측정목을 타설한다. 그리고 측정목의 지표면으로부터의 깊이를 측정하여 이전의 측정값과의 차이를 계산하여 표토의 이동 깊이를 구한 후, 그 측정목의 분담면적을 곱하여 해당 구역의 변화량을 계산하며, 전체 구역을 집계하면 생산토사량을 추정할 수 있는 방법이다.

2) 간접적인 방법

　　민둥산으로부터 유출되는 토석류를 적당한 도구를 이용하여 측정하는 방법으로, 황폐계류의 하류지역에 시공된 사방댐을 이용하면 유효하게 측정할 수 있다.

3) 측정사례

　　전술한 두 방법 모두 사방댐에 유입되는 토사량 등과 마찬가지로 측량시기를 선택하여 홍수유사량, 평균 유출토사량을 구할 수 있다.

　　일반적으로 직접적인 방법은 간접적인 방법에 비하여 반드시 그 값이 커지게 된다. 기존의 연구결과(日本 林野廳)에 따르면, 산복면에서 연간 이동하는 토사량은 황폐지의 경우 표토의 깊이로는 20~40mm 정도(보통의 기상상태에서는 이 이동량 중에서 붕괴지의 하단까지 유송되는 것은 20mm 전후로 감소함)이고, 사방댐이 설치된 지점까지 실제로 유송되는 토사량은 5~10mm 정도에 머물고 있다. 그리고 과거의 자료를 통계적으로 정리한 결과에 따르면, 연간 유실되는 표토의 깊이는 대개 나지(붕괴적지는 제외)가 10^0mm, 붕괴적지가 10^{-1}mm, 임지가 10^{-2}mm 정도로, 이들을 종합하면 산지로부터 연간 유실되는 표토의 깊이는 대략적으로 10^{-1}mm 정도라고 볼 수 있다.

　　한편, 토양침식량과 장마와의 관계에 대하여 토양침식량과 일강우량, 최대시우량의 중상관을 구한 결과 0.6~0.9로 나타났다. 이는 침식에 대해서는 강우의 양과 질, 양쪽을 모두 고려하여야 한다는 것을 제시한다고 할 수 있다. 그리고 토양의 침식량은 5분간의 우량강도에 비례하기 때문에 토양침식은 1년 동안에 수차례 발생한 강한 강우에 의하여 그 대부분이 발생하는 것으로 나타났다(京都大學 加茂試驗地의 裸地試驗區).

2.3.1.5. 산사태성 대규모 붕괴량

　　대상유역 내에 구조파쇄대 지구 등의 산사태지가 존재하는 지구를 중심으로 하여 산사태성의 대규모 붕괴가 발생하고 있는 지형, 지질조건의 토지를 항공사진과 현지답사 등에 의하여 확인하고, 생산예상토사량 등을 붕괴지의 토사량과 같은 방법으로 추정하도록 한다.

[해설]
　　산사태성 대규모 붕괴가 발생하기 쉬운 지질, 지형조건은 다음에 제시한 것과 같은 지대이다.
　　① 구조파쇄대지역
　　② 대규모 사면의 존재
　　③ 산복사면 변환선의 존재
　　④ 산사태성 지형의 존재
　　산사태성 대규모 붕괴가 발생하기 쉬운 지질과 지형조건은 우선 구조파쇄대지역과 관계가 깊은 것으로 추측할 수 있고, 대규모 사면의 경우 종단방향은 분수계로부터 계곡까지, 횡단방향은 계곡이나 능선에 의하여 구분되는 범위이다.
　　또한, 산복사면의 변환선은 산복사면의 종단형으로, 산복에 경사변환선이 있는 상대적으로 완만한 상부사면과 경사가 급한 하부사면이 있는 사면, 침식이 진행되어 계곡 입구가 급한 사면으로 구성된다. 따라서 상부에 경사면이 남아 있는 사면이 남아 있지 않은 사면보다 풍화와 변질이 진행되어 연약해진 지반이 남아 있을 수 있고, 완만한 경사에서의 강우 등의 침투능이 크다는 것을 고려하여야 한다. 그리고 산사태성 지형에는 상연부에 손톱 모양의 작은 단차(인장균열), 사면의 상부~중간부분에 부정형의 작은 기복이 각각 분포하는 경우가 많다.
　　전술한 네 가지의 경우는 공존할 수도 있다. 따라서 파쇄, 변질 및 풍화가 진행되기 쉬운 지질과 지형에서는 침투수가 증가되어 표면류가 감소되며, 이로 인하여 표면침식이 저감될 뿐만 아니라 침식 등이 지연되어 단위사면의 규모가 커지게 된다. 특히 침투수가 증가하면 땅속의 점토 생성과 용탈작용을 촉진하여 암반의 연약화를 진행시켜 활동, 붕락 및 붕괴 등이 발생하기 쉽다. 또한, 침투수가 증가하여 점토화가 촉진되기 쉬운 사면 기초부에서는 사면 상부로부터의 운반 퇴적량이 매우 작기 때문에 측방침식이 진행되기 쉽고, 하부 사면은 후퇴하여 물매는 급해지므로 상부와 하부 사면의 차이가 증가하여 안정도가 감소된다.

2.3.2. 계류조사

2.3.2.1. 범위와 측점

　　계류조사의 범위는 원칙적으로 사방계획 기준점보다 상류에 위치하는 본류 및 지류인 2차곡의 최상류까지로 하고, 조사범위 내의 하도의 형상 및 특성을 대표할 수 있는 조사지점을 명시하기 위하여 고정측점을 설치하도록 한다.

[해설]
　　고정측점은 측점의 간격을 50m의 배수로 하되 계폭의 약 2배 정도를 표준(4배가 초과하지 않도록 함)으로 하고, 하도 종단선을 따라 누적거리를 계산하여 지점의 호칭으로 한

다. 그리고 누적거리의 기준점은 사방계획의 기준점을 채택하는 바람직하며, 지류는 합류지점보다 상류에 표시하도록 한다.

한편, 고정측점은 하도의 종단선 방향의 좌표일 뿐만이 아니라 하나의 횡단측선의 위치도 나타내는 것이기 때문에 양안의 견고한 장소에 콘크리트 말뚝이나 철봉 등으로 양쪽에 측점을 설치한다. 측점의 상호위치는 삼각측량 등을 실시하여 명확하게 파악한다.

2.3.2.2. 계폭과 계상물매

> 고정측점을 설치한 지점(이하 측점이라고 함)에서 계폭과 계상물매를 측정한 후, 하도의 종단선을 따른 누적거리(이하 하도거리라고 한다)별로 표시하여 계폭 및 계상물매 변화도에 정리하도록 한다.

[해설]

계폭은 원칙적으로 현 계상의 높이에서의 지반거리로 한다. 다만, 계안단구가 형성된 경우에는 그 횡단면에서 100년 빈도의 확률우량을 사용하여 유출량을 구한 후, 등류계산을 실시하여 수면 보다 높은 계상단구는 산지로 간주한다.

한편, 계상물매는 평균 계상의 높이에 의하여 산출한다.

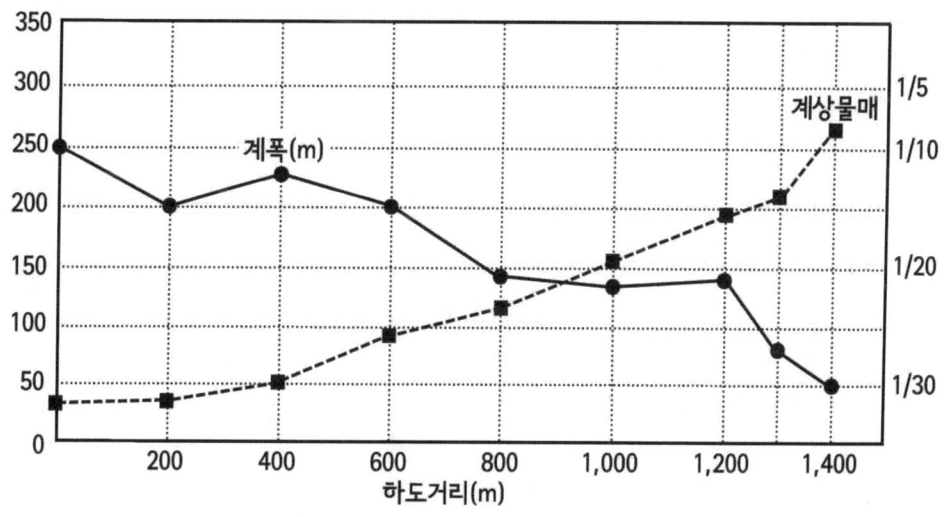

그림 3-8. 계폭 및 계상물매 변화도

2.3.2.3. 계상토사퇴적량

> 각 측점별로 계상퇴적토사가 퇴적된 깊이를 구한 후에 각 측점 사이의 계상퇴적토사량을 산출하고, 이를 하도거리에 따라 표시하여 계상토사퇴적량도를 정리하도록 한다.

[해설]
    계상토사퇴적량도는 계상토사의 퇴적에 관한 양과 장소에 대한 정보를 제공하는 것으로, 퇴적깊이는 사방댐 등의 기초단면이나 주위의 세굴단면 등을 추정하는 데에 매우 유효하게 활용될 수 있다.
    그리고 보링조사에 탄성파탐사를 병행하면 계상의 암반에 대한 깊이를 판정할 수 있다.

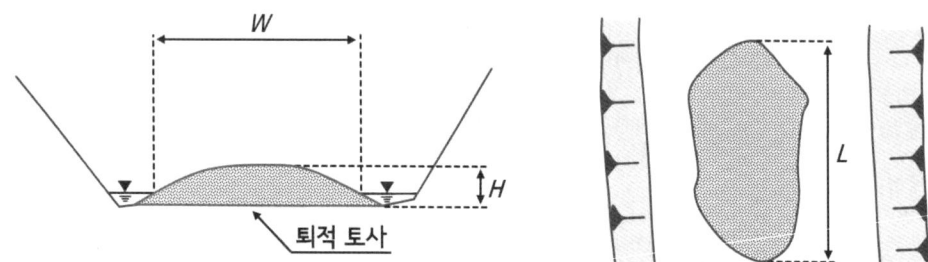

그림 3-9. 계상퇴적토사의 사례(계상퇴적토사량= $L \times W \times H$)

    한편, 계상에 분포하고 있는 토사의 퇴적깊이와 계폭으로부터 각 측점간의 계상토사퇴적량을 산출한 후, 퇴적량을 하도거리별로 나타내면 그림 3-10과 같은 계상토사퇴적량도를 작성할 수 있다.
    그리고 계상토사퇴적량도와 현지답사의 결과를 비교하면 퇴적지대와 통과지대를 구분할 수 있고, 계폭의 변화가 심한 곳, 확폭부 및 합류지점 등에 대해서도 파악할 수 있다.

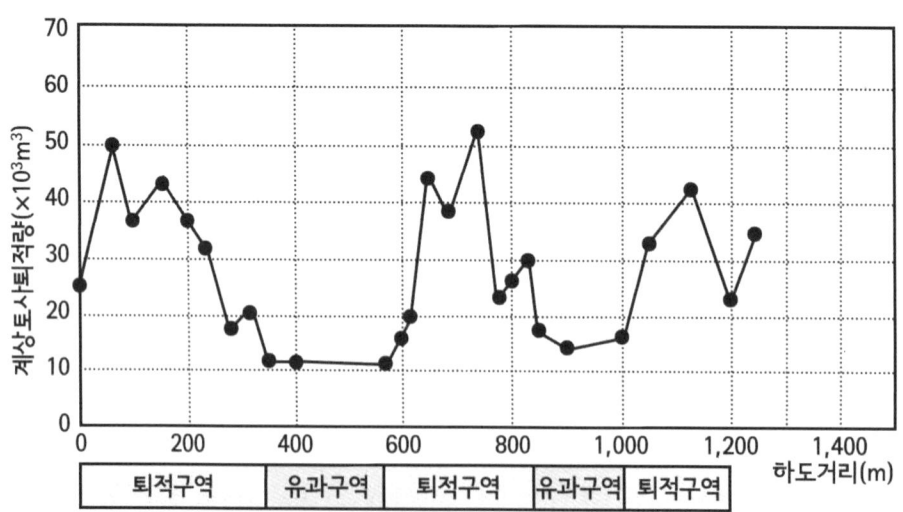

그림 3-10. 계상퇴적토사량도

2.3.2.4. 유출형태 파악

> 계상퇴적지의 형상과 단면을 측정하여 토사의 퇴적이 소류에 의하여 형성된 것인지 또는 토석류에 의하여 형성된 것인지를 판단하여 그 결과를 하도거리별로 표시한 후, 소류상태로 토사운반이 진행된 구역(소류구역)과 그렇지 않은 구역(토석류구역)으로 구분한다.

[해설]

계상퇴적지는 그림 3-11과 같이 횡단면과 종단면에 따라 형상의 차이가 현저하게 나타나므로, 토사이동의 형태에 대해서는 계상퇴적지의 형상과 단면을 관찰하여 판별할 수 있다.

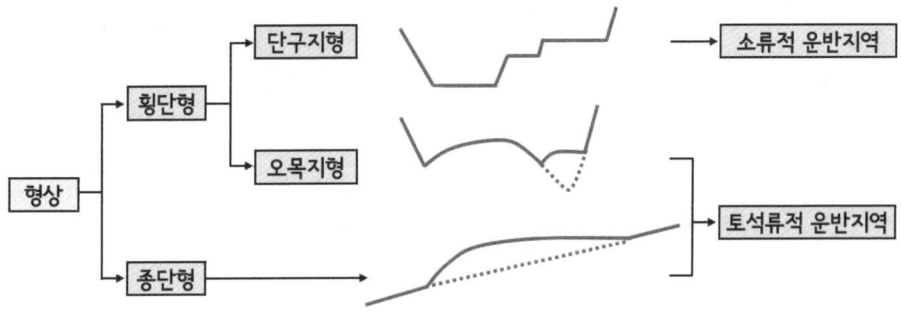

그림 3-11. 계상퇴적지의 형상에 따른 분류

한편, 그림 3-12와 같이 퇴적지의 단면을 퇴적토사의 입경 배열에 따라 관찰한 후, 분급작용에 의한 층상구조가 나타나면 소류에 의한 운반구역으로 분류하고, 랜덤인 경우에는 토석류에 의한 운반구역으로 간주한다. 그리고 소류사의 계상퇴적물을 스케치한 사례와 하도거리별로 나타낸 사례는 그림 3-13 및 그림 3-14에 제시한 바와 같다.

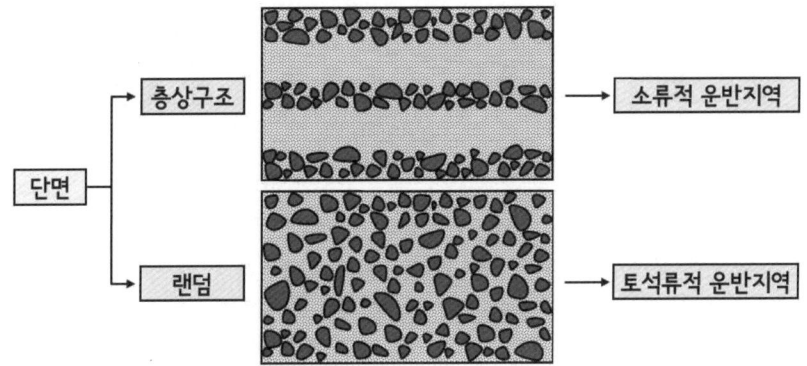

그림 3-12. 계상퇴적지에 있어서 단면의 입경배열에 따른 분류

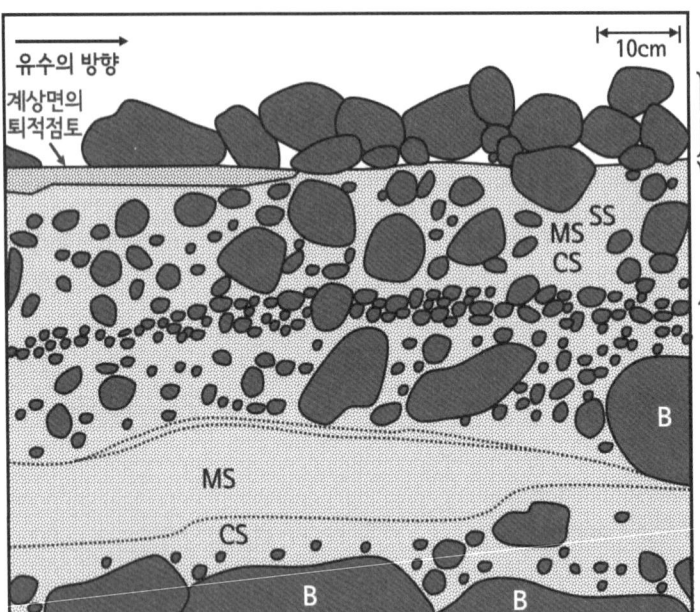

그림 3-13. 소류 퇴적물을 스케치한 사례

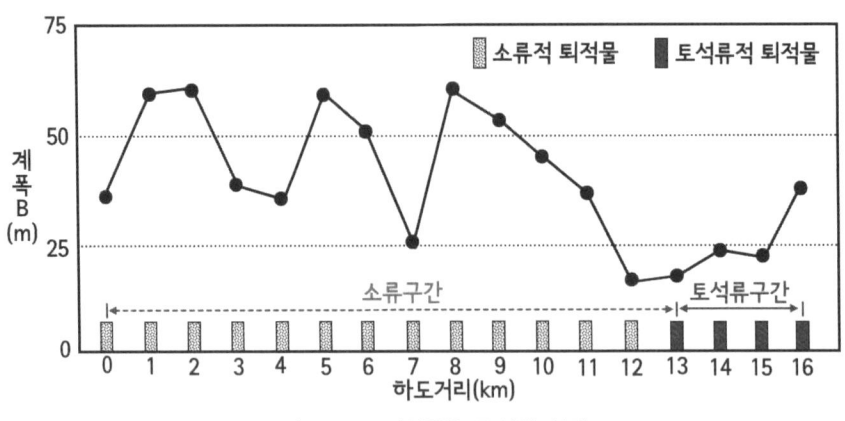

그림 3-14. 퇴적물을 표시한 사례

그리고 계상에 분포하는 불안정한 퇴적토사는 조사구간의 대표지점에서 간단한 측량 또는 스케치 등을 실시하여 횡단면도를 작성한 후, 조사결과는 평면도, 현지사진 및 횡단면도를 작성하여 유역의 불안정한 계상퇴적토사를 파악할 수 있도록 정리하도록 한다.

특히 조사 시에는 계상퇴적물 위의 식생, 암반, 입경 및 계안의 붕괴상황 등도 함께 기록한다.

제3장 사방계획조사

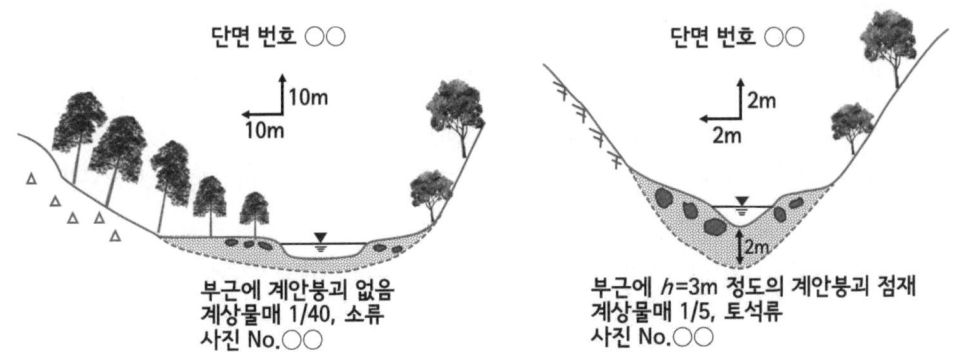

그림 3-15. 횡단 스케치 사례

2.3.2.5. 계상퇴적지의 형성연대 및 이동형상

> 계상퇴적지에 목본과의 식물군락이 생육하고 있는 경우에는 계상퇴적지의 형성연대와 이동형상을 조사할 수 있다. 계상퇴적지의 형상에 따라 수차례의 전후관계를 판정한 후, 그 위에 생육하고 있는 목본과 식물군락의 연대를 조사하여 토사의 퇴적연대를 추정하도록 한다. 이어서 조사지점의 정보원으로 파악된 퇴적연대를 하도종단거리별로 나타내어 계상토사의 각 연대별 이동경향을 추정한다.

[해설]

　목본과의 식물군락에 의한 연대조사는 임분의 형태가 천연 동령임분인 경우를 대상으로 하여 임분을 형성하는 개체가 외력을 받을 경우에 나타나는 반응을 연륜으로부터 해독하여 토사의 퇴적연대를 추정하는 방법이다. 전체 수계를 대상으로 조사지점의 정보에 거리적 요소를 대비하여 작성한 자료가 그림 3-16과 같이 축적되면, 퇴적지의 이동빈도, 출수량에 따른 이동거리, 이동에 관한 수계의 패턴별 퇴적지대와 유과지대의 시간적 확인 등, 다양한 사항을 판명할 수 있다.

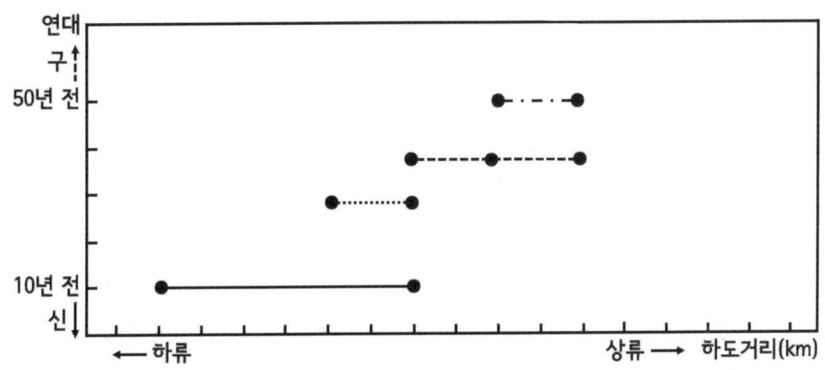

그림 3-16. 계상(계안단구)에 있어서의 목본과 식물의 연대별 분포도

375

2.3.3. 현황조사 정리

수원지대에 있어서 붕괴지 및 계류에 대한 현황조사를 실시하여 다음과 같은 성과를 정리하도록 한다.
① 계류에 있어서 구간별 퇴적토사량 ② 퇴적지대와 유과지대의 구분
③ 토석류구역과 소류구역의 구분   ④ 계상퇴적지에 있어서 이동현상의 반복 형태

[해설]
  구간별 퇴적토사량이란 2차곡보다 높은 차수의 계상토사퇴적량에 붕괴지의 잔토량과 확대생산예상량, 1차곡·0차곡의 계상토사퇴적량, 민둥산의 생산예상량 및 산사태성 대규모 붕괴생산예상량을 합친 것이다.

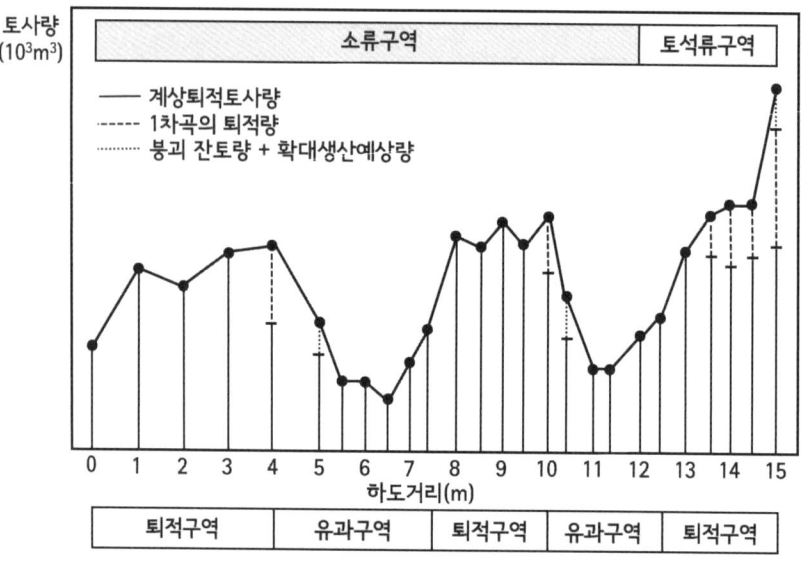

그림 3-17. 현황조사의 정리 사례

2.4. 변동조사

2.4.1. 실측에 근거한 유출토사량 추정

2.4.1.1. 사방댐에 유입되는 유입토사량

조사용 사방댐을 적당한 장소에 설치할 수 있는 경우에는 사방댐에 유입되는 유입토사량을 측량하여 해당 지점의 유출토사량을 구한다. 즉, 유출토사량을 구하려는 유역의 최상류에 있는 사방댐에서 두 시기에 퇴적토사를 측량한 후, 그 차이를 계산하여 해당 기간의 유입토사량 또는 유출토사량으로 한다.

[해설]

1) 홍수유출토사량 및 평균 유출토사량

만사되지 않은 사방댐을 조사할 때에는 측량시기를 잘 선택하면, 홍수유출토사량 및 평균 유출토사량을 모두 구할 수 있다. 즉, 조사시기를 홍수 전후로 선택할 경우, 홍수유출토사량을 구할 수 있고, 연간 수차례에 걸쳐 측량을 반복한 후 그 값을 횟수로 나누면 평균 유출토사량을 구할 수 있다. 그러나 사방댐은 조사기간이 짧지만, 유출토사를 조사하기 위한 장소를 쉽게 확보할 수 있다는 점에서 유리하다.

또한, 만사된 이후에는 유입토사량의 산정에 정밀도가 다소 떨어질지라도 퇴사물매의 변동을 측정하여 유입토사량을 쉽게 구할 수 있다. 다만, 이 방법은 장기간의 유출토사량을 구하는 데에는 평가절차가 복잡하기 때문에 적당하지 않다.

2) 산정방법

홍수 전후의 퇴사면에 대한 종단형상을 각각 측량하여 2차방정식으로 근사하고, 별도로 계폭과 퇴사길이를 구한 후, 각 제원을 유사량 산정식에 의하여 계산한다.

3) 퇴사 종단형상 근사식

$$Z(x,t) = a(t)x + b(t)x^2$$

식에서, $Z(x,t)$: 시간 t, 거리 x 지점의 토사높이
$a(t)$: x 계수에서의 시간 함수
$b(t)$: x^2 계수에서의 시간 함수
x : 사방댐의 댐둑마루로부터 상류 방향으로 측정한 수평거리

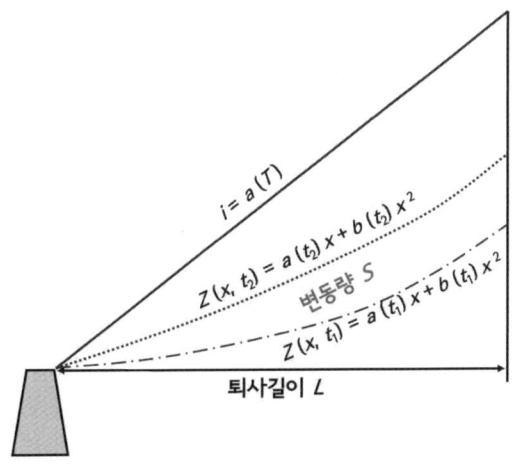

그림 3-18. 퇴사 종단형상 근사식의 기본개념

4) 유사량 산정식

$$Q_B = F \cdot a(T) \cdot B \cdot L^2$$

식에서, Q_B : 특정 홍수(시간 $t_1 \sim t_2$ 사이의 유출토사량)

F : 사용하는 유사량 공식에 따라 값이 변하는 계수

$$0.768 \log_{10} \left\{ \frac{3 \cdot S}{2 \cdot L^3 \cdot b(t_2)} + 1 \right\} \quad (佐藤, 吉川, 芦田의 식)$$

$$0.439 \log_{10} \left[\left\{ \frac{3 \cdot S + 2 \cdot L^3 \cdot b(t_2)}{L \cdot b(t_2)} \right\} \times \left\{ \frac{4 \cdot a(T) - 3 \cdot L \cdot b(t_2)}{8 \cdot a(T) \cdot L^2 - 3(3 \cdot S + 2 \cdot L^3 \cdot b(t_2))} \right\} \right]$$

(Brown 식)

$a(T)$: 동적 평형물매 $= a(t_2) \cdot 2L \cdot b(t_2)$

B : 계산 상의 계폭

= V/S (V : 시간 $t_1 \sim t_2$ 사이에서 $x = 0 \sim L$ 구간의 퇴사변동량

S : $x = 0 \sim L$ 구간의 시간 t_1과 t_2의 근사곡선에 의해 둘러싸인 면적)

L : 퇴사변동구간길이

5) 퇴사변동구간길이의 방법

매년 퇴사종단형이 변동된 기록을 초기의 계상과 비교하여 일단은 변동된 구간으로 간주하여 측정한다.

6) 계폭 B의 검토

계폭 B는 V/S로 계산하는 소위 평균 계폭이다. 유사량의 산출은 단위 계폭 당의 유사량에 계폭 B를 곱한 것으로, B의 정밀도는 유사량을 크게 지배하기 때문에 B의 검토는 중요하다.

또한, 이상의 $B = V/S$에 의하여 산출된 값을 B_A로 하고, 계폭을 B_C로 하여 실제로 계산해 보면 B_A가 마이너스($B_A < 0$)가 되거나 지형적인 면에서 계폭이라고는 할 수 없는 값($B_A > B_C$)이 되는 경우도 있다.

이러한 경우 다음과 같은 방법에 의하여 B를 결정한다. 여기서 V가 크다는 것은 유로의 규모보다 이동 토사량이 많아 계상 전체를 변동시킬 정도의 퇴사량이라는 것을 의미한다.

① $B_A > B_C$인 경우로, V가 S보다 큰 경우

만약 산사태 등에 의한 토사의 측방 공급이나 측량 상의 오류가 없다면, 이는 토석류에 의한 퇴적과 같이 유량에 비하여 다량의 토사가 퇴적한 경우라고 생각할 수 있

다. 이러한 경우에는 계폭이 전면적으로 변동된 것으로 예상되기 때문에 횡단면도를 검토하여 지형적으로 최대라고 판단되는 계폭을 기준으로 한다.

② $B_A > B_C$인 경우로, V, S 모두 작은 경우

이는 $B = V/S$가 0/0에 근접해서 생긴 경우이므로, 당연히 변동된 계폭도 적었던 것으로 생각된다. 그러나 그 값을 결정하기 거의 불가능하기 때문에 신뢰성이 매우 낮기는 하지만 B_C로 대신한다.

③ $B_A < 0$인 경우

이 원인은 홍수가 발생한 후로부터 측량을 실시할 때까지의 시간이 길어 계상이 세굴되었거나 홍수가 수차례에 걸쳐 발생하여 퇴사변동이 복잡한 것에 기인한다. 따라서 당해 연도의 유량에 의하여 토사변동이 발생한 것으로 간주하여 해당 연도의 최대일우량과 계폭과의 관계(다년간의 실측치가 필요함)에 따라 구한다.

이때 B_A가 마이너스가 되는 이유는 최저계상높이를 기준으로 하는 것이 요인이 될 수 있고, 평균 계상높이에 의하면 S가 플러스가 되기도 한다.

7) 계산 사례

① 홍수 이전의 퇴사종단형 : $Z(x, t_1) = 2.67 \times 10^{-2} x + 3.47 \times 10^{-6} x^2$
② 홍수 이후의 퇴사종단형 : $Z(x, t_2) = 2.94 \times 10^{-2} x + 2.08 \times 10^{-6} x^2$
③ 계산구간 L : 1,000m
④ 계폭 B : 50m일 경우

$$a(t_1) = 2.67 \times 10^{-2}, \ a(t_2) = 2.94 \times 10^{-2}, \ b(t_1) = 3.47 \times 10^{-6}, \ b(t_2) = 2.08 \times 10^{-6}$$

$$a(T) = a(t_2) + 2L \cdot b(t_2) = 2.94 \times 10^{-2} + 2 \times 1,000 \times 2.08 \times 10^{-6} = 3.36 \times 10^{-2}$$

$$S = 2/3 \cdot L^3 \cdot \{b(t_1) - b(t_2)\} = 2/3 \times 1,000^3 \times \{3.47 \times 10^{-6} - 2.08 \times 10^{-6}\}$$
$$= 927.0 (m^2)$$

$$Q_B = 0.768 \cdot a(T) \cdot B \cdot L^2 \times \log_{10}\left\{\frac{3S}{2 \cdot L^3 \cdot b(t_2)} + 1\right\}$$

$$= 0.768 \times 10^{-1} \times 3.36 \times 10^{-2} \times 5 \times 10^1 \times 1 \times 10^6 \times$$
$$\log_{10}\left\{\frac{3 \times 9.27 \times 10^2}{2 \times 1 \times 10^9 \times 2.08 \times 10^{-6}} + 1\right\}$$
$$= 2.86 \times 10^5 (m^3)$$

2.4.1.2. 계상변동 해석에 의한 유출토사량 추정

조사대상 구간 내의 일부 지점에서 유사량을 실측할 수 있는 경우에는 계상변동을 하도단면 사이의 평균적인 변동으로 간주하여 유출토사량을 추정하도록 한다.

[해설]

계상변동은 일반적으로 유사의 장소적인 불균형에 의하여 나타나는 현상이다. 따라서
① 하도단면 사이의 평균적 변동
② 곡류부나 구조물 주변의 국소적 변동 Sand wave
③ 확폭부나 사행 등의 평면적 변동

에 의하여 발생한다. 이 중에서 ①에 대해서는 소위 1차원 해석방법이 사용되지만, 그 외에 것은 아직 해석방법이 확립되지 않았다.

1차원 해석법은 유사에 관한 연속 방정식에서 유도된 것으로, 원래 유량과 유사량 계산에 대하여 수치해석을 실시하였지만, 아직까지는 계류에 적용할 수 있는 유사량 공식이 확립되지 않았기 때문에 유량과 양 단면에 있어서 계상변동의 높이(평균 계상높이 변화량)를 실측한 후, 유사량 공식에 의하여 유출토사량을 계산하는 방법을 사용하고 있다. 따라서 이 방법을 적용하기 위해서는 적어도 계상높이의 변동과 양 단면 중에서 하나의 단면을 실측할 수 있어야 하므로, 다소 번거롭지만 홍수 시에 수차례에 걸쳐 유사량을 실측하여야 한다.

$$\triangle Z = \frac{Q_B' - Q_B}{B \cdot \triangle x} \cdot \triangle t$$

$$\triangle Z = Z_{t+\triangle t} - Z_t$$

식에서, $\triangle Z$: 시간 $\triangle t$ 사이의 계상변동 높이
Q_B' : 상류 단면에서의 유입유사량
Q_B : 하류 단면의 유출토사량
B : 계산구간의 계폭
$\triangle x$: 계산구간의 거리
Z_t : 시각 t의 계상높이
$Z_{t+\triangle t}$: 시각 $t+\triangle t$의 계상높이

상기 식에서 $\triangle Z$이나 Z_t의 간격 역시 아직 표준화된 단계는 아니기 때문에 정밀도는 다소 떨어지지만, 추후 정밀도 높은 방안이 마련될 때까지는 이 방법으로 추정한다.

한편, 계산은 초기의 계상상태로부터 시작하여 $t_0 \cdots\cdots t_n$까지 n시간 동안 순차적으로 실시한다. 즉, 실제로 계상의 높이를 측정하는 데에는 상당한 시간이 소요될 뿐만 아니라 계산 시에 변동이 심하게 나타날 수 있기 때문에 $\triangle t$로 세분하여 계산한다. 이때 계상재료의 입도분포와 계폭 B는 계산기간 중에는 변하지 않는 것으로 가정하여 계산한다. 따라서 이상의 방법도 일반적이라고는 할 수 없지만, 황폐계류에서 유출토사량을 조사하기 위해서는 상기 방법을 적용할 수밖에 없기 때문에 유사량과 계상의 높이에 대하여 홍수 시에 현장에서 직접 계측할 수 있는 방법이 우선적으로 확립되어야 한다.

2.4.1.3. 계상변동량조사의 이용

> 계상변동량조사에 의하여 유출토사량을 추정할 수 있는 경우는 다음과 같이 토석류구간과 소류구간으로 구분하여 실시한다.
> ① 토석류구역 : 토석류의 퇴적물에 의한 계상변동량으로부터 특정 홍수유출토사량을 추정할 경우
> ② 소류구역 : 조사대상구역의 최하류 지점에서 토사유출이 거의 저지된 상태(예를 들어 사방댐 등이 시공되어 있는 구역)에서의 계상변동량으로부터 특정 홍수유출토사량 혹은 연간 유출토사량을 추정할 경우

[해설]

토석류구역에서 실측에 의하여 유출토사량을 추정할 경우, 특정 홍수기간 중에 수차례에 걸쳐 토석류가 발생한 경우의 토사량은 토석류의 퇴적물을 측량하여 추정할 수 있지만, 토석류가 정지되어 토석류 퇴적물은 유수와 함께 세립분의 토사가 대부분 유출되기 때문에 실제 토석류에 의하여 유출되는 토사량은 측량 결과치보다 클 것으로 판단된다.

한편, 조사구역의 최하류 지점에서 유출토사가 저지되지 않은 경우에는, 계상변동의 진폭이 점차 감소하여 거의 평형상태에 도달된 구간까지 조사하여 그 유효성을 검토하여야 한다. 그리고 조사구간 중에는 자연하도뿐만이 아니라 사방댐 등이 시공된 인공하도가 위치하고 있기 때문에 이들에 의하여 계상변동이 지배되기도 한다. 따라서 계류의 횡공작물도 하도조건의 하나로 간주하여 연속된 조사구간을 설정하여야 한다.

그리고 계상변동량의 조사결과는 표 3-2와 같이 정리하면 된다. 이 경우 측점 중에서 몇 번부터 몇 번까지는 사방댐의 퇴사지라고 비고란에 기록한다.

표 3-2. 계상의 높이, 계상토사용적 계산서

수계명		하천명		구역		측량일시		단면적 계산방법	
측점	기준 표고	폭	기준 표고 단면적	평균 계상 높이	최저 계상 높이	평균 단면적	거리	기준 표고의 체적	비고

통상적인 계상변동량조사는 종·횡단측량에 의하여 실시하지만, 기록을 남길 수 있다는 점과 정보량이 많다는 이점 때문에 항공사진을 이용하기도 한다. 표 3-3은 종·횡단측량에 의하여 조사된 계상변동량을 정리하는 야장으로, 평균 계상높이는 계산상 설정한 기준표고보다 하단 또는 상단에 있는 부분의 단면적을 각각 + 및 - 값으로 하여 그 대

수의 합계에 따라 기준표고로부터의 단면적을 측정한 후, (기준표고) - (단면적/폭)에 의하여 구한다.

표 3-3. 계상변동량조사의 정리

수계명		하천명		구역		직전 측량일시		이번 측량일시		
측점	최저 계상높이			평균 계상높이			기준표고로부터의 체적			비고
	전번	이번	변동	전번	이번	변동	전번	이번	변동	

　항공사진은 촬영 코스나 모델의 숫자가 상당히 다른 두 종류의 사진을 사용할 경우 동일 단면을 설정하기 곤란하기 때문에 통상 표고가 불분명한 부동점을 다수 파악하기 위해서는 목적에 따라 촬영한 사진을 사용한다. 따라서 항공사진은 수직촬영, 팬크로매틱 사진, 보통 각, 촬영축척 1/5,000~1/10,000인 것을 사용한다. 또한, 조사단면은 기계적으로 수 백m 간격으로 설정하기보다 사진 이용의 이점을 살릴 수 있도록 퇴사형상에 따라 간격을 조정한다.

　그리고 단면 결정에 사용하는 기본도는 축척 1/5,000 정도로 제작하며, 1급 도화기를 사용하여 주로 경사변환점에서 계상의 표고를 측정하여 두 시기의 단면적 차이를 구한다. 즉, 단면적 차이에 단면 사이의 거리를 곱하여 구간변동량을 구하고, 이를 근거로 전체 구간에 대한 변동량을 집계하면 조사구간의 계상변동량을 파악할 수 있다. 이때 단면 계측의 오차는 기기의 성능에 따라 다르지만, 10~20cm 정도는 허용된다. 그리고 정밀도는 단면의 거리에 크게 영향을 받기 때문에 기준 여하에 따라 유의한 길이를 결정하도록 한다.

　한편, 단면의 측선은 원칙적으로 양안에 직각이 되도록 설정하지만, 굴곡이나 계폭에 따라서는 양안에 직각으로 설정할 수 없는 경우가 있기 때문에 단면의 거리는 일정하지 않을 수도 있다. 따라서 토량계산의 작업조건을 다수 상정하여 유효한 행수를 결정하는 것이 바람직하며, 원칙적으로는 단면의 거리를 도입하지 않고, 등고선 단면적법 등에 의하여 해결하도록 한다.

　계상변동량은 구간별로 증가량과 감소량을 하도의 거리에 대응하여 표시한 계상변동도, 상류로부터 하류를 향하여 계상변동량을 가산한 후에 하도의 거리에 대응하여 표시한 계상변동량 누적곡선도에 정리하면 변동상황을 용이하게 파악할 수 있다.

2.4.2. 유역의 다양한 특성치에 의한 유송토사량 추정

조사 대상유역의 특성이 소위 유출토사량 산정식에 적합할 경우에는 그 산정식에 의하여 유출토사량을 추정한다.

[해설]

유출토사량 산정식은 그 식을 유도한 유역과 산정하려고 하는 유역의 특성이 서로 다를 경우, 조사된 값이 과대하게 나타나기 때문에 일반성이 결여된다. 또한, 관련 자료의 대부분은 대면적의 유역에서 조사되기 때문에 유역 전체의 유출토사량을 거시적으로 파악하는 데에는 그 의미가 있지만, 통상적인 사방계획 대상유역에 적용하는 데에는 제한적일 수밖에 없다. 일본의 경우 무라노(村野)가 전국적으로 수집된 사방댐 퇴사량조사 중에서 103개소를 추출하여 제시한 연평균 1km²당 퇴사량(비퇴사량) 산정식(1967)은 다수의 지질조건에서 상당히 상관이 높게 나타났다.

$$\log q_s = a + b\log A + c\log R + d\log M_E + e\log R_r$$

식에서, q_s : 비퇴사량(m³/년/km²)
A : 유역면적(km²)
R : 장기간의 연평균 우량(mm)
M_E : 유역의 평균 고도(m)
R_r : 기복량비
$a \sim e$: 중회귀 분석에서 파악된 각 항의 계수(표 3-4)

표 3-4. 중회귀 분석 계수표

지질\계수	a	b	c	d	e	상관계수
Ⅰ	-8.5498	-0.3926	1.3380	0.2523	0.0955	0.6669
Ⅲ	-2.7844	-0.0618	2.0970	0.1071	1.8900	0.8342
Ⅳ	-2.9090	-0.3928	0.9728	0.9631	-0.2270	0.6059

Ⅰ : 고기 퇴적암(고생층, 중정층)으로 이루어진 유역
Ⅱ : 주로 고기퇴적암의 변성암(결정편암류)으로 이루어진 유역
Ⅲ : 주로 신기퇴적암류(제삼기층, 제사기층, 화산쇄설물)로 이루어진 유역
Ⅳ : 주로 분출암류(안산암, 석영조면암 등)로 이루어진 유역
Ⅴ : 퇴적암류와 화성암류의 30~70%씩으로 이루어진 유역

한편, 전술한 계수표에 상관계수가 0.6을 상회하는 Ⅰ, Ⅲ, Ⅳ의 지질로 이루어진 유역에서는 연평균 유출토사량을 계획량으로 결정하는 데에는 다소 문제가 있을지라도 신뢰성이 상당히 높을 것으로 추정된다. 그리고 유역의 다양한 특성치 중에서 기복량비는 유역 내의 주유로를 따라 최고지점과 계곡의 출구와의 고처차(기복량, m 단위)를 주유로길

이(m 단위)로 나누어 무차원화한 값이다. 유출토사량을 산정하는 식 중에서, 다음의 에자키(江崎) 식(1966)이 폭넓게 사용되고 있다.

$$V_s = 8.85 IS^2 + 7.83 I \left(\frac{A_d}{A}\right) D^2$$

식에서, V_s : I 기간에 있어서 저사공간에 퇴적된 총퇴사량(m³)
　　　　I : 기간 내의 홍수 총유입량(m³)
　　　　S : 저사공간 유입부 부근의 평균 계상물매
　　　　A_d : 유역 내의 붕괴지 면적(km²)
　　　　A : 유역면적(km²)
　　　　D : 붕괴지의 평균 물매

2.4.3. 변동조사의 정리

조사량에 근거하여 계획유출토사량을 결정할 경우, 근본이 되는 것은 변동조사에 의한 조사량이다. 따라서 변동조사에 의한 조사량은 조사지점에서의 유출토사량 혹은 조사구간에서의 토사의 이동수지에 의하여 파악되기 때문에 해당 지역의 지배조건을 충분히 고려하여 계획기준점의 유출토사량을 추정하도록 한다.

[해설]

　작업방법은 우선 지점 또는 구간에서 파악된 조사량을 동일 연도에 측정한 자료를 이용하여 하도의 종단거리에 따라 표시한다. 이때 조사지점의 유역면적, 계폭, 계상물매 및 계상재료의 평균 입경을 함께 표시하면 유용하다. 이와 같은 유출토사량의 장소적 변화를 나타내는 그림은 계류의 하류로 갈수록 유출토사량이 점차 증가하는 것이 아니라 랜덤 절선도가 되는 경우가 많다. 따라서 현황조사에서 파악된 기초자료인 유출토사를 지배하는 조건을 도입하여 그 이유를 고찰한다.

　이상의 지배조건에는 계상변동의 상황, 계류구간별 토사퇴적량 및 유출형태 등이 있다. 따라서 조사량을 수계별로 편성하거나 계획기준점의 유출토사량을 추정하면 문제점을 파악할 수 있다.

　한편, 계획기준점의 조사량으로부터 계획유출토사량을 결정할 경우, 앞으로 발생할 토사유출도 과거에 발생한 홍수 시의 유출과 유사하게 나타날 것이라는 재현성을 전제로 하여 계획한다. 그리고 계획을 책정할 때에는 지정된 토석류의 규모 혹은 계획강우의 규모에 근거한 홍수유량으로부터 계획유출토사량을 결정한다. 또한, 계획량은 조사량을 근거로 결정하여야 하므로 당연히 조사량에 대한 자료축적이 필요하지만, 실제로는 특정 홍수 시의 한 차례 실시한 변동량조사에 의하여 계획하는 경우가 대부분이다. 이러한 경우에도 전술한 방법에 의하여 파악된 자료에 현재의 시간적 경과와 장소적 조건을 도입하여 고찰한다.

제3절 유송토사조사

3.1. 총칙

3.1.1. 조사방법

이 절에서는 유송토사조사 시에 필요한 표준적 방법을 정하는 것으로 한다.

[해설]
　　일반적으로 계상면은 홍수 시에 산복으로부터 생산, 운반되어 퇴적된 토사에 의하여 구성되며, 출수 시에 이들 토사는 재이동하는 과정에서 상류로부터 유입되는 토사로 교체된다. 따라서 사방댐과 같은 계간공작물 등을 설계할 때에는 유송토사의 이동특성이나 이에 관한 계상의 퇴적이나 세굴 등의 변동현상을 충분히 인식하여야 한다.
　　한편, 유송토사조사에서는 이러한 목적을 달성하는 데에 필요한 기초적 조사인 계상변동량조사, 유출토사량조사, 계상재료조사에 대하여 구체적인 조사방법을 제시하여야 한다.

3.1.2. 조사항목

유송토사조사는 필요에 따라 다음과 같은 조사를 실시한다.
　① 계상변동량조사　② 유출토사량조사　③ 계상재료조사

[해설]
　　계상변동량조사는 종단측량 결과 등에 의하여 사방시설계획을 수립하기 위한 계상변동량을 파악할 목적으로 실시하고, 유출토사조사는 계상종단물매, 계상재료조사 결과 등으로부터 하도를 소류구간과 토석류구간으로 구분하여 유송형태분포도에 나타낼 목적으로 진행한다.
　　그리고 계상재료조사는 입도분포 및 평균 입경을 조사하기 위하여 실시하며, 계상재료를 조사하는 방법에는 입도분석방법이 주로 사용되고 있다.

3.2. 계상변동량조사

3.2.1. 조사의 목적과 항목

계상변동량조사는 계상변동이 홍수의 소통능력 및 계간공작물의 안전성이나 기능에 미치는 영향을 검토하고, 계곡의 출구로부터 주변의 하천이나 해안에 공급되는 토사량을 검토하기 위하여 실시한다.

[해설]
　　계상변동량조사에서는 홍수의 소통능력, 계간공작물의 안전성이나 기능에 미치는 영향, 주변의 하천이나 해안에 공급되는 토사량을 파악하기 위하여 필요에 따라 다음의 항목을 조사한다.
　　① 종·횡단측량조사　② 수위조사　③ 계상변동 계산
　　④ 인위적 요인에 따른 계상변동량조사　⑤ 홍수 시의 계상변동량조사

3.2.2. 종·횡단측량조사

3.2.2.1. 조사방법

> 종·횡단측량조사는 동일 측점에 대하여 일정 기간을 두고 실시한 두 차례의 측량결과를 비교하여 그 기간 내의 변동량을 구하는 것으로, 기준수위로는 계획수위 또는 평균 저수위를 사용하도록 한다.

[해설]
　　유송토사조사의 종·횡단측량은 계상변동의 실태를 파악하기 위하여 실시하는 것이다. 기준수위는 고수부지인 경우에는 계획고수위로 하고, 저수로인 경우에는 평수위 부근의 수위를 기준으로 하며, 매년 바꾸지 않는 것이 중요하다.

3.2.2.2. 조사의 범위 및 시기

> 종·횡단측량조사의 범위 및 시기는 하도의 변동량과 사방댐에 의한 변동량에 따라 정하도록 한다.

[해설]
　　유송토사에 대한 종·횡단측량조사의 조사범위, 조사장소 및 조사시기는 표 3-5에 제시한 것과 같다.

표 3-5. 종·횡단측량조사의 범위, 장소 및 시기

조사항목	조사범위	조사장소	조사시기
하도의 변동량	횡단측량의 범위는 조사대상구간이 대상구역인 경우 개수계획의 하천부지이고, 이외에서는 홍수 시의 토사이동 예상범위이다.	거리표와 일치하는 횡단면을 대상으로 하며, 200m 간격을 표준으로 한다.	연 1회 동일시기에 홍수가 발생할 경우 직후에 실시한다.
사방댐에 의한 변동량	사방댐에 의해 발생하는 토사의 퇴적이 미치는 범위 및 하류의 계상저하가 발생하는 범위이다.	사방댐인 경우에는 20~50m 간격으로 변화량의 대소, 종단 변화의 상황에 따라 간격을 결정한다.	홍수 전후에 실시한다.

3.2.2.3. 자료처리

하도에 있어서 측량조사결과는 표 3-6 및 표 3-7에, 사방댐에 대해서는 표 3-8에, 각각 필요에 따라 정리하도록 한다.

[해설]
1) 하도의 변동량 조사자료 정리

하도의 측량결과를 사용하여 평균 계상높이, 변동높이, 변동량을 구한 후, 표 3-6 및 표 3-7에 정리한다. 표 3-6은 복단면 또는 복복단면 등의 계류에 사용하고, 표 3-7은 이전의 측량결과와 함께 변동높이나 변동량을 표시하는 경우에 사용하기 때문에 복단면의 수로에서는 저수부지, 고수부지별로 작성한다.

그리고 평균 계상높이는

(계획고수위 또는 기준수위) - (계상의 단면적 / 수면의 폭)

에 의하여 구한 후, 절대표고로 기입하고(계상의 단면적은 그 수위 이하의 하도면적), 단면 사이의 거리는 각각 고수부지나 저수부지의 대표길이를 구한다.

한편, 계상변동량 조사구간 내의 종단면도에는 다음의 사항(최저계상높이, 고수부지 및 저수부지의 평균 계상높이, 저수댐, 골막이, 사방댐 등과 같이 계상변동에 영향을 미치는 구조물의 명칭, 위치, 부지 높이, 축조일시, 굴착일시, 계획고수위, 관리계상높이, 지류의 합류점, 수위표의 위치 등)을 기입한다.

표 3-6. 평균 계상높이표

하천명		계류명		구역		측량일시	
측정말뚝	계획 고수위	좌안 방향 고수부지			저수로 또는 전체 단면	우안 방향 고수부지	최저 계상높이
		수면의 폭	평균 계상높이	단면 사이의 거리			

표 3-7. 계상변동높이, 변동량표

하천명		계류명		구역		측량일시		직전 측량일시	
측정 말뚝	기준 수위	수면의 폭	평균 계상 높이	직전 측량 일시	직전 측량 평균 계상 높이	변동 높이	단면 사이의 거리	변동량	토사 채취량

2) 사방댐에 의한 변동량 조사자료의 정리

사방댐의 종·횡단측량의 성과를 표 3-8에 정리하도록 한다. 표 3-8의 현재 퇴사량은 이번 측량의 전체 퇴사량이며, 이번 퇴사량은 지난번 측량의 전체 퇴사량과의 차이다.

표 3-8. 사방댐 퇴사량조사표

번호	계류명	댐의 명칭	조사일시			퇴사물매		현재 퇴사량	금년 저사량	퇴적물질 최대입경	평균 외관 비중
			직전	이번	기간	직전	이번				

3.2.3. 수위자료의 정리

횡단측량에 대한 자료가 충분하지 않을 때에는 평균 저수위의 변화 또는 수위, 유량 관측지점의 수위-유량곡선에 대한 경년변화에 의하여 계상변동 상황을 추정하도록 한다.

[해설]

횡단측량에 대한 자료가 충분하지 않은 경우에는 연평균 저수위나 연평균 수위를 경년적으로 비교하여 수위 관측지점 부근의 하류부에 대한 계상변동을 추정하도록 한다. 그러나 이 방법은 연강우량의 영향을 받기 때문에 갈수기 등 저수위 유량에 주의하여야 한다.

그리고 유량관측소의 경년적인 수위유량곡선의 변동으로부터 계상높이의 변화를 추정할 수 있다. 즉, 일정 유량에 대한 수위를 구한 후, 이를 경년적으로 비교하면 계상높이의 변화를 구할 수 있다.

3.2.4. 계상변동의 계산

3.2.4.1. 목적과 방법

계상변동은 그 발생원인을 추정하거나 사방댐 등과 같은 계간공작물의 신설에 따른 영향을 파악하여 앞으로의 하도 안정성을 파악할 목적으로 일반적으로 부등류와 유사량을 수치계산에 의하여 실시하도록 한다.

[해설]

유사량의 종단적인 불균형에 근거한 계산변동을 계산하는 데에는 다음과 같은 방법이 사용되고 있다.

$$\triangle Z = Z_{t+1} - Z_t = \frac{Q_{B1} - Q_{B2}}{B \triangle x (1-\lambda)} \triangle t$$

식에서, $\triangle Z$: $\triangle t$ 시간 내의 계상변동량
Z : 계상의 높이
B : 계상변동을 발생시키는 계폭
Q_{B1}, Q_{B2} : 상, 하류단면의 통과유사량
λ : 계상재료의 공극률
$\triangle x$: 구간거리

위 식은 유사량의 연속조건을 나타낸 것으로, 각 지점의 기간별 유사량을 정밀하게 산정하여 계상변동의 추정 정밀도를 높여야 한다.

계상변동은 통상적으로 다음과 같은 계산순서에 따라 실시한다. 우선 초기의 계상을 대상으로 t_0시각의 유량을 사용하여 부등류를 계산한 후, 각 단면에 있어서의 마찰속도 U_*를 구한다. 그리고 이 마찰속도와 계상재료의 입도를 분석하여 유사량식에 따라 각 단면에 있어서의 유사량을 구한 후, 위 식을 이용하여 $\triangle t$시간 후의 계상의 높이 Z_{t+1}을 계산한다. 이어서 순차적으로 n시간까지 계산을 반복하여 t_n시간의 계상높이를 구한다.

그러나 계상변동을 계산할 때에는 계상재료의 입도변화나 경계조건의 설정 여부 등에 따라 계산결과가 차이가 발생하기 때문에 이에 대해서도 충분히 검토하여야 한다.

[참고]
◎ 유사량 산정방법

계상변동 산정시에 고려하여야 할 유사량은 통상 부유사와 소류사이며, 사방댐의 대수면에서 대규모 변동이 발생할 때에는 wash load에 대해서도 검토한다. 또한, 소류력과 계상의 입도분포 면에서 소류사량이나 부유사량 중 한쪽이 대부분일 경우, 해당 유사량의 관계식으로 충분히 산정할 수 있다.

그리고 유사량을 추정할 때에는 소규모의 계상변동 특성을 반영하고, 계상형태에 따른 마찰속도, 유효마찰속도비를 사용하여 Lower regime, Upper regime별 유사량을 산출한다.

1) 소류사량
   ① 사토(佐藤)·요시카와(吉川)·아시다(芦田)의 식

$$q_s = \frac{u_*^3}{\left(\frac{\sigma}{\rho}-1\right)g} \cdot \psi \cdot F(\tau_0/\tau_c)$$

식에서, q_s : 단위 폭, 단위 시간당의 소류사량
u_* : 마찰속도 $= \sqrt{gHI_e}$
(H : 수심, I_e : 에너지 물매)
σ : 토사의 밀도
ρ : 유수의 밀도
g : 중력의 가속도
ψ : $n \geqq 0.25$에서 $\psi = 0.623$, $n < 0.025$에서 $\psi = 0.623(40n)^{-3.5}$
(다만, n : 매닝의 조도계수)
F : 그림 3-19에서 제시한 τ_0/τ_c의 함수
τ_0 : 계상면에 작용하는 소류력 $= \rho g H I_e$
τ_c : Shields diagram, 이와카키(岩垣) 등에 의하여 계상재료에 따라 정해지는 무차원이동한계소류력

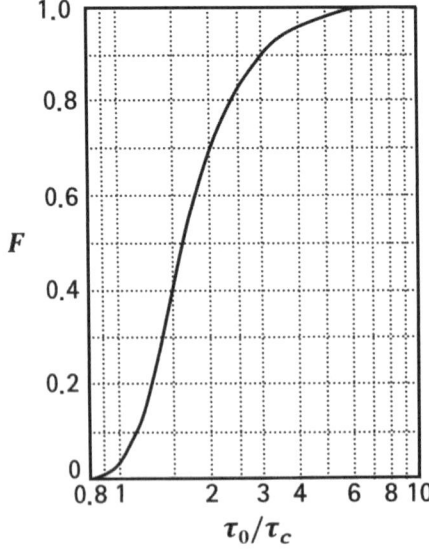

그림 3-19. 사토·요시카와·아시다식의 F와 τ_0/τ_c의 관계

② Einstein의 식
   ○ 입경이 일정한 경우

$$\frac{q_B}{\sqrt{\{\sigma/\rho-1\}gd^3}} = \frac{f(\psi_e)}{4.35\{1-f(\psi_e)\}}$$

식에서, q_B : 단위 폭, 단위 시간당 소류사량의 용적
       d : 입경

$$f(\psi_e) = 1 - \frac{1}{\sqrt{\pi}} \int_{-0.143(1/\psi_e)^{-2}}^{0.143(1/\psi_e)^{-2}} e^{-t^2} dt$$

$$\psi_e = u_{*e}^2 / \{(\sigma-\rho)-1\}gd$$

여기서, u_{*e} : 유효소류력에 대한 마찰속도 $= \sqrt{gR_bI_e}$

R_d는 다음 식에 의하여 구할 수 있다.

$$\frac{v}{\sqrt{gR_bI_e}} = 5.75\log_{10}(12.27R_{b'} \cdot x/d)$$

식에서, v : 평균 유속
       x : 그림 3-20에 제시한 함수($du_{*e}/11.6\nu \rangle 10$에 대하여 $x=1$)

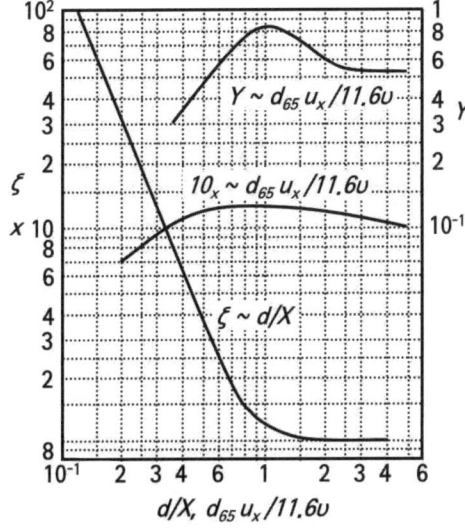

그림 3-20. $\xi : x$ 및 Y를 구하는 도표

○ 혼합 입경일 경우
앞의 식의 q_B, ψ_e를 대신하여

$$q_B^* = q_B \cdot i_B/i_b, \quad \psi_e^* = \frac{1}{\xi Y(\beta^2/\beta_x^2)} \psi_e$$

라고 한다면, 그대로 적용할 수 있다.

식에서, i_b, i_B : 주어진 입경의 토사가 각 계상 및 소류사에서 차지하는 비율
ξ : 차폐계수로, 석력이 층류의 밑바닥에 차폐되었거나 작은 모래가 굵은 모래에 의해 차폐된 보정계수(그림 3-20의 d/X 함수)
$d_{65}u_{*e}/(11.6\nu_x) > 1.80$: $X=0.77d_{65}/x$
$d_{65}u_{*e}/(11.6\nu_x) < 1.80$: $X=1.39(11.6\nu/u_*)$
Y : 양압력의 보정계수(그림 3-20 참조)로, $d_{65}u_{*e}/(11.6\nu_x)$의 함수
$\beta^2/\beta_x^2 = \{\log_{10}10.6/\log_{10}10.6(X \cdot x/d_{65})\}^2$

③ 아시다(芦田)·도조(道上)의 식
○ 입경이 일정한 경우

$$\frac{q_s}{u_{*e}} = \frac{q_s}{\sqrt{sgd^3}} \cdot \tau_*^{-1/2} = 17\tau_*^{3/2}\left(1 - \frac{\tau_{*c}}{\tau_*}\right)\left(1 - \frac{u_{*c}}{u_*}\right)$$

식에서, q_s : 단위 폭, 단위 시간당의 소류사량의 용적
u_* : 유효마찰속도
s : $\sigma/\rho - 1$
d : 입경
τ_* : u_*^2/sgd
τ_{*_e} : u_{*e}^2/sgd
τ_{*_c} : u_{*c}^2/sgd
u_* : 유효마찰속도
u_* : 마찰속도

또한, 앞의 식의 τ_*, u_*는 각각 이론식에 있어서 τ_{*e} 및 u_{*e}를 실험 값과의 정합성보다 개량되도록 수정한 것이다.

그리고 유효마찰속도는

$$u/u_{*e} = 6.0 + 5.75 \log_{10} \frac{R}{d(1+2\tau_*)}$$

에 의하여 구할 수 있다.

○ 혼합 입경일 경우
혼합 입경의 유사량은 앞의 식의 τ_*와 마찰계수 u_*값인 입경별 수치를 사용하여 구할 수 있다.

$$\frac{q_{Bi}}{f_0(d_i)u_{*e}d_i} = 17\tau_{*ei}\left(1 - \frac{\tau_{*ci}}{\tau_{*i}}\right)\left(1 - \frac{u_{*ci}}{u_*}\right)$$

다만, 혼합 재료의 입경별 한계소류력은 다음과 같다.

$$\frac{d_i}{d_m} \geq 0.4 \;:\; \frac{\tau_{ci}}{\tau_{cm}} = \left\{\frac{\log_{10} 19}{\log_{10}(19d_i/d_m)}\right\}^2 \frac{d_i}{d_m}$$

$$\frac{d_i}{d_m} < 0.4 \;:\; \frac{\tau_{ci}}{\tau_{cm}} = 0.85$$

식에서, q_{Bi} : 입경 d_i인 사력의 유사량
$f_0(d_i)$: 입경 d_i인 사력이 계상에서 차지하는 비율
$\tau_{*ei} = u_{*e}^2/(\sigma/\rho_0 - 1)gd_i$
$\tau_{*i} = u_*^2/(\sigma/\rho - 1)gd_i$
$\tau_{*ci} = u_{*ci}^2/(\sigma/\rho - 1)gd_i$
$\tau_{ci} = \rho u_{*ei}^2$
$\tau_{cm} = \rho u_{*cm}^2 \fallingdotseq 0.05(\sigma - \rho)gd_m$

한편, 유효마찰속도 u_{*e}는 다음의 식에 의하여 구할 수 있다.

$$\frac{U}{u_{*e}} = 6.0 + 5.75\log_{10}\frac{R}{d_m(1+2\tau_*)}$$

식에서, U : 평균 속도

2) 부유사량

① Lane · Kalinske의 식

$$q_s = qC_aP\exp\left(\frac{6a_0w_0}{khu_*}\right)$$

$$P = \int_0^1 \left[1 + \frac{1}{k\psi}(1+1n\eta)\right]\exp\left(-\frac{6w_0}{ku_*}\eta\right)d\eta$$

$$q_s = qC_0P$$

$$C_0 = a\triangle F(w_o)\int_0^1 \left[\frac{1}{2}\left(\frac{u_*}{w_0}\right)\exp\left\{-\left(\frac{w_0}{u_*}\right)^2\right\}\right]^n$$

식에서, q_s : 단위 폭, 단위 시간당의 부유사량
 q : 단위 폭 유량
 P : w_0/u_*, 칼맨 정수 k 및 $\psi = \nu/u_*$ 함수(그림 3-21)
 C_a : 기준점 $x = a_0$에 대한 농도
 C_0 : 계상농도(ppm)
 $\triangle F(w_0)$: 침강속도 w_0가 되는 모래 입자가 계상사력에서 차지하는 비율(%)
 a, n : 정수($a=5.55$, $n=1.61$), $\eta = z/h$

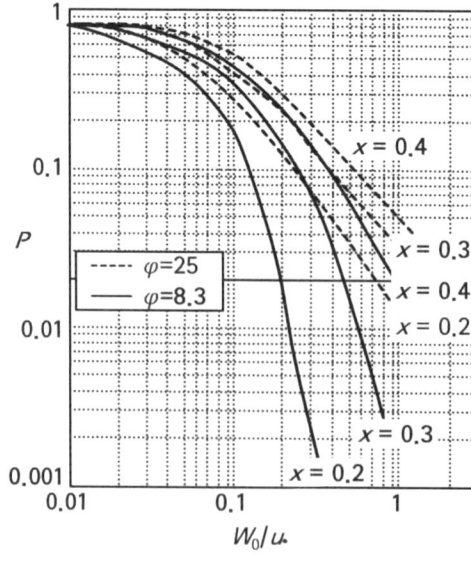

그림 3-21. Lane · Kalinske의 식에 있어서 P의 값(芦田에 의함)

② Einstein의 식

$$i_s q_s = i_B q_B \frac{0.4}{k}(P_1 I_1 + I_2)$$

식에서, $P_1 = 8.5k + 2.3\log_{10}\frac{h}{k_s}$

$$I_1 = 0.216\frac{A^{z-1}}{(1-A^z)}\int_A^1 \left\{\frac{1-\eta}{\eta}\right\}^z d\eta$$

$$I_2 = 0.216\frac{A^{z-1}}{(1-A^z)}\int_A^1 \left\{\frac{1-\eta}{\eta}\right\}^z I_n \eta d\eta$$

$A = a_*/h,\ z = w_0/\beta \cdot k \cdot u_*$

여기서, a_* : 부유한계점

k_s : 상당조도

$I_1,\ I_2$: 그림 3-22 및 그림 3-23의 z을 바로미터로 한 $A = a_*/h$의 함수 i_s 및 i_B에 대한 각각의 부유사량, 소류사량에 주어진 입경의 입자가 차지하는 비율

Einstein의 식에서는 z 속의 u_* 대신에 $u_{*e} = \sqrt{gR'I_e}$를 사용한다. 또한, $k=0.4$, $\beta=1.0$, $k_s = d_{65}/x$, $P_1 = 2.303\log_{10}30.2xh/d_{65}$로 하고, 부유한계점은 $a_* = 2d$로 한다.

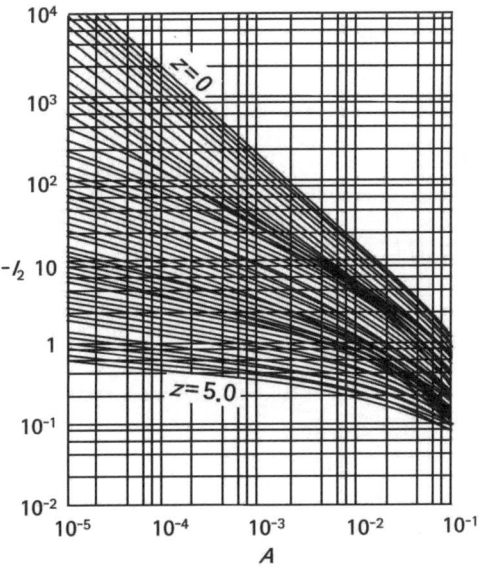

그림 3-22. Einstein의 식에 있어서 I_2와 z 및 a_*/h와의 관계

사방조사론

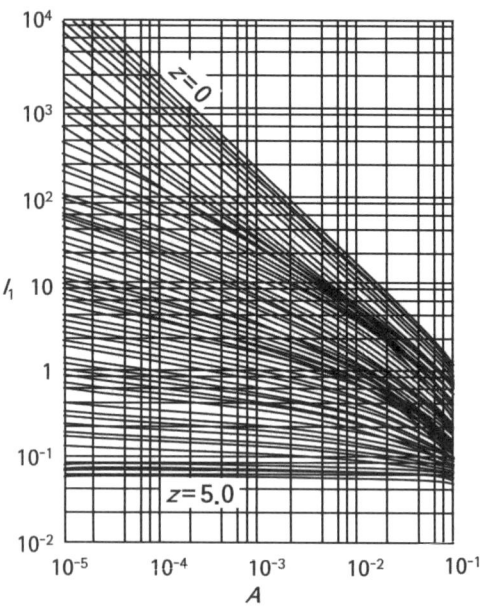

그림 3-23. Einstein의 식에 있어서 I_1와 z 및 a_*/h와의 관계

3) 전체 유사량

① Laursen의 식

$$\frac{\overline{C}}{\left(\dfrac{d}{h}\right)^{7/6}\left(\dfrac{\tau_0{'}}{\tau_c}-1\right)}=f\left(\frac{u_*}{u_b}\right)$$

$$\frac{\tau_0{'}}{\rho}=\frac{v^2}{(7.66)^2}\left(\frac{d}{h}\right)^{1/3}$$

$$\frac{\tau_c}{\rho}=\psi_c\cdot\left(\frac{\sigma}{\rho}-1\right)gd$$

식에서, $\overline{C}$: 중량으로 나타낸 평균 농도(%), $=265q_r/q$

$f\left(\dfrac{u_*}{u_b}\right)$: 그림 3-24에 제시한 u_*/w_0의 함수

$\tau_0{'}$: 유효소류력

τ_c : 한계소류력

ψ_c : 한계소류력의 무차원 표시 $=0.03\sim0.05$

q_r : 단위 폭당 전체 유역의 유사량

q : 단위 폭의 유량

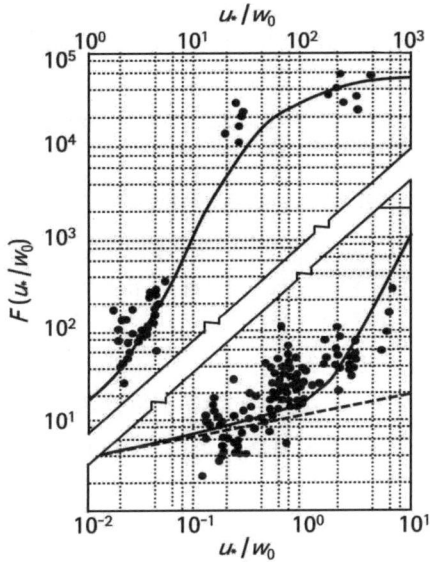

그림 3-24. Laursen의 도표

② Kalinske · Brown의 식

$$\frac{q_B}{u_*}d = f\left\{\frac{u_*^2}{(\sigma/\rho-1)gd}\right\}^2, \quad \frac{q_B}{u_*}d = 10\left\{\frac{u_*^2}{(\sigma/\rho-1)gd}\right\}^2$$

식에서, q_B : 전체 유사량
   u_* : 마찰속도
   d : 모래의 입경
   σ : 모래의 밀도
   ρ : 유수의 밀도
   g : 중력가속도

4) Wash load

$$Q_s = (4\times10^{-8} \sim 6\times10^{-6})Q^2$$

식에서, Q_s : Wash load(m³/s)
   Q : 계류의 유량(m³/s)

이상과 같이 다양한 유사량 산정방법은 계상변동을 계산하는 정밀도에 크게 영향을 미치기 때문에 유사량의 산정식과 적용방법에 대해서는 충분한 검토가 이루어져야 한다. 특히 유사는 유수의 저항, 계상의 형태, 유사량 등이 상호 영향을 미치는 과정에서 나타나는 현상이므로, 유사량을 예측할 때에는 유수의 저항과 계상의 형태와의 관련성을 충분히 고려하여야 한다.

그리고 유사량의 산정방법에는 다양한 추정식이 제안되고 있지만, 각 식마다 유수의 저항특성과 계상의 형태에 다르기 때문에 선정할 때에는 신중을 기하도록 한다. 또한, 계상의 형태나 유수의 저항특성이 다양한 실제 계류에서 한 가지의 예측 식으로 유사량을 산정하는 데에는 한계가 있다.

따라서 다양한 수리조건에서 실측한 유사량과 각종 예측식을 비교한 결과(土木硏究所 硏究資料 3099號)에 따르면, 유사량 추정 시에는 소규모의 계상특성을 반영하고, 계상형태에 다른 마찰속도, 유효마찰속도비를 사용하도록 권장하고 있다. 표 3-9와 표 3-10은 이상의 검토결과에 근거한 Lower legime, Upper legime 유사량에 대한 예측 방정식 등을 제안한 것이다.

표 3-9. Lower regime 유사량의 예측방법

영역	계상형태	소류사량식	부유사량식	비고
영역 ①	사퇴(砂堆)	Lower regime 芦田·道上의 식 佐藤·吉川·芦田의 식	계상면 농도 식에 芦田·道上의 유효마찰속도를 고려한 Lane-Kalinsketlr 식	아시다(芦田)·도조(道上)의 식은 퇴사영역에 적합함
영역 ②	사퇴, 모래톱 ($H/d<450$)	芦田·道上의 식	〃	τ_*가 0.1~0.30이면, 모래톱이 발생함
영역 ③	모래톱(砂漣) ($H/d≧450$)	$d=0.02cm$에 대하여 $q_s/u_*d=11.4\tau_*^{5.4}$ $d=0.03cm$에 대하여 $q_s/u_*d=14.6\tau_*^{4.6}$ $d=0.05cm$에 대하여 $q_s/u_*d=7.99\tau_*^{4.25}$	사용하지 않음	· 이 영역은 H/d에 의한 유사량의 차이는 없음 · Ripple 영역의 유사량을 검증한 자료가 적음

표 3-10. Upper regime 유사량의 예측방법

영역	계상형태	유사량 식	부유사량식	비고
영역 ④	평탄	Upper regime 芦田·道上의 식	Lane-Kalinsketlr의 식	무차원 소류력에 대한 유사량의 기울기가 실제보다 완만함
		Brown의 식	사용하지 않음	소유사량식에 부유사량을 포함함
		Upper regime	Upper regime Einstein의 식	유사량의 기울기는 실제와 잘 일치함

주) Upper regime $u_* = u_{*c}$, Lower regime $u_* > u_{*c}$. 유사량 산정에 유효소류력을 사용함

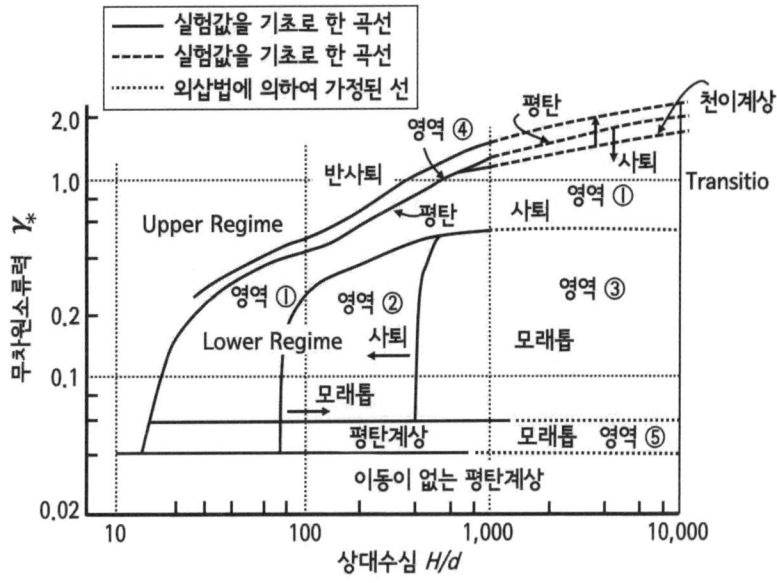

그림 3-25. 상대수심과 무차원 소류력의 관계

한편, 유사량 산정식은 각 계류의 현지에서 유사량을 관측한 결과나 계상변동의 해석 결과 등, 실측치에 근거한 자료에 의하여 검토하여 선정하는 것이 바람직하지만, 이러한 자료를 얻을 수 없는 경우에는 전술한 산정식 중에서 선정한다.

그리고 부유사량 산정식은 아시다(芦田)·도조(道上)의 식이 주로 이용되고 있으며, Einstein의 식은 입경이 균일하거나 혼합 입경인 경우에도 적용될 수 있지만, 입도분포의 범위가 광범위한 혼합 입경인 경우에는 차폐효과의 보정계수가 과대하게 평가되고, 미세입경의 유사량은 과소하게 견적될 수 있다는 문제점이 있다.

또한, 기존의 Wash load에 대한 자료는 부유사의 관측을 위하여 채수된 것이지만, 채취된 자료의 입도구성에 의하면, 부유사라기보다는 오히려 Wash load라고 간주하여야 할 것으로 판단된다.

3.2.4.2. 평면계상변동의 계산

> 평면계상변동은 현재 발생하고 있는 계상변동의 원인을 규명하거나 앞으로 하도에서 발생하는 계상변동을 예측하는 것 외에 하도의 선형을 변경하거나 구조물의 설치에 따른 계상변동의 변화와 그에 따른 유로의 변화를 예측하기 위하여 계산한다. 즉, 주로 홍수 시의 계상의 종단형과 횡단형의 시간적 변화를 평면적인 해석에 의하여 파악된 유로와 평면 2차원에 있어서의 유사량 식과 유사의 연속식에 근거하여 해석한다.

[해설]

　　홍수 시에는 하도의 평면형상이나 구조물에 기인하는 유수의 집중·분산 등에 의하여 계상변동이 발생한다. 평면계상변동은 3차원의 유수로부터 계상면에 작용하는 전단력 벡터, 유사량 벡터 및 부유사량 등을 산정하여 유사량의 이동으로부터 평면 2차원적인 계상변동을 구하는 것으로, 주로 전체 계폭에서 발생하는 중간 규모의 계상변동을 예측하는 데 사용된다. 또한, 평면계상변동을 계산하게 되면, 계상세굴 등의 계상변동이 발생하는 원인이나 앞으로 발생할 세굴깊이, 퇴적높이 등을 예측할 수 있다. 따라서 계상변동을 계산할 때에는 계상재료나 유수에 의한 유사량을 충분히 검토하여야 한다.

　　그리고 하도계산을 책정할 때에는 평면유출수 및 평면계상변동을 계산하여야 앞으로 발생할 계상의 상황을 파악할 수 있고, 적절한 하도의 평면형이나 구조물을 배치하는 데에도 도움을 줄 수 있으므로, 계상변동을 해석하기 위하여 실시하는 유로 해석에는 2차원 해석방법이 사용된다.

　　결론적으로 평면계상변동계산은 하도의 형상이나 구조물·수목 등에 기인하여 발생하기 때문에 다음과 같은 내용을 예측하고 평가하는 데 사용한다.
　① 전체 계폭에서 발생하는 계상세굴이나 토사퇴적량과 그 위치
　② 모래톱의 형성이나 이동·정지
　③ 계안이나 계상에 작용하는 힘
　④ 정체성 수역에 있어서의 유입토사의 유동

　　특히 복잡한 압력변동이 계상형상의 변화에 영향을 미치거나 유수가 구조물 부근의 계상변동, 하구 모래톱의 형성 등과 같은, 계상변동에 국소적으로 작용할 경우, 그리고 유수의 3차원성이 높이 현상을 다룰 때에는 모형실험을 실시하는 것이 바람직하다. 또한, 기초적인 현상이 충분히 규정되지 않은 경우에는 대형 실험 혹은 모형실험 등을 실시하도록 한다.

[참고]
◎ 유사량식의 선정

　유사량조사 및 계상변동량 등을 해석하여 조사대상 하도구간에 적합한 유사량식과 보정계수 등을 선정하며, 평면 2차원 계상변동에 사용하는 유사량식은 계상재료나 홍수 시의 수리량 등을 참고로 선정한다.

[해설]

　　유사량식의 검증에 사용하는 계상변동은 1차원 또는 2차원으로 해석으로 한다. 이때 다양한 유사량식을 사용하여 실제 홍수 시의 계상변동을 파악할 경우, 종종 계산 상의 값과 실측값과는 상당한 차이가 발생하므로, 이를 해결하기 위하여 대상 수리량의 범위 내에서 유사량 식을 보정(시간 등)한다.

또한, 사력계류 등에서 계상변동을 실시할 때에는 해석 대상의 입도나 계상 장갑화(bed armoring)의 발생과 장갑화(amour coat)의 입도에 대해서도 파악하여 계상변동의 억제기구를 검토한다. 따라서 사전에 계상재료조사와 계상횡단측량을 실시하며, 보링조사에 대해서는 조사구간의 부근에서 실시된 기존의 조사자료를 사용한다.

◎ 유사량 벡터의 산정

유사량 벡터는 계상면에 있어서 유속의 방향, 계상의 전단력 및 계상의 종·횡단물매 등을 참고로 하여 결정된 것을 사용한다.

[해설]
계상변동을 계산할 때에는 유수와 계상의 형상에 따라 유사량 벡터를 정하고, 계산을 단순화할 목적으로 주류 방향의 유사량을 유사량 공식에 따라 구한 후, 계상면에 작용하는 전단력과 중력의 사면방향의 성분을 고려하여 횡단방향의 유사량 공식을 구한다.

◎ 유사량 연속 식과 해석방법

계상의 높이 변동은 소류사량, 부유토사량의 수지의 차이를 변동으로 하는 유사의 연속식을 이용하여 구한다.

[해설]
하류방향을 s, 하류방향과 직각의 횡단방향을 n, $s-n$ 평면과 수직에 수심방향을 z으로 할 경우, 유사의 연속식은 다음과 같이 나타낼 수 있다.

$$(1-\lambda)\frac{\Delta Z}{\Delta t}+\frac{\Delta q_{Bs}}{\Delta s}+\frac{\Delta q_{Bn}}{\Delta n}+(q_{su}-wC_0)=0$$

식에서, λ : 공극률
Z : 계상의 높이
q_B : 소류사량(q_{Bs}, q_{Bn}은 s, n방향의 소류사량)
q_{su} : 상승량
w : 부유사의 침강속도
C_0 : 부유사의 계상농도

그리고 유하공간과 같은 모양의 공간을 이산화(離散化)한 후, 계상변동을 시간 적분하여 해석한다. 이와 같이 시간을 적분할 때에는 계상과 유하공간에 관한 시간분할을 변경하여도 되지만, 이 경우 계상변동의 시간을 적분하기 위하여 기본적으로 음해법(陰解法)을 사용한다.

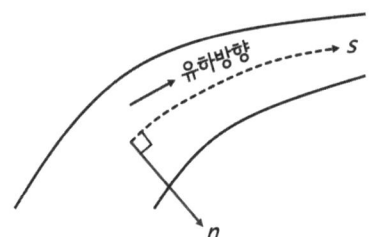

그림 3-26. 유사의 유하방향과 횡단방향

한편, 부유토사에 대해서는 부유토사의 이류(移流)의 확산방정식으로 해석하고, 도류형태의 부유토사량에 대해서는 「유사의 수리학(吉川秀夫편, 1985)」에 의하여 구한다. 이때 Wash load에 대해서는 충분히 주의하여야 하며, 특히 폐쇄성 수역(水域)이나 감조역(感潮域)의 하구부에서는 Wash load가 퇴적한다는 점에 유의하여야 한다.

◎ 구조물의 영향

통상은 구조물의 배치에 따른 전체 유하공간과 이에 동반된 계상형상의 변화를 구하고, 구조물 주변의 유수와 계상의 상황에 대해서는 별도로 검토한다.

[해설]

수제나 골막이 등의 구조물 주변의 유사의 움직임은 3차원적이기 때문에 취급하는 영역을 작게 세분화한 후, 3차원으로 해석하면 구조물 주변의 유사의 특성을 파악할 수 있다. 그러나 구조물의 주변은 계상면에 작용하는 전단력과 압력변동의 관계 등이 통상의 장소와는 다르기 때문에 유사량이 심하게 변화한다. 따라서 유사를 취급할 때에는 모형실험 결과 등과 비교하는 등의 충분한 검토가 필요하다.

3.2.5. 인위적 요인에 의한 계상변동량조사

인위적 요인에 의한 계상변동량조사는 계상변동에 영향을 미치는 토사와 자갈 등의 준설에 대한 영향을 조사하는 것을 목적으로 한다. 따라서 토사와 자갈 등과 같은 준설 허가수량을 등을 조사하여 경년적으로 각 구간에 있어서의 토사와 자갈 등의 채취량 및 계상저하량을 산출하도록 한다. 또한, 하도에 있어서의 종·횡단측량을 실시하여 토사, 자갈 채취가 계상변동에 미치는 영향을 파악하도록 한다.

[해설]

토사와 자갈 등의 준설이 계상변동의 요인이 되는 경우가 있으므로, 필요에 따라 그 영향을 파악하도록 한다.

3.2.6. 홍수 발생 시의 계상변동량조사

홍수 발생 시의 국소세굴이나 계상변동의 실태를 조사할 필요가 있을 경우에는 홍수 발생 시의 계상변동조사를 실시하도록 한다.

[해설]

사방댐 등과 같은 계간공작물의 주변이나 곡류부와 같이 유수가 집중되는 곳, 2차류가 발생하는 곳에서는 홍수 시에 국소세굴이 발달하며, 일반 하도에서도 홍수 시에는 대규모의 계상변동이 발생한다. 그러나 국소세굴 등은 홍수가 발생한 이후에는 후속류 등에 의하여 운반된 이동물질이 퇴적되어 홍수가 발생한 당시의 상황을 파악할 수 없으므로, 홍수 기간 중에 계상변동을 연속적으로 관측하는 것이 중요하다.

한편, 홍수 발생 시의 계상변동을 측정하는 데에는 음향측정기, γ선 밀도계, 전기저항식 세굴계 등이 사용되고 있다. 이 중에서 넓은 범위를 이동하면서 측정하는 데에는 음향측정기를 사용하지만, 관측함의 안전성이나 송수파기를 탑재한 플로트의 조작 등에 충분한 검토가 필요하다. 또한, 구조물 주변의 세굴조사에 적합한 γ선 밀도계, 전기저항식 세굴계는 계상에 파이프나 말뚝 등을 타설할 필요가 있기 때문에 고정식으로 한다. 그리고 자동화 관측이 가능한 링법과 매설법 등과 같이 비교적 간편한 방법은 최대세굴깊이를 파악하기 위하여 사용한다. 이러한 방법을 적용할 때에는 조사목적에 따라 계류의 상황을 충분히 고려한 후에 계획하는 것이 중요하다.

3.3. 유송토사량조사

3.3.1. 목적과 방법

계상변동의 합리적인 추정이나 하도에 유입되는 토사량, 바다로 유송되는 토사량 등의 유사량을 파악하기 위하여 필요에 따라 다음과 같은 조사를 실시하도록 한다.
① 유사량 관측에 의한 조사 ② 계상굴착에 의한 조사
③ 사방댐 등의 퇴사량 측정에 의한 조사 ④ 하구의 심천측량 자료에 의한 조사

[해설]

외국의 경우, 유송토사량이 계상재료의 소류력에 지배되는 것을 유사량 산정 식으로 규정하는 연구결과가 다수 발표되고 있다. 그러나 이상의 연구결과를 실제 계류에 적용하는 데에는 아직 많은 문제점이 있기 때문에 각각의 계류에서 관측 또는 실측을 통하여 그 적용성을 확인하고, 정밀도를 높여야 한다.

유사량의 조사방법에는 유사량의 관측에 의한 조사, 계상을 인위적으로 굴착한 후 출

수에 의한 퇴적과 유사량과의 관계를 파악하는 방법, 사방댐이나 저수지 등과 같이 만사되지 않은 공간에서 출수 시의 퇴사량으로부터 구하는 방법 또는 하구에서의 홍수 전후의 심천측량 자료에 의한 조사 등, 다양한 방법이 제시되고 있지만, 계류의 특성이나 관측지점의 상황 등을 감안하여 확실한 방법을 선택하여야 한다.

3.3.2. 유사량 관측에 의한 방법

3.3.2.1. 소류토사량조사

3.3.2.1.1. 조사방법

소류토사량조사는 소류토사량을 관측하여 유송토사량과 소류력과의 관계를 파악하는 것을 목적으로 한다. 따라서 소류채취기는 소류사량의 관측목적에 따라 적당한 것을 사용하며, 소류사량과 소류력과의 관계를 파악하기 위해서는 수심, 수면물매, 유속, 유량 및 횡단면 형상 등의 측정하거나 계상재료를 조사하여야 한다.

[해설]

채사기(採砂器)는 일반적으로 개량형 소류채사기 A형 또는 B형 등이 사용되지만, 현지에 적합한 적당한 채사기를 제작하여 사용하기도 한다. 이때 채사기는 유수의 형태가 자연상태로 채사할 수 있어야 하므로, 유입구가 가능하면 저항을 받지 않아야 할 뿐만 아니라 채취구가 계상면과 잘 접착되어야 한다.

3.3.2.1.2. 관측횟수 및 조사단면

관측횟수의 경우, 평상시에는 동일 유량, 동일 지점을 원칙으로 하여 10회 이상, 홍수 시에는 횡단방향에 2개소 이상의 측점을 설치하여 채취한다. 그리고 조사단면은 수리량을 대표할 수 있는 지점을 선정하도록 한다.

[해설]

관측시기 또는 관측지점은 목적에 따라 적절하게 선정하고, 채취와 동시에 측정하여 기록하여야 할 항목은 채취지점의 위치, 측정시각, 채취시간, 수심, 수면물매, 채사기의 종류 등이다. 그리고 전술한 소류토사량은 수심, 수면물매, 계상재료, 계상상태 등에 영향을 받아 변동하기 때문에 조사구간의 소류토사량 및 수리량을 대표하는 지점을 선정하여 해당 계류의 소류력과 소류사량과의 관계를 파악한다. 따라서 조사단면은 이와 같은 조건을 만족하고, 채사기의 조작이 간편해야 할 뿐만 아니라 수리량도 동시에 관측할 수 있는 지점이어야 한다.

3.3.2.1.3. 소류토사량조사의 자료정리

관측기록으로부터 단위시간당의 소류사량 등에 대하여 정리한다. 또한, 채취한 시료를 건조기에서 건조시킨 후 저울로 무게를 측정하고, 이어서 대표적인 시료를 선정하여 입도분석을 실시하도록 한다.

[해설]

관측기록의 결과는 표 3-11과 같이 정리한다.

표 3-11. 소류토사량 계산표

수계명		하천명			관측장소			관리부서	
수면물매		계상재료 평균 입경		mm	조도계수	$n=$		관측기구	

조사일시	측선번호	계상부터의 거리	측정시간 (-)	입경 (m)	수위 (m)	평균유속 (V) (m/s)	단위폭유량 (q) (m³/s/m)	채취량 (kg)	채취시간 (S)	단위시간소류사량 (kg/s)	단위폭당 소류사량 (kg/s/m) (q_s) (m³/s/m)	유사농도 (q_s/q)	측선이 대표하는 소류폭	소류사량 (m³/s)	전체단면 평균유속 (m/s)	전체단면적 (m²)	유량 (m³/s)	수면물매	적요

3.3.2.1.4. 산정식의 결정

자료정리의 결과로부터 해당 계류 또는 해당 지점에 적합한 소류사량 산정식을 결정하도록 한다.

[해설]

현재 발표된 각종 산정식과의 적합성을 파악하기 위하여 관측자료의 평균 입경을 사용하여 유사량과 소류력의 무차원 표시에 대한 관계를 그림으로 나타내도록 한다.

$$\frac{q_B}{u_* d} \sim \frac{u_*^2}{(\sigma/\rho - 1) \cdot g \cdot d}$$

식에서, q_B : 단위 폭, 단위 시간당의 소류사량의 부피

u_* : 마찰속도 $= \sqrt{gHI_e}$

여기서 H : 수심

I_e : 에너지물매

σ : 토사의 밀도

ρ : 물의 밀도

g : 중력가속도

의 관계를 구한 후, 각종 산정식과 비교한다. 이때 계수의 수정은 ψ의 값을 변화시켜 관측자료에 적합한지에 대한 여부를 검토한다.

3.3.2.2. 부유토사량조사

3.3.2.2.1. 조사방법

> 부유토사량조사는 부유토사량을 관측하여 부유토사량과 소류력 및 유량과의 관계를 파악하는 것으로, 부유토사량은 적당한 채수기를 사용하여 관측하도록 한다. 또한, 부유토사량과 소류력 및 유량과의 관계를 파악하기 위하여 수심, 수면물매, 유속분포, 유량 및 횡단면 형상 등을 측정하도록 한다.

[해설]

채수기에는 간이채수기 B형 등이 있지만, 목적에 따라서는 직접 채수기를 제작하여 사용한다. 이때 채수기가 구비하여야 할 조건은 자연상태의 자료를 채취할 수 있을 것, 난류의 평균적인 유사농도를 채취할 수 있는 채수시간을 확보할 수 있을 것, 채취구의 직경은 부유토사량의 최대입경의 적어도 5배 이상일 것 등이다.

그리고 자료를 수집도구에 옮길 때에 채사기 안에 미립자가 남아 있지 않아야 하며, 수집도구로부터 꺼낼 때에도 동일한 주의가 필요하다.

3.3.2.2.2. 관측 및 조사단면

> 부유토사의 관측 시에는 채수기에 의하여 연직방향의 농도분포와 유속분포를 측정하며, 횡단방향의 측선 수는 계류의 상황에 따라 선정하지만, 원칙적으로 3측선 이상으로 한다. 그리고 조사단면은 수리량을 대표할 수 있는 지점을 선정한다.

[해설]

관측을 실시할 때 유사의 농도는 계상 부근에서 가장 커지기 때문에 이곳에서 측정할 때에는 계상으로부터의 높이나 유속측정에 세심한 주의가 필요하다. 또한, 측정 시에 채수시각, 채수량, 채수시간, 채수지점의 유속, 수심, 수면물매, 수온 등을 기록하고, 채취한 자료를 전량 채수도구에 옮기며, 조사지점의 계상재료를 조사한다.

3.3.2.2.3. 자료정리

> 관측기록으로부터 단위 폭당의 유사량 등에 대하여 정리하도록 한다.

[해설]

관측기록의 결과는 표 3-12와 같은 부유토사량 계산표에 정리한다. 우선 채취한 시료로부터 그 함사율을 측정한다. 함사율은 채취한 유수의 중량을 측정하고, 유수가 맑아질 때까지 최소한 24시간 정치한 후, 이어서 상부의 맑아진 물을 배제하고 남은 침전물의 건조중량을 측정한다. 그리고 부유토사량은 함사율과 유속의 면적에 의하여 구한다. 즉, 단위 면적당 부유토사량은 하나의 측선에 대하여 각 지점의 부유토사량을 수심방향으로 가산하여 구한다.

표 3-12. 부유토사량 계산표

수면물매		계상재료 평균 입경		mm	조도 계수	$n=$		관측기구	
수면물매		계상재료 평균 입경		mm	조도 계수	$n=$		관측기구	유속계 : 채수기 :

조사 일시	측선 번호	계상 부터의 거리	측정 시간 (~)	수위 (m)	채취 수심 (m)	채취 량 (cc)	부유 토사 건조 중량 (mg)	함사 율 (mg/cc)	채수 지점의 유속 (m/S)	채수 지점의 유효 수심 (m)	단위 폭당의 유량 (m³/s/m)	채수 지점 유사 량 (m³/s/m²)	단위 폭당 유사 량 (m³/s/m)	보유 토사 량 (t/s)	전체 단면 평균 유속 (m/s)	전체 단면적 (m²)	유량 (m³/s)	수면 물매	적요

3.3.2.2.4. 산정식의 결정

부유토사량에 대한 각종 자료를 정리한 결과로부터 해당 계류 또는 해당 지점에 적합한 부유사량 산정식을 결정하도록 한다.

[해설]

지금까지 발표된 각종 부유사량 산정식의 조사지점에 있어서의 적합성을 파악하기 위해서는 해당 지점의 계상재료나 수리량을 사용하여 부유사량을 산출하고, 이를 실측치와 비교한다. 이때 적합성이 높거나 경미한 수정만으로 산정식을 구할 수 있으면 상관없지만, 산정식을 구할 수 없는 경우에는 실측자료를 사용하여 정리한 후, 평균값을 구하여 상수를 결정한다.

$$q_s = k \cdot q^n$$

식에서, q_s : 단위 폭당의 부유토사량 $= A \cdot H^m \cdot I$

여기서, A : 계류에 따라 서로 다른 상수, H : 수심

m : 정수(≒2~5), I : 수면물매

k : 계류에 따라 서로 다른 상수

q : 단위 폭당의 유량

n : 정수 ≒2

3.3.3. 준설에 의한 방법

준설에 의한 방법은 1회의 출수에 의하여 완전히 퇴적될 정도의 대규모 준설을 실시한 후, 홍수 전후의 측량 및 홍수기간 중의 수심, 수면물매, 유속 등을 관측하여 유송토사량과 소류력과의 관계를 파악하도록 한다.

[해설]

이 방법은 계류에 인위적으로 소류력의 차이를 발생시켜 굴착공(孔) 내에 퇴적된 토사와 소류력과의 관계로부터 유사량을 검토하는 것이다. 따라서 홍수기간 중에 준설한 장소가 만사되지 않도록 하는 것이 중요하다. 이를 위하여 굴착공의 규모를 정할 때에는 미리 홍수규모를 산정하고, 그 경우에 만사가 될 토사량을 검토하여 굴착공의 치수를 결정하여야 한다.

한편, 굴착공은 3m까지 굴착하는 것을 원칙으로 하지만, 작업의 난이도나 굴착이 주변에 미치는 영향 등을 고려하여 결정한다. 또한, 조사지점은 가능하면 직선부로 단면형상이 명확하고, 종단방향으로도 계상형상의 변화가 적은 것을 선택한다. 이때 수리량을 관찰하여야 하므로, 기존의 수리조사지점의 부근 등에서 실시하는 것이 바람직하다.

그리고 굴착공의 깊이가 깊을 경우라도 굴착장소의 유사량이 완전히 0이 되는 경우는 거의 없고, 유입된 유사 중에서 하류에 유출되는 유사가 있기 때문에 퇴적토사량은 굴착장소 및 그 상·하류의 소류력과의 차이에 따라 평가하도록 한다. 또한, 굴착공 내의 퇴적토사량이 많을 경우에는 그것이 굴착장소의 소류력에 영향을 미치기 때문에 유사량의 산정식을 가정하여 계상변동을 계산한 후, 실측 변동상황과 대조하여 산정식을 검토하도록 한다.

3.3.4. 사방댐 등의 퇴사량 측정에 의한 방법

사방댐 등의 퇴사량 측정에 의한 방법은 만사되지 않은 사방댐이나 저사공간에 있어서의 토사의 퇴적량에 대한 조사결과를 이용하여 유송토사량을 구하도록 한다.

[해설]

이 방법에서는 일반적으로 소류사와 부유사가 유송토사에 포함되는 경우가 많다. 그리고 사방댐 저사공간 등에서는 대규모 출수 전후에 계상의 종·횡단측량을 실시하여 퇴적토사량을 조사하고 있는 곳이 있으므로, 한 차례의 홍수에 의한 퇴적토사량을 파악할 수 있다.

유송토사는 홍수 중에 사방댐을 유하한 부유토사를 제외한 전체 유입토사이기 때문에 사방댐의 하류에서 부유사를 관측하면 전체 유입토사량을 구할 수 있다. 또한, 저사공간의 유입계류에서 수리량을 관측하여 수리량을 산출하고, 유사량 계산을 실시하여 홍수 중의 통과유사량을 산출한 후, 유입토사량과 비교하면 유사량 산정식의 적합성이나 실용공식을 구할 수 있다.

3.3.5. 하구의 심천측량 자료에 의한 방법

하구의 심천측량 자료에 의한 방법에서는 홍수 전후에 실시한 하구의 심천측량 자료를 비교하면 하구부의 퇴적토사량을 추정할 수 있고, 퇴적토사량에서 모래톱의 침식토사량을 제외하면 유송토사량을 추정할 수 있다.

[해설]
홍수 전후의 하구 심천측량을 실시하면 한 차례의 홍수에 의한 유송토사량을 추정할 수 있지만, 심천측량의 간격은 파도에 의한 표사가로 하구의 토사가 운반될 수 있기 때문에 가능하면 짧게(예를 들어 1~2주간) 설정하도록 한다. 이 방법은 계류 유출토사량이 주변 해안에 미치는 영향을 평가할 때에 유효한 방법이다.

3.4. 계상재료조사

3.4.1. 조사내용

계상재료조사에서는 유송토사량 산정에 필요한 기초자료나 기타 하도계획 및 사방공사를 위한 기초자료를 얻기 위하여 입도분포, 비중, 공극률 등을 조사한다.

[해설]
계상재료조사는 하도를 구성하는 사력의 물리적 성질 중에서 유사의 이동량이나 계상변동, 사방설계 등에 크게 관계하는 입도분석, 비중, 침강속도, 공극률 등을 측정하는 것이다. 이들 중에서 침강속도에 대해서는 입경으로부터 공식 등을 사용하여 추정하는 경우가 많다. 또한, 사력계류 등에서는 표층의 계상재료도 조사한다.

3.4.2. 조사지점과 횟수

계상재료조사의 조사지점은 원칙적으로 계류의 종단방향에 대해서는 $L/B=1$ 간격으로 하고, 조사횟수는 원칙적으로 3년에 1회 실시한다.

[해설]
1) 조사지점

계상재료의 채취지점은 계상이 비교적 평편하고, 표면 사력의 분포상태가 표준적인 지점을 선정한 후, 원칙적으로 계류의 종단방향에 대해서는 $L/B=1$ 간격, 한 단면에 대해서는 변곡점마다 설정한다. 그러나 사방댐의 퇴사구간, 지류의 합류점 등과 같이 국부적으로 계상재료의 변화가 심한 곳에서는 현황에 따라 채취지점의 간격을 결정하도록 한다.

2) 조사횟수

원칙적으로 3년에 1회 실시하지만, 퇴사나 사방댐 하류의 계상저하 등이 심하게 발생하는 지점에서는 1년에 1회 실시하도록 한다.

3.4.3. 표층 계상재료의 샘플링방법

표층 계상재료조사에는 면적격자법, 선격자법, 평면채취법, 사진측정법 등이 있으며, 이들 중에서 최적의 방법을 선정하여 실시하도록 한다.

[해설]

1) 면적격자법

그림 3-27과 같이 적당한 크기의 나무틀을 사용하여 측정용 격자틀을 제작하고 측정대상 계상 위의 최대입경 정도의 간격으로 선을 띄운 후, 그 선의 교점 아래에 분포하는 토석을 채취한다.

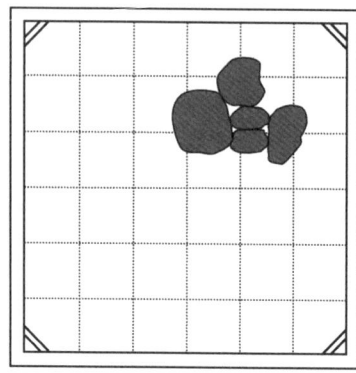

그림 3-27. 면적격자법에 의한 샘플링

2) 선격자법

그림 3-28과 같이 계상 위에 줄자 등으로 직선을 띄우고, 일정 간격(계상재료의 최대직경 이하)으로 구분한 후, 그 직하부분에 있는 토석을 채취한다.

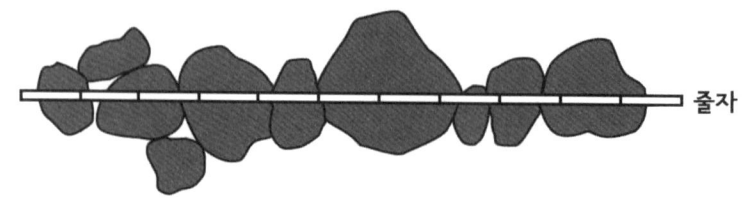

그림 3-28. 선격자법에 의한 샘플링

3) 평면채취법

일정 표면적 안에 있는 표면에 노출된 계상재료 전체를 채취한 후. 계상면을 사진으로 촬영하고, 해석한다.

이들 중에서 선격자법은 필요한 도구의 수량이 가장 적고, 또한 계상재료의 랜덤한 표본추출이라고 하는 면에서 널리 사용되고 있다. 또한, 입경이 작은 경우에는 면적격자법이 정확하고, 국소적인 표면입도 변화를 파악할 수 있다.

그리고 평면채취법은 모든 토석을 채취하기 때문에 보기에 따라서는 우수한 방법처럼 보이지만, 채취하여야 할 대상인 토석을 판별할 수 없다는 결점이 있고, 특히 입경이 작을 때에는 표층과 표층 아래의 토석을 구별할 수 없다. 따라서 현장에서 토석을 채취하는 데 시간이 없을 때에는 계상의 사진을 촬영하여 사진 상에서 면적격자법으로 분석하도록 한다.

3.4.4. 표층 계상재료의 채취방법

> 계상재료의 최대거석의 평균 직경이 1,000mm 이상, 500~1,000mm, 200~500mm, 200mm 이하인 경우로 나누어 채취한다.

[해설]
1) 최대거석의 평균 직경이 1,000mm 이상인 경우
    ① 채취지점을 중심으로 4×4m의 조사구를 설정한 후, 퇴적면보다 돌출되어 고립된 석력과 표면으로부터 30cm 정도의 표층을 제거한다.
    ② 채취지점을 4등분한 2×2m 구역 내의 표면에 분포하는 석력 중에서 평균 직경이 500~1,000mm인 석력을 채취한 후, 각 석력의 평균 직경을 계산한다.
    ③ 채취지점을 16등분을 한 1×1m 구역 내에서 깊이 50cm 이내에 존재하는 평균 직경 500mm 이하인 석력을 채취한다. 그리고 채취한 석력 중에서 평균 직경이 100~500mm인 석력에 대해서는 각 석력의 평균 직경을 계산하고, 100mm 이하인 석력은 전(全)중량을 측정한다.
    ④ 4×4m 채취지점의 전체 표면에 분포하는 1,000mm 이상인 석력을 채취한 후, 각 석력의 평균 직경을 계산한다.

2) 최대거석의 평균 직경이 500~1,000mm인 경우
    ① 채취지점을 중심으로 2×2m의 조사구를 설정한 후, 퇴적면보다 돌출되어 고립된 석력과 표면으로부터 30cm 정도의 표층을 제거한다.
    ② 채취지점을 4등분을 한 1×1m의 구역 내에서 깊이 50cm 이내에 존재하는 평균 직경 500mm 이하인 석력을 채취한다. 그리고 채취한 석력 중에서 평균 직경이

100~500mm인 석력에 대해서는 각 석력의 평균 직경을 계산하고, 100mm 이하인 석력은 전(全)중량을 측정한다.

③ 이어서 2×2m 채취지점의 전(全) 표면에 분포하는 500mm 이상인 석력을 채취한 후, 각 석력의 평균 직경을 계산한다.

3) 최대거석의 평균 직경이 200~500mm인 경우
   ① 채취지점을 중심으로 1×1m의 조사구를 설정한 후, 퇴적면보다 돌출되어 고립된 석력과 표면으로부터 30cm 정도의 표층을 제거한다.
   ② 1×1m의 구역 내에서 깊이 50cm 이내에 존재하는 평균 직경 500mm 이하인 석력을 채취한다. 채취한 석력 중에서 평균 직경이 100~500mm인 석력에 대해서는 각 석력의 평균 직경을 계산하고, 100mm 이하인 석력은 전(全)중량을 측정한다.

4) 최대거석의 평균 직경이 200mm 이하인 경우
   ① 채취지점을 중심으로 1×1m의 조사구를 설정한 후, 퇴적면보다 돌출되어 고립된 석력과 표면으로부터 30cm 정도의 표층을 제거한다.
   ② 1×1m의 구역 내에서 깊이 30cm 이내에 존재하는 평균 직경 200mm 이하인 석력을 채취한다. 채취한 석력 중에서 평균 직경이 100~200mm인 석력에 대해서는 각 석력의 평균 직경을 계산하고, 100mm 이하인 석력은 전(全)중량을 측정한다.

5) 수중석력인 경우
   ① 수중석력을 채취할 때에는 입도분포가 파괴되지 않도록 주의하여 채취하여야 한다.
   ② 채취량은 골재체가름시험방법에 따르도록 한다.

표 3-13. 석력의 채취표

석력의 평균 직경	채취지점의 면적	표면제거 깊이	채취 깊이	채취량	시료의 양
1,000mm 이상	4×4m	30cm 이상	최대석력의 최대직경		골재체가름 시험방법에 따름
500~1,000mm	2×2m	〃	〃		〃
200~500mm	1×1m	〃	50cm	약 0.5m³	〃
200mm 이하	1×1m	〃	30cm	약 0.3m³	〃
수중석력					〃

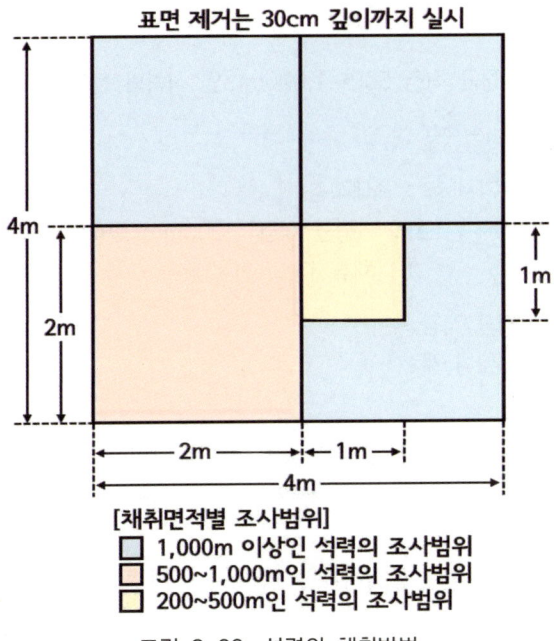

그림 3-29. 석력의 채취방법

3.4.5. 표층 계상재료의 입도분석방법

> 계상재료의 입도분석은 최대거석의 평균 직경이 1,000mm 이상, 500~1,000mm, 200~500mm, 200mm 이하인 경우로 나누어 채취한다.

[해설]

1) 최대거석의 평균 직경이 1,000mm 이상인 경우

① 석력의 용적(V)은 그 형상을 타원체로 가정하여 $V = \frac{\pi}{6}a, b, c$로 계산한다. 다만, a, c는 각각 석력의 긴 직경, 짧은 직경의 길이이고, 평균 직경은 $b = \frac{a+c}{2}$이다.

② 석력의 중량은 용적에 비중을 일정한 것으로 가정하여 $W = V \times$ 비중으로 계산한다.

③ 평균 직경 500~1,000mm인 석력에 대해서는 채취지점의 표면에 균등분포하고 있는 것으로 간주하여 측정된 개수를 4×4m의 구역 내로 확대하여 그 전체 표면개수로 한다.

④ 구하고자 하는 석력의 채취지점 내에 있는 평균 입경 500~1,000mm의 전체 개수는 B의 깊이에 분포하는 것으로 간주하여 다음의 식에 따라 구한다.

$$\Sigma N = \frac{B}{b} \times n'$$

식에서, ΣN : 평균 직경 500~1,000mm인 석력의 전체 개수

$$B : = a - \frac{\Sigma V}{A}$$

여기서, a : 최대직경

ΣV : 평균 직경 1,000mm 이상인 용적의 누계

A : 채취지점의 면적

b : 평균 직경

n' : 표면의 개수

⑤ 평균 직경 50mm 이하인 석력의 용적은 채취하여야 할 전체 용적(4×4m×최대직경)으로부터 500~1,000mm인 석력과 1,000mm 이하인 석력의 용적 합계를 뺀 나머지이다.
⑥ 100mm 이하인 석력은 골재체가름시험방법에 따르도록 한다.

2) 최대거석의 평균 직경이 500~1,000mm인 경우

① 석력의 용적(V)은 그 형상을 타원체로 가정하여 $V = \frac{\pi}{6} a, b, c$로 계산한다.
② 석력의 중량은 용적에 비중을 일정하다고 가정하여 $W = V \times$ 비중으로 계산한다.
③ 구하고자 하는 석력의 채취지점 내에 있는 평균 입경 500~1,000mm의 전체 개수는 B의 깊이에 분포하는 것으로 간주하여 다음의 식에 따라 구한다.

$$\Sigma N = \frac{B}{b} \times n'$$

식에서, B : 최대직경

④ 평균 직경 50mm 이하인 석력의 용적은 채취하여야 할 전체 용적(2×2m×최대직경)으로부터 500~1,000mm인 석력의 용적을 뺀 나머지이다.
⑤ 100mm 이하인 석력은 골재체가름시험방법에 따르도록 한다.

3) 최대거석의 평균 직경이 500mm 이하인 경우

① 석력의 용적(V)은 그 형상을 타원체로 가정하여 $V = \frac{\pi}{6} a, b, c$로 계산한다.
② 석력의 중량은 용적에 비중을 일정한 것으로 가정하여 $W = V \times$ 비중으로 계산한다.
③ 평균 직경 50mm 이하인 석력의 용적은 채취하여야 할 전체 용적의 합계로 한다.

④ 100mm 이하인 석력은 골재체가름시험방법에 따르도록 한다.

4) 수중석력인 경우
　① 채취량은 골재체가름시험방법에 따르도록 한다.

5) 입도구분은 다음과 같다.
　① 1,000mm 이상은 200mm 단위로 구분한다.
　② 1,000~100mm는 다음의 표 3-14와 같다.
　③ 100mm 이하는 골재체가름시험방법에 따르도록 한다.

표 3-14. 1,000~100mm의 입도구분

입도구분 (mm)	1,000	900	800	700	600	500	400	300	250	200	150	100

3.4.6. 입도곡선의 평균 입경 및 혼합비의 산정방법

입도곡선도는 각 입경별로 통과백분율에 따라 작성하도록 한다.

[해설]
1) 평균 입경(d_m)은 다음의 식에 의하여 산출한다.

$$d_m = \sum_{P=0}^{P=100\%} \frac{d \triangle P}{\sum_{P=0}^{P=100\%} \triangle P}$$

　식에서, P : 잔류 백분율
　　　　　d : 체 눈금의 중간 치수 값(각 입경단위의 중앙 값)(mm)
　　　　　$\triangle P$: 체 눈금에 대한 잔류 백분율

2) 혼합비(λ)는 다음의 식에 의하여 산출한다.

$$\lambda = (100\% - P_m\%)$$

　식에서, P_m : 평균 입경에 상당하는 통과백분율

3.4.7. 자료정리

자료정리에 대해서는 시료채취지점별로 입경누가곡선 또는 입경누적표 등에 의하여 평균 입경이나 균등계수 등을 계산하도록 한다.

3.4.8. 비중 측정

입도분포는 채취한 자료를 사용하여 비중을 측정하도록 한다.

3.4.9. 침강속도의 산출

침강속도는 특별히 실측할 필요가 있는 경우를 제외하면 계산식 또는 계산도에 의하여 입자의 크기 및 수온에 따라 구한다.

[해설]

침강속도의 경우 실제로는 투명한 원통형 용기에 유수를 넣은 후, 토사 또는 토석을 낙하시켜 그 침강속도를 측정하지만, 일반적으로는 입자를 구체로 간주하여 레이놀즈수 $U \cdot d/\nu$ (U: 침강속도, d: 입자의 직경, ν: 유수의 동점성 계수)가 1 이하인가는 모래에 대해서는 Stokes의 식을 적용하고, 레이놀즈수가 1보다 클 경우에는 저항계수를 사용하여 쓰루미(鶴見)의 식 등이 적용된다.

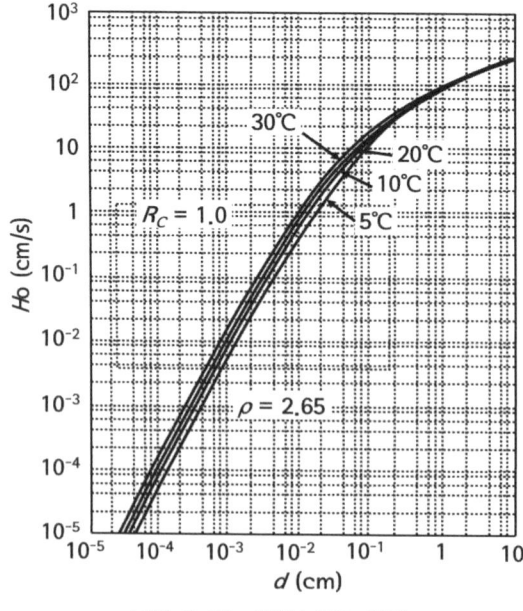

그림 3-30. 침강속도와 입경

1) Stokes식에서는

$$U = \frac{1}{18}\left(\frac{\sigma}{\rho} - 1\right)\frac{g}{\nu}d^2$$

식에서, U : 입자의 침강속도
σ : 입자의 밀도
ρ : 유수의 밀도
g : 중력가속도
ν : 유수의 동점성(動点性) 계수

2) 쓰루미(鶴見)의 식($\sigma=2.65$, 수온 20℃ 기준)에서는 다음과 같이 된다.

$d > 0.015$cm	$U = 11,940d^2$(cm/s)
0.015cm $< d < 0.11$cm	$U = 171.5d$
0.11cm $< d < 0.58$cm	$U = 81.5d^{0.567}$
0.58cm $< d$	$U = 73.2d^{0.5}$

사방조사론

제4장 토석류조사

제1절 총설

토석류조사는 토석류의 생산량 및 유출량을 파악하기 위하여 해당 유역의 보전대상조사, 토석류의 발생형태 및 발생요인조사, 토석류 유동조사 등을 실시한다.

[해설]

토석류조사는 조사의 목적과 내용, 대여자료 등에 대하여 실시하고, 보전대상조사는 토석류의 도달거리와 분산각도를, 그리고 토석류의 발생형태 및 발생요인조사는 계상물매조사, 유역면적조사, 계상상황조사, 산복상황조사 등을 각각 실시한다.

또한, 토석류 유동조사는 유속, 파고(수심), 유하 폭, 단위체적중량, 유체력, 피크유량조사 및 평상 시의 유량조사 등을 실시한다.

1.1. 조사의 목적

토석류조사는 토석류를 대상으로 하는 사방계획을 입안하기 위한 조사를 목적으로 하여 실시한다.

[해설]

토석류대책조사는 토석류를 대상으로 하는 사방계획을 입안하기 위한 조사를 목적으로 하여 실시한다.

1.2. 조사의 내용

토석류조사의 업무내용은 계획의 준비, 자료수집 및 정리, 현지조사, 유역특성조사, 기존 시설조사, 이동가능토사량조사, 운반가능토사량조사 등이다.

[해설]

1) 계획준비

사업자는 사업의 목적과 요지를 파악한 후, 계획도서에 제시된 업무내용을 확인하여 업무계획서를 작성하고, 감독관에게 제출하도록 한다.

2) 자료수집·정리

사업자는 업무에 필요한 문헌·자료·기존의 유사한 조사에 관한 보고서의 수집 및 정리를 실시하도록 한다. 또한, 수집 시에는 발주자가 대여한 것 이외에 설계도서에서 제시한 타 기관으로부터 수집하도록 한다.

3) 현지조사

사업자는 유역특성, 기존 사방시설, 이동가능토사량 및 최대입경 등, 각종 토석류 대책자료에서 파악할 수 없는 것에 대하여 현지조사를 실시한다. 다만, 각종 토석류 대책자료에 근거하는 것은 이에 해당하지 않는다.

4) 유역특성조사

사업자는 문헌·자료, 항공사진 판독, 항공측량 성과물, 각종 토석류 대책자료 및 현지조사 결과에 근거하여 조사대상 유역의 지형, 지질, 황폐상황, 기존의 재해, 보전대상의 상황에 대하여 조사하여 정리하도록 한다.

5) 기존 시설조사

사업자는 기존의 사방시설을 조사할 때에는 일반 사방조사방법에 준하여 실시하도록 한다.

6) 이동가능토사량조사

항공사진 판독 및 현지조사 결과에 근거하여 붕괴에 의한 토사, 계상퇴적물 중 2차 이동이 발생할 가능성이 있는 토사의 양·위치·퇴적상황에 대하여 조사하도록 한다.

유역 내의 이동가능토사량(V_{dy1})은 이동가능계상퇴적토사량(V_{dy11})과 붕괴가능토사량(V_{dy12})의 합계로 산출할 수 있으며, 산출 시에는 사전에 현지답사를 실시하여 0차곡을 포함한 계상불안정토사에 대한 상황을 파악하여야 한다.

$$V_{dy1} = V_{dy11} + V_{dy12}$$

식에서, V_{dy1} : 이동가능토사량(m³)

V_{dy11} : 유출토사량을 산출하려고 하는 지점이나 계획기준점 혹은 보조기준점으로부터 1차곡의 최상류 지점까지의 이동가능계상퇴적토사량(m³)

V_{dy12} : 붕괴가능토사량(m³)

① 이동가능계상퇴적토사량(V_{dy11})

이동가능계상퇴적토사량을 산출하기 위한 계류조사에서는 이동가능계상퇴적토사의 평균 단면적(A_{dy11})을 토석류 발생 시에 침식이 예상되는 평균 계상폭(B_d)과 평균 깊이(D_e)를 참고로 하여 구한다.

$$V_{dy11} = A_{dy11} \times L_{dy11}$$

$$A_{dy11} = B_d \times D_e$$

식에서, V_{dy11} : 이동가능계상퇴적토사량

A_{dy11} : 이동가능계상퇴적토사의 평균 단면적(m²)

L_{dy11} : 유출토사량을 산출하려고 하는 지점, 계획기준점 혹은 보조기준점 으로부터 1차곡의 최상류 지점까지 계류를 따라 측정한 거리(m)

B_d : 토석류 발생 시에 침식이 예상되는 평균 계상폭(m)

D_e : 토석류 발생 시에 침식이 예상되는 계상퇴적토사의 평균 깊이(m)

그리고 평균 계상폭(B_d)과 평균 깊이(D_e)를 현지조사에 의하여 추정할 경우는 그림 4-1에 제시한 것과 같이 계류 단면에 있어서 계안사면의 각도 변화, 토석류의 퇴적물 위에 생육하고 있는 선구수종과 산복의 사면에 생육하고 있는 수종과의 차이 등을 참고로 하여 산복과 계상퇴적물을 구분하도록 한다.

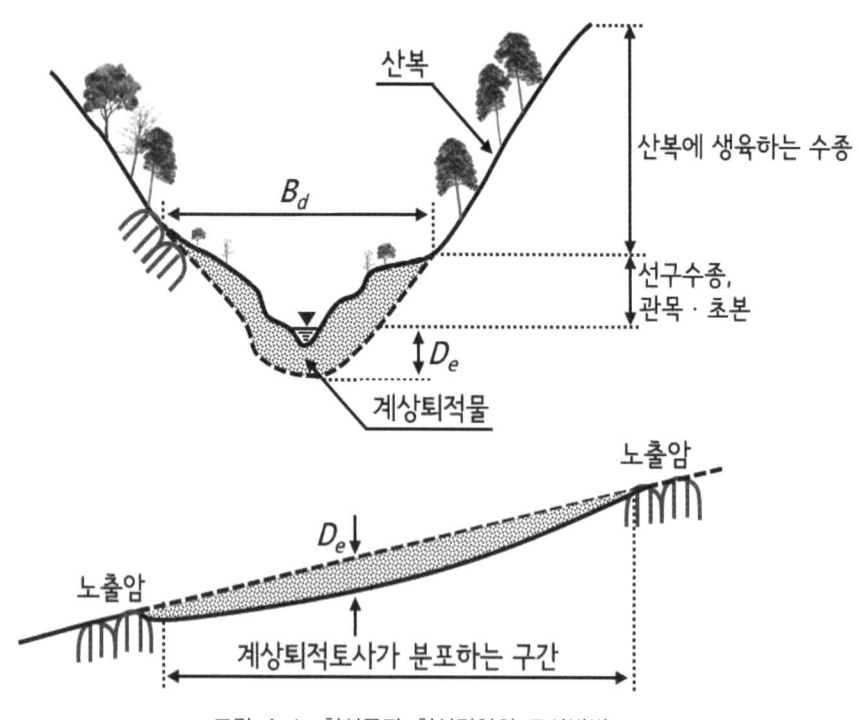

그림 4-1. 침식폭과 침식깊이의 조사방법

평균 깊이는 그림 4-1에 제시한 단면의 형상뿐만이 아니라 조사대상지의 상·하류에 있어서 노출된 암을 조사하여 종단적인 기암의 연속성을 고려하여 추정하도록 한다. 과거의 토석류 재해가 발생하였을 때의 평균 깊이의 빈도분포는 그림 4-2에 제시한 바와 같다.

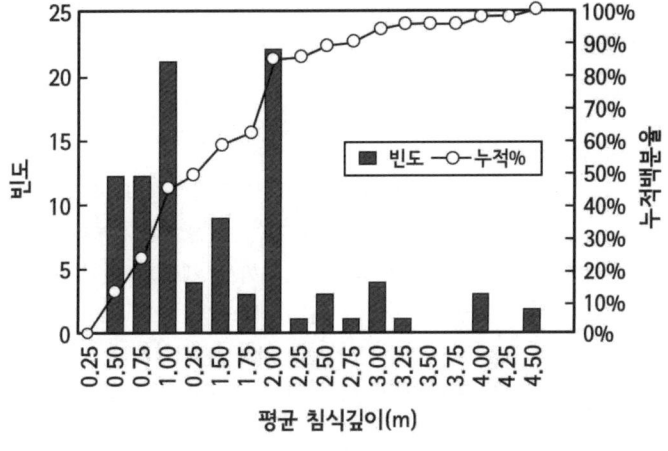

그림 4-2. 평균 침식깊이의 분포 사례

평균 계상폭은 하도 미지형의 변화지점 등을 고려하여 결정하지만, V자곡과 같이 지형의 변화지점을 판정하기 어려운 경우에는 유역면적 등을 감안하여 일반적으로 2~5m 범위에서 결정하도록 한다.

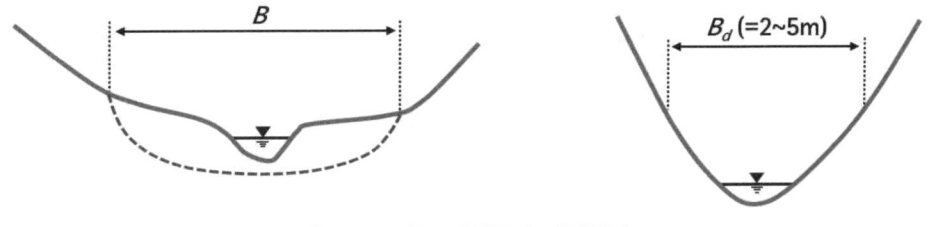

그림 4-3. 평균 계상폭의 결정방법

평균 깊이는 지형, 지질, 풍화 정도, 토사의 생산형태 등에 따라 다르기 때문에 원칙적으로 주변의 유사한 계류의 세굴깊이, 계안의 침식깊이 등을 참고로 하여 결정하지만, 일반적으로는 0.5~2.0m로 한다.

평균 계상폭과 평균 깊이는 계획기준점보다 상류지역을 길이 200~400m 간격으로 현지답사를 실시하여 결정하도록 한다.

② 붕괴가능토사량(V_{dy12})

실제로 붕괴가능토사량을 추정하기 어렵기 때문에 통상 0차곡에서의 붕괴가능토사량을 산출하며, 산출방법은 이동가능계상퇴적토사량의 경우와 같이 토석류 발생 시에 침식이 예상되는 평균 계상폭(B_d)과 평균 깊이(D_e)를 참고로 하여 구한다.

$$V_{dy12} ≒ \sum (A_{dy12} \times L_{dy12})$$

$$A_{dy12} = B_d \times D_e$$

식에서, V_{dy12} : 붕괴가능토사량
A_{dy12} : 0차곡에 있어서 이동가능계상퇴적토사량의 평균 단면적(m²)
L_{dy12} : 유출토사량을 산출하려고 하는 지점보다 상류에 위치하는 1차곡의 최상류로부터 유역의 정상부까지 계류를 따라 측정한 거리(m)(지류가 있는 경우는 그 길이도 포함)
B_d : 토석류 발생 시의 침식 예상 평균 계상폭(m)
D_e : 토석류 발생 시의 침식 예상 계상퇴적토사의 평균 깊이(m)

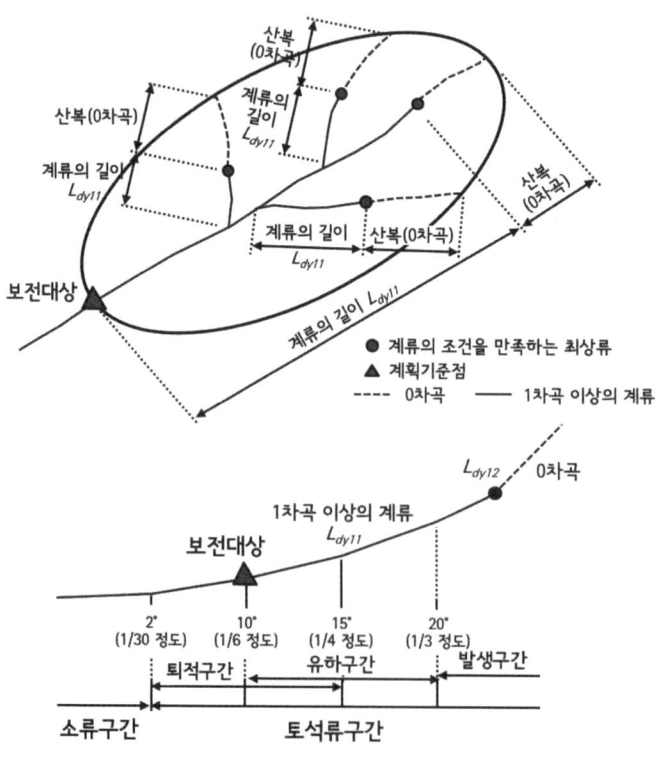

그림 4-4. L_{dy11}, L_{dy12}의 이미지

토석류가 발생한 직후 등과 같이 실제로 이동가능토사가 적은 경우일지라도 산복이나 계안에서 토사가 다량으로 생산되어 가까운 장래에 이동가능토사량이 증가할 것으로 예상되는 경우에는 그것을 추정하여 포함시킨다.

또한, 평균 계상폭(B_d)과 평균 깊이(D_e), 0차곡에 있어서 이동가능계상퇴적토사량의 평균 단면적(A_{dy12}) 등은 계류조사를 실시한 이후에 그 결과를 사용하여 해석하도록 한다.

7) 운반가능토사량조사

사업자는 우량, 유동 중인 토석류의 용적농도를 고려하여 계획규모의 토석류에 따라 운반할 수 있는 토사량을 조사하도록 한다.

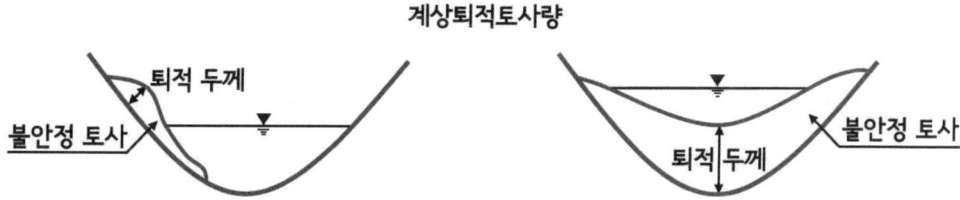

그림 4-5. 계상퇴적지의 운반가능토사량

계획규모의 연초과확률 강우량에 의하여 운반할 수 있는 운반가능토사량은 계획규모의 연초과확률 강우량(P_p)(mm)에 유역면적(A)(km²)을 곱하여 총수량을 구한 후, 유동 중의 토석류 농도(C_d)를 곱하여 산정하도록 한다. 이 때 유출보정율(K_{f2})을 반드시 고려하여야 한다.

$$V_{dy2} = \frac{10^3 \cdot P_p \cdot A}{1-K_\nu}\left(\frac{C_d}{1-C_d}\right)K_{f2}$$

식에서, C_d : 토석류의 농도
P_p : 지역의 강우특성, 재해특성을 검토하여 결정함(일반적으로는 24시간 우량을 사용함)
K_ν : 공극율(0.4 정도로 함)
K_{f2} : 유출보정율(그림 4-6에 의하여 유역면적에 대응한 값으로 0.1~0.5로 함)

계획규모의 토석류에 의하여 운반되는 토사량은 원칙적으로 토석류·유목대책의 계획기준점에서 산출한다.

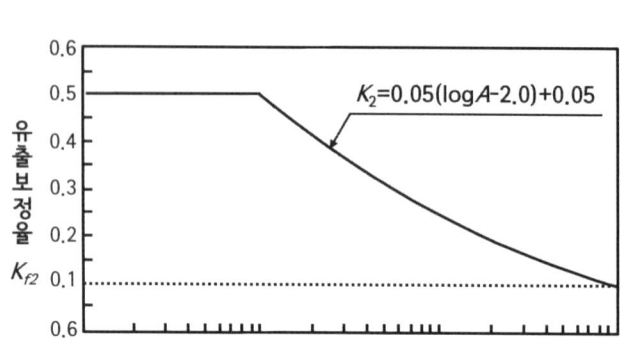

그림 4-6. 유출보정율

1.3. 열람자료

발주처가 사업자에 대여하는 자료는 지형, 지질, 우량자료와 항공사진, 각종 기존의 관련 자료 등을 표준으로 한다.

[해설]

사방계획조사를 실시할 때 발주처가 사업자에게 대여하는 자료는 다음과 같은 것으로 한다.

① 지형도
② 항공사진
③ 지형·지질, 황폐상황, 기존에 발생한 재해, 보전대상에 관한 문헌·자료
④ 사방시설대장, 타 기관 소관시설에 대한 자료
⑤ 우량자료
⑥ 토석류위험계류 기록표
⑦ 항공레이저측량 성과물
⑧ 업무에 관련된 기존의 조사보고서

제2절 보전대상조사

> 보전대상은 토석류위험계류 및 토석류위험구역 내에 있는 보전인구, 보전인가, 보전농경지 및 공공시설 등으로, 설정 시에는 계획기준점으로부터의 방향, 거리 및 계상과의 비고 등을 고려하여 설정한다.

[해설]
　공공시설이란 관공서, 학교, 병원, 사회복지시설 등과 같은 재해발생 시 요원호자 관련시설, 역, 발전소 등으로, 보전대상을 추출하기 위해서는 도시계획도, 주택지도 등에 의한 도상추출 및 현지 확인 후, 토석류의 특성에 충분히 유의하여야 한다.

1) 토석류의 도달거리
　토석류는 종단물매가 10°(1/6) 정도가 되면 퇴적하기 시작하여 3°(1/20)에서 정지하므로, 보전대상은 종단물매 3° 이내 구역에 있는 것을 대상으로 하며, 토사재해의 위험이 있는 토지의 경우 2°(1/30)까지로 한다.

2) 토석류의 분산각도
　토석류의 분산각도(토사의 범람이 발생할 경우의 확대각도)는 소규모 선상지로 간주되는 평면형상이나 물매인 조건에서는 일반적으로 30~70° 정도이지만, 경우에 따라서는 120°까지 확대되기 때문에 지형 등을 고려하여 충분히 검토하여야 한다.

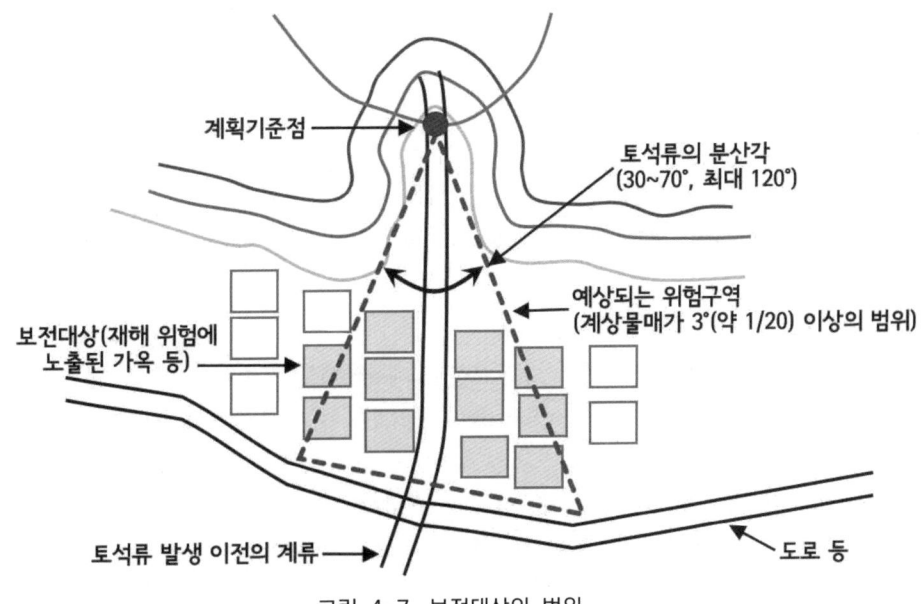

그림 4-7. 보전대상의 범위

제3절 토석류의 발생형태 및 발생요인조사

3.1. 총칙

> 토석류의 발생형태는 계상퇴적토사의 유동화, 산사태의 토석류화 등이 있으므로, 추출된 계류를 대상으로 어떠한 형태의 토석류가 발생하여 유하하는가를 다음과 같은 토석류의 발생요인을 조사한다.
> ① 계상물매 ② 유역면적 ③ 계상상황 ④ 산복상황 ⑤ 기타(최대입경, pH)

[해설]

①~③은 계상퇴적토사 유동화형 토석류(이하 계상유동화형 토석류라고 함), ④는 산복붕괴 유동화형 토석류(이하 산복붕괴형 토석류라고 함)의 발생요인이 되는 것이다. 또한, ⑤는 투과형 사방댐이나 강제사방댐 등의 설치에 대비하여 파악하여야 할 조사항목이다.

3.2. 계상물매조사

> 토석류는 계상물매 20°(약 1/3) 이상에서 주로 발생하고, 2°(약 1/30) 부근까지 유하될 위험성이 있는 것으로 판명되고 있다. 계상물매는 토석류구역과 소류구역을 구분하거나 특정 지점에서의 토사유송능력을 파악하는 데 유익하다.

[해설]

1) 조사항목

   계상물매

2) 조사방법

   지형도(각 계류에서 가장 정밀도가 높은 지형도)로부터 파악하거나 또는 현지답사에 의한다.

   ① 지형도로부터 판독하는 방법

   1/2,500 등의 정밀도가 높은 지형도로부터 계상물매를 계측한다. 또한, 항공사진의 도화 등에 의하여 정밀도가 높은 지형도 등이 확보된 기존자료가 있을 경우, 이용한다.

   ② 현지답사에 의한 방법

   정밀도가 높은 지형도가 없는 경우에는 현지답사에 의하여 토석류의 발생, 유하, 퇴적 등에 관계하는 계상물매를 조사하도록 한다. 그리고 현지답사는 포켓컴퍼스 등을 이용하여 200m 정도의 간격별 및 계상물매의 변곡점이나 공작물의 전후 등에서 계측한다.

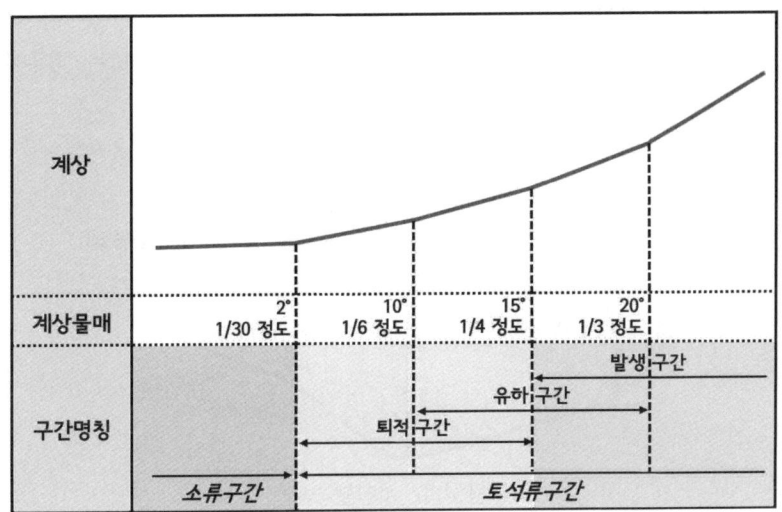

그림 4-8. 토사이동의 형태와 계상물매

3.3. 유역면적조사

> 유역면적은 범람개시지점 상류의 일반적인 유역 특성을 파악하기 위하여 조사한다.

[해설]

1) 조사항목

    범람개시지점 상류의 면적

2) 조사방법

    1/2,500 등의 정밀도가 높은 지형도 또는 현지답사 등에 의하여 확인된 범람개시지점을 지형도에 표시하고, 그보다 상류유역의 면적을 계측한다.

3.4. 계상상황조사

> 계상상황조사는 퇴적토사의 유무, 평균 퇴적깊이, 평균 퇴적폭, 퇴적길이, 그 안정성 및 평균 임지의 폭 등에 대하여 조사한다.

[해설]

계상유동형 토석류는 발생원이 되는 이동가능 계상퇴적토사의 유무 및 토사량이 중요한 요소가 된다. 따라서 계상퇴적토사의 유무, 평균 퇴적깊이(D_e), 평균 퇴적폭(B),

퇴적길이(L) 및 그 안정성에 대하여 조사한다.

또한, 유목이 발생할 것으로 예상되는 장소에 수목이 생육하고 있는 경우에는 침식이 예상되는 평균 임지의 폭(B_w)에 대해서도 조사하도록 한다.

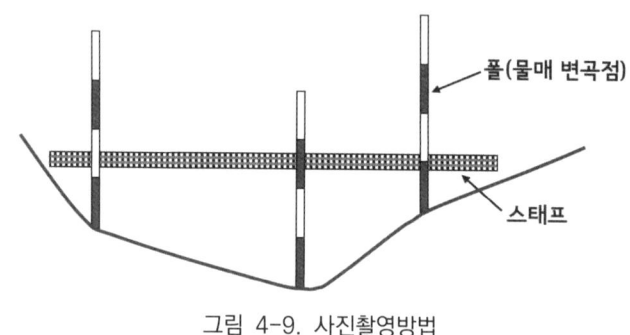

그림 4-9. 사진촬영방법

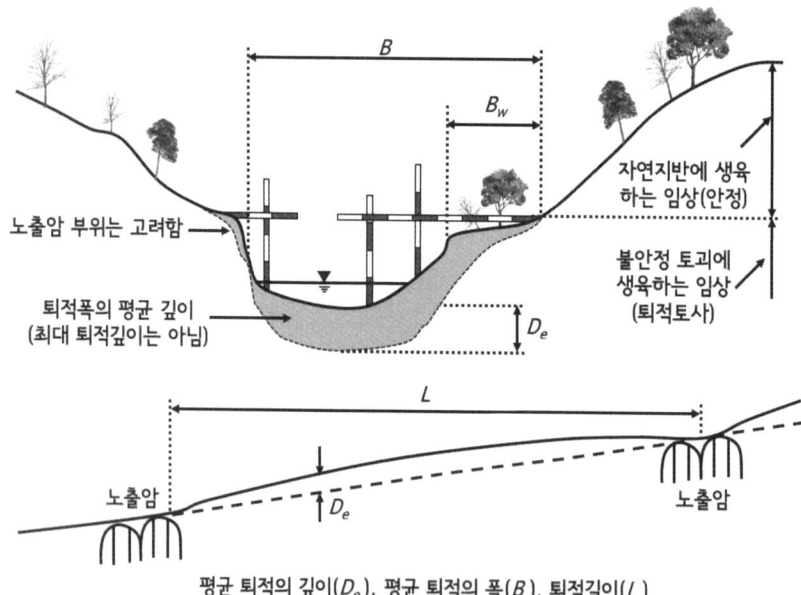

평균 퇴적의 깊이(D_e), 평균 퇴적의 폭(B), 퇴적길이(L),
침식이 예상되는 평균 임지의 폭(B_w)

그림 4-10. 평균 퇴적의 폭과 깊이에 대한 모식도

계상퇴적물조사의 위치는 폴·수준척 등을 사용하여 계류 하류면으로부터 전경을 촬영하며, 촬영 시에 잡목 등에 의하여 전경을 촬영하기 곤란한 경우에는 상·하류의 유사한 장소로 이동하여 조사하고, 촬영한다.

1) 현지조사지점

　현지조사는 곡차별로 대표지점($L/B=1$ 간격)에서 조사하는 것을 원칙으로 하며, 다음과 같은 지점에서 실시하도록 한다.
　① 지형의 변곡점
　② 지류의 합류지점 부근(지류를 포함한 합류지점의 전후)
　③ 계상물매 변곡점
　④ 지질상황(퇴적, 노출 : 노출부분에 대해서는 그 구간의 길이를 조사한다)

　현지조사를 실시한 후, 전술한 지점의 정보를 감안하여 퇴적길이(L)를 구하도록 한다. 그리고 퇴적길이(L)는 일반적으로 1/2,500 지형도를 사용하고, 조사지점 사이의 유로거리를 측정하여 파악한다.

　이동가능계상퇴적토사량과 붕괴가능토사량으로부터 이동가능토사량을 산출하는 경우에는 대상이 되는 계상퇴적물의 최하류 지점으로부터 평상시에 유수가 있는 지점까지의 유로(0차곡은 포함하지 않는다)를 측정한다. 그리고 붕괴가능토사량을 추정하기 곤란할 경우에는 계곡의 출구로부터 유역의 최정상지점까지의 유로(0차곡을 포함한다)를 거리로 한다.

　한편, 1차곡과 0차곡의 판정은 그림 4-11과 같다.

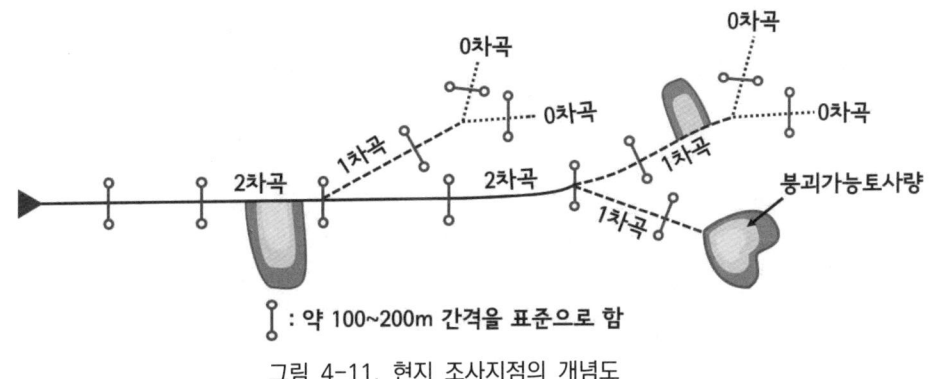

그림 4-11. 현지 조사지점의 개념도

2) 계상퇴적물의 평균 퇴적깊이(D_e)

　부근의 유사한 계류의 세굴상황 등을 참고로 하여 충분히 검토한 후, 결정한다. 일반적으로 0.0m(기암 노출 시)~2.0m 정도로 하며, 0.1m 단위로 한다.

3) 토석류 발생 시에 침식이 예상되는 평균 계상폭(B)

　원칙적으로 현지답사에 의하여 결정한다. 평균 계상폭은 0.5m 단위로 하고, 그림 4-12에 제시한 바와 같이 지형의 변곡점 등을 고려하여 결정한다.

또한, 다음의 식에 의한 추정식을 참고로 할 수 있다.

$$B = 3Q_p^{1/2}$$

식에서, B : 토석류의 유하폭(m)
Q_p : 계획규모의 강우에 대한 유수의 유량(m³/s)

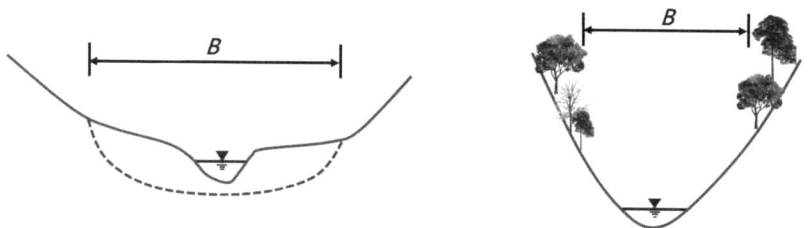

그림 4-12. 토석류 발생 시에 침식이 예상되는 평균 계상폭

3.5. 산복상황조사

산복상황조사는 지형·지질의 특성 및 붕괴의 분포 등을 참고로 하여 구체적인 붕괴의 발생 위치, 현재의 붕괴면적 및 붕괴확대 예상면적, 그리고 평균 붕괴깊이, 붕괴잔존토사량 등을 조사한다.

[해설]

산복의 상황조사는 지형과 지질의 특성 및 붕괴의 분포 등을 참고로 하여 붕괴가 발생하고 있는 위치, 현재의 붕괴면적 및 붕괴확대 예상면적, 평균 붕괴깊이, 붕괴잔존토사량 등을 구체적으로 조사한다.

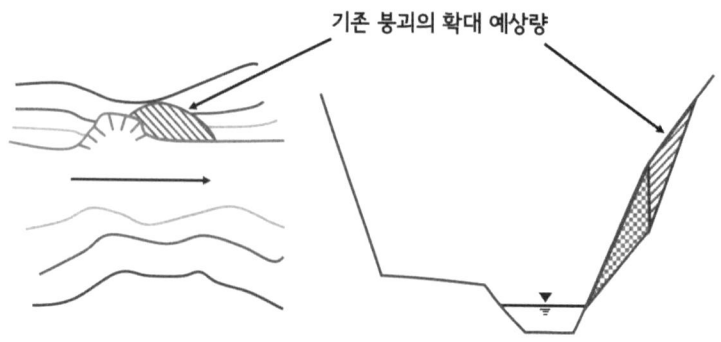

그림 4-13. 붕괴가능토사량의 모식도

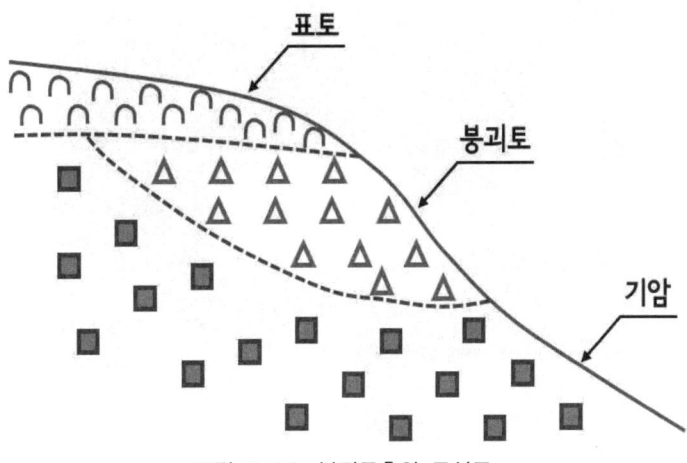

그림 4-14. 붕괴토층의 모식도

3.6. 기타 조사

> 투과형 사방댐 및 토석류대책용 사방댐의 계획·설계에 대비하기 위해서는 사전에 조사대상 계류를 대상으로 하여 최대입경조사 및 pH조사를 계상상황조사와 병행하여 실시한다.

[해설]

1) 최대입경조사

조사대상 계류에 있어서 최대입경을 설정하는 것은 투과형 사방댐의 순간격이나 격자의 순간격을 결정하는 데 매우 중요한 요소이기 때문에 토석류의 재료가 되는 석력을 가능하면 다양한 곳에서 많은 양을 조사하여 설계에 반영할 수 있도록 할 필요가 있다.

그리고 입경조사는 사방댐 건설 예정지보다 상류의 계상 및 댐자리보다 하류에서 각각 200m 사이의 계상퇴적물을 답사한 후, 토석류의 선단부가 퇴적된 것으로 판단되는 지점의 계상에 퇴적해 있는 계상퇴적물의 거력군을 대상으로 하여 그 직경을 측정하도록 한다. 그러나 계상재료의 재질이 각이 지거나 주변의 퇴적물과는 그 특성이 서로 달라 확실히 산복에서 유입되었다고 판단되는 거석은 측정대상에서 제외하도록 한다.

또한, 조사대상지에 있어서 계상재료의 조사는 입경이 크다고 판단되는 것부터 순차적으로 측정한 후에 사진촬영을 실시하도록 한다. 그리고 거석의 입경은 그림 4-15, 그림 4-16에 제시한 바와 같이 가로방향의 직경, 세로방향의 직경 및 높이(각각 d_1, d_2 및 d_3)의 평균값으로 하며, 거석 200개 이상의 측정결과를 표에 정리하도록 한다.

사방조사론

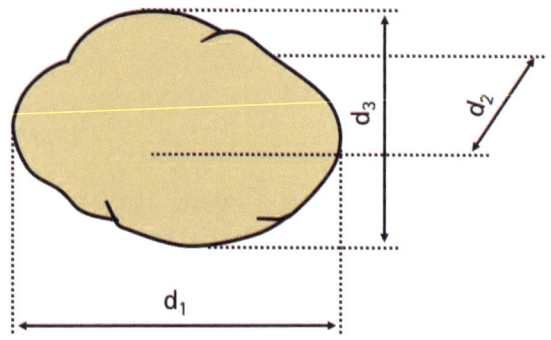

그림 4-15. 랜덤법에 의한 입경조사

그림 4-16. 거석의 입경에 대한 측정방법

한편, 측정결과를 기본으로 하여 그림 4-17과 같은 거석의 입경 누가곡선을 작성한 후, 그 누적치의 95%에 상당하는 입경을 최대입경(d_{95}), 그리고 50%에 상당하는 입경을 평균입경(d_{50})으로 하고, 각각 10cm 단위로 나타낸다.

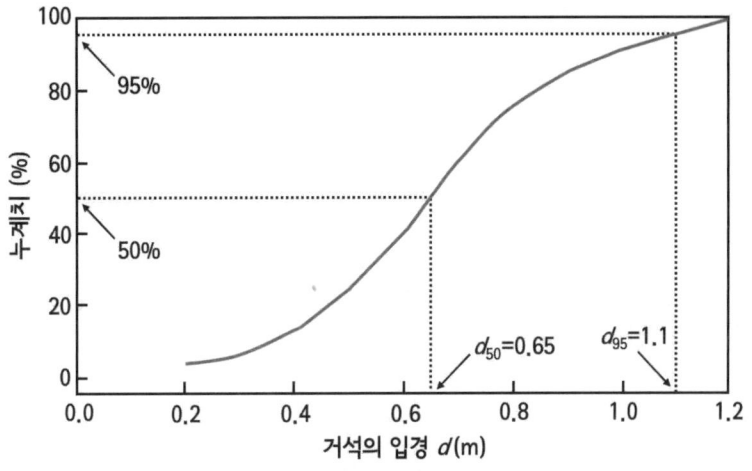

그림 4-17. 거석의 입경 누가곡선 사례

2) pH조사

강제사방구조물의 계획·설계에 대비하여 유수 혹은 지하수의 pH 값 및 토사의 비저항 값을 조사한다. 강제구조물의 부식에 관련하여 pH 5 미만의 산성계류나 토사의 비저항 값이 20Ω·m 미만인 곳은 그 적용 여부를 충분히 검토하여야 한다.

즉, pH가 5~9(중성)의 범위에서는 부식속도가 거의 일정하지만, pH가 4 이하(산성)가 되면 녹이 슬어 부식억제기능이 상실되고 수소발생형의 부식이 발생하는 등, 부식속도가 증가한다.

표 4-1. 토사의 비저항 값

토사의 종류	점토	롬	모래	자갈
비저항 값(20Ω·m)	1~100	100~1,000	1~1,000	100~1,000

표 4-2. 토사의 비저항 값과 부식성

비저항 값 (20Ω·m)	부식성	비저항 값 (20Ω·m)	부식성
0~10	대단히 크다	50~100	작다
10~20	크다	100 이상	대단히 작다
20~50	중간 정도		

제4절 토석류의 유동조사

토석류의 유속, 파고, 유하 폭 등의 조사는 사방계획에 반드시 필요한 조사이지만, 현지에서는 특수한 지대 이외에서는 동태를 조사하기 매우 어렵다.

[해설]
토석류의 유동조사는 토석류가 발생한 후에 조사하게 되지만, 현지조사에서 판독할 수 있는 사항은 유속, 파고 및 유하 폭 등이다.

4.1. 유속조사

현지에서 목격자로부터 청취조사를 실시하여 추정한다. 토석류 발생 시에는 가끔 이상현상이 발생하기 때문에 발생한 시간과 토석류가 주택지역에 도달한 시간을 확인하여 평균 유속을 추정할 수 있다.

[해설]
토석류의 유속 $U(\text{m/s})$은 다음의 매닝의 식에 의하여 나타낼 수 있다.

$$U = \frac{1}{K_n} D_r^{2/3} (\sin\theta)^{1/2}$$

식에서, K_n : 조도계수(s · m$^{-1/3}$)
D_r : 토석류의 경심(m)
(여기서는 $D_r \fallingdotseq D_d$으로 함)(D_d : 토석류의 수심)
θ : 계상물매(°)

표 4-3. 조도계수(K_n)

자연하천	선단부	0.10
	후속류	0.06
3면 포장 계류보전공사	선단부	0.03
	후속류	0.03

다만, 계상물매(θ)는 표 4-4에 따라 설정하며, 조도계수(K_n)의 값은 평시의 경우보다 상당히 크다(자연하천의 선단부에서 0.10). 토석류의 속도 및 수심은 선단부에 대하여 구하도록 한다.

4.2. 파고(수심)조사

교량 등의 피해상황으로부터 재해 이전의 계상과 피해지점까지의 높이를 조사하여 파고를 추정하며, 직선부에서는 흔적에 의하여 구하는 경우도 있다.

[해설]

토석류의 파고(수심) D_d(m)는 토석류가 유하하는 폭 B_{da}(m)과 토석류의 피크유량 Q_{sp} (m³/s)에 의하여 다음의 식을 연립시켜 구한다.

$$Q_{sp} = U \cdot A_d$$

식에서, A_d : 토석류의 피크유량의 유하단면적(m²)

그리고 일반적으로 계획규모의 연초과확률 강우량에 동반되어 발생할 가능성이 높은 토석류는 피크유량을 통과시킬 수 있는 단면 전체를 유하할 것으로 판단되기 때문에 토석류의 유하단면은 그림 4-17의 사선부분이 된다. 유하 폭 B_{da}(m)은 그림 4-17에 제시한 바와 같으며, 토석류의 수심 D_d(m)은 다음 식에 의하여 구한 값을 사용하도록 한다.

$$D_d = \frac{A_d}{B_{da}}$$

표 4-4. 계상물매 θ의 사용구분

항목	계상물매
본체 및 댐둑어깨의 안정계산과 구조계산을 실시할 때의 설계외력은 산출할 경우의 ① 토석류의 농도(C_d) ② 토석류의 속도(U) ③ 토석류의 수심(D_d)	현계상물매 (θ_0)
토석류의 피크유량을 통과시키기 위한 사방댐의 방수로 단면을 결정할 경우의 월류수심	계획퇴사물매 (θ_p)

4.3. 유하 폭의 조사

토석류의 유하 폭은 재해가 발생한 이후의 계폭을 조사하여 추정한다.

[해설]

토석류의 유하 폭은 재해가 발생한 이후의 계폭에 대하여 다음과 같이 조사하여 추정한다.

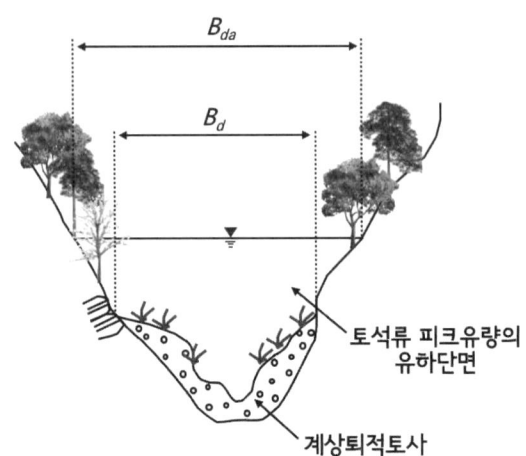

B_d : 토석류 발생 시 침식이 예상되는 평균계상폭

그림 4-18. 토석류의 유하단면과 유하 폭 B_{da}의 이미지

4.4. 단위체적중량조사

토석류의 단위체적중량은 현지에서 실측한 값, 경험치 및 이론적인 연구 등에 의하여 추정한 값 등을 사용한다.

[해설]

토석류의 단위체적중량인 γ_d(kN/m³)의 이론적인 값은 다음의 식에 의하여 구하며, 특히, 토석류의 단위체적중량인 γ_d의 단위가 kN/m³라는 것에 주의하여야 한다.

$$\gamma_d = \{\sigma \cdot C_d + \rho \cdot (1-C_d)\} \cdot g$$

식에서, γ_d : 토석류의 단위체적중량인(kN/m³)
σ : 석력의 밀도(2,600kg/m³)
C_d : 유동 중인 토석류의 용적토사농도
ρ : 유수의 밀도(1,200kg/m³)
g : 중력가속도(9.8m/s²)

4.5. 유체력조사

토석류의 유체력은 토석류의 유속, 수심, 단위체적중량을 이용하여 추정한다.

[해설]

토석류의 유체력 F(kN/m)은 토석류의 유속, 수심, 단위체적중량을 이용하여 다음의 식에 따라 구한다.

$$F = K_h \cdot \frac{\gamma_d}{g} \cdot D_d \cdot U^2$$

식에서, F : 단위 폭 당의 토석류의 유체력(kN/m)
  K_h : 계수(1.0으로 함)
  γ_d : 토석류의 단위체적중량(kN/m³)
  g : 중력가속도(9.8m/s²)
  D_d : 토석류의 수심(m)
  U : 토석류의 속도(m/s)

4.6. 피크유량조사

토석류의 피크유량은 유출토사량에 근거하여 구하는 것을 기본으로 한다. 다만, 동일 유역에 있어서 실측한 값이 있는 경우로 별도의 방법을 이용하여 토석류 피크유량을 추정할 수 있는 경우에는 그 방법을 사용하여도 된다.

[해설]

일본의 야케다케(燒岳), 사쿠라지마(桜島) 등에서 발생한 토석류 피크유량 관측자료에 근거한 토석류 총유량과 피크유량과의 관계는 그림 4-19와 같으며, 평균 피크유량과 토석류 총유량과의 관계는 다음 식과 같다.

$$Q_{sp} = 0.01 \cdot \Sigma Q$$

$$\Sigma Q = C_* \cdot \frac{V_{dqp}}{C_d}$$

식에서, Q_{sp} : 토석류의 피크유량(m³/s)
  ΣQ : 토석류의 총유량(m³)
  C_* : 계상퇴적토사의 용적농도(0.6 정도)
  V_{dqp} : 첫 번째 토석류에 의하여 유출될 것으로 예상되는 토사량(m³) (공극 포함)
  C_d : 토석류의 농도

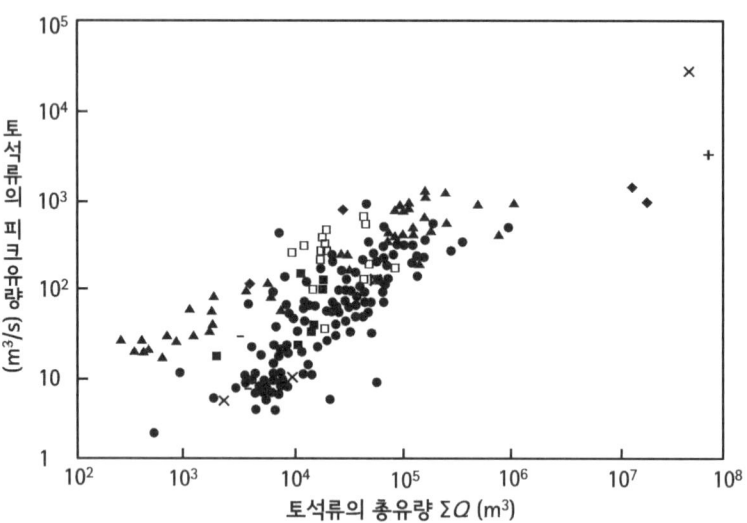

그림 4-19. 토석류의 총유량과 피크유량의 상관관계

그리고 토석류의 농도는 다음의 평형농도식에 의하여 구한다.

$$C_d = \frac{\rho \tan\theta}{(\sigma-\rho)(\tan\phi - \tan\theta)}$$

식에서, ρ : 유수의 밀도(1,200kg/m³ 정도)
θ : 계상물매(°)
(토석류 피크유량을 산출할 때의 계상물매는 현계상물매)
σ : 석력의 밀도(2,600kg/m³ 정도)
ϕ : 계상퇴적토사의 내부마찰각(°)
(30~40° 정도로, 일반적으로는 35°를 사용함)

상기 식은 10~20°에 대한 다카하시(高橋) 식이지만, 그보다 완만한 물매에서도 준용한다. 또한, 계산 값(C_d)이 0.9C_*보다 큰 경우는 C_d =0.9C_*로 하고, 계산 값(C_d)이 0.3보다 작은 경우에는 C_d =0.30으로 한다.

[참고]
※ 첫 번째 토석류에 의하여 유출될 것으로 예상되는 토사량 V_{dqp}의 산출방법
일본에서 실시된 재해실태조사에 의하면, 전체 지류로부터 동시에 토사가 유출되는 사

례는 거의 없기 때문에 토석류 피크유량의 최댓값은 홍수기간에 복수로 발생하는 토석류 중에서 최대가 되는 토사량에 대응하는 것으로 한다.

따라서 유출토사량에 근거한 토석류 피크유량을 구할 때에는 우선 첫 번째 토석류 발생 시에 유출될 것으로 예상되는 토사량 V_{dqp}는 토석류·유목대책시설이 시공되지 않은 상태를 가정하고, 계류의 길이, 침식가능단면적을 종합적으로 판단하여 가장 토사량이 많아지는 「예상토석류유출구간」을 설정한다. 그리고 그 구간 내의 이동가능토사량과 운반가능토사량(계획규모의 연초과확률 강수량에 따라 운반되는 토사량) 중에서 작은 쪽으로 한다.

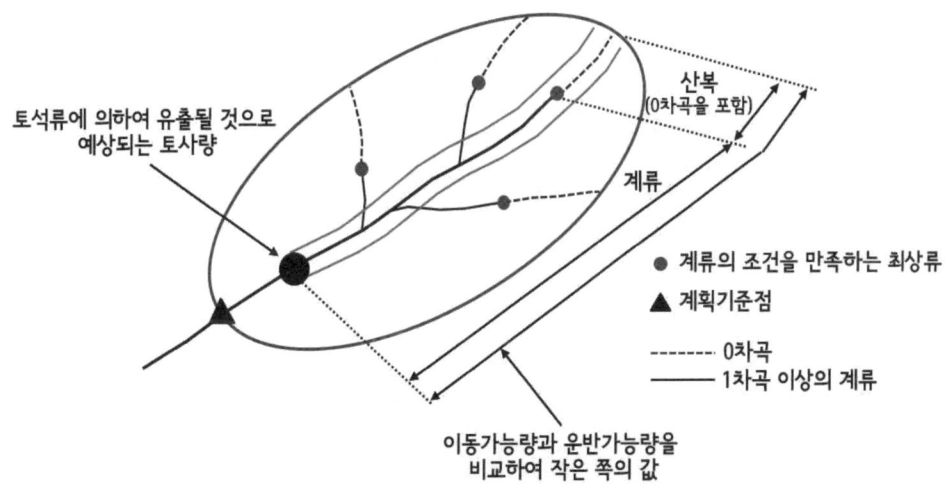

그림 4-20. 예상토석류 유출구간의 이미지

※ 강수량에 근거한 토석류의 피크유량 산출

토석류의 발생과정에는 다음과 같은 경우가 있다.
① 계상퇴적물이 유수에 의하여 강하게 침식되어 토석류가 되는 경우
② 산복붕괴토사 자체가 토석류가 되는 경우
③ 산복붕괴토사가 계곡에 천연댐을 형성한 후 파괴되어 토석류가 되는 경우

그리고 강우량에 따른 산출방법은 ①의 경우에 있어서 토석류의 피크유량을 구하는 것으로, 토석류 피크유량의 산출방법을 순서에 따라 제시한다. 또한, 경험식 및 이론식에 의하여 구한 토석류의 피크유량의 크기는 유역면적, 강우량, 유출토사량에 따라 변한다. 계획유출토사량의 비유출토사량이 100,000m³/km²이고, 24시간우량 또는 일(日)우량 P_p =260(mm)인 경우에는 유역면적 1km² 이하에서는 이론식의 값이 경험식의 값에 비교하여 작아진다.

$$Q_{sp} = K_q \cdot Q_p$$

식에서, Q_{sp} : 토석류의 피크유량(m³/s)
K_p : 계수
Q_p : 계획규모의 연초과확률 강우량에 대한 깨끗한 물의 유량(m³/s)

또한, 토석류의 피크유량 Q_{sp}(m³/s)과 평상시의 유량 Q_p(m³/s) 사이에는 다음과 같은 관계가 있는 것으로 간주한다.

$$Q_{sp} = \frac{C_*}{C_* - C_d} \cdot Q_p$$

※ 토석류 피크유량 산출사례

σ=2,600(kg/m³), ρ=1,200(kg/m³), ϕ=35°, $\tan\theta$=1/6인 경우, 전술한 평형농도식에 의하면 C_d≒0.27이 되어 그 값이 0.3보다 작기 때문에 C_d=0.3으로 하고, 전술한 토석류의 피크유량식에 의하면 Q_{sp}=2Q_p가 된다.

4.7. 평상시의 유량조사

평상시의 유량은 합리식에 의하여 산출한다.

4.7.1. 계획규모

평상시에 있어서 유량의 계획규모는 사방시설을 설계하는 데 기본이 되기 때문에 현황, 기타 계획을 충분히 검토한 후 결정하여야 한다.

[해설]
1) 사방댐

1/100 확률강우와 기존의 최대강우량 중에서 큰 값을 채택한다.

2) 계류보전공사

토석류구간에서는 강우량의 초과확률년도로 평가하고, 50년을 원칙으로 한다. 다만, 하류 하천의 상황에 따라 이를 준용하기 어려울 경우에는 30년까지로 할 수도 있다.

소류구간에서는 원칙적으로 토석류구간의 계획규모에 따라 결정하도록 한다. 다만, 하류 하천의 상황에 따라 이를 준용하기 어려울 경우에는 하천계획에 근거한 계획규모로 결정하지만, 기존의 홍수를 밑도는 경우에는 그것을 감안하여 결정하도록 한다.

4.7.2. 산정식

유역면적이 비교적 작고, 유역에 저류현상이 없는 경우 평상시의 유량은 합리식에 의하여 산정하는 것을 원칙으로 한다.

[해설]
합리식은 다음과 같다.

$$Q_p = \frac{1}{3.6} \cdot K_{f1} \cdot P_a \cdot A = \frac{1}{3.6} \cdot P_e \cdot A$$

식에서, Q_p : 평상시의 유량(m³/s)
K_{f1} : 피크유출계수
P_a : 홍수도달시간 내의 평균 강우강도(mm/h)
A : 유역면적(km²)
P_e : 평균 강우강도(mm/h)

4.7.3. 유출계수

합리식에서 사용하는 유출계수(K_{f1})의 값은 유역의 지질, 장래에 계획된 유역의 토지이용상황 등을 고려하여 결정하도록 한다.

[해설]
유출계수의 값은 다음의 값을 표준으로 사용한다. 또한, 유역 내의 유출계수가 변하는 경우는 사방의 표준 값을 사용하여 면적의 가중평균에 따라 산출한다.

표 4-5. 유출계수 K_{f1}의 결정

유역조건	유출계수의 범위	사방의 표준 값
급준한 산지	0.75~0.90	0.85
3기층의 구릉지	0.70~0.80	0.75
기복이 심한 토지의 숲	0.50~0.76	0.65
평탄한 경작지	0.45~0.60	0.55
관개 중인 논	0.70~0.80	0.75

4.7.4. 평균 우량강도

합리식에서 사용하는 홍수도달시간 내의 평균 우량강도는 원칙적으로 확률강우강도식에 의하여 구하도록 한다.

[해설]

1) 우량강도

우량강도는 각 지역에 있어서의 우량자료에 근거하여 각각의 확률강우강도식에 의하여 구한다.

2) 홍수도달시간의 산정

홍수도달시간은 사방시설의 종류, 계상물매의 조건에 따라 산정식을 다르게 적용한다.

① Kraven 식 : 계상물매가 $i \leqq 1/20$(1/20보다 완만함)인 경우에 사용한다.

$$T_f = T_1 + T_2$$

$$T_1 = \frac{L}{W_1}$$

식에서, T_f : 홍수도달시간

T_1 : 하도의 유하시간(하도물매가 급변하는 경우, 물매마다 계산함)

T_2 : 산복사면으로부터 하도까지 유하하는 시간(표 4-6 참조)

L : 구곡의 형태를 이루는 최상류 지점으로부터 하류 말단까지의 수평거리

(L은 1/5,000 또는 1,2,500 지형도에서 구함)

W_1 : 홍수도달속도(표 4-7 참조)

표 4-6. T_2의 표준

산지지역의 유역면적	2km² 미만	2km² 이상
산복경사로부터 하도까지 유입되는 시간	20분	30분
	0.33시간	0.5 시간

표 4-7. W_1의 표준

계상물매 i	1/100 이상	1/100~1/200	1/200 이하
홍수도달거리 W_1	3.5m/sec	3.0m/sec	2.1m/sec
	12.6km/h	10.8km/h	7.56km/h

② Rziha 식 : 계상물매가 $i>1/20$(1/20보다 급함)인 경우에 사용한다.

$$T_f = T_1 + T_2$$

$$T_1 = \frac{L}{W_1}$$

$$W_1 = 20\left(\frac{H}{L}\right)^{0.6} \text{(m/sec)} = 72\left(\frac{H}{L}\right)^{0.6} \text{(km/h)}$$

식에서, H : 구곡의 형태를 이루는 최상류 지점으로부터 유량 측정지점까지의 고저차(H는 1/5,000 또는 1.2,500 지형도에서 구함)

③ 가도야(角屋)의 식 : 토석류 포착공 등에 사용한다.
원칙적으로 가도야의 식과 해당지역의 확률강우강도 식을 만족시키는 유효강우강도와 홍수도달시간을 구한다.

$$T_f = K_{p1} A^{0.22} P_e^{-0.35}$$

식에서, T_f : 홍수도달시간(min)
K_{p1} : 계수(표 4-8 참조)
A : 유역면적(km^2)
P_e : 유효강우강도(mm/h)

표 4-8. 계수(K_{p1})

유역면적(km^2)	계수(K_{p1})
$A \leqq 2.0$	120
$2.0 \leqq A \leqq 10.0$	$120\left(\frac{A}{2}\right)^{1/4}$

제5장 유목조사

제1절 총설

유출유목량을 파악하기 위하여 유역현황조사, 발생원인조사, 발생장소, 발생량, 유목의 길이, 직경 등의 조사, 유출유목조사 및 유목피해에 대한 추정조사를 실시한다.

[해설]
우선 대상유역의 유역현황조사를 실시하여 임상 등을 파악하고, 유역현황조사의 결과를 종합적으로 판단하여 유목의 발생원인을 추정한다. 그리고 유목의 발생량, 발생장소 등을 추정하기 위하여 유하, 퇴적 유목의 양, 길이, 직경을 추정한다.

1.1. 조사의 목적

사방사업에 있어서 유목대책조사는 토사와 함께 유출하는 유목에 의한 재해를 방지·경감시키기 위하여 사방사업 대상계류 내의 유목대책을 필요로 하는 계류를 대상으로 유목의 유출에 따른 재해대책계획을 입안할 목적으로 실시한다.

[해설]
토사와 함께 유출하는 유목이란, 산복붕괴, 계안붕괴 및 토석류의 발생·유하에 동반되어 토사와 함께 사방계획기준점(보조기준점을 포함)이나 토석류대책계획기준점(사방계획기준점)에 유출될 위험이 있는 입목, 도목, 벌채목, 유목을 말한다.

유목대책을 필요로 하는 계류는 토사의 생산에 동반되어 유목의 발생이 예상되는 계류에서 토사와 함께 유출하는 유목에 의한 피해가 발생할 위험이 있는 계류이다.

1.2. 조사의 내용

유목조사의 업무내용은 유역현황조사, 유목의 발생원인에 대한 조사, 유목의 발생장소·양·길이·직경 등의 조사, 유출유목조사 및 유목 피해의 형태 조사 등이다.

[해설]
유역현황조사는 임상 등의 상황조사와 유목의 발생상황 등을 파악하고, 유목의 발생원인에 대한 조사는 입목의 유출과 과거에 발생한 도목 등의 유출을 조사한다. 그리고 유목의 발생장소·양·길이·직경 등의 조사는 유목의 산정기준점, 유목의 기원, 발생 유목량, 유목유하량 등을 포함하여 조사하고, 유출유목조사는 유목의 최대길이, 최대직경, 평균 길이, 평균 직경 등을 조사한다.

제2절 유역현황조사

유역현황조사는 계류의 계획기준점 상류지역에 있어서 지형, 식생, 토지이용, 사방시설과 유목대책시설, 과거에 발생한 재해 및 사방계획기준점 하류의 보전대상 등을 조사한다(상류지역의 입목, 식생 및 도목은 대상이지만, 벌목, 용재는 제외함).

[해설]
1) 임상 등의 상황조사

항공사진 판독이나 현지조사 등을 통하여 임상도를 작성하고, 대상계류의 임상 등의 상황을 파악하여 입목 등의 샘플링 위치 등을 검토하는 기초자료로 획득한다.

임상도에서는 수목의 개략적인 밀도, 수고, 수종 등의 상황을 정리하고, 유역이 일제림인 경우에는 통상의 벌기령에 도달한 임상을 조사한다. 또한, 계류 내에서의 개발사업이 예정되어 있는 계류에서는 추후의 토지이용에 대해서도 조사한다.

2) 유목의 발생상황 등의 파악

항공사진 판독이나 현지조사 등을 통하여 유목의 발생상황(토사생산의 상황)이나 계상에 퇴적 유목의 상황을 파악하고, 발생유목량의 산출방침 등을 검토한다. 또한, 유목에 의한 피해를 추정하여 유목대책을 검토하기 위한 기초자료로 활용한다.

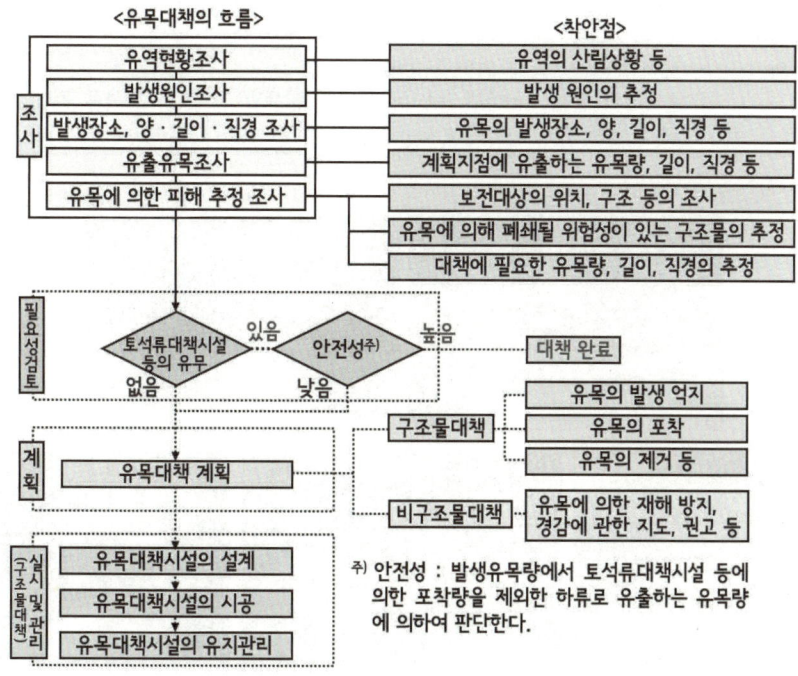

그림 5-1. 유목대책의 흐름과 착안점

제3절 유목의 발생원인에 대한 조사

유역 현황조사의 결과를 종합적으로 판단하여 유목의 발생원인을 추정한다.

[해설]

　유목의 발생원인을 추정하는 것은 유목의 발생장소·양·길이·직경 및 유목에 의한 피해 등을 추정하는 데 매우 중요하다.

　한편, 지형이 급하고 지반이 연약한 경우에는 호우 시에 토석류나 산사태가 발생하기 쉽고, 그에 동반되어 산복이나 계상의 지표를 피복하고 있던 수목이 계류나 하도에 유입되어 유목이 된다. 또한, 과거의 유목재해로부터 유목의 발생원인을 추정하는 것도 매우 유효한 방법이다.

표 5-1. 유목의 발생원인

유목의 기원	유목의 발생원인
입목의 유출	① 산사태의 발생에 동반된 입목의 활락 ② 토석류 등의 발생원으로부터의 입목의 활락·유하 ③ 토석류 등의 유하에 동반된 계안·계상의 침식에 의한 입목의 유출 ④ 홍수에 의한 계안·계상의 침식에 의한 입목의 유출
과거에 발생한 도목 등의 유출	⑤ 병해충이나 태풍 등에 의하여 발생한 도목 등의 토석류, 홍수 등에 의한 유출 ⑥ 과거에 유출되어 계상에 퇴적되었거나 계상퇴적물 속에 매몰되어 있던 유목의 토석류, 홍수 등에 의한 재이동 ⑦ 눈사태의 발생·유하에 동반된 도목의 발생과 그 후의 토석류 등에 의한 하류로의 유출

사진 5-1. 유목의 다양한 발생원인

제4절 유목의 발생장소, 발생량, 길이, 직경 등의 조사

> 산복사면의 현지답사나 항공사진 판독 및 과거의 재해실태 등을 참고로 유목의 발생원인을 고려하여 유목의 발생장소·양·길이·직경 등을 조사한다. 다만, 도목, 벌목, 계상의 퇴적 유목으로, 벌목, 용재의 유출 등은 이에 포함하지 않는다.

[해설]

1) 발생장소

   현지답사나 항공사진 판독, 또는 과거의 재해실태를 파악하여 유목의 발생장소를 추정하도록 한다.

2) 유목량의 산정기준점

   유목량은 다음과 같은 장소를 계산 상의 기준점으로 하여 그 상류지역에서 발생하는 유목의 유출량을 산출한다.
   ① 유역의 최하류에 위치하는 기존의 계간공
   ② 앞으로 설치할 예정인 주요 계간공의 적지
   ③ 산림 내를 유하하는 계류의 최하류(산림 연접부와의 경계) 부근

3) 유목량의 산출

   유목의 산정기준점으로부터 상류의 유역면적을 대상으로 조사하여 다음의 식에 따라 유목량을 산출한다.

   $$T = t \cdot (T_1 + T_2 + T_3)$$

   식에서, T : 유목량

   t : 유출률(0.9 정도)

   T_1 : 계안림의 입목량, 계상 및 계안부근에 퇴적되어 있는 도목의 양으로, 기존 혹은 계획 중인 사방댐이 유하를 저지할 수 있는 도목이나 입목, 지류의 자연복구를 기대할 수 있는 도목은 계상하지 않는다. 신규 붕괴발생, 토석류(홍수류)의 계안침식에 동반된 발생이 예측되는 유목의 양이다.

   신규 붕괴에 의한 유목량은 「토석류 발생 시의 토사량 산출」에서 구하는

   T_2 : V_3의 계상에 동반되는 양으로, 본수와 재적 등의 수량은 산림부(簿) 또는 표준지조사에 의하여 구한다.

   기존의 붕괴지 내에 분포하는 도목의 양이다. 다만, 붕괴지나 직하부의

   T_3 : 하류에서 산복공이나 계간공 등으로 붕괴지의 토사유출을 억지할 계획이 있는 때에는 계상하지 않는다.

황폐가 진행되고 있는 특정 계류인 경우에는 별도로 황폐계류가 분류하는 합류지점으로부터의 상류 면적을 대상으로 할 수 있다. 또한, $T_1 \sim T_3$의 집계에 의한 산출이 곤란한 계류에서는 과거의 재해 사례에 입각한 방법 등에 따라 계상할 수 있다. 그리고 지류가 복수인 계류에서는 가장 유목량이 많은 지류를 대상으로 한다.

4) 유목의 기원

유목을 신·구별로 분석하면, 총유출량 중에서 하도나 산복에 퇴적되어 있었던 오래된 도목, 유목 기원의 유목이 20~50% 정도 포함된 것으로 보고되었다.

현지에 있어서 하도 내에 퇴적되어 있는 도목이나 유목의 양을 계상의 표면상태로부터 추측하기는 곤란하며, 유역면적이 클수록 유목의 유출량과 실제의 유출량의 차이가 발생할 가능성이 있다는 점에 유의한다.

5) 현황조사법에 의한 발생 유목량의 산출

추정된 유목의 발생원인과 장소를 참고로 하여 유목의 길이, 직경을 조사하고, 유목발생량을 산출한다. 원칙적으로 유목의 발생이 예상되는 장소에 생육하고 있는 수목, 유목 등의 양, 길이, 직경을 직접적으로 조사하는 방법(이하 현황조사법이라고 함)을 사용하도록 한다.

이 방법은 발생유목의 대상이 되는 범위의 수목이나 유목의 전체를 조사하는 방법(이하 전수조사법이라고 함)과 그들의 대표 장소 몇 곳을 샘플링하는 방법(이하 샘플링조사법이라고 함)으로 나눌 수 있다. 실제로는 전수조사법에서는 조사범위가 광범위한 경우가 많기 때문에 현황조사법 중 샘플링조사법을 사용한다.

현황조사법에서는 산사태 또는 토석류에 동반된 유목이 발생하는 장소를 추정할 필요가 있다. 토석류의 발생, 유하하는 범위를 추정하는 방법에 의하여 강우 시에 발생·유하하는 산사태, 토석류의 범위가 추정되면, 이어서 산사태나 토석류의 발생, 유하범위에 생육하고 있는 입목, 도목 및 과거에 발생되어 계상 등에 퇴적되어 있는 유목 등의 양(본수, 체적)이나 길이, 직경을 조사하여 발생유목량에 대한 그 길이 및 직경을 추정할 수 있다.

조사방법에는 현지답사에 의한 방법과 항공사진 판독에 의한 방법이 있으며, 일반적으로는 두 방법을 병행하여 사용한다.

우선 지형도와 항공사진을 사용하여 예상되는 산사태, 토석류의 발생구간·유하구간 내의 수목의 밀도(개략적인 산출), 수고, 수종 등을 파독하여 그 결과를 참고로 산사태, 토석류의 발생·유하범위를 동일 식생, 임상별로 유역을 구분한다. 이어서 각 지역별로 현지답사에 의한 샘플링조사(10m×10m)를 실시하고, 각 지역의 수목에 대한 본수, 수종, 수고, 흉고직경 등을 조사하는 방법을 사용하여 다음과 같은 항목을 조사한다.

① 밀도 혹은 본수 : 수목, 벌목, 도목, 유목 등의 100m²당의 본수
② 직경 : 수목의 흉고직경, 벌목, 도목, 유목의 평균 직경
③ 길이 : 수목의 높이 혹은 벌목, 도목, 유목의 길이
④ 조사 개소수 : 1 계류에 최저 2개소

6) 발생유하량의 산출

발생유하량은 다음과 같은 순서와 식을 이용하여 산출할 수 있다. 산사태 및 토석류의 발생구간·유하구간이 복수의 임상으로 구성된 경우에는 임상별로 발생유목량(V_{wy})을 구한 후, 합계하도록 한다.

$$V_{wy} = \frac{B_d \times L_{dy13}}{100} \times \Sigma V_{wy2}$$

$$V_{wy2} = \pi \cdot H_w \cdot R_w^2 \cdot \frac{K_d}{4}$$

식에서, V_{wy} : 발생유목량(m³)
B_d : 토석류 발생 시의 침식 예상 평균 계상폭(m)
L_{dy13} : 발생유목량 산출지점으로부터 유역의 최상류 지점까지 유로를 따라 측량한 거리(m)(0차곡 또는 산사태지의 길이(m)로, 1차곡 이상인 경우 침식 예상 하도의 길이(L))
V_{wy2} : 단목의 재적(m³/100m²)(ΣV_{wy2} : 100m²당 수목의 재적)
H_w : 수고(m)
R_w : 흉고직경(m)
K_d : 흉고계수

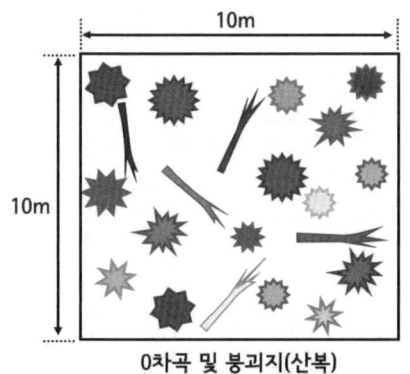 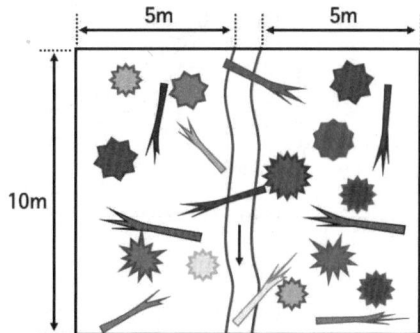

그림 5-2. 샘플링조사 범위에 대한 모식도

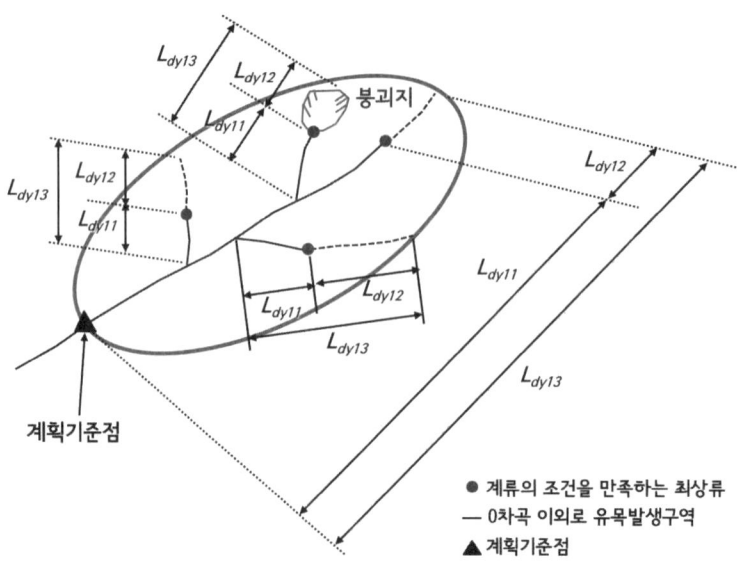

그림 5-3. 유목발생구간길이의 이미지

표 5-2. 수목 샘플링조사표

수목 샘플링조사표					조사지점	
번호	수종	수고(m)	흉고직경(m)	흉고계수	재적량(m^3)	적용
본수		본	밀도	본/a	간재적	m^3/a

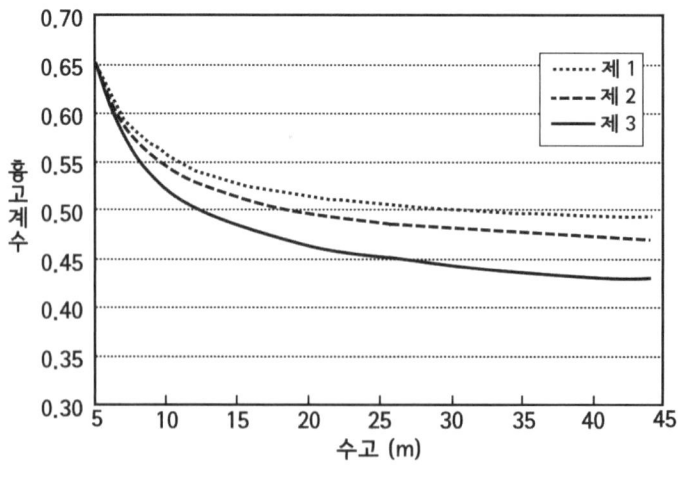

그림 5-4. 흉고계수

7) 실측치에 근거한 유목발생의 산출

조사대상지 부근에 유목이 발생한 사례가 있고, 발생유목량에 관한 자료가 있는 경우에는 단위유역면적당의 발생유목량 V_{wy1}(m³/km²)을 구할 수 있다.

$$V_{wy1} = \frac{V_{wy}}{A}$$

식에서, V_{wy1} : 단위유역면적당의 발생유목량(m³/km²)
V_{wy} : 발생유목량(m³)
A : 유역면적(km²)(계상물매 5° 이하인 부분의 유역면적)

과거에 토석류와 함께 발생한 유목의 실태조사 결과는 그림 5-5(과거의 재해실태 조사 결과로 참고로, 계류의 유역면적과 침엽수림·활엽수림별로 유목발생량의 관계를 나타낸 것)와 같다. 즉, V_{wy}의 값은 침엽수의 경우 약 1,000m³/km² 정도, 활엽수의 경우는 약 100m³/km² 정도에 포함된다. 실측치에 근거한 방법은 유역의 대부분이 침엽수, 활엽수 등의 숲으로 덮여 있는 조건의 유역에 적용할 수 있다.

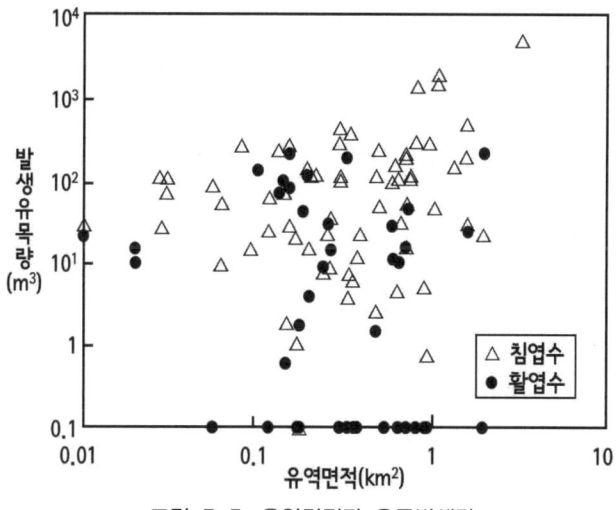

그림 5-5. 유역면적과 유목발생량

8) 토석류대책의 우선성

토석류는 유목을 포함하기 때문에 그 대책은 유목대책을 병행하여 실시한다. 따라서 유목과 토석류대책을 같이 실시하면서도 토석류대책에 중점을 두는 경우, 토석류대책을 통하여 유목대책을 강구할 수 있게 토석류조사와 유목조사를 함께 진행한다.

제5절 유출유목조사

추정된 유목의 발생량·장소·길이·직경 등을 참고로 사방계획 기준점 등에 유출하는 유목의 양·길이·직경 등을 추정한다.

[해설]

계획기준점까지 유출되는 양은 발생유목량을 기초로 유목유출률을 고려하여 구할 수 있다. 유목대책시설, 특히 유목포착공의 계획·설계 시에 중요한 사항은 유하되는 유목의 최대길이와 최대직경(큰 쪽에서부터 5%의 본수에 해당하는 값)이다.

5.1. 유목의 최대길이, 최대직경

유목의 최대길이 및 최대직경은 유출유목량을 산출하기 위한 조사결과로부터 추정한다. 또한, 유목의 최대길이는 토석류의 평균 유하폭을 고려하도록 한다.

[해설]

유목의 직경, 길이는 현지답사 결과나 신규 붕괴발생예정지에 있어서의 산림조사 등의 자료에 의하여 구한다.

① 골짜기의 출구로 유출되는 유목의 최대 길이 L_{max}는 골짜기를 유하할 것으로 예상되는 토석류의 평균 유하 폭을 W_{av}, 상류로부터 유출될 것으로 예상되는 입목의 최대 수고를 h_{max}라고 하면, 대체로 다음과 같은 관계가 성립된다.

$h_{max} \geqq 1.3 W_{av}$ 일 때 $L_{max} ≒ 1.3 W_{av}$

$h_{max} < 1.3 W_{av}$ 일 때 $L_{max} ≒ h_{max}$

② 골짜기의 출구로 유출하는 유목의 평균 길이 L_{av}는 골짜기를 유하할 것으로 예상되는 토석류의 최소 유하 폭을 W_{min}, 상류로부터 유출될 것으로 예상되는 입목의 평균 수고를 h_{av}라고 하면, 다음의 관계가 구해진다.

$h_{av} \geqq W_{min}$ 일 때 $L_{av} ≒ W_{min}$

$h_{av} < W_{min}$ 일 때 $L_{av} ≒ h_{av}$

유목의 재적은 다음의 식에 의하여 구할 수 있다.

① 길이 6m 미만인 유목

$$V = D^2 \times L \times \left(\frac{1}{10,000}\right)$$

　　식에서, V : 통나무의 재적(m³)
　　　　　　D : 말구직경(cm)
　　　　　　L : 유목의 길이(m)

② 길이 6m 이상인 유목

$$V = \left\{D + \left(\frac{L'-4}{2}\right)\right\}^2 \times L \times \left(\frac{1}{10,000}\right)$$

　　식에서, V : 통나무의 재적(m³)
　　　　　　D : 말구직경(cm)
　　　　　　L' : m 단위 이하의 끝자리 숫자를 절삭한 유목의 길이(m)
　　　　　　L : 유목의 길이(m)

③ 둥글고 긴 통나무

$$V = \pi \gamma^2 \times L$$

　　식에서, V : 통나무의 재적(m³)
　　　　　　γ : 통나무의 반지름(m)
　　　　　　L : 유목의 길이(m)

[참고]

○ 계안림의 평가

계안림은 출수 시에 유목의 공급원이 될 가능성이 지적되고 있는 반면에 유목을 포착하는 효과를 제시한 자료도 있다.

○ 수종별 조사의 유의사항

2003년에 홋카이도 히타카(北海道 日高)지방에서 발생한 산지재해에서는 유목의 침엽수, 활엽수별 차이에 착안한 경우, 활엽수 유목이 많았다고 하는 자료가 있다.
단순히 지역의 산림상황(침엽수, 활엽수, 인공림, 천연림 등)만을 판단재료로 하여 유목에 대한 안전성을 평가하지는 않고, 황폐특성이나 계안림의 상황 등에도 유의하여야 할 필요가 있다.

5.2. 유목의 평균 길이, 평균 직경

조사대상 유목의 평균 길이 및 평균 직경은 유출유목량을 산출하기 위한 조사결과로부터 추정하도록 한다. 또한, 조사대상 유역에서 유출되는 유목의 평균 길이는 토석류의 최소 유하폭을 고려하도록 한다.

[해설]

조사대상 유목의 평균 길이 L_{wa}(m)는 토석류가 유출되는 수계의 최소 유하폭을 B_{dm} (m), 상류로부터 유출되는 입목의 평균 수고 h_{wa}(m)로 가정할 경우, 다음과 같이 추정할 수 있다.

$h_{wa} \geqq B_{dm}$ 인 경우, $L_{wa} \fallingdotseq B_{dm}$

$h_{wa} < B_{dm}$ 인 경우, $L_{wa} \fallingdotseq h_{wa}$

또한, 평균 직경 R_{wa}(m)은 상류유역에서 유목이 될 것으로 예상되는 입목의 평균 흉고 직경과 거의 같을 것으로 추정된다.

[참고]
○ 유목의 유하구간과 퇴적

유목이 이동을 개시하는 요소는 유목의 재료가 되는 퇴적물 등과 이동물질의 유향이 이루는 각도, 계상물매, 수심 등이며, 이상과 같은 요소의 수치가 커질수록 유목의 이동을 용이하게 한다는 점에 유의하여야 한다. 그리고 유목은 유하 시에 충돌에 의한 절손을 반복하기 때문에 입목 상태의 길이로부터 1/3~1/2 정도로 짧아진다는 연구결과를 참조하도록 한다.

한편, 유목이 단목으로 이동하는 경우에는 소류구간까지 유하할 가능성이 매우 높지만, 유목이 토석류와 함께 발생할 경우에는 토석류가 감세~정지하면 유목도 같은 모양으로 거동하는 경우가 있다.

○ 유출률의 추정

골짜기의 출구에 있어서의 유목의 유출률에 대해서는 다음의 그림 5-6에 제시한 실태조사 결과가 보고되었다. 즉, 다소 편차가 있지만, 사방시설이 없는 경우에는 유출률이 커서 0.8~0.9 정도를 나타내고 있다.

따라서 유목량을 산출할 때에는 사방시설이 없는 상태를 상정하여 유출률은 0.9 정도가 기준이 된다.

제6절 유목에 의한 피해의 형태

> 상류로부터 유하되는 유목의 양·길이·직경 등을 참고로 하여 보전대상이 받는 피해를 추정하도록 한다.

[해설]

 유목의 발생원조사, 유하, 퇴적조사에 의해 보전대상이 있는 지구에 유출하는 유목의 양이나 길이, 직경을 추정하고, 이어서 보전대상이 되는 시설 등에 미치는 영향을 추정한다.

[참고]
○ 생산토사량과 발생유목 간재적의 관계로부터 유목량을 추정하는 방법

 생산토사량과 발생유목 간재적과의 사이에도 상관관계가 인정되며, 기존의 연구결과에 따르면 발생유목량은 생산토사량의 대략 2% 이내인 것으로 알려져 있다(그림 5-6 참조).

$$V_g = 0.02\,V_y$$

식에서, V_g : 유목량(m³)
V_y : 토사량(m³)

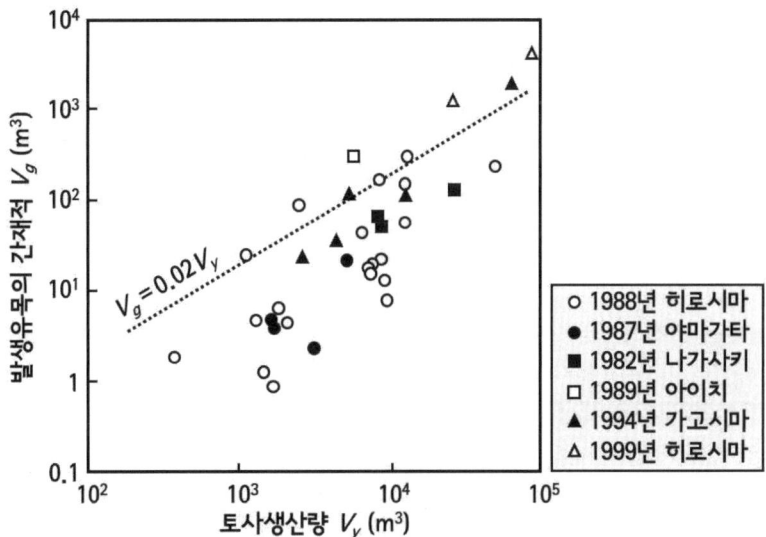

그림 5-6. 생산토사량과 발생유목의 간재적(建設省 砂防部 砂防課, 2000)

○ 유역면적으로부터 유목량을 추정하는 방법

$$V_g = \alpha \cdot A$$

식에서, V_g : 유목량(m³)
        A : 유역면적(km²)
        α : 계수(100~1000 정도 : 평균 500, 그림 5-7 참조)

그리고 α 값은 근처에 유목이 발생한 사례가 있고, 이에 대한 발생량에 관한 자료가 있는 경우에는 이를 이용하여 단위유역면적 당의 유목발생량을 구할 수 있다.

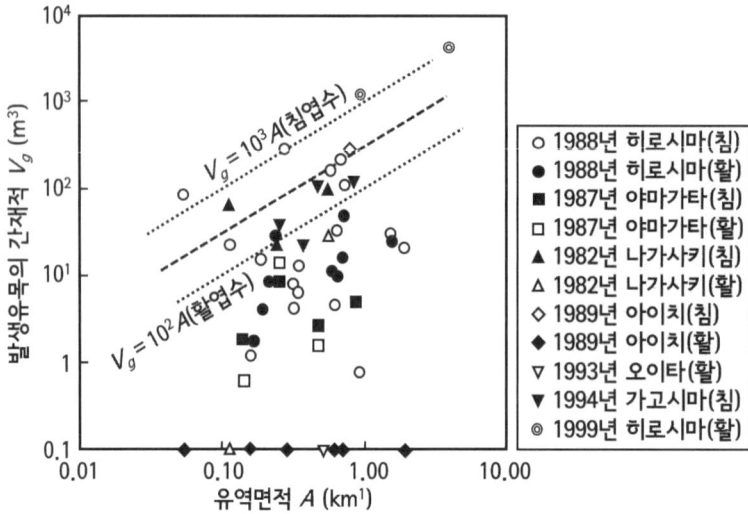

그림 5-7. 유역면적과 발생유목의 간재적(建設省 砂防部 砂防課, 2000)

[참고]
○ 추정방법 사례

유목대책을 중점적으로 강구할 경우에는 계상물매가 완만(소류구간에)해질지라도 유목 자체는 하류로 유하한다는 점에 유의하여야 한다. 특히, 하류부의 교량이나 속도랑 등은 인공적인 협착부로, 유목에 의하여 차단될 가능성이 있기 때문에 필요에 따라 범람개시 점으로서 범람범위를 추정하는 데에 활용할 수 있다.

그리고 보전대상의 피해상정범위를 추정할 때에는 필요에 따라 시뮬레이션을 실시하고, 기설 사방시설 이외에 보전대상에 관계되는 타 부처의 시설이 있는 경우에는 그 위치와 규모를 규명하도록 한다.

제6장 땅밀림조사

제1절 총설

> 땅밀림방지공사의 계획, 설계는 유효하고도 적절하게 조사를 실시하고, 조사결과에 근거하여 땅밀림의 기구를 해명하는 것을 목적으로 한다.

[해설]

땅밀림은 발생원인이 되는 소인·유인의 종류가 많고, 서로 복잡하게 관련되기 때문에 땅밀림방지공사를 유효적절하게 실시하기 위해서는 각 조사를 유기적으로 잘 조합하여 목적에 맞는 유효하고도 경제적인 조사계획을 수립하고, 그에 가장 적합한 조사를 선정하여야 한다.

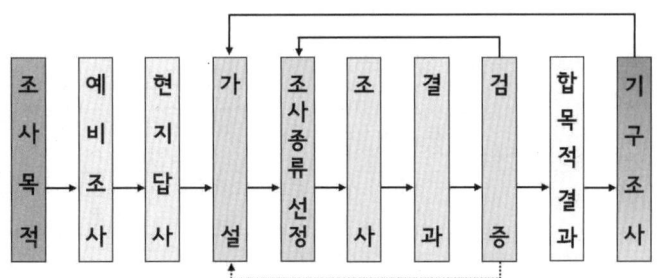

그림 6-1. 땅밀림조사 계획의 진행방법

1) 조사의 목적

땅밀림조사는 땅밀림지 및 그 주변 지역의 실태를 파악하는 조사와 땅밀림의 이동기구를 파악하기 위하여 실시하는 조사로 구분되며, 「땅밀림방지공사를 어디에, 어떤 공법으로, 어느 정도의 규모로 실시하며, 기대되는 효과는 무엇인가?」를 판명하는 것을 목적으로 실시한다.

2) 땅밀림조사의 계획

땅밀림조사의 계획을 수립할 때에는 「예비조사」 및 「현지답사」가 종료된 단계에서 땅밀림의 규모, 이동범위, 이동시기 및 긴급성 등에 관하여 가설을 세운 후, 땅밀림조사의 종류를 결정한다. 따라서 땅밀림조사는 전술한 가설을 긍정하거나 부정할 수 있고, 충분한 타당성과 효과가 높은 종류를 선정하고, 효율적인 조사가 되기 위해서는 땅밀림조사가 진행 중일지라도 필요에 따라 조사계획을 수정할 수 있다.

또한, 조사계획을 입안하기 위해서는 운동블록을 분할하고, 조사측선을 설정하고, 정확한 조사계획을 입안하기 위해서는 다음의 항목에 대하여 추정하여야 한다.

① 지형·지질 등에 근거한 땅밀림의 형태 및 범위의 추정
② 땅밀림 흙덩이의 두께 및 도달범위 추정
③ 땅밀림 운동블록의 분할과 각각의 블록에 대한 운동형태 및 운동방향의 추정
④ 지하수 분포 및 지질구조상의 약(弱)선대의 추정

또한, 땅밀림지는 지형·지질 등의 특징에 따라 암반땅밀림, 풍화암땅밀림, 붕적토땅밀림 및 점질토땅밀림으로 분류되며, 그 특징은 표 6-1에 제시한 바와 같다.

표 6-1. 땅밀림의 형태 분류(渡, 1987)

특징 \ 분류	암반땅밀림	풍화암땅밀림	붕적토땅밀림	점질토땅밀림
평면형	말발굽·뿔 모양	말발굽·뿔 모양	말발굽·뿔·늪·병목 모양	늪·병목 모양
미지형	볼록 모양의 지붕지형과 대지형	볼록 모양의 대지형, 단순 언덕 모양의 오목 대지형	단순 언덕 및 복수 언덕 모양의 오목 대지형	오목 모양의 완경사 및 복수 언덕 의 오목 대지형
땅밀림 형태	의자 모양, 뱃바닥 모양	의자 모양, 뱃바닥 모양	계단 모양, 층 모양	계단 모양, 층 모양
주요 흙덩이의 성질(머리부분)	암반 또는 약(弱)풍화암	풍화암(균열이 많음)	거력 또는 자갈이 섞인 토사	거력 또는 자갈이 섞인 토사
주요 흙덩이의 성질(말단부분)	풍화암	거력이 섞인 토사 또는 강(强)풍화암	자갈이 섞인 토사, 일부 점토화	점토 또는 자갈이 섞인 토사화
운동속도(활성 시의 평균)	2cm/일 이상	1.0~2.0cm/일 정도	0.5~1.0cm/일	0.5cm/일 이하
운동의 계속성	단시간, 돌발성	단속적(수십~수백 년에 한번)	단속적(5~20년에 1회 정도)	단속적(1~5년에 1회 정도)
활동면의 형상	평면땅밀림(의자 모양)	평면땅밀림(머리부분과 말단이 거의 원호 모양)	곡면(曲面) 모양과 평면 모양, 말단부가 유동화	머리부분은 곡면 모양, 대부분은 유동 모양(늪 모양)
블록화	대개 단일 블록	말단, 측면에 2차 땅밀림 발생	머리부분이 분할되어 2~3블록으로 구성	전체가 많은 블록으로 나뉘고, 상호 관련하여 운동
예측의 난이도	땅밀림 지형이 명확하지 않아 대단히 곤란하며, 엄밀한 답사와 정밀조사가 필요함	1/3,000~1/5,000 지형도에서 예측할 수 있고, 항공사진을 이용할 수 있음	1/5,000~1/10,000 지형도에서도 확인할 수 있고, 현지에서의 탐문도 유리함	현지에서의 탐문에 의하여 예측할 수 있고, 매우 쉽게 확인할 수도 있음
일반적인 사면형	일반적으로 대지부가 있거나 분명하지 않으며, 오목사면에 많고, 안장부로부터 발생함	단차가 분명하고, 벨트모양의 함몰지와 대지가 있으며, 크게 보면 오목 모양이지만, 주요부는 볼록 모양임	활락애를 형성하며, 아래에는 늪, 습지 등의 오목지형, 머리부분에는 다수의 언덕이 남아 있고, 오목 지형의 사면에 많음	머리부분에 명확하지 않은 대지가 남아 있으며, 대부분은 일정한 완사면으로 늪 모양의 사면임

제2절 땅밀림조사의 구분

> 땅밀림조사는 ① 실태조사와 ② 기구조사로 구분하며, 필요에 따라 선택한다.

[해설]

땅밀림조사는 땅밀림지 및 그 주변 지역의 지표를 대상으로 실시하는 실태조사와 땅밀림 기구를 해명하기 위하여 땅속 내부를 대상으로 하는 기구조사로 구성된다.

1) 실태조사

땅밀림방지조사를 합리적이고도 효율적으로 실시하기 위해서는 땅밀림의 실태를 파악하고, 주변 지역의 입지특성 등에 입각하여 땅밀림방지계획을 책정하여야 한다. 따라서 사전에 예비조사와 현지답사를 실시하고, 조사목적을 명확하게 설정한 후에 현지에 적합한 상세한 조사종류를 선정한다. 그리고 조사에서 파악된 결과에 대해서는 기구해명 등에 충분한 정보인가를 검증하고, 부족하면 재조사 등을 실시한다.

2) 기구조사

기구조사는 땅밀림조사 결과 등을 종합하여 땅밀림의 범위나 형상 등을 특정하고, 땅밀림의 요인을 규명하여 발생기구나 이동특성을 해명하도록 한다. 그리고 기구해석에 의하여 실시되는 안정계산은 지질특성이나 땅밀림면의 형상, 지하수의 부존상태 등을 명확히 하여 땅밀림의 발생과정과 정합이 이루어지도록 한다.

표 6-2. 「땅밀림」과 「붕괴」의 차이

구분	땅밀림	붕괴
지질	특정 지질이나 구조에서 주로 발생함	지질과의 관계가 적음
토질	주로 점성토를 미끄럼면으로 하여 활동함	사질토(마사, 표토, 시라스(白砂) 등)에서도 주로 발생함
지형	5~20°의 완경사에서 발생하고, 상부가 대지(臺地) 모양인 경우가 많으며, 땅밀림지형이 현저하게 나타남	20° 이상인 급경사지의 0차곡, 곡두부(谷頭部)에서 주로 발생함
활동	지속성, 재발성, 시간 의존성이 큼	돌발성이며, 시간 의존성이 적음
이동 속도	0.01~10mm/day인 것이 많고, 일반적으로 속도가 느린 편임	10mm/day 이상으로, 속도가 매우 빠른 편임
흙덩이	흙덩이의 교란은 적고, 원형을 유지하면서 이동하는 경우가 많음	흙덩이는 교란됨
유인	지하수에 의한 영향을 크게 받음	강우, 특히 강우강도에 영향을 받음
규모	1~100ha로 규모가 큼	면적의 규모가 작음
징후	발생 이전에 균열 발생, 함몰, 융기, 지하수 변동 등이 발생함	발생 이전의 징후가 적고, 돌발적으로 활락함

제3절 실태조사

3.1. 총칙

실태조사는 땅밀림지 및 그 주변의 자연적·사회적 개황, 땅밀림의 이동상황 등을 파악하기 위하여 실시한다.

[해설]
   실태조사는 땅밀림지의 자연환경이나 사회환경 및 땅밀림의 이동실태 등을 기존의 각종 자료, 현지답사 및 실측에 의하여 조사·파악하고, 앞으로 발생할 땅밀림의 이동범위, 이동량 및 이동시기 등을 구체적으로 추정하여 이후에 실시하는 기구조사, 기구해석 및 땅밀림방지계획의 책정 등에 필요한 기초자료로 사용하도록 한다.

3.2. 실태조사의 종류

실태조사에는 ① 예비조사, ② 현지답사, ③ 자연환경영향조사, ④ 지형측량 및 ⑤ 지표이동량조사 등이 있다

[해설]
   실태조사는 ① 항공사진, 지형도 등으로 자연환경 및 사회환경을 파악하는 예비조사, ② 땅밀림지를 포함한 좁은 지역의 지형, 지질, 식생 등을 파악하는 현지조사, ③ 땅밀림이 주변 자연환경 등에 미치는 영향을 파악하는 자연환경영향조사, ④ 땅밀림의 개략적인 수치를 파악하는 지형측량 및 ⑤ 지표이동량조사로 나눌 수 있다.

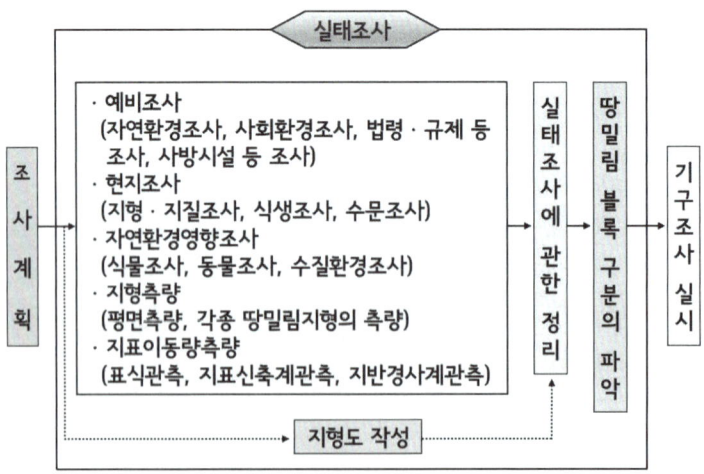

그림 6-2. 실태조사의 구분 및 순서

3.3. 예비조사

3.3.1. 목적

> 예비조사는 현지답사에 앞서 기존의 자료 등을 이용하여 해당 땅밀림지 및 그 주변 지역의 자연환경, 사회환경 및 법령·규제 등을 파악하는 것으로, ① 자연환경조사, ② 사회환경조사, ③ 법령·규제 등의 조사 및 ④ 사방시설 등의 조사 등에 대하여 실시한다.

[해설]

　　예비조사는 ① 현지조사에 앞서 기존의 자료, 문헌 등에 의하여 조사지역의 자연환경, ② 땅밀림이 미치는 사회적 영향, ③ 지역을 망라한 법적 규제 및 ④ 기존의 방재시설 등을 개괄적이고도 총체적으로 파악하기 위하여 실시한다.

　　예비조사는 주로 문헌에 의한 조사이지만, 착수단계에서 최초로 실시되는 조사이기 때문에 예비조사의 성패가 이후의 조사 등에 미치는 영향은 상당히 크다. 따라서 자료·문헌 등을 수집할 때에는 정확도가 높은 것을 선정할 수 있게 유의한다.

　　땅밀림은 특정 지형·지질에서 발생하기 쉽고, 동일한 지형·지질에서는 유사한 형태의 땅밀림이 발생하기 쉽다. 따라서 해당 지역의 지형·지질에 관한 문헌 및 정보를 사전에 조사하고, 부근의 땅밀림이 발생한 기록 및 발생 시의 기상상황을 조사하여 해당 지역에서의 땅밀림 발생 및 운동특성에 대한 유용한 정보를 얻을 수 있도록 한다.

[참고]
1) 지형·지질 등의 지반조건에 관한 자료
　　　① 지형도　② 항공사진　③ 지질도
　　　④ 지형분류도와 토지조건도　⑤ 기타(기존의 토질, 지질조사보고서 등)

2) 과거의 재해이력에 관한 자료
　　　① 기존의 공사기록지, 재해조사보고서, 토질(지질)조사보고서
　　　② 학회 및 연구논문, 보고서
　　　③ 취락분포, 토지이용상황에 관한 자료
　　　④ 죽림 등의 대책, 가옥·농경지의 출입상황에 관한 자료
　　　⑤ 농경지 등의 분할제도나 관행에 관한 자료

3) 기상에 관한 자료
　　　① 기상월보
　　　② 각종 관측소의 관측자료

3.3.2. 자연환경조사

자연환경조사는 기존의 자료를 이용하여 지형, 지질, 토질, 기상, 식생 및 수문 등을 파악하도록 한다.

[해설]

땅밀림지의 자연환경조사는 주로 기존의 자료를 이용하여 조사가 이루어지지만, 현지답사나 이후의 각종 조사의 방향을 설정하는 데에 중요한 사항이다. 특히, 땅밀림은 지형적인 특징이 매우 명확하기 때문에 항공사진 및 기존의 지형도를 중점적으로 활용하는 것이 바람직하다.

그러나 새로운 땅밀림은 기존의 항공사진 등을 이용할 수 없는 경우가 많으므로, 이와 같은 경우에는 항공사진을 촬영하거나 지형도의 도화 등을 검토할 필요가 있다. 그리고 식생조사를 실시할 때에는 땅밀림지에는 독특한 식생이 분포하고 있기 때문에 기존의 식생조사 보고서 등을 참고로 할 필요가 있다. 따라서 자연환경을 조사할 때에는 다음과 같은 자료를 활용하도록 한다.

① 지형 : 지형도, 항공사진, 위성사진, 지리정보시스템
② 지질 : 지질도 및 해설서
③ 수문 : 기상자료, 수문조사 자료
④ 식생 : 임상도, 토지이용도, 산림조사부 및 식생조사 보고서 등

3.3.3. 사회환경조사

사회환경조사는 기존의 자료에 의하여 피해구역을 상정하고, 보전대상의 개요 등을 파악하도록 한다.

[해설]

사회환경조사는 땅밀림의 이력 등을 이용하여 땅밀림이 발생할 경우의 피해구역을 상정하고, 해당 땅밀림지 및 그 주변 지역이 사회적으로 어떠한 위치에 있는지, 재해가 발생할 경우 어느 정도 피해를 입을 것인지 등과 같은 현재 또는 앞으로의 영향정도 등을 조사하도록 한다.

1) 조사자료 등
    ① 자치단체의 개요 : 광역자치단체 및 기초자치단체의 요람 등
    ② 보전대상, 토지의 이용구분 : 토지의 이용구분도, 보전대상이 기재되어 있는 지형도 등

2) 조사방법
　① 기존의 재해기록 : 시계열적으로 정리하며, 필요에 따라 청취조사를 실시한다.
　② 보전대상 등
　　- 지역의 토지이용구분별로 1/5,000 지형도에 경지·택지·공장용지·도로 등을 식별할 수 있는 토지이용도를 작성한다.
　　- 취락별 호수·인구·생산소득 등, 참고하여야 할 사항에 대하여 정리한다.
　　- 보전대상에 대해서는 땅밀림 발생지 및 땅밀림에 의하여 발생하는 토석류 등의 도달구역에 대한 토지이용 상황, 밭·논 등의 경작구분면적, 호수·인구·생산소득, 마을회관 등의 공공시설, 도로·철도·교량·철탑 등의 운송통신시설, 물이용 상황 등을 조사한다.
　　- 땅밀림지 및 그 주변 지역에 관련된 지역개발계획 등에 대하여 조사한다.

3.3.4. 법령·규제 등의 조사

> 법령·규제 등의 조사는 땅밀림지 및 그 주변 지역에 있어서의 법령지정, 규제상황 등에 대하여 파악하도록 한다.

[해설]
　사방사업을 계획, 설계할 때에는 각종 법령 등의 지정상황을 파악하여 법령 등에서 정하는 바에 따라 조정할 필요가 있다.

3.3.5. 사방시설 등의 조사

> 사방시설 등의 조사는 땅밀림지 및 그 주변의 기설 사방시설 및 설치계획·목적 등에 대하여 파악하도록 한다.

[해설]
　지역보전은 유역의 일괄적인 계획에 의하여 실시되어야 하며, 이를 위해서는 타 부서의 소관시설 및 계획을 충분히 감안하여 균형 있는 사업계획을 입안하여야 한다.
　조사는 관계 관청의 자료에 의하여 시설의 설치장소, 장래계획을 구분하여 조사도에 기입하고, 필요에 따라 달라질 수 있지만, 대략 다음과 같은 사항을 조사한다.

1) 사방시설
　계류공작물은 높이, 방수로의 단면, 연장, 체적, 시공년도 등을, 산복공작물은 주요 공종, 시공면적, 시공년도 등을 조사하고, 사업종별(복구사방, 예방사방 등)로 구분, 기록한다.

2) 하천시설
　제방의 규모, 계획강수량, 계획고수유량, 계획물매 및 수로의 단면 등에 대하여 조사한다.

3) 댐

계획강수량, 계획고수유량, 홍수조절방식, 댐의 저수량 및 홍수조절용량 등을 조사한다.

4) 토목시설 등

급경사지 보전시설 등을 사방시설과 같은 항목은 조사하고, 자연호수와 저수지, 관개용수로 및 계획획범람구역에 대해서도 조사한다.

5) 기타

천연호수, 저수지, 관개용수로 및 계획범람구역 등에 대하여 조사한다.

그리고 지형도를 활용하면 등고선 형태에 의하여 땅밀림의 범위를 판독할 수 있고, 항공사진을 입체화하여 지형의 판독이나 식생의 피복상황, 지질구조 등을 판독할 수 있다.

3.3.6. 정리

예비조사의 성과는 이후의 조사 등에 유효하게 활용되기 때문에 자연특성 및 사회특성의 개요 등을 파악할 수 있게 정리한다.

[해설]

예비조사는 이후에 실시되는 현지답사, 조사에 활용되므로 정리할 때에는 수치의 나열에 머무르지 말고, 수치가 갖는 의미를 파악할 수 있게 자료, 문헌 등을 분석하도록 한다. 그리고 각 조사의 종류별로 이후의 조사 등에 있어서 필요한 사항은 무엇인가를 명확하게 판단할 수 있도록 땅밀림과 관련지어 정리하는 것이 중요하다.

3.4. 현지답사

3.4.1. 목적

현지답사는 예비조사 자료를 기본으로 현지의 지형, 지질, 식생 및 수분 등을 조사하기 위하여 실시하도록 한다. 즉, 현지답사는 땅밀림 기구를 개략적으로 파악하고, 이후의 조사계획이나 응급대책공사의 계획을 책정하기 위하여 실시한다.

[해설]

땅밀림조사에 있어서 현지답사는 매우 중요하기 때문에 이 조사의 성패가 조사 전체의 정확도를 크게 좌우한다. 따라서 답사의 범위는 항공사진이나 지형도를 근거로 하여 개략적으로 땅밀림 구역을 파악한 후, 그 주위를 포함한 충분한 범위(적어도 해당구역의 2~4배 이상의 면적)를 조사대상으로 한다.

그리고 현지답사는 땅밀림에 의한 현지의 개황을 파악하고, 그 결과를 보전대상이나 주변 환경 등에 입각한 조사계획이나 응급대책공사의 계획에 활용한다. 따라서 현지에서는 블록의 구분이나 상호 관계, 이동방향 등의 기구해명에 필요한 정보가 얻어질 수 있도록 노력한다.

한편, 조사범위가 상당히 넓기 때문에 사전에 엄밀한 답사계획을 수립하여 효율적인 조사가 이루어지도록 하고, 조사자료를 항상 현지에서 지도 위에 직접 기재하는 등, 현지의 상황을 정확하게 기록하도록 한다.

1) 땅밀림 범위의 추정

반대 기슭의 높은 장소로부터의 원거리 조망에 의하여 땅밀림지 및 주변의 지형을 관찰하고, 그 관찰결과와 땅밀림지 내에 발생한 각종 징후로부터 땅밀림의 활동지역, 장래의 활동위험이 있는 지역 및 피해를 받을 수 있는 범위를 추정한다.

2) 지질조사(지질의 성상과 구조)

땅밀림의 흙덩이를 구성하고 있는 물질의 종류, 입도, 자갈 등의 암질·형상이나 점토 등의 색깔을 조사하면, 해당 땅밀림의 발생시기, 앞으로의 운동형태 및 안정해석 등을 추정할 수 있고, 기암의 암질, 땅밀림의 흙덩이 및 활동면의 구성물질 등도 추정할 수 있다. 특히, 주변의 노두(露頭)에 대한 암반의 성상을 조사하면, 해당 지역의 기반에 대한 일반적인 층서(層序), 층위(層位), 주향(走向) 및 경사를 추정하여 해당 땅밀림의 성격을 추정할 수도 있다.

그리고 주변부의 지반에 단층 및 파쇄대 등이 발견된 경우에는 그 분포를 추적하여 해당 땅밀림지에 관계하고 있는지에 대한 여부를 검토하여야 한다.

3) 지형조사(미지형이나 지형에 의한 지질구조의 추정)

지형조사에서는 주로 지표의 미지형이나 지형을 관찰하여 지질구조를 추정하도록 한다.

4) 지하수 분포의 파악

땅밀림지 내외의 늪, 습지 및 용출수 지점에 대하여 조사한다. 특히, 늪인 경우에는 수위와 용출수 지점에서 용출수량이 강우와 어떠한 관계를 갖고 있는가를 조사하도록 하고, 그 용출수가 얕은 지하수에 기인하는 것인지 혹은 깊은 지하수에 기인하는지를 판단하는 자료를 획득한다.

5) 운동형태(각종 징후에 의한)의 추정

주로 미지형, 주(主)균열, 측방균열, 말단균열이나 도로, 가옥 및 돌담 등의 변형 등, 각종 징후를 조사하여 땅밀림의 운동형태나 방향을 추정하도록 한다.

6) 발생원인의 추정

답사에 의하여 발생원인을 즉시 추정할 수 있는 경우는 적지만, 발생당시의 기상 등을 참고로 하거나 운동형태를 관찰하여 그 발생경로 등과 발생의 원인을 추정하도록 한다.

한편, 다음과 같은 원인인 경우가 대부분이지만, 단일 원인이 아니라 복수의 원인에 조합되는 경우도 많기 때문에 충분한 검토가 이루어져야 한다.
① 땅밀림 말단부의 하천 등에 의한 침식
② 장기간의 강수 또는 융설
③ 태풍 등의 호우
④ 땅깎기, 흙쌓기
⑤ 지표수, 지하수의 불안전한 처리
⑥ 담수
　- 최초의 담수 시
　- 수위의 급격한 강하
⑦ 지진

7) 앞으로의 운동예측

앞으로 진행될 운동을 답사로 예측하기는 매우 곤란하지만, 일반적으로 유·장년기의 흙덩이 모양의 땅밀림으로 거의 일정한 모양의 활동면 물매인 사면에서는 활락이 발생할 위험성이 매우 높다. 그리고 뱃바닥 모양같이 계상면이 융기한 땅밀림지에서는 말단부가 붕괴될 가능성이 있고, 말단이 계상면보다 높을 때에는 위험성이 매우 크다.

또한, 활모양의 땅밀림은 말단부에서 벼랑붕괴가 발생하기 쉽고, 운동이 급격하게 활성화하는 사례가 자주 나타난다.

8) 활성화에 동반된 피해구역과 피재상황의 예측

전술한 조사에 있어서 활성화할 가능성이 큰 경우에는 그 피해구역을 예상하고, 그에 대한 필요한 조치(경계·피난체제의 확립 등)를 강구하여야 한다. 그리고 피해구역에 대해서는 땅밀림의 확대를 고려하여 부근의 땅밀림 지형을 상세히 답사하고, 특히 땅밀림지의 상부사면에서 땅밀림이 확대되는 것에 주의하여야 한다.

또한, 일반적으로 말단부에 융기를 동반하는 경우, 그 융기구역은 확대할 가능성은 적지만, 뱃바닥 모양의 땅밀림이나 의자 모양의 땅밀림인 경우에는 그 말단부에 발생하는 2차 땅밀림은 흙덩이의 두께도 작지만, 강우 등에 의하여 활성화할 가능성이 대단히 크기 때문에 피재구역에서의 방재체제는 만전을 기하여야 한다.

9) 응급대책에 대한 검토
　　답사한 결과, 땅밀림의 발생 및 운동기구가 거의 추정되고, 그 활성화가 예측되는 경우에는 그에 대한 응급대책을 고려하여 계획하도록 한다.

3.4.2. 지형·지질조사

지형·지질조사는 예비조사 등의 결과를 참고로 하여 땅밀림의 활락애(滑落崖), 균열 등의 지형적 특징 및 암석, 지층의 종류, 단층 등의 지질특성을 관찰하여 땅밀림의 범위, 이동형태 및 이동방향 등의 실태와 땅밀림 블록을 파악하기 위하여 실시하도록 한다.

[해설]

1) 지형
　　지형의 조사는 항공사진, 지형도 등으로부터 파악한 다음과 같은 사항을 상세하게 조사하도록 한다.
　　① 재해 피해지, 활락애, 2차 퇴적지의 위치, 범위(길이, 폭 및 면적)
　　② 함몰, 융기, 지구대(地溝帶) 모양의 지형, 소규모 붕괴지의 위치, 규모(길이, 폭, 면적, 높이 또는 깊이 등)
　　③ 균열, 단차지형의 분포, 길이, 낙차 및 방향 등 : 특히, 균열에 대해서는 다음의 사항에 유의하여 상세하게 조사하도록 한다.
　　　- 위치 : 두부(頭部), 중복부(中腹部), 측부, 각부
　　　- 신구 규모 : 신구·개구(開口), 은폐, 단차
　　　- 평면형상 : 직선상·궁상(弓狀 : 산 쪽 방향은 볼록하고, 골짜기를 향하여 오목한 형태)
　　　- 등고선 : 횡단·종단·사교(斜交)
　　　- 균열면의 경사 : 연직·경사
　　　- 배열 : 안행(雁行)·평행·방사상·불규칙
　　　- 원인별 : 인장·전단·압축

2) 지질
　　지질에 대한 조사는 지형도, 지질도 및 항공사진을 참고로 하여 현지에서 지질노두(地質露頭)를 찾아 다음의 사항을 조사하도록 한다.
　　① 지질구조, 지질시대, 암석의 성인, 산상(産狀), 층서(層序) 등의 상세한 조사
　　② 표토, 풍화토층, 점토층의 분포, 층의 두께
　　③ 암석, 지층의 종류 및 분포

④ 지층 및 절리의 주향경사, 습곡(褶曲)의 상태, 풍화 정도 및 협재(挾在)점토의 유무
⑤ 단층·파쇄대의 폭, 방향, 경사, 파쇄의 정도, 선형 지형(Lineament)의 성인
⑥ 화산지역, 온천지역에 있어서는 변질이나 분기공(噴氣孔)

3) 조사방법

현지조사를 실시할 때에는 항공사진 또는 도화한 지형도를 기반으로 지형의 현상을 파악(예비조사)하고, 계획한 방향에 따라 답사하면서 도상의 위치와 현지를 항상 대조하여 답사지점 및 조사내용을 정확하게 도상에 기록하도록 한다.

특히, 지질에 대해서는 조사 대상지역 및 그 부근에서 발견되는 붕괴사면, 도로 및 택지조성 등에 의하여 생성된 인공비탈면이나 하천 등에 대한 침식면의 노두(露頭)를 찾아 지층의 주향·경사 등을 측정하여 지도에 기입하고, 지층의 층서를 파악하며, 암석의 종류, 풍화정도 등을 조사하도록 한다.

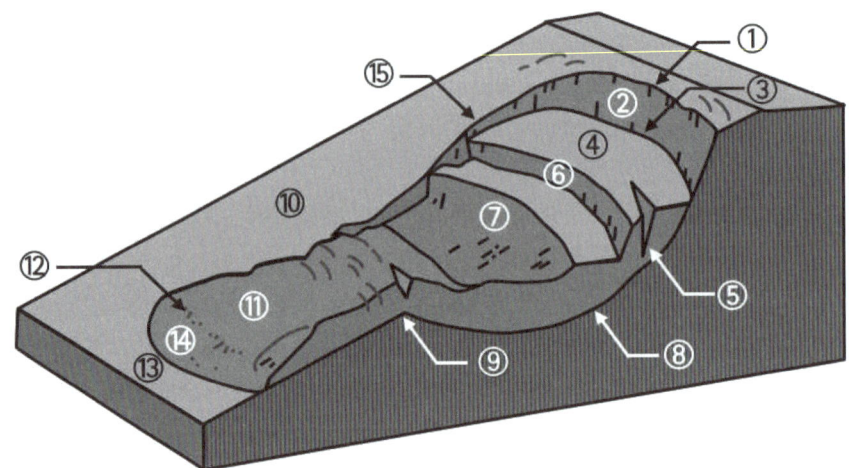

그림 6-3. 땅밀림 부위별 명칭(원 그림, D. J. Varnes)

① 관두부(冠頭部 : Crown), ② 1차 활락애(Main scarp), ③ 정점(Top) : 이동 흙덩이가 일차 활락애와 접하는 가장 높은 지점, ④ 두부(頭部) : 1차 활락애에 접하는 상부 흙덩이 부분, ⑤ 횡단(인장)균열(Transverse crack), ⑥ 2차 활락애(Minor scarp) : 이것을 기준으로 상하가 소블록으로 구분됨, ⑦ 종단 단층대(Longitudinal Fault zone) : 이것에 의하여 땅밀림 블록이 좌우 세(細)블록으로 분할되는 경우도 있음, ⑧ 파괴면(surface of rupture), ⑨ 각부(Foot) : 파괴면과 원래의 지표면이 교차하는 면으로, 묻혀있는 경우도 있음, ⑩ 횡단균열(압축균열), ⑪ 설부역(舌部域＝隆起部, Transverse ridge), ⑫ 방사상 균열, ⑬ 설첨(舌尖, Tip : 설단부의 선단), ⑭ 설단부(舌端部, Toe), ⑮ 우측 벽(Right flank)

3.4.3. 식생조사

> 식생조사는 땅밀림지 특유의 식생에 대한 종류, 분포 및 그 생태를 조사하여 땅밀림의 이동 상황, 습지대의 분포 등과 땅밀림 블록을 파악하기 위한 기초자료로 사용한다.

[해설]

1) 일반 식생

일반 식생에 대해서는 임황 및 식생조사를 예비조사 및 현지조사를 통하여 실시하도록 한다.

① 임황 및 식생조사

조사대상지 및 그 주변의 임황, 식생 등의 상황을 파악하여 계획, 설계의 기초자료를 얻는 것을 목적으로 실시한다.

② 예비조사

임상도, 산림조사부, 산림시업계획서, 항공사진 등과 같은 기존 자료에 의하여 다음 항목을 필요에 따라 조사하도록 한다. 즉, 산림면적율, 축적, 임종 및 수종의 영급, 벌채, 조림계획 및 식생의 종류 등이다.

③ 현지조사

기존 자료에 의한 조사를 보완하고, 일반적인 임황, 식생의 생육상황 등과 기시공지에 있어서 식생의 생육상황 등을 파악하기 위하여 실시한다.

- 식생조사법 : 녹화공의 성적을 파악하고, 기시공지에 있어서 개량방법의 검토, 초본·목본의 선택 등을 위하여 실시하며, 조사방법에는 랜덤추출법과 계통적추출법이 이용되고 있다.
- 식생조사의 측도 : 식생조사의 측도는 기시공지 조사에 대해서는 원칙적으로 정량적 측도를, 산림의 군락구분 등에 대해서는 정성적 측도를 실시하도록 한다.

2) 특유 식생

땅밀림지에 생육하는 특유의 식생에 대해서는 다음 항목에 대하여 그 실태를 조사하도록 한다.

① 입목조사

땅밀림지의 입목은 이상이 나타나는 경우가 많기 때문에 특히 유의하도록 한다. 즉, 고사, 수간의 갈라짐, 뿌리의 휨, 튀어 오름, 기울어짐(방향 : 산정 또는 골짜기 방향, 등고선 방향, 사향, 방사선 모양, 불규칙) 등이다.

② 초본 및 관목조사

땅밀림지 내에 위치하는 습지대에는 습지 특유의 식생이 분포하는 경우가 많다. 즉, 땅밀림 발생지에는 늪이나 습지가 많이 발생하며, 땅밀림지 특유 식생으로 늪에는 수생식물, 늪이 건조한 적지에는 습지식물, 땅밀림의 부동기간이 길어지면 습성의 목본이 침입하여 생육하고 있다.

표 6-3. 습지대의 식물

분류	성질	종류
수생식물	· 뿌리가 토양에 붙어있지 않는 것 : 부유식물 · 뿌리가 토양에 붙어있는 것 　- 몸의 일부분이 수면에 있는 것 : 침수식물 　- 잎이 수면에 떠있는 것 : 부엽식물 　- 몸의 대부분이 공중에 있는 것 : 추수식물	개구리밥 검정말, 말즘 마름, 어리연꽃 갈대, 부들
습성식물	· 저습지, 상수가 있는 곳 : 추수식물 (육화가 진행되면, 우점종이 갈대 → 물억새 → 참억새로 이행됨)	부들, 줄, 매자기, 큰고랭이
습지에 강한 목본류	· 버드나무류, 들메나무, 느릅나무, 칠엽수, 계수나무 등	

3.4.4. 수문조사

수문조사는 지표수문 및 지하수문의 수량을 지표에서 파악할 수 있는 범위에서 조사하도록 한다.

[해설]

1) 수문조사

수문조사는 수문지질에서 취급하는 내용을 중심으로 실시하며, 지하수 노두(露頭 : 늪, 골짜기, 습지, 용출수, 계류수, 복류수, 투수층·불투수층의 분포, 성상) 등을 조사하도록 한다.

2) 현지답사

현지답사에서는 필요에 따라 휴대용 측정기를 이용하여 필요에 따라 수온, 수위, 수량, pH, RpH, 용존산소 및 전기전도도 등을 측정하도록 한다.

3.4.5. 정리

현지답사의 성과는 지형도 등에 적절하게 정리하도록 한다.

[해설]

현지답사의 성과는 땅밀림 현상이 특유한 지표의 지형, 지질, 식물을 지형도에 표시하고, 답사지점의 기록사진과 함께 정리하여 이후의 블록구분이나 조사의 종류를 선정하는 데에 사용한다.

그리고 이후에 진행될 각 단계에서도 이용되기 때문에 사업에 필요한 정보에 대해서도 정리하도록 한다.

3.5. 자연환경영향조사

3.5.1. 목적

> 자연환경영향조사는 땅밀림방지사업의 대상지 및 그 주변의 자연환경 등을 파악하여 방지계획, 설계 등에 필요한 기초자료를 얻는 것을 목적으로 실시한다. 그리고 조사는 다음과 같은 내용을 기준으로 하며, 필요에 따라 선택한다.
> ① 식물조사 ② 동물조사 ③ 수질환경조사

[해설]

1) 범위 등

자연환경조사는 땅밀림방지사업과 자연환경이 조화를 이루기 위하여 필요에 따라 실시하며, 대상지는 땅밀림구역, 시설물 설치구역, 잔토 적치장 및 가설 공작물 설치구역 등으로 하고, 그 주변이란 땅밀림방지사업에 의하여 영향을 받을 것으로 예상되는 충분한 범위로 한다.

2) 조사 요소

자연환경영향조사는 귀중한 동·식물의 생식, 생육상황 및 수질변화 등, 땅밀림방지사업을 계획, 설계하는 데에 귀중한 요소에 대하여 조사·파악하도록 한다.

3.5.2. 식물조사

> 식물조사는 문헌 및 청취에 의하여 실시하며, 필요에 따라 현지조사를 실시하도록 한다. 그리고 조사대상은 육상식물 및 수생식물로 한다.

[해설]

1) 방법 및 내용

문헌 및 청취조사에 의하여 식물상, 식물분포, 희귀종 및 희귀군락 등을 파악하도록 한다.

2) 현지조사

현지조사는 문헌·청취조사의 성과를 참고로 하여 주로 답사에 의하여 실시하며, 식물조사는 육상식물 및 수생식물을 조사대상으로 한다. 그리고 희귀군락, 희귀종에 대해서는 필요에 따라 전문가의 의견을 참고로 하여 상세조사를 실시하도록 한다.

① 현지조사의 시기

조사시기는 식물종 및 분포상황을 파악할 수 있는 시기로 한다. 따라서 일반적으로 식물의 활동안정기에 실시하지만, 종의 동정이 곤란한 식물은 개화시기에 실시하도록 한다.

② 현지조사의 수법

현지조사의 방법에는 방형구법, 접선법, 포인트법 및 간격법 등이 있지만, 식생조사의 기본적인 방법은 방형구법이 가장 널리 사용되고 있다.

3.5.3. 동물조사

동물조사는 문헌 및 청취에 의하여 실시하며, 필요에 따라 현지조사를 실시한다. 그리고 조사대상은 포유류, 조류, 파충류, 양서류, 어류 및 곤충류 등으로 한다.

[해설]
1) 문헌 및 청취조사
동물의 생식종, 분포상황 및 희귀종의 생식상황 등을 파악하도록 한다.

2) 현지조사
현지조사는 문헌·청취조사의 성과를 참고로 하여 주로 답사에 의하여 실시하도록 한다. 그리고 희귀종에 대해서는 필요에 따라 전문가의 의견을 참고로 하여 희귀의 내용·정도, 생식수, 생식밀도, 번식상황 및 행동권 등에 대하여 상세하게 조사를 실시하도록 한다.
① 현지조사의 시기
대상 동물의 특성에 따라 시기를 선정하는 것이 바람직하다. 예를 들면, 조류는 번식을 위한 활동시기나 이동시기에 실시하며, 포유류의 발자국조사는 적설시기에 실시하도록 한다.
② 주요 조사방법
포유류의 경우, 중대형 포유류는 흔적법으로, 소형 포유류는 포획법으로 실시하고, 조류는 라인센서스와 정점법(定点法)으로, 양서류와 파충류는 직접관찰법으로 각각 실시한다. 그리고 어류는 채집법, 곤충류는 임의채집법이나 트랩에 의한 채집법으로 실시한다.

3.5.4. 수질환경조사

수질환경조사는 원칙적으로 현지조사에 의하여 실시한다. 그리고 조사항목은 땅밀림방지사업의 시행에 의하여 변화할 가능성이 있는 항목으로 한다.

[해설]
땅밀림방지사업의 시행에 따라 발생할 수 있는 수질변화는 ① 토지의 형질변경에 의한 하류의 탁수 발생, ② 지하수 배제 등에 동반되는 용해물질의 유출 등을 생각할 수 있지만, 사업의 내용과 하류지역의 물이용 상황 등에 따라 필요한 항목을 선택하도록 한다.

3.5.5. 정리

> 조사의 성과는 땅밀림방지사업에 관계되는 자연환경의 실태를 파악할 수 있도록 정리하고, 필요에 따라 예측을 실시하여 사업의 계획, 설계에 이용될 수 있게 정리하도록 한다.

[해설]

1) 생태

땅밀림지대에 생육하고 있는 식물과 동물에 대하여 사업실시계획과 사업실시방법을 검토하도록 한다.

① 식물
- 사업실시계획의 검토 : 희귀종(군락)의 보전, 종래환경의 배려, 산림조성에 의한 환경복원
- 사업실시방법의 검토 : 벌채 및 지형개변의 최소화 방안

② 동물
- 사업실시계획의 검토 : 희귀종의 보전, 보전시설 설치, 산림조성에 의한 환경복원
- 사업실시방법의 검토 : 번식기를 배려한 공기·공법의 검토, 벌채 및 지형개변의 최소화

2) 수질

수질은 ① 공사에 의한 탁수, ② 시설로부터의 유해물질의 용출, ③ 녹화공용 비료 등으로부터의 화학물질의 용출 및 ④ 산림에 의한 수질의 정화 등에 대하여 구체적으로 정리하도록 한다.

3) 경관

경관은 ① 시설의 구조, 색채 검토, ② 목재, 자연석, 화장형 틀 사용, ③ 식생에 의한 피복, 수경 및 ④ 재래식물의 사용 등에 대하여 정리하도록 한다.

3.6. 지형측량

3.6.1. 목적

> 지형측량은 땅밀림에 의하여 발생한 지표변화 및 그 주변 지역의 지형을 파악하고, 땅밀림 지형의 특징을 지형도에 정확하게 도시하는 것을 목적으로 실시한다.

[해설]

땅밀림지의 지형측량은 항공사진 및 항공사진을 도화한 지형도를 참고로 하여 땅밀림

의 영향을 받는 범위를 포함한 땅밀림 지형 특유의 움직이지 않는 지점(不動地), 활락애, 균열, 늪, 오목지형(凹地), 융기지대, 단층 등의 위치·방향 및 용출수 지점, 보전대상 등을 측량하도록 한다.

이상의 현상은 땅밀림의 형태, 범위, 이동방향 등을 파악하는 데에 매우 중요한 사항이다. 따라서 측량의 범위는 땅밀림의 영향 범위를 포함하여 여유 있게 설정하도록 한다.

3.6.2. 측량방법

지형측량은 그 목적을 달성하기 위하여 적절한 방법을 사용하도록 한다.

[해설]

측량을 실시할 때에는 땅밀림지 이외의 지반이 움직이지 않는 부동지점을 설정하여 땅밀림의 이동 후에도 이전의 위치가 파악될 수 있도록 하고, 이를 각 조사의 측선기준으로 사용한다. 그리고 측량의 범위는 설계대상인 땅밀림지 및 그 주변을 포함하여 시공의 범위, 지형의 상황 등을 파악할 수 있는 범위에 대하여 실시하도록 한다.

1) 평면측량

평면측량은 붕괴지 등의 형상, 면적, 지황 및 주변의 지형조건 등을 파악하여 공종의 배치 및 각 공종의 수량 등을 결정하기 위하여 실시하며, 측량결과에 따라 평면도와 공종배치도를 작성한다. 그리고 목적에 따라 적절한 기기와 측량방법을 채택하고, 측점은 땅밀림지 등의 형상, 지황, 주변의 지형조건 등을 파악할 수 있도록 선정하며, 기타 측량의 기점으로 사용하는 경우가 있으므로 가능하면 움직이지 않는 지점에 설치한다. 또한, 기준점은 지형도에 명시되어 있는 지점·지물에 설치하지만, 수준점 또는 삼각점이 근처에 있는 경우에는 이를 기준점으로 한다.

한편, 평면도에는 방위·축척·표고·등고선·땅밀림방지공사 계획지 및 기시공지 등과 같이 설계에 필요한 것을 기입하며, 공종배치도에는 측점·시점·방위·축척·계획·기설 공작물의 제원 등과 같이 설계에 필요한 것을 기입하도록 한다. 그리고 공작물의 설계가 결정되었을 때에는 그 제원을 기입하지만, 평면도에 상세한 사항을 기입할 수 없는 경우에는 공종배치도를 겸할 수 있도록 한다. 또한, 평면도와 공종배치도의 축척은 그 목적과 범위에 따라 적절한 축척을 선택하지만, 통상 평면도는 1/2,000~1/500, 공종배치도는 1/500~1/200로 한다.

2) 종단측량

종단측량은 땅밀림지의 주요한 종단지형을 측정하여 종단방향에 있어서의 공종의 배치와 규모 등을 결정할 목적으로 실시하며, 측량결과에 따라 종단면도를 작성한다. 그리고 각 땅밀림방지공사의 배치·규모·절취토사량을 산정하는 인자가 되기 때문에 측선은 이를 고려하여 결정하며, 측점은 지형의 변곡점, 공종의 배치, 토지구분의 변화 등을 고려하여 선정할 필요가 있다.

한편, 종단면도에는 측점·수평거리·수평누가거리·수직거리·수직누가거리·산복경사·기점·축척·계획 및 기설 공작물의 제원 등과 같이 설계에 필요한 것을 기입하고, 공작물의 설계가 결정되면 그 제원을 기입한다. 또한, 횡단면도의 축척은 수평과 수직 모두 공종배치도의 축척과 같게 하지만, 비탈면의 절취토량을 산정하기 위한 종단면도는 횡단면도의 축척과 같게 한다.

3) 횡단측량

횡단측량은 땅밀림지의 횡단방향에 대한 기복량 및 거리를 측정하여 공작물의 형상과 규모 등을 결정하기 위하여 실시하며, 측량결과에 근거하여 횡단면도를 작성하도록 한다. 그리고 평면측량 및 종단측량에 의하여 공작물의 위치와 높이가 결정된 지점을 대상으로 횡단방향의 고저차 및 거리를 측정한다. 특히, 횡단측량은 흙막이 등의 구조 및 비탈면 땅깎기 등의 수량의 적산기초가 되는 것으로, 흙막이 등의 구조 및 기초터파기의 깊이를 결정하는 근거가 되며, 구조물의 안정도에 영향을 미치므로 측선방향이 틀리지 않게 주의하여야 한다.

한편, 측점은 종단측량에 준하여 설정하며, 정확한 수량을 산출할 수 있도록 측량한다. 그리고 횡단면도의 축척은 목적과 범위에 따라 다르지만, 일반적으로 1/100이 주로 사용되며, 필요에 따라서는 1/50~1/10 또는 1/200이 사용되기도 한다.

3.6.3. 지형도 작성

지형도는 개략조사의 결과에 근거하여 땅밀림지 및 그 주변지역의 필요범위에 대하여 작성하도록 한다.

[해설]

지형도의 작성범위는 땅밀림 블록을 포함한 땅밀림지 전체를 대상으로 한다. 그리고 지형도에는 조사 및 대책에 필요한 사물을 기입하고, 지형적으로도 땅밀림 운동블록을 분할할 수 있는 정밀도와 범위에서 작성하도록 한다. 또한, 지형도의 축척은 원칙적으로 땅밀림의 길이가 200m 이하인 경우에는 1/500 정도, 200m 이상인 경우에는 땅밀림 전체를 나타내는 것은 1/1,000~1/3,000, 부분을 나타내는 것은 1/500 정도로 작성하도록 한다.

특히, 면적이 큰 경우에는 전술한 축척보다 작게 전체 지역을 작성하고, 대상으로 하는 땅밀림 블록 및 그 주변부에 대해서는 전술한 축척과 같게 작성하도록 한다. 이때 도시하여야 할 항목은 민가, 도로, 각종 구조물, 하천(계류를 포함), 늪, 습지, 균열, 활락애, 식생(교목, 관목 등), 논 및 밭 등이다.

한편, 주변부에 있는 과거에 발생한 땅밀림지를 포함한 광범위한 지형도를 별도로 작성해 두면 유용하게 활용할 수 있다.

3.6.4. 정리

측량의 성과에 근거하여 평면도를 작성하도록 한다.

[해설]

평면도에는 측량한 지형적 특징 및 보전대상의 관계를 기재하도록 하고, 축척은 땅밀림지 블록의 면적, 보전대상의 중요도·위치 등을 고려하여 적절하게 결정하도록 한다.

한편, 측량성과에 근거한 평면도에는 해당 시점까지 판명된 기본적 사항 및 기타 중요사항을 기재하도록 한다.

3.7. 지표이동량조사

3.7.1. 목적

지표이동량조사는 지표에 있어서 땅밀림의 이동량을 파악하는 것을 목적으로 한다. 그리고 조사는 다음의 내용을 표준으로 하여 현지의 상황에 따라 선택한다.
① 표식관측 ② 지표신축계 ③ 지반경사계

[해설]

지표이동량조사는 땅밀림 구역의 이동범위 및 상황을 파악하기 위하여 기구조사에 앞서 실시하는 것으로, 필요에 따라 표식관측, 지표신축계, 지반경사계 등에 의하여 계측하도록 한다.

3.7.2. 표식관측

표식에 의한 관측은 땅밀림지 내외의 지표면에 설치한 표주나 표식을 측량하여 땅밀림의 범위, 이동방향 및 이동속도 등을 파악하는 방법이다.

[해설]

표식관측에는 간이변위판, 표주·표식관측이 있으며, 현지상황 등에 따라 적절한 방법을 사용하고, 관측결과는 평면도, 이동량측정도 등에 정리하도록 한다.

1) 간이변위판

간이변위판은 재해가 발생한 직후에 신축계나 경사계를 신속하게 설치하지 못할 경우 등에 있어서 땅밀림의 표면적인 이동속도, 이동방향 등을 파악하는 것이다. 즉, 땅밀림 균열 주변부에 말뚝을 설치하고, 양끝에 못 등으로 관판(貫板)을 고정한 후에 중앙에 기준 눈금을 표시하여 변동량을 이동의 정도에 따라 적당한 시간별로 측정하는 방법으로, 설치가 용이하기 때문에 널리 이용되고 있다.

2) 표주·표식관측

표주·표식관측은 주로 땅밀림의 이동방향이 명확하지 않은 경우나 이동이 심한 경우에 사용하는 방법으로, 표주나 표식을 설치한 후에 측량 등에 의하여 땅밀림의 이동실태를 파악하는 것이다. 그리고 관측에는 다양한 측량방법이 사용되고 있지만, 일반적으로는 다음과 같은 방법이 자주 이용된다.

① 시준측량과 고저측량

땅밀림지 주변의 지반이 움직이지 않는 지점의 양쪽에 측점을 설치한 후, 그것들을 연결하는 시준선 상의 땅밀림지 안쪽에 표식을 설정하고, 일정 기간 후에 측량을 반복하여 시준선으로부터의 변위를 파악한다.

사용하는 측량기기는 토털스테이션, 광파측거기 등으로 하고, 이동량이 적은 경우에는 측표에 표식을 세워 시준선으로부터의 거리를 줄자로 측정한다. 또한, 이동량이 큰 경우에는 각도에 의한 측량이 적합하다. 한편, 표주의 침하 또는 융기량을 레벨 등으로 측량하여 기준점으로부터의 변화량을 관측하면, 3차원적으로 이동량을 파악할 수 있다.

② 삼각측량 등에 의한 방법

표주 또는 표식을 지반이 움직이지 않는 지점에 설치한 2개소 이상의 측점으로부터 삼각측량 등에 의하여 측량을 실시하고, 일정기간 후에 측량을 반복하여 이동량을 파악한다.

이 방법은 트랜싯, 토털스테이션 및 광파거리측량기 등에 의하여 위치를 측량하고, 고저차는 레벨측량에 의하여 실시한다. 비교적 간단하게 이동량을 파악할 수 있다는 장점이 있지만, 땅밀림의 범위가 넓은 경우에는 측선이 길어지기 때문에 오차가 커지게 된다.

③ 항공사진

땅밀림지 내외에 다수의 측표를 설정하여 항공사진을 촬영하고, 일정기간이 경과한 후에 재촬영한 항공사진 또는 도화한 지형도를 비교하여 이동량을 파악한다. 이 경우, 항공사진의 축척은 일반적으로 땅밀림의 이동이 심한 경우에는 1/3,000~1/5,000, 이동이 적은 경우에는 1/500~1/1,000(헬리콥터에 의한 촬영)로 하는 경우가 대부분이다.

④ GPS측량

GPS측량은 인공위성의 반송파를 받아 위치를 계측하는 것으로, 단독측위와 DGPS 및 간섭측위가 있다. 일반적으로 측량 등에 사용하는 GPS는 간섭측위로, 이것을 좁은 의미에서의 GPS라고 한다.

이 방법은 복수의 지점에 측량기기를 설치한 후, 4개 이상의 위성으로부터 받은 도달 전파의 위상 차이를 해석하여 측량기기 사이의 상대위치를 매우 높은 정밀도로 구할 수 있는 측량방법이다. 이 상대위치와 이미 알고 있는 지점의 좌표 값으로부터 파악하려는 지점의 좌표 값을 구할 수 있다. 측량 정밀도는 약 1/1,000,000이고, 거리 10km에서 오차 1cm 정도이다.

한편, 이 방법에는 다음과 같은 측정방법이 있다.
- 정지측위(Static survey) : 정적 간섭측위라고도 하며, 1개소를 측정하는 데에 몇 10분에서 몇 시간이 소요된다. 그리고 정밀도는 1cm이고, 후처리방식이다.
- 키네매틱측위(Kinematic survey) : 전파를 수신하면서 이동하는 과정에서 필요한 지점을 측정하는 방법으로, 정밀도는 3cm이고, 후처리방식이다.
- 실시간 키네매틱측위 : 키네매틱측위방식으로, 실시간적으로 측정할 수 있으며, 정밀도는 3cm이다.

[참고]
○ 레이저 프로파일러

레이저 프로파일러는 레이저 측거기를 헬리콥터 등에 탑재하여 헬리콥터 등의 위치, 높이를 GPS에 의하여 측정하고, 레이저를 지표면에 주사시켜 상세한 지형도를 작성하는 방법이다.

이 방법은 일정한 시간적 간격을 두고 측정하여 지형도를 작성하고, 특징이 있는 지물 또는 표식에 따라 이동량, 이동방향 등을 동시에 파악하도록 한다. 특히, 흙덩이의 이동량(특히 땅밀림 말단부 등의 붕괴와 계류로의 유출, 퇴적상황 등)을 파악하는 데에 유효하다.

○ 항공LiDAR측량

항공LiDAR측량은 소형 비행기나 헬리콥터 등에 탑재된 LiDAR 광파거리 측량장치로부터 펄스(pulse) 레이저광을 발사하여 그 반사광으로부터 지형의 형상을 계측하는 것으로, 기체의 위치정보 등을 해석하면 3차원 좌표를 구할 수 있다.

이 측량은 주로 땅밀림이 광범위하게 발생하거나 현지 출입이 곤란한 경우에 사용되며, 지상측량에 비하면 효율적으로 작업할 수 있다.

3.7.3. 지표신축계

지표신축계에 의한 관측은 지표면의 압축·인장의 움직임을 두 지점 사이에 설치한 와이어로 측정하여 땅밀림의 이동시기, 이동량 등을 파악하는 방법이다.

[해설]

1) 계측기의 설치

계측기는 원칙적으로 움직이지 않는 지반을 설치지점으로 하며, 땅밀림의 이동방향에 평행하게 인바선 등을 설치한다. 그리고 땅밀림 블록 전체의 움직임을 포착하려고 할 경우, 장대사면 등에는 복수의 지표신축계를 연속적으로 설치하는 경우도 있다.

2) 사용기기

땅밀림의 경시적인 변동을 파악하기 위하여 일반적으로는 자기기록계가 이용되고 있다.

3.7.4. 지반경사계

지반경사계에 의한 관측은 지표면의 경사변동을 고감도의 경사계로 측정하여 땅밀림의 이동상황을 파악하는 방법이다.

[해설]

1) 지반경사계

지반경사계는 곡률반경이 큰 수준기를 이용한 수관식(水管式) 경사계가 일반적으로 사용되며, 이 방식의 경사계는 수준기를 2개를 T자형으로 직교시키고, 1개를 남북에 일치하도록 설치한다.

이 방법은 관측시점별 수치의 차이를 경사량으로 하고, 동서·남북의 경사량을 합성하면, 해당 지점에 있어서의 관측기간 중의 경사방향과 경사량을 측정할 수 있고, 특히 곡률반경이 크기 때문에 비교적 작은 변동을 파악할 수 있다는 장점을 갖고 있다.

2) 수관식 경사계

이 경사계는 고감도이기 때문에 일반 자연현상이나 지역 특유의 경사 등과 같은 땅밀림 변동 이외의 노이즈도 포착되므로, 그 노이즈를 제거하고, 땅밀림에 의한 변동만을 측정하여야 한다. 따라서 각 측정지점의 땅밀림지 내외에 경사계를 설치하여 포기할 기준 값을 설정하여야 한다.

한편, 수관식 경사계의 사용목적은 지표에 이동징후가 출현하지 않는 작은 움직임을 파악하는 것이므로, 매우 움직임이 작은 땅밀림의 범위를 결정하거나 일단 땅밀림이 정지한 후에 재차 이동하는 징후를 파악할 때 등에 이용한다. 다만, 이동하는 흙덩이가 회전운동을 동반되지 않는 평판 땅밀림에 대해서는 감도가 낮기 때문에 주의를 요한다.

3.7.5. 정리

지표이동량조사의 성과는 각 조사의 상호 관련성을 정리하여 이동량, 이동방향 및 이동범위 등을 적절한 도표 등에 정리하도록 한다.

[해설]
지표이동량조사는 땅밀림의 이동방향, 범위 등을 파악하기 위하여 실시하기 때문에 이후의 작업인 블록을 구분하거나 조사종류의 선정 등에 사용할 수 있게 정리하도록 한다.

3.8. 실태조사의 정리

실태조사의 성과는 지형도, 지층지질도, 개황지질단면도 및 이동상황도 등에 정리하여 이후의 조사방향을 설정하는 데에 사용할 수 있게 정리하도록 한다.

[해설]
실태조사의 정리는 지상에서 실시한 각종 조사를 총 정리하는 것으로, 이후에 계속되는 각종 조사의 근거가 되는 것이다.

1) 지형도

일반적인 조사의 지형도는 주로 기존의 항공사진을 도화한 것을 사용하지만, 이는 땅밀림조사의 지형도에 필요한 정보를 얻을 수 없는 경우가 많다. 따라서 땅밀림에 대한 지형도를 작성할 때에는 현지답사, 측량 등에 의하여 획득한 결과를 도화한 지형도에 표시하거나 또는 땅밀림의 지형적 특성 등을 파악할 수 있도록 대축척의 항공사진을 새롭게 촬영하여 보완하는 것이 바람직하다.

즉, 지형도에는 활락애, 균열, 땅밀림의 이동범위, 땅밀림 블록의 범위, 용출수 지점, 저수지, 늪, 습지 및 설단부 등과 같은 필요한 정보를 도시하고, 지형측량 등에 근거한 성과를 기재하도록 한다.

2) 표층지질도

지형도에는 현지답사 시에 실시한 노두조사에 의하여 판명된 표층지질의 분포상황을 명시하도록 한다.

즉, 암질, 암상, 파쇄대, 단층선, 배사(背斜)·향사축(向斜軸), 지층의 주향(走向)·경사 등을 기입하도록 한다.

3) 개황지질단면도

지층지질도를 작성한 후에는 대표적인 단면을 선택하여 현지답사에서 판명된 범위 내에서 개황지질단면도를 작성하도록 한다. 이때 축척은 표층지질도와 동일하게 하여 두 지도가 대비될 수 있도록 한다.

그리고 개황지질단면도에는 지층의 층서, 단층면의 경사각도, 배사·향사의 상황, 화성암의 관입상황 등을 기입하도록 한다.

4) 지질주상도

땅밀림지의 대표적인 지점을 다수 선정한 후, 현지답사 시에 노두조사에 의하여 판명된 지층의 층서에 따라 지질주상도를 작성하도록 한다.

개황지질단면도 및 지질주상도는 기구조사에 있어서의 보링조사, 물리탐사 등의 결과에 근거하여 보다 정확한 그림이 될 수 있도록 한다.

5) 이동상황도

이동상황도에는 지형측량 등에 근거한 성과, 간이변위판, 표식관측, 지표신축계, 지표경사계에 의하여 판명된 이동상황 등을 기입하도록 한다.

3.9. 땅밀림 블록구분의 파악

실태조사의 결과, 즉 예비조사나 현지답사에 의하여 파악된 상부의 활락애, 균열, 땅밀림 하단, 지형적 특징 및 지표이동량조사에 의하여 파악된 이동범위, 이동방향, 이동상황 및 땅밀림의 긴급성, 중요도 등을 충분히 고려하여 땅밀림 블록을 구분하도록 한다.

[해설]

땅밀림 블록을 구분하는 수순은 우선 지형도나 항공사진에 의하여 땅밀림지의 개요를 정하고, 현지답사에 의하여 땅밀림 블록의 범위와 안정·불안정 블록의 세분화 및 땅밀림의 영향범위 등을 확인한다. 이어서 활락애·균열의 연속성 등을 상세하게 검토한 후, 이동방향, 이동상황, 긴급성, 중요도 등을 땅밀림별로 파악하여 블록구분을 실시한다.

한편, 땅밀림 블록구분은 이어서 실시되는 땅밀림조사의 기본단위로 활용하도록 한다.

1) 운동블록의 분할

　운동블록은 땅밀림지역을 몇 개의 운동블록으로 분할하도록 한다. 그리고 분할된 블록은 땅밀림조사 및 대책의 하나의 단위가 되기 때문에 운동 면에서의 특징은 물론, 지질과 지형 및 피해 등을 고려하여 결정한다.

　또한, 분할하는 방법은 미지형과 운동의 상황에 따라야 하며, 하나의 머리부분을 포함한 사면과 인장균열에 포함된 사면을 하나의 단위로 한다. 특히, 블록의 숫자가 많을수록 대책공사의 계획이나 실시가 곤란해지므로 가능하면 정리하는 것이 바람직하다.

2) 조사측선 설정

　조사의 주측선은 땅밀림 운동블록의 지질, 지질구조, 지하수 분포, 지표변동 및 활동면 등을 구체적으로 확인할 수 있고, 대책의 기본계획과 기본설계를 실시하는 데에 적합한 위치 및 방향에 설정하도록 한다.

　그리고 보조측선은 지질의 구조 및 지하수 분포 등에 대하여 보조적으로 조사할 필요가 있는 경우에 설정하는 측선으로, 원칙적으로 주측선에 평행하게 설정하도록 한다.

3) 조사측선의 설정사례

　주측선은 일반적으로 땅밀림 블록의 중심부에서 운동방향에 거의 평행이 되게 설정하지만, 사면의 상부와 하부의 운동방향이 다른 경우에는 꺾은선(折線) 또는 곡선이 되어도 무난하며, 땅밀림블록이 2개 이상인 경우에는 주측선도 2개 이상 설정하도록 한다.

　또한, 땅밀림 블록의 폭이 100m 이상인 넓은 지역에서는 주측선의 양쪽에 50m 이내의 간격으로 보조측선을 설정하는 경우가 많다.

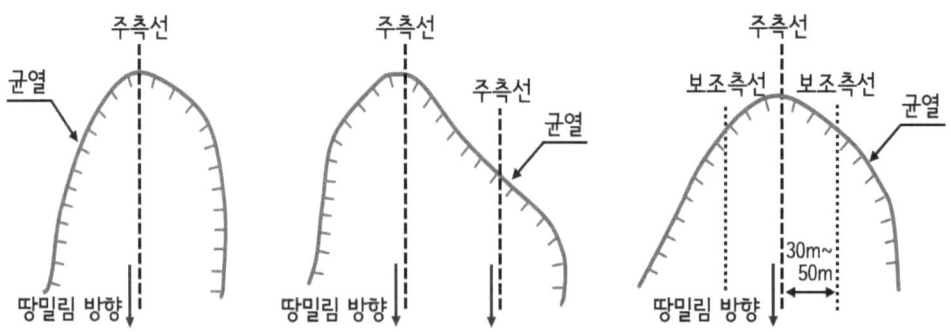

그림 6-4. 조사측선의 설정방법
(보조측선 사이의 간격은 30~50m(최대 50m)로 한다)

제4절 기구조사

4.1. 총칙

> 기구조사는 땅밀림 블록의 이동구조를 해명하고, 땅밀림 활동에 영향을 미치는 여러 요인을 정량적으로 파악하기 위하여 실시하는 것으로, 땅밀림방지공사의 공종, 공법을 결정하는 기초자료를 얻는 데에 매우 중요하다.

[해설]

실태조사는 주로 지표면의 상황이나 현상을 파악하는 것을 주목적으로 하지만, 땅밀림은 지하의 깊은 곳에서 일어나는 현상이므로, 실태조사만으로는 기구를 해명하기 곤란하다. 따라서 기구조사에 의하여 실태조사에서 판명된 사실을 기초로 입체적인 조사를 실시하여 불확실한 부분을 보완하고, 땅밀림의 기구를 규명하도록 한다.

1) 조사 상호의 관련성

각종 조사는 조사대상이나 판정지표가 다르기 때문에 상호간에 직접적인 관련성이 없는 것 같이 보인다. 그러나 땅밀림 기구는 각종 조사결과를 종합적으로 해석하여야만 해명할 수 있으므로, 비록 각각의 조사성과가 점적일지라도 상호 관련성을 잘 해석하여 선적·면적, 나아가 입체적인 해석이 이루어질 수 있게 노력하여야 한다.

2) 조사의 종류 선정

땅밀림조사는 땅밀림방지공사를 실시하기 위한 것이므로, 가장 효과적이고도 경제적인 공종·공법을 결정할 수 있는 기구조사의 종류를 선정하도록 한다.

3) 조사목적의 일관성

기구조사의 모든 조사가 최종단계의 결론에 직결된다고는 할 수 없지만, 항상 최종목표를 명확하게 설정한 후에 일관성 있게 진행되어야 한다.

4.2. 기구조사의 종류

> 기구조사는 ① 조사측선의 선정, ② 지질구조조사(물리탐사, 보링조사, 물리검층), ③ 토질특성조사(관입실험, 토질·암석실험, 점토광물실험, 연대측정조사, 시굴관찰조사), ④ 수문조사(기상조사, 지하수조사) 및 ⑤ 땅밀림 동태조사(지표이동량조사, 지중변동량조사) 등을 표준으로 하여 현지의 상황에 따라 적절하게 선택한다.

[해설]

기구조사는 땅밀림에 간접적 또는 직접적 영향을 주거나 줄 가능성이 있는 자연현상의 물리적 성질을 포착하는 것을 조사의 목적으로 하며, 다음과 같이 분류된다.

1) 조사측선의 선정
   기구조사 등의 기준선을 설정하기 위하여 실시한다.

2) 지질구조조사
   땅밀림지와 그 주변 지역의 지하구조를 조사하여 지질, 활동면 위치나 땅밀림지의 형태 등을 입체적으로 파악하기 위하여 실시한다.

3) 토질특성조사
   땅밀림지의 흙의 물리적 및 역학적 성질을 파악하여 땅밀림의 안정해석, 땅밀림방지공사의 설계에 필요한 기초자료로 사용한다.

4) 수문조사
   땅밀림지로 지하수가 유입되거나 땅밀림지로부터의 유출 및 지하수위의 현황 등을 파악하기 위하여 실시한다.

5) 땅밀림 동태조사
   땅밀림의 표면적인 이동상황, 활동면의 위치, 지중변동량 및 이동층의 변위 등을 파악하기 위하여 실시한다.

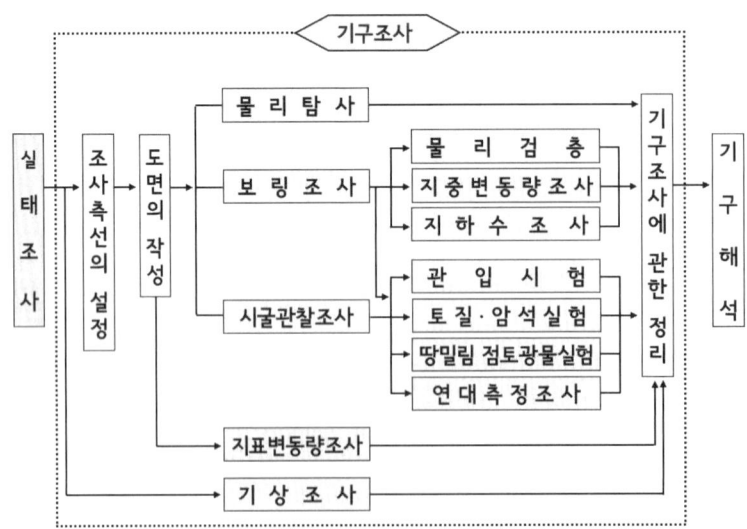

그림 6-5. 기구조사의 실시 흐름도

4.3. 조사측선의 설정

4.3.1. 목적

> 땅밀림조사의 조사측선은 땅밀림 블록을 입체적으로 파악할 목적으로 기구조사 등의 기준선으로 설정하도록 한다.

[해설]
　조사측선의 설정은 땅밀림 조사 및 설계·시공 등의 성패에 중요한 영향을 미치기 때문에 신중하게 설정하도록 한다.

4.3.2. 주측선의 설정

> 땅밀림조사의 주측선은 실태조사의 성과를 근거로 하여 땅밀림 블록을 대표하는 위치에 설정하도록 한다.

[해설]
1) 주측선의 설정
　주측선은 실태조사의 측선망과 안정해석의 기준선이 되기 때문에 해당 블록을 대표하는 위치에 설치하여야 한다. 특히, 주측선의 설정은 땅밀림 기구의 해명 혹은 정밀도에 관계가 있으며, 그 결과가 땅밀림방지공사의 경비 등에 크게 영향을 미치므로, 측선의 위치, 방향 및 길이를 결정할 때에는 신중히 검토하여야 한다.

2) 주측선의 위치
　① 주측선의 위치 및 방향은 각종 실태조사에서 파악된 이동범위 및 이동방향에 근거하여 땅밀림 블록 중심부의 이동방향에 평행이 되게 설치한다.
　② 측선은 원칙적으로 직선으로 하지만, 사면의 상부와 하부의 움직임의 방향이 크게 다를 경우에는 절선으로 할 수도 있다.
　③ 주측선의 길이는 최상부의 균열, 최하부의 융기부위 또는 활동면의 말단부위 중에서 안정해석에 반드시 필요한 지점을 포함하고, 충분한 여유 길이로 한다.
　④ 주측선의 기준점은 나중에 조회가 가능하게 원칙적으로 부동지점에 설치하도록 한다.

4.3.3. 보조측선의 설정

> 땅밀림조사의 보조측선은 주측선만으로는 충분한 조사결과를 얻을 수 없는 경우에 설치하도록 한다.

[해설]
1) 보조측선

　　보조측선은 땅밀림의 블록이 크거나 복잡하여 주측선만으로는 충분한 조사성과를 얻을 수 없는 때에 설치하고, 종단 및 횡단 보조측선으로 구분하여 설정한다.

2) 종단 보조측선

　　종단 보조측선은 주측선과 평행이 되게 설치하며, 그 기준점 등은 주측선에 준하여 설치하도록 한다. 그리고 종단 보조측선은 삼차원안정해석 등의 측선으로도 이용되기 때문에 측선의 위치, 방향 및 길이 등을 결정할 때에는 충분한 검토가 이루어져야 한다.

3) 횡단 보조측선

　　횡단 보조측선은 주측선을 보조하는 측선으로, 땅밀림의 형태를 입체적으로 파악할 수 있는 위치에 주측선에 직각방향이 되게 설치한다. 그리고 길이는 땅밀림의 측벽이나 땅밀림 범위를 파악하는 데에 충분하도록 설정한다.

4.3.4. 측선측량

　　측선측량은 측선에 따라 실시하는 종단측량을 기본으로 하며, 필요시에는 횡단측량을 실시하도록 한다.

[해설]
　　측선측량은 균열, 융기지점, 활락애의 높이 등, 미지형을 정확하게 나타낼 수 있도록 하고, 측선측량은 평면측량, 종단측량 및 횡단측량을 실시한다.

4.3.5. 도면 작성

　　도면은 다음과 같은 내용을 포함하여 작성하도록 한다.
　　1) 측선측량의 성과에 근거하여 평면도를 작성하고, 평면도에는 주측선, 보조측선 등을 표시한다.
　　2) 종단측량 및 횡단측량 결과에 근거하여 종단면도 및 횡단면도를 작성한다.

[해설]
　　실태조사의 성과에 의하여 작성된 지형도는 측선측량의 성과에 근거하여 수정하는 경우도 있다. 그리고 작성하는 도면의 축척은 1/500을 표준으로 하며, 종단면도 및 횡단면도에 있어서 수평, 수직 모두 평면도와 동일하게 작성한다.

　　땅밀림 블록이 크고, 필요한 사항의 표시가 충분할 경우 1/1,000~1/2,000로 하며, 땅밀림 블록이 적거나 필요한 사항을 확대하여 표시할 경우 1/200~1/500로 작성한다.

4.4. 물리탐사

4.4.1. 목적

> 물리탐사는 탄성파, 전기 및 온도의 전달, 전자파 또는 지하방사능 등의 물리현상을 관측하여 지질구조, 지하수의 부존상태 등을 파악하는 것을 목적으로 실시한다. 그리고 조사는 ① 탄성파조사, ② 전기탐사, ③ 지온탐사, ④ 자연방사능탐사, ⑤ 전자탐사 및 ⑥ 리모트센싱 등을 표준으로 하며, 현지의 상황에 따라 선택한다.

[해설]

물리탐사는 지하의 암석, 지층의 두께·분포·구조 및 지하수의 형태 등과 같은 물리현상을 매개로 하여 지표로부터 간접적으로 지반의 물리적 성질과 상태를 조사하는 것으로, 측정하는 물리량에는 자연현상에 의한 것과 인공적인 것이 있으며, 물리탐사의 종류별로 측정대상이 되는 물리현상, 목적과 특징 등은 표 6-4와 같다.

표 6-4. 물리탐사의 종류와 목적

조사 목적	방법	정보 물리량	물리현상 의 종류	목적 또는 특징
지층 구조 및 분포 파악	탄성파 탐사	탄성파 전파속도	인공	탄성파의 속도를 측정하여 풍화토층, 기반층, 파쇄대의 위치 및 균열상황 등을 파악함
	전기 탐사	비저항 유전율 투전율 분극률	인공 자연	지층의 비저항을 측정하고, 파악된 지층의 외관 비저항 분포를 해석하여 지하의 지질구조를 추정하며, 비저항 이상과 이방성(異方性) 패턴으로부터 지층의 맥상(脈狀)구조 등을 파악함
	자연방사 능탐사	방사능	자연	지표면에서의 자연 방사선을 측정하여 단층과 온천원의 검출 등에 유효하게 활용함
	전자탐사	전장(電場) 자장(磁場) 비저항	자연 인공	전장과 자장을 측정하여 지층, 암상분포의 추정, 비저항 이상의 경계, 단층 등을 파악하는 데에 이용함
	리모트 센싱	전자파	인공	인공위성이나 항공기 등에 탑재한 관측센서로 광파나 마이크로파를 수신하여 표층지질과 단층구조와 땅밀림의 동태를 관측하는 데에 이용함
지하수 상황 파악	지온탐사	온도	자연	땅속이나 지표면의 온도를 측정하여 지하의 낮은 곳에 위치하는 유동성 지하수를 파악하는 데에 이용함
	전기탐사	비저항 유전율 투전율 분극률	인공 자연	해석한 결과에 의하여 파악된 비저항 값과 보링조사, 기타 물리탐사 등의 조사결과와 종합하여 지층의 풍화도, 균열상황 및 지층의 함수상태를 추정함
	탄성파 탐사	탄성파 전파속도	인공	해석의 결과에 의하여 파악된 P파의 속도와 보링조사, 기타 물리탐사 등의 조사결과를 종합하여 파쇄대, 저속도층대의 함수상태를 추정함

[참고]
    일반적으로 땅밀림조사에서 사용하고 있는 탐사방법과 그 특징은 다음의 표 6-5에 제시한 바와 같다.

표 6-5. 땅밀림 조사에 자주 이용되는 탐사방법과 특징

방법	장점	단점
탄성파 탐사	· 탐사를 할 수 있는 깊이가 비교적 깊다. · 땅속의 단층, 암맥 등과 같은 특수한 구조의 위치를 잘 검출할 수 있다.	· 저속도대, 고속도대의 경사각과 측선이 평행 혹은 사교하는 이상속도대에 의한 영향을 판별하기 곤란하다. · 지하수 부존상황에 둔감하다(다만, 저속도층이 포화되어 있으면 속도가 빨라져 해석오차가 생긴다.) · 땅밀림면, 연약층 등과 같은 좁은 층을 판별하기가 곤란하다.
전기탐사	· 맥상구조 등과 같은 수평방향의 이상매체에 대하여 민감하다. · 함수상태, 함(含)점토광물량의 차이에 민감하여 지하수탐사에 적합하다. · 비저항의 이방성 패턴으로부터 지질구조를 어느 정도 추정할 수 있다.	· 조사 가능 깊이는 탄성파조사에 비하여 작고, 지표의 지형조건에 영향을 받는 정도가 탄성파조사보다 크다. · 수평방향에서의 이상매개에 강하게 영향을 받으므로, 측점의 위치, 전극계의 전개방향에 주의할 필요가 있다. · 비저항이 점차 증가 또는 감소하는 층서에서는 해석의 오차가 크다.
지온탐사	· 타 조사방법보다 지하수맥의 위치를 정확하게 파악할 수 있다. · 수맥의 위치를 파악할 수 있고, 집수정의 위치나 보링암거의 굴착방향을 파악할 수 있다.	· 얕은 층의 지온과 지하수온의 온도차를 이용하는 조사방법이기 때문에 두 가지가 같은 온도를 나타낼 때에는 부적절하다. · 비교적 얕은 층의 지하수 분포에 한정된다.
자연 방사능 탐사	· 지질학적 특징을 지표로 하여 표층지질의 구분, 지질경계의 검출, 풍화의 진행상황이나 이행상태 등을 해석할 수 있다. · 복재(伏在)균열의 개구부·파쇄부의 위치, 상태의 시간적 변화를 파악할 수 있다.	· 표토의 입도, 지피, 접지(接地)조건 등에 강하게 영향을 받는다. · Survey meter는 간편하고 가격이 저렴하지만, 오차가 커서 γ선 강도에 포함되는 복잡한 지질조건이나 인위적 조건을 제거하지 못한다. · 백그라운드를 결정하는 데에 충분한 검토가 필요하며, 해석기준이 분명하지 않다.
전자탐사	· 광역적인 지층, 암상의 분포를 쉽게 추정할 수 있다. · 지층의 경계부, 단층 등과 같은 지질구조의 비저항 이상체를 검출할 수 있는 능력이 뛰어나다.	· 고(高)비저항을 나타내는 비저항 이상을 조사하는 데에 적합하지 않다.

4.4.2. 탄성파탐사

> 탄성파탐사는 땅밀림지 및 그 주변에 인공적으로 탄성파를 발생시킨 후, 전달속도를 측정하여 풍화토층, 기반면 및 파쇄대 등과 같은 물성의 차이에 의한 속도의 변화로부터 지질구조를 추정하기 위하여 실시하는 것이다.

[해설]
1) 특징

 탄성파탐사는 지반을 구성하는 암석의 종류, 지반의 간극률, 간극수 등과 같은 물성치의 차이에 따라 탄성파의 속도가 다르다는 점을 이용하는 방법이다. 따라서 탄성파탐사에 의하여 파악된 탄성파속도의 층구분과 보링조사 등과 같은 지층구분 탄성파속도를 대비하여 선적 또는 면적으로 지층의 연속성, 저(低)속도층의 추정, 지하수의 분포상황을 파악하는 것이다.

 그리고 탄성파에는 지구의 내부를 전달하는 실체파와 지구의 표면을 전파하여 깊이에 따라 급속히 감소하는 표면파가 있으며, 땅밀림조사의 경우 실체파인 P파를 주로 사용한다.

 한편, 탄성파속도의 층구분과 보링조사 등에 의한 기암면의 깊이가 일치하면 땅밀림 기암층의 상부를 면적으로 추정할 수 있다. 그러나 지표나 암반표면이 오목지형인 경우에는 파쇄대 등의 저속도층으로 잘못 해석할 수 있기 때문에 충분히 주의하여야 한다.

2) 종류

 탐성파탐사의 종류에는 굴절파를 이용하는 굴절법(屈折法)과 반사파를 이용하는 반사법(反射法)이 있다.

 ① 굴절법

 굴절법은 굴절파를 이용하여 각 지층에 대한 탄성파의 속도를 산정하고, 정량적인 구조해석을 실시하는 방법으로, 땅밀림조사는 일반적으로 이 방법에 의하여 실시하고 있다. 이 방법은 지표 또는 땅속에서 화약을 폭발시키거나 무거운 추(重錘)에 의한 낙하충격 등에 의하여 인공적으로 탄성파를 발생시켜 P파 혹은 S파가 직접 혹은 탄성파 속도가 다른 지층에서 굴절하여 지반을 전파하는 상황을 지표에 설치한 측정장치로 관측한 후, 파악된 주시곡선(走時曲線)을 해석하여 풍화토층, 기반면 및 파쇄대 등을 추정하는 방법이다.

 ② 반사법

 반사법은 탄성파의 지층 경계면에서 발생하는 반사파를 이용하여 탄성파의 도달하는 시간만으로 지층 경계면의 상대적·반(半)정량적인 깊이를 해석하는 방법이다. 땅밀림조사에서는 비교적 상세한 지하의 지질상황의 변화를 파악할 수 있는 천층(淺層)반사법이 이용된다.

3) 측선의 설정

　　탄성파탐사의 측선은 땅밀림의 이동방향에 설치하는 방법과 지층의 주향경사 방향에 설치하는 두 가지 방법이 있다. 전자는 땅밀림지의 풍화토층, 풍화의 정도 등을 파악하는 경우에 사용되며, 후자는 지질의 층서, 단층, 파쇄대 등을 파악하는 경우에 사용된다.
　　그리고 답사 등에 의하여 지질의 개황을 파악할 수 없는 정도로 면적이 큰 땅밀림인 경우는 측선을 격자 모양으로 설치하는 경우도 있다.

4) 격자 모양 측선의 간격

　　격자 모양으로 측선을 설치하는 경우에는 해석목적에 따라 효과적인 측선 간격을 유지하도록 결정하여야 한다. 즉, 측선간격이 좁으면 얇은 층(薄層)을 파악할 수 있다는 장점이 있지만, 층이 분명하지 않을 경우에는 측선간격을 좁게 잡는 것은 무의미하다.
　　따라서 측선의 간격은 지층의 변화가 급할 때에는 목적층 깊이의 60% 정도, 변화가 완만한 경우는 90% 정도를 표준으로 하며, 지층의 주향, 단층 및 파쇄대 등과 같은 지질구조의 방향에 평행인 측선인 경우에는 간격을 좁게, 이에 직교하는 간격은 넓게 잡도록 한다.

5) 측선의 길이와 수진기(受震器) 간격

　　탄성파탐사의 측선 길이는 탐사의 목적 깊이에 적어도 6~7배 이상, 15배 이내로 하고, 수진기의 간격은 5~10m 범위에서 탐사목적, 목적 깊이, 목표 정밀도 및 지형조건 등을 고려하여 결정하도록 한다.

6) 해석

　　측정결과는 가로축을 거리, 세로축을 시간으로 하는 주시곡선(走時曲線)이나 속도층 단면도에 정리하고, 보링조사 등의 조사결과와 대비하여 붕적토·풍화층·기반층, 파쇄대 등을 추정한다.

[참고]
1) 주요 암석의 탄성파속도
　　주요 암석과 탄성파 전파속도와의 관계는 그림 6-6과 같다.

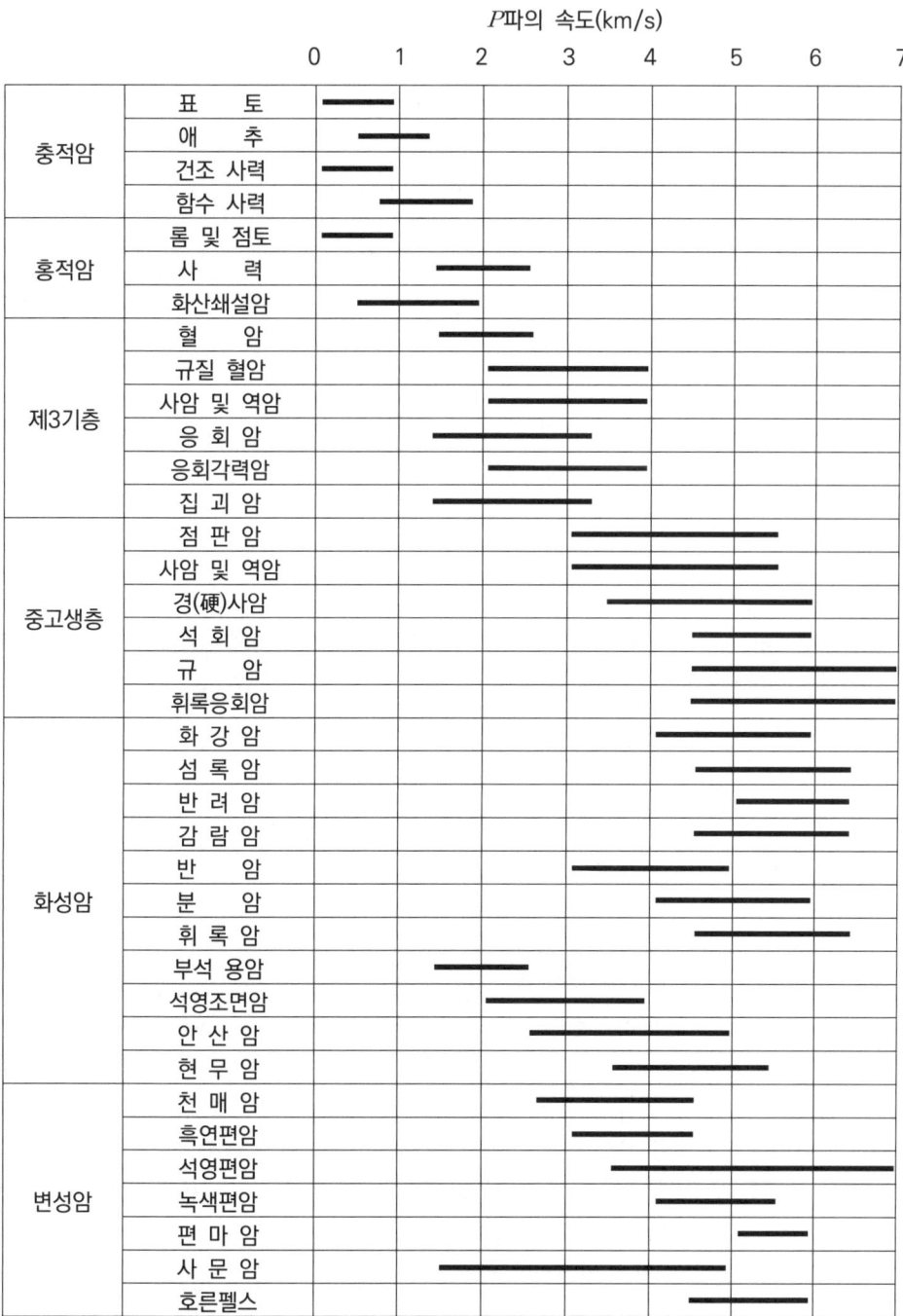

그림 6-6. 주요 암석과 탄성파의 전파속도(地盤工學會, 1995)

2) 탄성파 토모그래피

탄성파 토모그래피(Tomography)는 의학분야에서 사용되고 있는 X선 CT수법을 탄성파탐사(특히, 보링공과 공(孔) 사이, 지표와 보링공 사이, 조사용 가로말뚝과 말뚝 사이)에 응용하여 보다 상세한 탄성파속도분포면을 구하기 위하여 실시하는 것이다. 그리고 탄성파 토모그래피를 실제 땅밀림지에 적용할 경우, 다음과 같은 사항을 염두에 두고 실시하여야 한다.

① 땅밀림지의 기진원(起振源)에서 수진점(受振點)의 거리가 멀수록 해석 정밀도가 떨어진다.
② 지질특성이나 구조가 매우 복잡한 경우가 대부분이고, 탄성파동의 전파경로가 단순하지 않기 때문에 땅밀림 블록의 위치를 결정하는 데에는 정밀도가 나빠진다.
③ 표면 부근은 표토, 애추 등의 분포가 불규칙하여 지표면에서의 파동을 관측할 경우, 그 영향을 강하게 받게 되고, 경우에 따라서는 땅밀림 블록이 그것에 매몰된다.

4.4.3. 전기탐사

전기탐사는 땅밀림지 및 그 주변의 땅 속에 전류를 흘려보내 지층의 전기저항을 측정한 후, 지하의 지질구조, 지하수 상황 등을 추정하기 위하여 실시하는 것이다.

[해설]
1) 특징

전기탐사는 일반적으로 지표로부터 땅속에 전류를 흘려보내 지반에 발생하는 전위의 변화를 계측한 후, 그 변화를 해석하여 지반의 비저항 분포를 파악하는 비저항법을 사용한다.

특히, 지반 내의 비저항은 지반을 구성하는 암석이나 광물의 종류, 지반의 간극률·포화도·간극수의 비저항 등에 따라 수 Ωm~수천 Ωm의 비저항 값을 갖고 있다. 따라서 전기탐사로 파악한 비저항의 층구분과 보링조사 등에 의한 지층구분의 비저항과 대비하여 선적 혹은 면적으로 지층의 연속성과 맥상구조 및 지하수의 상황을 파악하도록 한다.

그리고 조사보링 및 지하수 검층 등과 같은 기타 조사의 결과를 참고로 하여 보링지점에서의 활동면과 비저항 층의 구분이 거의 일치하면 활동면을 면적으로 추정할 수 있다.

또한, 비저항 값은 함수(含水)에 따라 크게 다르게 나타나기 때문에 암석의 일반적인 비저항 값보다 1/10 정도로 적고, 수평방향으로 그 경향이 계속되면 해당 깊이에 상당량의 지하수가 부존하고 있을 가능성이 매우 높다. 따라서 이상의 결과를 지하수 검층결과와 비교, 해석하면 활동면 부근에 있어서의 지하수의 유동층을 추적할 수도 있다.

한편, 지표면 부근에 건조한 전석이나 석력이 분포할 경우, 비저항 값이 상당히 높게 나타나기 때문에 해석 시에 유의하여야 한다. 특히, 지형에 따라 비저항곡선이 다르므로 이를 충분히 고려하여야 한다.

2) 비저항법

비저항법은 대지의 양극 사이에 인공적으로 전류를 흘려보낸 후, 전류전극에 서로 다른 양극전위전극을 접지하여 그 사이의 전위를 측정하는 방법으로, 전극의 접지저항의 영향을 거의 받지 않기 때문에 전극간격과 탐사깊이 사이에 존재하는 지하구조를 탐사할 수 있다.

한편, 비저항법에는 다양한 방법이 있지만, 일반적으로는 Wenner법이 이용되고 있다. 즉, Wenner법의 전극계를 사용하여 실시하는 탐사는 그림 6-7과 같이 중심점 O에 대하여 측선상의 전류전극 C_1, C_2와 전위전극 P_1, P_2를 대칭적으로, 그리고 전극 상호간격을 등간격으로 배치하는 방법이다.

그리고 이 전극계의 이동은 측점의 중심점 O에 대하여 이들의 관계가 만족되도록 등간격의 전극간격을 순차적으로 확대하거나 또는 이동하여 중심점의 외관 비저항을 측정하는 방법이다.

$$\rho = 2\pi a \frac{V}{I}$$

식에서, ρ : 대지의 비저항
a : 전극간격
I : C_1, C_2 사이의 흐르는 전류
V : P_1, P_2 사이에 생긴 전위의 차이

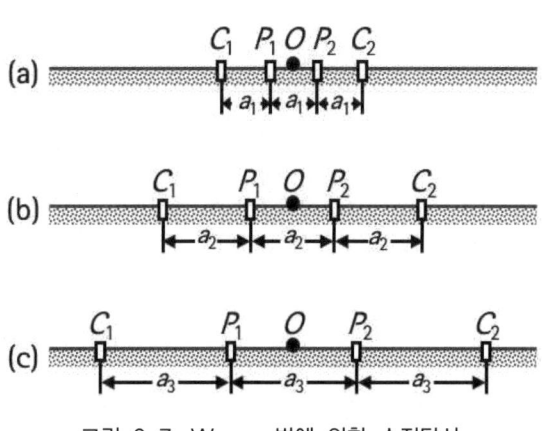

그림 6-7. Wenner법에 의한 수직탐사

3) 전기탐사 방법

　　전기탐사 방법에는 수평전기탐사와 수직전기탐사가 있으며, 땅밀림조사에서는 각 측점별로 수직전기탐사를 실시하고, 측선을 따라 이동하면서 수평탐사를 실시하도록 한다.

　　① 수직전기탐사

　　수직전기탐사인 Wenner법은 그림 6-8에 제시한 바와 같이 측정지점 O를 기준으로 하여 측선 위에 전류전극 C_1와 C_2극과 전위전극 P_1와 P_2극을 대칭이 되도록 배열한 후, 전극 사이의 등간격을 유지하면서 순차적으로 외관 비저항을 측정하는 방법이다.

　　② 수평전기탐사

　　수평전기탐사는 전체 전극계를 일정 간격으로 유지한 상태에서 측선 위를 가로방향으로 이동하면서 지표로부터 일정 깊이의 외관 비저항을 측정하여 수평방향의 지하상태를 조사하는 방법이다.

　　이 방법은 맥상(脈狀), 렌즈상 내지 괴상(塊狀)을 이루고 있는 지질과 단층, 특히 지하수가 많은 곳에서는 비저항이 정상적으로 나타나지 않아 지하수맥 등을 추정할 수 있기 때문에 비교적 얕은 지질구조 등을 해명하는 데에 사용된다.

　　③ 고밀도전기탐사

　　고밀도전기탐사는 다채널의 비저항 측정기를 사용하여 측선 주변에 등간격으로 다수의 전극을 설치한 후, 단시간에 다량의 지반 비저항 자료를 고밀도로 자동 측정, 해석하여 지반의 비저항 분포단면을 구하는 탐사방법이다.

　　특히, 이 방법은 감지기를 현장에 미리 고정하기 때문에 비저항법에 비하여 측정의 정밀도가 높고, 유한요소법(FEM)과 역(逆)해석 등의 수법으로 해석하여 해석자의 개인차가 억제되어 해석의 정밀도가 높다는 점, 전산화로 비저항 단면도 작성이 용이하다는 점 등의 이점이 있다.

4) 측선의 설정

　　전기탐사의 측선은 조사범위를 땅밀림의 이동방향 또는 지질구조, 특히 지층의 주향방향에 한 변을 갖는 격자 모양으로 설치하는 것을 표준으로 하며, 격자 모양의 측선 간격은 목적으로 하는 지질구조 등을 규명할 수 있는 정도를 기준으로 하여 결정한다.

5) 측점 및 전극간격

　　탐사지점의 간격은 각 측선 위에 5~10m, 최대 20m 이내로 하며, 각 측점에서의 전극간격은 최대전극간격을 기반면 깊이의 2.0~3.0배로 하여 최대전극간격까지를 10단계 정도로 구분한다.

제6장 땅밀림조사

[참고]

1) Schlumberger법

　지형조건 등에 의하여 외극(外極)의 위치가 제약을 받는 경우에 이 방법을 사용할 수 있다. 즉, Schlumberger법의 전극배열방식은 그림 6-8에 제시한 바와 같이 중심점 O를 기준으로 전위전극 P_1, P_2극을 간격 a에서 고정한 후, 전류전극 C_1, C_2만을 중심점에 대칭관계를 유지시키면서 순차적으로 확대하거나 이동하면서 외관 비저항을 측정하는 방법이다. 이때 C_1, $C_2 \geqq 5 \cdot P_1$, P_2의 조건이 필요하다.

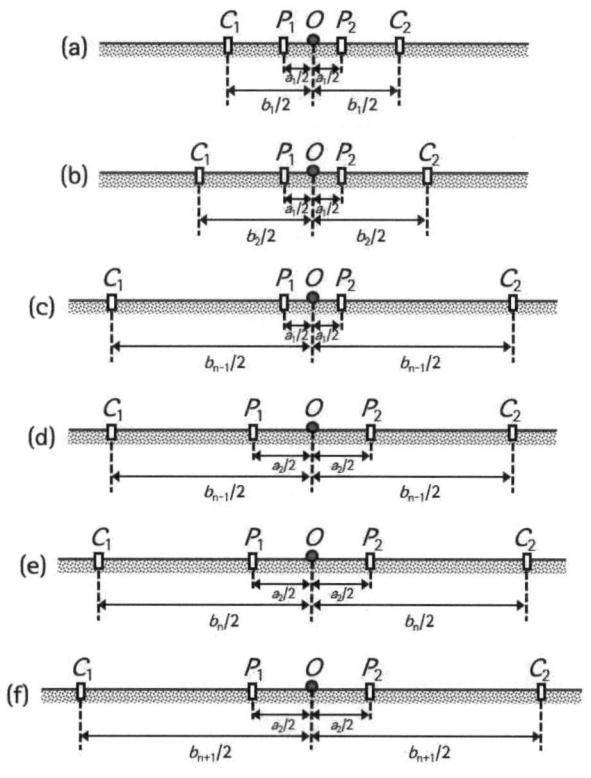

그림 6-8. Schlumberger법에 의한 수직탐사

2) 주요 암석의 비저항

　화성암(화강암, 마사토, 유문암류, 안산암, 현무암), 중고생암(사암, 혈암, 처트, 석회암, 녹색암, 호층), 변성암(사질 및 이질 결정편암류), 신제3기층(사암·역암, 이암, 응회암), 제4기층(점토·실트, 단구 역층, 사력, 호층)에 있어서 주요 암석에 대한 비저항의 분포상황은 그림 6-9와 같다.

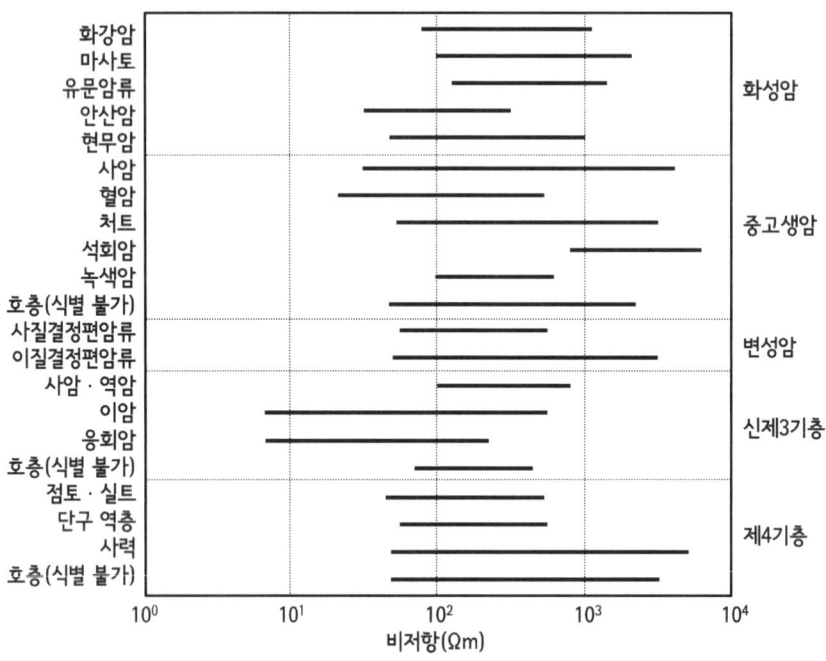

그림 6-9. 주요 암석의 비저항(物理探査學會, 1999)

3) 정리

측정결과는 비저항분포도에 정리한다. 그리고 보링조사 등의 기타 조사결과와 대비하여 지질구조나 대수상태에 대하여 추정하도록 한다.

4.4.4. 지온탐사

지온탐사는 땅밀림지 및 그 주변의 지표면으로부터 일정 깊이의 지온을 측정한 후, 그 온도의 차이로부터 지하수의 분포를 추정하기 위하여 실시하는 것이다.

[해설]

1) 특징

지온탐사는 일반적으로 지온의 분포가 높은 장소를 찾아내는 지역조사 등에 이용되는 탐사방법으로, 땅밀림조사에서는 지하수조사(지하수가 유동하는 층의 파악 등)에 이용하는 경우가 있다.

한편, 일반적으로 지하수는 정온이지만, 토양의 온도는 지온에 따라 변화한다. 따라서 땅밀림조사에 있어서 지온탐사는 지하수 주변의 지온에 온도의 차이가 있다는 원리를 이용하여 지하수와 토양의 온도 차이가 큰 일정시기에 지온을 측정하도록 한다.

2) 측정방법

측정방법은 지온의 일변화에 따른 영향을 줄이기 위하여 앞부분에 서미스터(Thermistor)가 부착된 길이 1.5m의 막대기를 땅 속에 삽입한 후에 지하 1m 지점의 지온을 측정한다.

그리고 지온을 측정할 때에는 측정치가 측정지점을 중심으로 반경 2~3m 이내의 지표면 상황(논, 밭, 나지 및 산림 등) 등의 내적 또는 외적 인자에 의하여 영향을 받기 때문에 가능한 한 제거하도록 한다. 또한, 이 방법에 의하여 파악된 전체 측정값의 평균과 지황별 평균 차이는 각 지황에 따라 발생하는 온도변화를 고려하여 보정하도록 한다.

한편, 지온탐사의 시기는 지하 1m의 평상지온과 지표의 온도가 적어도 5℃ 이상 차이가 나타날 경우에 한하여 유효하게 사용할 수 있기 때문에 지표의 온도가 적어도 지하수의 수온이 여름철에는 지온의 평균값보다 상당히 낮은 온도를 나타난다는 점에서 이와 같은 조건을 만족하는 것으로 간주한다.

4.4.5. 자연방사능탐사

자연방사능탐사는 땅 속에 포함되어 있는 방사성 물질에서 방출되는 방사선을 측정한 후, 파쇄대, 단층 및 지하수맥 등을 추정하기 위하여 실시하는 것이다.

[해설]

1) 특징

땅 속에는 적지만 방사성 물질이 포함되어 있기 때문에 그 곳에서 방출되는 방사선(주로 γ선)을 NaI(염화나트륨) 검출기에 의한 전(全)γ선 계수법이나 γ선 스펙트럼분석법 등으로 측정·분석하면 γ선의 분포상황을 파악할 수 있다.

2) 종류

NaI 검출기에 의한 전γ선 계측방법 중에서 Survey meter가 가장 널리 사용되고 있다. 이 방법은 간편하고 비용이 저렴하지만, 오차가 크고 γ선 강도에 포함된 복잡한 지질구조나 인위조건을 제거할 수 없기 때문에 휴대용 NaI 검출기인 γ선 스펙트럼분석법이 주로 이용되고 있다.

한편, 지질이 일정한 곳은 측정값의 차이가 적지만, 기반 내에 균열, 파쇄대, 단층이 있는 곳은 다른 지역에 비하여 1.5~2.0배 정도의 측정값을 나타내기 때문에, 해당 지점의 분포를 파악하여 파쇄대, 단층 등을 추정하고 있다. 그리고 지하수맥은 땅 속의 높은 파쇄대에 대응하는 경우가 많으므로 이 방법을 활용하면 유효하게 추정할 수 있다.

4.4.6. 전자탐사

> 전자탐사는 전자유도현상을 이용하여 비저항을 측정한 후, 광역적인 지층과 암상분포의 추정 및 외관 비저항의 급변부에 있어서의 지층경계, 변질대경계, 단층, 지하수 등을 파악하기 위하여 실시하는 것이다.

[해설]

1) 종류

전자탐사에는 자연전자장에 있어서의 전장(電場)과 자장(磁場)의 측정결과로부터 지하의 비저항 분포를 파악하는 MT(Magneto-Telluric, 磁氣地轉流)법, 인공 송신원을 이용하여 MT법과 동일한 내용을 측정하는 CSAMT(Controlled-Source Audio-frequence Magneto-Telluric)법, 전자응답을 시간함수로 취급하는 TEM(Transient Electro-Magnetic)법 등이 있다. 그리고 MT법의 해석수법으로는 5성분의 측정으로부터 텐서 임피던스(tensor impedance)를 구하고, 떨어진 지점에서 동시에 측정을 실시하여 상관을 파악한 후, 노이즈를 삭제하는 리모트 레퍼런스(Remote reference)법이 보급되어 있다.

2) 특징

전기탐사와 전자탐사는 비저항 구조에 대한 감도가 조금 다르다. 즉, 두 방법 모두 비저항 이상을 조사하는 데에는 적합하지만, 일반적으로 검출 능력에서는 전자탐사가 우수하고, 반대로 높은 비저항을 나타내는 이상체(異常體)를 조사하는 데에는 전기탐사가 적합하다.

4.4.7. 리모트센싱

> 리모트센싱은 지표로부터 반사·방사된 전자파를 측정하여 지질구조나 지하수의 상태를 파악하는 것이다.

[해설]

1) 종류

리모트센싱은 원격지에 있는 대상물에 직접 접촉하지 않고 관측하는 기술로, 센서는 가시로부터 열적외 영역까지의 광파 센서와 마이크로파를 다루는 합성개구 레터(SAR)로 크게 나눌 수 있다. 그리고 리모트센싱에는 인공위성 이외에 항공기 또는 지상으로부터 전자파를 이용하여 관측하는 방법이 사용되고 있다.

2) 특징

최근에는 다양한 센서가 개발되었고, 해상도 역시 지속적으로 향상되고 있다. 따라서 리모트센싱은 넓은 면적에 식생이 없는 암반지대의 암질을 판독하거나 단층구조 및 지질조건의 파악, 땅밀림지의 동태관측 등에 폭넓게 이용되고 있다. 특히, 전자파와 함께 γ선 등의 자연방사능을 측정하면 지하수맥도 파악할 수 있다.

4.4.8. 정리

> 물리탐사의 성과는 보링조사, 물리검층 등의 기타 조사결과와 충분히 대비하여 지형도, 표층 지질도 및 지질단면도 등에 정리하도록 한다.

[해설]

물리탐사의 성과는 실태조사나 기타 기구조사와 대비·조회하여 각종 물리탐사로부터 파악된 정보 및 해석결과를 지형도, 지층지질도, 지질단면도 등에 정리하도록 한다.

그리고 각종 물리탐사로부터 파악된 해석결과는 속도층 구분이나 비저항 구분별로 물리량을 표시한 것, 파쇄대와 지하수맥 등과 같은 특정 지질·지하수문 정보를 파악한 것, 그리고 기암면, 활동면 및 지하수 분포를 선적·면적으로 추정한 것 등이 있다.

한편, 물리탐사에 의하여 파악된 정보는 간접적으로 얻어지는 지반의 물성 값을 반영한 결과로, 반드시 활동면에 관한 정보라고는 할 수 없다. 따라서 보링지점에서의 보링조사, 물리탐사 등과 대비·조회하여 활동면에 관한 지반 물성치를 충분히 규명하는 것이 매우 중요하다.

4.5. 보링조사

4.5.1. 목적

> 보링조사는 땅밀림지 및 그 주변의 지하를 굴착하여 토질, 지질, 지질구조 등을 직접 파악하고, 보링공을 사용하는 각종 조사를 실시하는 것이다.

[해설]

보링조사는 보링머신 등으로 작은 가로 구멍(縱穴) 등을 굴착하여 땅밀림 이동층 및 부동기반층의 코아 등을 채취한 후, 육안 관찰에 의하여 토질, 지질, 층서, 활동면, 암석의 풍화·파쇄상황 등을 조사하고, 굴착 중의 공내수위 변화나 굴착용수의 배수상황 등에 따라 지층의 투수성·체수성을 파악하기 위하여 실시한다.

적절한 안정해석 및 땅밀림방지공사계획을 책정하기 위해서는 활동면의 위치를 정확하게 파악하여야 한다. 특히, 보링조사는 점적조사이지만 지하의 상황을 직접적으로 파악할 수 있기 때문에 기구조사의 근간을 이루는 조사라고 할 수 있다. 따라서 현지답사에 있어서 지형·지질조사를 신중하게 실시하여야 하고, 그 결과를 참고로 조사계획을 수립하여 효과적인 조사가 되도록 유의하여야 한다.

보링조사의 공(孔)은 계속되는 지중이동량조사 등과 같은 각종 조사가 효과적으로 실시되도록 그 배치나 깊이를 결정하여야 한다. 그리고 조사의 종류에 따라서는 전용공이 바람직한 경우도 있기 때문에 조사의 정밀도나 목적 등을 감안하여 적절하게 배치하도록 한다.

땅밀림방지공사에 필요한 지반정보를 얻을 목적으로 필요에 따라 체크보링을 실시하도록 한다. 즉, 체크보링은 말뚝박기, 집수정공사 등을 설계할 경우에 땅밀림면 및 지하수의 상황 등을 확인하여 땅밀림의 규모, 수량 등을 확정할 목적으로 땅밀림조사 해석에서 조사되지 않은 장소에 대하여 보충적이면서도 세부적으로 실시하도록 한다.

4.5.2. 보링조사의 종류

보링법은 로터리보링을 표준으로 하며, 올(All)코아보링과 논(Non)코아보링으로 구분할 수 있다.

[해설]

1) 올(All)코아보링

보링조사에 있어서 코아를 직접 관찰하는 것은 매우 중요하기 때문에 로터리보링에 의한 올코아 채취를 표준으로 사용하고 있다. 그리고 올코아보링을 실시할 때에는 땅밀림지의 지질상황을 상세하게 관찰하기 위하여 필요한 구간의 코아를 채취하고, 특히 코아가 흐트러지거나 변질되지 않도록 유의하여야 한다.

따라서 코아 배럴, 코아링 비트 등은 지질조건에 적응할 수 있는 것을 사용하여야 하며, 비트 회전수, 급진압 및 송수량 등을 적절하게 조정하면서 굴진하도록 한다. 그리고 무리한 무수굴(無水掘)을 실시하지 않도록 한다.

2) 논(Non)코아보링

논코아보링은 지중관측기기의 설치나 지하수조사, 각종 공내실험 등을 주요 목적으로 실시하며, 코아 채취를 필요로 하지 않는 경우에 실시한다. 그리고 보링굴착을 실시할 때에는 조사공의 주변 지반이 흐트러지거나 투수성을 저해하지 않도록 유의하여야 한다. 특히, 공벽을 유지하기 위해서는 케이싱튜브를 사용하는 것을 원칙으로 하며, 특별한 사유가 없는 한 시멘테이션을 실시하거나 흙탕물을 사용하지 않도록 한다.

3) 기타

로터리보링이 어려운 경우는 다른 적절한 조사법을 적용하도록 한다.

[참고]
○ 로터리보링이 어려운 사례
① 변형계 등의 지중관측기기를 긴급히 설치하기 위하여 단시간에 굴착할 경우
② 매우 단단하고 균열이 많은 경우 등과 같이 다이아몬드비트로도 굴착이 곤란한 지층이 긴 구간에 걸쳐 존재하는 경우
③ 극히 불안정한 지질로 통상의 코아보링으로는 코아 채취율을 충분히 확보하지 못할 경우
④ 극히 얕은 점토질의 땅밀림으로, 기반층이 충분히 단단하고 이동층과 명확하게 구분되는 장소에서 로터리보링의 보완조사를 목적으로 하는 경우

이상의 사례 중에서 ① 및 ②는 로터리파커쇼트드릴공법, ③은 기포보링법, ④는 핸드오거법이 적용되며, 로터리파카쇼트드릴공법으로 코아를 채취할 수도 있다.

4.5.3. 보링의 위치, 깊이 등

보링조사는 실태조사 등의 결과 및 조사목적에 근거하여 필요한 위치를 선정하고, 깊이와 각도 및 구경 등을 결정하도록 한다.

[해설]
보링조사는 점적이지만 지질 등을 실제로 확인할 수 있으므로, 그 위치는 조사목적을 만족할 수 있는 지점에 설치하며, 본수와 깊이는 필요 최소한도가 되게 한다.

1) 위치

보링조사의 위치는 통상 실태조사 결과에 따라 설정된 조사측선에 설치하고, 필요할 경우 측선으로부터 떨어진 위치에서도 조사를 실시하도록 한다. 즉, 보링조사의 위치는 실태조사 결과를 참고로 하여 땅밀림의 범위, 지층의 연속성, 파쇄대의 위치, 지하수의 연속성 및 활동면 등을 판단할 수 있는 지점으로 한다.

따라서 대면적의 땅밀림이나 노두가 부근에 없는 등, 적절한 지점이 발견되지 않을 경우에는 물리탐사 등의 격자모양으로 설정된 조사측선의 교점 또는 측선에 보링조사의 위치를 설정하고, 이들 결과와의 정합성을 구하도록 한다.

2) 구경

보링의 구경은 직경 66mm를 표준으로 한다. 다만, 보다 정확한 판단을 필요로 하는 경우에는 86mm~116mm 또는 그 이상인 구경을 사용하기도 한다.

3) 방향·각도

굴진 각도는 원칙적으로 연직하방으로 하지만, 기반층의 주향경사나 표토층을 확인할 경우에는 경사면 또는 지표면에 직각으로 하여 보링깊이를 얕게 하는 등, 조사목적에 따라서는 방향·각도를 변경할 수 있다.

4) 깊이

보링의 깊이는 보링의 목적을 만족시킬 수 있는 깊이로 하여야 하며, 기구조사에 있어서 보링의 깊이는 원칙적으로 활동면 및 기반층을 확인할 수 있는 깊이로 한다. 특히, 실태조사 등에 의하여 기반층의 분포형태나 성상을 확인할 수 없는 경우를 제외하면, 기반면을 판정하기 위하여 땅밀림 블록의 대표지점에 있어서는 충분한 깊이까지 굴착하는 것이 바람직하다.

한편, 기반층을 판정할 때에는 땅밀림지 주변의 노두에서 확인되는 기반암의 암상, 주향경사, 절리계와 코아의 성상이 일치하는 등의 조건을 기본으로 하여 부동층인 것을 신중하게 검증하도록 한다. 이 경우 이동층에 직경 수 m를 초과하는 큰 전석이 혼재하거나 매우 단단한 암반 아래에 활동면이 형성된 경우도 있기 때문에 주의가 필요하다.

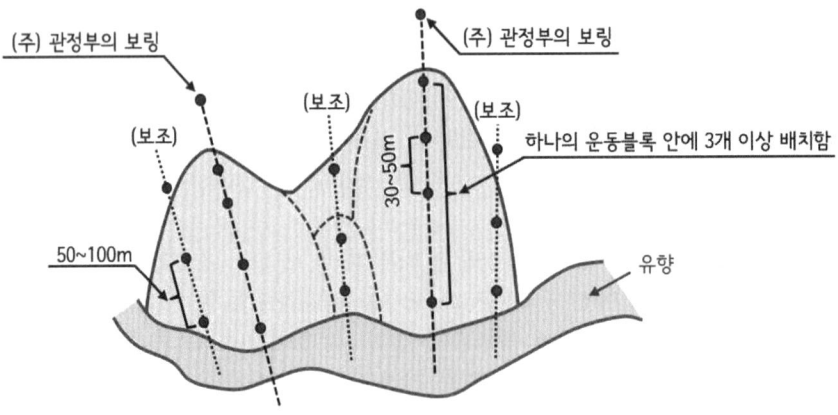

그림 6-10. 측선 주변에 보링을 배치하는 방법

4.5.4. 정리

보링조사에 의하여 파악된 결과는 지질주상도, 지질단면도 및 시추일보해석도 등에 정리한다.

[해설]
1) 조사결과의 정리 및 해석

보링조사의 결과는 지질주상도에 정리하고, 실태조사에서 작성한 지형도, 지질도, 지질단면도 및 물리탐사의 결과 등을 종합적으로 검토하여 지질구조에 관한 단면도와 평면도를 작성한다. 그리고 시추일보해석도를 작성하여 보링굴착구간별 지층의 투수성을 판정하도록 한다.

2) 지질주상도의 기재사항

① 지질주상도에는 다음의 해당사항을 기재하도록 한다.

지구의 명칭, 조사년도, 조사지점의 번호, 담당기술자의 성명, 보링기계공의 명칭, 주상기호, 지질·토질의 명칭, 색조, 경연, 코아채취율, RQD, 공내수위, 송수량, 배수량, 용출수·누수의 위치와 양, 파이프변형계 등과 같은 공내관측기기의 설치위치, 토질자료의 채취위치, 관찰사항, 기타 필요사항

② 관찰사항의 내용은 다음과 같다.

이동층의 성상, 포함된 사력의 종류, 직경 및 질, 원마도(圓磨度), 함유율 등, 함수량(건조, 습윤 및 포화), 활동면 점토의 산성(産性), 기암층의 균열·파쇄·풍화상황, 공내변상(붕괴, 가스의 존재 및 지온의 급변 등)

표 6-6. 보링주상도의 사례

조 사 명 :				시공자 :																		
조사지명 :				청부자 :																		
지 명 번 포				총 코 아 길 이						m	토 질 실 험 유 무											
표 고			m	평 균 코 아 채 취 율						%	표 준 관 입 실 험 유 무											
방 향 각 도				최 종 수 위						m	지 질 판 정 책 임 자											
굴 착 길 이				수 위 계 설 치 유 무							기 계 조 작 자											
총 굴 진 길 이			m	양 수 실 험 유 무							사 용 기 종											
일평균굴진길이			m	각 종 시 공 검 층 명																		
1	2	3	4	5	6	7	8	9	10	11	12	13	14	15	16	17	18	19	20	21	22	23
월일	표척	깊이·높이	층두께	지질기호	분류	경도	색깔	기사 지반소견 / 굴착상황	공내수위	누수량·용출수량	공의직경	케이싱	스트레이너 유무	코아길이	코어채취율	송수량	굴진압	토질시료채취위치	활동면관측정기위치	표준관입실험 N값	각종실험결과	표척

※ 기입요령
  3 : 깊이는 괄호 밖에, 높이는 괄호에 각각 기입한다.
 10 : 매일 작업개시 이전의 공내수위를 해당 시간의 굴착깊이에 숫자(예, -0.00)로 기입한다.
 11 : 누수량은 00l/min ↓, 용출수량은 00l/min ↑과 같이 기입한다.
 16 : 코아채취율은 매회 실시한 굴진길이로, 코아길이를 제외한 백분율이다.
 19 : 토질시료의 채취위치는 사용한 신월튜브(Thin-wall tube)의 직경과 시료를 채취한 길이를 해당 깊이에 기입한다.

3) 시추일보해석도의 기재사항과 해석

시추일보해석도는 보링굴착작업 실시 중에 다음의 자료를 근거로 하여 작성하고, 해석은 굴착 구간별로 실시하여 지층의 투수성, 체수성을 판정한다.
① 일별 굴착작업 전·후의 공내수위
② 굴착작업 중의 누수, 용출수의 위치와 그 정도 및 굴착구간별 송수굴착, 무수굴착
③ 케이싱, 벤트나이트의 사용상황(사용·미사용, 구간, 시기 등), 전야 및 당일의 기후

4.6. 물리검층

4.6.1. 목적

물리검층은 공벽주변의 지층에 대한 비저항, 탄성파 속도, 밀도 등을 계측하여 활동면의 위치, 지질구조, 대수층 등을 파악하는 것을 목적으로 실시한다. 그리고 조사는 다음과 같은 내용을 표준으로 하며, 탐사목적이나 현지 상황에 따라 선택하도록 한다.
① 전기검층 ② 속도검층

[해설]

1) 방법

물리검층은 보링공 내에서 실시하는 물리탐사법으로, 공내에 측정기를 삽입한 후에 공벽의 주변 지층에 대한 물리량(비저항, 탄성파 속도, 밀도 등)을 계측하여 지층구조나 지질의 공학적 성질에 대하여 정성적 혹은 정량적으로 평가하는 것이다.

2) 목적

물리검층의 목적은 땅밀림의 층구분(활동면 판정, 풍화도 측정, 잠재 활동면의 검출 등), 땅밀림의 원인이 되는 지하수를 둘러싸고 있는 대수층의 검출, 땅밀림 기구에 밀접하게 관계하는 지질구조의 파악, 암반물성의 측정 등이며, 각각의 검층목적은 표 6-7과 같다.

표 6-7. 물리검층의 조사목적

조사목적	검층
땅밀림 층구분	전기검층·속도검층
대수층의 검출	전기검층
암반물성의 파악	속도검층

[참고]
○ 시추공 텔레뷰어

시추공 텔레뷰어(Borehole televiewer)는 초음파를 사용하여 보링 공벽의 음향 임피던스를 측정한 후, 지층의 단단함(硬軟), 풍화상황, 균열상태 등으로부터 활동면의 판정, 지질구조나 암반물성을 파악하는 것이다.

한편, 음파는 서로 다른 매개의 경계면에서 반사하는 성질이 있으며, 그 강도는 매개간의 음향 임피던스(매개의 밀도와 음파 속도의 곱하기)의 차이나 반사면의 매끄러운 정도에 따라 변화한다. 즉, 경질(硬質)의 지층에서는 반사강도가 크고, 연질(軟質)의 지층에서는 반사강도가 작아지며, 균열부에서는 반사파가 거의 없다. 특히, 시추공 텔레뷰어는 이들 반사강도와 주시데이터를 이용하여 광학식에서는 화상화하기 어려운 땅밀림지의 공벽을 가시화하고, 점토 함유량이 높은 활동면이나 음향 임피던스에 차이가 있는 지층구조, 균열 등을 검출한다.

따라서 측정한 반사강도와 주시를 그 값의 크기에 따라 짙게 표시한 공벽의 전개 화상을 작성하여 활동면의 판정 및 불연속면의 구조해석을 실시한다. 그리고 초음파는 공기 중에서 현저하게 줄어들기 때문에 공내수가 있는 구간에서만 실시할 수 있다. 또한, 양호한 기록을 얻기 위해서는 굴착에 따른 공벽의 흐트러짐을 적게 하고, 측정기를 구멍(孔)의 중심에 유지할 필요가 있다.

4.6.2. 전기검층

> 전기검층은 보링공을 이용하여 지층의 비저항이나 자연전위를 측정한 후, 보링공 주변의 지하구조, 지층의 두께, 풍화상태 및 지하수맥 등을 추정하기 위하여 실시하는 것이다.

[해설]

전기검층은 보링공 내의 공벽주변 지층의 전기비저항과 공내에서 발생하고 있는 전기화학적 자연전위를 측정하는 방법으로, 지표에서의 전기탐사와 같이 비저항검층법과 자연전위법(SP법)이 이용되고 있다. 즉, 전기검층은 지층의 공극률과 포화도를 구하거나 깊이변화곡선으로부터 지층의 두께나 연속성, 지층대비, 대수층의 검출 및 난투수층의 판정 등을 목적으로 실시한다.

1) 비저항검층법

비저항검층법에는 노말(Normal)검층, 래터럴(Lateral)검층, 마이크로(Micro)검층 등이 있지만, 외견비저항곡선이 지층의 중심을 축으로 대칭형을 이루고, 지층과의 대비가 용이하기 때문에 통상 노말검층(2극법)이 이용되고 있다. 그리고 전극의 간격은 일반적으로 보링공 직경의 0.8~3.0배의 범위에서 두 종류 이상의 전극간격을 조합한 방법이 주로 이용되고 있다.

한편, 전극의 간격보다 두께가 작은 층에서는 반전현상이 나타나 비저항이 인접하는 지층보다 클 경우에도 비저항 값은 작게 나타난다. 이 방법은 흙탕물을 사용하기 때문에 다른 검층방법을 사용하거나 지하수위를 측정할 때에는 공내를 충분히 세정하여야 한다.

2) 자연전위법

자연전위법은 그림 6-11과 같이 공정(孔井)의 전극 M과 지상의 전극 N 사이의 전위차이를 측정한 후, 지하수의 유동이나 전기화학적 불균형에 따른 자연전위를 파악하기 위하여 실시하는 것으로, 비저항법과 동시에 자연전위(SP)를 연속적으로 측정하는 경우가 있다.

한편, 공정 내의 흙탕물과 지표수와의 사이에 염분농도가 다르면, 이온 확산에 의하여 전위에 차이가 발생한다. 그리고 흙탕물과 표면이 부(負)로 대전(帶電)하고 있는 이암과의 접촉면에서는 전하(電荷)농도의 불균형에 따라 기전력이 발생하므로, 이와 같은 자연전위를 측정하면 지표수의 비저항이나 염분농도, 혹은 지하수 유동층을 구할 수 있다.

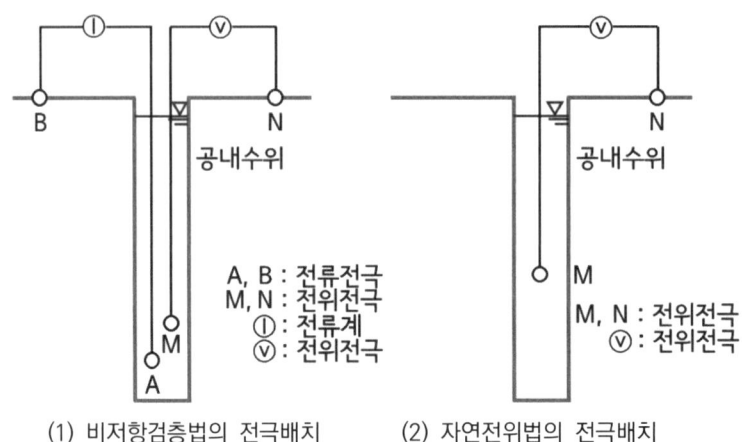

(1) 비저항검층법의 전극배치   (2) 자연전위법의 전극배치

그림 6-11. 전기검층의 전극 배치

4.6.3. 속도검층

속도검층은 지반을 전파하는 탄성파의 속도를 측정하여 지층의 단단한 정도, 풍화상황, 땅밀림의 층구분 판정, 암반물성 등을 파악하기 위하여 실시하는 것이다.

[해설]
1) 목적

　속도검층은 보링공을 이용하여 탄성파가 지반을 전파하는 속도를 구하는 것으로, 탄성파의 속도는 지층의 밀도나 탄성정수에 따라 정해지기 때문에 지층의 단단한 정도, 풍화상황, 균열상황 등을 추정할 수 있다. 또한, 탄성파 속도의 변화로부터 이동층, 전단대, 기반층에서 이루어지는 땅밀림 특유의 구조를 추정할 수 있다. 그리고 탄성파의 속도로부터 변형해석을 실시하는 경우에 필요한 영률(Young's modulus)이나 포아송비 등과 같은 각종 탄성계수를 구할 수 있다.

2) 종류

　① *PS*검층

　*PS*검층은 보링공을 이용하여 보링공 내와 지표 또는 다른 보링공 내의 *P*파, *S*파(V_p, V_s) 속도를 측정하여 지층별로 속도를 결정하도록 한다.

　② 서스펜션 *PS*검층

　진원 및 수진기가 부착된 측정기를 보링공에 삽입한 후, 쌍극자 진원으로부터 기진(起振)하여 공벽의 *P*파, *S*파 속도를 연속적으로 구하며, *PS*검층과 같이 공벽에 압착할 필요는 없다.

　③ 음파검층

　진원 및 수진기가 부착된 측정기를 보링공 내에 삽입한 후, 진원으로부터 고주파를 발진하여 지층의 탄성파 속도를 측정한다. 따라서 연암에서는 *S*파의 속도를 구하기 어렵지만, *PS*검층과 같이 공벽에 압착할 필요는 없고, 고주파의 음파를 이용하므로 분해능이 높다.

표 6-8. 속도검층의 종류와 특징

종류	개요	적용성		
		측정공	지표노이즈	속도한계
*PS*검층 (다운홀법)	지표나 공내에서 수진하며, 주시곡선으로부터 지반의 대략적인 속도구조를 구할 수 있음	어떠한 상황에서도 적용할 수 있음(공경 66mm에서도 가능함)	수진파형의 주파수는 노이즈와 비슷하므로, 영향을 받기 쉬움	통상의 적용속도는 100m 정도임
서스펜션 *PS*법	공내에서 기동·수진하며, 깊이 1m마다 평균속도를 구할 수 있음. 공벽에 압착할 필요가 없고, 상세한 속도분포가 나타남	지하수위보다 얕은 깊이에서는 측정할 수 없음(공경은 86mm 이상이 바람직함)	고주파이기 때문에 통상은 노이즈에 영향을 받지 않음	원리적으로는 속도한계가 없음
음파검층	공내에서 기동·수진하며, 공벽에 압착할 필요가 없고, 연속적으로 상세한 속도분포가 나타남. 연암인 조건에서는 S파는 관측할 수 없음	지하수위보다 얕은 깊이에서는 측정할 수 없음(공경 66mm에서도 가능함)	고주파이기 때문에 통상은 노이즈에 영향을 받지 않음	원리적으로는 속도한계가 없음

3) 측정결과의 정리 및 해석

관측된 파형으로부터 P파, S파를 판별하여 각각의 초동도달시간을 파악한 후, 주시곡선을 작성하고, 주시곡선으로부터 탄성파 속도를 결정하도록 한다. 그리고 탄성파 속도는 땅밀림의 층구분을 판정하기 위한 자료 이외에 포아송비(ν), 영률(E) 등을 구할 때에도 사용한다.

4.6.4. 정리

물리검층의 성과는 기구조사의 결과와 대비·조회하여 단면도 등에 정리한다.

[해설]

물리검층에서 얻어진 성과는 공벽 주변의 지층에 대한 물리량(비저항, 탄성파속도, 밀도 등)을 나타내며, 다른 기구조사의 결과, 특히 보링코아나 지반상황과 밀접하게 관련된다.

따라서 기타 기구의 조사결과와 충분히 대비·조회하여 땅밀림의 층구분(활동면의 판정, 풍화도 판정, 잠재 활동면의 검출 등)이나 대수층의 검출, 암반물성 측정에 도움이 되도록 한다.

4.7. 관입실험

4.7.1. 목적

관입실험은 땅밀림지에 있어서 토층의 상대적인 강도 및 밀도 등을 파악하기 위하여 실시하는 것으로, 조사목적과 조사장소의 지질·토질조건에 따라 선택한다.
① 표준관입실험 ② 스웨덴식 사운딩실험

[해설]

관입실험(사운딩조사)은 원위치실험에 속하는 실험방법으로, 원형상태의 시료를 채취할 필요가 있거나 실내 토질실험이 곤란한 사질토나 점성토의 경우, 지반의 성상을 연속적으로 파악할 필요가 있을 때 등에 자주 이용된다. 특히, 관입실험은 지반의 깊이 방향에 있어서의 저항(관입저항, 수압 및 전단저항 등) 값으로부터 원지반에 있어서의 흙의 강도, 변형특성, 밀도 등에 대한 깊이 분포를 직접 추정하기 위하여 실시한다.

땅밀림조사에서는 일반적으로 표준관입실험을 사용하지만, 표층지반의 조사나 보충적인 지질확인 등은 산지사방사업의 「사운딩조사」에 준하여 실시하며, 적용범위는 표 6-9와 같다.

표 6-9. 주요 관입실험의 방법

구분	명칭	연속성	측정값	측정값으로부터의 추정량	적용지반	가능 깊이	특징
동적	표준관입 실험	불연속 최소측정 간격 50cm	N값(소정의 타격횟수)	모래의 밀도, 강도, 마찰각, 강성율, 지지력, 점토의 점착력, 일축압축강도	호박돌이나 전석을 제외한 모든 지반	기본적 으로는 제한이 없음	보급도가 높고, 대부분의 지반조사에서 실시함
정적	스웨덴식 사운딩 실험	연속	각 하중에 따른 침하량(W_{sw}), 관입 1m당 반회전수(N_{sw})	표준관입실험의 N값이나 일축압축강도 q_u값으로 환산(다수의 제안식이 있음)	호박돌과 자갈을 제외한 모든 지반	15m 정도	표준관입실험 에 비하여 작업이 간단함

4.7.2. 표준관입실험

표준관입실험은 원위치의 흙의 강도, 긴장정도의 상대 값 및 토층의 구성 등을 판정하기 위하여 N값을 구하는 것을 목적으로 하여 실시하는 것이다.

[해설]

이 방법은 보링공 안에서 실시되는 대표적인 실험으로, 조사에 의하여 얻어지는 N값은 다양한 토질정수로 환산되어 설계에 사용되고 있다. 그리고 기타 각종 사운딩으로부터 파악된 측정값도 표준관입실험의 N값으로 환산하여 이용되고 있다.

[참고]
1) 표준관입실험으로부터 판별, 추정할 수 있는 사항

표 6-10. 표준관입실험에 의한 조사결과로부터 판명되는 사항

구분		판별, 추정사항
조사결과 일람표로부터 종합 판정되는 사항		· 토질의 구성, 깊이 방향의 강도변화 · 지지층의 위치(지표로부터의 깊이와 층의 구조) · 연약층의 유무(압밀침하 계산의 대상인 토층의 두께), 투수성, 액상화 대상층의 유무
N값으로부터 직접 추정되는 사항	사질지반	· 상대밀도, 전단저항각 · 즉시 침하량, 흙막이 등의 허용지지력 · 수평지반반력계수, 말뚝의 극한선단지지력과 극한주면마찰력, 전단파속도, 변형계수, 액상화강도
	점토지반	· 밀도, 일축압축강도(점착력), 수평지반반력계수, 전단파속도, 변형계수

2) 표준관입실험 등에 의하여 파악된 N값으로부터 수평지반반력계수를 구하는 실험식

① 항만공항기술연구소식(港硏式)

$$k_h = 200N(\text{tf/m}^3) \rightarrow k_h = 2{,}000N(\text{kN/m}^3)$$

② 땅밀림지에서의 공내수평재하실험 자료수집 결과에 의한 식

$$k_h = 691N^{1.441}(\text{tf/m}^3) \rightarrow k_h = 1{,}550^{1.441}N(\text{kN/m}^3)$$

N값이 300 정도까지는 이상의 관계가 인정된다.

3) 지반반력실험

지반상태가 불확실하거나 구조물의 중요도에 따라 N값으로부터의 추정 식이 아니라 직접 지반반력실험을 실시하는 경우도 있으며, 지반반력실험에는 연직재하실험과 수평재하실험이 있다. 연직재하실험은 구조물의 자중 등, 수직방향의 하중에 대한 기초지반의 안정성을 판정하기 위하여 실시하며, 일반적으로 평판재하실험을 실시한다. 수평재하실험은 말뚝박기 등의 계획지점에 설치한 말뚝 주변의 지반반력을 구할 목적으로 보링공 내 재하실험 등을 실시한다.

4.7.3. 스웨덴식 사운딩실험

스웨덴식 사운딩실험은 원위치에 있어서 흙의 정적 관입저항을 측정하여 강도, 긴장정도, 토층의 구성을 판정하는 것이다.

[해설]

스크루 포인트(Screw point)를 로드(Rod)의 선단에 부착하고, 그 상부에는 재하용 꺾쇠를 설치한 후, 그 위에 추를 달아 관입량을 구한다. 하중의 단계는 $50N(5\text{kgf})$, $150N(15\text{kgf})$, $250N(25\text{kgf})$, $500N(50\text{kgf})$, $750N(75\text{kgf})$, $1{,}000N(100\text{kgf})$으로 하며, $1{,}000N(100\text{kgf})$에서 관입이 정지된 경우에는 그 관입량을 측정한 후, 그 상태에서 핸들을 붙여 다음의 눈금 250mm선까지 관입시키는 데에 필요한 반(半)회전수를 기입하고, 관입량 1m당의 반회전수로 환산한다.

$$N_{sw} = \frac{100}{L} N_a$$

식에서, N_{sw} : 관입량 1m당의 반회전수
N_a : 반회전수
L : 관입량

실험결과는 세로축을 기준면으로부터의 깊이, 가로축을 하중의 크기 $W_{sw}(N,\ kgf)$ 또는 관입량 1m당의 반회전수(N_{sw})로 하여 작성하도록 한다.

한편, 하중과 일축압축강도(q_u)와의 관계, 1m당의 반회전수(N_{sw})와 N값과의 관계식이 있지만, 편차가 크기 때문에 비교실험을 실시하여 채택하도록 한다.

[참고]
○ 기타 실험값과의 관계
① 점성토의 q_u값과의 관계 : $q_u = 0.045\,W_{sw} + 0.75 N_{sw}$
② 자갈, 모래, 사질토와 N값과의 관계 : $N = 0.002\,W_{sw} + 0.067 N_{sw}$
③ 점토, 점성토, 자갈이 섞인 점성토와 N값과의 관계 :

$N = 0.003\,W_{sw} + 0.05 N_{sw}$

식에서, q_u : 일축압축강도(kN/m^2)
N : 표준관입실험 결과의 N값
W_{sw} : 1kN 이하에서 관입된 경우의 하중(N)
N_{sw} : 회전에 의하여 관입시킨 때의 관입량 1m당의 반회전수

4.7.4. 정리

관입실험의 결과는 실험의 종류에 따라 결과를 해석하여 도표에 정리하도록 한다.

[해설]
각 실험방법에 의하여 관입실험을 실시한 결과는 그림 및 표 등으로 기록하고, 땅밀림의 성질, 안정해석에 사용하는 흙의 성질이나 분포를 정확하게 판단할 수 있도록 정리한다.

4.8. 토질·암석실험

4.8.1. 목적

토질·암석실험은 땅밀림지의 흙이나 암석의 물리적, 역학적 성질을 파악하여 땅밀림의 안정해석, 땅밀림방지공의 설계에 필요한 기초자료로 사용하는 것이다. 그리고 조사는 다음을 표준으로 하여 필요에 따라 선택한다.
① 토질실험 ② 암석실험

[해설]

1) 토질실험

　　토질실험은 흙의 분류나 각종 성질을 규명하기 위하여 지반으로부터 채취한 흙을 대상으로 실시하는 각종 실험을 총칭하는 것이다. 이 실험의 경우, 지반의 안정이나 변형의 해석, 기초구조물의 설계·시공 등에 필요한 기초자료를 수집하기 위하여 실시하지만, 땅밀림조사에 있어서는 대부분의 경우 안정해석에 이용하는 $c-\phi$(활동면의 점착력 c 및 전단저항각 ϕ)의 값을 결정하는 것을 목적으로 실시하고 있다.

　　한편, 구체적으로는 다음과 같은 실험방법이 있다.
　　① 함수비, 토립자의 밀도, 습윤밀도 등과 같은 흙의 상태에 관한 실험
　　② 입도 및 액성·소성한계 등과 같은 흙의 공학적 분류에 관한 실험
　　③ 압축성 및 수축 성질에 관한 실험
　　④ 흙의 강도에 관한 실험

　　으로 구분되며, ①과 ②를 흙의 물리적 성질을 구하는 실험, ③과 ④를 흙의 역학적 성질을 파악하는 실험이라고 한다.

2) 암석실험

　　암석실험은 각종 땅밀림방지공사의 안정성이나 시공방법을 검토하여 구조물의 형식, 형상, 치수나 배치를 결정하고, 필요한 암반의 성상을 파악하기 위하여 실시하며, 구체적으로는 다음과 같은 실험방법이 있다.
　　① 밀도, 함수비, 탄성파속도 등과 같은 기본적인 암석물성에 관한 실험
　　② 침수붕괴도, 비화(沸化, Slaking) 특성 등과 같은 암석의 결합정도를 조사하는 실험
　　③ 전단, 인장, 압축 등의 강도나 변형에 관한 실험

　　을 말하며, ①과 ②를 암석의 실내물리실험, ③을 암석의 실내역학실험이라 한다.

4.8.2. 시료의 채취

　　시료는 실험에 필요한 시료상태를 만족할 수 있는 채취방법에 따라 채취하고, 채취하는 방법은 채취장소, 실험의 종류 및 목적에 따라 선택한다.

[해설]

1) 원칙

　　토질·암석실험용 시료채취는 실험목적을 숙지한 후에 채취장소를 결정하고, 실험에 필요한 시료상태를 만족할 수 있는 채취방법에 따르도록 한다. 즉, 시료는 원위치의 자연상태를 정확하게 나타낼 수 있도록 원형이 유지되게 채취하는 것이 바람직하지만, 실험에 따라서는 원형이 유지되지 않은 시료도 사용할 수도 있다.

2) 시료의 채취계획

토질·암석실험의 결과는 안정해석이나 구조물 설계의 정밀도에 크게 영향을 미치기 때문에 시료를 채취하는 위치, 깊이 및 수량은 보링이나 사운딩 등을 실시할 때 사전에 원위치의 시료상태(지하수의 부존상태와 상대적인 깊이) 및 지질 등에 대한 예비조사를 실시하여 결정한다.

3) 채취방법

원형상태의 흙을 채취하는 방법은 채취장소, 실험의 종류 및 목적에 따라 선택한다.

① 블록샘플링

지표로부터 오픈 컷(Open cut), 관측우물 및 시굴말뚝 등과 같이 직접 원지반으로부터 시료를 채취할 수 있는 경우에 사용하도록 한다.

· 상형(箱型)시료채취방법 : 뚜껑이 열린 상자로 시료를 채취한 후, 뚜껑을 덮고 파라핀으로 밀폐한다.
· 원통형시료채취방법 : 샘플링 원통을 이용하여 적절한 압력을 가하고 시료를 채취한 후에 밀폐한다.

② 보링코아 및 표준관입실험에 의한 시료채취
③ 보링공을 이용한 샘플링에 의한 시료채취

한편, ②와 ③에는 다양한 방법이 있지만, 각 방법별로 적응할 수 있는 토성과 특징이 다르기 때문에 최적인 것을 선택하여야 한다.

표 6-11. 주요 샘플링의 적응 토성과 특징(地盤工學會, 1995)

샘플러의 종류		구조	지반의 종류									
			점성토			사질토			사력		암반		
			연약	중간	단단	느슨	중간	조밀	느슨	조밀	연암	중경암	경암
			N값의 기준										
			0~4	4~8	8 이상	10 이상	10~30	30 이상	30 이하	30 이상			
고정 피스톤식 샘플러	로드식	단관	◎	○			○						
	수압식	〃	◎	◎			○						
회전식 2중관 샘플러		2중관		◎	○								
회전식 3중관 샘플러		3중관		◎	◎	○	◎	◎		○			
회전식 슬리브 내장 2중관 샘플러		2중관		○	○			○			◎	◎	◎
블록샘플링		-	◎	◎	◎	○	○	◎		○			

※ ◎ : 최적, ○ : 적합

4.8.3. 토질실험

> 토질실험은 땅밀림지의 흙의 물리적 특성, 전단저항각, 점착력, 변형계수 및 지반지지력 등의 역학적 특성을 파악하기 위하여 실시한다.

[해설]

1) 물리실험

땅밀림지의 물리적 특성을 파악하기 위한 토질실험 중에서 물리실험의 종류, 실험의 목적 및 적용, 그리고 구할 수 있는 물리량은 표 6-12에 제시한 바와 같다.

표 6-12. 물리실험의 종류

실험의 종류	실험의 목적 및 적용	구할 수 있는 물리량
① 토립자의 밀도실험	입도실험에 필요함	토립자의 밀도(ρ_s)
② 흙의 입도실험 · 체 분석 · 비중계에 의한 분석	입도분포를 구할 수 있음	입도분포 균등계수(U_c)
③ 흙의 함수율실험	함수비를 구할 수 있음	함수비(w)
④ 흙의 습윤밀도실험	점착성의 흙에 대하여 구할 수 있음	습윤밀도(ρ_t) 건조밀도(ρ_d)
⑤ 밀도 · 액성한계 · 소성한계	흙의 분류와 성질에 대한 예비적 실험임	액성한계 소성한계

2) 역학실험

땅밀림지의 물리적 특성을 파악하기 위한 토질실험 중에서 역학실험의 성질, 실험의 종류, 시료, 그리고 구하는 값은 표 6-13에 제시한 바와 같다.

표 6-13. 역학실험의 종류

성질	실험의 종류	시료	구하는 값
신축성	신축실험	교란됨	최적함수비, 최대건조밀도
	CBR실험	교란됨 (교란되지 않음)	CBR값 (설계CBR, 수정CBR)
흙의 압축성	흙의 압밀실험	교란되지 않음	압밀항복응력, 압축지수, 체적압축계수, 압밀계수
흙의 강도	흙의 일면전단실험	교란되지 않음	전단저항각, 점착력
	흙의 삼축압축실험	교란되지 않음	전단저항각, 점착력
	흙의 일축압축실험	교란되지 않음	일축압축강도, 변형계수
흙의 투수성	흙의 투수계수	교란됨 (교란되지 않음)	투수계수

3) 잔류전단강도

땅밀림지의 물리적 특성 중에서 잔류전단강도에 대한 실험의 성질, 개요, 그리고 구하는 값은 표 6-14에 제시한 바와 같다.

표 6-14. 잔류전단강도를 계측하기 위한 실험

실험의 종류	실험의 개요	구할 수 있는 값
활동면 전단실험 (정체적 일면전단실험)	교란되지 않은 상태로 채취한 활동면 시료의 활동면과 실험 시의 전단면과를 일치시켜 실시하는 일면전단실험으로, 시료는 교란되지 않은 활동면 시료를 사용함	원위치강도(≒잔류강도), 피크강도, 완전연화강도
반복일면전단실험 (정체적 일면전단실험)	잔류강도를 실현하는 데에 필요한 장대변위를 전단방향 전후에 연속하는 반복전단에 의하여 실현된 일면전단실험으로, 시료는 교란된 활동면 점토를 사용함	피크강도, 완전연화강도, 잔류강도
링전단실험 (정체적/정압 일면전단실험)	도너츠형 공시체에 회전변위를 주어 잔류강도를 계측하는 데 필요한 장대변위를 실현한 일면전단실험으로, 시료는 교란된 활동면 점토의 입도조정시료를 사용함	완전연화강도, 잔류강도

4.8.4. 암석실험

암석실험은 땅밀림지 및 그 주변의 기암을 구성하는 암석의 물리적 특성, 강도 및 변형에 관한 역학적 특성을 파악하기 위하여 실시하는 것이다.

[해설]

암석의 물리적 성질을 구하는 주요 실험은 표 6-15와 같이 암석의 물성과 암석의 결합도(내구성실험)를 파악하기 위하여 실시하도록 한다.

표 6-15. 암석의 물리적 성질을 구할 수 있는 실험방법

성질	실험의 종류	구할 수 있는 값
암석의 물성	밀도실험	자연함수상태의 밀도, 건조밀도, 습윤밀도, 흡수율, 유효간극률
	함수량실험	함수율
	초음파속도실험	P파, S파, 동(動)포아송비, 동(動)탄성계수
암석의 결합도 (내구성실험)	침수붕괴도실험	비화지수
	비화(沸化)실험	흡수량증가율, 비화율, 내(耐)비화지수
	동결융해실험	중량손실백분율곡선

그리고 암석의 역학적 성질을 구할 수 있는 주요 실험방법의 성질, 실험의 종류 및 구할 수 있는 값은 표 6-16과 같이 전단강도와 인장강도를 중심으로 하여 실시하도록 한다.

표 6-16. 암석의 역학적 성질을 구할 수 있는 실험

성질	실험의 종류	구할 수 있는 값
전단강도	압축강도실험	압축강도
	삼축압축실험	점착력, 전단저항각
	직접전단실험	점착력, 전단저항각
인장강도	인장실험	인장강도

4.8.5. 정리

토질과 암석에 대한 실험의 성과는 조사목적에 따라 자료를 해석하여 그림 및 표에 정리하도록 한다.

[해설]

토질·암석실험에 의하여 파악된 결과인 암석의 물성, 암석의 결합도, 암석의 전단강도와 인장강도는 각종 그림 및 표 등으로 기록하여 땅밀림의 성질을 판정하거나 안정해석에 사용하는 흙과 암석의 성질이 정확하게 판단될 수 있는 자료로 활용하도록 한다.

4.9. 점토광물실험

4.9.1. 목적

점토광물실험은 땅밀림지 및 그 주변의 점토광물에 대한 화학적·물리적 성질을 파악하기 위하여 실시하며, 실험방법은 다음을 표준으로 하여 조사목적에 따라 선택한다.
① 시약반응실험 ② X선회절실험

[해설]

점토광물에는 팽륜성 점토광물인 스멕타이트(Smectite)와 하로이사이트(Halloysite)가 있으며, 그 유무는 땅밀림 활동의 지표가 되기 때문에 시약반응실험이나 X선회절실험으로 정성분석 혹은 정량분석을 실시하여 점토광물의 화학적·물리적 성질을 파악하도록 한다.

[참고]
　　제3기층 땅밀림에서는 새로운 해성(海成)점토에 스멕타이트가 검출되며, 파쇄대 땅밀림에서는 단층에 동반되는 물리적 파쇄작용을 받은 암석이 알칼리성 지하수의 영향에 의하여 화학적 풍화를 받은 클로라이트(Chlorite)가 검출된다. 온천땅밀림에서도 지하의 유화(硫化)작용에 의하여 알칼리성의 환경에서 스멕타이트가 생성된다.
　　한편, 스멕타이트는 간극수 등에 의하여 흡수 팽창되어 변형팽창압을 발생시키므로, 점토광물실험을 실시하여 땅밀림 점토광물의 물리적 성질을 파악하도록 한다.

표 6-17. 주요 점토광물의 물리특성

점토광물	형상	직경	두께	비(比)표면적
몬모릴로나이트 (Montmorillonite)	엷은 판상(板狀)을 나타냄	0.1~1μ	30Å	800(m^2/g)
일라이트 (Illite)	판상을 나타냄	0.04~0.2μ	200~300Å	80(m^2/g)
하로이사이트 (Halloysite)	끝부분이 뒤틀린 판상 또는 튜브 모양임	튜브 모양인 경우	0.02μ	
카올리나이트 (Kaolinite)	가장 안정된 형태로, 6각형의 판상임	0.3~4μ	0.05~2μ	15(m^2/g)

※ 클로라이트 : 80m^2/g

4.9.2. 시약반응실험

> 땅밀림 점토의 특성을 파악하기 위하여 시약으로 정색(呈色)반응실험을 실시한다.

[해설]
　　시약반응실험은 정색반응을 이용하여 땅밀림의 지표가 되는 점토광물을 검출하는 것으로, 점토광물 등에 따라 적절한 반응실험을 실시하며, 땅밀림 점토 등을 육안으로 판정하는 방법이 이용되기도 한다.
　　① 무색 : 카올린(Kaolin) 광물, 몬모릴로나이트
　　② 녹색 : 클로라이트, 사문암, 철(鐵)몬모릴로나이트
　　③ 갈색 : 철(鐵)몬모릴로나이트, 하로이사이트
　　④ 황색 : 논트로나이트(Nontronite)
　　⑤ 분홍색 : 몬모릴로나이트

[참고]
○ 주요 증색반응실험
1) 비타민 A에 의한 방법

주로 몬모릴로나이트에 정색반응을 하지만, 비타민 A(간유)를 한 방울 떨어뜨리면 청색의 정색반응을 나타낸다.

2) 파라아미노페놀(Para-aminophenol)에 의한 방법

몬모릴로나이트, 카올린광물, 운모점토광물 모두에 반응하며, 서로 다른 색을 나타낸다. 따라서 파라아미노페놀 0.1, 0.5, 2, 4% 등과 같은 4종류의 알코올 용액을 준비하고, 시료의 미분말을 점적판위에 넣은 후에 시약을 첨가하여 성냥개비로 잘 섞어 말린다. 이 건조피막에 1 : 1 염산을 넣어 적신 후, 젖은 상태의 색을 조사한다.

한편, 몬모릴로나이트, 일라이트는 0.1~4.0%의 시약에서는 청록색, 카올린광물은 4.0% 시약에서 분홍색이나 갈색, 운모점토광물은 0.5~2.0%에서 육류의 색깔을 띤다. 그리고 시약의 색이 적색이기 때문에 가능하면 이 색이 점토의 정색을 방해하지 않도록 배려하여야 한다.

4.9.3. X선회절실험

X선회절실험은 땅밀림 점토에 특정 파장인 X선을 조사(照査)한 후, 그 회절각도로부터 점토광물을 동정하여 땅밀림 점토의 특성을 파악한다.

[해설]

X선회절실험은 노두, 보링코아 등에 의하여 채취한 시약에 X선을 조사한 후, 그 회절각도로부터 점토광물을 동정하는 것이다.

[참고]

제3기층 땅밀림의 활동면 부근에는 팽윤성(膨潤性) 점토광물인 스멕타이트(몬모릴로나이트 등)의 집적이 나타나는 경우가 많다. 이를 확인하기 위하여 분말부정방위시료 또는 세척처리한 정방위 시료에 대하여 에틸렌글리콜(Ethylene glycol)처리에 의한 회절실험이 이용되고 있다. 그리고 변성암 분포지역의 활동면 부근에는 클로라이트가 검출되지만, 스멕타이트의 회절피크가 중복되기 때문에 가열처리나 염산처리를 한 후에 회절실험을 실시하는 경우도 있다.

4.9.4. 정리

점토광물실험의 성과는 조사목적에 따라 자료를 해석하여 도표에 정리하도록 한다.

[해설]

점토광물실험에 의하여 조사된 성과는 그림 및 표 등에 기록하여 땅밀림 점토·모암의 성질, 안정해석에 이용하는 흙의 성질이 정확하게 판단될 수 있도록 정리한다.

4.10. 연대측정조사

4.10.1. 목적

> 연대측정조사는 신규 땅밀림의 발생연대 또는 땅밀림의 이력을 파악하기 위하여 실시하며, 조사방법은 다음을 표준으로 하여 현지 상황에 따라 선택한다.
> ① ^{14}C연대측정법 ② 화산재편년법에 의한 연대측정

[해설]

조사방법은 ^{14}C연대측정법과 화산재편년법이 표준적으로 사용되지만, 이외에도 수목연륜을 이용한 연륜연대측정법, 화산유리(Volcanic glass) 등의 픽션트랙연대측정법(F. T.), 칼륨·아르곤(Argon)법 등이 목적과 측정한계에 따라 사용되고 있다.

4.10.2. ^{14}C연대측정법

> ^{14}C연대측정법은 노두, 보링 및 집수정 굴착 시에 발견된 탄화목, 목편 및 부식토를 채취하여 ^{14}C의 함유량을 측정한다.

[해설]

방사성동위원소에 의한 실험은 과거의 땅밀림 이동, 붕괴토의 유래와 분포 등을 파악하기 위하여 ^{14}C로 연대를 평가한다. 즉, 액체섬광형 방사능분석기(Scintillation counter)로 β선을 계측할 경우, 탄화목이나 목편 시료는 건조중량으로 적어도 20g 이상, 부식토는 100g 이상이 필요하며, 측정한계는 4만년 B.P.이다. 시료 채취 시에는 유기물이 오염되지 않도록 주의하여야 한다.

[참고]

가속기질량분석계(AMS)로 계측할 경우 탄소 0.2~2mg 정도의 시료가 있으면 측정할 수 있고, 6만년 B.P.가 측정한계이다. 이때 B.P.는 ^{14}C연대 측정값으로, 1950년을 기준으로 하는 연대단위이기 때문에 6,300B.P.는 기원전 4,350년에 해당한다.

4.10.3. 정리

> 연대에 대한 측정결과는 알기 쉬운 도표 등에 정리하고, 땅밀림의 발생연대나 이력 등을 고찰하도록 한다.

[해설]

시료를 채취한 위치를 알 수 있도록 스케치하거나 지도(보링코아로부터 채취한 경우는 주상도)에 기재하고, 측정기관(민간 또는 대학의 측정기관)으로부터의 연대 측정값의 복사본을 게재하여 땅밀림 발생연대나 땅밀림의 이력을 고찰하도록 한다.

4.11. 시굴관찰조사

> 시굴관찰조사는 집수정, 배수터널 또는 테스트피트 등으로 지층을 직접 관찰하여 지질, 토질, 풍화, 파쇄도 및 용출수의 상황 등을 파악하고, 토질암석실험 또는 점토광물실험을 위한 시료를 채취하기 위하여 실시한다.

[해설]

시굴관찰조사는 보링조사의 경우 직경이 작은 코어나 시료에 의하여 분석한 결과에 따라 판단하여야 하고, 지표를 들어 올린 경우 외력에 의하여 원위치와의 차이가 발생할 수 있기 때문에 실제로 조사자가 관찰할 수 있는 정도의 구멍을 파서 벽면을 관찰하거나 토질·암석실험 등을 위한 시료를 채취하는 것이다.

한편, 조사는 집수정, 배수터널 등과 같이 사업을 실시하는 과정에서 실시하기도 하지만, 그렇지 않을 경우에는 별도로 관측우물, 조사용 터널 등을 설치하는 경우도 있다. 이와 같은 경우 시굴공의 단면 크기는 작업의 안정성이나 조사내용을 고려하여 적절하게 결정하여야 한다.

4.12. 기상조사

4.12.1. 목적

> 기상조사는 땅밀림지 및 그 주변의 기상을 조사하여 땅밀림 이동과의 관련성을 파악하며, 다음과 같은 내용을 표준으로 하여 현지의 상황에 따라 선택한다.
> ① 일반기상조사 ② 강수량조사 ③ 적설량조사 ④ 융설량조사

[해설]

기상조사는 땅밀림지 및 그 주변의 강수량이나 적설량을 조사하여 땅밀림 이동과 강우, 적설과의 관련을 해석하는 기초자료를 얻기 위하여 실시한다.

그리고 기온 등을 관측하여 적설량을 추정하기도 하며, 현지에서 관측이 불가능한 경우에는 가까운 기상관측소의 관측자료를 이용하지만, 적절한 방법으로 기상자료를 보정하도록 한다.

4.12.2. 일반기상조사

> 일반기상조사는 땅밀림지 및 그 주변 기상을 파악하여 계획, 설계의 기초자료를 얻는 것을 목적으로 한다.

[해설]

일반기상조사는 땅밀림지 및 그 주변 지역의 기온, 습도, 풍속, 풍향, 일사량 및 일조

시간 등과 같은 기상자료를 계속적으로 관측하여 계획·설계의 기초자료로 활용하도록 한다.

4.12.3. 강수량조사

> 강우량조사는 현지에서 강수량을 측정하여 강수와 땅밀림 이동의 관계를 파악하기 위하여 실시한다.

[해설]

강수량조사는 우량계로 현지의 강수량을 측정하여 강우와 땅밀림 이동의 관계를 규명하는 조사로, 사용하는 우량계는 자기기록계 혹은 자동관측시스템에 접속된 우량계를 사용하도록 한다.

한편, 적설지대에 있어서는 겨울철의 강설량을 강수량으로 측정하기 위하여 우량계에 융설장치가 부착된 것을 이용하도록 한다.

4.12.4. 적설량조사

> 적설량조사는 현지에서 적설량을 측정한 후, 적설과 땅밀림 이동과의 관계를 파악하기 위하여 실시한다.

[해설]

적설지대에서는 겨울철 강수의 대부분은 적설 상태로 융설시기까지 저류되기 때문에 융설에 의한 땅밀림의 이동을 조사하기 위해서는 현지의 적설량 변화를 관측할 필요가 있다. 적설량의 일반적인 지표는 적설심이지만, 적설은 장소에 따라 밀도가 다르기 때문에 본래는 수량으로 환산한 적설수량을 측정하도록 한다. 그러나 적설수량을 측정하는 데에는 많은 노력과 경비가 필요하기 때문에 관측이 용이한 적설심 관측방법이 주로 실시되고 있다.

한편, 적설은 지형이나 산림의 상황에 따라 다르기 때문에 관측지점을 결정할 때에는 주의를 요하며, 적설심을 계속 관측하는 데에는 다음의 두 가지 방법이 있다.

① 설척(雪尺)에 의한 방법 : 현지에 설치한 설척의 눈금에 의하여 적설심을 측정한다.
② 적설심계에 의한 방법 : 초음파식이나 광센서가 부착된 적설심계를 설치하여 연속적으로 관측한다.

4.12.5. 융설량조사

> 융설량조사는 현지에서 직접 측정하는 방법과 기온 등을 관측하여 융설량 등을 추정하는 방법이 있으며, 땅밀림 이동과의 관련을 파악하기 위하여 실시한다.

[해설]
1) 적설수량의 변화

적설수량의 변화는 적설수량의 시간변화로부터 융설량을 추정하는 방법으로, 융설량 이외에 눈이 소멸된 층 내의 함수량, 남은 잔설 층 내의 함수량의 증감, 표면에서의 증발·응결량이나 강수·강설량이 포함되기 때문에 각각의 양을 가감하여야 하지만, 융설 시기에는 증발·응결량이 적기 때문에 무시하기도 한다. 이 방법에는 설면저하법, 융설팬법, 스노우샘플러법 등이 있다.

2) 융설수유출법

융설수유출법은 유출된 융설의 유량으로부터 융설량을 추정하는 방법으로, 라이시미터법과 유역유출법이 있다.

3) 열수지법

열수지법은 적설 층과 주위의 열 교환에 의하여 융설이 발생하는 것으로 가정하여 열수지의 각 성분을 측정한 후, 그 수지로부터 융설열량을 구하여 융설량을 계산하는 방법이다. 그러나 열수지 해석에 필요한 항목을 모두 연속적으로 관측하기 어렵기 때문에 주로 기온만으로 융설량을 산정하며, 측정방법에는 도일법(度日法, Degree day method)과 열수지법이 있다.

[참고]
1) 주요한 융설량의 측정방법

① 설면저하법

적설표면의 저하량과 눈이 소멸된 층의 건조밀도를 합계하여 융설량을 구하는 방법이다.

② 융설팬법

융설수가 밑으로 빠질 수 있도록 고안된 용기에 눈을 넣은 후에 설면 가까이에 묻어두고, 그 중량의 변화를 용기의 밑면적으로 나누어 융설량을 산정하는 방법이다.

③ 스노우샘플러법

스노우샘플러로 융설수량을 측정하여 시간변화에 따른 융설량을 구하는 방법으로, 단면관측이나 스노우서베이로 전(全)적설량의 변화를 측정하는 방법과 표면으로부터 적설 층 내의 특정 눈금(예를 들면 빙판)까지의 수량의 시간변화로부터 융설량을 측정하는 방법이 있다.

④ 라이시미터법

적설 중간층, 적설 밑면 혹은 땅 속에 집수용기(라이시미터)를 부설한 후, 융설수량을 우량계 또는 유량계로 측정하는 방법이다.

⑤ 유역유출수량

유역의 최하단에서 하천유량을 관측하여 유역의 융설량을 측정하는 방법이다.

⑥ 도일법(度日法)

적산기온법이라고도 하며, 시간 평균(예를 들면 하루나 1시간)의 기온과 기준온도와의 차이를 특정 시간으로 적산한 것으로, 기준기온은 0℃ 또는 -3℃로 하여 그 이상의 기온을 적산완도(積算暖度)라고 한다. 이 방법은 적설량과의 상관이 높기 때문에 간편하게 융설량을 구할 수 있다.

⑦ 열수지법

기온, 습도, 풍속 및 일사 등으로부터 열수지를 계산한 후, 융설열량으로부터 융설량을 추정하는 방법으로, 다양한 방법이 있다.

2) 융설이 실제로 발생하고 있는 경우의 융설열량

$$Q_M = (1-\alpha)S^\downarrow + L^\downarrow - L^\uparrow - c_P\rho C_H U(T_s - T) - l\rho C_E U(q^*(T_S) - q)$$

식에서, α : 알베도(albedo)
           $S^\downarrow$: 일사량
           $L^\downarrow, L^\uparrow$: 하향 대기방사량 및 상향 적외방사
           c_P, ρ : 공기의 정압비열과 밀도
           C_H, C_E : 현열(顯熱) 및 잠열(潛熱)의 벌크(bulk)계수
           U : 풍속
           T_S : 적설표면의 온도
           T : 기온
           l : 기온의 잠열
           q : 비습(比濕)
           $q^*(T_S)$: 온도 T_S에 대한 포화비습(飽和比濕)

4.12.6. 정리

기상조사의 성과는 조사의 종류에 따라 자료를 분석한 후, 땅밀림 이동에 관련하는 기상조건이 파악할 수 있게 도표에 정리한다.

[해설]

기상조사의 성과는 연강수량, 우량분포도, 최대일우량, 최대시간우량, 연속강우량, 강설량 및 최대적설량 등의 자료를 도표에 정리하도록 한다. 그리고 기상조사의 결과는 땅밀림의 유인을 파악하는 데에 중요한 기초자료이기 때문에 땅밀림 이동과의 관련에 대하여 고찰하도록 한다.

4.13. 지하수조사

4.13.1. 목적

> 지하수조사는 땅밀림지 및 그 주변 지하수의 부존상황, 경로 및 물리적·화학적 성질을 조사한 후, 지하수와 땅밀림 이동의 관련성을 파악하고, 계획 및 설계 시에 기초자료로 사용하는 것을 목적으로 한다. 조사는 다음을 표준으로 하여 현지 상황에 따라 선택한다.
> ① 지하수위조사 ② 간극수압조사 ③ 지하수검층 ④ 지하수추적조사
> ⑤ 간이양수실험 ⑥ 양수실험 ⑦ 수질조사 ⑧ 지하수유출량조사

[해설]

땅밀림에 있어서 지하수는 땅밀림지의 암석풍화를 촉진하고, 흙의 전단강도를 저하시키며, 활동면 부근의 간극수압을 증가시켜 전단저항력의 저하를 초래한다. 따라서 땅밀림지를 중심으로 한 지하수의 양, 분포 및 수압을 파악하는 것은 땅밀림기구의 해명에 매우 중요하다.

그러나 땅밀림지의 지하수 분포는 평면적으로나 수직적으로 편중하여 복잡하기 때문에 다각적인 조사를 실시하여 종합적으로 판단할 필요가 있다. 따라서 조사는 적절한 조사의 종류나 수량을 계획하여 조사하고, 조사 결과에 따라서는 수차례에 걸쳐 수정하여야 하며, 필요에 따라서는 조사를 추가하여야 하는 경우도 있다.

표 6-18. 지하수조사의 목적과 종류

목적	조사항목
· 활동면에 작용하는 간극수압의 파악 · 지하수위의 변동과 강우와의 상관 등의 검토 · 지하수의 유동층 파악 · 지하수의 유동방향 파악 · 지하수의 분포 파악 · 지반의 투수성	· 간극수압의 측정, 지하수위의 측정 · 지하수위의 측정 · 지하수 검층 · 지하수 추적, 수질분석 · 전기탐사, 지온탐사, 수온조사, 수질분석 · 투수실험, 양수실험

[참고]

지하수의 형태는 저류형태에 따라 크게 지층수와 균열수로 분류되며, 피압의 유무에 따라 자유지하수, 불압(不壓)지하수, 피압지하수, 유압지하수 및 주수(宙水, Perched water)로 분류할 수 있다.

① 지층수

지층이나 토양을 구성하는 입자 사이의 간극을 채우고 있는 지하수를 말한다.

② 균열수

암석이나 지층 사이의 균열, 절리 및 공동 등을 채우고 있는 지하수를 말한다.

③ 자유지하수

수면이 대기와 접하고, 그 수면 위에서는 수압이 대기압과 같은 지층수를 말한다. 지하수가 저류된 양의 증감에 따라 자유지하수면은 변동하고, 대수층의 용적은 자유롭게 변화한다.

④ 불압지하수

균열(단층, 절리 등의 단열, 동굴)수로, 그 상단이 균열을 통하여 대기와 접하고 있는 지하수를 말한다.

⑤ 피압지하수

피압지하수는 윗면이 점토층이나 실트층 등과 같은 불투수층 또는 난투수층으로 덮여 있어 수면은 존재하지 않기 때문에 대수층 윗면에 압력이 작용하고 있는 지층수를 말한다. 파이프 등을 삽입하면 스스로 분출하는 경우도 한다.

⑥ 유압지하수

유압지하수는 압력을 갖고 있는 균열수를 말한다.

⑦ 주수

광역적인 넓이를 갖는 지하수면과 지표면과의 사이(토양대)에 점토층 등과 같은 불투수층이 국소적으로 렌즈모양으로 분포하여 그 위에 자유지하수의 본체와 분리된 형태로 국소적으로 자유지하수가 형성되어 있는 것을 말한다.

4.13.2. 지하수위조사

지하수위조사는 우물이나 보링공을 이용하여 지하수의 압력수두를 측정할 목적으로 실시한다.

[해설]

1) 지하수위조사

지하수위조사는 우물이나 보링공을 이용하여 간단하게 지하수 전체의 부존상태를 파악할 수 있는 방법으로, 일상적으로 사용되고 있는 기본조사이다. 다만, 지하수위로부터 활동면에 걸리는 간극수압을 상정할 경우에는 반드시 그 수위가 그 지하수 층의 압력수두를 나타내지 않는 경우가 있기 때문에 기타 조사결과를 포함하여 종합적으로 판단하여야 한다.

그러나 땅밀림지에 복수의 지하수층이 분포하고 있을 때에는 각 지하수층이 서로 간섭하여 공내수위를 결정하고, 투수성이 높은 층이 있는 경우에는 일수(逸水)에 의하여 공내수위가 저하하기 때문에 반드시 목적으로 하는 지하수층의 압력수두를 나타낸다고 할 수는 없다. 특히, 땅밀림지의 지하수 분포는 일정하지 않기 때문에 보링공의 공내수위가 땅밀림지의 평균적 압력수두를 나타내지 않는 경우도 있다.

이와 같이 지하수위가 올바른 간극수압(u)을 나타내지 않는 경우가 있기 때문에 활동면에 걸리는 압력수두(u)를 산정할 때에는 기타 조사의 결과를 포함하여 종합적으로 판단하여야 한다.

2) 측정방법

지하수위의 측정방법 중에서 조사목적에 따라 적당한 방법을 선정하도록 한다.

① 촉침식(觸針式)

수동식으로 보링공 등의 지하수위를 직접 측정하는 방법이다. 코드의 선단에 전기접점을 부착한 후, 지하수면에 도달하면 전류가 흘러 깊이가 측정되도록 한 것으로, 매우 간단하다.

② 부자식

보링공의 공내에 부자(浮子)를 띄운 후, 그 승강을 와이어를 매개로 하여 지상의 기록계로 파악하는 방법으로, 연속적인 수위변화를 파악할 수 있다.

③ 수압식

보링공 등의 공내수중에 압력계를 설치하여 수위의 상하에 따라 변동하는 수압으로부터 수위를 측정하는 방법으로, 연속적인 기록이 가능하다.

3) 자료정리

지하수위조사의 결과는 변동도에 정리하고, 이동량조사나 강수량조사 등의 결과와 대비시켜 지하수위와 땅밀림 이동의 관계를 알 수 있게 정리하도록 한다.

4.13.3. 간극수압조사

간극수압조사는 땅밀림에 관계하는 지하수의 간극수압을 직접 측정하기 위하여 실시한다.

[해설]

활동면에 작용하는 간극수압은 안정해석 등에 이용되는 주요한 인자의 하나로, 간극수압조사는 활동면이 판명된 경우에 활동면 부근의 지하수 간극수압을 직접적으로 측정하는 것이다.

1) 간극수압계의 설치

땅밀림에 있어서의 간극수압은 활동면 부근에서 측정하기 때문에 해당 부분의 수압만이 측정될 수 있도록 사전에 보링공의 활동면이나 지하수대의 위치를 충분히 확인해 두어야 한다.

간극수압의 측정방법에는 간극수압계를 매설하여 직접 수압을 측정하는 방법과 활동면 부근에서 상하가 차단된 수위관측전용공을 이용하여 수위를 관측하는 방법이 있지만, 후자가 실용적이다. 예를 들면, 활동면 부근 등에서 지하수의 압력수두(간극수압)를 조사할 때에는 우선 수위관측전용공을 이용하여 조사대상 깊이에 보공관(保孔管)을 삽입한 후, 간극수압계 설치장소 주변을 모래로 채워 투수성을 확보한다. 이어서 그 상하를 벤트나이트로 충전하여 물을 차단한 후에 시멘트밀크 등으로 그라우트를 실시하여 목적으로 하는 지하수대의 간극수압을 측정하도록 한다.

한편, 간극수압의 측정에는 일반적으로 전기 수압계와 같이 연속적으로 측정할 수 있는 것이 널리 이용되고 있다.

2) 측정 · 자료정리

측정은 자기기록계 또는 자동관측시스템에 의하여 실시하도록 하며, 측정된 자료는 변동도에 정리하도록 한다.

[참고]
○ 지하수위와 땅밀림과의 관계

지하수위란 지하수가 특정 상태에서 갖고 있는 압력수두와 위치수두의 합계를 높이로 나타낸 것을 말하며, 다음 식에 의하여 구할 수 있다.

$$h = \frac{P}{\gamma_w} + Z$$

식에서, h : 지하수위
P : 지하수압
Z : 기준면으로부터의 높이
γ_w : 물의 단위체적중량

그리고 땅밀림의 활동면 충전물의 전단강도(τ)와 수직응력(σ)과의 관계는 다음 식에 의하여 구할 수 있다.

$$\tau = c + (\sigma - u)\tan\phi$$

식에서, τ : 전단강도
c : 점착력
σ : 수직응력
ϕ : 전단저항각(점토인 경우, 함수량에 따라 현저하게 변화하므로 c', ϕ'라고 '를 붙여 유효응력에 따른 점착력, 전단저항각으로 구별하는 경우도 있음)
u : 간극수압

위 식의 간극수압은 활동면에 연속되는 지하수의 수위에 근거한 수압(양압력)과 체적팽창(dilatancy)에 의한 과잉간극수압으로 구성되지만, 땅밀림방지공사로 실시하는 배수공사의 대상이 되는 것은 주로 전자, 즉 지하수에 근거한 수압이다.

그리고 지하수위조사는 이 양압력 u를 파악하기 위하여 실시하도록 한다.

4.13.4. 지하수검층

지하수검층은 보링공 내의 지하수에 대한 비저항 또는 온도를 측정한 후, 지하수 유동층의 위치, 유동의 정도 등 지하수의 동태를 파악하기 위하여 실시한다.

[해설]

지하수검층은 보링공 내의 지하수에 대하여 지표가 되는 전기저항 또는 온도를 연속적으로 측정하여 그 값의 변화로부터 지하수의 동태를 연직적으로 파악하는 것으로, 측정에는 유동상황 등을 판단하여 적절한 조사방법을 선택하도록 한다.

1) 지하수의 전기저항을 측정하는 방법

지하수의 전기저항을 검층하는 방법에는 보링공 내의 상황에 따라 자연수위, 흡입 및 스텝의 검층 등이 있다.

① 자연수위검층(식염수검층)

보링공 내에 식염 등의 전해질을 투입하여 용해시키고 공내수의 전기저항을 사전에 저하시킨 후, 지하수의 유동층으로부터 유입되는 지하수와의 치환희석에 의한 저항치의 변동을 수직적으로 측정하여 지하수의 유동상황을 파악하는 방법이다. 염분농도가 높은 지층에서는 진수(眞水)를 넣어 그 저항치의 감소를 측정하기도 한다.

② 흡입검층

유동성이 적은 지하수층을 확인할 목적으로 강제로 공내수를 흡입하여 공내수위를 저하시켜 동수물매를 급하게 처리한 후, 지하수검층을 실시하는 방법이다.

③ 스텝검층

지하수검층은 공내수가 존재하는 것이 전제조건이다. 따라서 불투수층이 파괴되어 공내수가 넘치는 경우에는 보링의 굴진과 평행이 되게 일정 굴착 구간마다 공내를 세정한 후, 지하수검층을 실시하는 방법이다.

2) 측정

간극수의 측정에는 유전율(전도도)계를 사용한다. 우선 배면의 간극수를 파악하기 위하여 공내수위, 수온을 측정하고, 각 깊이별 수(水)저항치를 측정한다. 그리고 식염수를 투입하여 교반(攪拌)용해시킨 후, 적절한 시간간격으로 각 깊이별 전기저항 값을 측정한다.

3) 자료정리

지하수 검층에 대한 결과를 참고로 하여 치환 희석한 지하수의 유동층을 파악할 수 있도록 각 깊이별 비저항 값의 시간변화를 비저항변화해석도에 정리한다.

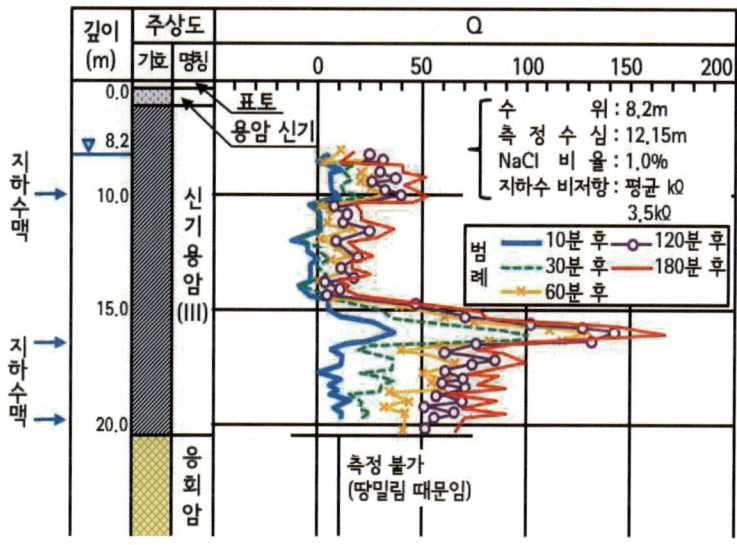

그림 6-12. 지하수 검층실험별 측정결과

4) 온도검층

보링공의 공내수를 대상으로 수직적인 온도변화를 측정한 후, 용출수가 발생하는 장소를 파악하기 위하여 실시는 것이다. 일반적으로 지하수의 온도는 일정하게 유지되기 때문에 공내수온과는 다르다. 따라서 고감도의 온도계를 이용하여 보링공의 온도를 깊이별로 측정하고, 지하수의 유동에 따른 온도변화를 이용하여 지하수의 유동상황을 수직적으로 파악하도록 한다.

한편, 검층방법에는 보링을 굴착한 후에 공내가 흙탕물로 채워진 때의 온도변화를 측정하는 방법, 공내에 물을 주입하여 강제적으로 공내온도를 교란시킨 후에 온도물매의 변화를 파악하는 방법(균열성의 온천수맥을 조사하는 데에 이용할 수 있음) 및 분출 중의 온도분포와 정지상태의 온도분포를 조사하는 방법(주로 온천성에서의 열수(熱水) 저류층의 특성을 조사하는 데에 이용할 수 있음) 등이 있다.

4.13.5. 지하수추적조사

지하수추적조사는 트레이서를 이용하여 지하수의 유동상황, 특히 지하수의 경로 및 유속을 확인한 후, 땅밀림 구역에 존재하는 지하수의 기원 및 분포상태를 파악하기 위하여 실시한다.

[해설]
1) 목적

땅밀림조사에 있어서의 지하수 추적조사는 트레이서에 의하여 지하수의 공급원, 공급경로, 유속 등과 같은 지하수의 유동상태를 파악한 후, 땅밀림지를 유하 또는 땅밀림지에 유입되는 지하수를 배재하는 데에 가장 효과적인 위치를 결정하기 위하여 실시한다. 그러나 지하수추적조사는 지하수의 공급경로를 확인하는 데에는 매우 유효하지만, 조건이 맞지 않는 경우에는 트레이서가 검출되지 않는 경우가 발생하기 때문에 사전조사가 충분히 이루어져야 한다.

2) 측정방법

상류부로부터 트레이서를 지하수에 투입한 후, 하류부에서 일정시간마다 지하수를 채수하여 트레이서의 용존농도를 조사하도록 한다. 이때 트레이서를 투입한 공(孔)은 지반등고선에 있어서의 요지(凹地)나 지하수의 부존가능성이 높은 파쇄대 등과 같은 지하수 공급원을 추정할 수 있는 곳으로, 지하수가 도달할 것으로 상정되는 위치에 있는 우물, 용출수 및 보링공 등을 채수지점으로 한다. 그리고 트레이서를 투입하기 이전에 채수지점의 지하수를 채수하여 배면의 값을 조사하여야 한다.

3) 트레이서의 종류

조사에 사용되는 트레이서는 물에 잘 용해되는 안정된 물질로, 토립자 등에 흡착되지 않아야 하고, 다른 지하수와 명확하게 구분될 뿐만 아니라 측정이 용이하여야 한다. 또한, 환경오염을 일으키지 말아야 하기 때문에 식염(염소이온)을 표준으로 사용하지만, 형광염료 등을 사용하는 경우도 있다. 그리고 지하수가 해당지역 또는 그 하류지역의 식수로 사용되는 경우에는 독성이 있는 것은 사용되지 말아야 한다.

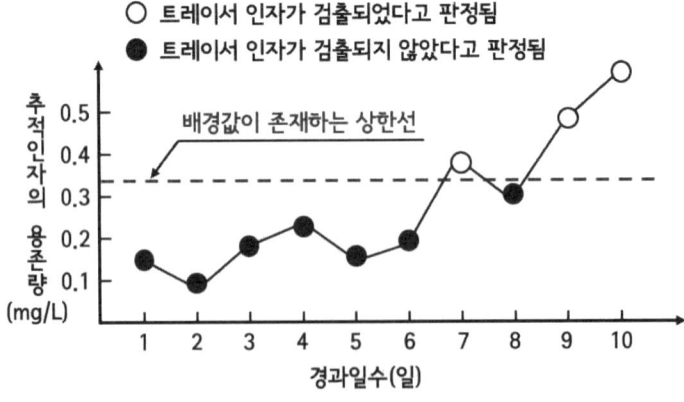

그림 6-13. 트레이서의 검출결과

3) 자료정리

조사결과는 배면 이상의 값이 검출된 경우를 트레이서로 검출한 후, 지하수의 유동 및 유속을 추정하여 도표에 정리하도록 한다.

4.13.6. 간이양수실험

간이양수실험은 굴진 중인 보링공을 이용하여 공내수를 흡입한 후, 지하수량 및 투수계수를 파악하기 위하여 실시하도록 한다.

[해설]

이 실험은 굴진 중인 보링공을 이용하여 일정 구간별로 공내수를 흡입한 후, 양수량과 수위의 회복상황을 측정하여 구간별 지하수량 및 투수성을 파악하는 것이다.

1) 측정

실험은 일정 보링굴착구간의 길이(표준 3m)마다 보링굴진을 정지한 후, 실험구간보다 상류는 케이싱 파이프로 차수한다. 그리고 공내수를 일정수위까지 흡입한 후, 그 흡입량을 측정하도록 한다. 이는 흡입된 양수량과 공벽으로부터 투수된 지하수가 평형상태가 되면 일정한 공내수위를 유지된다는 점을 이용하는 원리이다. 따라서 반드시 흡입을 정지한 후의 공내수위가 회복되는 상황을 측정하도록 한다.

2) 자료정리

간이양수실험의 결과를 참고로 수위회복곡선을 작성하여 각 구간의 투수계수를 구하고, 지질주상도에 양수량과 투수계수를 표시한다.

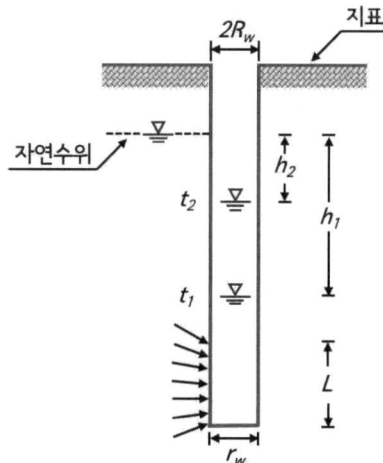

그림 6-14. 간이양수실험도

[참고]
　회복법에 의하여 투수계수를 산정할 때에는 시간과 수위와의 측정기록으로부터 다음의 식을 이용하여 투수계수를 산출한다.

$$k = \frac{(2.3)^2 R_W^2}{2L(t_2-t_1)} \log\left(\frac{L}{r_W}\right) \log\left(\frac{h_1}{h_2}\right)$$

　　식에서,　k　: 투수계수
　　　　　　R_W : 케이싱의 안쪽 반지름
　　　　　　L　: 선단 실험구간의 길이
　　　　　　t_1　: 측정 개시시간
　　　　　　t_2　: 측정 종료시간
　　　　　　r_W : 선단 실험구간의 바깥 반지름
　　　　　　h_1　: 측정 개시수위(자연수위로부터)
　　　　　　h_2　: 측정 종료수위(자연수위로부터)

4.13.7. 양수실험

　양수실험은 땅밀림지 및 그 주변의 보링공, 우물 등을 이용하여 공내수를 흡입한 후, 당시의 주변 지하수 동태로부터 지하수량, 투수계수, 영향반경 등을 파악하기 위하여 실시한다.

[해설]
　양수실험은 대상 지하수 층 주위에 관측공을 배치한 양수공의 공내수를 흡입한 후, 양수량 및 양수공·관측공의 수위변동을 실측하여 지하수량, 투수계수 등의 수리학적 정수와 이방성, 배수가 영향을 미치는 반경 등을 파악하기 위하여 실시한다. 특히, 다수의 지하수배수공사를 계획할 경우에는 그 배치와 규모 등을 결정하기 위한 기초자료를 얻을 수 있다.
　그리고 실험장소는 각종 조사결과로부터 목적에 적합한 장소를 선정한 후, 사전에 조사보링 등을 실시하여 대상으로 하는 지하수층의 상황 등을 파악하도록 한다.

1) 설치
　양수공(직경 150mm 이상)은 대상 지하수층에 해당하는 구간에 스트레이너(Strainer) 가공한 보공관을 삽입한 후, 지하수 층의 상하를 그라우트로 차수한다. 이때 관측공은 양수공을 중심으로 종단방향에 각 2공 이상, 횡단방향에 각 1공 이상이 되게 삽지모양으로 배치하고, 양수공과 같이 지하수 층의 상하를 차수한다.
　한편, 양수공의 영향반경은 토질에 따라 다르지만, 실트의 경우는 5~10m, 모래는 10~500m로 한다.

2) 측정

예비실험을 실시하여 각 공에 있어서 안정상태의 수위를 파악한 후, 양수펌프로 양수하여 지하수 층 윗면에서 수위가 유지되도록 계획양수량을 결정한다.

한편, 이 실험에서는 양수공 및 관측공의 수위를 측정하면서 계획양수량으로 양수하고, 각 수위가 평형상태에 도달하게 되면 양수를 정지하여 수위가 회복되기까지 측정하도록 한다. 그리고 양수량을 일정하게 유지하기 위하여 삼각노치 등의 유량측정법에 의하여 양수량을 계측하도록 한다.

3) 자료정리

양수실험에 의한 측정결과를 수위변화도, 지하수면등치선도 등에 정리하고, 투수계수 등을 산출한다.

[참고]

1) 양수실험의 해석

양수실험의 해석방법에는 여러 가지가 있지만, Thiem의 식은 다음과 같다(경계면이 없는 단독우물의 경우의 식이 기본형이다).

① 경계면이 없는 경우의 식(기본형)
 · 자유지하수

$$Q = \frac{2\pi k(H^2 - h_w^2)}{\ln\left(\dfrac{R}{r_w}\right)}$$

$$2\pi k(H^2 - h^2) = Q \cdot \ln\left(\dfrac{R}{r}\right)$$

식에서, Q : 완전우물의 양수량
 k : 투수계수
 H : 원래의 수위(원수위고)
 h_w : 우물의 수위
 h : 우물의 중심으로부터 r만큼 떨어진 임의의 지점 $P(x, y)$의 수위
 R : 영향반경
 r_w : 우물반경
 r : 우물의 중심으로부터의 거리

· 피압지하수

$$Q = \frac{\pi T(H-h_w)}{\ln\left(\dfrac{R}{r_w}\right)}$$

$$2\pi T(H^2 - h^2) = Q \cdot \ln\left(\frac{R}{r}\right)$$

식에서, T : 투수량 계수($= kb_w$)
b_w : 피압대수(被壓帶水)의 두께

땅밀림지의 경우에는 피압지하수가 일반적이다.

② 경계면이 하나인 경우
　· 한쪽이 불투수벽인 경우
　　- 자유지하수

$$Q = \frac{\pi k(H^2 - h_w^{\,2})}{\ln\left(\dfrac{R}{2a_1 r_w}\right)}$$

$$\pi k(H^2 - h^2) = Q \cdot \left[\log_e\left(\frac{R}{d_1}\right) + \ln\left(\frac{R}{d_2}\right)\right]$$

식에서, a_1 : 실제 우물의 중심으로부터 불투수벽까지의 거리
d_1 : $[x^2 + y^2]^{1/2}$ ……… 실제 우물로부터의 거리
d_2 : $[x^2 + (2a_1 - y)^2]^{1/2}$ ……… 가짜 우물로부터의 거리

　　- 피압지하수

$$Q = \frac{\pi T(H - h_w)}{\ln\left(\dfrac{R}{2a_1 r_w}\right)}$$

$$2\pi T(H - h) = Q \cdot \left[\ln\left(\frac{R}{d_1}\right) + \ln\left(\frac{R}{d_2}\right)\right]$$

· 한쪽이 함양벽인 경우
  - 자유지하수
  $$Q = \frac{\pi k(H^2 - h_w^2)}{\ln\left(\frac{2a_1}{r_w}\right)}$$
  $$\pi k(H^2 - h^2) = Q \cdot \ln\left(\frac{d_1}{d_2}\right)$$

  - 피압지하수
  $$Q = \frac{\pi T(H - h_w)}{\ln\left(\frac{2a_1}{r_w}\right)}$$
  $$2\pi T(H - h) = Q \cdot \ln\left(\frac{d_1}{d_2}\right)$$

2) 우물 공식 등에 이용되는 용어
   ① 원수위고
   피압지하수에서는 임의의 기준면, 그리고 자유지하수에서는 불투수층으로부터 측정한 수위면의 높이를 의미한다.
   ② 우물수위고
   우물 벽 수위에서의 위치로, 우물 안의 수위와 반드시 일치하지는 않는다.
   ③ 경계면
   함양벽이나 불투수벽 등과 같이 지하수문적인 불연속면을 의미한다.
   ④ 함양 벽
   수위고가 양수에 의하여 변하지 않는 위치로, 땅밀림에 의한 관두부 균열이나 측벽의 열상균열 등은 우수에 의하여 수위가 쉽게 상승한다. 땅밀림방지공사를 계획할 때에는 수위가 변하지 않는 것이 안전하기 때문에 배수계획 시 함양벽으로 한다.
   ⑤ 불투수층
   지하수문적인 연속성을 구분하는 경계면으로, 암반땅밀림에 의하여 생긴 두부함몰대의 하류 쪽의 벽 등과 같이 지하수의 출입이 없는 면의 위치를 의미한다.
   ⑥ 완전우물 · 불완전우물
   관통하지 않는 우물을 의미한다.
   ⑦ 복합우물
   특정 반경 원주에 복수의 우물을 배치한 경우, 1개의 우물로 간주한다.
   ⑧ 군정(群井)
   동일 영향반경 R에 위치하는 우물 집단으로, 군정의 중첩은 R의 범위 내로 제한된다.

4.13.8. 수질조사

수질조사는 땅밀림지 및 주변의 지하수 등에 대한 수질을 분석한 후, 수질의 차이로부터 지하수문의 조건을 판정하기 위하여 실시하도록 한다.

[해설]

수질조사는 용출수, 우물 및 보링공 등과 같은 공내수의 화학적 성질을 조사한 후, 지하수 경로나 수질특성을 파악하기 위하여 실시하도록 한다.

한편, 조사방법은 간이계측기를 사용하여 현장에서 수질을 측정하는 현지측정과 채수한 시료로 정성·정량분석을 실시하는 실내실험이 있으며, 현지의 상황에 따라 조사방법과 조사항목을 결정하도록 한다. 그리고 지하수의 수질특성을 파악할 경우에는 강우나 융설기의 영향을 받지 않게 원칙적으로 기후가 안정된 시기에 조사하도록 한다.

1) 현지측정

간이계측기로 현지조사를 할 수 있는 항목은 한정적이지만, 다수의 지점을 조사할 수 있을 뿐만 아니라 시간경과에 따른 수질변화를 피할 수 있다. 일반적으로 실시되는 조사항목은 수온, pH(수소이온농도)등의 기본적인 요소 이외에 용존이온의 총량에 관련하는 전기전도도나 용존산소 등을 조사한다.

2) 실내실험

채취한 시료에 대한 수질분석을 실시하여 정밀도가 높은 상세한 수질특성을 조사하고, 수질을 개략적으로 규명하기 위하여 실시하는 분석내용은 pH, 전기전도도, 주요 이온 및 규소의 양 등이다.
 ① 주요 양이온 : 나트륨이온, 칼륨이온, 칼슘이온, 마그네슘이온 등
 ② 주요 음이온 : 염소이온, 유산이온, 알카리도(탄산수소이온) 등

3) 방지공사에 미치는 영향

강산성의 지하수와 지표수가 유출되는 지대에서는 방지공사에 영향을 미치기 때문에 그 영향정도를 파악하기 위하여 수질을 조사하도록 한다.

4) 자료정리

수질조사의 결과는 다음의 항목을 명기하여 도표에 정리하도록 한다.
 ① 채수장소, 채수방법
 ② 채수일시, 날씨
 ③ 수질측정·분석방법

4.13.9. 지하수유출량조사

> 지하수유출량조사는 땅밀림지로부터 용출된 지하수의 유출량을 조사하여 지하수의 순환, 지하수의 체수량 등과 같은 지하수의 동태와 땅밀림 이동과의 관련을 파악하기 위하여 실시하도록 한다.

[해설]

땅밀림지에서 지하수 유출을 파악하기 위하여 용출수, 우물, 보링공 등으로부터의 유출량을 조사한다.

그리고 지하수유출량의 측정은 다음과 같은 세 가지 방법 중에서 현장의 상황에 따라 적절한 방법을 선택하여 실시하도록 한다.

1) 용기에 의한 측정 방법

양수기 등과 같은 각종 유량측정 도구를 사용하여 지하수에 대한 시간당의 수량을 수동으로 측정한다.

2) 양수용 댐에 의한 측정 방법

조사대상 지역에 노치가 부착된 양수용 댐을 적정한 규모로 설치하고, 자동 수위계 등을 이용하여 유출되는 지하유출양의 수위를 측정한 후, 유량공식에 의하여 유출량을 환산한다.

3) 유량계에 의한 측정 방법

지하수의 유출량 특성을 파악하기 위하여 파샬 플룸(Parshall flume), 댐 형태(堰型), 전도형 되 등과 같은 유량 측정용 기기를 현장에 설치하여 지속적으로 측정한다.

4.13.10. 정리

> 지하수에 대한 각종 조사에 의하여 파악된 성과는 조사를 실시한 종류에 따라 자료를 분석한 후, 땅밀림의 이동과 관련된 지하수의 수압이나 분포를 쉽게 파악할 수 있게 도표에 정리하도록 한다.

[해설]

지하수조사에 대한 성과는 지하수압이나 지하수의 평면적, 수직적 분포를 파악하는 데에 매우 중요한 기초자료이기 때문에 평면도와 지질단면도 등에 정리한 후에 조사대상 활동면에 작용하는 지하수압이나 지하수의 상황 등에 대하여 고찰하도록 한다.

4.14. 지표이동량조사

4.14.1. 목적

> 지표이동량조사는 땅밀림지의 표면적인 이동상황을 파악하기 위하여 실시하며, 다음을 표준으로 하여 현지의 상황에 따라 선택하도록 한다.
> ① 표식관측 ② 지표신축계 ③ 지반경사계

[해설]
    기구조사에 있어서의 지표이동량조사는 지중변동조사와 함께 이동량, 이동방향, 이동속도를 파악하여 땅밀림의 블록구분을 확정하는 자료로 사용하며, 필요한 경우에는 지상 및 지중 자동측정시스템을 함께 사용하여 자동적으로 관측하도록 한다.

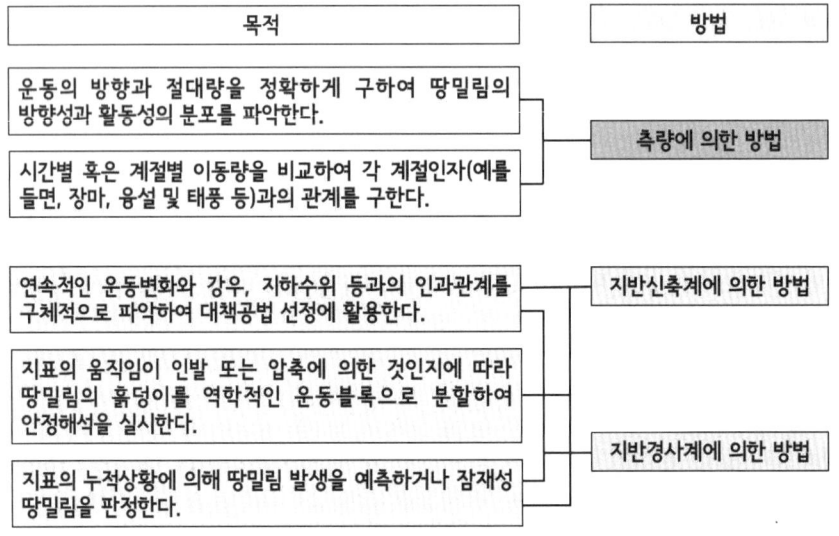

그림 6-15. 지표이동상황조사의 목적과 방법

4.14.2. 표식관측

> 표식에 의한 관측은 땅밀림지 내외의 지표면에 설치한 표주나 표식을 측량하여 땅밀림 이동량, 이동방향 및 이동속도 등을 파악한다.

[해설]
    표식관측에는 간이변위판, 표주·표식관측이 있으며, 현지의 상황 등에 따라 적절한 방법을 선택하여 실시한다. 그리고 관측결과는 평면도, 이동량측정도 등에 정리하도록 한다.

1) 간이변위판

간이변위판은 땅밀림 균열 등을 사이에 두고 말뚝을 설치하고, 그 양쪽 끝에 금이 간 관판(貫板)을 고정한 후, 그 변형량을 측정하는 것이다.

2) 표주·표식관측

표주·표식관측은 땅밀림의 이동방향이 불분명하거나 이동이 심한 경우에 주로 사용하며, 표주나 표식을 설치한 후, 측량 등에 의하여 땅밀림의 이동실태를 파악하는 방법이다. 그리고 관측에는 다양한 측량방법이 사용되고 있으며, 조사의 목적에 부합된 방법을 선택한다.

[참고]
○ 표주·표식관측 방법

땅밀림조사에서는 다음과 같은 방법이 일반적으로 이용되고 있다.

1) 시준선측량과 고저측량

땅밀림지를 사이에 둔 양쪽 부동지에 기준점을 설치하고, 그것을 연결한 시준선에 측표를 설정하여 시준선으로부터의 변위를 측량한다. 이때 토탈스테이션이나 광파거리측량기 등을 사용하여 측량한다.

2) 삼각측량 등에 의한 방법

표주 또는 표식을 부동지점 2개소 이상의 측점으로부터 삼각측량 등에 의하여 측량을 실시하고, 그 이동량을 파악하는 방법이다.

3) 항공사진

땅밀림지의 안팎에 측표를 고정하여 항공사진을 촬영하고, 일정기간 이후에 재촬영한 것 또는 도화한 지형도를 비교하여 이동량을 파악한다. 이때 항공사진의 축척은 땅밀림의 이동이 심한 경우에는 1/3,000~1/5,000 정도, 이동량이 적은 경우에는 1/500~1/1,000(헬리콥터에 의한 촬영) 정도로 한다.

4) GPS측량

일반적으로 정적 간섭측위법이라고 하는 방법이 주로 이용되고 있다. 이 방법은 땅밀림지 내외에 설치한 GPS 수신기를 이용하여 4개 이상의 위성으로부터 전파를 수신한 후, 그 위상의 차이로부터 수신기기의 상대위치를 고(高)정밀도로 구하는 방법이다.

4.14.3. 지표신축계

지표신축계에 의한 관측은 지표면의 압축·인장의 움직임을 두 지점에 설치한 와이어로 측정한 후, 땅밀림의 이동시기, 이동량 등을 파악하기 위하여 실시한다.

[해설]

계기는 현재화(顯在化)한 균열 등을 대상으로 하여 설치하고, 땅밀림의 이동방향에 수평하게 신축선(Invar line) 등을 설치하도록 한다. 땅밀림 블록 전체의 움직임을 포착할 경우, 장대사면인 경우 등에는 연속하여 몇 개의 지표신축계를 설치하는 경우가 있다.

그리고 기록에는 자기식 이외에 자동관측 등에서 사용되는 전자식 기록계도 사용할 수 있기 때문에 목적 등을 감안하여 선택한다.

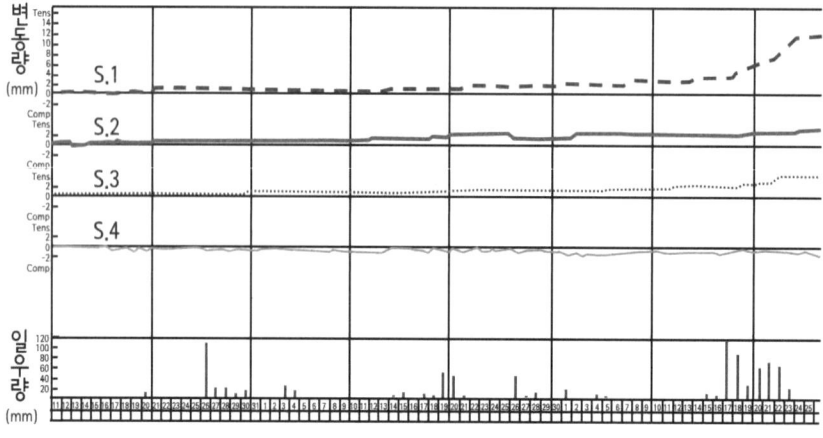

그림 6-16. 신축계의 측정결과

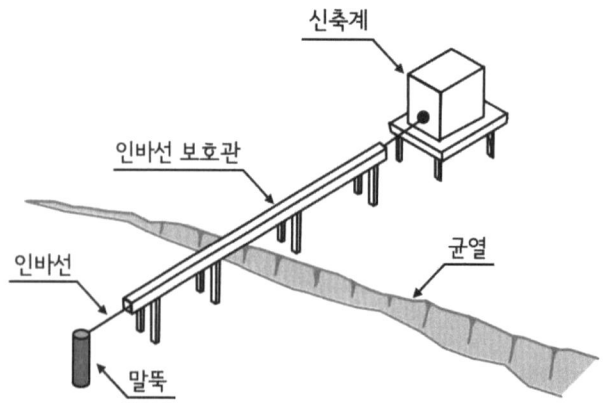

그림 6-17. 신축계의 설치 개략도

제6장 땅밀림조사

[참고]
○ 사면의 활락시기 예측

균열(인장균열)을 사이에 두고 신축계를 설치하여 이동속도를 측정하면 사면의 활락시기를 예측할 수 있다. 일반적으로 활락이 발생하기 직전에는 이동속도가 급격히 증가하는 경향이 있기 때문에 이를 관찰하면 사전에 활락시기를 예측할 수 있다.

사이토(斎藤)에 따르면, 변형속도와 사면이 파괴되기까지의 시간은 그림 6-18, 그림 6-19와 같은 관계가 있는 것으로 파악되었다. 즉, 세로축을 붕괴까지의 시간(분), 가로축을 변형속도/분으로 하여 해석한 결과, 신축계의 선 길이가 10m이면 이동길이가 mm/분인 것으로 나타났으며, 정수 변형속도를 상세하게 파악할 경우, 3차 크리프에 의한 예측 방법(그림 6-20)으로도 활용될 수 있는 것으로 판명되었다.

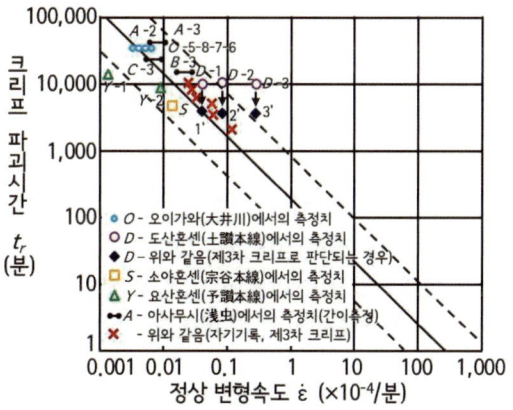

그림 6-18. 사면붕괴 실측결과의 판정도

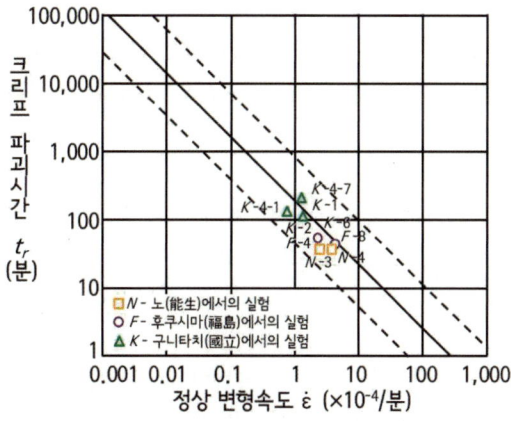

그림 6-19. 사면붕괴 실험결과의 판정도

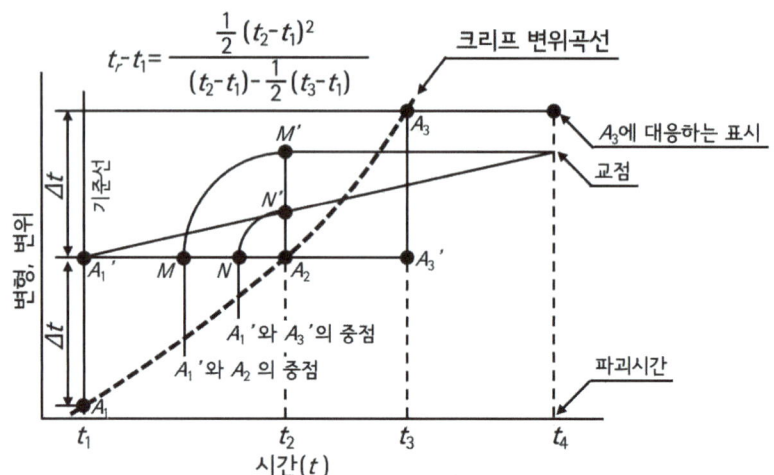

그림 6-20. 제3차 그룹 영역에 있어서 파괴시간을 구할 수 있는 도식 해법

한편, 일반적으로 가소성이 큰 지반일수록 균열이 발생한 이후부터 활락까지 걸리는 시간이 긴 경향이 있으며, 활동면의 형태가 활 모양 또는 뱃바닥 모양으로 말단부 융기가 동반되는 경우에도 활락이 잘 발생하지 않는 경향이 있다.

따라서 사면에 이상이 발견되었을 경우에는 그 인장균열의 최상부에 대한 신장을 측정하여 활락이 발생한 시기를 계산하거나 경보기(4mm~1mm/시간이면 경보를 발함)를 부착시켜 관측하면 된다.

4.14.4. 지반경사계

지반경사계에 의한 관측은 지표면의 경사변동을 고감도의 경사계로 측정한 후, 땅밀림의 변동상황을 파악하기 위하여 실시한다.

[해설]
1) 종류

지반경사계에는 수동관측에 의한 수관식 경사계와 자동관측에서 사용되는 전자식 센서에 의한 지반경사계 등이 있으며, 조사의 목적에 따라 적합한 것을 선택하도록 한다.

2) 수관식 경사계

이 경사계는 곡률반경이 큰 수준기를 이용하여 측정하는 감도가 높은 측정기로, 2개의 수준기를 T자형으로 직교시켜 해당 경사량을 합성하면 그 지점의 경사방향과 경사도를 구할 수 있다.

3) 적용

　수관식 경사계는 지표에 이동징후가 출현하지 않는 미세한 움직임을 파악할 수 있기 때문에 매우 움직임이 적은 땅밀림의 범위를 결정하거나 일단 땅밀림이 정지한 후, 다시 이동하는 징후를 파악할 때에 이용된다.

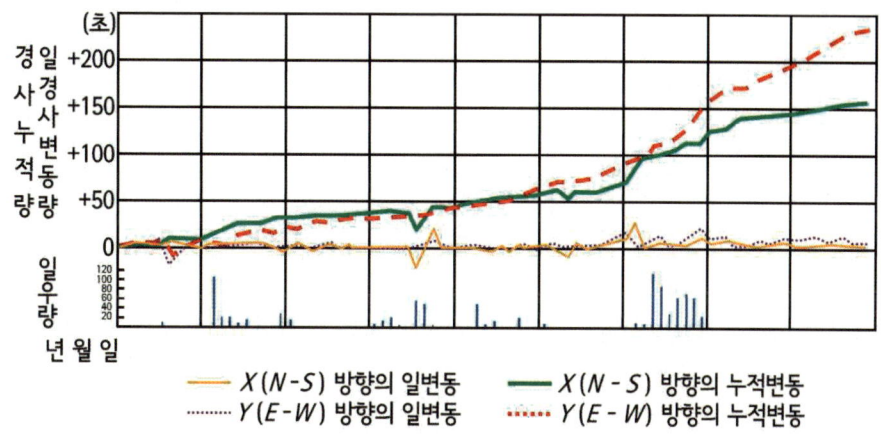

그림 6-21. 지반경사변동도

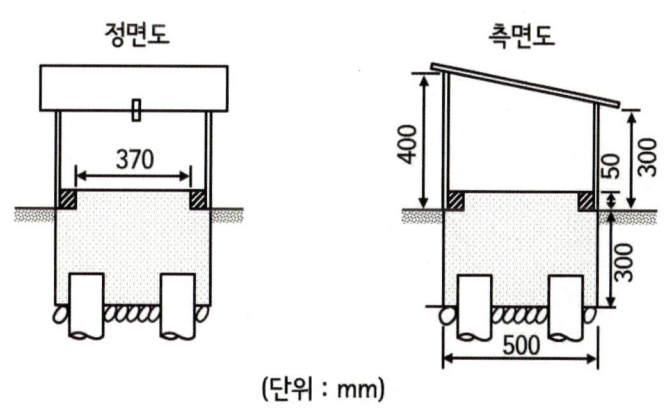

그림 6-22. 지반경사계 설치도(사례)

　한편, 측정결과는 표 6-19에 제시한 형식에 따라 정리한 후, 일평균 누적량과 경사방향을 구하도록 한다. 또한, 변동특성을 파악하기 위하여 경사누적량과 일경사변동량을 세로 축으로, 측정일을 가로축으로 하여 지반경사변동도를 작성하고, 이를 이용하여 경사변동의 누적 여부, 강수량과 지하수위와 및 경사변동량과의 상관관계 등을 검토하도록 한다.

표 6-19. 경사해석 계산표

월일	측정일수 (n)	N-S방향 변동량 (X)(초)	E-W방향 변동량 (Y)(초)	최대경사각 $\theta_n = \sqrt{X^2+Y^2}$	$(\theta_n - \overline{\theta}_n)^2$	N-S 누적량 (x)	E-W 누적량 (y)	적요
	1							
	2							
	3							
	4							
	5							
	⋮							
	n-1							
	n							
Σ				$\Sigma\theta_n$	$\Sigma(\theta_n - \overline{\theta}_n)^2$			

그리고 계산은 다음과 같은 방법에 따라 실시하여 일평균 변동량(θ_n), 경사변동방향 ($\cos\phi$ 또는 $\tan\phi$) 등을 구한다.

$$\overline{\theta}_n = \frac{\Sigma\theta_n}{n}$$

$$S = \sqrt{\frac{\Sigma(\theta_n - \overline{\theta}_n)^2}{n}}$$

식에서, $\overline{\theta}_n$: 일평균 변동량($\fallingdotseq \overline{\theta}_n \pm S$)
θ_n : 최대경사각
여기서, $\tan^2\theta_n = \tan^2 X + \tan^2 Y$
(다만, θ_n, X, Y가 작은 경우에는 $\theta_n^2 \fallingdotseq X^2 + Y^2$)
n : 측정일수
S : 표준편차
$\cos\phi$ 또는 $\tan\phi$: 경사운동방향
여기서, $\cos\phi = \dfrac{\tan\Sigma X}{\tan\Sigma\theta_n}$ 또는 $\tan\phi = \dfrac{\tan\Sigma Y}{\tan\Sigma X}$
(다만, $\Sigma\theta_n$, ΣX, ΣY가 작은 경우에는 $\cos\phi = \dfrac{\Sigma X}{\Sigma\theta_n}$ 또는
$\tan\phi = \dfrac{\Sigma Y}{\Sigma X}$)

또한, 지반경사계의 분도계를 N 및 E 방향을 향하여 설치한 경우의 경사운동방향은 표 6-20에 의하여 구한다.

표 6-20. 경사방향의 관계(이번 판독 – 지난번 판독)

N-S방향	–	–	+	+
E-W방향	–	+	–	+
경사방향	NϕE	NϕW	SϕE	SϕW

4.14.5. 지상측량에 의한 조사

지상측량에 의한 조사는 주로 땅밀림의 운동방향이 분명하지 않거나 운동이 심하게 발생하는 경우에 사용하도록 한다. 따라서 땅밀림 운동지역 이외의 고정점을 기준으로 하는 횡단측량이나 삼각측량, 항공사진에 의한 측량을 이용하도록 한다.

[해설]

지상측량에 의한 조사는 일반적으로 땅밀림지 이외의 고정점을 기준으로 하는 시준측량이 널리 사용되고 있다. 이 방법은 시준선 위에 설정한 측점의 변위를 측선에 대한 직각방향으로 측정하는 것으로, 두 측선의 교점 부근에서는 다음의 식에 의하여 그 방향과 절대량(α)을 파악할 수 있다(그림 6-23 참조).

그림 6-23과 같이 A, B 측선의 교점에 대한 변동량을 각각 a, b라고 하면,

$$\theta = 90° + \alpha + \tan^{-1}\left\{\frac{b - a\cos(\beta - \alpha)}{\alpha \sin(\beta - \alpha)}\right\}$$

$$c = \frac{\sqrt{a^2 + b^2 - 2ab\cos(\beta - \alpha)}}{\sin(\beta - \alpha)}$$

식에서, θ : 지표변동량
α : 두 측선의 교점 부근에 있어서 절대량
β : 두 측선의 교점 부근에 있어서 방향
a : A측선에 있어서 교점에 대한 변동량
b : B측선에 있어서 교점에 대한 변동량
c : 변위량

이상의 경우, 각 측선에 있어서 양쪽 끝의 기준점은 땅밀림 운동이 발생하지 않는 지점에 설정하며, 이를 위해서는 부근에 지반경사계를 설치하여 확인하여야 한다. 그리고 지형적으로 시준하기 어려운 땅밀림지에서는 삼각측량에 의하여 측선의 이동상황을 조사한다. 이 방법은 복잡한 데에 비하여 정밀도가 그다지 높지 않기 때문에 최근에는 항공사진측량이 발달됨에 따라 운동이 활발한 땅밀림지에서는 일정기간마다 사진을 촬영하여 이를 측량하는 방법이 채택되고 있다.

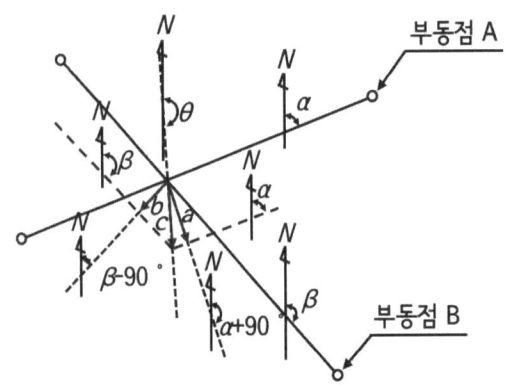

그림 6-23. 지상측량에 의한 조사(1)

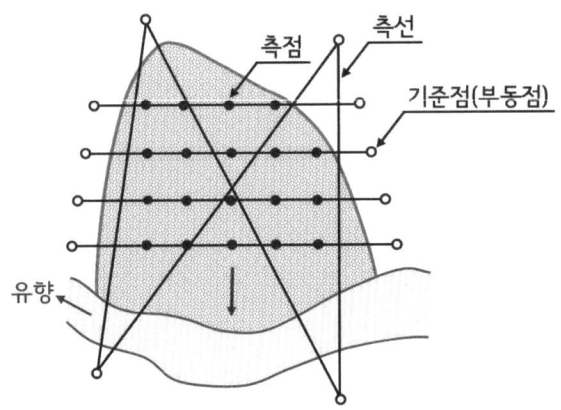

그림 6-24. 지상측량에 의한 조사(2)

4.14.6. GPS측량에 의한 조사

GPS측량에 의한 조사는 주로 땅밀림의 운동방향이 분명하지 않거나 운동이 심하게 발생하는 경우에 사용하고, 특히 땅밀림지 주변의 상황으로부터 운동지역 이외의 고정점을 확보하기 곤란한 경우에 실시한다.

[해설] 최근에는 지표면의 땅밀림에 대한 이동상황을 조사하기 위하여 GPS측량에 의한 방법이 개발되어 현장에서 사용되고 있다. 즉, 신축계 또는 지상측량 등에 의한 방법으로는 땅밀림의 발생규모가 커서 측량을 진행하기가 곤란하거나 땅밀림의 발생빈도가 높아 확실한 고정점을 확보하기 곤란한 경우 등에는 GPS측량을 실시하고 있다.

4.14.7. 정리

지표이동량조사의 성과는 조사 종류의 관련성을 정리하여 이동량, 이동방향 및 이동범위 등을 적절한 도표 등에 정리하도록 한다.

[해설]

지표이동량조사는 땅밀림의 이동방향, 범위 등을 파악하기 위하여 실시하는 것이기 때문에 이후에 진행될 작업인 블록구분의 파악이나 조사종류의 선정 등에 유효하게 정리하도록 한다. 이때 기존의 평면도에 이동량, 이동방향 등을 도시하여 지중변동량조사와의 관련성을 파악할 수 있게 한다.

4.15. 지중변동량조사

4.15.1. 목적

지중변동량은 보링공을 이용하여 계측기기류를 설치한 후, 활동면의 위치, 이동량, 이동방향 및 이동층의 변동 등을 파악하기 위하여 실시하며, ① 활동면측관, ② 파이프변형계, ③ 공내경사계, ④ 지중신축계 및 ⑤ 다층이동량계 등을 표준으로 하여 현지의 상황에 따라 선택하도록 한다.

[해설]

지중변동량조사는 보링공에 생기는 변형을 계측하여 땅밀림 활동을 조사하는 방법으로, 활동면의 위치, 이동량(이동시기·속도), 이동방향, 이동층의 변동 등과 같은 땅밀림 기구의 해명에 필요한 귀중한 자료를 얻을 수 있다. 또한, 시공효과의 판정이나 유지관리 자료를 얻기 위해서는 일정기간 연속하여 조사를 실시한다.

4.15.2. 활동면측관

활동면측관에 의한 관측은 측관으로 보링공의 굴곡위치를 검출한 후, 활동면의 위치를 파악하기 위하여 실시한다.

[해설]

활동면측관은 보링공 내에 측관을 설치하여 일정기간마다 확인하는 것으로, 땅밀림 활동에 의하여 굴곡이 발생한 경우 측관이 멈추는 것을 이용하여 활동면의 위치를 확인하는 방법이며, 공구로부터 측관을 삽입하는 경우도 있다.

이 방법은 간단하지만, 확실하여 활동이 활발한 땅밀림지에도 적용할 수 있기 때문에 다른 조사의 보조수단으로 사용하는 경우가 많다. 특히, 측관의 길이를 바꾸면 굴곡 정도를 판단할 수 있으며, 일반적으로 0.5m~2.0m가 사용되고 있다. 또한, 활동면이 복수로 예상될 경우에는 깊이가 다른 복수의 측관을 설치하는 경우도 있다.

4.15.3. 파이프변형계

파이프변형계에 의한 관측은 보링공에 삽입·고정한 파이프의 휘는 정도를 측정한 후, 활동면의 위치, 이동방향 및 이동상황을 파악하기 위하여 실시하도록 한다.

[해설]

파이프변형계는 활동면 부근의 미세한 움직임을 감지할 수 있기 때문에 활동면을 파악하는 데에 널리 이용된다. 즉, 파이프의 휨 변화를 일정 간격으로 부착한 변형게이지로 계측하지만, 리드선이 단선되면 계측이 불가능하므로, 주의하여야 한다.

1) 설치

파이프의 바깥쪽에 1방향 2게이지식인 변형게이지를 1.0m 간격으로 부착하고, 땅밀림 이동방향에 맞추어 보링공에 삽입한다. 그리고 땅밀림의 이동방향이 명확하지 않은 경우에는 직교하는 2방향에 각각 1개의 변형게이지를 부착(2방향 4게이지식)한 후, 벡터해석을 실시하여 이동방향을 추정한다.

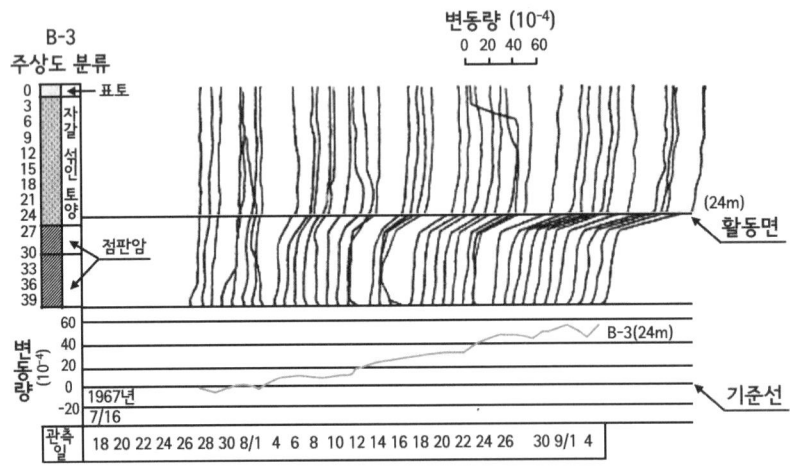

그림 6-25. 지중변형계에 의한 변형변동의 누적도

한편, 보링공에 삽입한 파이프는 공벽과의 공간을 확실하게 충전한 후에 고정시키고, 파이프변형계 전용공으로 설치할 경우 그라우트를 실시하여 고정한다. 또한, 설치 시에는 파이프의 휨이 땅밀림 이동(골짜기)방향으로 볼록(凸)형이 되는 경우(2방향 4게이지인 경우 북쪽 및 동쪽 방향)에 플러스의 휨이 관측되도록 설치한다.

2) 측정·자료정리

계측된 휨은 활동면의 위치, 땅밀림의 이동특성이 판단되도록 도표에 정리한다.

4.15.4. 공내경사계

> 공내경사계에 의한 관측은 보링공에 고정한 가이드 파이프에 경사계를 삽입하고, 가이드 파이프의 변위를 측정한 후, 활동면의 위치, 이동량, 이동방향 및 이동층의 변동을 파악하기 위하여 실시하도록 한다.

[해설]

공내경사계는 고감도이지만, 가이드 파이프의 변위가 커지면(5~10cm) 보링공에 삽입하기가 매우 곤란해지기 때문에 땅밀림의 이동량이 적게 발생하는 경우나 시공 효과를 판정하는 데에 주로 이용한다. 측정방법은 직교한 두 방향에 안내구멍이 있는 가이드 파이프를 보링공에 삽입·고정한 후, 가이드 파이프의 변위를 연속적으로 측정하여 활동면의 위치, 이동량 및 이동방향 등을 조사한다. 이때 계측기가 매우 민감하기 때문에 취급에 주의하여야 하고, 정비점검을 충분히 실시하여야 한다.

1) 설치

안내구멍이 부착된 가이드 파이프를 땅밀림의 이동방향으로 삽입하고, 공벽과의 공극은 그라우트를 실시하여 고정한다. 이때 충분히 고정하지 않으면, 이상한 측정값이 생기는 원인이 된다.

2) 측정, 자료정리

공내경사계를 가이드 파이프의 안내구멍에 삽입한 후, 연직경사에 직교하는 두 방향에서 깊이 50cm마다 정·역방향으로 각 1회씩 2회에 걸쳐 계측한다. 그러나 땅밀림의 이동방향이 명확한 경우에는 한 방향만 계측하는 경우도 있다.

측정 시에는 온도변화에 의한 측정오차를 줄이기 위하여 공내경사계를 밑바닥에 충분히 정치한 후에 측정하여야 한다.

3) 설치형 공내경사계

일반적으로 사용되고 있는 공내경사계는 수동형이지만, 파이프에 다수의 경사센서를 부착하여 파이프의 변위를 연속적으로 측정하는 설치형 공내경사계가 사용되기도 한다. 보링공 안에 경사계용인 가이드 파이프를 삽입하여 설치하고, 그것에 경사계를 삽입한 후에 상하로 이동시키면서 가이드 파이프의 변형, 경사를 측정하는 방법이다. 이때 공(孔)의 변형이 심해지면 계기를 삽입할 수 없다는 점이 결점이지만, 연속적으로 보링공의 활동에 의한 형상의 변화를 추적할 수 있다.

측정결과는 공의 밑바닥으로부터의 경사량의 적분으로 표현되며, 그 변형이 나타난 누적 위치를 활동면으로 판정한다. 또한, 센서가 온도에 영향을 받을 위험이 있기 때문에 온도변화가 적은 땅속 내부에 센서를 일정시간 유지시킨 후에 계측한다.

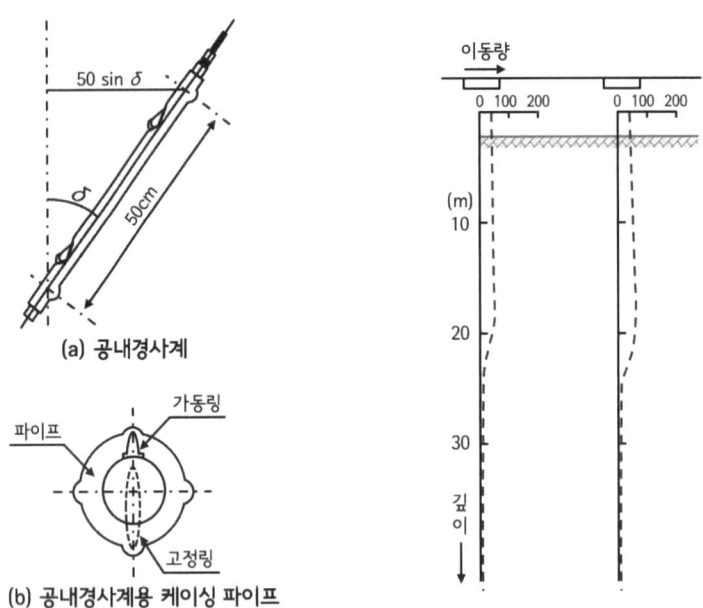

그림 6-26. 공내경사계의 개요와 측정값에 대한 표시 사례

공내경사계로는 그림 6-27에 제시한 공내의 필요 깊이의 위치(주로 활동면)에 센서를 고정하여 해당 위치에서의 경사변형을 측정하는 설치형 타입이 주로 사용되고 있다. 그리고 그림 6-28에 제시한 세로형 신축계에 의한 방법은 땅밀림 이동량의 측정에 사용되는 복수의 신축계를 보링공 내에 연직방향으로 설치한 것으로, 활동면에서의 이동을 직접 측정하는 것이다.

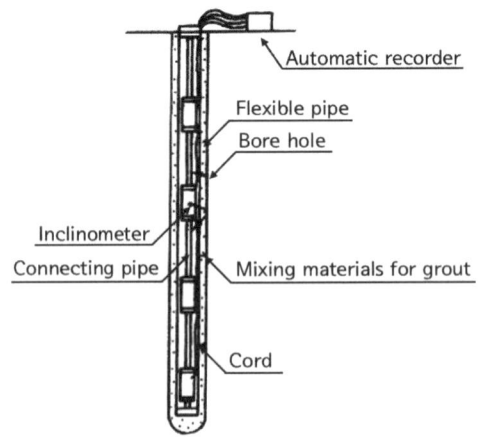

그림 6-27. 설치형 경사계의 개요

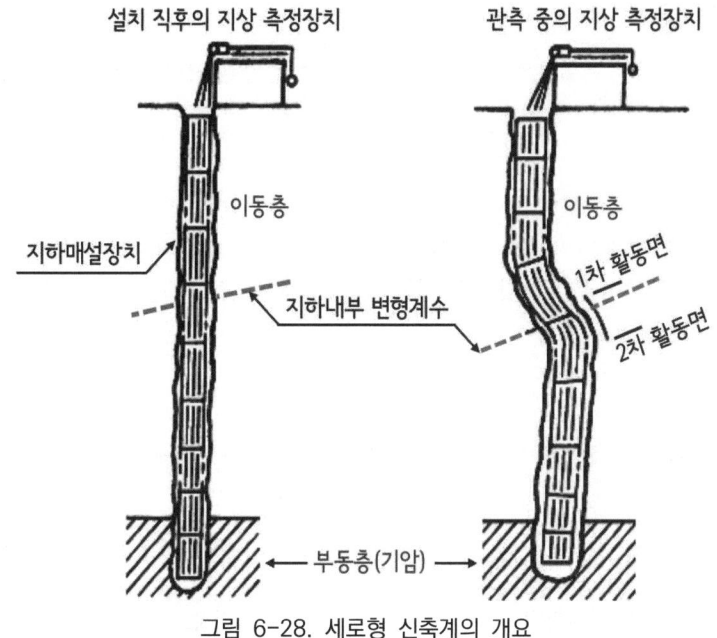

그림 6-28. 세로형 신축계의 개요

4.15.5. 지중신축계

> 지중신축계에 의한 관측은 보링공 등을 이용하여 기반면에 고정한 와이어를 지표에 유도한 후, 그 신축량을 측정하여 이동량을 파악할 수 있게 실시하도록 한다.

[해설]

지중신축계는 활동면을 관통한 보링공(보공관)에 설치한 와이어의 신축량에 의하여 이동량을 계측하는 것으로, 와이어가 절단되지 않는 한 계측할 수 있으므로 이동이 큰 땅밀림에 적합하다. 그러나 지표의 침하나 보공관의 변형에 따라 와이어의 인장량이 활동면의 이동량과 일치하지 않는 경우도 있으므로 주의를 요하며, 지중신축계는 집수정 등에 설치하기도 한다.

1) 설치

지중신축계는 활동면의 기반까지 충분히 굴착한 보링공의 밑바닥에 와이어의 선단을 그라우트에 의하여 고정한다. 그리고 와이어는 쉽게 움직일 수 있도록 보공관을 통하게 하고, 보공관과 공벽 사이의 공극은 모래 또는 그라우트로 충분히 충전하도록 한다.

2) 측정·자료정리

와이어의 신축량을 계측하여 이동량으로서 도표에 정리한다.

4.15.6. 다층이동량계

다층이동량계에 의한 관측은 보링공을 이용하여 각 깊이에 고정한 와이어를 지표에 유도한 후, 그 신축량을 측정하여 각 층에 있어서 흙덩이의 변동을 파악할 수 있게 실시하도록 한다.

[해설]

다층이동량계는 활동면이 불명확한 경우나 활동면이 다수인 경우에 활동면의 위치, 이동량, 이동층의 변위를 파악하기 위하여 사용한다. 즉, 다수의 와이어를 깊이 방향에 일정 간격으로 고정한 후, 각 깊이별 이동량을 계측하는 것으로, 상부의 침하량 수정과 측점 사이의 이동량을 측정할 수 있다.

1) 설치

다층이동량계의 고정 깊이는 1m 간격을 표준으로 하고, 와이어는 공구부근의 계측기기에 접속하도록 한다.

2) 측정·자료정리

와이어의 신축량을 계측하여 각 층의 이동량을 파악하고, 활동면의 위치를 도표에 정리하도록 한다.

4.15.7. 정리

지중변동량조사의 성과는 땅 속의 활동면이나 이동상황을 파악할 수 있게 정리하도록 한다.

[해설]

지중변동량조사의 성과는 땅밀림의 활동면 형상이나 이동상황 파악에 귀중한 기초자료이므로 지하수조사 등의 성과와 대비하면서 시계열적으로 도표에 정리하도록 한다.

4.16. 해석

해석은 개략적인 조사 및 정밀조사의 결과에 근거하여 대책공사를 검토할 목적으로 실시하고, 땅밀림 발생의 소인·유인 및 발생·운동기구에 대하여 고찰하도록 하며, 다음과 같은 순서에 따라 실시하도록 한다.
① 땅밀림 운동블록도의 작성 ② 땅밀림 단면도의 작성 ③ 땅밀림 기구해석

[해설]

1) 땅밀림 운동블록도의 작성

지형도에 조사결과에 의하여 파악된 땅밀림 운동블록을 기입한다. 이 경우, 지반경사계

등에 의하여 추정된 잠재적으로 땅밀림이 분포하는 지역도 점선으로 기입하고, 필요에 따라 활동면 분포를 나타내는 활동면등고선도를 작성하는 경우도 있다.

2) 땅밀림 단면도의 작성

주측선을 따라 땅밀림의 지질단면도를 작성하고, 추정된 활동면이나 지하수위, 균열의 위치 등을 기입한다. 그리고 지질단면도는 보링, 기타 조사결과를 충분히 검토한 후에 작성하고, 필요 시 부측선이나 땅밀림의 횡단측선에 대해서도 단면도를 작성한다.

한편, 지질단면도에서 땅밀림이 발생하기 이전의 단면형이 파악된 경우에는 그 내용을 기입하고, 지하수검층의 결과에 의하여 판정된 대수층의 위치, 보링공별로 관측된 최고수위·최저수위 등도 기입한다. 그리고 종단면도는 측선을 따라 축척 1/200 또는 1/500 정도(종, 횡 동일 축척)로 작성하고, 지표면 경사의 변화지점, 균열, 구(舊)단락, 늪, 오목지형, 대지, 보링의 조사지점, 각종 계측기기의 위치 및 표토, 기암의 층과 경사, 기암과 붕적토의 구별, 토질, 단층, 파쇄대 등을 기입하도록 한다(그림 6-29).

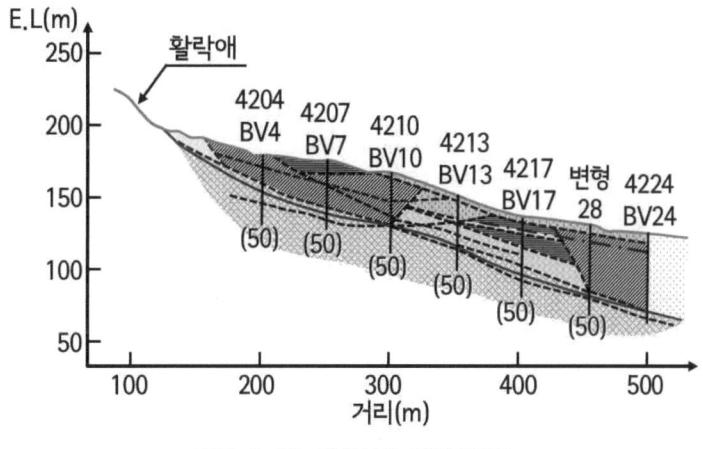

그림 6-29. 주측선의 지질단면도

3) 땅밀림 기구해석

땅밀림의 발생, 운동기구에 대하여 원인을 소인과 유인으로 나누어 상세하게 기술하고, 그 대책계획과 각종 조사결과를 첨부한다.

그리고 땅밀림 대계획 중에서 지표수배제공사, 지하수차단공사, 하천구조물 등을 제외한 기타 대책공사에 대해서도 대책공사 이후의 안정계산을 실시하고, 각 운동블록별 안전계획율을 계획편의 땅밀림방지시설계획에 따라 계산하여 공법을 비교하도록 한다. 또한, 지하수배제공사에 의한 지하수위가 저하되는 높이는 계획편을 참조하도록 한다.

제5절 기구해석

5.1. 총칙

> 기구해석은 실태조사 및 기구해석의 결과에 따라 해당 땅밀림의 소인, 유인 및 기구를 종합적으로 해명하여 땅밀림방지공사의 계획을 수립하는 데에 필요한 기초자료로 이용할 목적으로 실시한다.

[해설]

기구해석은 실태조사 및 기구조사 등의 결과를 활용하여 땅밀림에 대한 토질조건, 발생기구 및 이동특성을 규명하는 것으로, 땅밀림 시공계획조사나 땅밀림방지 효과검증에 의하여 새로운 내용이 판명된 경우에는 그 결과를 포함하여 재차 해석하도록 한다.

한편, 땅밀림방지공사는 경험을 필요로 하는 수로내기 등을 제외하면, 대부분의 경우 안정해석을 실시하여 계획과 설계를 진행하기 때문에 적절한 사업을 진행하기 위해서는 정확하게 안정해석이 이루어져야 한다.

따라서 기구해석에서는 다음과 같은 내용을 구체적으로 해명하여야 한다.
① 활동면의 판정
② 블록구분의 확정
③ 발생기구의 판정
④ 안정해석에 사용되는 제원의 설정

5.2. 측선의 설정

5.2.1. 총설

> 측선은 땅밀림 블록을 입체적으로 파악하기 위한 땅밀림의 기구해석에 필요한 기준선이 되도록 설정하여야 한다.

[해설]

측선의 설정은 기구해석 및 설계·시공 등의 성패에 중요한 영향을 미치기 때문에 신중하게 설정하여야 한다.

5.2.2. 측선의 설정

> 측선은 현지조사에 근거하여 땅밀림 블록을 대표하는 위치에 설정하도록 한다.

[해설]
1) 측선의 설정

측선은 안정해석 등의 기준선으로 이용될 뿐만 아니라 현지조사를 실시함에 있어서 각종 조사에 대한 측선망의 기준선으로도 활용하는 경우가 있기 때문에 땅밀림 블록을 대표하는 위치에 설치하도록 한다.

특히, 2차원 및 3차원의 안정해석을 실시할 경우, 측선의 설정이 해석결과에 크게 영향을 미치기 때문에 측선의 위치, 방향 및 길이를 결정할 때에는 신중을 기해야 한다.

2) 측선의 설치

① 측선의 위치 및 방향

현지조사에 의하여 파악된 이동범위 및 이동방향에 근거하여 땅밀림 블록의 중심부에 이동방향과 평행이 되도록 설치하고, 사면에서 이동방향이 변화하는 경우에는 절선으로 설정하도록 한다.

② 측선의 길이

측선의 길이는 땅밀림 블록을 종단하여 충분히 여유가 있도록 설정하여야 한다.

③ 측선의 기준점

측선의 기준점은 이후의 각종 변화와 대조할 수 있게 부동지점에 설치한다.

3) 보조측선의 설정

땅밀림의 기구나 지하수 분포 등을 입체적으로 파악하여야 할 경우, 땅밀림의 규모나 형태에 따라 측선을 복수로 설정하도록 한다.

그리고 보조측선을 3차원 안정해석 등의 측선으로 사용하는 경우에는 측선의 위치, 방향 및 길이를 결정할 때에는 사전에 충분한 검토가 이루어져야 한다.

5.3. 활동면의 판정

활동면의 형상은 실태조사 및 기구조사 결과를 종합적으로 검토하여 판정한다.

[해설]

땅밀림은 땅 속에 형성된 활동면을 따라 흙덩이가 이동하는 현상으로, 활동면의 형상은 지질구조나 토질 등에 따라 스푼형, 원통형 및 쐐기형 등과 같은 다양한 입체형상이 나타난다. 특히, 활동면의 형상은 안정해석이나 방지공법의 선정·배치, 대책공사의 효과에 크게 영향을 미치기 때문에 땅밀림이 3차원적인 현상이라는 점을 항상 염두에 두어야 하고, 활동면의 입체형상을 가능한 한 정확하게 파악하도록 노력하여야 한다.

그리고 활동면을 판정할 때에는 현지답사 등에 의하여 파악된 정보, 활락애나 균열·밀리기 등과 같은 지표형상이나 지표변동량에 대한 조사결과로부터 지표부의 활동면 위치를 확정하고, 기타 현지조사나 보링조사나 지중이동량조사, 지하수조사 등의 결과로부터 관측점별 활동면의 위치를 정확하게 판정하여야 한다.

한편, 활동면을 정확하게 판정하기 위해서는 활동면의 실태는 물론이고 계측기기의 특성 등을 충분히 파악하여야 한다. 즉, 활동면을 판정하기 위해서는 종·횡단에서의 활동면의 연속성을 잘 검토하고, 지표현상이나 지질답사, 물리탐사 등에 의하여 파악된 지질구조를 충분히 고려하여야 한다. 특히, 두부균열, 측벽균열의 형상이나 말단부의 활동면 형상을 판정하기 위해서는 면밀한 검토가 필요하다.

또한, 판정된 활동면은 입체형상을 파악할 수 있도록 종단면도, 횡단면도, 등고선도 등에 정리하고, 적절한 땅밀림 단면을 파악하지 못하였을 경우에는 추가조사를 실시한다.

5.4. 땅밀림 블록구분의 확정

땅밀림의 블록구분은 실태조사 및 기구조사에 근거하여 활동면의 형상, 땅밀림 이동상황 등을 종합적으로 판단한 후에 확정하며, 땅밀림방지공사 계획을 작성하는 기본단위로 활용하도록 한다.

[해설]

땅밀림의 블록구분에서는 실태조사에서 파악된 땅밀림의 범위와 각종 조사결과를 종합적으로 감안하여 기구조사의 결과나 활동면의 형상, 이동특성 등을 검토하고, 최종적으로 블록구분을 확정하도록 한다. 이와 같은 블록구분은 안정해석이나 땅밀림방지공사의 계획에 기본단위가 된다.

실제의 땅밀림지에서는 활동면의 형상이나 이동하는 흙덩이의 지질적·토질적 요인에 따라 땅밀림에 의하여 블록 내에 다수의 균열이 발생한다. 그리고 발생한 균열을 경계로 하여 이동량이나 이동속도, 이동시기, 이동방향 등의 이동특성이 상이하기 때문에 흙덩이의 안정성도 다르게 나타난다.

이와 같은 경우 땅밀림 블록을 구분하여 상호 영향을 미치는 인접한 블록 사이의 관계를 규명하여야 한다. 다만, 동일 블록에서도 이동속도나 이동시기 등에 다소의 차이가 생길 수 있고, 설치한 계측기기의 감도나 특성 등에 따라서도 차이가 나타나기 때문에 이 점에 충분히 주의하여야 한다.

한편, 구분된 땅밀림 블록에 대해서는 각 블록별로 구분의 근거·이유, 이동상황, 확대 가능성, 인접 블록과의 관계, 보전대상에 대한 영향 등에 대하여 규명하도록 한다.

5.5. 땅밀림 발생기구의 판정

> 땅밀림의 활동기구는 땅밀림의 소인, 유인을 규명하고, 땅밀림의 이동특성을 파악하기 위하여 실시한다.

[해설]

땅밀림방지공사의 공종·공법은 땅밀림의 소인·유인 및 이동특성에 적응할 수 있는 것을 선정하여야 하고, 땅밀림의 발생기구는 땅밀림 방지계획을 입안하는 데에 중요한 사항이므로 구체적인 해명이 이루어져야 한다.

1) 땅밀림의 소인

땅밀림의 소인은 땅밀림이 발생하는 장소에 상존하고 있는 발생원인을 의미한다. 구체적으로는 땅밀림지 및 그 주변의 지형, 지질, 지질구조, 지하수문조건 등이 이에 해당하며, 이들이 땅밀림의 발생에 어떻게 관여하고 있는가를 충분히 검토하는 것이 땅밀림방지공사에서 매우 중요하다고 할 수 있다.

그리고 소인을 규명하게 되면 땅밀림 블록이나 땅밀림면의 형상을 검증할 수 있고, 땅밀림 활동이 활발해질 가능성도 파악할 수 있다. 따라서 땅밀림 블록 이외의 지역에서도 동일한 소인이 있는 구역에 대해서는 땅밀림이 확대될 가능성을 충분히 고려하여야 한다. 특히, 땅밀림이 확대될 가능성이 높은 경우에는 배토공사나 누름흙쌓기 등과 같은 땅밀림방지공사에 제한을 받을 수 있으므로, 땅밀림의 확대방지계획을 수립할 때에는 이를 반드시 고려하여야 한다.

2) 땅밀림 발생의 유인

땅밀림 발생의 유인은 땅밀림이 발생할 계기가 되는 현상이나 행위를 의미하며, 크게 자연현상이 원인이 되는 경우와 인위가 원인이 되는 경우로 나눌 수 있다.

그리고 자연적 유인으로는 일반적으로 강우나 융설에 동반되어 지하수압이 상승하거나 땅밀림의 말단부가 소규모 붕괴나 하천의 세굴 등에 의하여 침식되는 경우, 적설하중이나 지진에 의한 경우 등이 있다. 그리고 인위적 유인에는 사면의 땅깎기나 흙쌓기, 터널의 굴착 등과 같은 흙일에 의한 경우, 댐의 담수에 의한 경우 등을 들 수 있다. 따라서 전술한 주된 땅밀림 유인을 규명하여 적절한 방지공사를 실시하거나 시공순서를 검토하도록 한다.

3) 땅밀림의 이동특성

땅밀림의 이동에는 넓은 의미에서의 땅밀림 이외에 활락 등의 현상이 포함되지만, 안정해석의 대상은 좁은 의미에서의 땅밀림이 해당된다. 따라서 땅밀림 이동에 대해서는 유인의 변동과 이동량, 이동속도 등의 응답관계나 땅밀림이 활발해질 가능성 등과 같은 땅밀림의 특성을 규명하여야 한다. 그리고 땅밀림 방지계획은 땅밀림이 가장 불안정해지는 조건에서 책정하기 때문에 땅밀림 안정성에 영향을 미치는 지하수위의 변동 폭을 파악하도록 한다.

한편, 안정해석 식을 사용하여 활동면의 전단강도를 역산할 경우에는 적절한 안전율을 제시하여야 하지만, 안전율은 땅밀림이 활동하기 시작하는 임계상태, 즉 안전율 $F_s=1.0$일 경우에만 검증할 수 있기 때문에 임계상태에서의 지하수압의 분포를 관측자료로부터 파악하는 것이 바람직하다.

5.6. 안정해석

5.6.1. 총칙

안정해석은 땅밀림을 억제 또는 억지하여 소정의 안전율을 확보하는 데에 필요한 방지공사의 공종 및 규모를 결정하기 위하여 실시하는 것이다.

[해설]

안정해석의 주요 목적은 방지공사의 효과를 땅밀림의 안정성으로부터 평가하여 방지공사의 공종 및 규모를 결정하는 것으로, 이는 이동특성을 고려하여 해석대상인 이동블록을 특정하고, 그 이동블록별로 안전율을 계산하면서 실시하도록 한다.

한편, 땅밀림에 대한 안정해석은 일반적으로 그림 6-30에서 제시한 바와 같은 순서에 따라 진행하도록 한다.

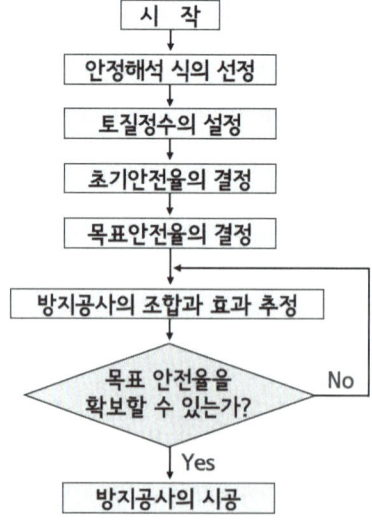

그림 6-30. 안정해석의 흐름도

5.6.2. 안정해석의 방법 및 종류

안정해석의 방법 및 종류는 땅밀림의 규모, 활동면의 형상, 지하수문조건 등을 고려하여 선정한다.

[해설]
1) 방법

안정해석의 방법은 활동면에 있어서 전단응력과 전단강도의 극한적인 균형만을 고려한 극한평형법과 응력-변형관계를 도입한 응력해석법으로 대별되며, 땅밀림의 기구해석 및 땅밀림방지공사 계획에는 안정해석은 일반적으로 극한평형법이 사용된다.

2) 종류

극한평형법에서는 몇 개로 분할하여 안정계산을 실시하는 분할법이 일반적으로 사용되며, 이에는 2차원 해석법과 3차원 해석법이 있다. 그리고 2차원 안정해석 식에는 일반적으로 Bishop법, Janbu법 등의 사용되며, 보다 엄밀한 식으로는 Morgenstern & Price 법, Spencer법 등이 사용되고 있다. 따라서 안정해석의 방법 및 종류는 땅밀림 특성을 고려하여 선정하도록 한다.

3) 땅밀림의 규모

땅밀림은 3차원적인 흙덩이의 이동현상이지만, 실용적으로는 주단면에서의 사면이 균일하다고 가정하여 2차원적인 안정해석이 사용되고 있다.

그러나 땅밀림의 규모가 크거나 주단면이 블록의 중앙으로부터 한쪽으로 현저하게 치우쳐 있는 경우, 땅밀림의 횡단면 형상이 비대칭인 경우 등은 하나의 2차원 단면만으로 땅밀림 전체의 안정성이나 전체 땅밀림방지공사의 효과를 적정하게 평가하기 어렵다. 따라서 이와 같은 경우에는 3차원의 안정해석수법을 사용하는 것이 바람직하다.

4) 활동면의 형상

2차원 안정해석 식은 비원호(非圓弧) 활동에 대응한 식과 원호 활동에 대응한 식으로 나눌 수 있으며, 해석 시에는 활동면의 형상에 적합한 안정해석 식을 선정하도록 한다.
① 비원호 활동 대응 : Janbu법, Morgenstern & Price법, 비원호 대응 Spencer 법 등
② 원호 활동 대응 : Bishop법, 원호 대응 Spencer 법 등

5) 지하수문조건

일반적으로 땅밀림에 작용하는 지하수는 활동면 부근의 균열대 등을 유하하는 것으로

생각할 수 있으므로, 지하수가 유압지하수 또는 피압지하수인지를 판단하여 활동면에 작용하는 수압만을 고려하도록 한다.

다만, 매우 드문 경우이지만, 지하수 검층 등에 의하여 이동층 전체를 지하수가 유동한다고 판단될 경우(지하수가 자유지하수인 경우)에 있어서는 활동면에 작용하는 수압 이외에 슬라이스 면에 작용하는 수압을 고려하도록 한다. 이 경우 수압에 대한 개념은 「전중량 및 전간극수압을 고려하는 방법」과 「수중중량 및 침투수압을 고려하는 방법」이 있다.

[참고]
1) 피압(유압) 지하수에 대응하는 2차원 안정해석 식
   ① 간이 Janbu식

   비원호 활동에 대응하는 안정해석 식은 다양하게 제안되고 있지만, 대표적인 식으로는 간이 Janbu식이 있으며, 이 식은 실용적인 계산 정확도를 갖고 있기 때문에 간이 안정해석 식으로 널리 사용되고 있다.

$$F = f_0 \frac{1}{\sum W \tan\alpha + Q} \sum \frac{c'b + (W - ub)\tan\phi'}{n_\alpha}$$

$$n_\alpha = \cos^2\alpha \left(1 + \frac{\tan\alpha \cdot \tan\phi'}{F}\right)$$

$$f_0 \fallingdotseq \left[50\frac{d}{L}\right]^{1/33.6}$$

식에서, f_0 : 수정계수
(다만, $d/L \leq 0.02$ 이하에서는 $f_0 = 1.0$)
Q : 작용하는 수평력(kN/m)
W : 슬라이스의 중량
α : 활동면의 경사각(도)
c' : 점착력
b : 가는 쪽의 폭(m)
u : 평균간극수압
ϕ' : 전단저항력(도)
L : 활단부와 관두부 균열의 깊이 점을 연결한 직선길이
d : L과 L에 평행할 뿐만 아니라 활동면에 접하는 직선과의 거리

제6장 땅밀림조사

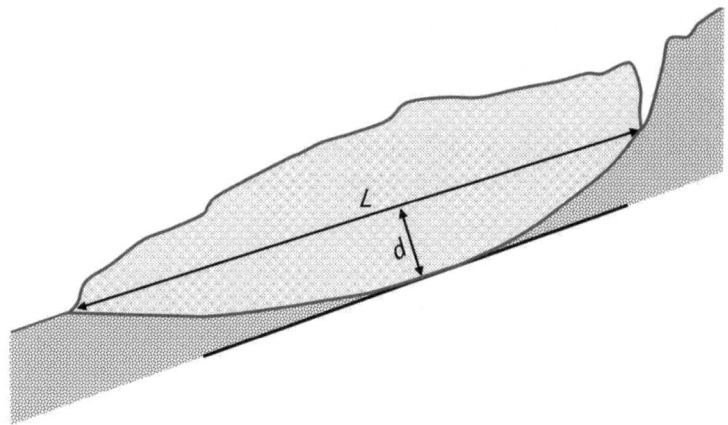

그림 6-31. d/L의 측정법

② SHIN-Janbu법

암반 활동면에 있어서 함몰지대의 형성과정을 모식적으로 나타내면 그림 6-32와 같다. 즉, SHIN-Janbu법은 암반 땅밀림에 있어서 함몰지대의 각 형성단계에 따라 활동면의 전단저항이나 함몰지대가 받는 지하수압의 영향이 변화하는 것을 고려하여 Janbu식을 개량한 것으로, 그 대표적인 식으로는 초동활동의 식과 일체활동의 식이 있다.

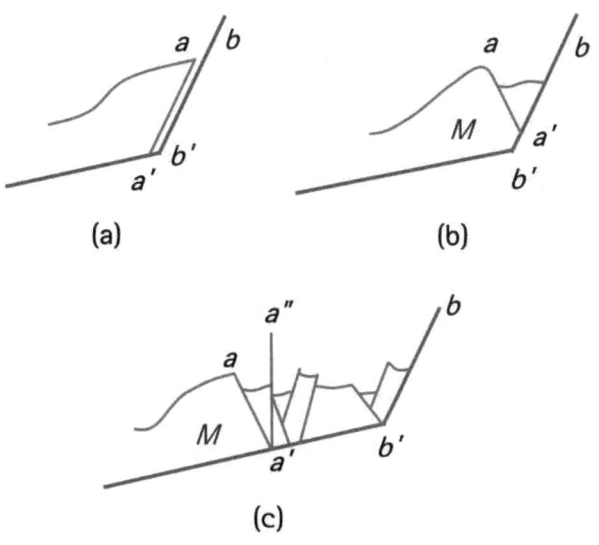

그림 6-32. 함몰지대의 형성과정

561

· 암반의 초동(初動)활동

암반의 초동활동은 함몰지대 형성과정의 초기단계로, 주활락애(主滑落崖)에서의 전단저항이 충분히 발휘되지 않은 상태의 안정해석 식이다.

그림 6-33에 있어서 ① 면 $a-a'$에 수압 V가 작용하고, ② 면 $a-a'$에는 전단저항이 작용하지 않으며, ③ 좁은 편 n의 유효하중은 좁은 편 $(n-1)$과 합체시켜 좁은 편 $(n-1)$의 활동면에 작용하는 것으로 한다.

$$F = f_0 \frac{\sum_{l=1}^{n-1}\left[\frac{c'b+(W-ub)\tan\phi'}{n_a}\right] + \frac{W_n'\tan\phi'}{n_{a,n-1}}}{\sum_{l=1}^{n-1}(W\tan\alpha) + W_n\tan\alpha_{n-1} + Q}$$

식에서, f_0 : 간이 Janbu식의 수정계수
  W_n : 슬라이스 n의 중량(kN/m^2)
  W_n' : 슬라이스 n의 유효중량($= W_n - V\cdot\cos\theta$)(kN/m^2)

$$V = \frac{1}{2}\cdot\frac{\gamma_w Z_w^2}{\sin\theta}$$

$$Q = V\cdot\sin\theta = \frac{1}{2}\gamma_w Z_w^2$$

여기서, γ_w : 물의 단위체적중량(kN/m^2)
  θ : 수평면에 대한 균열면의 경사각(도)
  Z_w : 균열 내의 수위고(m)

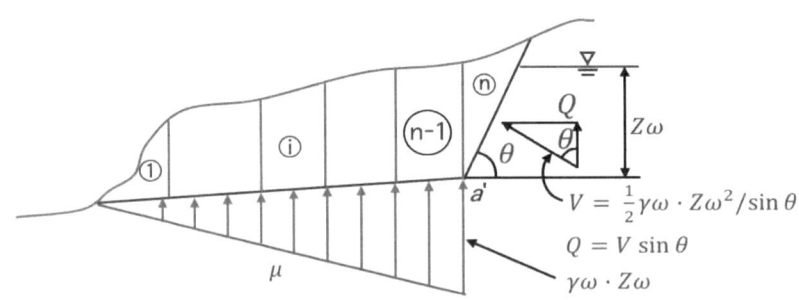

그림 6-33. 균열 내의 수위 Z_w와 양압력 u의 분포

· 일체(一體) 활동

그림 6-34에 있어서 ① 수압 V는 면 $a-a'$에 작용하고, ② 면 $b-b'$에 연접한 활동면에서의 전단저항은 유효하다고 본다.

$$F = f_0 \frac{\sum_{l=1}^{n} \frac{c'b + (W-ub)\tan\phi'}{n_\alpha}}{\sum_{l=1}^{n} W\tan\alpha + Q + E}$$

식에서, $W_n = \frac{1}{2}\gamma_t(h+h')b + V\cos\theta - \frac{1}{2}(\gamma_t - \gamma')Z_w^2 \cot\theta$

W_n : 벽의 각부(壁 脚部) 슬라이스의 중량(kN)

γ_t, γ' : 흙덩이의 습윤, 수중 단위체적중량(kN/m³)

Z_w : 벽의 각부 하부 a'에서의 수위고(m)

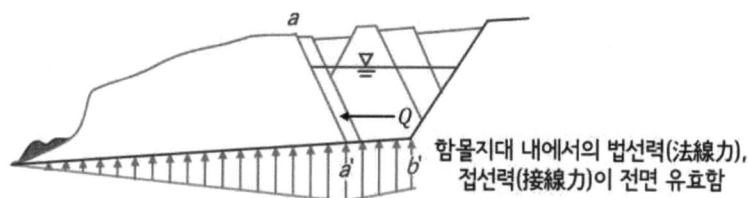

그림 6-34. 일체 활동(함몰지대 활동)

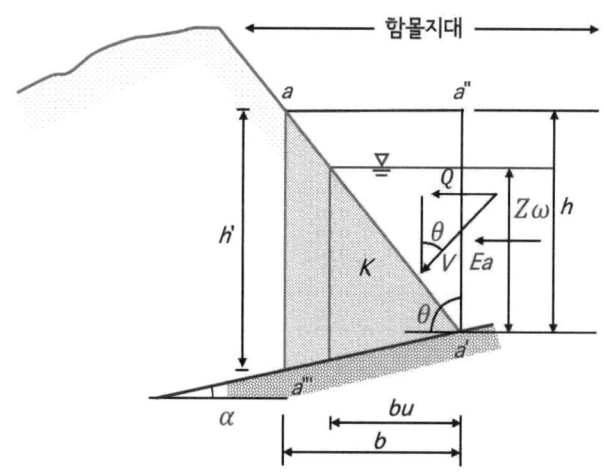

그림 6-35. 벽의 각부 슬라이스

· 간이 Bishop식

원호활동에 대한 안정해석 식 중에서 간이 Bishop식의 경우, 계산 정확도가 실용적이기 때문에 저명한 안정해석 식으로 널리 알려지고 있다.

$$F = \frac{1}{\sum W\sin\alpha} \sum \left[\frac{c'b + (W - ub)\tan\phi'}{\cos\alpha + \frac{\sin\alpha\tan\phi'}{F}} \right]$$

· Fellenius식(간편법)

 이 식은 원고활동에 대한 안정해석 식이지만, 활동면의 경사가 급한 슬라이스 위치에 지하수압이 존재할 경우에 오차가 크다. 특히, 안정해석 시에 안전율을 작게 산출하는 경우가 많기 때문에 역산되는 토질강도의 척도를 과도하게 평가하여 결과적으로는 억지공의 효과를 과대하게 평가하게 되어 위험한 설계가 될 가능성이 높다. 따라서 이 식을 사용할 때에는 계산오차의 영향을 충분히 검토하여야 한다.

$$F = \sum \frac{c'l + (W\cos\alpha - ul)\tan\phi'}{W\sin\alpha}$$

식에서, l : 좁은 편의 활동면 길이

2) 자유지하수 대응의 이차원 안정해석 식

① 수정 Fellenius식

 원호활동에 대한 안정해석 식으로, 지하수압을 자유지하수와 같이 부력으로 취급하는 방법으로, 이 식은 붕괴성 땅밀림으로 이동 층 내의 지하수가 거의 자유지하수로 간주되는 경우에 적합하다.

$$F = \sum \frac{c'l + (W - ub)\cos\alpha\tan\phi'}{W\sin\alpha}$$

② 수중중량과 침투수압을 고려한 경우

· 자유지하수 대응 Bishop식

$$F = \frac{1}{\sum \left\{ W\sin\alpha + P\cos\alpha(\theta - \alpha)\sqrt{1 + \frac{u^2}{4r^2}} - \frac{u}{r}\cos\alpha \right\}} \times \frac{c'b + (W' + \Delta X + P\sin\theta)\tan\phi'}{\cos\alpha + \frac{\sin\alpha\tan\phi'}{F}}$$

식에서, W' : 흙덩이의 유효중량(kN/m)
　　　　α : 활동면의 경사각(도)
　　　　θ : 지하수면의 경사각(m)
　　　　P : 침투력($= \gamma_{wi} \cdot V = \gamma_w \sin\theta \cdot ub$)
　　　　ΔX : 좁은 편의 양쪽 벽에 작용하는 전단력의 차이
　　　　　　$X_n - X_{n+1} (\sum \Delta X = 0)$

· 자유지하수 대응 Janbu식

$$F = \frac{1}{\sum(W' + \triangle X)\tan\alpha + \sum P(\sin\theta\tan\alpha + \cos\theta) + E_b - E_\alpha} \times \sum \frac{c'b + (W' + \triangle X + P\sin\theta)\tan\phi'}{n_\alpha}$$

식에서, W' : 흙덩이의 유효중량(kN/m)
　　　　α : 활동면의 경사각(도)
　　　　θ : 지하수면의 경사각(m)
　　　　P : 지하수의 침투력(kN/m)
　　　　$\triangle X$: 좁은 편의 양쪽 벽에 작용하는 전단력의 차이($\sum\triangle X = 0$)
　　　　E_α : 말단부에 작용하는 수평외력(kN/m)
　　　　E_b : 관두부에 작용하는 수평외력(kN/m)

③ 전중량과 전간극수압을 고려한 방법
· 자유지하수 대응 Bishop식

$$F = \frac{1}{\sum(W\sin\alpha + \triangle U\cos\alpha)} \sum \left[\frac{c'b + (W - ub)\tan\phi'}{\cos\alpha + \frac{\sin\alpha\tan\phi'}{F}} \right]$$

식에서, W' : 흙덩이의 중량(kN/m)
　　　　b : 좁은 편의 폭(m)
　　　　α : 활동면의 경사각(도)
　　　　c' : 점착력
　　　　ϕ' : 전단저항력(도)
　　　　u : 활동면에 작용하는 평균간극수압(kN/m^2)
　　　　$\triangle U$: 좁은 편 양측에 작용하는 수압의 차이(kN/m)

· 자유지하수 대응 Janbu식

$$F = \frac{1}{\sum\{(W - \triangle V)\tan\alpha + \triangle U\} + Q} \sum \frac{c'b + (W - \triangle V - ub)\tan\phi'}{n_\alpha}$$

$$n_\alpha = \cos^2\alpha \left(1 + \frac{\tan\alpha \cdot \tan\phi'}{F}\right)$$

식에서, $\triangle V$: 좁은 편의 양쪽 벽에 작용하는 연직력의 차이(kN/m)
　　　　Q : 작용하는 수평력(kN/m)

3) 3차원 안정해석 식

3차원 안정해석 식은 주로 Hovland법이 사용되고 있지만, 이 방법은 2차원인 Fellenius법을 3차원으로 확장한 방법으로, Fellenius법의 계산오차에 관한 문제를 해결하지 못한 채 그대로 내포하고 있다.

따라서 Bishop법이나 Janbu법을 3차원으로 확장한 방법을 이용하여 땅밀림을 3차원적인 현상으로 해석하기 위해서는 다음과 같은 문제에 대하여 적극적으로 검토하여야 한다.

① 이동하는 흙덩이의 3차원 현상을 상세히 조사할 경우

땅밀림을 추정한 활동면의 3차원 형상이 실제와 크게 다른 경우에는 안정해석의 계산오차가 커지기 때문에 측벽 부근을 중심으로 그 형상을 상세하게 조사하여야 한다.

② 3차원 안정해석에 대응한 땅밀림방지공사를 설계할 경우

이 경우 배토공사나 누름흙쌓기공사에 대한 안정해석은 가능하지만, 예를 들면 사면에 타설된 앵커박기의 인력을 어떻게 삼차원적으로 다룰 것인지, 그리고 길이가 서로 다른 말뚝박기의 부담력을 어떻게 다룰 것인지 등에 대해서는 충분하다고 할 수 없다.

특히, 억지공사나 지하수 배제에 대해서는 설계방법이 아직 충분히 확립되어 있지 않기 때문에 신중하게 검토하여야 한다.

4) 근사 3차원 안정해석 식

이 식은 근사적으로 3차원 결과를 평가하는 방법으로, Lamb & Whiteman 등이 제안한 방법이다. 즉, 근사 3차원 안정해석 식은 복수의 종단면에서의 이차원 안전율을 구한 후, 종단면의 단면적으로 평균을 구하는 방법으로, 그림 6-36에 제시한 것과 같이 각 2차원 안전해석 단면에서의 안전율 F와 단면적 A를 이용하여 다음 식에 따라 근사 3차원 안전율을 구하도록 되어 있다.

특히, 3차원 안정해석인 Leshchinsky법에 비하여 계산의 정확도나 방법의 유효성이 매우 우수하며, 배토공사나 지하수배제공사의 효과를 3차원적으로 평가할 수 있다는 장점이 있다.

$$F_{3D} = \frac{A_1 \cdot F_1 + A_2 \cdot F_2 + A_3 \cdot F_3}{A_1 + A_2 + A_3}$$

식에서, F_{3D} : 3차원 안전율의 근사 값

F_1, F_2, F_3 : 2차원 해석에 의한 안전율

A_1, A_2, A_3 : 2차원 해석에 의한 안전율에 있어서의 단면적

제6장 땅밀림조사

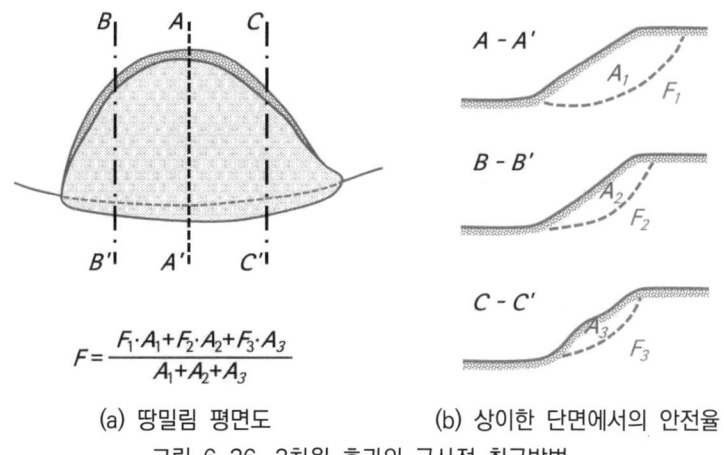

$$F = \frac{F_1 \cdot A_1 + F_2 \cdot A_2 + F_3 \cdot A_3}{A_1 + A_2 + A_3}$$

(a) 땅밀림 평면도　　　　(b) 상이한 단면에서의 안전율

그림 6-36. 3차원 효과의 근사적 취급방법

5.6.3. 안정해석을 위한 측선의 설정

안정해석 측선은 땅밀림 블록을 대표하는 종단면으로 하여 땅밀림 이동방향에 일치하게 설정하도록 한다.

[해설]

안정해석은 땅밀림 블록을 대표하고 땅밀림 이동방향에 일치하는 종단측선에서 실시하도록 한다. 특히, 땅밀림 블록을 대표하는 종단면은 종단규모가 최대 규모이고, 땅밀림 활동력이 최대일 뿐만 아니라 안전율이 최소가 되는 단면이 바람직하다.

그리고 기구조사 시의 측선이 이상의 조건을 만족하는 경우에는 그대로 안정해석을 위한 측선으로 이용할 수 있다. 그러나 만족하지 못하는 경우에는 미리 안정해석을 위한 측선을 설정하고, 필요에 따라 안정해석 측선의 종단측량을 실시한다.

한편, 땅밀림의 규모가 클 경우, 블록을 대표하는 종단면이 블록 중앙으로부터 현저하게 치우쳐 있는 경우, 땅밀림 층의 횡단면 형상이 좌우 비대칭 또는 변화량이 많은 경우 등은 이차원 안정해석만으로는 적절한 땅밀림 방지계획을 책정할 수 없는 경우가 있다.

이와 같은 경우에는 복수의 종단면 측선을 설정하여 삼차원적인 안정해석을 실시하고, 땅밀림의 활동력, 안정도 및 방지공사의 효과를 적절하게 평가할 수 있도록 측선의 숫자 및 배치방법을 결정한다.

[참고]

2차원 안정해석으로는 적절한 방지공사 계획을 책정할 수 없다고 생각되는 횡단면 형태의 모식도를 그림 6-37에 제시하였다. 그림 6-37의 세로 방향의 선(붉은 점선)은 블록을 대표하는 주단면의 위치를 나타내는 것이지만, 횡단면의 형태가 복잡하기 때문에 주단면만으로는 방지공사의 효과를 적절하게 평가하기 어렵다.

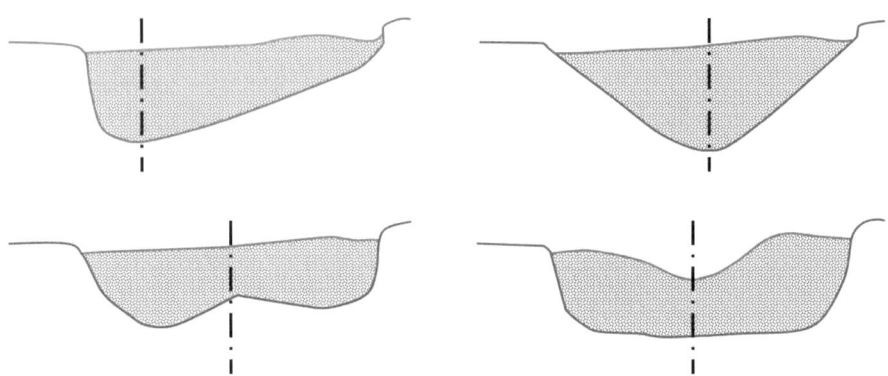

그림 6-37. 2차원 안정해석으로는 불충분한 땅밀림 종단면 형태의 사례

5.6.4. 강도정수의 설정

땅밀림의 안정해석에 사용하는 강도정수는 땅밀림의 이동실태 또는 활동면에 대한 점토실험의 결과 등을 평가한 후에 설정하도록 한다.

[해설]

땅밀림에 있어서 안정해석에 이용하는 토질정수에는 활동면 점토의 점착력 c, 전단저항각 ϕ, 이동층의 단위체적중량 γ가 있다. 그리고 땅밀림의 안정해석은 유효응력해석을 전제로 하기 때문에 전단강도에 관한 정수도 유효응력에 의한 점착력 c', 전단저항각 ϕ'를 사용한다.

한편, 강도정수의 설정방법은 일반적으로는 먼저 안전율을 결정하고, 정수를 역산하여 구하는 방법(역산해석)이 사용되고 있다. 이때 역산 시의 안전율 F는 땅밀림이 활동을 개시하는 임계상태 $F=1.0$인 경우가 바람직하다. 그러나 관측기간 중에 활동이 전혀 관측되지 않거나 반대로 관측기간 중에 상시적으로 현저한 땅밀림 활동이 발생하여 정지 시의 안전율을 검출할 수 없는 현장조건인 경우에는 현상안전율을 추정하여 제시하도록 한다. 그리고 역산해석에는 c', ϕ'의 설정방법에 따라 다음과 같은 방법이 사용되고 있다.

1) ϕ'를 설정하여 c'를 역산하는 방법

활동면을 포함한 원형 상태의 시료를 채취하여 활동면의 전단강도를 직접 계측하는 전단실험이나 원형이 유지되지 못한 활동면의 점토를 이용하는 각종 잔류강도실험(링전단실험, 반복일면전단실험 등)에 의하여 ϕ'를 구한 후, 이를 안정해석에 대입하여 c'를 역산하는 방법이다.

이때 산출되는 c'의 값에는 특수한 규제조건이나 측벽부·말단부에서의 저항력 등도 포함되어 토질실험의 결과 값보다 그 값이 커진다. 그러나 방지공사의 효과를 추정할 때 c'를 과대하게 평가하는 영향은 ϕ'의 오차에 의한 영향에 비하여 작다.

한편, 현장조건 등에 의하여 토질실험을 실시할 수 없는 경우에는 동일한 땅밀림 소인을 갖고 있는 땅밀림지에서 사용된 토질실험의 값, 문헌정보, 물리실험 결과로부터 추정한 값을 이용하여 ϕ'를 설정하도록 한다.

2) c'를 설정하여 ϕ'를 역산하는 방법

활동면 점토의 토질실험 결과로부터 ϕ'를 구하는 방법 이외에 중·고생층이나 결정편암지대에서 발생하는 땅밀림, 그리고 제3기층 땅밀림에서 관두부의 균열과 말단부의 밀림현상이 나타나는 것은 활동면의 전단강도가 잔류강도로 저하되었다고 간주하여도 무방하며, $c'=0$으로 가정할 수 있다. 그리고 활동면 점토의 토질실험 결과 등을 사용하기도 한다.

이때 산출되는 ϕ'의 값에는 특수한 규제조건이나 측벽부·말단부에서의 저항력 등도 포함되기 때문에 토질실험의 결과보다 값이 커지는 경우가 있다. 그 결과, 방지공사의 효과를 과대하게 평가할 수 있기 때문에 토질실험의 결과나 문헌정보 등을 참조하여 파악된 ϕ'를 검증하는 것은 매우 중요하다.

3) 잔류계상법

활동면에 기대되는 실제의 평균 전단강도가 피크전단강도와 잔류전단강도 사이에 어떠한 상태에 있는가를 나타내는 잔류계수 R을 특정하여 현재의 평균 전단강도를 추정하는 방법을 말한다.

이때 잔류계수 R은 다음 식으로 나타낼 수 있으며, 그 값은 0~1 사이의 값으로 나타난다.

$$R = \frac{\tau_p - \tau}{\tau_p - \tau_r}$$

식에서, τ : 평균전단강도
τ_p : 피크강도
τ_r : 잔류강도

한편, 구체적인 추정방법은 현상안전율로 $c'-\tan\phi'$ 관계도(곡선 A)을 작성하고, 피크강도와 잔류강도를 연결한 직선(직선 B)을 도시하여 해당 곡선 A와 직선 B의 교점의 강도를 평균 전단강도로 간주하도록 한다.

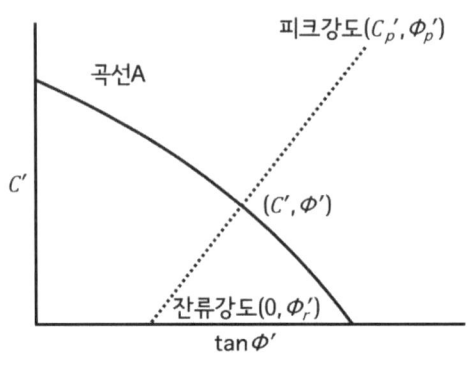

그림 6-38. $c' - \tan\phi'$ 관계도

그리고 이미 전단면이 발생하고 있는 활동면의 점토에서는 피크강도를 측정할 수 없기 때문에 완전연화강도를 편의상 피크강도로 간주한다.

4) 단위체적중량

단위체적중량 γ_t는 땅밀림의 활동력을 산정하는 데에 사용하며, 땅밀림방지공사의 계획을 좌우하는 중요한 파라미터이다. 따라서 단위체적중량 γ_t의 설정은 현장시료를 사용한 토질실험, 문헌정보 등에 의하여 대상으로 하는 땅밀림 이동흙덩이의 평균적인 값이 되도록 노력하여야 한다.

표 6-21. 역산해석 방법

방법	실시 조건	비고
ϕ'를 설정하여 c'를 역산하는 방법	ϕ' : 활동면 전단실험이나 링전단실험에 의한 토질실험 값으로, 현장에서 토질실험을 실시할 수 없는 경우에는 동일한 땅밀림 소인을 갖고 있는 다른 현장에서 사용한 토질실험 값(문헌정보, 물리실험 결과로부터 추정)	주된 규제조건에 영향을 받은 활동별 부위의 ϕ'에 대한 정확도 높이고, 안정평가 상 고려되어야 할 기타 저항력을 포함한 c'를 역산함(지하수배제공의 효과를 적절하게 평가할 수 있음)
c'를 설정하여 ϕ'를 역산하는 방법	$c' = 0$: 땅밀림 기구, 지학적 소견 등을 종합적으로 평가하여 활동면 전면에 걸쳐 잔류강도가 저하하였다고 판단되는 경우의 값	이동하는 흙덩이의 3차원 형상이나 이동 방향에 기인하는 땅밀림 저항력이 ϕ'에 포함되어 과대평가되는 경우가 있으므로 주의를 요함
잔류계수법	피크강도 c', ϕ' : 피크강도를 발현하는 부위의 토질실험 값 잔류강도 c', ϕ' : 활동면의 구성점토가 나타나는 토질실험의 잔류강도 값	피크강도를 발현하는 부위의 채취위치와 실험의 실시방법을 결정하는 것은 땅밀림 기구해석 등을 숙고한 후에 실시할 필요가 있음

[참고]
1) 전단강도에 관한 파라미터가 과대 또는 과소하게 추정된 경우의 문제점

역산해석은 현장조건 등을 고려하여 가장 적절한 방법을 채용하지만, 전단강도에 관한 파라미터의 과대 또는 과소에 대해서는 다음과 같은 문제점이 있다.

① 연직하중의 변화를 동반하는 억제공법인 배수공사, 배토공사, 흙쌓기공사에서는 역산해석에서 c', ϕ' 중에서 어느 것을 크게 또는 작게 하는가에 따라 공법의 효과평가가 달라진다.
② 예를 들면, 재활동형 땅밀림으로 활동면 전면에서 잔류강도까지 저하되고, 특수한 규제조건 등의 저항요인도 없을 뿐만 아니라 점착력을 $c'=0$로 설정하여도 되는 현장임에도 불구하고 활동면의 깊이로부터 c'를 추정하여 ϕ'를 역산한 경우의 ϕ'는 상대적으로 과소평가되어 기대 억제효과를 작게 산정하게 된다.
③ 반대로 활동면 전면에서 잔류강도까지 강도가 저하되지 않을 경우, $c'=0$로 하여 ϕ'를 역산하면 ϕ'가 과대하게 평가되어 억제효과가 과대하게 산정된다.
④ 복수의 지하수대 등의 영향을 받아 역산 시의 간극수압을 과대하게 산정되면, 소요 평균 전단강도를 과대하게 평가하게 되어 억제공의 효과가 과대하게 평가된다.
⑤ 역산 시 안전율을 임계안전율 이외의 조건으로 설정할 경우에는 흙의 소요 평균 전단강도를 과대 또는 과소하게 추정할 위험이 있다.

2) 역산해석 시에 있어서 현상안전율의 추정

땅밀림 활동과 안전율의 관련성은 본래 임계안전율 $F=1.0$의 상태에서만 가능하지만, 현장조건에 따라서는 관측기간 중에 땅밀림 활동을 포착할 수 없는 경우($F〉1.0$)나 반대로 땅밀림이 활발하게 활동하여 정지시기를 파악할 수 없는 경우($F〈1.0$)에는 현상안전율을 추정할 수 없다.

이와 같은 경우 땅밀림의 활동상황에 따라 0.95~1.0 사이의 현상안전율의 추정 값이 사용되고 있다. 이러한 추정 값을 사용할 경우에는 결과가 과대 또는 과소가 될 위험성을 충분히 인식하여 나중에 임계상태에서의 제원을 파악하였을 때에는 신속하게 수정하도록 한다.

5.6.5. 간극수압의 설정

> 안정해석에 사용하는 간극수압은 땅밀림지 전체에 대한 간극수압의 분포를 고려하여 목적에 따라 적절하게 설정하도록 한다.

[해설]

안정해석은 강도정수의 추정, 땅밀림방지공사의 효과 추정, 시공 이후의 땅밀림에 대한 안정성 평가 등, 이용목적에 따라 실시한다. 따라서 안정해석에 사용하는 간극수압은 시

계열적으로 변화하는 층에서 적절한 시점의 값을 사용한다. 그리고 안정해석의 간극수압은 땅밀림의 이동과 상관이 있는 활동면 부근의 지하수대로부터 파악하도록 한다. 다만, 이와 같은 간극수압을 파악하기 어려운 경우에는 편의상 수하지하수위로부터 구하는 경우도 있다.

1) 강도정수의 추정에 있어서 간극수압

강도정수를 추정할 때에 사용하는 간극수압은 임계상태의 값을 사용하지만, 임계상태가 관측되지 않는 경우는 관측기간 중의 최고수위에 의하여 구한 간극수압을 사용하는 경우도 있다.

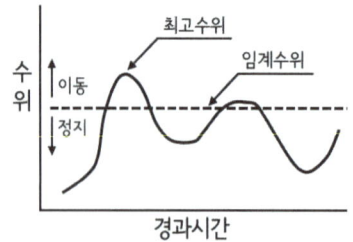
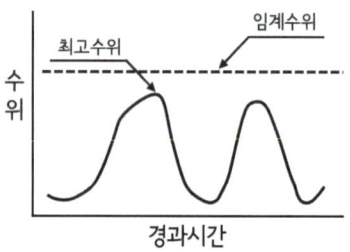
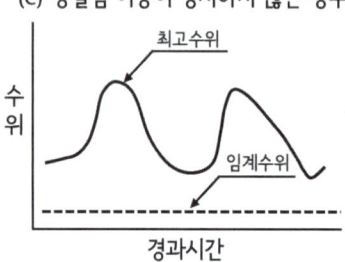

그림 6-39. 땅밀림의 이동상황과 관측수위의 관계

2) 땅밀림방지공사의 공종·규모의 결정 및 효과 추정에 사용하는 간극수압

땅밀림방지공사의 공종·규모의 결정, 효과 추정에 사용하는 간극수압은 가장 땅밀림이 활동하기 쉬운 상태의 것을 사용하는 것이 바람직하며, 통상 관측최고수위를 사용한다. 그러나 최고수위를 관측한 시점의 강수량 등이 땅밀림 발생 시보다 현저하게 작은 경우에는 관측된 최고수위는 가장 위험하다고 할 수 없고, 적절한 방지공사의 계획을 입안할 수 없는 경우도 있다. 따라서 이론적인 근거나 적절한 방법이 있는 경우에 한하여 관측최고수위를 보정하도록 한다.

3) 땅밀림방지공사 시공 이후의 안정성 평가에 있어서의 간극수압

땅밀림방지공사를 시공한 이후의 안전성을 평가하는 경우에 사용되는 간극수압은 관측 최고수위, 장래 예측되는 최고수위 등을 고려하여 설정하도록 한다.

[참고]
○ 초과확률수위

재현기간을 고려한 해석 면에서의 최고수위를 구하고, 이것을 안정해석에 이용하는 방법이다. 즉, 강우에 대한 지하수위 모델을 구축하여 계획강우에 대응한 해석수위를 산출하고, 초과확률수위로 간주하는 방법이다. 그리고 초과확률수위는 가능한 한 많은 관측지점에서 구하여 땅밀림지 전체의 분포를 파악하여야 한다.

1) 관측지점별 강우-지하수위 모델을 구축하여 계획강우에 대응한 해석수위를 구하는 방법

과거의 관측기록으로부터 연중 최대 장기우량에 대한 총우량과 일강우의 패턴을 추출하고, 장기우량은 땅밀림지별로 땅밀림의 특성을 고려하여 1일~10일의 적절한 기간을 정한다. 그리고 총강우량에 대하여 극치해석을 실시한 후, 초과확률우량에 따라 일강우의 패턴을 연장하여 계획강우를 구한다. 이때 연장 강우량의 패턴은 5~10일 패턴을 선택한다.

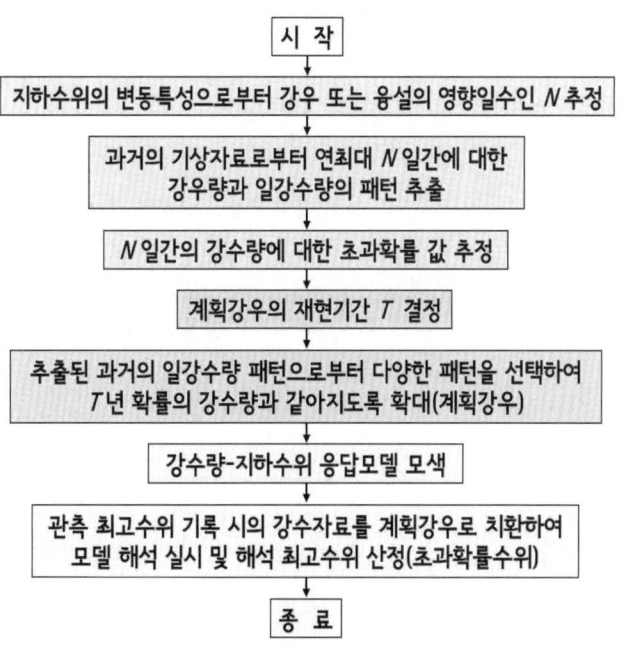

그림 6-40. 초과확률수위의 계산 흐름도

한편, 강우-지하수위 모델은 땅밀림지의 지하수문조건에 따라 구축하여 대상 관측기간의 최고수위 시에 있어서의 강우 패턴을 계획강우로 치환하고, 이에 대응하는 모델해석수위를 산출하여 초과확률수위로 간주하는 방법이다.

또한, 적설량에 의한 영향이 큰 지역인 경우에는 일평균 기온이나 최고기온 등을 사용한 융설량 모델을 구축하고, 과거의 기상관측기록으로부터 연도별 융설량을 추정한 후에 이를 강수량으로 하여 계획강수량을 구하는 방법이 있다. 그러나 이 방법은 두 개의 모델을 조합하기 때문에 추정 값의 신뢰성이 떨어지는 위험이 있다.

따라서 다음의 두 방법이 적절한 것으로 보고되고 있다.

2) 장기 관측지하수위의 극치해석에 의하여 초과확률수위를 구하는 방법

강우-지하수위 모델을 구축할 수 없는 때에는 관측지하수위로부터 초과확률수위를 구하도록 한다. 이때 관측지점별 연중최고수위를 사용하여 극치해석을 실시하는 것이 바람직하지만, 일반적으로 관측기간이 짧기 때문에 대상지역에 있어서의 고수위기(예를 들면, 3월~10월)의 월간최고수위를 사용하여 극치해석을 실시하는 것이 실용적이라고 할 수 있다.

5.7. 기구해석의 정리

기구해석의 결과는 기구해석의 각 항목별로 정리하여 적절한 도표 등에 표시하고, 안정해석 결과 및 해당 땅밀림 블록의 이동상황, 위험도, 보전대상의 중요도 등을 종합적으로 판단하여 땅밀림방지공사 계획을 책정할 수 있게 정리하도록 한다.

[해설]

기구해석의 결과는 해석기구의 각 항목(블록구분, 활동면 형태, 지하수압의 분포, 토질파라미터, 활동기구)의 검토 및 안정해석 결과에 대하여 정리한 후, 최종결과로서 땅밀림 블록의 이동상황, 위험도, 보전대상의 중요도 등을 종합적으로 판단하여 땅밀림방지공사의 계획에 적용할 공종, 공법, 시공위치 및 규모 등을 정확하게 판단할 수 있게 정리하도록 한다.

제7장 방재림 조성조사

제1절 해안방재림 조성조사

1.1. 총칙

> 해안방재림 조성의 계획 또는 설계 시에는 사업의 목적, 내용 등에 알맞은 조사를 계획적으로 실시하여야 한다. 그리고 조사대상지역은 해안방재림 조성예정지 및 보전대상구역을 포함한 지역으로 한다.

[해설]

해안지역은 육지 및 해저의 지형, 기상, 토양조건 등이 국소적으로 크게 다르기 때문에 그 특성을 파악하기 어려운 경우가 많다. 따라서 사업을 합리적이고도 경제적으로 실시하기 위해서는 사업의 목적, 내용에 따라 조사계획을 수립한 후, 적절한 조사를 실시하여 필요한 기초자료를 수집, 정리하여야 한다.

그리고 조사를 실시할 때에는 해안방재림 조성예정지 및 보전대상구역을 구분하여 계획지구와 보전대상과의 관계를 분명히 한다.

1.2. 조사항목

> 해안방재림 조성의 계획 및 설계에 필요한 조사항목은 ① 지형조사, ② 토양, 토질, 지질조사, ③ 기상조사, ④ 해상·표사조사, ⑤ 임황·식생조사, ⑥ 황폐현황조사, ⑦ 사회적 특성조사 및 ⑧ 기타 중에서 사업목적에 따라 선택한다.

[해설]

조사항목은 시공구역의 결정, 공법의 선택, 기초지반의 파악 등, 사업의 계획 및 설계에 직접적으로 필요한 사항 및 기타 사업과의 조정 등과 같은 사업의 원활한 추진을 위하여 필요한 사항으로 한다.

해안방재림조성사업은 크게 방조공사, 모래언덕 및 산림조성으로 나눌 수 있으며, 조사 내용은 일반적으로 표 7-1에 제시한 조사를 실시한다.

표 7-1. 주요 사업의 종류와 조사항목

종류 \ 조사항목	지형	토양, 토질, 지질	기상	해상·표사	임황·식생	사회적 특성
방조공사	○	○	○	○	-	○
모래언덕 조성	○	○	○	○	○	○
산림 조성	○	○	○	-	○	○

1.3. 조사순서

조사의 순서는 원칙적으로 ① 예비조사, ② 현지조사 및 ③ 정리 순으로 실시한다.

[해설]

　　예비조사는 기존의 자료(각종 문헌, 공적 기관의 출판물 등)를 수집하고, 지역 주민의 청취조사를 실시하며, 현지조사를 효율적으로 실시하기 위하여 실시한다. 해안방재림조성 사업에서는 조위·풍속·파고 등에 대하여 예비조사의 사용목적에 적합한 정확도의 자료를 수집한다.

　　현지조사는 예비조사 결과를 검증하고, 현지의 상황을 파악하기 위하여 보다 상세하게 답사하고, 필요에 따라서는 관측, 측정 및 측량 등을 실시한다.

1.4. 지형조사

지형조사는 조사대상지 및 그 주변의 육지지형 및 해저지형을 파악하여 계획 및 설계의 기초자료를 얻는 것을 목적으로 한다.

[해설]

1) 구분

　　지형조사는 방조공, 모래언덕 및 산림지대의 배치(위치, 방향 등), 규모, 구조 등을 결정하기 위하여 실시하는 것으로, 육지 및 해저의 지형을 조사한다. 특히 해저지형은 파도의 굴절, 설계파고 등과 밀접한 관계가 있으며, 방조공의 계획 및 설계에 중요한 사항이다. 일반적으로 그림 7-1과 같이 기준점을 설치하여 조사한다.

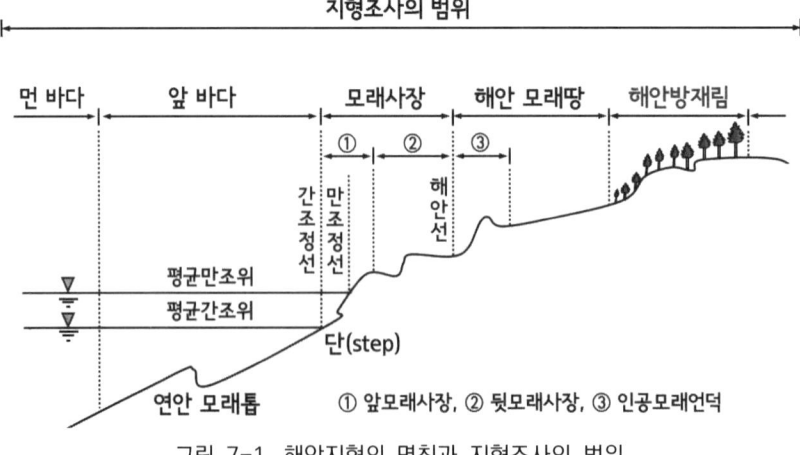

그림 7-1. 해안지형의 명칭과 지형조사의 범위

2) 육지지형의 조사

육지지형의 조사는 예비조사, 지형계측, 현지조사 및 정리 순으로 실시한다. 즉, 지형조사는 조사대상지역의 고도분포, 기복량, 경사, 수계, 방위, 미지형 등의 지형특성을 파악하여 계획, 설계할 때에 필요한 기초자료를 얻는 것을 목적으로 한다. 그리고 정선조사를 실시한다.

① 예비조사

지형도, 항공사진 등을 사용하여 지형, 고도분포, 수계규모 등, 지형특성을 개괄적으로 파악하기 위하여 실시하며, 결과는 지형분류도 등에 정리한다.

② 지형계측

지형계측은 지형도를 사용하여 거리, 면적, 경사각 등 지형에 관한 수치를 측정하여 해안방재림 계획 등에 필요한 기초자료로 사용하도록 한다.

- 종류 : 고도, 경사, 기복량, 수계, 방위 및 미지형 등
- 고도의 계측 : 사면의 형태를 명확하게 표현하고, 현 지형의 생성과정, 구조선의 판정 혹은 붕괴, 침식을 예측하기 위하여 실시한다.
- 경사의 계측 : 지형도에 소지형으로 구획하고, 사면형태, 경사각, 지질, 침식정도, 토양의 퇴적양식 등을 검토하기 위하여 실시한다.
- 기복량의 계측 : 원칙적으로 조사대상 단위면적 내의 최고점과 최저점에 대한 고도차를 계측하여 조사대상구역에 대한 기복 정도를 추정하기 위하여 실시한다.
- 수계조사 : 곡밀도 등을 구하기 위하여 수계도를 작성하여 수계의 형태를 명확하게 파악하기 위하여 실시한다.
- 방위의 계측 : 원칙적으로 8방위로 구분하여 경사의 주방향을 파악하고, 경사의 환경조건을 유추하기 위하여 실시한다.
- 미지형의 계측 : 지형이 복잡한 경우, 필요에 따라 미기복량, 누구밀도 등을 계측한다.

③ 현지조사

현지를 답사하여 거시적·미시적인 지형의 차이를 파악하고, 인접지역의 지형과의 관계 등을 정확하게 관찰하여 예비조사에서 얻은 자료 등을 확인하며, 필요에 따라서는 측량 등을 실시하여 해안사방사업의 계획·설계에 필요한 지형조건 등의 기초자료를 정비한다.

④ 정리

예비조사 및 현지조사의 결과는 조사목적에 따라 조사항목별로 정리하고, 그 성과를 종합하여 정리한다.

3) 해저지형의 조사

주로 심천(深淺)조사를 실시한다.

1.5. 토양, 토질 및 지질조사

토양, 토질 및 지질조사는 조사대상지 및 그 주변의 토양, 토질과 지질의 특성을 파악하여 계획과 설계의 기초자료를 얻는 것을 목적으로 한다.

[해설]

토양, 토질 및 지질조사는 모래땅의 식생도입 가능성, 도입식생의 종류 결정, 모래언덕의 구조 결정, 해안공작물의 기초에 대한 안정성 등을 검토하는 데에 중요한 인자이다.

1) 토양조사

토양조사는 토양의 성인, 형태 및 침투성, 보수성 등과 같은 토양의 이화학적 특성을 조사하여 해안식생의 도입방법 등을 검토하기 위한 기초자료를 얻는 것을 목적으로 실시한다. 특히, 해안방재림 조성에 있어서는 모래의 입경, 염분함유량 등에 대하여 유의하여 조사하여야 한다.

2) 토질, 지질조사

방조공은 사질토나 점토질과 같은 연약지반에 시공하는 경우가 많다. 특히, 침투계수가 큰 모래 층의 지반이나 하구 부근, 기존의 하도지역 등과 같은 간조위(干潮位) 부근의 실트 층에서는 공작물의 침하, 파괴가 발생하기 쉽다. 그리고 지하수위가 높으면 식재목의 근계 생육에 지장을 가져오는 원인이 된다. 따라서 조사할 때에는 연약 층 지반의 성층(成層)의 상태, 전단특성, 압밀특성, 기타 토질실험, 침투성 및 지하수위(잔류수위) 등의 실험·조사가 필요하다.

한편, 조사는 제2장 제3절의 「토질, 지질조사」에 준하여 실시하지만, 해안조사에는 일반적으로 오픈커트(Open-cut)조사, 보링조사가 이용되고 있다.

① 오픈커트조사

연약 층이 비교적 얕은 경우에 인력 또는 기계를 사용하여 시굴하는 방법이다. 매우 간단하고 확실한 방법이지만, 연약 층이 깊은 경우에는 경비가 많이 소요되므로 보링조사가 적당하다.

② 보링조사

토질, 지질조사에 가장 일반적으로 사용되는 방법으로, 표준관입시험에 의하여 기초지반의 토질특성을 파악할 수 있다. 또한, 필요에 따라 샘플러를 함께 사용하면 교란되지 않은 시료의 토질특성을 파악할 수 있다.

그리고 보링조사는 심도 5m보다 깊은 경우에 실시하며, 방조제 등의 기초를 조사하는 경우에는 심도 20m까지 실시하게 되면 연약층이 두꺼운 경우 이외에는 충분하다.

1.6. 기상조사

기상조사는 조사대상지 및 그 주변의 기상을 조사하여 계획 및 설계의 기초자료를 얻는 것을 목적으로 한다. 따라서 기상조사는 기온, 바람, 강수량, 적설량, 서리, 동결 등을 조사하며, 조사항목은 제2장 제5절의 「기상조사」에 준한다.

[해설]

해안방재림 조성에는 풍향, 풍속 등의 바람에 관한 조사가 중요하다. 풍속은 10분간의 평균 풍속, 최대순간풍속 등을 조사하고, 풍향은 16방위로 표시하며, 주풍의 풍향을 파악한다. 풍향, 풍속은 가장 인접한 기상관측소 등의 자료를 참고한다.

1.7. 해상(海象) 및 표사(漂砂)조사

해상 및 표사조사는 조사대상지 및 그 주변의 조석(潮汐), 파랑, 유황 및 표사를 조사하여 계획과 설계의 기초자료를 얻는 것을 목적으로 한다.

[해설]

1) 해상

해상이란 해수의 운동으로, 그 운동의 현상은 다음과 같이 분류할 수 있다.
① 주기적으로 변화하는 현상
　· 조파(潮波), 관성파 : 주기가 약 하루 정도임
　· 조석, 조류(潮流), 내부조류 : 주기가 약 반나절 정도임
　· 파랑, 내부(동력)파 : 주기가 반나절 이하임
② 돌발적인 현상 : 해일, 쓰나미 등
③ 비주기적 현상 : 해류, 취송류(吹送流), 용승류(湧昇流)

① 및 ②는 파동(조류 및 내부조류는 제외), ③은 해류라고 하는 현상이다. 파동과 해류는 해수의 운동이지만, 파동은 운동에 동반된 에너지가 해수와는 별도로 운반되는 운동형태라는 점이 다르다.

2) 표사

모래사장(海濱) 및 먼 바다(外濱)의 이동현상 및 이동물질을 말하지만, 넓은 의미로는 바람에 의한 모래의 이동현상이나 이동물질을 표사에 포함하는 경우도 있다.

1.7.1. 조석조사

조위는 조석 및 기상조(氣象潮), 쓰나미 등에 의한 이상조위를 실측값 또는 추정값을 기본으로 조사하고, 조석조사는 조석·해일·쓰나미, 세이시(靜振, Seiche), 부진동 등의 빈도, 주기, 계속시간 등을 조사한다.

[해설]
1) 조석(천문조)
   ① 조석은 삭망(朔望) 평균 만조위, 삭망 평균 간조위, 평균 조위, 기준수위 등을 설정할 필요가 있다. 그 제원은 통상 부근의 검조(檢潮)기록을 참고로 정한다.
   ② 해수면의 수위는 천체에 의한 조석 이외에 기압의 변동, 장주기의 파랑, 수면의 진동, 바람의 집중 등에 따라 변화한다. 이 중에서 조석이란 주로 달이나 태양의 인력이 합성된 기조력(起潮力)에 의하여 해수면이 주기적으로 상승하는 현상으로, 천문조(天文潮)라고 하며, 조석에 의하여 생기는 해류를 조류라고 한다.
   ③ 조류는 지역적으로 차이가 있으며, 동해안에서는 작고 서해안에서는 크다.
   ④ 조위의 기준면은 기본수준면으로, 해안방재림을 조성하는 계획지점은 조석표의 표준항만 또는 조석표의 검조소로부터 떨어져 있고, 더욱이 과거의 조위기록이 없는 경우가 많기 때문에 다음과 같은 방법에 의하여 조석을 구한다.
      · 계획지점에 검조표를 가설하여 부근의 표준항만 또는 검조소의 조위기록과의 관계를 구한다. 이 경우에 적어도 1주일 이상 연속하여 관측한다. 다만, 조화분석(調和分析)을 실시하기 위해서는 2주일 이상의 조사가 필요하다.
      · 이 방법이 불가능할 경우, 표준항만이나 검조소와의 거리로부터 조위의 개정수치(표준항만 또는 검조소의 보정수치)를 구하여 조위를 계산한다.

2) 조위의 기준면
   ① 해안의 조위, 지형을 표시하기 위한 기준면
   해안방재림을 조성하는 경우에는 원칙적으로 인천 앞바다의 평균 해수면으로 나타낸다. 이는 육지의 공사 등과 관련하여 동일 기준면을 사용하는 쪽이 사정이 좋은 경우가 많기 때문이므로 각각의 사업목적에 따라 정하고 있다.
   ② 해저도의 수심
   선박의 항해를 고려하여 다음의 ⑤에 제시한 기본수준면에 의하여 나타내고 있다.
   ③ 관련 부처의 해안공사
   기본수준면을 사용하기 때문에 이 부근에 계획을 수립할 때에는 양쪽의 기준면에 주의하여야 한다(통상은 삭망 평균 만조위가 사용되는 경우가 많다).
   ④ 정의 등
   이 기준에서 적용하는 각 조위 등의 명칭과 기호 및 각 조위와의 관계는 표 7-2 및 그림 7-2와 같다. 그리고 주요한 조위의 정의는 다음과 같다.
      · 평균 만조위(M.H.W.L.) : 만조위가 있는 기간의 평균값을 말한다.
      · 평균 간조위(M.L.W.L.) : 간조위가 있는 기간의 평균값을 말한다.
      · 평균 조위(M.S.L.) : 모든 조위의 평균값으로, 1시간마다 측정하여 산출한다.
      · 삭망 평균 만조위(H.W.L.) : 초하루의 이틀 전, 보름으로부터 4일 이내에 나타나

는 최고조위를 평균한 수면을 말한다.
- 삭망 평균 간조위(L.W.L.) : 초하루의 이틀 전, 보름으로부터 4일 이내에 나타나는 최저조위를 평균한 수면을 말한다.
- 기본수준면(C.D.L.) : 평균 수면으로부터 주요 조위(주태음반일주조, 주태양반일주조, 일월합성일주조, 주태음일주조)의 진폭의 합계를 수면으로 한다.

표 7-2. 조위 등의 명칭과 기호

명칭	기호	영문명
기존의 최고수위	H.H.W.L.	Highest high water level
재해 발생 시의 최고수위	D.W.L.	Disasters water level
삭망 평균 만조위	H.W.L.	Hight water level
평균 만조위	M.H.W.L.	Mean high water level
상하현(弦) 평균 만조위	H.W.O.N.T.	High water ordinary neap tide
평균 조위	M.S.L.	Mean sea level
상하현(弦) 평균 간조위	L.W.O.N.T.	Low water ordinary neap tide
평균 간조위	M.L.W.L.	Mean low water level
삭망 평균 간조위	L.W.L.	Low water level
기존의 최저수위	L.L.W.L.	Lowest low water level
기준면	D.L.	Datum line
기본수준면	C.D.L.	Chart datum line
지반고	G.L.	Ground level
정수위(靜水位)	S.W.L.	Still water level

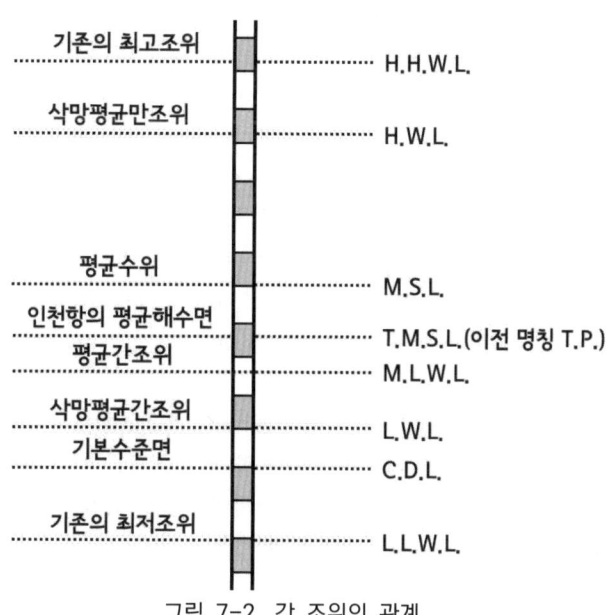

그림 7-2. 각 조위의 관계

3) 기상조(조위편차, 이상조위)

　　기상조는 조위편차의 계속시간 등을 고려하여 과거에 실측한 값, 기존 재해 시의 침수 기록, 이상 기상조건에 대한 추정 값을 참고로 하여 결정한다.

　① 조위편차

　　조위편차는 천문조위와 이상(異常)조위와의 차이를 말한다.

　② 이상조위

　　해수면의 변화에는 조석 이외에 다양한 이상조위가 있다. 이상조위 중에서 직접적인 원인이 명확한 해일과 쓰나미를 제외한 것을 좁은 의미에서 이상조위라고 하는 경우도 있다.

　③ 해일

　　태풍 등과 같이 현저한 저기압에 동반되는 기압의 변화와 폭풍에 의한 집중효과 때문에 조위가 비정상적으로 상승하는 현상을 말한다.

　　해일에 의한 조위의 개략적인 상승량은 기압의 강하량에 의한 정적인 해수면의 상승량과 바람의 집중에 의한 상승량의 합계로 나타내며, 다음과 같은 식에 따라 추정한다.

$$\xi = a(p_o - p) + bW^2 \cos\theta + c$$

식에서, ξ ：최대편차(기상조)(cm)

　　　　p_o ：기준기압(1,013mb)

　　　　p ：최저기압(mb)

　　　　W ：최대풍속(m/b)

　　　　θ ：주풍의 방향과 최대풍속의 풍향이 이루는 각(°)

　　　　a, b, c ：각 지점마다 정해진 정수를 사용한다.

　④ 쓰나미

　　쓰나미는 해저지진, 해저화산폭발, 해저융기, 함몰 등에 기인하는 해저변동이 그 부근의 해수에 충격을 가해 주기성의 파동이 되어 각 방면으로 전파되는 장파(長波)를 말한다. 그리고 쓰나미의 조위(소상고)는 기존의 쓰나미에 대한 흔적으로부터 구할 수 있지만, 쓰나미가 발생한 과거의 지형과 현재의 지형이 크게 다른 경우에는 수치계산 등에 의하여 구할 필요가 있다.

　⑤ 기타 이상조위

　　주위가 완전히 차단된 호수나 입구가 좁은 항만 등에서는 내부의 해수가 외력의 변화에 따라 일정한 주기를 갖는 자기진동이 발생하며, 이를 세이시라고 한다. 또한, 항만의 끝이 바깥 바다로 통하고 해수가 자유롭게 출입할 수 있는 경우에 있어서 항만에 나타나는 진동을 부진동이라고도 한다.

각종 해안시설을 설계에 문제가 되는 것은 부진동이며, 설계·시공 시에 고려하여야 할 부진동의 제원은 진동주기 및 진폭이지만, 실측에 의하여 구하는 것이 바람직하다.

1.7.2. 파랑조사

파랑조사는 예비조사에서 얻은 기존자료를 기본으로 실시하는 것을 원칙으로 하며, 필요에 따라 현지조사를 실시한다. 그리고 조사항목은 파고, 파장, 파도의 주기, 방향, 파형물매, 재현 시기 등으로 한다.

[해설]
1) 파도의 종류

파도의 종류는 외력에 따라 크게 중력파, 표면장력파, 내부파 및 조파(潮波) 등으로 분류할 수 있지만, 특히 해안방재림조성사업에서 대상으로 하는 파도는 주로 중력파이다.

중력파는 바람, 지진, 해저의 융기 또는 함몰에 의하여 발생하는 파도를 총칭하는 것으로, 주기가 5.0~20.0s인 파도를 계획 및 설계대상으로 한다. 그리고 중력파는 다음과 같이 두 가지로 나눌 수 있다.

① 풍파 : 관측지점 부근에 있어서의 바람에 의하여 직접적으로 발생하는 파도를 말한다.

② 너울(Swell) : 원거리에서 바람 등에 의하여 발생한 파도가 전파되는 것을 말한다.

중력파는 해수면에서 관측되는 수면이 불규칙한 파동을 하고 있으며, 이와 같은 파도를 불규칙파라고 한다.

2) 파도의 기본적인 성질

파형은 그림 7-3에 제시한 바와 같이 파고, 파장, 주기, 파속(波速) 및 파형물매로 나타낼 수 있다.

① 파고(H) : 연속되는 파도의 고도차(높이)를 말하며, 계획파의 파고를 계획파고라고도 한다.

② 파장(L) : 파동에서 연속되는 파도의 거리를 말하며, 계획파의 파장을 계획파장이라고도 한다.

③ 주기(T) : 파동에서 연속되는 파도의 시간간격을 말하며, 계획파의 주기를 계획주기라고도 한다.

④ 파속(C) : 파도가 전파되는 속도를 말한다.

⑤ 파형물매 : 파고를 파장으로 나눈 값(H/L)을 말한다.

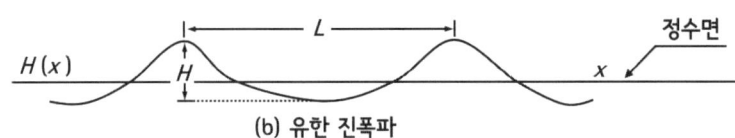

그림 7-3. 파도의 형태

3) 파도의 정의

해안방재림을 조성하기 위한 계획 및 설계에 사용하는 파도는 다음과 같이 정의된 파도를 사용하고 있다.

① 유의파($H_{1/3}$, $T_{1/3}$)

유의파는 특정 해역에서 정상적인 관측시기의 불규칙한 파도를 통계량으로 가정하여 구한 것이다. 즉, 유의파는 특정 파도 중에서 약 100개 이상의 연속된 파도(일반적으로 10~20분 연속되는 파도)를 관측, 기록한 것 중에서 파고 또는 주기가 큰 쪽으로부터 1/3에 해당하는 파고 및 주기의 평균값과 같은 파고 및 주기를 갖는 가상적인 파도를 말한다.

② 최고파(H_{max}, T_{max})

특정 파도 중에서 최대의 파고 및 주기를 나타내는 파도를 말한다.

③ 1/10최대파($H_{1/10}$, $T_{1/10}$)

유의파와 같은 방법에 의하여 파고가 큰 쪽으로부터 1/10에 해당하는 파고 및 주기의 평균값과 같은 파고 및 주기의 가상적인 파도를 말한다.

④ 평균파(H_{mean}, T_{mean})

특정 파도 중에서 파고 또는 주기를 전체 파도의 숫자로 나눈 값에 대한 파도를 말한다.

⑤ 충파(H_o, T_o)

파도가 해저의 영향을 거의 받지 않아 거의 변형하지 않은 상태로 진행되는 파도로, 수심이 파장의 1/2 이상인 해수역의 파도를 말한다(깊은 바다의 파도).

또한, 깊은 바다와 얕은 바다를 구별하는 데에는 일반적으로 다음과 같은 방법 등이 사용되고 있다.

$$L_o = 1.56 \cdot T_o^2$$

식에서, L_o : 충파의 파장(m)
T_o : 충파의 주기

⑥ 환산충파파고(H_o')

평면적인 지형변화에 의한 굴절 및 회절효과를 보정한 가상적인 파고로, 일반적으로 유의파고로 나타낸다.

⑦ 쇄파(碎波)

파도가 해안에 접근하면 수심이 낮아지기 때문에 파형이 점차 앞쪽으로 기울어져서 그 속에 공기를 포함하게 되고, 결국에는 파형이 유지되지 못하여 파도가 소멸되게 된다. 이를 쇄파라고 한다.

쇄파점 부근의 파고(H_b)는 파도가 앞바다 부근으로부터 해안에 전파되는 과정에서 최대 파고를 갖게 되므로 구조물 설계면에서 중요하다.

⑧ 기타

유의파고($H_{1/3}$), 최고파고($H_{\max}$), 1/10최대파고($H_{1/10}$) 및 평균파고(H_{mean}) 등의 상호관계 사이에는 거의 다음과 같은 관계가 있는 것으로 인정되고 있다.

$$H_{1/10} = 1.27 H_{1/3}$$
$$H_{1/3} = 1.60 H_{mean}$$
$$T_{1/10} = T_{1/3}$$

그리고 $H_{\max}/H_{1/3}$의 값은 관측한 파도의 숫자(N)가 많아질수록 표 7-4에서 알 수 있듯이 커진다. 다만, $H_{\max}$는 N파 중에서 최고의 파고를 말한다.

표 7-3. $H_{\max}/H_{1/3}$의 최댓값과 N과의 관계

N	50	100	200	500	1,000
$H_{\max}/H_{1/3}$	1.42	1.53	1.64	1.77	1.86

4) 충파의 추산
　① 결정방법
　충파는 신뢰할 수 있는 실측치에 근거하여 결정하여야 한다. 그러나 실측한 값을 얻을 수 없는 경우에는 사업대상지의 근처 인접지역 등에서 기상조건(풍속 및 풍향의 특성) 및 해상조건(파랑, 조석 및 조류의 특성)이 유사한 곳에서 실측한 값 또는 기상조건 등(주로 바람 등)에 근거한 추산한 값 등에 의하여 합리적으로 결정하도록 한다.
　② 추정방법
　충파는 원칙적으로 유의파법에 의하여 추정하도록 한다. 여기서 말하는 유의파법이란 처음으로 유의파 개념을 제창하여 그 추정방법을 구체적으로 제시한 스베드럽(Sverdrup)과 뭉크(Munch) 및 이를 개량한 브레트슈나이더(Bretschneider)에 의한 S-M-B법, 이것을 일반적인 지역에 적용할 수 있도록 이론적으로 확장시킨 윌슨(Wilson)법, 그리고 얕은 바다지역에 있어서의 파도를 추정하는 브레트슈나이더법, 사카모토(坂本)·이지마(井島)법 및 이것들을 수치로 계산한 방법 등을 총칭하는 말이다.
　따라서 유의파법의 종류와 범위는 그림 7-4에서 제시한 바와 같이 파도의 발생지역의 깊이에 따라 나눌 수 있다.

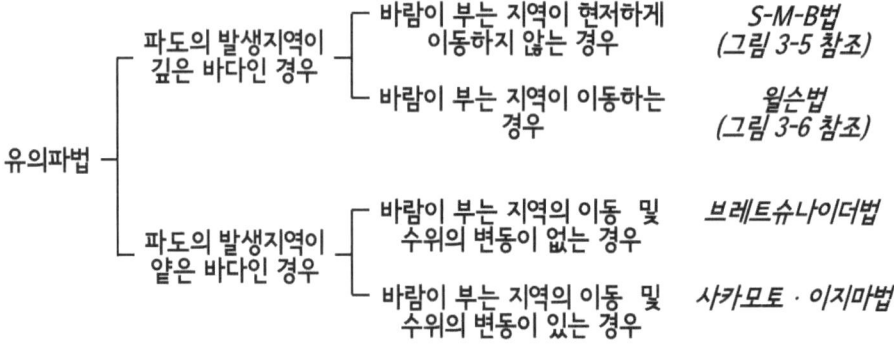

그림 7-4. 유의파법의 종류와 범위

　③ 기타
　일반적으로 태풍에 의하여 발생하는 파도를 추정하는 경우에는 윌슨법, 동해 연안의 동계계절풍에 의하여 발생하는 파도를 추정하는 경우에는 윌슨법과 S-M-B법을 적용할 수 있다.
　그리고 연안의 파도를 추정할 경우에는 브레트슈나이더법과 사카모토·이지마의 방법을 적용할 수 있지만, 바람이 일정하게 부는 경우에는 주로 브레트슈나이더법을 적용한다.

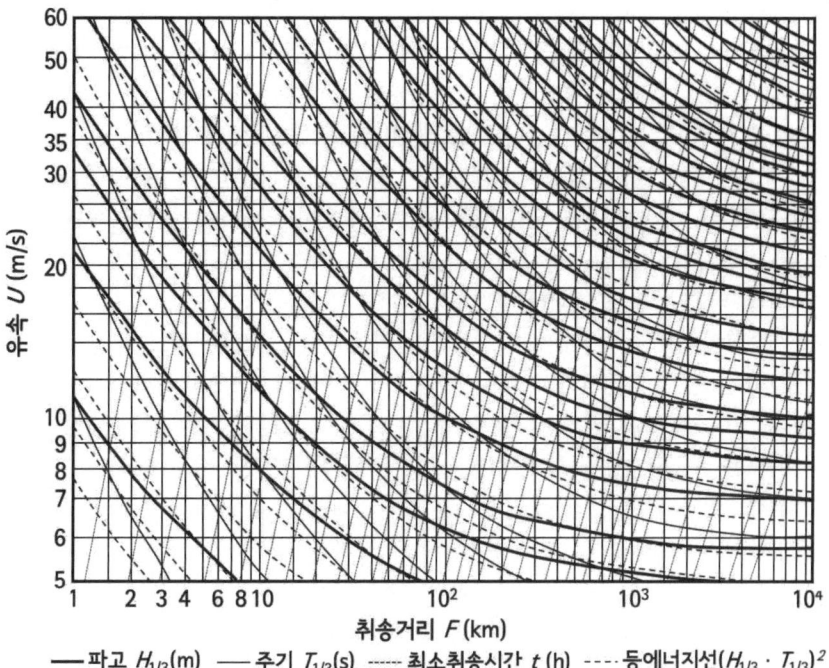

그림 7-5. S-M-B법에 의한 파랑예상곡선

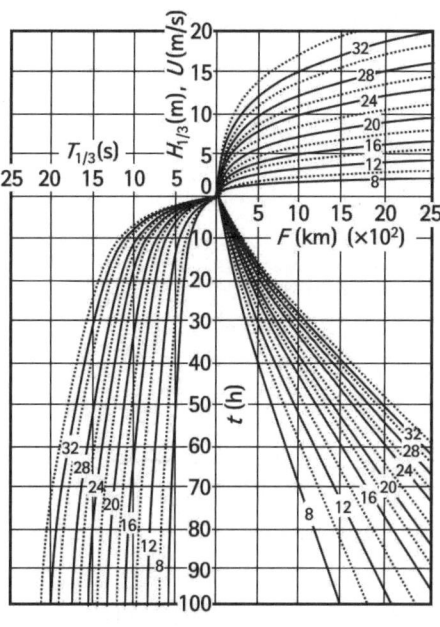

그림 7-6. 윌슨법에 의한 $H_{1/3} - t - F - T_{1/3}$

5) 파도의 변형

파도는 바다의 얕은 지역에 들어오면 해저지형의 영향을 받아 속도가 줄게 되어 파고, 파장 등이 변형되며, 더욱 해안선에 가까워지면 파형을 유지하지 못하고 소멸된다. 따라서 구조물을 계획 및 설계할 때에는 파도의 변형을 고려하여야 한다.

한편, 파도의 변형에는 굴절에 의한 변형, 회절에 의한 변형, 수심에 의한 변형, 반사에 의한 변형 및 쇄파에 의한 변형 등 다양한 경우가 있으며, 각각의 변형은 다음과 같은 방법에 따라 계산한다.

① 굴절에 의한 파고의 변화(굴절계수의 계산)

바다의 수심이 얕은 지역에서는 수심의 변화에 따라 파도의 속도가 장소적 변화에 의하여 굴절하는 현상이 발생하기 때문에 파도의 높이 및 방향의 변화를 충분히 고려하여야 한다. 그리고 파도가 등심선(等深線)에 비스듬하게 들어올 경우에는 수심이 깊은 바다 방향의 속도는 수심이 낮은 해안보다 빠르기 때문에 파도의 봉선(峰線)은 점차 등심선의 평행이 된다. 이와 같은 현상을 굴절이라 하며, 해안을 향해 볼록 형태의 등심선을 나타내는 해안에서는 파도의 에너지가 분산하여 파고가 낮아진다.

· 규칙적인 파도의 굴절을 계산하는 방법에는 굴절도를 작성하는 도식해법(圖式解法)과 파도의 방정식을 수치적으로 해석하는 방법이 있으며, 굴절도를 작성하는 데에는 파향선법(波向線法)과 파봉선법(波峯線法)이 사용되고 있지만, 일반적으로는 파향선법이 널리 사용되고 있는 실정이다.

그리고 굴절도를 사용하는 경우의 굴절계수는 다음 식에 의하여 구할 수 있다.

$$K_r = \frac{H}{H_o} = \sqrt{\frac{b_o}{b}}$$

식에서, K_r : 굴절계수
  H : 굴절 이후의 파고(m)
  H_o : 굴절 이전의 파고(m)
  b : 굴절 이후의 파향선 간격(m)
  b_o : 굴절 이전의 파향선 간격(m)

· 직선의 평행 등심선의 해안인 경우에 있어서 파향의 변화 및 굴절계수는 그림 3-7과 같은 직선 평행등심선 해안에 있어서의 규칙적인 파도에 대한 파고 변화도를 사용하여 산정할 수 있다.

· 수심이 충파파고의 0.5배 이하인 지점에서는 파도의 성질에 의하여 조류가 빨라지기 때문에 굴절에 관한 계산식의 적용범위는 수심이 충적파고의 0.5배 이상으로 하고, 이보다 해안에 가까운 지역에서는 다른 방법을 적용한다.

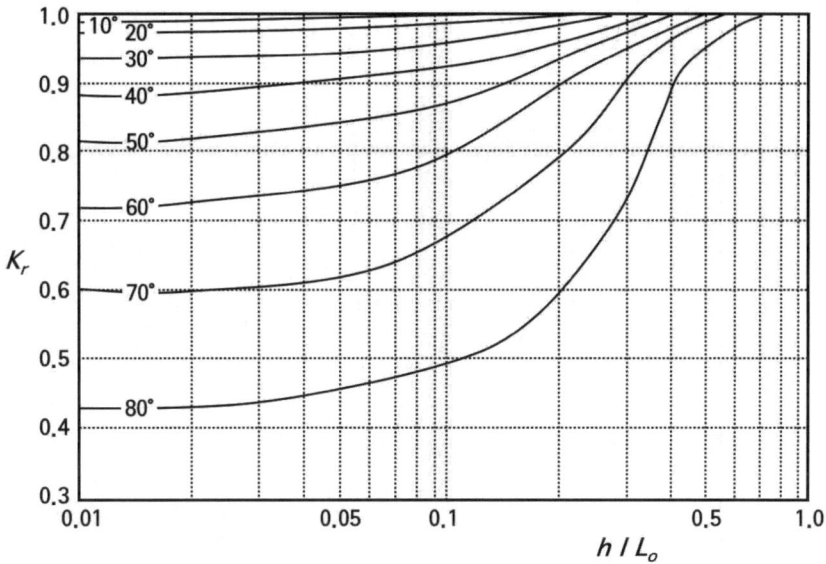

그림 7-7. 직선의 평행등심선 해안에 있어서의 규칙적인 파도의 파고 변화도

② 회절에 의한 파고의 변화(회절계수의 산출)

파도가 섬, 반도, 방파제 등과 같은 차폐물에 의하여 차단되는 구역에 들어오면 회절파의 영향을 받는다. 이와 같은 현상을 회절이라고 하며, 이때의 파고는 회절도(回折圖), 회절계산 등에 의하여 산정한다. 그리고 규칙적인 파도의 회절에 따른 변화는 회절도로부터 회절계수를 구한 후, 다음의 식에 의하여 산정한다.

한편, 회절도는 수심이 일정하다는 가정 아래 만들어지고 있다.

$K_d = H / H_i$

식에서, K_d : 굴절계수
H : 진행파의 파고(m)
H_i : 회절 이후의 파고(m)

· 반무한제(半無限堤) 선단부에 의한 회절

그림 7-8은 반도 모양의 구조물이 존재하는 경우의 회절도로, 이 방법에 의하여 회절계수를 구할 수 있다(이때 반무한제(半無限堤)와 입사파향(入射波向)이 이루는 각은 보통 45~135° 범위로 한다).

다만, 그림 속의 θ_o는 무반한제와 입사각이 이루는 각도로, 곡선은 회절계수(K_d)의 등치선(等値線)이다.

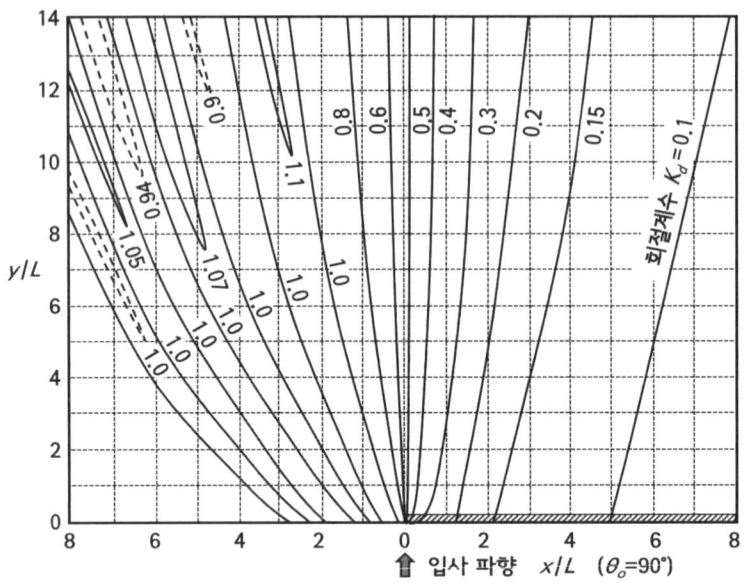

그림 7-8. 반무한방조제에 의한 규칙적인 파도의 회절도

· 개구부에 있어서의 회절

파도가 개구부에 직각으로 입사하는 경우, 그림 7-9의 개구부에 있어서의 회절도로 회절계수를 구할 수 있지만, 개구의 폭은 파도의 파장의 1/2~5배로 한정된다.

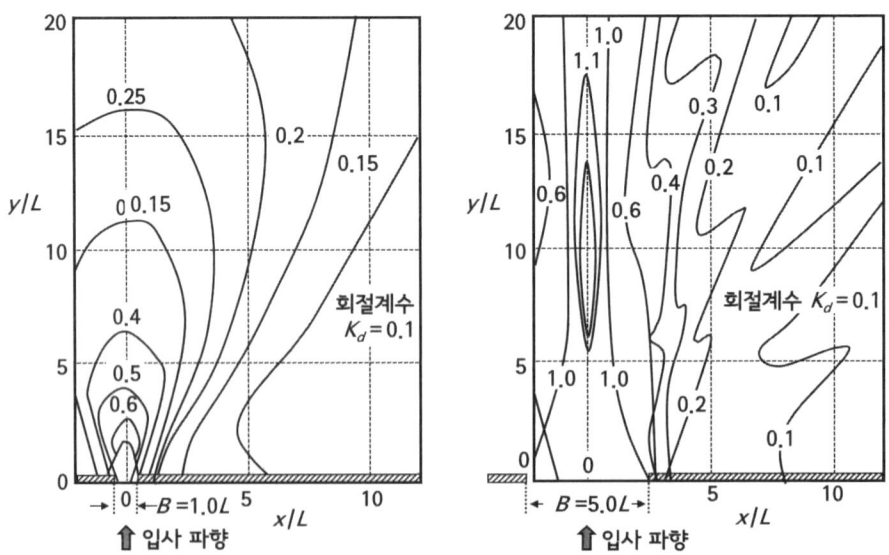

그림 7-9. 방파제의 개구부로부터의 규칙파의 회절도

그리고 파도가 개구부에 직각으로 입사하지 않는 경우는 그림 7-10과 같이 가상 개구의 폭을 고려하여 근사 값을 구한다.

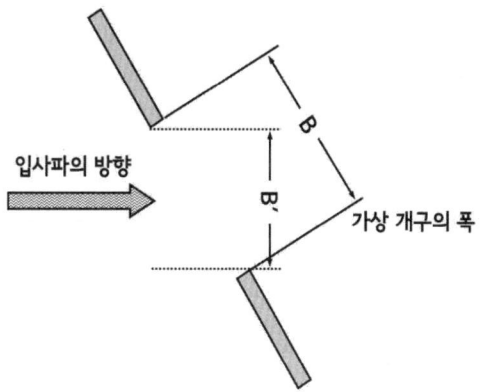

그림 7-10. 가상 개구의 폭을 구하는 방법

· 도제(島堤)에 의한 회절
이 경우의 회절은 양쪽 끝을 각각의 선단으로 하는 두 개의 반무한제의 회절계수의 합으로 구한다. 그러나 도제의 길이가 5파장 이하인 경우에는 양쪽 끝으로부터의 회절파의 간섭효과가 높아지기 때문에 다른 방법으로 구한다.

③ 수심의 변화에 의한 파도의 변형(천수계수의 산정)
수심 및 파도의 주기가 결정되면 해당 지점의 파도의 속도 및 파고는 파동이론에 의하여 정해진다. 일반적으로 수심이 낮아지면 파도의 속도는 늦어지고 파장은 짧아지며, 수심이 더욱 낮아지면 파고는 커진다. 이와 같은 파도의 변형을 천수변형(淺水變形)이라고 한다. 그리고 깊은 바다의 파장, 파속은 미소진폭파이론(微小振幅波理論)에 의하여 다음 식으로 산정한다. 이때 깊은 바다의 파고, 파장, 파속은 각각 H_o, L_o, C_o로 나타내며, 첨자가 없는 것은 심해파(深海波)이다.

$$L_o = \frac{g}{2\pi} T^2 ≒ 1.56 T^2$$

$$C_o = \frac{L_o}{T} ≒ 1.56 T$$

식에서, g : 중력의 가속도(9.8m/s²)
π : 원주율
T : 주기(s)

한편, 수심이 깊은 바다에 있어서 파장의 1/2보다 얕은 경우에는 파도의 운동이 해저의 영향을 받는다. 이와 같은 파도를 천해파(淺海波)라고 하며, 파고, 파장, 파속 등은 미소진폭파이론에 의하여 구할 수 있다. 그리고 H/H_o, L/L_o, C/C_o, h/L 및 h/L_o의 상관관계는 그림 7-11에 제시한 바와 같다.

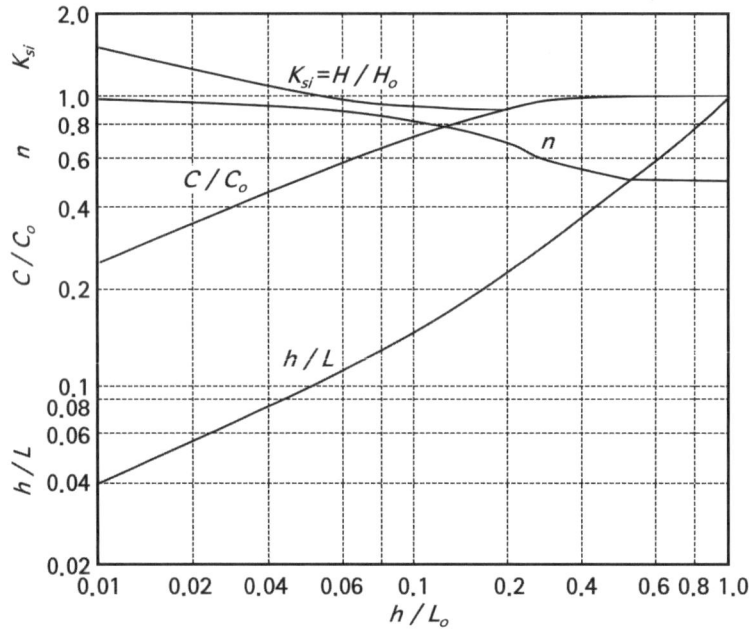

그림 7-11. 얕은 바다에 있어서의 파도의 특성 변화

그리고 주어진 주기 및 수심에 관련된 파장 및 속도는 다음 식에 의하여 산정되고, 표 7-4에 의하여 구할 수 있다.

$$L/L_o = C/C_o = \tan(2\pi h/L)$$

또한, 파고의 변화는 다음 식으로 나타낼 수 있다.

$$K_s = \frac{H}{H_o} = \sqrt{\frac{1}{2n} \cdot \frac{C_o}{C}}$$

$$n = \frac{1}{2} \cdot \left\{1 + \frac{4\pi h/L}{\sinh(4\pi h/L)}\right\}$$

식에서, K_s : 천수계수(淺水係數)
 L : 수심 h의 파장(m)
 L_o : 깊은 바다의 파장(m)
 C : 수심 h의 파속(m/s)
 C_o : 깊은 바다의 파속(m/s)
 H : 수심 h의 파고(m)
 H_o : 깊은 바다의 파고(m)
 h : 수심(m)

한편, 파도의 수심이 낮아져 쇄파점에 가까워지면 파형물매가 커지기 때문에 유한진폭 파이론을 적용하여야 한다. 그림 7-12는 파도의 쇄파점 부근에서의 천수계수를 나타낸 것으로, 이 경우에 있어서의 천수계수는 충파파형물매 H_o/L_0에 따라 다르게 나타난다.

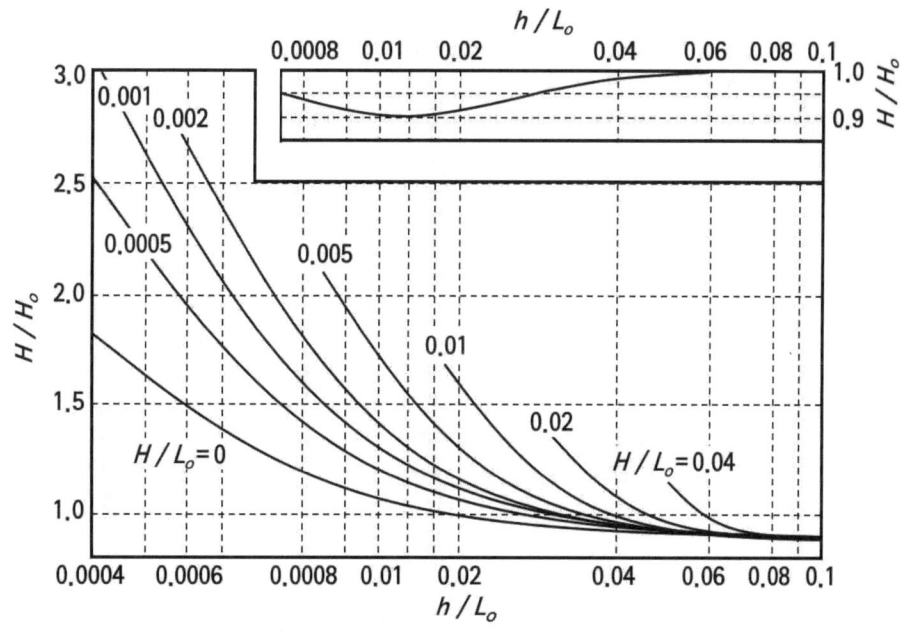

그림 7-12. 쇄파점 부근에서의 천수계수(淺水係數)의 산정도

④ 반사에 의한 파고의 변화(반사율의 산정)
파도가 섬이나 구조물 등에 부딪치면 반사하여 입사파와 반사파가 겹쳐서 중복파가 되는 과정에서 파고가 변화하며, 다음 식에 의하여 산정할 수 있다.

$$K_R = H_R / H_I$$

식에서, K_R : 반사율, 비쇄파 조건의 개략적인 값은 표 7-5와 같다.
H_R : 반사파고(m)
H_I : 입사파고(m)

표 7-5. 반사율의 개략적인 값

구조 양식	반사율	구조 양식	반사율
직립벽(둑마루가 정수면 위쪽)	0.7~1.0	이형(異形)소파블럭사면	0.3~0.5
직립벽(둑마루가 정수면 아래쪽)	0.5~0.7	직립소파구조물	0.3~0.8
사석(捨石)사면(2~3할물매)	0.3~0.6	천연모래톱	0.05~0.2

주) 천연 모래톱을 제외하면 비쇄파 조건에서의 개략적인 값임.

⑤ 쇄파에 의한 변화

파도가 해안에 접근하여 수심이 낮아지면, 파도의 꼭대기가 점차 뾰족해지고, 파도의 골짜기는 평탄해진다. 그리고 해안선 부근에서는 파도의 꼭대기가 앞으로 기울어져 공기를 포함하게 되며, 결국에는 파형이 유지되지 못해 쇄파한다. 이때 파도가 소멸하는 조건은 그림 7-13, 7-14와 같은 쇄파지표에 의하여 구할 수 있다.

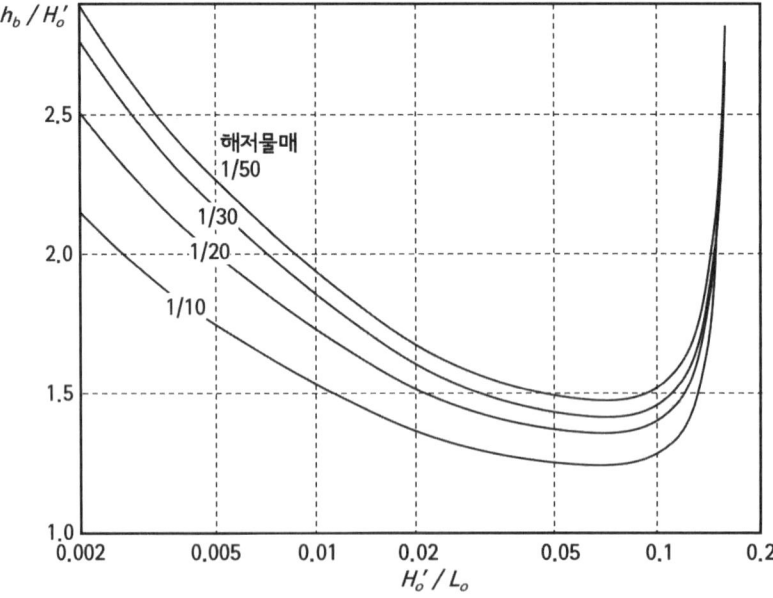

그림 7-13. 파형물매와 쇄파수심과의 관계

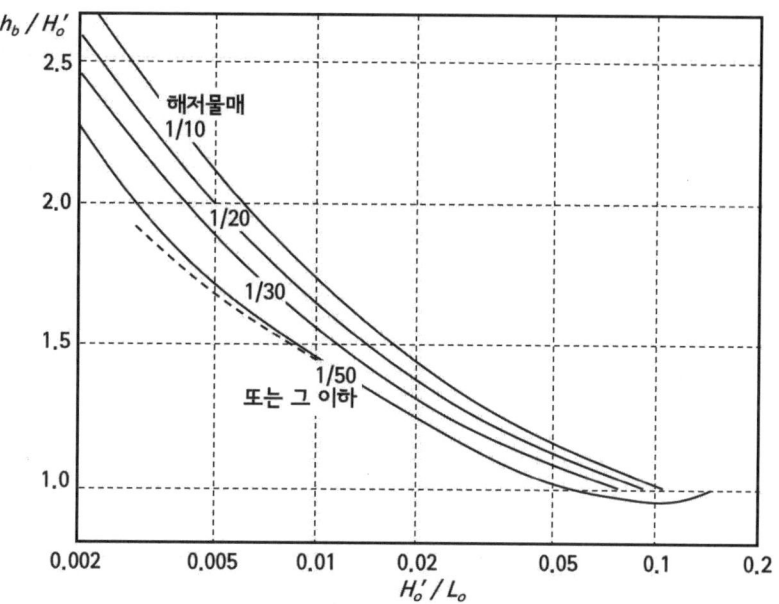

그림 7-14. 파형물매와 쇄파파고와의 관계
H_o' : 굴절, 회절효과를 고려한 환산충파파고(m)
h_b : 쇄파수심(m), H_b : 쇄파파고(m)

· 규칙파의 파쇄 이후의 파고

파쇄 이후의 파고는 통상 해저물매($h = 1.5 \sim 2.5 H_o'$의 평균 해저물매)와 충파파형물매의 영향을 받는다.

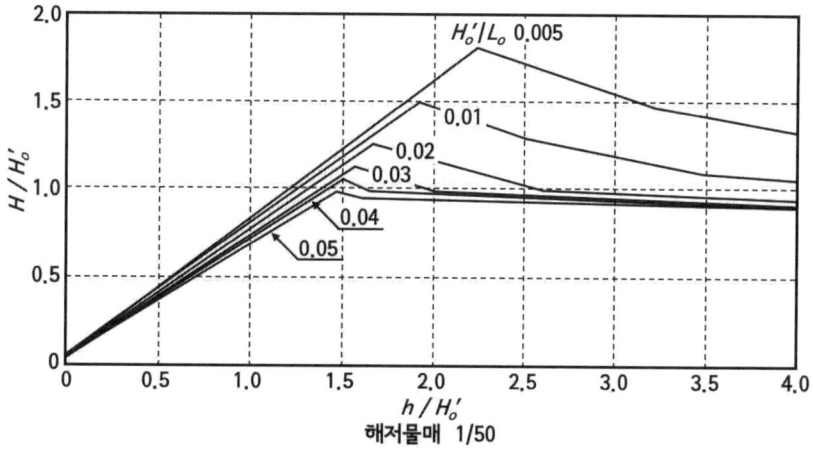

그림 7-15. 규칙파의 파쇄 이후에 있어서 파고의 변화도(해저물매 1/50)

· 파쇄에 의한 수위상승

파쇄대에서는 평균 수위가 상승하기 때문에 이곳에 방조공을 축설할 경우에 있어서의 둑마루 높이는 수위상승을 고려하여야 하며, 그림 7-16에 의하여 산정한다.

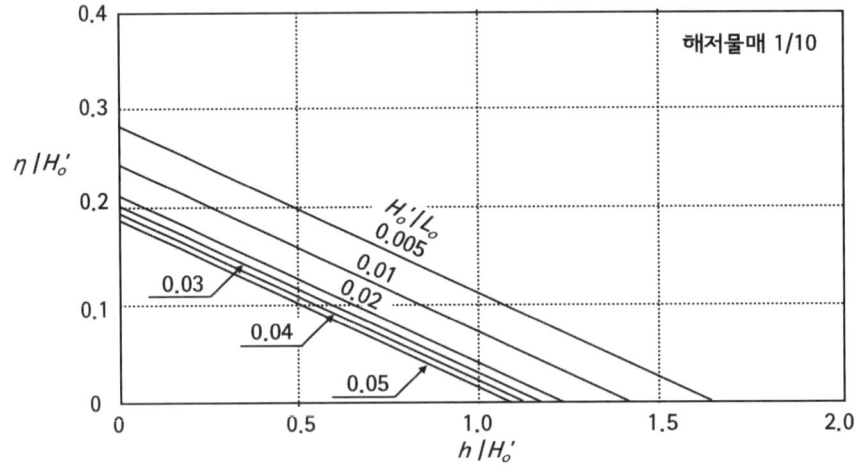

그림 7-16. 파쇄에 의한 평균 수위의 상승량(해저물매 1/50)

η : 수위상승량(m)
H_o' : 환산충파파고(m)
h : 산정지점의 정수면 이하의 수심(m)
L_o : 충파의 파장(m)
해저물매 : 파쇄점보다 얕은 지점의 평균 해저물매

6) 환산충파파고의 산정

환산충파파고는 구조물의 높이, 규모 등을 결정할 때 기초가 되며, 그림 7-17에 따라 굴절, 회절의 영향을 고려하여 충파파고를 보정하도록 한다.

① 한 방향의 파도 산정

한 방향의 환산충파파고에 대해서는 다음 식으로 나타낼 수 있다.

$$H_o' = K_r \cdot K_d \cdot H_o$$

식에서, H_o' : 환산충파파고(m)
K_r : 굴절계수
K_d : 회절계수
H_o : 충파파고(유의파)(m)

그리고 반사파를 고려하는 경우에는 다음 식으로 나타낼 수 있다.

$$H_o' = K_r \cdot K_d \cdot K_R \cdot H_o$$

식에서, K_R : 반사율

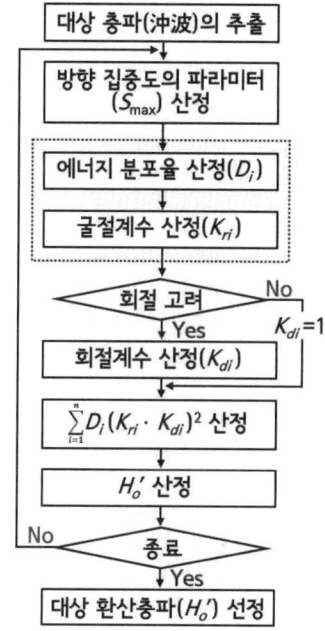

그림 7-17. 환산충파의 산정 순서도

② 성분파에 의한 산정

환산충파파고를 산정할 때에는 한 방향의 파도에 의한 환산파고는 과대치가 주어질 수 있으므로, 해당 해안에 위험하다고 판단되는 충파의 주요 파향을 선정하여 이를 방향별로 성분파($n=3$ 또는 7)로 간주하고, 전술한 「굴절에 의한 파고의 변화 및 회절에 의한 파고의 변화」에 따라 굴절계수 및 회절계수를 구한 후에 다음 식을 이용하여 환산충파파고를 산정한다.

$$H_o' = \sqrt{\sum_{i=1}^{n} D_i (K_{ri} \cdot K_{di})^2} \cdot H_0$$

식에서, D_i : 방향별 에너지 분포율
       K_{ri} : 방향별 성분파의 굴절계수
       K_{di} : 방향별 성분파의 회절계수
       n : 방향별 분할수

그리고 반사파가 있는 경우의 환산충파파고는 다음 식에 의하여 산정한다.
(1차 반사인 경우)

$$H_o' = \sqrt{\sum_{i=1}^{n} D_i (K_{ri} \cdot K_{di})^2 \sum_{i=1}^{n} D_i (K_{ri}' \cdot K_{di}' \cdot K_R)^2} \cdot H_o$$

식에서, K_{ri}' : 반사파의 굴절계수
K_{di}' : 반사면을 개구부로 환산하였을 때의 회절계수

주 1) 굴절 이후의 파향은 주방향의 파향으로 한다.
   2) 회절의 영향이 없는 경우는 K_d = 1로 한다.
   3) 방향별 분할은 3분할을 원칙으로 하지만, 이 경우 각 방향의 굴절계수, 회절계수에 극단적인 차이가 나타나므로, 경우에 따라서는 7분할로 한다.
   4) 방향집중 파라미터($S_{\max}$)는 충파조건(H_o/L_o)으로부터 결정한다. 그리고 충파조건과 방향집중 파라미터($S_{\max}$)의 관계는 표 7-6과 같다.

표 7-6. 충파조건(H_o/L_o)과 방향집중 파라메타($S_{\max}$)의 관계

	H_o/L_o	$S_{\max}$
풍파	$H_o/L_o > 0.03$	10
감흔거리가 짧은 너울	$0.03 \geq H_o/L_o > 0.015$	25
감흔거리가 긴 너울	$0.015 \geq H_o/L_o$	75

5) 방향별 에너지 분포율(D_i)의 산정은 주방향에 대하여 ±90°범위에서 파도가 내습할 수 없는 범위를 설정하고, 에너지 분산법에 의하여 대상지점에 내습하는 에너지 분포율을 분할한 방향별로 산정한다(그림 7-18).

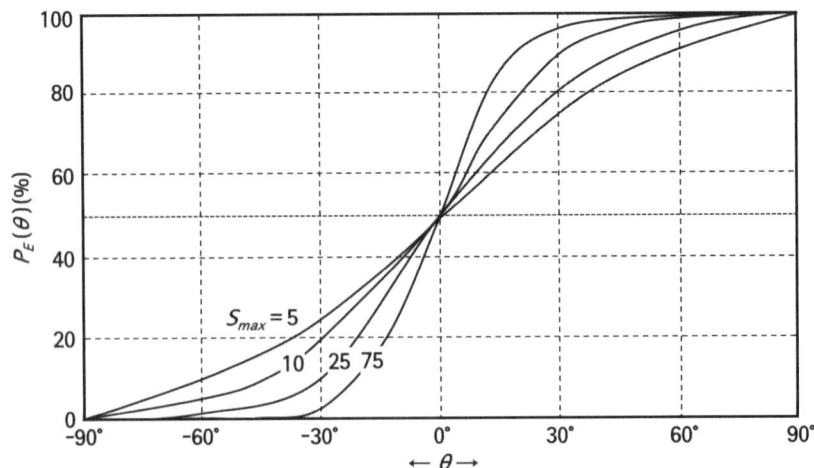

그림 7-18. 방향별 에너지 누가곡선

6) 굴절계수(K_{ri})의 산정 : 분할한 성분파의 파도의 방향마다 굴절도를 작성하고, 각각의 굴절계수(K_{ri})를 산정한다.
7) 회절계수(K_{di})의 산정 : 방조제, 곶(岬) 등의 차폐물에 의하여 파도가 차폐되고 있는 지점의 H_o'를 산정할 경우, 차폐물에 의한 회절도를 작성하여 회절계수(K_{di})를 산정한다.
8) 이상에 의하여 산정한 3 또는 7방향의 충파 중에서 검토하는 사항에 대하여 가장 심한 조건이 되는 H_o'를 선정한다.

1.7.3. 유황 및 표사조사

유황 및 표사조사는 해당 해안에 영향을 미치는 탁월류의 유향, 유속, 표사 등을 조사한다.

[해설]
1) 유황조사

해안 부근에는 조석류(조류), 취송류(吹送流), 파랑류 및 하구 밀도류(密度流) 등의 해류가 혼재한다. 특히, 파랑류는 해빈류 계통으로 연안류와 이안류로 분리된다. 그리고 유황조사에서는 이들 해류를 조사하지만, 계산에 의하여 유황을 파악하는 것은 조석류 이외는 곤란하기 때문에 현지에서 관측하여야 한다.

① 조석류(조류)

조석류는 달 및 태양의 인력에 의하여 생기는 조석력(潮汐力)에 의한 해류로, 유속의 변화주기는 조석주기와 같고, 한나절 주기와 하루 주기가 가장 두드러진다. 그리고 조석류가 강한 곳에서는 해저 부근에 와류가 생기고, 이로 인하여 해저의 진흙이 운반되어 해류가 약한 곳에 퇴적하기 때문에 해저지형의 변화가 심하다. 조석류의 유속은 유속계 또는 부표에 의하여 측정한다.

② 취송류

바람이 해수면에 미치는 응력에 따라 생기는 해류이다.

③ 파랑류(해빈류)

해안의 침식, 퇴적에 크게 영향을 미치는 해류로, 이안류가 발생하면 하나의 해빈류 셀을 구성한다.

④ 하구 밀도류

하구에서는 조석의 간만에 의하여 해수가 하천수에 섞인다. 이때 해수와 하천수의 밀도의 차이가 원인이 되어 하구 밀도류가 발생하고, 다양한 혼합형의 유황이 된다. 이는 조위차가 큰 경우에 더욱 현저하다.

2) 표사조사

해안 모래톱에 해안방재림을 조성할 경우, 표사의 이동량, 수심, 탁월방향 등을 파악하여 침식성, 퇴적성을 검토하고, 구조물 등에 대한 영향을 충분히 고려한다.

표사는 미시적으로 보면 모래나 사력이 전동, 부유에 의하여 다른 장소로 이동하는 것이지만, 거시적으로 보면 하룻밤 사이에 광대한 모래톱이 출현하거나 해안이 크게 세굴되는 등의 해안지형을 크게 변화시키는 경우가 있다. 그리고 표사는 이동상태에 따라 부유표사와 소류표사로 나눌 수 있고, 이동방향에 따라 정선에 직각방향인 표사(안충표사)와 정선에 평행방향인 표사(연안표사)로 나누어진다. 또한, 해안 모래톱은 연안 모래톱의 유무에 따라 각각 기둥형 해안, 계단형 해안으로 분류된다. 전자를 폭풍해안(겨울형 해안), 후자를 정상해안(여름형 해안)이라 하며, 모래톱 후방의 해저물매에서는 후자가 급하다.

한편, 표사를 조사할 때에는 해안가 바닥의 상태, 바람, 파도 등을 자료를 기본으로 하여 표사의 탁월방향, 공급원, 공급량, 손실량, 이동분포 등을 조사하지만, 표사는 계절에 따른 차이, 폭풍시와 평상시와 차이가 심하게 나타나기 때문에 연속적인 조사가 필요하다.

① 표사의 이동한계수심

파도에 의하여 해저의 물질이 움직이기 시작하는 수심을 그 파도에 대한 해저 물질의 이동한계수심이라 하며, 그림 7-19에 의하여 추정할 수 있다. 여기서 표층이동이란 해저에 있어서 표층의 모래가 파향에 집단적으로 소류되는 경우의 한계를 말하며, 수심의 변화가 명확하게 나타나는 현저한 이동을 완전이동이라고 한다.

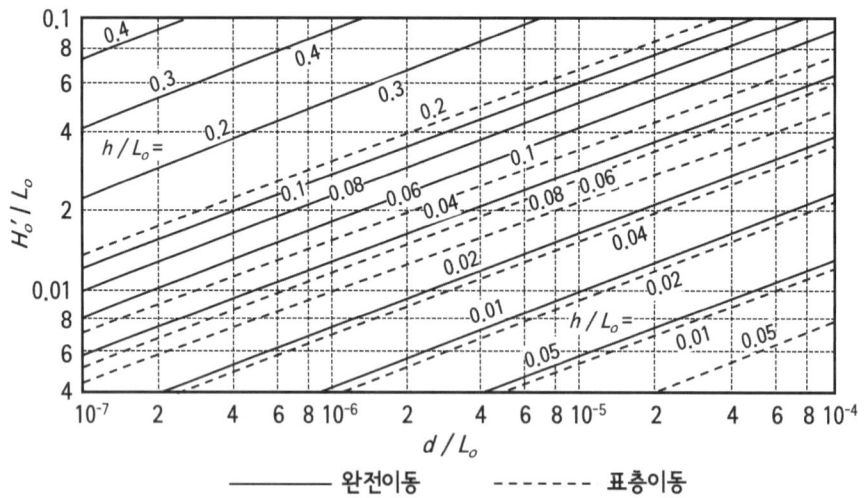

그림 7-19. 표층이동 및 완전이동한계수심

H_o' : 환산충파파고(m)
L_o : 충파파장(m)
d : 해저물질의 입경(평균입경 또는 중앙입경)(m)
h : 표층이동한계수심(m)

② 표사의 탁월방향

표사의 탁월방향을 추정하는 데에는 다음과 같은 방법이 있다.
- 연속적으로 심천측량을 실시하여 해안과 하구의 지형변화로부터 추정한다.
- 파랑자료를 해석하여 추정한다(파도의 탁월방향에 표사가 생긴다. 또한, 파형물매가 큰 파도는 먼 바다방향에 표사가 생기고, 작은 파도는 해안에 표사가 생긴다).
- 돌제, 방파제 등의 기존 구조물에 의한 정선변화에 의하여 추정한다.
- 해수의 탁월방향으로부터 추정한다.
- 해저물질의 입경(일반적으로 입경은 표사의 탁월방향에 작아진다), 광물조성(어떤 광물조성이 많은 것으로부터 적은 방향으로 변화하고 있으면, 그 방향에 표사가 탁월하다)을 분석하여 추정한다.
- 트래서(형광모래, 방사성 유리모래)를 이용한 해저물질의 이동현상으로부터 추정한다.
- 수리모형실험, 수치모형실험으로부터 추정한다.

③ 표사의 공급원, 공급량

표사의 공급원으로는 하천, 인접한 해안 등을 들 수 있다.

하천으로부터의 공급량은 유출토사량을 직접 관측하거나 하상변동의 파악 또는 수심, 유량 등의 수리량으로부터 유출토사량을 계산하여 추정한다. 그리고 인접 해안으로부터의 공급량은 지형, 지질, 외력 등을 조사하여 정성적으로 파악하고, 연안표사량공식 또는 해안의 침식량으로부터 추정한다. 또한, 벼랑해안으로부터의 침식량은 벼랑의 후퇴속도로부터 추정할 수 있다.

④ 연안표사량 추정

연안표사가 존재하는 해안에서는 침식, 퇴적에 의한 장기적인 모래톱의 변화가 생긴다. 전체 연안표사량(정선에 직각인 방향의 단면을 통과하는 연안표사의 총량)의 추정은 다음과 같은 방법에 의하여 종합적으로 판단한다.
- 지형변화 해석 : 정선에 직각인 방향의 심천측량을 실시하여 단면적 변화를 추정한다.
  - 단면적이 감소하고 있는 경우에는 연안방향의 표사가 존재한다.
  - 또한, 단면적의 변화가 없을지라도 정선이 전진 또는 후퇴하여 연안방향 혹은 바다방향의 이동이 있다.
  - 단면적의 변화와 정선의 변화가 대응하면, 바다방향의 이동은 나타나지 않고, 연안방향의 이동이 탁월하게 발생한다. 이와 반대의 경우에는 정선에 직각방향의 이동이 탁월하다.
- 표사량 공식 : 연안표사량공식은 다음 공식을 이용한다.

$$Q = \alpha E_b^n$$

$$E_b = \frac{1}{16} \rho g \, (H_b^2 \cdot L_b / T) \sin 2\theta_b$$

식에서, Q : 전체 연안표사량(m^2/일)
H_b : 쇄파파고(m)
L_b : 쇄파지점에서의 파장(m)
θ_b : 쇄파지점에서의 입사각(°)
α, n : 정수로 실측 등에 의하여 구한다(표 7-7 참조)
ρ : 해수의 밀도(g/cm^3)
g : 중력가속도($9.8 m/s^2$)
T : 입사파의 주기(s)

표 7-7. 연안표사량공식의 α와 n의 값

공식	α	n	Q의 단위	E_b의 단위	공식의 산출조건
Savage	0.217	1.0	m^3/day	t · m/day/m	각종 현지관측 및 실험지
이지마(井島) 등	0.130	0.54	m^3/day	t · m/day/m	H=1.5m 이하, d(직경)=1~2mm
사토(佐藤) 등	0.06	1.0	m^3/day	t · m/day/m	H=5m 이하, d=0.15mm 전후
Manohar	0.59	0.91	m^3/day	t · m/day/m	각종 현지관측 및 실험치 d(입경)은 mm 단위

⑤ 표사의 손실장소, 손실량

일반적으로 표사의 손실장소는 인접해안, 대상해안의 앞 바다 등이다. 그리고 표사의 손실장소, 손실량은 표사의 공급원, 공급량의 추정과 같은 방법에 의한다.

1.8. 임황 및 식생조사

임황 및 식생조사는 조사대상지 및 주변의 임황, 식생 등의 상황을 조사하여 계획 및 설계의 기초자료를 얻는 것을 목적으로 한다.

[해설]
해안은 식생이 생육하는 데에는 특수한 환경이기 때문에 기존에 생육하고 있는 식생의 종류, 생육상황 등에 대한 조사 이외에 현재의 상태에 이르기까지의 시업의 경과 등에 대한 충분한 조사가 필요하다.

1.8.1. 예비조사

> 예비조사는 임상도, 산림조사부, 산림시업계획서, 공중사진 등의 기존자료를 이용하여 다음 항목에 대하여 필요에 따라 조사한다.
> ① 면적율 ② 축적 ③ 수종, 영급 ④ 벌채, 조림계획 ⑤ 식생의 종류 및 특징

[해설]
1) 면적율

   면적율은 조사지 내에 있어서의 조사지역면적에 대한 임목지의 비율로 나타낸다.

2) 축적

   단위면적당 축적은 높을수록 재해방지에 효과적이지만, 울폐도가 지나치게 높으면 지피식생이 감소하고 토사유출 등이 증가하는 경우도 있다.

3) 수종, 영급

   산림은 취급 여하에 따라 인공림, 천연림으로 나누어지며, 수종에 따라 침엽수림, 활엽수림 또는 혼효림 등으로 구분된다. 일반적으로 단일 수종의 산림보다 혼효림이 보수력 등이 높은 것으로 알려져 있으며, 재해방지효과도 높다. 또한, 유령림보다 장령림이 보전효과가 높은 경향이 있다. 혼효림인 경우 혼효비율은 입목재적의 백분비로 나타낸다.

4) 수관소밀도

   수관소밀도는 수관투영면적이 차지하는 비율로 나타내며, 5/10 이하를 「소」, 6/10~8/10을 「중」, 9/10 이상을 「밀」로 나타낸다.

5) 식생

   식생조사는 시공지에 도입하는 초본과 수종의 선정, 시공 이후의 관리 등에 중요하다. 일반적으로 시공 이전에 실시하는 조사는 대략적인 조사만으로도 충분하지만, 특별히 필요한 경우에는 식생의 생육상황이 거의 표준적으로 보이는 장소를 표준구역으로 선정하여 세밀하게 조사한다.

1.8.2. 현지조사

> 현지조사는 기존자료에 의한 조사를 보완하고, 일반적인 임황, 식생의 생육상황 등과 기시공지에 있어서의 식생의 생육상황, 부존상태 등을 파악하기 위하여 실시하는 것이다.

[해설]
　　해안방재림조성사업을 계획할 때에는 계획지역의 임황, 식생 등에 대하여 미리 기존의 자료를 수집하여 식생도입 등에 대하여 검토하게 되지만, 세부사항까지 망라하는 것은 곤란하다. 따라서 현지를 답사하여 보완할 필요가 있다. 또한, 기시공지에 있어서 식생의 생육상황 등을 조사하는 경우에는 원칙적으로 현지조사를 실시하도록 한다.

1.8.2.1. 식생조사법

　　식생조사는 주로 기존시공지의 성적 파악, 개량방법의 검토, 초본·목본의 선택 등을 위하여 실시하며, 조사방법은 ① 랜덤추출법과 ② 계통적 추출법으로 한다.

[해설]
1) 식생조사
　　전수조사를 실시하기 곤란하기 때문에 일반적으로 표본추출법에 의하여 실시하는 경우가 많다. 그리고 표본추출법은 조사대상을 임의로 선정하는 경우와 계통적으로 선정하는 경우가 있다.
　　① 랜덤추출법
　　조사대상지를 제2장 유역특성조사 제6절 산림의 상태, 식생조사의 그림 2-17과 같이 표본구 크기의 방안으로 나누어 순차적으로 번호를 붙이고, 난수표 등에 의하여 조사 표본구를 정한다.
　　② 계통적 추출법
　　랜덤추출법과 같은 방안을 연속적 또는 등간격으로 추출하여 표본구를 정한다.

2) 표본구의 조사방법
　　표본구의 조사방법에는 면적인 구획방법과 선적인 구획방법으로 나눌 수 있다.
　　① 면적 조사법
　　방형구획법이 가장 일반적인 방법으로 격자법이라고도 하며, 격자의 형태는 구획이나 면적을 구하기 쉬운 정방형이나 장방형으로 하고, 격자의 크기는 다음과 같다.
　　　· 시공 초기 : $10cm \times 10cm \sim 1.0m \times 1.0m$
　　　· 시공 후 2~3년 : $1.0m \times 1.0m \sim 2.0m \times 2.0m$
　　　· 관목류 : $2.0m \times 2.0m \sim 5.0m \times 5.0m$
　　　· 교목류 : $5.0m \times 5.0m \sim 20.0m \times 20.0m$
　　② 선적 조사법
　　선적 조사법에는 선적 피도법, 선적 빈도법 등이 있으며, 조사목적에 따라 선택하도록 한다.

1.8.2.2. 식생조사의 척도

해안방재림조성사업을 계획할 때에 있어서 현지조사 시에 실시하는 식생조사의 척도는 다음과 같다.
① 기시공지의 조사에 대해서는 원칙적으로 정량적 척도로 판단한다.
② 산림의 군락구분 등에 대해서는 정성적 척도로 판단한다.

[해설]
해안방재림 조성대상지의 식생조사 척도는 피도, 밀도, 빈도, 수도(數度), 생육수고 및 중량 등이 있지만, 일반적으로는 피도, 밀도 및 빈도가 주된 조사이다.

1) 피도

식생의 지상부가 지표면을 피복하고 있는 정도로, 격자의 면적에 대한 식생의 연직투영면적의 비율로 나타내는 경우가 많다.

$$피도 = \frac{종류별 \; 또는 \; 식물 \; 전체의 \; 피도 \; 합계}{조사한 \; 격자의 \; 총수}$$

2) 밀도

조사한 격자 당의 개체수로, 특정 종류 또는 전체 식생의 총개체수를 나눈 값이며, 식생의 상황을 정량적으로 나타낸 것이기 때문에 기존 시공지의 성과 등을 평가하는 척도로 가장 많이 이용되고 있다.

$$밀도 = \frac{종류별 \; 또는 \; 전체 \; 식생의 \; 총 \; 개체수}{조사한 \; 격자의 \; 총수}$$

3) 빈도

빈도는 어떤 종이 나타나는 격자의 수에 대한 조사한 격자의 비율로, 조사지에 있어서의 구성종 분포의 일양성 혹은 종류 간의 양적 관계를 나타내는 척도이다.

$$빈도 = \frac{특정 \; 종류가 \; 포함되는 \; 격자의 \; 총수}{조사한 \; 격자의 \; 총수}$$

4) 수도(數度)

수도는 밀도와 관계하는 척도로, 두 가지 표현방법이 있다.

① 격자의 평균 개체수 : 어떤 종류가 포함되는 격자에 대한 평균 개체수를 나타낸다.

$$수도 = \frac{특정\ 종류의\ 총\ 개체수}{특정\ 종류가\ 포함된\ 격자의\ 수}$$

② 추정적 개체수 : 수도 등과 함께 조합하여 검토하며, 개체수는 다음과 같이 나타낸다.

표 7-8. 추정적 개체수

수도	개체수
1	매우 적다
2	적다
3	조금 많다
4	많다
5	매우 많다

1.9. 황폐현황조사

황폐현황조사는 조사대상지의 황폐상황을 조사하여 계획 및 설계의 기초자료를 얻는 것을 목적으로 한다.

[해설]
1) 황폐현황조사의 항목

다음과 같이 황폐의 원인 및 형태, 그리고 피해구역에 대하여 조사한다.
① 황폐의 원인 및 형태
- 해안침식

파랑, 쓰나미 등에 의하여 해안선이 침식되고, 정선이 후퇴되어 모래언덕이 파괴 또는 해안의 각부가 침식되는 현상이다.
- 황폐사지

조풍, 한풍, 모래날림 및 쓰나미 등에 의하여 식생이 매몰, 고사하거나 나지화한 모래땅이다.
- 해안사면붕괴

해안의 벼랑이 붕괴 또는 땅밀림을 일으킨 것으로, 파랑이 해안의 벼랑 각부를 침식하여 생기는 파랑침식형, 침투수형 및 땅밀림형이 있다.

② 피해구역

피해구역의 조사는 해안방재림의 시공예정지 또는 후배지의 풍해, 조해, 모래날림 피해 및 월파 피해 등의 범위를 조사한다.

2) 예비조사 및 해안붕괴조사의 항목 등

예비조사 및 황폐현황조사에서 실시하는 현황조사의 항목과 방법은 다음과 같다.

① 예비조사

예비조사는 지형도, 항공사진 등을 사용하여 황폐특성 등을 개괄적으로 파악하기 위하여 실시한다. 따라서 조사에 의하여 얻어진 결과는 지형도 등에 정리하여 현지조사 시에 원활하게 사용되도록 한다.

② 해안붕괴지 조사

· 해안붕괴지의 분포, 밀도조사

해안붕괴지의 분포 및 밀도에 대한 조사는 조사대상지역에 있어서 해안붕괴지의 분포 상황을 파악하고, 조사대상지역의 면적에 대한 해안붕괴지 면적, 혹은 단위면적당 붕괴지 개소수를 조사하여 해안붕괴에 관계하는 각종 지표를 얻기 위하여 실시한다.

· 요인조사

요인조사는 해안붕괴지가 발생하는 소인과 유인을 조사한다. 소인에는 지형, 지질 등이 있으며, 유인으로는 강수, 지진 등을 들 수 있다. 그리고 소인과 유인은 상호 관련하여 붕괴발생의 요인이 되기 때문에 양자에 대하여 조사한다.

· 동태조사

동태조사는 주로 해안붕괴지의 토층이 활동하거나 활동할 우려가 있는 경우에 지표 또는 토층의 변위량을 파악하기 위하여 실시한다.

· 형태조사

형태조사는 이미 분포하고 있는 해안붕괴지의 붕괴형태를 파악하여 신생붕괴지, 재붕괴가 발생할 우려가 있는 해안붕괴지의 붕괴형태, 붕괴규모를 상정한다. 그리고 붕괴형태를 파악할 때에는 해안붕괴지를 붕괴원, 유송부, 침식부 및 퇴적부로 분류하면 형태를 파악하기 쉽다.

· 식생조사

식생조사는 해안붕괴지에 적응하는 도입식생을 선정하는 데에 필요한 기초자료를 얻기 위하여 실시한다. 즉, 해안붕괴지에 침입하고 있는 식생의 유무 및 주변부의 식생을 초본 또는 목본으로 구분하여 조사한다.

구체적인 조사항목은 주변의 우점수종, 수령, 우점하층식생, 장래 식생구조의 예측, 도입가능 종류, 종자 또는 묘목의 채취 가능량, 대상지 내 현존식물의 종류와 생육상황, 번식 가능성, 도입수종의 생육 및 변이의 추이 등을 조사한다.

1.10. 사회적 특성조사 등

사회적 특성조사는 조사대상지의 보전대상, 방재시설 및 법적 규제 등을 조사하여 계획 및 설계의 기초자료를 얻는 것을 목적으로 한다.

[해설]
1) 조사내용

보전대상은 구역의 토지이용상황, 농경지, 어업시설, 공공시설(공공건물, 도로, 철도, 공익적 시설 등), 부락, 인구 등에 대하여 지역에 있어서의 보전상의 특성을 관련자료 등을 참고로 하여 구한다.

2) 조사방법

토지이용도, 기존의 자료 등을 이용하여 다음과 같은 방법으로 각종 보전대상 등을 조사한다.
① 지역의 토지이용구분별로 1/5,000 지형도에 경작지, 택지, 공장부지, 도로 등을 색칠하여 토지이용도를 작성한다.
② 부락별 호수, 인구, 생산소득 등, 참고하여야 할 사항에 대하여 기존의 자료를 이용하여 파악하고, 지역의 보전 상 특성을 추출한다.
③ 보전대상에 대해서는 토지이용상황, 논, 밭 등의 경작면적, 호수, 인구, 생산소득, 마을회관 등의 공공시설, 도로, 철도, 교량, 수리이용상황, 지역개발계획 등을 조사한다.

3) 법령 등 지정상황조사

해안방재림사업을 계획, 설계할 때에는 각종 법령 등의 지정상황을 파악하고, 법령 등에서 정하는 바에 따라 조정하여야 한다.

4) 방재시설의 조사

방재시설의 조사는 기존의 방재시설 및 이들의 설치계획에 대하여 조사하고, 조사대장에 명시하여야 한다.
① 조사대상 지역의 보전은 유역을 일괄한 계획에 따라 실시하여야 할 필요가 있으므로, 소관시설 및 계획을 충분히 감안하여 균형 있는 사업계획을 입안하여야 한다.
② 조사방법은 법적규제 관계와 관계기관의 자료를 이용하여 실시하며, 시설의 설치장소와 장래계획을 구분하여 조사대장에 기입한다.

제2절 방풍림 조성조사

2.1. 총칙

> 방풍림 조성의 계획 또는 설계 시에는 그 기초자료를 파악하기 위하여 사업의 목적, 내용 등에 알맞은 조사를 계획적으로 실시한다.

[해설]

　　방풍림을 조성할 때에는 현지의 지형, 토양, 기상 등의 자연조건, 풍해의 실태, 보전대상의 상황 등에 따라 가장 효율적, 경제적으로 실시하여야 한다.

　　따라서 사업을 계획 및 설계할 때에는 사전에 사업의 목적, 내용에 따라 조사를 계획을 실시하여야 한다.

2.2. 조사항목

> 방풍림 조성의 계획 및 설계에 필요한 조사항목은 다음과 같은 내용을 사업목적에 따라 선택한다.
> 　① 지형조사　② 토양, 토질, 지질조사　③ 임황·식생조사　④ 기상조사
> 　⑤ 풍해조사　⑥ 사회적 특성조사　⑦ 기타

[해설]

　　조사는 사업의 필요성, 시공구역, 방풍림의 배치, 규모, 구조, 식재수종 등의 결정에 필요한 사항에 대하여 가장 효과적인 방법으로 계획적, 효율적으로 실시하여야 한다.

2.3. 조사순서

> 방풍림 조성조사의 순서는 원칙적으로 다음과 같이 실시한다.
> 　① 예비조사　② 현지조사　③ 정리

[해설]

1) 예비조사

　　예비조사는 현지조사에 앞서 기존의 자료, 문헌 등의 수집, 지역주민의 청취조사를 실시하여 현지조사를 효율적으로 실시하기 위하여 조사하도록 한다.

2) 현지조사

　　현지조사는 예비조사 결과에 근거하여 현지를 답사하고, 예비조사에서 파악된 자료를 확인할 뿐만 아니라 필요에 따라서는 소정의 측정을 실시하여 계획 및 설계에 필요한 자

료를 수집하도록 한다. 그리고 현지조사를 실시할 때에는 필요에 따라 지역 주민으로부터 청취조사를 실시하도록 한다.

3) 정리

예비조사 및 현지조사에서 파악된 각종 자료는 조사의 목적에 따라 항목을 나누어 정리하도록 한다.

2.4. 지형조사

지형조사는 조사대상지 및 그 주변의 지형, 지물, 토지이용 상황 등을 파악하는 것을 목적으로 하며, 조사결과에 근거하여 지형도를 작성하도록 한다.

[해설]
1) 범위

지표 부근에서 부는 바람은 풍향, 풍속 등이 산등성이, 골짜기 등의 지형, 지물 등에 의하여 영향을 받고, 방풍시설의 효과범위도 지형, 지물 등에 의하여 좌우된다. 따라서 지형을 조사할 때에는 사업대상지 이외에 그 주변을 포함한 충분한 범위를 대상으로 실시하여야 한다.

2) 지형도 작성

조사의 결과에 의하여 필요에 따라 다음과 같은 지형도를 작성한다.
① 개략 지형도
지형의 입지조건을 규명하는 것으로, 기상특성을 파악하는 경우에도 이용할 수 있다. 일반적으로 국토지리정보원에서 발생하는 1/25,000 또는 1/50,000 지형도를 사용한다.
② 상세 지형도
방풍시설을 계획하는 현지의 상세한 지형도를 작성하여 토지의 이용상황, 보전대상 등을 기입한다. 그리고 보전대상이 위치하는 구역의 지형이 토지개량사업 등에 의하여 변화할 것으로 예상되는 경우에는 변화 이후의 지형을 함께 조사한다.

2.5. 토양, 토질 및 지질조사

토양, 토질 및 지질조사는 식재수종의 결정, 방풍시설의 기초 안정성 등에 관해 필요한 기초자료를 파악하는 것을 목적으로 한다. 그리고 토양조사는 산지사방의 「토양조사」를, 그리고 토질 및 지질조사는 제2장 유역특성조사의 「토질 및 지질조사」에 준하도록 한다.

[해설]
1) 토양조사

    토양조사는 식재수종을 선정하는 기초자료이며, 입경, 밀도, 함수율 등은 바람침식을 일으키는 한계풍속과 밀접한 관계가 있으므로, 방풍시설 등의 구조 등을 결정하는 중요한 인자이다.

2) 토질 및 지질조사

    토질 및 지질조사는 방풍울타리 등을 설치할 경우, 구조물의 구조, 기초 등의 결정하는 데에 필요하기 때문에 지반의 지지력, 강도 등에 대하여 조사한다.

3) 주의 사항

    방풍림 조성지는 일반적으로 평탄지가 많고, 국지적으로 지하수위가 높기 때문에 체수(滯水) 또는 용출수가 있는 장소가 많으므로, 현지조사를 실시할 때에는 주의하여 파악하여야 한다.

2.6. 임황 및 식생조사

> 임황 및 식생조사는 조사대상지와 그 주변의 임황 및 식생의 상황을 조사하여 식재수종의 선정 등에 필요한 기초자료를 파악하는 것을 목적으로 실시한다. 그리고 임황 및 식생조사는 제2장 유역특성조사의 「산림의 상태, 식생조사」에 준하도록 한다.

[해설]

임황 및 식생에 대한 조사는 해안방재림 시공지 주변의 수종, 임령, 수고, 흉고직경 및 임목밀도 이외에 하층식생의 종류, 생육상황 등에 대하여 조사하고, 필요에 따라 식생도를 작성하도록 한다.

방풍림 시공지에는 임목이 강풍, 한풍 등에 의하여 구부러지거나 잎이 시드는 등의 피해를 받을 경우가 많으므로, 이러한 피해상황에 대한 조사를 병행하여 실시하여야 한다. 그리고 피해조사는 후술하는 「2.8. 풍해조사」에 따르도록 한다.

2.7. 기상조사

> 기상조사는 조사대상지 및 그 주변의 기상을 조사하여 계획 및 설계 시의 기초자료를 얻는 것을 목적으로 하여 실시하며, 조사항목은 바람, 기온, 강수량, 적설량, 서리, 동결 등으로 하고, 필요에 따라 선택하도록 한다. 그리고 조사방법은 제2장 유역특성조사의 「기상조사」에 준하도록 한다.

[해설]

1) 목적

기상조사는 조사대상지 및 그 주변의 기상을 조사하여 해안방재림 조성의 계획 및 설계를 할 때의 기초자료를 파악하는 것을 목적으로 실시한다.

2) 조사방법

조사방법은 유역특성조사의 「기상조사」에 준하는 것을 원칙으로 하지만, 그 외의 내용은 다음의 내용을 따르도록 한다.

3) 현지조사

바람에 대한 조사는 풍해를 일으키는 바람의 종류, 풍속, 풍향 등에 대하여 기존의 자료를 수집하고, 현지조사를 실시하도록 한다. 여기서 기존 자료의 수집은 지역의 기상특성을 파악하기 위하여 실시하는 것으로, 조사지로부터 수 km 이내에 있는 기상대, 기상관측소, 관공서 등의 1~2개소의 자료, 부근 3~6개소의 산악기상관측소의 기상자료를 수집하는 것이 바람직하다.

그리고 현지조사는 국지적인 바람을 파악하는 것이 중요하므로, 풍해가 발생하는 시기를 선택하여 실시하여야 한다.

4) 바람의 종류

바람의 종류는 종관규모(synoptic scale)의 바람과 국지풍으로 크게 나눌 수 있다. 종관규모의 바람은 이동성 고기압과 저기압의 수평방향 1,000km, 연직방향 10km 정도의 광범위한 기상을 대상으로 하며, 국소기상과 대비되는 개념으로 이에는 태풍, 계절풍 및 온대저기압이 있다.

그리고 국지풍은 국지적인 지형에 의하여 부는 강풍으로, 풍향은 거의 일정하게 부는 경우가 많으며, 이에는 풍향에 일변화를 갖고 있는 것(해륙풍, 산골바람), 종관규모의 바람이 지형의 영향에 의하여 국지적으로 강한 제트효과풍(수속풍)과 사면풍(재넘이), 산악의 영향에 의한 것(산바람), 찬 공기가 사면을 내려 부는 중력풍, 돌풍 등이 있다.

따라서 이들 중에서 보전대상에 가장 영향을 미칠 우려가 있는 것에 대하여 중점적으로 조사하도록 한다. 그리고 방풍시설의 계획 및 설계 시에는 방풍시설의 필요성, 배치, 규모 등을 충분히 검토하여야 한다.

5) 주의 사항

풍향 및 풍속은 방풍시설의 위치, 방향, 높이, 길이, 폭, 수종 등을 결정하는 데에 중요한 인자이므로, 다음과 같은 사항에 유의하여 조사를 실시하도록 한다.
① 자료를 수집할 때에는 풍속은 순간풍속, 10분간의 평균 풍속을 조사하고, 풍향은 16방위로 표시한다.

그리고 연간 풍향 및 풍속은 가장 인접한 기상관측소 등에서 수년간의 자료를 수집하여 사용하지만, 확률풍속을 산정할 경우에는 장기간의 자료를 수집하여야 한다.

한편, 관측 시에는 풍차형 자기풍향풍속계를 이용하면, 순간풍속, 10분간의 평균 풍속, 풍향을 동시에 기록할 수 있다.
② 풍속을 측정한 결과 및 수집한 기존의 자료에 근거하여 다음과 같은 사항에 대하여 정리하도록 한다.
· 기본수치의 산정
- 풍속 : 월별 및 연간 최대순간풍속, 10분간의 최대풍속, 평균 풍속 및 필요에 따라 확률풍속(그림 7-20 참조) 등을 산정하도록 한다.
- 풍향 : 월별 및 연간 최대풍향 및 방풍시설을 설치하여야 할 기간의 최다풍향 등을 산정하도록 한다.

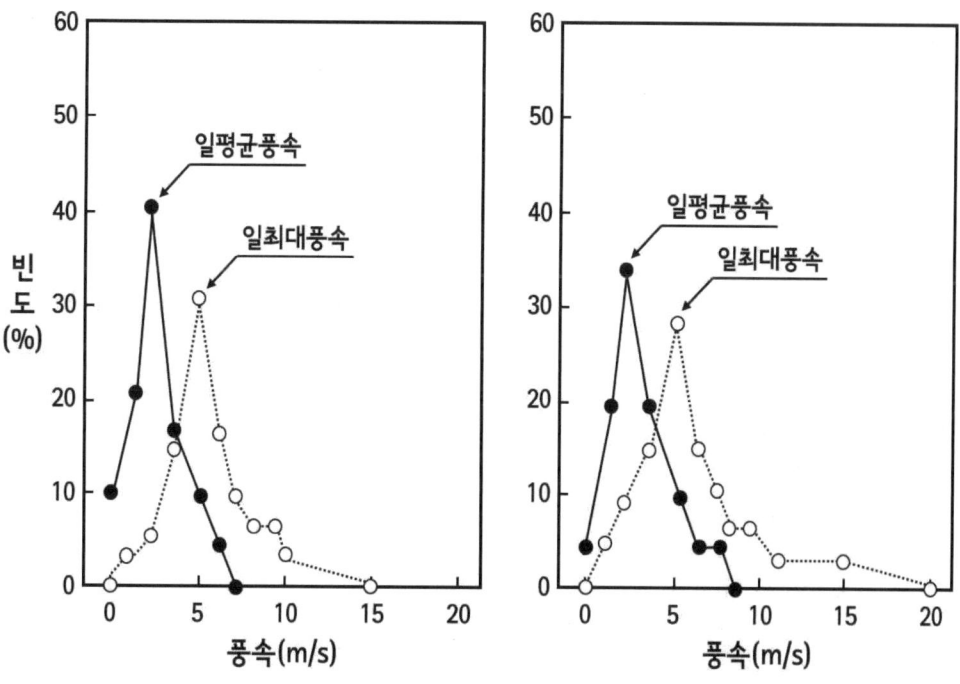

그림 7-20. 일최대 풍속, 일평균 풍속의 빈도분포도

· 도표의 정리
  - 풍속 : 월별 및 연간 풍속에 대한 빈도분포도(일평균 풍속, 일최대 풍속)를 작성하도록 한다.
  - 풍향 : 월별 및 연간 풍향에 대한 빈도분포도(16 방위)를 작성하도록 한다(그림 7-21 참조).

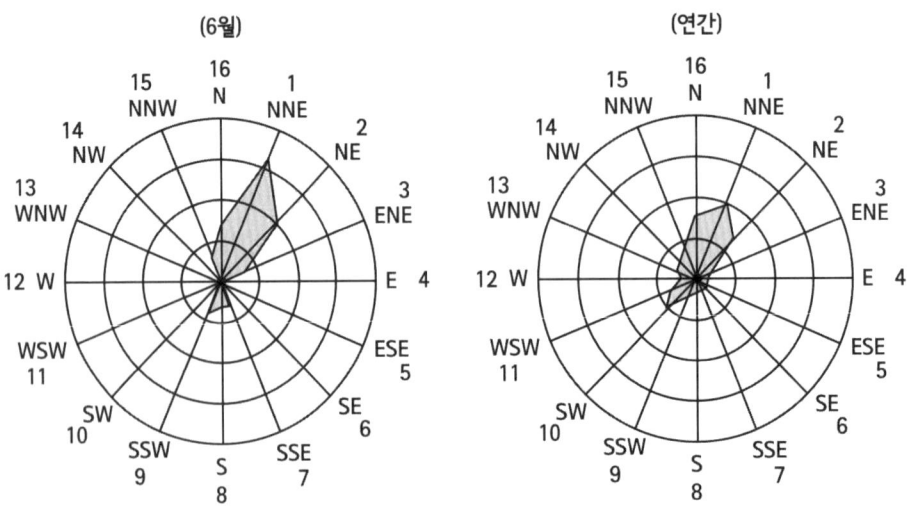

그림 7-21. 풍속의 빈도분포도

6) 기타

기온, 강수량, 적설량, 서리, 동결 등의 인자는 방풍림의 수종, 식재방법 등을 결정하는 데에 중요하다.

[참고]
○ **바람의 종류와 그 특성**
1) 종관규모(綜觀規模, synoptic scale)의 바람
  ① 태풍(typhoon)
  북위 5~20°의 태평양 서부지역에서 발생하며, 중심 부근의 최대풍속이 17m/s(풍력 8) 이상을 열대저기압(tropical cyclone), 그 이하인 것은 약한 열대저기압이라고 한다. 일반적으로 태풍은 심한 폭풍우를 동반하고, 강풍 피해가 발생한다.
  ② 계절풍(monsoon)
  계절을 대표할 수 있는 높은 출현빈도로 발생하며, 지역적 분포가 넓고, 여름철과 겨울

철의 풍향이 거의 정반대가 되는 탁월풍 계통을 말한다. 그리고 겨울철의 계절풍은 서고동저(西高東低)의 기압배치에 있어서 시베리아 대륙으로부터 부는 북~서풍으로, 풍속은 20m/s 이하인 경우가 많지만, 저기압이 한반도 부근을 통과할 때에는 강풍이 된다. 원래는 건조한 저온의 바람이지만, 서해에서 수증기를 흡수하면 서해 쪽에 눈이나 비를 뿌리고, 동해 쪽에 내릴 때에는 건조한 바람이 된다.

한편, 여름철의 계절풍은 고온 다습한 바람으로, 일반적으로는 풍해를 가져올 정도의 풍속으로 발달하지는 않는다.

③ 온대저기압(extratropical cyclone)·전선에 의한 강풍

온대저기압은 중·고 위도에서 발생하는 저기압 중에서 열대저기압을 제외한 것을 말하며, 전선을 동반하는 경우가 많다. 풍속은 일반적으로 15~20m 정도이지만, 강풍범위가 넓다. 그러나 태풍으로부터 변질된 것, 겨울철에 홋카이도 북동쪽의 해상에서 발생하는 저기압, 봄철에 타이완 부근에서 발생하는 저기압은 강풍을 동반하는 경우가 많다.

그리고 전선에는 한랭전선(寒冷前線, cold front), 온난전선(溫暖前線, warm front), 정체전선(停滯前線, stationary front), 폐색전선(閉塞前線, occluded front)이 있다. 특히, 활승전선(滑昇前線, ana front ; 따뜻한 공기가 찬 공기에 대하여 상대적으로 상승하는 전선을 말하며, 한랭전선에서 자주 발달함)에서는 뇌우(雷雨, thunderstorm), 돌풍을 동반하는 경우가 많다.

2) 국지풍(局地風, local winds)

① 산바람(mountain wind)

산바람은 산의 등을 넘어 부는 높새바람을 가리켰지만, 현재는 늦은 봄부터 장마철에 걸쳐 부는 해무(海霧, ocean fog)를 동반한 차고 습한 바람을 말하며, 냉해를 일으킨다. 풍속은 그다지 강하지 않고, 5~6m/s 정도로, 풍향은 해상에서는 북동이지만, 지형에 따라 북동에서 남동이 된다. 특히 산맥을 넘으면, 푄의 특징을 갖게 된다. 그리고 산바람은 국지풍 속에 포함되고 있지만, 풍계 자체는 종관규모의 바람으로 상당히 광범위하게 분다.

② 높새바람(foehn wind)

높새바람은 건조풍, 습건풍(濕乾風) 또는 단순히 건풍(乾風)이라고 한다. 늦은 봄에서 초여름에 걸쳐 차고 습기를 띤 한대 해양성기단이 오호츠크해 고기압이 동해까지 확장되어 정체하다가 태백산맥을 넘어 서쪽으로 분면서 푄현상을 일으켜 고온 건조한 바람으로 부는 것이다. 그리고 높새바람이 불면 기온이 높아지고, 대기가 건조해진다. 예로부터 영서지방에서는 높새바람으로 인해 초목이 고사하여 이를 녹새풍(綠塞風), 곡살풍(穀殺風)이라고도 하였다.

③ 해륙풍(land and breeze)

육지와 바다의 기온 차에 의하여 발생하는 바람을 말한다. 따라서 육지와 바다와의 비열(比熱) 차이에 따라 낮에는 육지면이 해수면보다 고온이 되어 바다로부터 육지를 향해 바람이 불고, 야간에는 반대로 해수면의 온도저하가 늦어지기 때문에 육풍(陸風)이 분다.

일반적으로 풍해가 발생할 정도의 강풍이 불지는 않고, 풍속은 해풍의 경우 5~6m/s, 육풍인 경우 2~3m/s 정도이다.

④ 산골바람(mountain and valley winds)

산악지대에서 사면과 골짜기의 기온 차에 의하여 부는 바람이다. 남향 사면에서는 낮에는 주위보다 온도가 올라가기 때문에 산복의 사면을 따라 아래쪽으로부터 상류를 향해 상승풍이 불고(谷風), 야간에는 반대로 방사냉각에 의하여 상류로부터 하류를 향해 내려 분다(山風). 그리고 곡풍은 일반풍과 풍향이 일치하게 되면 수속풍(收束風)이 되고, 강풍이 부는 경우가 발생한다.

⑤ 냉기류(cold air flow)

경사지에서 야간에 냉각된 공기가 유하하는 바람을 말하며, 중력풍이라고도 하고, 규모가 큰 것을 사면강하풍이라고 한다. 부근의 냉기가 모여 흐르기 때문에 저지대에 냉기류가 형성된다.

⑥ 기타 바람

이외에 국지풍에는 뇌우를 동반한 바람(돌풍 많음), 회오리바람, 스콜(squall)이 있다.

2.8. 풍해조사

풍해조사는 조사대상지 및 그 주변의 종류, 범위, 피해상황 및 발생시기 등을 조사하여 방풍시설의 배치, 규모, 구조 등을 결정하는 데에 필요한 기초자료를 얻는 것을 목적으로 한다.

[해설]

1) 종류

풍해에는 강풍 피해, 소금바람 피해, 건열풍 피해, 한풍 피해, 바람침식 피해, 눈보라 피해, 찬바람 피해, 안개 피해, 냉기류 피해 등이 있으므로, 해당 피해의 특성에 따라 방풍시설의 배치, 구조 등을 검토하여야 한다.

2) 범위 및 피해상황

피해의 범위, 정도 등은 임목, 농작물, 시설의 손상 등의 경우에는 현지조사에 의하여 거의 파악할 수 있지만, 농작물의 수확량 감소, 품질의 저하 등의 경우에는 파악하기 곤란하기 때문에 현지에서의 청취조사, 관계기관으로부터의 자료수집 등을 실시하여 과거의 피해 실태를 규명하여야 한다.

그리고 주변에 방풍림, 방풍울타리, 방풍네트 등이 있는 경우에는 해당 시설의 방풍효과를 함께 조사하여야 한다.

3) 발생시기

피해시기에 대한 조사는 방풍시설의 설치대상으로 하는 바람을 결정하고, 그 특성을 파악하는 데에 중요하다. 그리고 피해시기는 기상조사에 의하여 대략적으로 판단할 수 있지만, 현지조사에 의하여 보완하는 것이 중요하다.

2.9. 사회적 특성조사

> 사회적 특성조사는 조사대상지의 보전대상, 방재시설 및 법적 규제 등을 조사하여 계획 및 설계의 기초자료를 얻는 것을 목적으로 한다. 조사방법 등은 제2장 유역특성조사의 「사회적 특성조사 등」에 준하도록 한다.

[해설]

사회적 특성조사는 사업의 계획 및 설계에 직접 필요한 사항 이외에 사업의 원활한 실시에 필요한 사항을 조사하도록 한다.

그리고 토지개량사업, 묘포정비사업 등의 일환으로 방풍시설이 계획되는 경우도 있으므로, 해당 계획의 유무를 함께 조사한다.

① 보전대상 : 인가, 공공시설, 농경지 및 시설, 어업시설, 도로 등
② 법적 규제관계 : 산림보호법, 토지개량사업법 등
③ 권리관계 : 토지소유자, 시설 관리자 등
④ 방풍시설 : 주위의 방풍림, 방풍울타리, 방풍책, 방풍네트 등

제3절 눈사태방지림 조성조사

3.1 총칙

> 눈사태방지림 조성의 계획 또는 설계 시에는 사업의 목적, 내용 등에 알맞은 조사를 계획적으로 실시하여야 한다.

[해설]

눈사태방지림 조성은 현지의 지형, 지리, 기상 등과 같은 자연조건, 눈사태의 종류, 규모 및 보전대상 등의 상황에 따라 가장 합리적이고도 경제적으로 실시하여야 한다.

따라서 사업의 계획 및 설계 시에는 사전에 그 목적, 내용에 따라 조사계획을 수립하고, 그에 근거하여 적절한 조사를 실시하여 필요한 기초자료를 수집, 정리하도록 한다.

3.2. 조사항목

> 눈사태방지림 조성의 계획 및 설계에 필요한 조사항목은 다음과 같은 내용으로 하고, 조사목적에 따라 선택하도록 한다.
> ① 지형조사 ② 토양, 토질 및 지질조사 ③ 임황, 식생조사 ④ 기상조사
> ⑤ 눈사태조사 ⑥ 사회적 특성조사 ⑦ 기타 조사

[해설]

조사항목은 시공구역의 결정, 방지공종의 선택, 기초지반의 안정성 파악 등, 사업의 계획 및 설계에 직접적으로 필요한 사항 이외에 기타 사업과의 조정, 용지 확보 등과 같이 사업을 원활하게 추진하는 데에 필요한 사항으로 한다. 그러나 실제 조사 시에는 사업의 목적에 따른 필요 최소한의 항목을 효율적으로 실시하도록 한다.

한편, 눈사태방지림 조성조사의 주요 조사목적과 조사항목의 관계는 대략적으로 볼 때 표 7-9와 같다.

표 7-9. 주요 사업목적과 조사항목의 관계

조사목적 \ 조사항목	지형	토양	토질 지질	임황 식생	기상	눈사태	사회적 특성
시공구역의 결정	○	-	○	○	-	○	○
식재수종의 선정	○	○	○	○	○	-	-
방지공종의 선택	○	-	○	-	○	○	○
권리관계의 조정	-	-	-	○	-	○	○

3.3. 조사순서

> 조사의 순서는 원칙적으로 다음과 같이 실시하고, 조사내용에 따라 눈사태의 발생시기 및 무강설기(無降雪期)에 실시하도록 한다.
> ① 예비조사 ② 현지조사 ③ 정리

[해설]
　　조사를 효율적, 효과적으로 실시하기 위하여서는 조사목적, 내용에 알맞은 적절한 방법, 순서에 따르는 것이 중요하다.

1) 예비조사
　　예비조사는 현지조사를 준비하는 작업으로, 기존의 자료와 문헌 등에 의하여 조사대상지역의 개황을 파악하고, 현지조사에서는 파악할 수 없는 기초자료를 수집하고, 정리하는 것이다.
　　그리고 예비조사에 사용하는 자료, 문헌 등에 대해서는 산지사방의 「조사순서」를 참조하도록 한다.

2) 현지조사
　　현지조사는 예비조사 결과에 근거하여 현지를 답사하고, 필요한 보정을 실시할 뿐만 아니라 예비조사에서는 파악할 수 없었던 자료수집 및 소요 관측, 측량을 실시하는 것이다.
　　그리고 현지조사를 실시할 때에 특별히 유의하여야 할 것은 조사시기이다. 즉, 지형, 지질, 임황 등과 같이 적설시기에는 확인하기 곤란한 사항에 대해서는 무강설기에 실시하여야 하고, 기상과 눈사태의 상황에 대해서는 적설기, 특히 눈사태의 발생시기에 실시하는 것이 매우 중요하다.

3.4. 지형조사

> 지형조사는 조사구역의 표고, 방위, 경사, 형상, 보전대상의 위치 등과 같은 지형특성을 파악하여 시공구역의 결정, 산림조성계획, 눈사태 방지시설계획 및 식재계획의 기초자료를 파악하는 것을 목적으로 하고, 필요에 따라 지형도를 작성하도록 한다.

[해설]
1) 발생장소
　　눈사태는 일반적으로 경사 25~65°의 사면에서 종단면, 횡단면 모두 오목지형을 나타내는 얕은 골짜기 모양의 사면에 주로 발생하며, 사면의 방위는 풍향과의 관계에 의하여 설비(雪庇 ; 능선의 바람 아래쪽으로 돌출한 차양 모양의 적설)와 관계가 있다.

2) 도달범위

눈사태의 도달범위는 퇴적구역의 말단부로부터 발생원을 바라본 각(仰角)이 최대도달거리인 18°로부터 최소도달거리인 약 50° 범위에 분포하는 등, 지형과 눈사태의 발생, 도달과의 인과관계는 매우 깊다. 따라서 지형조사는 눈사태방지림의 시공구역 결정, 눈사태방지림의 조성계획 및 눈사태 방지시설의 배치계획을 책정하는 기본적인 자료라고 할 수 있다(그림 7-22, 그림 7-23 참조).

3) 조사내용

지형조사의 내용으로는 지형도 등을 작성하는 것 이외에 대략적으로 다음과 같은 것이 있다.

① 표고 : 등고선
② 사면방위 : 8방위
③ 사면물매 등 : 경사, 길이, 폭, 면적
④ 사면형상 : 종단방위(상승(볼록), 하강(오목), 평형(직선), 복합)
　　　　　　　횡단방향(상승, 하강, 평형, 복합)
⑤ 능선 : 단면의 형태, 길이

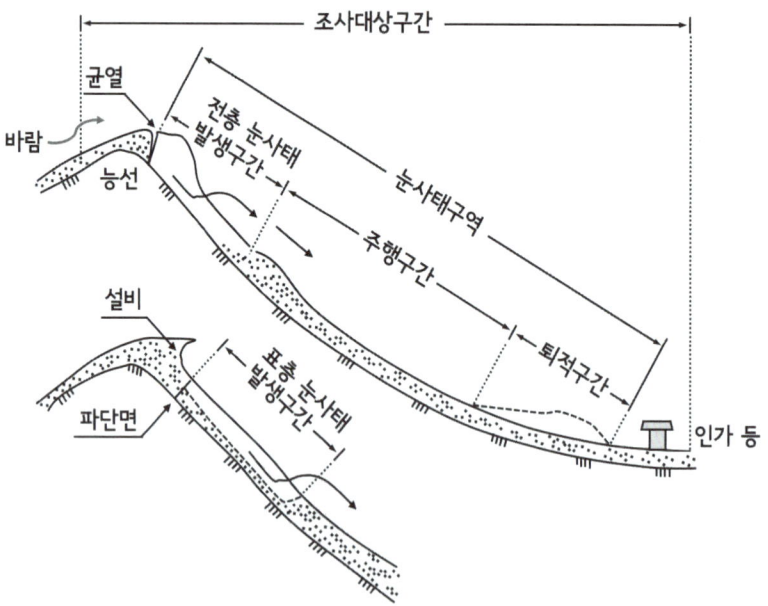

그림 7-22. 조사대상 구역 및 눈사태 구역의 개념도

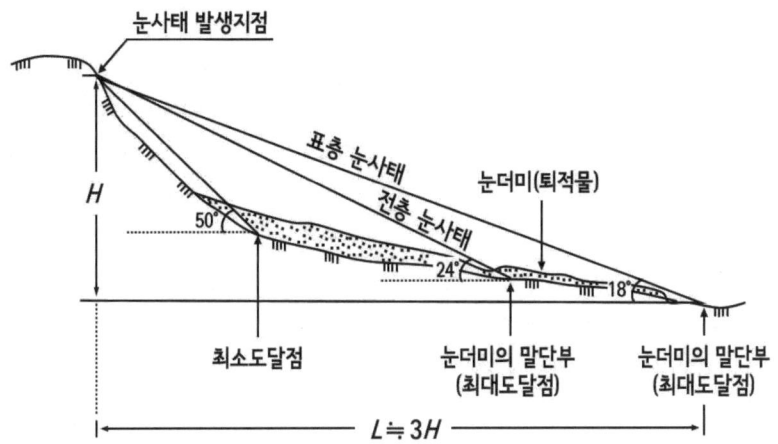

그림 7-23. 눈사태의 최대도달거리 및 최소도달거리와 조망각도

3) 조사방법

조사방법으로는 예비조사에 의하여 판명된 지형의 개황에 따라 현지 개황조사를 실시하고, 필요에 따라 지형측량을 실시하도록 한다.

4) 개황조사

개황조사는 조사구역(눈사태 발생구역으로부터 주행구역을 걸쳐 퇴적구역에 이르는 일련의 사면으로 하고, 설비가 발생할 우려가 있는 장소에 대해서는 능선 너머의 상부사면을 포함함) 및 그 주변을 대상으로 하여 실시하며, 기존의 지형도와 항공사진 등에 의하여 지형의 개황을 파악한 후, 현지조사에 의하여 확인·보정하고, 평면도 및 필요에 따라 종단면도와 횡단면도를 작성한다.

5) 지형측량

지형측량은 눈사태의 주요 유송경로의 중심부를 물매선으로 하여 평면 및 종단측량을 실시하도록 하고, 그 정밀도는 시공구역의 개략적인 결정, 눈사태 방지시설의 배치계획 등과 같이 해당 장소의 눈사태방지림 조성을 위한 전체계획을 책정할 수 있는 정도로 한다. 그리고 동일 눈사태구역에 2개소 이상의 발생원이 있거나 2방향 이상의 유송경로, 퇴적지가 있는 경우에는 지형 등을 감안하여 필요로 하는 숫자의 물매선을 설정하여 측량한다.

6) 도면의 크기

작성하는 도면의 크기는 눈사태구역의 크기에 따라 전체계획의 내용을 파악할 수 있는 크기로 한다.

3.5. 토양, 토질 및 지질조사

토양, 토질 및 지질조사는 조사대상 지역의 산림토양, 표층토질과 기암의 종류 및 풍화정도 등을 조사하여 식재수종의 선정, 눈사태 방지시설의 종류 선정, 구조물의 기초 안정성 파악 등의 기초자료를 파악하는 것을 목적으로 한다. 그리고 조사방법 등은 제2장 유역특성조사의 「토양조사」 및 「토질, 지질조사」에 준하도록 한다.

[해설]

1) 토양조사

토양조사는 식재수종의 선정에 필요한 기초자료를 파악하는 것을 주요 목적으로 하여 산림토양의 토양형, 토층의 두께, 토성, 화학적 성질 등에 대하여 실시한다.

2) 토질 및 지질조사

토질 및 지질조사는 눈사태 방지시설의 종류와 기초를 결정하는 데에 필요한 표층토의 토질, 강도(N값), 기암의 종류, 경도, 풍화정도, 균열상황, 지질구조(단층, 파쇄대, 절리, 층리 등), 용출수의 상황 등에 대하여 실시하도록 한다.

3) 유의사항 및 활용

눈사태 발생지역에서는 적설의 이동에 의하여 지표가 침식을 받아 마찰 흔적이 있는 기암이 노출될 뿐만 아니라 눈사태에 의하여 운반된 토석이 부채꼴로 퇴적하는 경우가 많으므로, 토질과 지질조사를 실시할 때에는 유의하여야 하고, 눈사태의 발생장소, 규모를 판단하는 자료로 활용한다.

3.6. 임황 및 식생조사

임황 및 식생조사는 임분의 종류, 임령, 수고, 흉고직경, 입목밀도, 하층식생의 종류, 생육상황에 대하여 실시하여 식재구역의 결정, 식재수종의 선정, 눈사태 방지시설의 배치계획을 책정하는 데에 필요한 기초자료를 파악하는 것을 목적으로 하고, 필요에 따라 식생도를 작성하도록 한다. 그리고 조사방법 등은 제2장 유역특성조사의 「임황, 식생조사」에 준하도록 한다.

[해설]

1) 목적 및 내용

임황 및 식생조사는 식재구역의 결정, 식재수종의 선정, 눈사태 방지시설의 배치계획을 책정하기 위하여 임지 내의 수령, 임령, 수고, 흉고직경, 입목밀도 등의 상황 및 하층식생의 종류와 생육상황에 대하여 실시하고, 필요에 따라 지형도 등을 이용하여 식생도를 작성한다.

2) 방법

눈사태 발생지역에서는 임목의 생육이 눈의 압력이나 적설이동 시의 마찰 등에 의하여 저해되어 관목 모양을 나타내는 경우가 많으므로, 이러한 피해상황 및 기존의 식재경과를 조사하여 적응 수종을 선정하는 데에 참고자료로 활용한다.

그리고 임목의 수피에 나타나는 마찰 흔적이나 관목류의 뿌리가 휘어진 상황 등은 눈사태의 발생구역을 파악하는 데에 귀중한 자료가 될 수 있으므로, 주의 깊게 조사한다.

3.7. 기상조사

> 기상조사는 조사대상 구역의 기온, 일사량, 바람, 강수량, 강설량, 적설량 등에 대하여 실시하여 식재수종의 선정, 눈사태 방지시설의 종류 및 구조의 계획책정에 필요한 기초자료를 파악하는 것을 목적으로 한다. 그리고 조사방법 등에 대해서는 제2장 유역특성조사의 「기상조사」에 준하도록 한다.

[해설]

1) 조사내용

기상조사는 눈사태의 발생에 깊게 관계하는 적설량 이외에 식재수종의 선정, 눈사태 방지시설의 종류, 규모 등의 계획책정에 필요한 사항을 중심으로 기존의 자료를 이용하여 조사하고, 필요에 따라 현지관측에 의하여 보완한다. 그리고 기상조사의 내용은 대략 다음과 같다.

① 기온 : 최고기온, 최저기온, 평균 기온, 온량지수
② 일사량 : 일사량, 일조시간
③ 바람 : 동절기의 주풍방향, 최대풍속
④ 강수량 : 연강수량, 최대일강수량, 최대시간강수량, 연속강수량
⑤ 강설량 : 일(日)강설깊이, 연속강설깊이
⑥ 적설량 : 딱딱한 눈의 발생일과 종료일, 딱딱한 눈의 적설기간, 최대적설깊이, 융설기의 최대적설깊이, 최대일융설량

2) 기상과 눈사태의 특성

일반적으로 기상과 눈사태와의 사이에는 다음과 같은 관계가 있으므로, 조사 시에 이를 충분히 고려하여야 한다.

① 기온은 적설의 변화하는 형태(變態)·소실에 가장 관계가 깊다. 즉, 기온이 0℃ 이상이 되면 적설이 융해되는 열원(熱源)이 되지만, 0℃ 이하인 경우에는 적설의 온도는 기온과 조화를 이룰 때까지 변화하며, 적설입자는 승화(昇華 ; 고체가 액체를 거

치지 않고 기체로 변화하는 현상)에 의한 수증기의 이동이나 접촉하고 있는 눈 입자끼리 결합하는 소결작용(燒結作用)에 의하여 형태가 변화한다.

② 햇빛은 기온과 마찬가지로 눈이 융해되는 열원이 된다. 즉, 햇빛은 눈의 표면에서 반사되기 때문에 융해에 의하여 소비되는 열원의 비율은 기온이 2/3, 햇빛이 1/3 이하라고 알려져 있다.

③ 강우는 적설을 융해하는 열원으로는 작은 편이지만, 적설을 현저하게 수축시켜 밀도가 $100kg/m^3$인 신설(新雪)인 경우에는 체적의 20% 정도로 축소된다. 그리고 수축작용에 의하여 적설의 밀도가 증가하고, 모양이 굵어지면 열전도율이 커지기 때문에 융설이 진행되기 쉽다. 또한, 적설 표면의 수증기가 동결되면 잠열에 의하여 융설이 촉진되며, 적설이 물기를 머금으면 일반적으로 강도가 저하되고, 눈이 무거워지기 때문에 밑면의 마찰력과의 평형이 불안정해지는 등, 전층눈사태가 발생하는데에 밀접하게 관계한다.

④ 바람은 적설의 운반, 파쇄, 압축, 침식 등의 작용 이외에 승화, 증발, 융설 등의 작용도 조장한다. 그리고 바람 때문에 지형이나 장해물에 의하여 설비나 눈덩이 등의 적설형태가 생기지만, 이것들도 눈사태에 직접적으로 관계한다.

⑤ 적설심은 적설의 표면에서 지표면까지의 연직방향에 대한 두께를 말하며, 이는 눈사태의 발생, 규모, 각종 방지시설의 구조를 결정하는 데에 밀접한 관계가 있는 중요한 인자이다.

3.8. 눈사태조사

눈사태조사는 조사대상 구역에서 발생한 눈사태의 종류와 발생상황, 눈사태 발생 시의 적설 상황 등에 대하여 실시하도록 하고, 눈사태방지림의 조성계획, 눈사태 방지시설의 종류, 배치, 구조의 계획을 책정하는 데에 필요한 기초자료를 파악하는 것을 목적으로 한다.

[해설]

눈사태조사는 사업의 계획 및 설계의 기초자료로서 매우 중요한 항목이므로, 현지조사를 주체로 정확한 조사를 실시하여야 하지만, 눈사태의 발생시기는 불명확하고, 특히 표층눈사태는 강설 중에 주로 발생하기 때문에 발생상황을 정확하게 파악하는 것은 곤란한 경우가 많다.

따라서 눈사태조사는 지역 주민 등으로부터의 청취조사를 주체로 하여 과거의 기록, 현지의 지형, 임목의 변형과 손상 상황, 지반의 마찰 등, 다방면에서 정보를 신중하게 분석한 후에 종합적으로 판단하여야 한다.

3.8.1. 눈사태의 종류

눈사태조사는 전층눈사태 및 표층눈사태로 구분하여 실시하도록 한다.

[해설]
1) 눈사태의 내용

표층눈사태는 활동면이 적설 내부에 있는 것을 말하며, 전층눈사태는 활동면이 지면에 있는 것을 말한다. 그리고 전층눈사태와 표층눈사태는 성질이 크게 다르므로, 따로 조사한다.

2) 눈사태의 분류

사면에 있어서의 적설은 중력의 사면방향의 성분과 적설 내부의 전단저항 또는 지면과의 마찰저항 등의 지지력 사이에 일정한 균형이 유지되면 안정하지만, 눈사태는 이와 같은 균형이 깨져 일정 넓이의 적설 층이 급격하게 붕락하는 현상이다. 그리고 전형적인 눈사태의 흔적은 전술한 그림 7-22와 같이 발생구역, 주행구역(활주로) 및 퇴적구역으로 이루어진다.

3) 눈사태의 종류

눈사태의 종류는 육안 등에 의하여 확인할 수 있는 눈사태 발생지점에 있어서의 형태와 운동형태에 따라 일반적으로 다음과 같이 분류할 수 있다.

① 형태를 주로 하는 분류

눈사태의 발생형태, 눈사태 층의 눈의 성질, 활동면의 위치에 따라 표 7-10과 같이 분류할 수 있다.

표 7-10. 형태를 주로 하는 눈사태의 분류(日本雪氷學會, 1965)

눈사태 분류의 요소	구분 명칭	정의
눈사태의 발생형태	점(點) 발생	한 점으로부터 쐐기 모양으로 움직이는 것으로, 일반적으로 규모가 작음
	면(面) 발생	상당히 넓은 면적에 걸쳐 한꺼번에 움직이는 것으로, 일반적으로 규모가 큼
눈사태 층의 눈의 성질	분설(粉雪)	눈사태 층이 물기를 포함하지 않음
	습설(濕雪)	눈사태 층이 물기를 포함함
활동면의 위치	표층(表層)	활동면이 적설 내부에 있음
	전층(全層)	활동면이 지면에 해당함

그리고 표 7-10의 분류방법에 따라 눈사태의 명칭은 표 7-11과 같이 정의할 수 있고, 분류요소는 그림 7-25와 같다.

표 7-11. 눈사태의 명칭

		눈사태의 발생형태		
		점(點) 발생	면(面) 발생	
눈사태 층의 눈의 성질	분설(粉雪)	분설표층눈사태	분설표층눈사태	분설전층눈사태
	습설(濕雪)	습설표층눈사태	습설표층눈사태	습설전층눈사태
		표층(表層)		전층(全層)
		활동면의 위치		

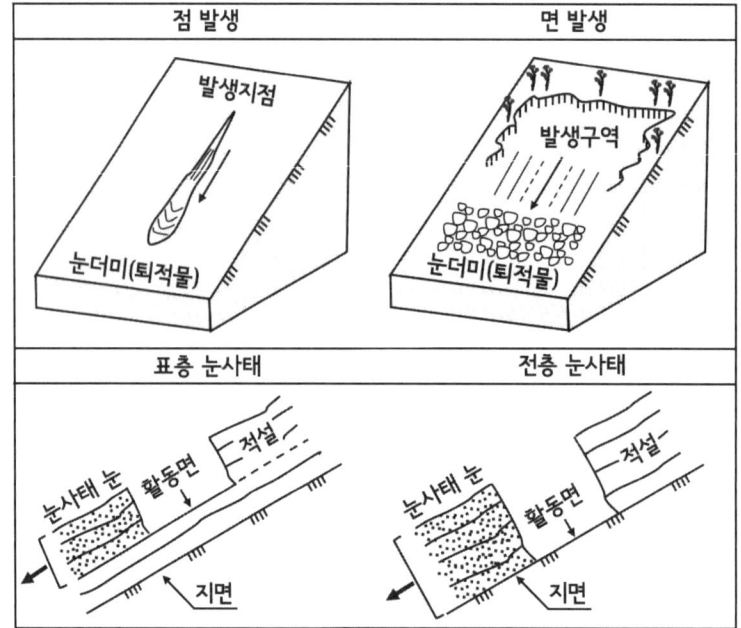

그림 7-24. 눈사태의 분류 요소

한편, 눈사태에는 다음과 같은 경우가 발생할 수 있으므로, 충분히 주의하여 조사하여야 한다.

- 동일 장소에서도 시간을 달리하여 표층눈사태, 전층눈사태가 발생하는 경우가 있다.
- 점 발생 눈사태가 유하하는 도중에 면 발생 눈사태가 발생하는 경우가 있다.
- 가끔 대규모 점 발생 습설전층눈사태가 발생하는 경우가 있다.

· 물기를 다량으로 포함한 진탕으로 된 눈이 이동하는 「눈진탕류」도 있다.
② 운동형태에 따른 분류
· 눈보라 형태의 눈사태 : 눈보라를 높게 일으키면서 이동하는 눈사태
· 흐름 형태의 눈사태 : 눈보라를 일으키지 않으면서 유하하는 눈사태

또한, 대규모 눈보라 형태의 눈사태가 유하할 때에는 눈보라 형태의 부분이 선행하고, 흐름 형태의 부분이 이어지지만, 두 부분이 반드시 동일 활주로를 이동하지는 않는다.

표 7-12. 눈사태의 운동형태의 특징

운동형태	흐름 형태		눈보라 형태
종류	전층(全層)	표층(表層)	표층(表層)
속도	10~30m/s	30~60m/s	50~100m/s
밀도	100~300kg/m^3	100~300kg/m^3	약 5kg/m^3
지형효과	크다	크다	작다

[참고 1]
○ 각종 눈사태의 특징
1) 점 발생 분설표층눈사태

점 발생 분설표층눈사태는 기온이 낮을 때에 강설 중이나 강설 이후에 발생하기 쉽고, 설비, 나뭇가지, 노암 등으로부터 떨어진 작은 눈덩이가 계기가 되는 경우가 많다.

이와 같은 형태의 눈사태는 사면의 한 지점으로부터 쐐기모양으로 이동하며, 소규모인 것이 많다. 또한, 눈보라를 반드시 동반하지 않으며, 시간이 약간 경과하면 흔적도 판명하기 어렵다.

2) 점 발생 습설표층눈사태

점 발생 습설표층눈사태는 새롭게 20~30cm의 눈이 쌓였을 경우, 맑고 따뜻한 날씨가 되면 발생하기 쉽다. 이와 같은 형태의 눈사태는 스노우볼(snowball) 등이 계기가 되어 표층의 습설 층이 쐐기 모양으로 이동하며, 사면이 길면 붕괴되는 형태로 운동한다.

특히, 봄철에 표면이 굵은 눈이 따뜻한 기온과 접촉될 때에도 발생하기 쉽다.

3) 면 발생 분설표층눈사태

면 발생 분설표층눈사태는 기온이 낮을 때, 이미 쌓여 있는 상당한 적설 위에 수 십 cm 이상의 눈이 새롭게 내리면 발생하기 쉽다. 이와 같은 형태의 눈사태는 사면의 상당

히 넓은 면적에 걸쳐 적설이 한꺼번에 움직이는 것으로, 대규모로 발생하는 것이 많고, 거대한 눈보라를 동반하며, 산록으로부터 수 km까지 도달하는 경우가 있다.

그리고 면 발생 분설표층눈사태의 활동면은 주로 다음과 같은 조건인 경우에 형성될 수 있다.

① 형태의 변화(變態)에 의하여 형성되는 연약한 층 : 굵은 눈서리 층, 작은 눈서리 층, 젖고 굵은 눈의 층
② 퇴적 시의 결정형태에 의하여 형성된 연약한 층 : 싸라기눈 층, 조용히 쌓인 육각형의 강설결정 층, 설면 서리
③ 오래된 눈의 표면

4) 면 발생 습설표층눈사태

면 발생 습설표층눈사태는 주로 기온이 높을 때에 있어서 강설 중이거나 강설 이후 또는 강우 중에 발생한다. 이와 같은 형태의 눈사태는 건조한 눈이 쌓인 후, 햇빛이나 기온에 의하여 습기를 포함하게 될 때에도 발생하며, 운동의 형태는 흐름형이다.

5) 면 발생 분설전층눈사태

면 발생 분설전층눈사태는 겨울철, 한랭한 기후 아래에서 발생하는 전층눈사태로, 지면에서 천천히 이동하는 눈의 움직임(glide)의 결과로 발생하는 경우와 적설 밑면에 발달한 굵은 눈서리 층의 붕괴에 의하여 발생하는 경우가 있다. 전자는 조릿대나 억새, 관목류 등으로 덮인 사면에서 발생하기 쉽고, 후자는 혹독한 추위가 계속되는 지역이나 고산지대에서 발생한다.

그리고 새롭게 내리는 건조한 눈은 눈보라를 일으키고, 오래된 눈은 흐름 형태로 이동하며, 주행거리는 상당히 길다.

6) 면 발생 습설전층눈사태

면 발생 습설전층눈사태는 초봄의 융설기에 주로 발생하지만, 겨울철에도 기온이 높은 날이 계속되거나 비가 강하게 내리면 발생하기 쉽다. 또한, 기온의 상승이나 융설수, 빗방울의 침투에 의하여 적설의 강도가 저하되고, 지면에서의 눈의 움직임(glide)이 심해지면 발생한다.

이 형태의 눈사태는 비교적 대규모로 발생하는 경우가 많고, 눈사태 층의 단단한 눈이 가끔은 산복의 표면을 침식하면서 이동하며, 속도는 비교적 빠르고 충격력도 크다. 또한, 퇴적물은 주로 습설의 큰 눈덩이로 이루어지고, 토사와 수목 및 나뭇가지를 포함하며, 발생장소나 경로는 대체적으로 정해져 있다.

제7장 방재림 조성조사

[참고 2]

○ 눈사태 발생지점의 눈의 성질과 사면 경사각의 하한

　눈이 젖어 있어서 유동성이 큰 눈사태는 완경사면에서도 발생하기 쉽다. 그리고 눈사태 발생지점의 눈의 성질과 경사각 사이에는 그림 7-25와 같은 관계가 있다.

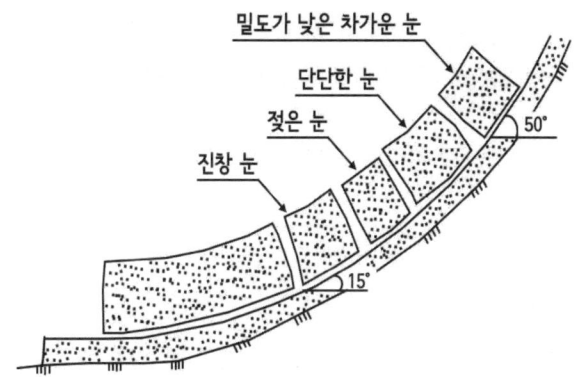

그림 7-25. 눈의 성질에 따라 차이가 나는 눈사태 발생지점과 사면 경사도의 하한

[참고 3]

○ 눈사태의 충격압력

　눈사태가 구조물에 충돌할 때의 충격압력과 파괴효과의 표준은 표 7-13과 같다. 즉, 면 발생 분설표층눈사태에서는 $100t/m^2$ 이상의 충격력이 실측되고 있다.

표 7-13. 눈사태 충격압력이 갖고 있는 파괴효과의 표준

파괴력(t/m^2)	파괴효과의 표준
0.1	창문이 파괴됨
0.5	출입문이 넘어짐
3	가옥의 목구조가 파괴됨
10	성숙한 가문비나무가 뿌리째 뽑혀 쓰러짐
100	철근콘크리트 구조물을 파괴함

3.8.2. 눈사태의 발생상황

　눈사태의 발생상황조사는 눈사태 구역을 대상으로 하여 눈사태의 발생부위, 규모, 도달범위, 발생빈도 등에 대하여 실시하도록 한다.

[해설]
1) 눈사태 구역

눈사태 구역은 눈사태 발생부위의 상단부로부터 퇴적부위의 말단부까지를 말하며, 발생구역, 주행구역 및 퇴적구역으로 구분할 수 있다(전술한 그림 7-25 참조).
① 발생구역
· 눈균열과 설비 사이에서 적설이 사태를 일으키는 구역(전층눈사태)
· 눈사태 파단면(破斷面)의 윗변과 아랫변 사이의 구역(표층눈사태)
② 주행구역
· 사태가 일어난 눈이 유하하는 구역
③ 퇴적구역
· 유하된 눈이 퇴적하는 구역

2) 눈사태 발생구역

발생빈도, 발생부위, 사면길이, 폭, 발생형태, 규모(발생량) 등을 조사하지만, 설비가 관계할 경우에는 상부 능선에 대한 설비의 발생상황을 조사한다.

3) 주행구역

입목의 손상상황, 마찰흔적 등으로 눈사태의 폭, 주행경로 등을 조사한다.

4) 퇴적구역

눈사태의 도달범위, 퇴적량 등을 조사할 수 없는 경우에는 보전대상의 피재상황과 최대도달거리의 조망각도(표층눈사태의 경우 18°, 전층눈사태의 경우 24°)를 표준으로 개략적으로 정한다(그림 7-26 참조).

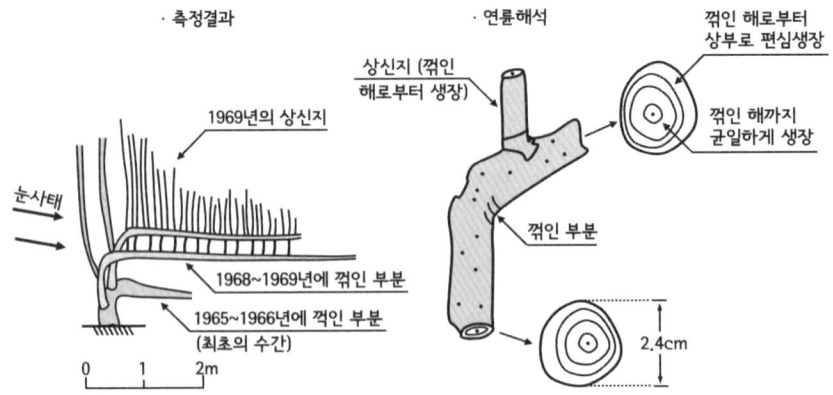

그림 7-26. 활엽수의 연륜해석에 의한 눈사태 발생연도의 추정방법

제7장 방재림 조성조사

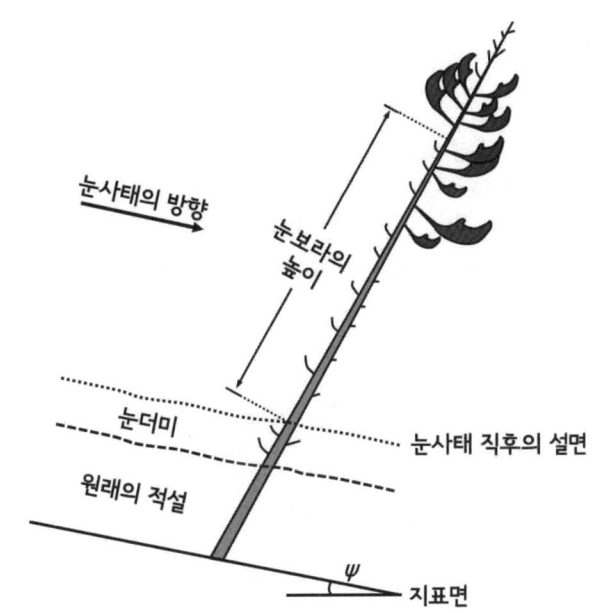

그림 7-27. 수목의 부러진 가지를 이용한 표층 눈사태의 주행경로,
깊이(두께)의 추정(면 발생 분설표층눈사태의 경우)

3.8.3. 눈사태 발생 시의 적설상황 등

> 눈사태 발생 시의 강설, 적설상황 등에 대한 조사는 눈사태 발생 시 및 발생 이전의 일정기간 중에 있어서의 기온, 강설량, 눈의 성질, 적설상황 등을 파악한다.

[해설]

1) 조사방법

눈사태 발생 시의 강설, 적설상황에 대해서는 과거의 눈사태 발생 시의 기상자료를 가능하면 많이 수집하여 분석하여야 하고, 필요에 따라 관측조사를 실시하도록 한다. 그리고 눈사태의 발생은 발생 이전 일정기간의 기상상황과 깊은 인과관계가 있으므로, 해당 기간의 자료에 대해서도 조사하도록 한다.

2) 조사내용

조사내용은 기온, 적설깊이, 강설량, 눈의 성질, 적설상황(설비, 눈덩이, 눈균열, 눈주름 등), 강수량, 바람이 있다. 그리고 눈사태 발생 시 및 발생 이전에 있어서의 일정기간에 대한 기상자료는 눈사태방지림 조성 등의 구조물대책 이외에 경계피난기준의 설정 등과 같은 비구조물대책에도 중요한 자료가 된다.

631

① 눈의 성질

지표면에 쌓인 눈은 압밀작용과 소결작용에 의하여 밀도가 증가하고, 외부로부터 햇빛, 바람, 강설 등의 영향을 받아 내부에서는 승화, 융해, 동결 등에 의하여 시간이 경과하면 입자의 형태나 크기와 결합상태가 변화한다. 이와 같은 적설의 형태변화를 변태(變態)라고 하며, 눈은 그 성질에 따라 표 7-14와 같이 분류할 수 있다.

한편, 적설의 변태계통은 그림 7-28과 같고, 눈의 성질은 변태하는 모양이나 그 단계와 깊이에 따라 현저하게 차이가 있으며, 눈의 역학적 성질은 표 7-15와 같다.

표 7-14. 눈의 성질에 대한 분류

대분류		소분류		건습을 붙이는 경우		밀도* (kg/m³)
명칭	기호	명칭	기호	명칭	기호	
새 눈 (新雪)	N	새 눈(新雪)	N	마른 새 눈 젖은 새 눈	ND NW	50~150
단단한 눈	S	작고 단단한 눈	S_1	마르고 작은 단단한 눈 젖고 작은 단단한 눈	S_1D S_1W	150~250
		단단한 눈	S_2	마르고 단단한 눈 젖고 단단한 눈	S_2D S_2W	250~500
굵은 눈	G	굵은 눈	G	마르고 굵은 눈 젖고 굵은 눈	GD GW	300~500
굵은 눈서리	H	작은 눈서리	H_1	마르고 작은 눈서리 젖고 작은 눈서리	H_1D H_1W	200~400
		굵은 눈서리	H_2	마르고 굵은 눈서리 젖고 굵은 눈서리	H_2D H_2W	250~400

* 밀도는 각 눈의 성질에 대한 대략적인 범위를 나타낸 것이다.

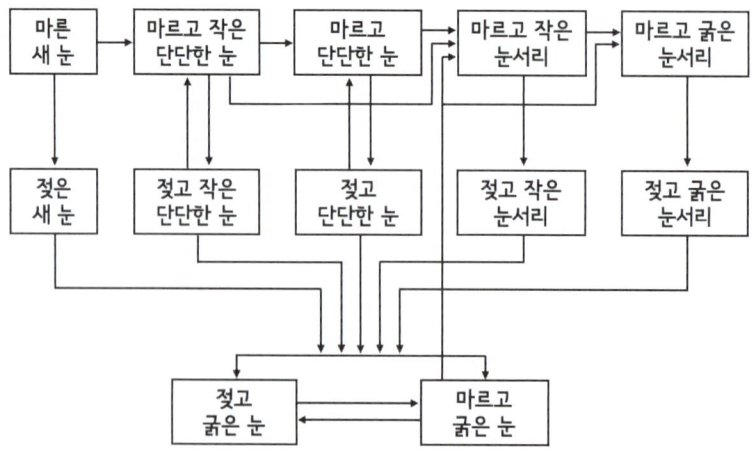

그림 7-28. 적설의 변태계통(日本雪氷學會 雪質分類委員會, 1967)

표 7-15. 눈의 역학적 성질

눈의 성질	밀도 (kg/m³)	인장강도 (g/cm³)	전단강도 (g/cm³)	눈의 온도 (℃)
마른 눈	50~200	60 이하	50 이하	-10 이하
젖은 눈	80~300	80 이하	100 이하	-10 부근
마르고 단단한 눈 · 작고 단단한 눈 · 단단하게 뭉친 눈	100~300 300~550	20~150 330 이하	10~150 240 이하	0 이하 〃
젖고 단단한 눈	200~550 300~550	33~(250 이상) 50~(300 이상)	30~(200 이상) 100~(400 이상)	〃 〃
굵은 눈	250~550	13~(230 이상)	10~(200 이상)	
얼음 눈	400~650	200 이상	300 이상	
얼음	917	7,000~27,000		

* 얼음의 항압력은 약 50,000(g/cm³)이다.

② 설비

설비는 바람에 운반된 눈이 능선의 바람의지 방향에 발생하는 소용돌이의 흐름과 능선을 통과하는 바람이 합류하는 방향에 차양 모양으로 튀어나와 퇴적된 것으로, 불안정하게 퇴적된 상태이기 때문에 붕락하기 쉽고, 눈사태의 원인이 되는 경우가 있다. 그리고 설비에 대해서는 발생위치, 높이, 형상, 길이 및 설비의 붕락에 의한 눈사태의 발생 유무에 대하여 실시한다.

한편, 설비는 능선의 바람받이가 약 20°의 완만한 사면인 경우에 자주 발달하는 것으로 보고되고 있다.

③ 눈덩이

눈덩이는 설비와 마찬가지로 능선이나 장해물의 바람의지사면뿐만이 아니라 산복의 오목지형에서도 생긴다. 그리고 눈덩이는 외관상 그다지 눈에 띄지는 않지만, 조개껍질을 엎어놓은 것 같은 모양으로 분포하며, 불거져 나온 부분에 큰 인장력이 생긴다.

그리고 눈덩이는 주변 적설과의 상호 지지력은 작고, 대부분의 경우 밑면과의 마찰력에 의하여 사면에 유지되기 때문에 매우 불안정하며, 설비와 마찬가지로 눈사태의 발생 원인이 되기 때문에 발생위치와 규모 및 눈사태 발생의 유무에 대하여 조사하도록 한다.

④ 눈균열

눈균열은 적설에 인장력이 작용하는 경사 급변환점 부근에 생기는 경우가 많다. 그리고 눈균열은 전층눈사태 발생의 전조이기도 하므로, 발생시기와 위치 및 길이 등에 대하여 신중하게 조사한다.

한편, 표층눈사태의 파단면은 눈사태가 발생한 흔적이 잘 타나나므로, 발생구역을 파악하기 위하여 조사한다.

⑤ 눈주름

눈주름은 활락하려고 하는 산복 상부의 눈과 그곳에 멈추려고 하는 하부의 눈과의 힘의 관계에 의하여 적설이 압축되어 주름 모양으로 불거져 나온 것으로, 전층눈사태는 눈균열과 눈주름의 상부 사이에서 발생하는 경우가 많다.

3.9. 사회적 특성조사

사회적 특성조사는 기타 법령에 의한 지정 관계, 토지 소유권, 지상권 등의 권리관계, 방재시설의 현황 및 계획, 보전대상의 상황에 대하여 조사하여 계획 및 설계 시의 기초자료를 파악하는 것을 목적으로 한다.
그리고 조사방법 등은 제2장 유역특성조사의 「사회적 특성조사 등」에 준한다.

[해설]
1) 조사내용

사회적 특성조사는 사업을 원활하게 실시하는 데에 필요한 사항에 대하여 실시하도록 하고, 조사내용은 대략적으로 다음과 같다.
① 법령에 의한 지정관계 : 보안림, 급경사지붕괴위험지역 등
② 권리관계 : 토지 소유권, 지상권 등
③ 방재시설 : 현황 및 계획
④ 보전대상 : 인가, 공공시설(공공건물, 공도, 철도 등), 토지이용 현황 등

2) 조사방법

보전대상에 대해서는 눈사태조사에 의하여 판명된 눈사태의 도달범위를 표준으로 하여 눈사태구역 및 그 주변에 대하여 조사하도록 한다.

제8장 유지관리조사

제1절 총설

1.1. 조사의 목적

유지관리조사의 목적은 사방시설의 예방 보전적 관리에 필요한 점검, 보수·개축 방침과 기준 마련, 시설기능의 장기보전, 보수·개축비용의 평준화를 도모하는 것이다.

[해설]
　　최근 고령화를 맞이하는 시설의 노후화나 손상 등이 나타나고 있다. 특히 종래의 사후 보전적 관리로는 사방시설의 건전성을 유지할 수 없으므로, 정기점검에 의하여 시설의 열화손상을 초기에 파악·보수하는 예방 보전적인 관리로 이행되어야 한다.

1.2. 조사의 구성

유지관리조사는 점검, 건전도 평가, 보수·개축을 위한 방침·기준, 점검계획, 보수·개축계획의 책정에 필요한 사항에 대하여 조사한다.

[해설]
　　사방시설의 유지관리조사의 전체적인 흐름도는 그림 8-1과 같다.

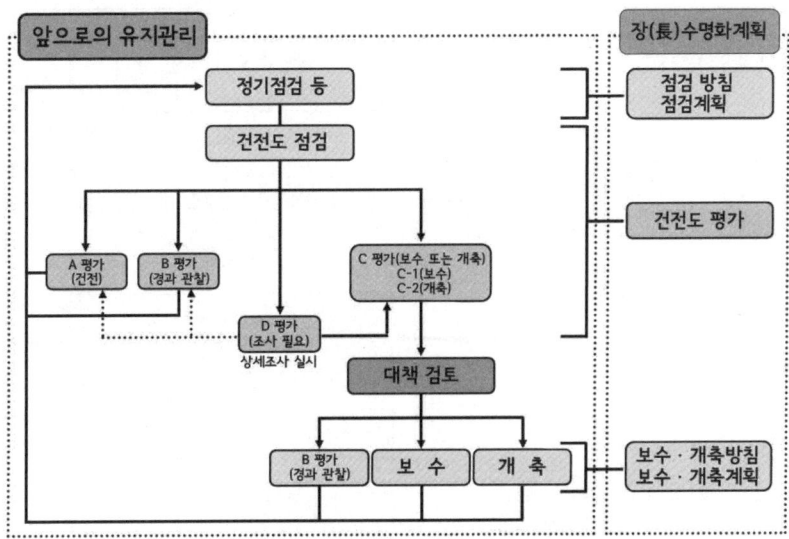

그림 8-1. 사방시설의 유지관리조사의 흐름도

제2절 사방시설의 긴급점검

2.1. 긴급점검의 내용

> 각종 사방시설에 대한 전수조사를 통하여 시설 파악, 열화손상 개소의 상황 확인, 조사결과의 정리 등을 포함한 긴급점검을 실시한다.

[해설]

사방시설을 대상으로 점검을 실시한 후, 모든 개소의 점검기록카드를 작성한다.

표 8-1. 긴급점검의 작업항목

항목	내용
시설 파악	· 시설의 위치, 제원을 확인한다.
열화손상 개소의 상황 확인	· 기초조사, 최근의 점검자료에 의한 실내점검을 실시한다. · 기존의 자료에서 이상을 발견하였거나 기존의 자료로 확인할 수 없는 개소는 현지 확인에 의한 점검을 실시한다.
조사결과의 정리	· 점검표, 도면, 사진 등을 정리한 후, 점검기록카드를 작성한다. · 점검된 시설의 건전도를 평가한다.

※ ① 기존 자료 등에 의하여 열화손상의 유무 등을 확인한 후, 점검의 긴급정도를 높음·중간·낮음으로 분류하고, 원칙적으로 현지 확인을 실시한다.
　② 긴급정도가 낮거나 긴급점검 시 점검할 수 없었던 곳은 추후에 현지 확인을 실시한다.

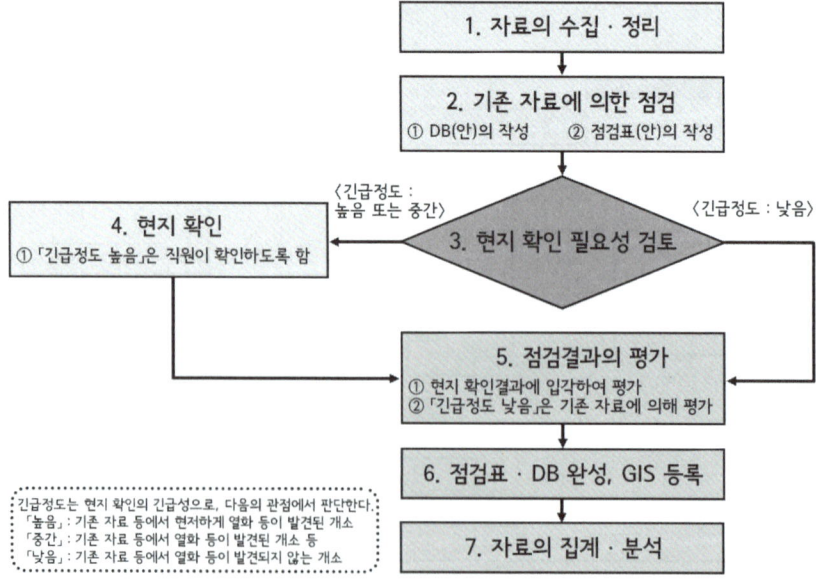

그림 8-2. 긴급점검의 실시 흐름도

2.2. 긴급점검의 결과 정리

> 사방시설, 땅밀림방지시설 등의 점검을 실시한 결과, 즉 점검 개소수, C 평가의 개소수와 점유비율과 완성 후 경과년수 및 열화손상이 발생하기 쉬운 부위 등을 정리하도록 한다.

[해설]

1) 사방설비의 점검결과(사방댐, 바닥막이 등)

각종 사방설비의 개소수, 보수 개소수와 비율, 경과년수, 열화손상 부위 등에 대한 점검결과를 정리한다.
　① 사방설비(사방댐, 골막이, 바닥막이, 기슭막이 등) 개소수
　② 보수 등을 요하는 C 평가의 개소수와 점유비율
　③ C 평가 시설의 완성 후 경과년수
　④ 경과년수와 열화손상 개소의 비율 상관관계
　⑤ 열화손상이 발생하기 쉬운 부위 파악(예 : 사방댐의 본체, 전정보호공사 등)

2) 땅밀림방지시설의 점검결과

각종 땅밀림 방지시설의 점검 개소수, 보수 개소수와 비율, 경과년수, 열화손상 부위 등에 대한 점검결과를 정리한다.
　① 대책시설이 시공된 땅밀림방지구역 점검 개소수
　② 보수 등을 요하는 C 평가의 개소수와 점유비율
　③ C 평가 시설은 완성 후 경과년수
　④ 열화손상이 발생하기 쉬운 부위 파악(수로내기, 집수정, 배수보링공 등)

그리고 「시설 건전도의 설정」에 근거하여 「A(건전)」, 「B(경과 관찰)」, 「C-1(보수)」, 「C-2(개축)」, 「D(조사 필요)」로 평가한다.

한편, 사방 및 땅밀림방지 시설의 건전도 평가결과는 표 8-2와 같이 정리하도록 한다.

표 8-2. 긴급점검에 근거한 시설평가 일람표

시설의 종류	A (건전)	B (경과 관찰)	C 계 (보수·개축)	C-1 (보수)	C-2 (개축)	D (조사 필요)	점검 숫자	미점검	계 (합계)
사방설비									
땅밀림방지구역									
계									

※ 상단은 개소수, 하단의 ( )는 각 시설이 전체 시설에서 차지하는 비율을 나타낸다.

제3절 사방시설의 건전도 평가조사

3.1. 사방시설의 건전도 평가

> 사방관계시설의 유지관리를 확실하게 진행하기 위해서는 시설의 상황을 정확하게 파악하는 것이 중요하다.

[해설]

1) 평가기준

사방관계시설의 평가기준은 점검자가 시설의 건전도를 적절하게 파악할 수 있도록 기준을 마련하고, 특히 점검자의 판단에 따른 편차를 최소화하기 위하여 통일적인 기준 등에 의하여 평가를 실시한다.

2) 평가내용

사방관계시설의 건전도를 「A(건전)」, 「B(가벼운 열화)」, 「C-1(보수)」, 「C-2(개축)」 및 「D(조사 필요)」로 평가한다.

3) 평가순서

사방관계시설의 건전도 평가는 다음에 제시한 그림 8-3과 같은 순서에 따라 실시하도록 한다.

```
1) 점검결과의 분석(열화손상도의 구분)
 · 사방, 땅밀림 및 급경사의 각 시설별 열화손상을 「손상기준」에 따라 「a」, 「b」, 「c」로 구분한다.
 ① 현장 상황이나 열화도 일람표를 참고로 종합적인 평가를 실시한다. 「손상기준」과 평가가 상이하여도 좋다.
 ② 「손상기준」과 상이한 결과가 나타난 경우는 그 이유를 명확하게 파악한 후 점검표 등에 기입한다.
 ③ 「C-1」, 「C-2」로 판정하려면, 「건전도 상실 또는 기능 불능」에 해당하는지를 판단하여야 하며, 그 판단 시에는 열화도 일람을 참고하도록 한다.

2) 점검결과의 분석(공종별 건전도를 평가)
 · 1)의 결과에 근거하여 공종 단위의 건전도를 「공종별 건전도 평가기준」에 따라 「A」, 「B」, 「C-1」, 「C-2」, 「D」로 평가한다.
 ① 「C-1」, 「C-2」로 판정하려면, 「건전도 상실 또는 기능 불능」에 해당하는지를 판단하여야 하며, 그 판단 시에는 열화도 일람을 참고하도록 한다.

③ 점검결과 분석(건전도 평가)
 · 2)의 결과에 근거하여 점검개소 단위의 건전도를 「건전도 평가기준」에 따라 「A」, 「B」, 「C-1」, 「C-2」, 「D」로 평가한다.
 ① 「C-1」, 「C-2」로 판정하려면, 「건전도 상실 또는 기능 불능」에 해당하는지를 판단하여야 하며, 그 판단 시에는 열화도 일람을 참고하도록 한다.
```

그림 8-3. 건전도 평가의 흐름도

3.2. 점검결과의 분석

3.2.1. 열화손상도의 구분

시설점검에 의하여 판명된 열화손상의 진행도를 별책에 기재한 손상기준을 근거하여 「a」, 「b」, 「c」로 구분한다.

[해설]
손상기준과 열화도의 점검결과는 표 8-3~표 8-6을 참고로 하여 작성한다.

표 8-3. 사방시설의 손상기준
① 퇴사 상황(퇴사의 높이는 방수로의 위치에 따라 확인함)

건전도 평가항목	구분	판정기준
불투과형 사방댐	a	퇴적 높이는 평상시의 퇴적물매(방수로 댐둑마루) 이하임
	b	퇴적 높이는 방수로 댐둑마루(계획퇴사물매) 이상, 계획퇴사선 이하임
	c	퇴적 높이가 계획퇴사선을 초과함
불투과형 사방댐 (관리 댐)	a	퇴적 높이는 제석(除石)관리선 이하임
	b	퇴적 높이는 제석(除石)관리선 이상이고, 계획퇴사선 이하임
	c	퇴적 높이가 계획퇴사선을 초과함
투과형 사방댐	a	퇴적 높이는 제석(除石)관리선 이하임
	b	퇴적 높이는 제석(除石)관리선 이상이고, 계획퇴사선 이하임
	c	퇴적 높이가 계획퇴사선을 초과함

② 사방댐 등의 시설 본체의 손상

건전도 평가항목	구분	판정기준
댐둑마루 마모	a	변형 없음
	b	종단적인 마모 범위는 댐둑마루 폭의 2/3 미만임
	c	종단적인 마모 범위는 댐둑마루 폭의 2/3 이상임
균열	a	변형 없음
	b	수평방향의 균열이 발생함(길이 3m 미만 또는 폭 1cm 미만)
	c	수평방향의 균열이 확대됨(길이 3m 이상 또는 폭 1cm 이상)
기초부의 이상세굴	a	변형 없음
	b	세굴 깊이가 50cm 미만임
	c	세굴 깊이가 50cm 이상임
누수	a	변형 없음
	b	부분적으로 누수가 발생하고 있음
	c	여러 곳에서 누수가 발생하고 있음
기타 (강제슬릿) (이상변위)	a	변형 없음
	b	강재부재가 전체 높이의 2% 미만이 변형됨
	c	강재부재가 전체 높이의 2% 이상이 변형됨
기타 (강제슬릿) (부식)	a	강재가 노출되고, 여유 두께가 3.5mm 이상임
	b	표면의 도장이 벗겨진 정도임
	c	변형 없음

③ 전정보호공 · 측벽의 손상

건전도 평가항목	구분	판정기준
둑마루 마모	a	변형 없음
	b	종단적으로 마모된 범위는 댐둑마루 폭의 1/3 미만임
	c	마모 범위가 댐둑마루를 종단하여 시설의 댐둑마루 높이가 낮아짐
균열	a	변형 없음
	b	수평방향의 균열이 발생함(길이 3m 미만 또는 폭 1cm 미만)
	c	수평방향의 균열이 확대됨(길이 3m 이상 또는 폭 1cm 이상)
물받이의 손상	a	변형 없음
	b	마모된 깊이 ≦ 물받이 두께 × 1/3
	c	마모된 깊이 ≧ 물받이 두께 × 1/3
측벽 등의 손상 (균열)	a	변형 없음
	b	수평방향의 균열이 발생함(길이 3m 미만 또는 폭 1cm 미만)
	c	수평방향의 균열이 확대됨(길이 3m 이상 또는 폭 1cm 이상)
측벽 등의 손상 (파손)	a	변형 없음
	b	부분적으로 파손된 곳이 나타남
	c	파손된 개소가 시설 등의 50% 정도의 범위 내에서 나타남
기초부위의 이상세굴	a	변형 없음
	b	세굴 깊이가 50cm 미만임
	c	세굴 깊이가 50cm 이상임
누수	a	변형 없음
	b	부분적으로 누수가 발생하고 있음
	c	여러 곳에서 누수가 발생하고 있음

④ 기슭막이 등의 손상

건전도 평가항목	구분	판정기준
기초부위의 이상세굴	a	변형 없음
	b	세굴 깊이 50cm 미만임
	c	세굴 깊이 50cm 이상임
균열	a	변형 없음
	b	수평방향의 균열이 발생함(길이 3m 미만 또는 폭 1cm 미만)
	c	수평방향의 균열이 확대됨(길이 3m 이상 또는 폭 1cm 이상)
누수	a	변형 없음
	b	부분적으로 누수가 발생하고 있음
	c	여러 곳에서 누수가 발생하고 있음

표 8-4. 사방시설(사방댐·골막이)의 열화도 일람표

점검 평가	열화 정도	1. 퇴사 상황		
		불투과형 사방댐	부분투과형 사방댐	투과형 사방댐
A 현재 양호	스테이지 I -건전-	· 이상 없음 · 평상시의 퇴적물매(방수로 댐둑마루) 이하임	· 이상 없음 · 제석 관리선 이하임	· 이상 없음 · 제석 관리선 이하임
B 경과 관찰	스테이지 II -가벼운 열화-	[퇴사] · 방수로 댐둑마루(계획퇴사물매) 이상, 계획퇴사선 이하임	[퇴사] · 제석 관리선 이상, 기준선 이하임	[퇴사] · 제석 관리선 이상, 기준선 이하임
C-1 보수	스테이지 III -보수-	[퇴사] · 계획퇴사선을 초과함 · 입목 등에 의한 국소적인 퇴적은 원인을 제거하도록 함	[퇴사] · 기준선을 초과함	[퇴사] · 기준선을 초과함
C-2 개축	스테이지 IV -개축-	[퇴사] · 사방댐이 매몰됨(새로운 사방댐이 필요)	[퇴사] · 사방댐이 매몰됨(새로운 사방댐이 필요)	[퇴사] · 사방댐이 매몰됨(새로운 사방댐이 필요)

점검평가	열화정도	2. 사방댐 등의 시설 본체의 손상		
		댐둑마루 마모	균열	기초부의 이상세굴
A 현재 양호	스테이지 I -건전-	· 이상 없음	· 이상 없음	· 이상 없음
B 경과 관찰	스테이지 II -가벼운 열화-	[마모] · 일정 폭의 마모가 상·하류방향으로 연속됨	[균열] · 경미한 수평균열 발생, 확대될 경향은 없음	[마모] · 마모가 확대되어 물방석의 두께가 감소하지만, 기초면에는 달하지 않음
C-1 보수	스테이지 III -보수-	[마모] · 마모가 상·하류방향으로 연속되며, 사방댐의 높이가 낮아짐	[균열] · 수평균열이 집중되어 힘을 받아 파괴될 위험이 있음	[마모] · 마모가 더욱 확대되어 기초면에 달함
C-2 개축	스테이지 IV -개축-	[마모] · 마모가 댐둑어깨까지 확대되고, 방수로의 단면이 함몰됨	[균열] · 수평균열이 상·하류방향으로 종단하여 본체가 파괴됨 · 균열이 상·하류방향으로 연속됨	[마모] · 마모된 곳으로부터 기초부의 토사가 유출되어 공동이 발생함

점검평가	열화정도	2. 사방댐 등의 시설 본체의 손상		3. 전정보호공 등 손상
		누수	기타	물받이 손상
A 현재 양호	스테이지 Ⅰ -건전-	·이상 없음	·이상 없음	·이상 없음
B 경과 관찰	스테이지 Ⅱ -가벼운 열화-	[박리 파손] ·유리석회의 용출장소가 증가하고, 타설 경계를 따라 일부 콘크리트가 부서짐	[변위 변형·부식] ·강재의 변형은 없음 ·표면 도장이 부분적으로 벗겨짐	[마모] ·물받이의 일부에 마모가 발생함
C-1 보수	스테이지 Ⅲ -보수-	[박리 파손] ·제체의 거의 전면에서 표층 모르타르가 벗겨져 골재가 노출됨 ·제체로부터 복수의 용출수가 발생함	[변위 변형] ·노출된 강재 면이 녹이 슬기 시작함 ·강재의 녹슨 부분을 중심으로 국부 변형이 발생함	[마모] ·마모가 확대되어 물받이의 두께가 감소하지만, 기초면에는 도달하지 않음
C-2 개축	스테이지 Ⅳ -개축-	[박리 파손] ·수평균열이 상·하류방향으로 발생하여 본체가 파괴됨 ·균열이 상·하류방향으로 연속됨	[변위 변형] ·수평균열이 상·하류방향으로 종단하여 본체가 파괴됨 ·균열이 상·하류방향으로 연속됨	[마모] ·마모된 곳으로부터 기초부의 토사가 유출되어 공동이 발생함

점검평가	열화정도	3. 전정보호공 등 손상		
		측벽 등의 손상	기초부의 이상세굴	누수
A 현재양호	스테이지 I -건전-	· 이상 없음	· 이상 없음	· 이상 없음
B 경과관찰	스테이지 II -가벼운 열화-	[균열] · 부분적으로 계상저하가 발생함 · 수평균열이 발생함	[세굴] · 수직벽 하류부분에서 계상저하가 발생함	[누수] · 유리석회의 용출 장소가 증가함 · 타설 경계를 따라 일부 콘크리트가 부서짐
C-1 보수	스테이지 III -보수-	[균열] · 수평균열의 길이와 폭이 확대됨	[세굴] · 계상저하가 점점 더 진행되어 수직벽의 기초부에 달함	[누수] · 제체의 거의 전면에서 표층 모르타르가 벗겨져 골재가 노출됨 · 제체로부터 복수의 용출수가 발생함
C-2 개축	스테이지 IV -개축-	[균열] · 블록이 붕괴됨	[세굴] · 수직벽의 기초밑면이 노출됨	[누수] · 수평균열이 상·하류방향으로 발생하여 본체가 파괴됨 · 균열이 상·하류방향으로 연속됨

제8장 유지관리조사

점검평가	열화정도	4. 기슭막이 등의 손상		
		기초부의 이상세굴	균열	누수
A 현재 양호	스테이지 I -건전-	· 이상 없음	· 이상 없음	· 이상 없음
B 경과 관찰	스테이지 II -가벼운 열화-	[계상세굴] · 부분적으로 계상저하가 발생함	[균열] · 수평균열이 발생함	[누수] · 유리석회의 용출 장소가 증가함 · 타설 경계를 따라 일부 콘크리트가 부서짐
C-1 보수	스테이지 III -보수-	[계상세굴] · 기초가 노출됨	[균열] · 수평균열의 길이와 폭이 확대됨	[누수] · 제체의 거의 전면에서 표층 모르타르가 벗겨져 골재가 노출됨 · 제체로부터 복수의 용출수가 발생함
C-2 개축	스테이지 IV -개축-	[계상세굴] · 블록이 파괴됨	[균열] · 수직벽의 기초밑면이 노출됨	[누수] · 수평균열이 상·하류방향으로 발생하여 본체가 파괴됨 · 균열이 상·하류방향으로 연속됨

표 8-5. 땅밀림방지시설의 손상기준
① 억지말뚝박기, 깊은기초

부위		본체(억지말뚝박기, 깊은기초)
건전도 평가항목	구분	판정기준
융기	a	변형 없음
	b	-
	c	-
침하	a	변형 없음
	b	-
	c	-

※ 말뚝박기, 깊은기초는 변형된 경우는 신설 혹은 개축을 검토한다.

② 그라운드앵커공

부위		틀(격자틀)
평가항목	구분	판정기준
균열 (누수 : 유리석회) (벗겨짐 : 철근 노출)	a	변형 없음
	b	5mm 이하의 균열이 발생되었거나 유리석회가 보이지만, 녹물은 거의 보이지 않음
	c	5mm를 초과하는 균열과 광범위한 균열이 나타났거나, 심한 누수와 유리석회가 발생함. 그리고 흙탕물이나 녹물이 섞여서 나오거나 철근이 노출됨
공동화	a	변형 없음
	b	부분적으로 융기 현상이 나타나지만, 균열은 발생하지 않음
	c	균열이 동반된 융기 현상이 발생함

부위		수압판(앵커공, 철근삽입공)
건전도 평가항목	구분	판정기준
균열	a	변형 없음
	b	5mm 이하의 균열이 발생됨
	c	5mm를 초과하는 균열이 발생됨 → 상세점검
변위변형, 파손	a	변형 없음
	b	-
	c	변위변형이 발생하거나 파손됨 → 상세점검

부위		두부(頭部)(앵커공, 철근삽입공)
건전도 평가항목	구분	판정기준
변위변형, 파손	a	변형 없음
	b	-
	c	변위변형이 발생하거나 파손됨 → 상세점검
융기	a	변형 없음
	b	-
	c	융기 현상이 나타남 → 상세점검

부위	긴장재·보강재(앵커공, 철근삽입공)	
건전도 평가항목	구분	판정기준
파괴	a	변형 없음
	b	-
	c	파괴 혹은 부식될 위험이 있음 → 상세점검

③ 지표수 배제공

부위	본체(수로)	
건전도 평가항목	구분	판정기준
퇴적	a	변형 없음
	b	배수단면의 20% 미만이 퇴적됨
	c	배수단면의 20% 이상이 퇴적됨
파손	a	변형 없음
	b	-
	c	누수나 구조 변형, 다른 시설에 영향을 미칠 정도로 파손됨
비탈면 붕괴	a	변형 없음
	b	-
	c	붕괴, 침식이 발생함

부위	본체(집수조)	
건전도 평가항목	구분	판정기준
균열	a	변형 없음
	b	5mm 이하의 균열이 발생되었거나 유리석회가 보이지만, 녹물은 거의 보이지 않음
	c	5mm를 초과하는 균열이나 균열이 광범위하게 나타났거나, 심한 누수와 유리석회가 발생함. 그리고 흙탕물이나 녹물이 섞여서 나오거나 철근이 노출됨
세굴	a	변형 없음
	b	-
	c	누수나 구조 변형, 다른 시설에 영향을 미칠 정도로 파손됨
퇴적	a	변형 없음
	b	배수단면의 20% 미만이 퇴적됨
	c	배수단면의 20% 이상이 퇴적됨

④ 집수정

부위	집수정 본체(집수정)	
건전도 평가항목	구분	판정기준
부식	a	변형 없음
	b	녹이 발생하고 있음
	c	부식이 진행되고 있음
담수	a	변형 없음
	b	녹이 발생하고 있음
	c	계획수위보다 담수의 수위가 높음

부위	집수관, 배수관(집수정, 횡보링)	
건전도 평가항목	구분	판정기준
부식	a	변형 없음
	b	녹이 발생하고 있음
	c	부식이 진행되고 있음
파손	a	변형 없음
	b	부분 균열, 부분 변형이 나타나고 있음
	c	균열, 변형이 진행되고 있음
막힘	a	변형 없음
	b	막힌 부위가 단면의 25% 미만임
	c	막힌 부위가 단면의 25% 이상임

부위	집수정 뚜껑, 계단, 출입 방호울타리(집수정)	
건전도 평가항목	구분	판정기준
부식	a	변형 없음
	b	녹이 발생하고 있음
	c	부식이 진행되고 있음
파손	a	변형 없음
	b	부분 균열, 부분 변형이 나타나고 있음
	c	균열, 변형이 진행되고 있음

⑤ 집수보링공(횡보링공)

부위	집수조(집수정)	
건전도 평가항목	구분	판정기준
균열 (누수 : 유리석회) (벗겨짐 : 철근)	a	변형 없음
	b	5mm 이하의 균열 발생, 유리석회가 보이지만, 녹물의 보이지 않음
	c	5mm 초과 균열, 심한 누수, 유리석회, 흙탕물, 녹물, 철근 노출됨
세굴	a	변형 없음
	b	세굴이 경미하게 나타남
	c	누수나 구조 변형, 다른 시설에 영향을 미칠 정도로 파손됨
퇴적	a	변형 없음
	b	배수단면의 20% 미만이 퇴적됨
	c	배수단면의 20% 이상이 퇴적됨

부위	집수관, 배수관(집수정, 배수보링공 : 횡보링)	
건전도 평가항목	구분	판정기준
부식	a	변형 없음
	b	녹이 발생하고 있음
	c	부식이 진행되고 있음
파손	a	변형 없음
	b	부분 균열, 부분 변형이 나타나고 있음
	c	균열, 변형이 진행되고 있음
막힘	a	변형 없음
	b	막힌 부위가 단면의 25% 미만임
	c	막힌 부위가 단면의 25% 이상임

⑥ 프리캐스트비탈격자틀붙이기 · 현장타설비탈격자틀붙이기 · 뿜어붙이기격자틀붙이기

부위		집수관, 배수관(집수정, 배수보링공 : 횡보링)
건전도 평가항목	구분	판정기준
균열 (누수 : 유리석회) (벗겨짐 : 철근 노출)	a	변형 없음
	b	5mm 이하의 균열이 발생되었거나 유리석회가 보이지만, 녹물은 거의 보이지 않음
	c	5mm를 초과하는 균열이나 균열이 광범위하게 나타났거나, 심한 누수와 유리석회가 발생함. 그리고 흙탕물이나 녹물이 섞여서 나오거나 철근이 노출됨
공동화	a	변형 없음
	b	부분적으로 융기 현상이 나타나지만, 균열은 발생하지 않음
	c	균열이 동반된 융기현상이 발생함

부위		물빼기구멍(옹벽, 의지옹벽, 비탈면격자틀, 뿜어붙이기)
건전도 평가항목	구분	판정기준
막힘	a	변형 없음
	b	경미하게 막힘
	c	막힌 곳이 복수로 발견됨
파손	a	변형 없음
	b	경미하게 파손됨
	c	파손된 곳이 복수로 발견됨
유출	a	변형 없음
	b	충전재가 경미하게 유출됨
	c	충전재가 유출됨

⑦ 옹벽공, 숏크리트

부위		본체(집수정, 배수보링공 : 횡보링)
건전도 평가항목	구분	판정 기준
균열 (누수 : 유리석회)	a	변형 없음
	b	5mm 이하의 균열이 발생되었거나 유리석회가 보임
	c	5mm를 초과하는 균열이나 균열이 광범위하게 나타났거나, 심한 누수와 유리석회가 발생함. 그리고 흙탕물이 유출됨
밀림 · 침하 · 융기	a	변형 없음
	b	-
	c	밀림 · 침하 · 융기가 발생함

부위		물빼기구멍(옹벽, 의지옹벽, 비탈면격자틀, 뿜어붙이기)
건전도 평가항목	구분	판정 기준
막힘	a	변형 없음
	b	경미하게 막힘
	c	막힌 곳이 복수로 발견됨
파손	a	변형 없음
	b	경미하게 파손됨
	c	파손된 곳이 복수로 발견됨

표 8-6. 땅밀림방지시설의 열화도 일람표

건전도 평가	열화 정도	억지말뚝, 깊은기초 침하 등 말뚝 두부(頭部)의 침하, 융기	그라운드앵커공 구조 등 파괴, 변위변형, 균열 등
A 현재 양호	스테이지 Ⅰ -건전-	· 이상 없음	· 이상 없음
B 경과 관찰	스테이지 Ⅱ -가벼운 열화-	· 이상 없음	① 두부 보호뚜껑의 탈락, 파손 등 : 이상 없음 ② 앵커공의 수압판, 비탈면격자틀의 균열, 변형 : 경미한 균열은 발생되었지만, 연결되지는 않음. 격자틀에 경미한 융기가 발생함 ③ 긴장재의 파괴 : 이상 없음
C-1 보수	스테이지 Ⅲ -보수-	· 이상 없음	① 두부 보호뚜껑의 탈락, 파손 등 : 변위변형과 융기 등이 발생함 ② 앵커공의 수압판, 비탈면격자틀의 균열, 변형 : 수압판과 격자틀에 변위변형이 발생하고, 누수, 유리석회, 융기가 발생함 ③ 긴장재의 파괴 : 긴장재가 파괴될 위험이 있음 ※ 상세점검을 실시하여 수리·보수에 대한 최종결정을 실시함
C-2 개축	스테이지 Ⅳ -개축-	① 말뚝 두부의 융기 : 융기가 발생함 ② 말뚝 두부의 침하 : 침하가 발생함	① 두부 보호뚜껑의 탈락, 파손 등 : 시설 주변 및 전체가 변형되고, 폭 넓게 두부 보호뚜껑이 파손됨 ② 앵커공의 수압판, 비탈격자틀붙이기의 균열, 변형 : 시설 주변 및 전체가 변형되고, 폭 넓게 두부 보호뚜껑이 파손됨. 그리고 폭 넓게 비탈격자틀붙이기가 균열되거나 변형됨 ③ 긴장재의 파괴 : 폭 넓게 긴장재가 파괴되었을 위험이 있음 ※ 상세점검을 실시하여 수리·보수에 대한 최종결정을 실시함

건전도 평가	열화 정도	지표수 배제공 구조, 퇴적 등 / 토사 퇴적, 붕괴 등에 의한 손상	집수정 구조, 배수 등 / 변형, 균열, 배수 불량 등
A 현재 양호	스테이지 Ⅰ -건전-	· 이상 없음	· 이상 없음
B 경과 관찰	스테이지 Ⅱ -가벼운 열화-	① 토사, 낙엽 등의 퇴적 : 통수에 지장을 주지 않을 정도의 토사가 퇴적됨 ② 비탈면 붕괴, 함몰, 부등침하에 의한 손상 : 이상 없음	① 집수정 본체의 파손, 변형, 침식 : 녹이 발생함 ② 배수 불량에 따른 담수 : 정상 ③ 집수관(배수관)의 부식, 막힘 : 녹과 부식, 균열과 변형이 진행되고, 이물질이 부착(25% 이상 막힘)됨 ④ 집수정 뚜껑의 파손, 변형, 부식 : 부분적으로 발생함 ⑤ 점검용 계단 등의 파손, 변형, 부식 : 녹과 부분 균열, 부분 변형이 발생함 ⑥ 출입 방지울타리의 파손 변형 : ⑤와 같음
C-1 보수	스테이지 Ⅲ -보수-	① 토사, 낙엽 등의 퇴적 : 토사가 퇴적하여 통수를 저해하고 있음 ② 비탈면 붕괴, 함몰, 부등침하에 의한 손상 : 균열이 연결되고, 부분적으로 파손됨. 변형이 발생하였지만, 통수에 지장은 없음. 부분적으로 비탈면 붕괴, 침식이 발생함	① 집수정 본체의 파손, 변형, 침식 : 녹과 부식이 시작됨 ② 배수 불량에 따른 담수 : 일시적으로 계획지하수위보다 수위가 높아져 담수됨 ③ 집수관(배수관)의 부식, 막힘 : 녹과 부식, 균열과 변형이 진행되고, 이물질이 부착(25% 이상이 막힘)됨 ④ 집수정 뚜껑의 파손, 변형, 부식 : 발생함 ⑤ 점검용 계단과 출입 방지울타리 등의 파손, 변형, 부식 : 강재가 파손, 변형됨에 따라 기능을 상실함
C-2 개축	스테이지 Ⅳ -개축-	② 비탈면 붕괴, 함몰, 부등침하에 의한 손상 : 시설 주변, 전체에 변형이 발생하고, 파손되거나 통수를 저해하고 있으며, 폭 넓게 비탈면 붕괴·침식이 발생함	① 집수정 본체의 파손, 변형, 침식 : 부식·파손됨에 따라 본체 및 주변이 변형됨 ② 배수 불량에 따른 담수 : 상시 계획지하수위보다 수위가 높아져 담수됨(기능이 저해 받음) ③ 집수관(배수관)의 부식, 막힘 : 관이 파손되고, 통수 불능상대가 됨(50% 이상이 막힘) ④ 집수정 뚜껑의 파손, 변형, 부식 : 심하게 발생함 ⑤ 점검용 계단과 출입 방지울타리 등의 파손, 변형, 부식 : 강재가 파손, 변형됨에 따라 기능을 상실함

건전도 평가	열화 정도	집수보링공(횡보링공) 구조, 배수 등 균열, 배수 불량 등	프리캐스트비탈격자틀붙이기 등 충전재, 구조 등 충전재의 유출, 함몰, 균열 등
A 현재 양호	스테이지 I -건전-	· 이상 없음	· 이상 없음
B 경과 관찰	스테이지 II -가벼운 열화-	① 관 보호시설과 집수관의 손상, 변형 : 녹이 발생하고, 관의 단면이 막히기 시작하며(25% 미만이 막힘), 부분 균열과 부분 변형이 발생함	① 충전재의 유출 : 배면의 부분 공동화, 경미한 충전재 유출 ② 밀림, 침하, 융기 및 균열 : 경미한 균열 발생도지만 연결되지는 않음 ③ 물빼기구멍 : 물빼기구멍이 경미하게 막히거나 파손됨
C-1 보수	스테이지 III -보수-	① 관 보호시설과 집수관의 손상, 변형 : 강재가 부식되고, 관의 단면이 막히기 시작하며(25% 이상이 막힘), 균열과 변형이 발생함	① 충전재의 유출 : 시설의 배면이 공동화 되고, 충전재가 유출됨 ② 밀림, 침하, 융기, 균열 : 균열, 누수, 유리석회 진행, 철근 노출, 땅밀림, 침하, 융기가 발생함 ③ 물빼기구멍 : 여러 곳에서 물빼기구멍이 파손되고, 통수가 불량함
C-2 개축	스테이지 IV -개축-	① 관 보호시설과 집수관의 손상, 변형 : 관이 파손되고, 통수가 불가능(50% 이상이 막힘)해 짐	① 밀림, 침하, 융기 및 균열 : 시설 주변 및 전체에서 융기, 붕락 및 균열이 나타남

건전도 평가	열화 정도	옹벽공 · 숏크리트 구조, 배수 등 함몰, 균열, 배수 불량 등	
A 현재 양호	스테이지 I -건전-	· 이상 없음	
B 경과 관찰	스테이지 II -가벼운 열화-	① 밀림, 침하, 융기 및 균열 : 경미한 균열이 발생함 ② 용수 · 침투수의 배수 불량 : 물빼기구멍이 경미하게 막히거나 파손됨	
C-1 보수	스테이지 III -보수-	① 밀림, 침하, 융기 및 균열 : 균열, 누수, 유리석회가 진행되고, 밀림과 침하, 융기가 발생함 ② 용수 · 침투수의 배수 불량 : 여러 곳에서 물빼기구멍이 파손되고, 통수가 불량함	
C-2 개축	스테이지 IV -개축-	① 밀림, 침하, 융기 및 균열 : 밀림, 침하, 융기 및 균열에 의하여 기능이 지장을 받고 있음	

3.2.2. 공종별 건전도 평가

열화손상도의 구분결과에 근거하여 공종별 건전도를 「A(건전)」, 「B(가벼운 열화)」, 「C-1(보수)」, 「C-2(개축)」, 「D(조사 필요)」로 평가한다.

[해설]

사방시설의 공종별 건전도 평가기준은 표 8-7에 제시한 바와 같이 손상기준의 판정, 열화 정도에 따라 평가한다.

표 8-7. 공종별 건전도 평가기준

수선의 판정	건전도 평가	손상기준의 판정	열화 정도
점검유지관리	A	모든 손상기준이 「a」	건전(스테이지 I)
점검유지관리	B	모두 또는 하나라도 손상기준이 「b」	가벼운 열화(스테이지 II)
보수	C-1	모두 또는 하나라도 손상기준이 「c」	보수(스테이지 III)
개축	C-2	건전성을 상실·기능 불완전	개축(스테이지 IV)
조사 필요	D	손상정도 파악 곤란, 상세조사 필요	

3.3. 건전도의 종합평가

점검결과의 분석에 근거하여 점검개소(사방 : 시설, 땅밀림 : 구역)의 건전도를 「A(건전)」, 「B(가벼운 열화)」, 「C-1(보수)」, 「C-2(개축)」 및 「D(조사 필요)」로 평가한다.

[해설]

사방시설의 건전도 평가기준은 표 8-8에 제시한 바와 같이 공종별 건전도 평가, 열화 정도에 따라 평가한다.

표 8-8. 건전도 평가기준

수선의 판정	건전도 평가	손상기준의 판정	열화 정도
점검유지관리	A	모든 평가가 「A」	건전(스테이지 I)
점검유지관리	B	모두 또는 하나라도 평가가 「B」	가벼운 열화(스테이지 II)
보수	C-1	모두 또는 하나라도 평가가 「C-1」	보수(스테이지 III)
개축	C-2	모두 또는 하나라도 평가가 「C-2」	개축(스테이지 IV)
조사 필요	D	손상정도를 파악하기 곤란하며, 상세조사가 필요	

3.4. 사방시설의 점검표 사례

표 8-9. 사방시설 점검표

사방시설 점검표 : 점검시트				점검방법		기존자료·현지 확인점검	
시설명칭 : ○○○-1				점검일시 : ○○○○/○○/○○			
시설대장 시스템 등록번호 :				점 검 자 : ○ ○○			
○○○○○○○				기 입 자 : ○ ○○			

	계류명			소재지			소관
수계	간천명	하천명	계류명	시·군	읍·면	리	

시설제원

시설종류		높이	m	연장	m	둑마루 폭	m
착수년도		면적	m²				
완공년도							

위 치 도		사 진	
종합형 GIS의 위치정보			
동경	° ′ ″	북위	° ′ ″
현지 계측의 위치정보			
동경	° ′ ″	북위	° ′ ″

●점검 총괄			평가	사진번호
1. 퇴사 상황	만사		A	1
2. 사방댐 등 시설 본체의 손상	댐둑마루의 마모	유·무	C-2	2
	균열	유·무		3
	기초부의 이상세굴	유·무		4
	누수	유·무		
	기타			
3. 전정보호공·측벽의 손상	둑마루의 마모	유·무	C-2	6
	균열	유·무		5, 7
	물받이의 손상	유·무		
	측벽 자체의 손상	유·무		6
	기초부의 이상세굴	유·무		
	누수	유·무		
	기타			
4. 기슭막이 등의 손상	기초부의 이상세굴	유·무	A	
	균열	유·무		
	누수	유·무		
	기타			

●점검 평가

(고찰)   C-2

본체의 손상은 균열이 집중하여 발생하였고, 물받이 부근에서 상하류방향으로 연속되어 C-2로 평가하였다. 전정보호공은 측벽의 블록이 붕괴되어 C-2로 평가하였다

●기타 특기사항

| 사방시설 점검표 : 평면도 및 구조도 |

본체 반수면　　　　　　　　　　　　　본체 대수면

댐둑마루

앞댐 반수면　　　　　　　　　　　　　앞댐 대수면

```
※ : 등급
× : 결손
◎ : 벗겨짐
☆ : 누수
# : 결석(結石) 침강
□ : 물빼기구멍 막힘
= : 수축줄눈 이완·단차
○ : 기타
P : 사진번호
```

사방시설 점검표 : 사진첩
※ 사방시설의 상태를 나타내는 사진을 발췌하여 삽입 후 설명 추가

사진-1   사진-2

(예) 퇴사 상황   (예) 본체
                                          댐둑마루의 결손이 확인됨

사진-3   사진-4

(예) 본체   (예) 본체
    전체적으로 균열이 발견됨   기초세굴이 확인됨

사진-5   사진-6

(예) 본체   (예) 수직벽·측벽
    마모에 의한 결손이 확인됨   결손이 확인됨

표 8-10. 땅밀림 점검표 사례

땅밀림방지시설 점검표 : 점검시트						점검방법	기존자료 · 현지 확인점검	
땅밀림방지구역명 : ○○○ 지구						점검일시 : ○○○○/○○/○○		
시설대장 시스템 등록번호(구역ID) :						점 검 자 : ○ ○○		
○○○○○○○						기 입 자 : ○ ○○		

소재지			고시 연월일	땅밀림방지 구역면적	소관	착수년도	완료년도
시·군	읍·면	리					
			○/○/○				

위 치 도		전경사진	

종합형 GIS의 위치정보				
동경	° ′ ″	북위	° ′ ″	
현지 계측의 위치정보				
동경	° ′ ″	북위	° ′ ″	

●점검 총괄

점검항목	수량	단위	점검에서 확인된 문제점	수량	평가	사진번호
1. 억지말뚝 박기		개	억지말뚝 두부의 융기			
			억지말뚝 두부의 침하			
			기타			
2. 깊은기초		기	깊은기초 두부의 융기			
			깊은기초 두부의 침하			
			기타			
3. 그라운드 앵커공		개	긴장재의 파괴			
			두부 보호뚜껑의 탈락, 파손 등			
			수압판, 비탈격자틀의 균열, 변형			
			기타			
4. 수로내기	987	m	수로 내의 토사퇴적구간 연장	900	C-1	27~30
			수로의 손상구간 연장	900		″
			기타			
5. 집수정공	8	기	집수정 본체의 파손, 변형, 부식	2	C-2	4, 9, 5
			배수 불량 등에 따른 담수	1		18
			집수관의 부식, 막힘	2		5, 10
			배수관의 부식, 막힘	1		18
			집수정 뚜껑의 파손, 변형, 부식	3		2, 8, 13
			점검용 계단 등의 파손, 변형, 부식	4		5, 10, 14
			출입 방호울타리의 파손, 변형	5		3, 7, 12
			기타			
6. 횡보링공	6	군	집수정 보호시설의 손상, 변형	1	B	26
			집수관의 부식, 변형			19~25
			기타			

●점검 평가

(고찰) C-2
해당지역의 땅밀림방지시설은 시공 후 40년이 경과하여 노후화되었고, 집수정, 횡보링 등이 변형되었다. 한편, 2013년에 발생한 땅밀림 기초조사에서는 활동 흔적이 발견되지 않았다.

●기타 특기사항

땅밀림방지시설 점검표 : 평면도 및 구조도

①

땅밀림방지시설의 평면도

| 땅밀림방지시설 점검표 : 사진첩
※ 땅말림방지시설의 상태를 나타내는 사진을 발췌하여 삽입 후 설명 추가

사진-1

사진-2

(예) 1호 집수정의 전경

(예) 1호 집수정 : 뚜껑의 상태
　　　부식되어 구멍이 생김

사진-3

사진-4

(예) 1호 집수정 : 펜스의 상태
　　　부식되어 구멍이 생김

(예) 1호 집수정 : 콘크리트붙이기의 상태
　　　40cm 정도의 공동화가 진행됨

사진-5

사진-6

(예) 1호 집수정 : 집·배수 상태
　　　집수된 상태
　　　(처리 불량)

(예) 2호 집수정 : 전경
　　　주변을 식생이 덮고 있음

제4절 시설의 보수·개축계획

4.1. 총칙

> 건전도 평가에 의하여 보수·개축의 필요성이 있다고 평가된 시설(구역)에 대한 우선순위를 설정한다. 또한, 우선순위에 입각하여 실시 개소수, 실시시기, 투자 예정액을 기재한 보수·개축계획을 책정하고, 이에 근거하여 대책을 마련하도록 한다.

[해설]
　　사방시설에도 건전도가 「C-1」, 「C-2」로 평가된 모든 개소를 즉시 대응할 수 없기 때문에 정기적이고도 계획적으로 대응할 필요가 있다. 따라서 각 시설의 배치나 구조 등의 상황을 고려하여 우선순위를 설정하고, 이에 예산, 실시체제에 대하여 검토한 후, 대상개소의 실시시기, 필요 예산액에 대하여 기재한 보수·개축계획을 책정한다.

4.2. 보수·개축개소의 우선순위 결정

> 보수·개축개소의 우선순위를 설정할 경우, ① 보전대상에 미치는 영향, ② 구조물의 안정성 (파손부위의 중요도), ③ 보전대상의 중요도 등의 관점에서 우선순위를 설정하도록 한다.

[해설]
1) 보전대상에 미치는 영향
　　보수·개축개소의 우선순위를 설정할 경우, 보전대상에 미치는 영향의 관점에서는 다음을 참고로 하여 진행한다.
　　① 대상시설의 파손이 제3자에 위해를 가하지 않는다는 것을 최우선적으로 고려하여야 한다.
　　② 사방설비(사방댐이나 바닥막이)의 설치위치나 그 규모에 따라 시설파괴가 보전대상에 미치는 영향은 다르며, 다음과 같은 경우에는 보전대상에 미치는 영향이 커질 것을 판단된다.
　　　· 최하류에 설치된 사방댐 등
　　　· 보전대상에 가까운 개소에 설치된 사방댐 등
　　　· 산림보호법의 기초조사에서 시설효과를 예상하고 있는 사방댐 등
　　　· 시가지에 미치는 영향이 클 것으로 예상되는 사방댐 등(1급 하천 내에 설치된 높이 15m 이상의 사방댐 등)
　　또한, 땅밀림방지시설이나 급경사지붕괴방지시설은 인가에 근접한 개소에 대책시설이 설치되고 있으므로, 보전대상에 미치는 영향은 클 것으로 판단된다.

2) 구조물의 안정성(파손부위의 중요도)

보수·개축개소의 우선순위를 설정할 경우, 구조물의 안정성(파손부위의 중요도)의 관점에서는 다음을 참고로 하여 진행한다.
① 구조물에 따라서는 열화손상이 시설 전체의 안전성을 위협하는 경우가 있으며, 파손부위별로 중요도가 다르다고 판단된다.
② 비탈격자틀붙이기의 격자틀은 구조물의 안정성을 유지하는 중요한 부위로, 격자틀의 열화손상은 비탈격자틀붙이기의 비탈면붕괴방지기능을 손상시킬 가능성이 있다. 또한, 충전재는 빗방울 등의 침식을 방지하기 위하여 설치하는 것으로, 충전재의 유출만으로는 시설기능이 곧장 손상을 받지는 않는다.
③ 따라서 이러한 부위별로 중요도를 착안하여 보수·개축의 우선순위를 설정하도록 한다.

3) 보전대상의 중요도

보수·개축개소의 우선순위를 설정할 경우, 보전대상의 중요도의 관점에서는 다음을 참고로 하여 진행한다.
① 재해 시에 자력으로 피난하기 곤란한 주민이 이용하는 재해요원호자 관련시설이나 재해 시의 피난장소 및 방재거점의 안전 확보를 우선하도록 한다.
② 개축개소의 우선순위는 다음의 순서에 따라 선정하도록 한다.

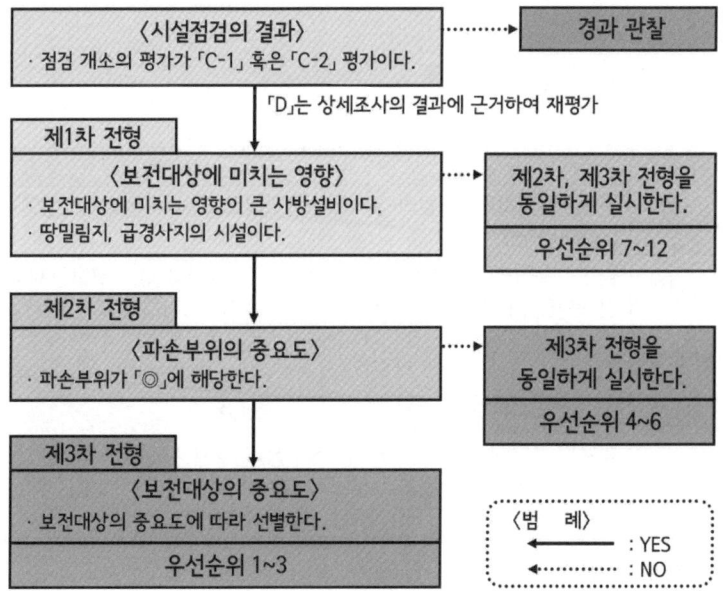

그림 8-4. 보수·개축개소의 우선순위 설정 흐름도

표 8-11. 전형단계 일람

전형단계	내용
제1차 전형	〈시설 파손이 보전대상에 미치는 영향에 입각한 우선도의 선정〉 · 시설이 파손되면 보전대상에 미치는 영향이 클 것으로 예상되는 시설을 우선한다. · 사방설비의 경우, 시설의 상황에 따라 보전대상에 미치는 영향이 다를 것으로 판단되므로, 다음과 같은 구분에 근거하여 분류한다. 【보전대상에 미치는 영향이 큰 시설】 ① 최하류에 위치하는 사방댐 등 ② 보전대상으로부터 상류 200m 이내에 위치하는 사방댐 등 ③ 생활권에 미치는 영향이 클 것으로 예상되는 사방댐 등 ※ 상기 내용 이외의 경우도 영향이 크다고 판단할 수 있음. 다만, 판단근거를 명확히 한 후, 사방과와 협의할 것. · 땅밀림방지시설은 모든 시설을 보전대상에 미치는 영향이 큰 시설로 구분한다.
제2차 전형	〈시설 부위가 갖고 있는 기능의 중요도에 입각한 우선도의 선정〉 ·「표 8-10 사방시설의 부위별 우선순위표」에 따라 중요도가 높은 부위를 우선한다.
제3차 전형	〈보전대상의 중요도에 입각한 우선도의 선정〉 ·「표 8-11 사방관계시설의 보전대상에 대한 우선순위표」에 의하여 재해시요원호자관련시설, 피난장소, 방재거점을 최우선한다. · 대규모 사방댐이 파괴되면 하류 시가지에 있는 불특정다수의 보전대상에 미치는 영향이 예상되므로, 우선도 1로 한다.

표 8-12. 사방관계시설의 부위별 우선순위표

① 사방설비

중요도	구분	부위 등
우선도 1	◎ 부위	본체, 댐둑어깨, 물받이 및 측벽(콘크리트사방댐, 돌쌓기사방댐), 본체 월류부(강제사방댐)
우선도 2	○ 부위	앞댐 · 수직벽(콘크리트사방댐), 물받이(강제사방댐), 측벽(강제사방댐), 바닥막이 본체, 바닥막이 물받이, 바닥막이 측벽, 사이채움

② 땅밀림방지시설

중요도	구분	부위 등
우선도 1	◎ 부위	횡보링 집수관, 집수정 본체, 집수정 집수관, 집수정 배수관, 수로, 옹벽 본체, 비탈면보호공 본체, 비탈면 물빼기구멍, 앵커 본체, 앵커 수압판, 말뚝 본체, 옹벽 물빼기구멍, 지표수 배제공(비탈면)
우선도 2	○ 부위	지표수 배제공(옹벽 앞 배수)

표 8-13. 사방시설의 보전대상에 대한 우선순위표

중요도	구분	부위 등
우선도 1	I	재해 시 요(要)원호자 관계시설, 피난장소, 방재거점
우선도 2	II	인가 인접지구(인가 5호 이상)
우선도 3	III	상기 (I, II) 이외

※ 하류의 시가지에 미치는 영향이 클 것으로 예상되는 사방댐은 우선도 1로 한다.

표 8-14. 보수·개축개소의 우선순위 설정표

대상시설(구역)	전형단계			우선순위
	제1차 전형	제2차 전형	제3차 전형	
	보전대상에 미치는 영향	파손부위의 중요성	보전대상의 중요성	
C-1, C-2 평가	〈사방〉 → 보전대상의 영향이 큼	◎	I	1
			II	2
			III	3
	〈급경사, 땅밀림〉 → 모든 시설	○	I	4
			II	5
			III	6
	상기 이외	◎	I	7
			II	8
			III	9
		○	I	10
			II	11
			III	12

4.3. 보수·개축계획수립

○ 대상 개소수 및 대상 사업비에 대하여
  · 보수·개축계획의 대상 개소는 긴급점검에서 건전도 C로 평가된 개소로 한다.
  · 대상 개소수와 대상 사업비는 다음과 같다.
    대상 개소수 : ( )개소
    대상 사업비(개략) : 약 ( )백만원
  · 또한, 앞으로 새롭게 건전도 C로 평가된 개소에 대하여서는 우선순위를 설정하고, 보수·개축계획에 반영하도록 한다.
○ 보수·개축의 실시방침에 대하여
  · 보수·개축계획의 실시방침은 다음과 같다.
    ① 앞으로 5년간 우선순위 6(보전대상에 미치는 영향이 큼)에 착수한다.
    ② 앞으로 10년간에 걸쳐 모든 개소에 착수한다.

[해설]
건전도가 C로 평가된 보수·개축 대상개소는 (   )개소, 대상 사업비의 예상금액은 약 (   )백만원이고, 그 중에서, 사방설비가 개소수의 약 (   )%, 대상 사업비의 약 (   )%를 차지하고 있다.

표 8-15. 보수·개축계획의 개소수, 개산액(概算額) 일람표

시설의 종류	① 개소수 (보수·개축 전체 숫자에서 차지하는 비율)	② 개산액 (백만원) (보수·개축 전체 숫자에서 차지하는 비율)	③ 각 시설의 숫자 (시설 전체 숫자에서 차지하는 비율)	시설종류별 열화손상 비율 (①/③)
사방시설 (사방댐·바닥막이)	*** (%)	*** (%)	*** (%)	*** (%)
땅밀림방지구역	*** (%)	*** (%)	*** (%)	*** (%)
계	***	***	***	***

우선순위의 전형기준에 따라 각 개소를 분류한 결과는 표 8-16에 제시한 바와 같다. 즉, 우선순위 1~3까지의 대책 사업비는 (   )백만원(전체 사업비의 약 */*에 해당), 우선순위 1~6까지의 대책 사업비는 약 (   )백만원(전체 사업비의 약 */*에 해당)에 이른다.

표 8-16. 우선순위별 개소수, 개산액(概算額) 일람표(개산액 : 백만원)

우선순위	사방		땅밀림		계		누계	
	개소수	개산액	개소수	개산액	개소수	개산액	개소수	개산액
1								
2								
3								
4								
5								
6								
7								
8								
9								
10								
계								

제5절 시설의 점검계획

5.1. 총칙

> 점검계획의 책정대상은 정기점검으로 하며, 시설종류별, 시설건전도를 고려한 정기점검을 실시한다.

[해설]

시설점검은 표 8-17과 같이 일상점검, 정기점검, 재해 시 점검으로 나눌 수 있다. 그리고 예방보전에는 정기점검에 의하여 변형상태의 진행 등을 적절하게 파악한 후, 그에 알맞은 보수 등을 실시하는 것이 중요하기 때문에 변형상태의 진행을 파악할 수 있는 정기점검을 대상으로 하여 점검계획을 책정한다.

표 8-17. 시설점검의 개요

점검의 종류	점검 목적	점검 빈도	점검 내용
일상점검	·변형상태의 조기 발견	〈평상시〉 ·적시	·패트롤 시에 먼 곳에서 육안으로 확인
정기점검	·변형상태의 진행정도 파악 ·신규 변형상태의 발견	〈평상시〉 ·정기적(몇 년에 1회)	·육안과 측정기기로 시설에 접근하여 세부까지 점검
재해 시의 점검	·변형상태의 진행정도 파악 ·새로운 변형상태의 조기발견	〈임시〉 ·이상강우 후 ·지진 후	·육안과 측정기기로 시설에 접근하여 세부까지 점검

5.2. 시설 상황에 따른 점검계획

5.2.1. 정기점검의 기본적인 개념

> 정기점검은 점검표의 갱신이나 종전의 점검 시에 확인된 변형상태의 진행상황의 파악, 새로운 진행상태의 발견을 목적으로 실시하는 것이다. 따라서
> · 시설정비가 완료된 후, 일정기간이 경과된 단계에서 정기점검을 개시하고, 그 후 시설 건전도 등에 따른 사이클을 설정하여 점검을 실시한다.
> · 점검결과에 대해서는 점검표를 정비하고, 시설대장 시스템에 등록하여 자료가 정비·축적되도록 한다.

[해설]

사방시설의 정비가 완료된 후, 일정기간이 경과된 단계에서 첫 번째 정기점검을 실시

하고, 그 후는 정기적으로 점검을 실시한다. 그리고 첫 번째 점검 이후의 점검간격에 대해서는 시설종류에 따라 해당 시설의 건전도 및 중요도를 고려하여 결정한다.

한편, 직전의 점검결과에 따라 건전도 평가를 변경한 경우에는 정기점검의 사이클을 변경하도록 하고, 첫 번째 점검 이전에 긴급점검을 실시한 경우에는 그것을 첫 번째 점검으로 간주하도록 한다.

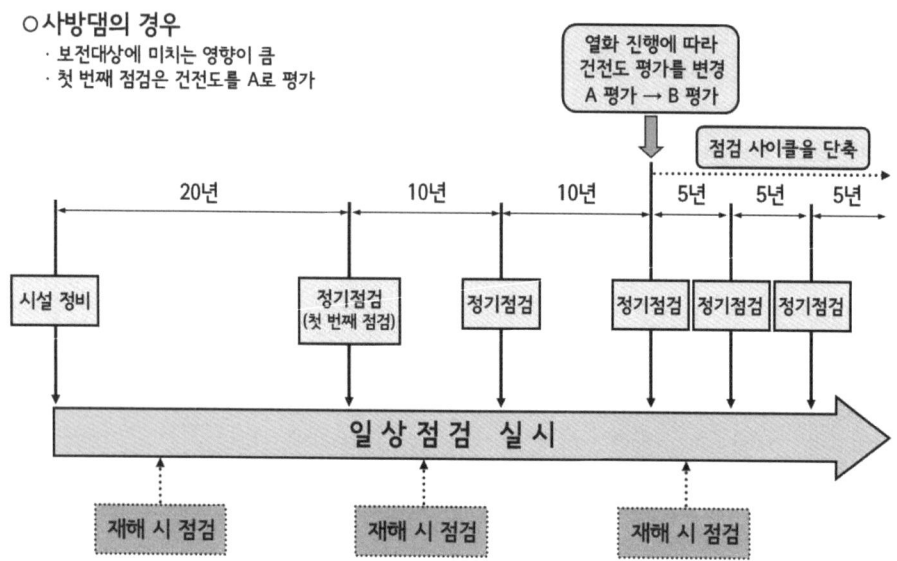

그림 8-5. 사방댐의 점검 사이클의 이미지도

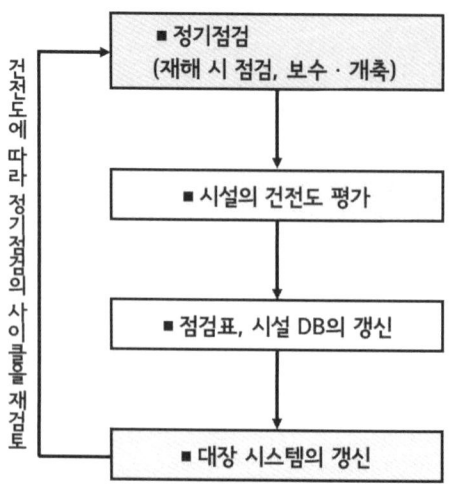

그림 8-6. 정기점검의 작업 흐름도

5.2.2. 정기점검의 방법

5.2.2.1. 첫 번째 점검의 실시

> 시설 보수가 필요한 C-1 평가의 열화손상이 나타나기 시작한 경과년수를 집계·분석한 결과에 입각하여 첫 번째 점검시기를 설정한다.

[해설]
정기점검의 첫 번째 점검연차는 표 8-18과 같다.

표 8-18. 정기점검의 첫 번째 점검연차

종류	첫 번째 실시연차
사방설비(사방댐, 바닥막이)	20년
땅밀림방지시설	10년

5.2.2.2. 정기점검 사이클

> 점검 사이클 설정기준과 점검 사이클 설정에 사용하는 보정율에 따라 정기점검 사이클을 결정한다.

[해설]
1) 점검 사이클 설정기준
   정기점검의 사이클에 대하여서는 다음 항목을 고려하여 설정한다.

〈보전대상에 미치는 영향〉
· 시설의 파손이 보전대상에 미치는 영향이 클 것으로 예상되는 시설을 우선한다.
· 사방설비는 시설의 상황에 따라 보전대상에 미치는 영향이 다를 것으로 판단되기 때문에 다음과 같은 내용을 기준으로 삼는다.

> 【보전대상에 미치는 영향이 큰 시설】
> ① 최하류에 위치하고 있는 사방댐 등
> ② 보전대상으로부터 상류 200m 이내에 위치하고 있는 사방댐 등
> ③ 시가지에 미치는 영향이 클 것으로 예상되는 사방댐 등
> ※ 상기 내용 이외의 경우도 영향이 크다고 판단할 수 있으며, 판단근거를 명확히 한 후, 산사태방지과와 협의할 것.

· 땅밀림방지시설은 모든 시설을 보전대상에 미치는 영향이 큰 시설로 구분한다.

〈시설의 건전도〉
· 열화손상이 확인된 시설에 대해서는 그 후의 상황을 정확하게 파악하여, 적절한 대응을 실시할 필요가 있다.
· 따라서 직전의 점검결과에서 시설의 건전도가 B, C로 평가된 경우는 이를 고려하여 점검 사이클을 재차 설정한다.

2) 점검 사이클 설정에 사용하는 보정율

정기점검의 사이클을 설정할 때는 첫 번째 점검 실시연차에 표 8-19의 보전대상에 미치는 영향에 대한 보정과 표 8-20의 시설의 건전도에 대한 보정율을 곱하여 결정한다.

표 8-19. 보전대상에 미치는 영향에 대한 보정

보전대상에 미치는 영향	보정율
영향이 큰 경우	× 0.5
기타	× 1.0

표 8-20. 시설의 건전도에 대한 보정

건전도 평가	보정율
A	× 1.0
B	× 0.5
C-1	연 1회
C-2	개별 설정
D	개별 설정

3) 정기점검 사이클

1)의 점검 사이클 설정기준과 2)의 점검 사이클 설정에 사용하는 보정율에 근거하여 정기점검 사이클을 표 8-21과 같이 설정하고, 표 8-21의 적용 시에는 다음과 같은 내용을 유의하도록 한다.
- 이상강우 및 지진 후에는 재해 시 점검을 실시할 것
- 정기점검 사이클 기간 내에 정기점검을 실시할 것(사이클은 최대치)
- 점검계획을 책정할 때는 다음을 배려할 것
  ① 각종 사방관계시설을 효율적으로 점검할 수 있도록 시설위치 등을 감안하여 계획을 책정하도록 할 것
  ② ①에 입각하여 시공연도가 오래된 개소, 열화진행이 빠른 개소(만사되지 않은 사방댐 등)를 우선적으로 점검할 것

표 8-21. 정기점검 사이클 일람표

시설의 종류	첫 번째 점검의 실시연차	보정율					정기점검 사이클 (첫 번째 점검연차 ×보정율)
		보전대상에 미치는 영향		건전도		합성 보정율	
		종류	①보정율	종류	②보정율	①×②	
사방설비 (사방댐 · 바닥막이)	20년	영향이 큼	0.5	A	1.00	0.50	ⓐ10년 이내
				B	0.50	0.25	ⓐ5년 이내
				C-1	연 1회 이상	연 1회 이상	연 1회 이상
				C-2	개별 설정	개별 설정	개별 설정
				D	개별 설정	개별 설정	개별 설정
		기타	1.0	A	1.00	1.00	ⓐ20년 이내
				B	0.50	0.50	ⓐ10년 이내
				C-1	연 1회 이상	연 1회 이상	연 1회 이상
				C-2	개별 설정	개별 설정	개별 설정
				D	개별 설정	개별 설정	개별 설정
땅밀림 방지시설	10년	-	-	A	1.00	1.00	ⓐ10년 이내
				B	0.50	0.50	ⓐ5년 이내
				C-1	연 1회 이상	연 1회 이상	연 1회 이상
				C-2	개별 설정	개별 설정	개별 설정
				D	개별 설정	개별 설정	개별 설정
급경사지 붕괴방지 시설	10년	-	-	A	1.00	1.00	ⓐ10년 이내
				B	0.50	0.50	ⓐ5년 이내
				C-1	연 1회 이상	연 1회 이상	연 1회 이상
				C-2	개별 설정	개별 설정	개별 설정
				D	개별 설정	개별 설정	개별 설정

5.2.2.3. 정기점검의 실시방법

정기점검은 다음과 같은 사항을 충분히 숙지한 후에 실시하도록 한다.
· 지난번의 점검표를 휴대하고 점검을 실시한다.
· 시설에 접근하여 육안으로 점검하고, 필요에 따라 타음(打音), 계측 등에 의하여 상세한 점검을 실시한다.
· 변형상태가 나타난 개소는 정점관측 등을 실시하여 지난번 점검개소로부터의 진행상황을 가능한 한 정량적으로 파악하고, 조사표에 기록한다.
· 점검 후에는 신속하게 점검표를 갱신하고, 시설대장 시스템에 등록함과 동시에 접근로 등의 자료 등을 정비 · 축적하도록 한다.

[해설]
1) 점검에 사용하는 자료

　　정기점검에 사용하는 자료는 다음과 같다.
　　① 점검표
　　② 평면도, 구조도(시설 손상개소 기입용)

2) 점검에 사용하는 기자재

　　다음을 기본으로 하지만, 필요에 따라 기자재를 추가할 수 있다.
　　① 폴 2개
　　② 콘벡스 1개(5m), 노기스(버니어캘리퍼스)
　　③ 줄자
　　④ 디지털카메라
　　⑤ GPS 수신기
　　⑥ 스프레이
　　⑦ 땅밀림방지시설을 점검할 때는 유독가스 농도계측 등과 같은 안전 확보에 필요한 장치

3) 점검방법

　　다음과 같은 내용을 준수하여 점검을 실시한다.
　　① 구조물의 제원을 실측하고, 종전의 점검결과와 비교하여 시설을 확인하다.
　　② 시설의 상태를 확인하여 점검표에 기입한다.
　　③ 손상개소를 확인하여 사진을 촬영하고, 평면도 및 구조도를 스케치한다.
　　　· 시설에 가능한 한 근접하여 육안점검을 실시할 것
　　　· 필요에 따라 타음, 계측 등에 의하여 점검을 실시할 것
　　　· 변형상태 등이 발견된 개소는 가능한 한 변형된 상태의 진행상황을 정량적으로 파악하여 조사표에 기록하고, 정점관찰을 할 수 있도록 스프레이 등으로 현장에 표시를 해 두도록 할 것
　　④ 사진은 손상의 유무에 상관없이 시설의 상태를 촬영한다.
　　⑤ GPS 수신기로 위치정보를 취득하고, 점검표에 기입한다(긴급점검에서 현지 확인을 실시하지 않은 개소).
　　⑥ 점검에 의하여 문제 등이 있다고 확인된 개소에 대해서는 필요에 따라 상세조사를 실시하고, 보수 등에 대하여 검토한다.

4) 점검자료의 축적

　　정기점검 결과에 근거하여 점검표 및 시설 데이터베이스를 갱신하고, 시설대장 시스템의 등록정보를 갱신한다. 재해 시의 점검, 시설보수·개축을 실시한 경우도 동일하다.

5) 점검항목
　① 사방설비
　현지에서 점검표 기입, 사진 촬영 및 계측 등을 실시하여 시설의 열화·손상상태 및 유로의 이상퇴적 등에 의한 기능 불완전 상황의 유무를 확인한다.

표 8-22. 사방시설의 점검내용, 정점항목 및 점검내용

점검내용	점검항목	점검내용
1. 퇴사 상황		·사방댐의 기능을 저해할 위험이 있는 토사가 퇴적된 것을 조기에 발견하기 위하여 점검을 실시할 것 ·사방댐의 시설 배면에 대한 퇴사된 상황을 확인할 것 ·상류와 하류를 구분하여 사진을 촬영하고, 설명 코멘트를 기재할 것
2. 사방댐 등 시설 본체의 손상	댐둑마루의 마모 균열 기초부위의 이상세굴 누수 기타	·사방댐의 기능을 저해할 위험이 있는 토사퇴적을 조기에 발견하기 위하여 점검을 실시할 것 ·열화손상의 유무를 확인할 것 ·열화손상의 진행정도를 파악할 목적으로 다음과 같은 항목에 대하여 가능한 한 정량적으로 기재할 것 　- 마모의 두께·폭 　- 균열의 폭·길이 　-사방댐의 기초지반 세굴 가능성 등 ·변형 개소를 정점관측 할 수 있도록 현장에 스프레이 등으로 표시할 것 ·누수의 색깔을 확인하여 토사유출이 나타나는지를 확인할 것 ·사진과 함께 설명 코멘트를 기재할 것
3. 전정보호공 및 바닥막이 등의 손상	댐둑마루의 마모 균열 물받이의 손상 측벽 등의 손상 기초부위의 이상세굴 누수 기타	
4. 기슭막이 등의 손상	기초부위의 이상세굴 균열 누수 기타	

　② 땅밀림방지시설
　현지에서 점검표 기입, 사진 촬영 및 계측 등을 실시하여 시설의 열화·손상상태 및 주변부의 변형상태 등의 유무를 확인한다. 특히, 시설이나 주변부의 경과관찰이 땅밀림의 움직임을 파악하는 데 중요하므로, 구체적이면서도 정량적으로 기록한다.

표 8-23. 땅밀림방지시설의 점검내용, 정점항목 및 점검내용

점검내용	점검항목	점검내용
1. 억지말뚝박기	억지말뚝 머리의 부상	· 땅밀림 억지시설의 변형상태를 조기에 발견하기 위한 점검을 실시할 것 · 억지공의 점검 시 다음을 유의할 것 ① 구조물의 저항력에 의하여 땅밀림 운동을 정지시키므로, 시설의 열화손상은 땅밀림을 재발시킬 수 있다. ② 시설의 변형은 땅밀림 운동의 기인이 될 가능성이 있다. · 변형상태의 유무, 주변의 상황을 확인할 것 · 변형상태의 진행상황을 파악할 수 있도록 정량적으로 기재할 것 · 정점관측을 할 수 있도록 현장에 스프레이 등으로 표시해 둘 것 · 사진과 함께 설명 코멘트를 기재할 것 · 변형이 있을 경우는 상세점검을 검토할 것
	억지말뚝 머리의 침하	
2. 깊은기초	기타	
	억지말뚝 머리의 부상	
	억지말뚝 머리의 침하	
3. 그라운드앵커공	기타	
	머리 보호 캡의 탈락, 파손 등	
	수압판, 비탈면격자틀붙이기의 균열, 변형	
	긴장재의 파괴	
	기타	
4. 수로내기	수로 내의 토사퇴적구간 길이	· 수로로부터의 범람, 누수의 원인이 되는 열화손상을 조기에 발견하기 위한 점검을 실시할 것 · 사진과 함께 설명 코멘트를 기재할 것
	수로의 손상구간 길이	
	기타	
5. 집수정공	집수정 본체의 파손, 변형, 부식	· 땅밀림을 억지하고 있는 시설의 변형상태를 조기에 발견하기 위한 점검을 실시할 것 · 사진과 함께 설명 코멘트를 기재할 것 · 집수정의 몸체는 땅밀림 활동에 의하여 변형될 수 있기 때문에 신중하게 점검을 실시할 것 · 정점관측을 할 수 있도록 현장에 스프레이 등으로 표시해 둘 것 · 집수정 내부는 산소 결핍이나 가스 중독이 될 위험성이 있기 때문에, 환기와 산소나 유독 가스농도를 상시 계측하여 점검을 실시할 것 · 출입 방지울타리 등과 같은 안전시설의 파손 등을 확인한 경우는 신속하게 대응방안을 검토할 것
	배수 불량 등에 의한 담수	
	집수관 구멍의 부식, 막힘	
	집수관 출구의 부식, 막힘	
	우물 뚜껑의 파손, 변형, 부식	
	점검용 계단 등의 파손, 변형, 부식	
	출입 방지울타리의 파손, 변형	
	기타	
6. 횡보링공	보링구멍 보호시설의 손상, 변형	· 땅밀림을 억지하고 있는 시설의 변형상태를 조기에 발견하기 위한 점검을 실시할 것 · 사진과 함께 설명 코멘트를 기재할 것
	집수관 구멍의 부식, 변형	
	기타	

5.3. 유지관리체제

> 유지관리체제를 강화하기 위하여 ① 관련 담당자와의 연계, ② 신기술, 신공법 활용, ③ 직원의 역량강화, ④ 적정 인원의 배치 등을 추진하도록 한다.

[해설]

예방 보전적인 유지관리로 이행하기 위해서는 유지관리체제가 강화되어야 하므로, 유지관리체제를 강화하기 위하여 다음의 내용을 추진하도록 한다.

① 다양한 담당자와의 연계
  · 사방시설은 지역성이 높기 때문에 해당 지역의 업자에게 업무를 위탁하여 점검의 효율성을 높이고, 한국치산기술협회나 ME(사회기반 유지보수 전문가)로부터의 기술적 지원, 인적 지원에 의한 체제를 강화한다.
  · 지역 주민에 통보창구 등을 주지시키고, 정보수집체제를 강화한다.

② 신기술, 신공법의 활용
  · 태블릿 단말기 등의 신기술을 활용하고, 현장 점검을 효율화한다.
  · 정보수집, 점검결과, 위치정보, 접근루트의 데이터를 관리하여 현장에서 열람·등록이 가능하게 하고, 보수 등을 검토할 때는 신공법을 검토한다.

③ 직원의 기술향상과 적절한 직원배치
  · 유지관리에 관한 기술 강습회를 개최하고, 점검 매뉴얼 등을 작성하여 직원의 유지관리에 관한 기술력을 향상시킨다.
  · PDCA 사이클로 검증하여 적절한 직원을 배치하도록 한다.

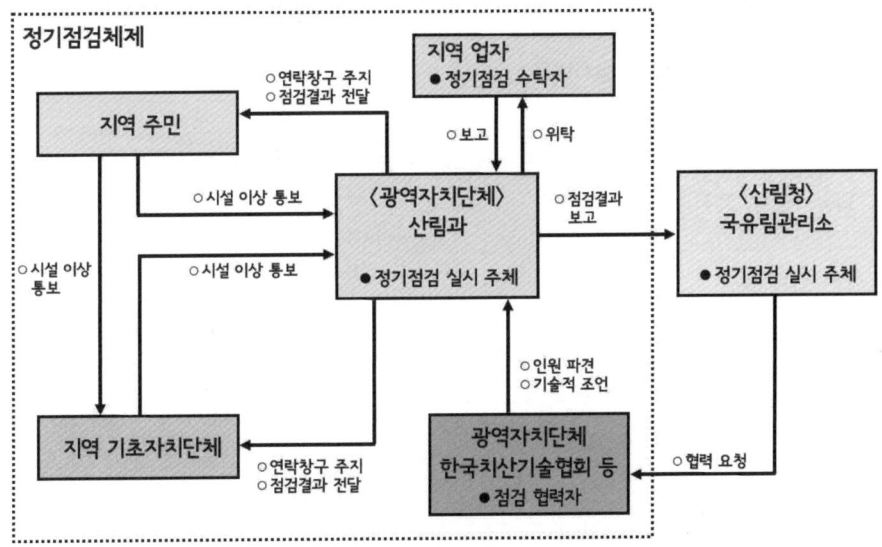

그림 8-7. 정기점검의 체계도(일본의 사례 참조)

5.4. 진행방침

> 사방시설의 효율적인 유지관리를 위하여 PDCA 사이클 체계를 도입하도록 한다.

[해설]

유지관리·개축은 장기적인 관점에 입각하여 점검에 의한 상태 파악, 유지관리대책의 반복 및 결과를 분석·평가하여 PDCA 사이클 체계를 구축한다.

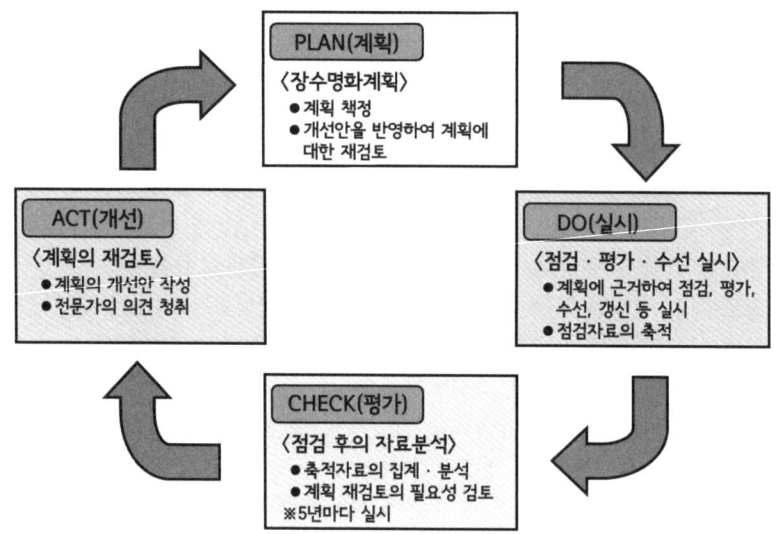

그림 8-8. PDCA 사이클

표 8-24. PDCA 사이클의 실시내용

항목	주체	내용
PLAN(계획)		
장수명화계획의 책정·통지, 재점검	산림청	예방 보전형 유지관리에 필요한 항목을 기재한 장수명화계획 및 개선안 반영 → ACT 후에 실시
DO(실시)		
점검 실시	한국치산기술협회 등	일상점검, 정기점검, 재해 시 점검 등 실시 및 점검표, 데이터베이스 갱신 및 산림청에 보고
점검결과 정리	산림청	한국치산기술협회의 보고에 근거, 점검결과 집계
보수·개축 실시	사방사업 관련 업체	계획에 근거하여 보수·개축 실시, 건전도 평가, 점검표, 데이터베이스 갱신 및 산림청에 보고
보수·개축 정리	산림청	사방사업 결과보고에 근거한 보수·개축상황 집계
CHECK(평가)		
점검 및 보수·개축 결과 분석	산림청	5년분의 점검결과 및 문제점 분석, 현 계획의 타당성 검증 및 재점검의 필요성 검토
ACT(개선)		
개선안 책정	산림청	·분석결과를 기본으로 하여 개선안 책정

참고문헌

I. 국내문헌

강원발전연구원. 2005. 수방가이드라인 설정 연구. 470pp.

건설교통부 한국건설교통기술평가원. 2006. 낙석 및 산사태 방지를 위한 차세대 신기술 개발. 653pp.

과학기술부. 2002. 2차 산림피해 방지기술 개발. 501pp.

구효빈·김지현·장수진·이윤태·김석우·전근우. 2019. 임도개설 이후의 3년간에 있어서 수서곤충의 개체수 변화. 학술림연구지 39 : 1-7.

권세명·서정일·조호형·김석우·이동균·지병윤·전근우. 2013. 산사태 붕괴사면에 있어서 표면침식에 영향을 미치는 강우강도와 그에 따른 유출토사량의 변화. Journal of Forest Science 29(4) : 314-323.

김경남·장수진·이광연·서기범·김범수·전근우. 2015. 도시내 산지의 토석류 위험구역 예측. 한국방재학회논문집 15(3) : 141-146.

김석우·전근우·박종민·김영설·권세명·기무라 마사노부. 2010. 산지하천에 형성된 토석류 퇴적지의 분포 및 홍수에 의한 교란특성. 2010 新山地防災事業團 韓日共同學術會議資料集 : 131-134.

김석우·전근우·김진학·김민식·김민석. 2012. 2011년 집중호우로 인한 산사태 발생특성 분석. 한국임학회지 101(1) : 28-35.

김석우·전근우·김경남·김민식·김민석·이상호·서정일. 2013. 산사태 취약지역 지정·관리 제도의 의의와 향후 과제. Journal of Forest Science 29(3) : 237-248.

김석우·전근우·김민석·김민식·김진학·이동균. 2013. 우리나라에 있어서 산사태 유발강우의 강도-지속시간 한계. 한국임학회지 102(3) : 463-466.

김석우·손호준·임영협·김진학·윤주웅·이윤태·박완근·전근우. 2015. 산지계류의 토석류 퇴적지에 있어서 수변식생의 성립에 미치는 영향인자. (사)한국임학회 2015년도 추계 학술연구 발표논문집 : 190.

김석우·전근우. 2015. 일본 북해도에 있어서 어류가 서식할 수 있는 있는 계류조성사업(1) - 어류와 계류환경에 대한 체크리스트-. 산지환경 18 : 85-94.

김석우·전근우. 2016. 지진이 산지토사재해에 미치는 영향. 산지환경 20 : 68-77.

김석우·김영설·이윤태·김민석·전근우. 2018. 설악산국립공원 내 한계천 토석류 퇴적지의 식생 분포 특성. (사)한국산림과학회 2018년도 하계 학술연구 발표논문집 : 133.

김석우·전근우. 2018. 일본의 땅밀림방지사업을 위한 실태조사와 기구조사. 산지환경 21 : 148-165.

김석우·김영설·이윤태·김민석·서정일·전근우. 2019. 산지하천에 있어서 토석류 발생 후 수변 식생의 재성립과 분포. 산림과학연구소 신(新)산지방재센터 심포지엄 Ⅲ 자료집 : 295-304.

김석우·전근우. 2019. 계류복원사업을 위한 환경조사(1) -식물조사를 중심으로-. 산지환경 22 : 93-101.

김석우·전근우·서정일·임영협·남수연·장수진·김용석·이재욱. 2020. 강원도 산지계류 내 유목의 기원과 현존량. 한국환경생태학회지 34(3) : 249-259.

김성덕·전근우·김석우·전계원. 2015. 토석류 방재를 위한 사방댐에서의 충격력 해석. 한국위기관리논집 11(9) : 65-77.

김진학·김석우·윤주웅·권세명·김영설·전근우·기무라 마사노부. 2012. 강원도 동해안 지역의 산지계류에 있어서 토석류 퇴적지의 분포와 토사이동 특성. 2012 산림과학 공동학술대회 발표논문집 : 865-866.

김진학·전근우·서정일·윤주웅·권세명·김용래. 2013. 도심지역에 있어서 유목 및 토석류 포착용 철강재 바닥스크린의 효과. 2013 산림과학 공동학술대회 발표논문집 : 913-916.

김진학·전근우·김석우·윤주웅·김용래·이윤태. 2014. 모형실험을 이용한 토석류 발생 및 유하구간의 경사별 철강재 바닥스크린의 포착효과 규명. 2014 산림과학 공동학술대회 발표논문집 : 269.

김진학·윤주웅·이윤태·장수진·임영협·전근우. 2015. 토석류 및 후속류의 발생에 따른 철강재 바닥스크린의 포착효과. (사)한국임학회 2015년도 추계 학술연구 발표논문집 : 185.

김진학·전근우·서정일·김석우·윤주웅. 2016. 생활권 주변 산록지역의 유목 및 토석류 포착용 바닥스크린 개발. 한국산림공학회지 14(1) : 33-44.

김진학·전근우·서정일·김석우·윤주웅·전계원. 2016. 생활권 주변 산록부에 있어서 토석류 피해 저감을 위한 철강재 바닥스크린의 최적 순간격 파악. Crisisonomy 12(4) : 73-83.

김진학·전근우·서정일·이윤태·전계원. 2017. 철강재 바닥스크린의 토석류 피해저감 기능 극대화를 위한 측면스크린의 부착 효과. Crisisonomy 13(1) : 109-121.

김진학·전근우·서정일·김석우·윤주웅·전계원. 2017. 토석류의 발생 규모 및 빈도에 따른 바닥스크린 상의 토석류 포착 형태의 차이. Crisisonomy 13(4) : 137-149.

김진학·전근우·서정일·김석우·윤주웅·전계원. 2017. 모형수로 상의 바닥스크린에 있어서 토석류의 규모 및 빈도에 따른 토석류 포착형태의 변화. (사)한국임학회 2017년도 하계 학술연구 발표논문집 : 170.

김진학·전근우·서정일·이윤태·전계원. 2017. 철강재 바닥스크린의 토석류 피해저감 기능 극대화를 위한 측면스크린의 부착 효과. Crisisonomy 13(1) : 109-121.

김진학·전근우·서정일·이윤태·전계원·김석우·윤주웅. 2017. 바닥스크린의 토석류 피해저감 기능 향상을 위한 측면스크린의 부착 효과. 2017 산림과학 공동학술대회 발표논문집 : 206.

김진학·서정일·김석우·이상인·이윤태·전근우. 2018. 토석류 유도둑의 도류각에 따른 퇴적형태 및 충격파 위치의 변화에 관한 실험적 연구. 농업생명과학연구 52(3) : 27-38.

김진학·전근우·서정일·김석우·이상인·이윤태·이창우. 2018. 모형수로를 이용한 토석류 유도둑의 도류각에 따른 퇴적형태 및 충격파 위치의 변화. 2018 산림과학 공동학술대회 발표논문집 : 226.

남수연·장수진·김석우·이윤태·전근우. 2020. 환경인자를 이용한 산지계류의 계절별 수온 변화 예측. 한국환경생태학회지 34(1) : 55-62.

남수연·전근우·이재욱·강원석·장수진. 2021. 산지계류에 있어서 홍수기의 강우사상에 대한 유출수문곡선 분리 및 특성 분석. 생태와 환경 54(1) : 49-60.

산림청. 2002. 환경친화적인 사방공법정립에 관한 연구. 453pp.

산림청. 2003. 산사태 발생원인 및 예방대책에 관한 연구. 563pp.

산림청. 2012. 기후변화에 따른 기상이변이 산지토사재해 및 산불에 미치는 영향 예측과 대응기술 개발. 764pp.

산림청. 2014. 개정 사방기술교본. 산림청. 436pp.

산림청. 2016. 도시사방의 확립 및 신공법 개발. 482pp.

산림청. 2016. 불투과형 사방댐 안전율 기준 정립. 134pp.

산림청. 2016. 산림유역관리사업에 대한 평가 및 관리방안 연구. 204pp.

서정일·전근우·김민식·염규진·이진호·木村正信. 2011. 산지계류에 있어서 유목의 종단적 분포특성. 한국임학회지 100(1) : 52-61.

서정일·전근우·김석우·임상준·답딘수른 엥흐자르갈. 2012. 우리나라 산지계류에 있어서 유목 동태의 시·공간적 다양성과 그에 따른 유출 특성. 한국임학회지 101(3) : 333-343.

서정일·전근우. 2016. 일본 홋카이도에 있어서 어류가 서식할 수 있는 계류조성사업(4) -각 생활환경의 개요, 배려사항 및 정비사례-. 산지환경 19 : 69-83.

서정일·전근우. 2019. 계류복원사업을 위한 환경조사(2) -동·식물플랑크톤조사를 중심으로-. 산지환경 22 : 102-110.

서정일·전근우. 2020. 계류복원사업을 위한 환경조사(4) -어류조사를 중심으로-. 산지환경 23 : 125-136.

서정일·전근우. 2021. 계류복원사업을 위한 환경조사(6) -양서류·파충류·포유류조사를 중심으로-. 산지환경 24 : 117-139.

서정일·전근우. 2022. 계류복원사업을 위한 환경조사(7) -조류조사를 중심으로-. 산지환경 25 : 33-61.

서정일·전근우. 2023. 계류복원사업을 위한 환경조사(9) -경관조사를 중심으로-. 산지환경 26 : 30-42.

성길영·장수진·이윤태·김석우·전근우. 2018. 임도개설 이후의 경과년수가 수서곤충의 개체밀도에 미치는 영향. 학술림연구지 38 : 10-18.

엄경옥·전근우·김석우·김진학. 2015. 유목 및 토석류 공급량 차이에 따른 바닥+측면스크린의 포착효과. 도시사방연구회 심포지엄 자료집(도시사방의 현황과 과제 Ⅶ) : 199-212.

이광연·김경남·장수진·서기범·김범수·전근우. 2016. 디지털 항공사진을 이용한 산사태 발생 위험지 예측에 관한 연구 : 우면산 일대를 대상으로. 한국방재학회지 16(3) : 151-160.

이상인·서정일·김석우·전근우. 2019. 충청남도 공주시 소재 산지계류 내 시공된 사방댐에 의한 어류 및 양서류 서식의 변화. 한국산림과학회지 108(2) : 241-258.

이윤태·전근우·김석우. 2015. 토사위험지역내의 건축물 실태파악 및 개선방안 -토석류에 의한 구조물 취약성 평가-. 도시사방연구회 심포지엄 자료집(도시사방의 현황과 과제 Ⅶ) : 119-143.

이윤태·전근우·김진학·장지원·윤주웅·김석우·김경남. 2016. 스위스의 산사태, 낙석 및 토석류 통합재해관리에 대한 지침(1) -법률적 기반 및 새로운 지침에 대하여-. 한국산림공학회지 14(2) : 176-186.

이윤태·전근우·김진학·장수진·윤주웅. 2016. 스위스의 산사태, 낙석 및 토석류 통합재해관리에 대한 지침(2) -현황분석 ①-. 한국산림공학회지 14(3) : 268-281.

이윤태·전근우·장수진·장지원·윤주웅. 2017. 스위스의 산사태, 낙석 및 토석류 통합재해관리에 대한 지침(3) -현황분석 ②-. 한국산림공학회지 15(1) : 53-68.

이윤태·전근우·장수진·윤주웅. 2017. 스위스의 산사태, 낙석 및 토석류 통합재해관리에 대한 지침(4) -조치 요구상항을 중심으로-. 한국산림공학회지 15(2, 3) : 113-120.

이재욱·정종규·김석우·임영협·전근우·김민석·서정일. 2019. 토석류 퇴적지에 성립된 산지수변식생의 생장과 임령 분포 : 소나무를 대상으로. (사)한국산림과학회 2019년도 하계 학술연구 발표논문집 : 168.

이진호·전근우·이상명·박주환·김봉기·김석우·서정일. 2013. 사방시설의 안전점검에 관한 연구(Ⅰ) -강원지역의 사방댐 점검결과를 중심으로-. Journal of Forest Science 29(3) : 226-236.

이진호·김석우·이광연·배현석·전근우. 2021. 외관상태평가에 기초한 콘크리트 사방댐의 손상에 미치는 영향요인 분석. Crisisonomy 17(8) : 59-72.

임영협·전근우·김석우·장수진. 2015. KANAKO 1D를 이용한 불투과형 사방댐의 토석류 저감효과. (사)한국임학회 2015년도 추계 학술연구 발표논문집 : 189.

임영협·전근우·김석우·장수진. 2016. KANAKO 2D를 이용한 춘천지역 토석류 수치모의. 2016 산림과학 공동학술대회 발표논문집 : 247.

임영협·김석우·남수연·전근우·김민석. 2020. 동시출현단어 분석을 이용한 토양침식 연구동향 비교 분석. 한국환경생태학회지 34(5) : 413-424.

장상기·김영식·유용현·전근우·김민식. 2008. 강원도에 있어서 유목 및 토석류 제어를 위한 슬릿트댐의 건설사례. (사)한국임학회 2008년도 하계 학술연구 발표논문집 : 347-350.

장상기·김영식·유용현·전근우·김민식. 2009. 강원도에 있어서 유목 및 토석류 제어를 위한 슬릿트 사방댐의 현황과 과제. 산림공학기술 7(1) : 1-11.
장수진·윤주웅·이윤태·김진학·임영협·김석우·전근우. 2015. GIS를 활용한 학술림 내 산림수문장기모니터링 연구대상지 입지선정. 학술림연구지 35 : 1-10.
장수진·김경남·서기범·이광연·남수연·전근우. 2015. 건물구조별 토석류 위험경계선 설정 방안. 2015 산림과학 공동학술대회 발표논문집 : 66.
장수진·이윤태·전근우·김경남. 2015. 토석류 위험구역 구획 및 등급화 방안. 도시사방연구회 국제심포지엄 자료집(도시사방의 현황과 과제 Ⅷ) : 69-78.
장수진·정호성·강동연·윤주웅·이윤태·김진학·장지원·전근우. 2016. 강원대학교 학술림 내 산림수문장기모니터링을 위한 장비 설치 및 강우-유출특성 파악. 학술림연구지 36 : 99-106.
장수진·이윤태·김석우·전근우. 2019. 2013년 춘천 동내면 사암리 토석류 발생지의 발생원 및 유출토사량 검토. 2019 산림과학 공동학술대회 발표논문집 : 153.
장수진·이윤태·이광연·김경남·이진호·전근우. 2020. 2019년 삼척지역 산사태 특성 및 산림의 방재기능에 대한 연구. 한국방재학회지 20(2) : 221-227.
장수진·남수연·김석우·구효빈·김지현·이윤태·전근우. 2020. 연엽산 산지계류에 있어서 저서성 대형무척추동물의 서식특성. 한국환경생태학회지 34(4) : 334-344.
장수진·김석우·김민석·전근우. 2022. 토석류 재해에 따른 하류의 범람 모의 및 검증. 2022 한국산림과학회 하계총회 및 국제학술대회 자료집 : 534.
全槿雨. 2001. 日本의 環境親和的 溪流砂防. 山地環境 4 : 87-93.
전근우·차두송·마호섭·박종민·이준우·김경남·서정일·이재선. 2003. 환경친화적 사방공법의 정립(Ⅰ) -개념 정립-. 산림공학기술 1(1) : 5-14.
전근우·차두송·마호섭·박종민·이준우·김경남·서정일·이재선. 2003. 환경친화적 사방공법의 정립(Ⅱ) -계류의 환경조사를 중심으로-. 산림공학기술 1(2) : 89-114.
전근우. 2004. 일본에 있어서 수변지역의 관리와 보전(Ⅲ) -방재적 입장에서의 수변림의 취급 방법과 평가-. 산지환경 7 : 28-34.
전근우. 2004. 재해 저감을 위한 효과적인 사방댐 시공(Ⅰ) -불투과형 사방댐의 경우-. 산림공학기술 2(1) : 1-12.
전근우·양동윤·김석우·김경남·김재헌. 2005. 피해저감을 위한 효과적인 사방댐 시공기준(Ⅱ) -투과형 사방댐인 경우-. 산림공학기술 3(2) : 103-124.
전근우. 2006. 유목(流木)재해와 방지대책. 방재연구 8(3) : 13-22.
전근우·김민식·염규진·김윤진·이진호. 2006. 일본의 유목대책지침에 대한 연구(Ⅰ) -계획편을 중심으로-. 산림공학기술 4(3) : 226-241.
전근우. 2007. 토석류 재해 저감을 위한 발생원 및 유하대책. 2007 방재연구센터 심포지엄 자료집 : 307-316.
전근우. 2007. 21세기형 사방사업의 현상과 과제. 산림공학기술 5(3) : 184-196.

전근우. 2008. 일본 기후현 단독치산사업의 실행요령. 산림공학기술 6(1) : 32-43.

전근우 외 23인. 2010. 유목 및 토석류 제어기술 개발에 관한 연구. 247pp.

전근우. 2011. 산사태 및 토석류 재해에 대비한 사방사업 발전방안. 제34회 전국사방사업연찬 회자료집 : 13-30.

전근우. 2011. 신고 사방공학. 향문사. 426pp.

전근우·서정일·김석우·임영협·장수진. 2011. 개정 사방용어집. (사)한국산림기술사사무소 협의회. 491pp.

전근우. 2011. 일본의 산지계류내 거석의 입경조사법 -토석의 최대입경에 관한 타당성 검증-. 산지환경 14 : 56-62.

전근우·김석우·권세명·류광수. 2011. 일본의 강제사방구조물 설계편람(1) -강제투과형사방 댐의 설계를 중심으로-. 산림공학기술 9(1) : 45-59.

전근우·김석우·김진학·송동근·김판석. 2011. 일본의 강제사방구조물 설계편람(2) -강제불 투과형사방댐의 설계를 중심으로-. 산림공학기술 9(2) : 139-154.

전근우·오재만·김석우·윤주웅·김판석·송동근. 2011. 일본의 강제사방구조물 설계편람(3) -강제유목포착공의 설계를 중심으로-. 산림공학기술 9(3) : 214-228.

전근우·김판석·김민식·서정일·김석우. 2012. 일본의 사방관계사법. 산림청 신(新)산지방재 사업단. 178pp.

전근우. 2012. 강제사방구조물 설계편람. (사)한국산림기술사협회. 308pp.

전근우. 2012. 도시산록 그린벨트지역의 정비공사에 관한 소고(小考). 산지환경 15 : 64-71.

전근우·김판석·김석우·오재만·송동근. 2012. 일본의 강제사방구조물 설계편람(4) -품질관 리, 시공관리 및 유지관리를 중심으로-. 산림공학기술 10(3) : 199-213.

전근우. 2012. 토석류 및 유목제어를 위한 사방댐. 수충부 및 토석류 방재기술사업단 2012 토석류 제어기술 초청세미나 자료집 : 3-20.

전근우. 2012. 산사태 및 토석류 재해에 대비한 사방사업 발전방안. 북부지방산림청 2012년 산림토목분야 워크숍 자료집 : 37-54.

전근우·김석우·김진학·윤주웅·이윤태·김민식. 2014. 일본의 사방시설 장(長)수명화계획 (1) -계획수립의 목적, 계획의 구성 및 건전도 평가를 중심으로-. 한국산림공학회지 12(2) : 117-140.

전근우·서정일·김석우. 2015. 환경보전사방사례집. 산림조합중앙회. 263pp.

전근우. 2015. 사방계획. 한국직업능력개발원. 93pp.

전근우·서정일. 2015. 일본 북해도에 있어서 어류가 서식할 수 있는 있는 계류조성사업(2) - 어류와 계류환경에 대한 각종 조사-. 산지환경 18 : 95-109.

전근우·김석우·임영협·김진학·윤주웅·이윤태·장수진·엄경옥. 2015. 일본의 사방시설 장 (長)수명화계획(2) -시설의 보수·개축계획, 점검계획 및 유지관리체제를 중심으로-. 한국 산림공학회지 13(1) : 10-27.

참고문헌

전근우·김석우·엄경옥. 2015. 일본의 사방시설 장(長)수명화계획(3) -건전도 평가기준을 중심으로-. 한국산림공학회지 13(3)：176-200.

전근우. 2016. 사방연구의 동향과 과제. 사방 2：19-28.

전근우·김석우. 2016. 일본 홋카이도에 있어서 어류가 서식할 수 있는 계류조성사업(3) -계류정비의 기본방침과 유의사항-. 산지환경 19：57-68.

전근우·김석우·江崎次夫. 2016. 2016년도 일본 사방학회 정기 연구발표회에 발표된 연구동향(1) -역사적 사방시설을 포함한 사방관계시설의 유지관리를 중심으로-. 한국산림공학회지 14(2)：137-159.

전근우·김석우·임영협·김진학·장지원·서정일·江崎次夫. 2016. 2016년도 일본 사방학회 정기 연구발표회에 발표된 연구동향(2) -도시형 토사재해의 특징과 대응을 중심으로-. 한국산림공학회지 14(3)：222-248.

전근우. 2017. 지진에 의한 산지재해와 그 대책. 방재저널 19(1)：34-43.

전근우·김석우·이윤태·서정일·江崎次夫. 2017. 2016년도 일본 사방학회 정기 연구발표회에 발표된 연구동향(3) -사방분야에 있어서 수치해석법의 문제점과 해결방안-. 한국산림공학회지 15(1)：23-52.

전근우·서정일. 2017. 사방시설의 환경대응에 관한 소고(小考). 산지환경 20：43-52.

전근우. 2017. 재해위험성 및 사방 조사방법 정립을 위한 연구. 특수법인 사방협회. 306pp.

전근우. 2018. 사방댐. (사)한국산림기술사협회. 도서출판 지식공감. 592pp.

전근우·김석우·이윤태·장수진·서정일·江崎次夫. 2018. 일본에 있어서 직하형 지진에 따른 토사재해의 특징과 대응(4) -토사이동의 특징과 토석류 재해 및 간이실험을 중심으로-. 한국산림공학회지 16(1)：51-67.

전근우·김석우·이윤태·장수진·서정일·江崎次夫. 2018. 일본에 있어서 유역의 종합토사관리 방안(1) -개요, 토사공급대책 및 원두부에서의 관측사례-. 한국산림공학회지 16(2)：120-130.

전근우·김석우·이윤태·장수진·서정일·江崎次夫. 2018. 일본에 있어서 유역의 종합토사관리 방안(2) -계상퇴적토사 및 사방댐이 토사유출에 미치는 영향-. 한국산림공학회지 16(2)：131-140.

전근우·김석우·이윤태·장수진·서정일·江崎次夫. 2019. 새로운 계상변동·유사 계측방법의 비교에 따른 특성 파악과 개량 검토(1) -TDR을 이용한 토사유출 계측방법의 개발과 부유사의 연직농도 관측-. 한국산림공학회지 17(1)：55-64.

전근우·김석우·이윤태·장수진·서정일·江崎次夫. 2019. 새로운 계상변동·유사 계측방법의 비교에 따른 특성 파악과 개량 검토(2) -지상형 그린 레이저와 IC 레코더를 이용한 산지계류의 계상변동 및 유사 관측-. 한국산림공학회지 17(1)：65-72.

전근우·김석우. 2020. 계류복원사업을 위한 환경조사(3) -저생생물조사를 중심으로-. 산지환경 23：117-124.

전근우·김석우·이윤태·장수진·서정일·江崎次夫. 2020. 일본에 있어서 토사, 홍수범람 및 유목에 의한 피해와 대책(1) -발생장소의 특징과 위험도 평가 및 미국의 사례 분석-. 한국산림공학회지 18(1) : 28-42.

전근우·김석우·이윤태·장수진·서정일·江崎次夫. 2020. 일본에 있어서 토사, 홍수범람 및 유목에 의한 피해와 대책(2) -유목량 평가 및 유역특성을 고려한 종합적인 유목대책-. 한국산림공학회지 18(1) : 43-56.

전근우·임상준·서정일·김석우·안치호·임영협·이윤태·장수진. 2020. 砂防技術 Ⅰ -총론·산지사방-. 특수법인 사방협회. 메이킹북스. 1-462.

전근우·임상준·서정일·김석우·안치호·임영협·이윤태·장수진. 2020. 砂防技術 Ⅱ -야계사방·해안사방-. 특수법인 사방협회. 메이킹북스. 465-859.

전근우·임상준·서정일·김석우·안치호·임영협·이윤태·장수진. 2020. 砂防技術 Ⅲ -생활권사방·부록-. 특수법인 사방협회. 메이킹북스. 861-1148.

전근우·김석우. 2021. 계류복원사업을 위한 환경조사(5) -육상곤충류조사를 중심으로-. 산지환경 24 : 97-116.

전근우·김석우·임영협·이진호·이광연·江崎次夫. 2021. 일본의 사방분야에 있어서 IT기술의 활용과 과제(1) -UAV, 광학위성 및 SMART SABO를 중심으로-. 한국산림공학회지 19(1) : 8-22.

전근우·김석우·임영협·이진호·이광연·江崎次夫. 2021. 일본의 사방분야에 있어서 IT기술의 활용과 과제(2) -CIM 활용 및 자동주행기술을 중심으로-. 한국산림공학회지 19(1) : 23-33.

전근우·김석우. 2022. 계류복원사업을 위한 환경조사(8) -서식지조사를 중심으로-. 산지환경 25 : 62-73.

전근우·김석우·장수진·이진호·배현석·江崎次夫. 2022. 일본의 사방분야에 있어서 인공위성이나 UAV 등의 리모트센싱 기술을 이용한 조사(1) -드론 공중전자탐사와 SAR 강도(强度)화상을 중심으로-. 한국산림공학회지 20(1) : 18-28.

전근우·김석우·장수진·이진호·이광연·江崎次夫. 2022. 일본의 사방분야에 있어서 인공위성이나 UAV 등의 리모트센싱 기술을 이용한 조사(2) -UAV 및 AI 기술 활용을 중심으로-. 한국산림공학회지 20(1) : 29-39.

전근우·김석우. 2023. 계류복원사업을 위한 환경조사(10) -계류이용실태조사를 중심으로-. 산지환경 26 : 43-49.

전근우. 2023. 기후변화와 산사태, 그리고 정상화의 편견. K-Forest JOURNAL(산 산 산 나무 나무 나무) 제470호 : 78-80.

II. 외국문헌

建設省砂防部. 1999. 急傾斜地崩壞對策事業の費用便益分析マニュアル(案). 30pp.
高谷精二 外 共著. 1991. 砂防學槪論. 鹿島出版會. 254pp.
広島縣土木局砂防課. 2012. 砂防技術指針 -調査編-. 44pp.
広島縣土木局砂防課. 2012. 砂防技術指針. 835pp.
高橋保. 2004. 土石流の機構と對策. 近未來社. 432pp.
高橋保. 2006. 土砂流出現像と土砂害對策. 近未來社. 420pp.
谷口敏雄·藤原明敏. 1999. 地すべり調査と解析. 理工圖書. 222pp.
國土交通省水管理·國土保全局砂防部. 2012. 砂防事業の費用便益分析マニュアル(案). 39pp.
國土交通省水管理·國土保全局砂防部. 2012. 地すべり對策事業の費用便益分析マニュアル(案). 42pp.
國土交通省水管理·國土保全局砂防部. 2012. 土石流對策事業の費用便益分析マニュアル(案). 41pp.
國土交通省河川局. 2006. 治山事業等の現狀と課題. 第22回河川分科會資料. 46pp.
氣象廳 HP. 2009. 世界の年平均氣溫の平年差の經年變化(1981~2008年).
吉川秀夫 外 共著. 1985. 流砂の水利學. 丸善株式會社. 536pp.
金錫宇·後藤健·全槿雨·丸谷知己. 2008. 山地河床における岩盤形狀と巨礫の土砂流出に及ぼす影響. 砂防學會誌 61(4) : 3-11.
島博保·奧園誠之·今村遼平. 1984. 土木技術者のための現地踏査. 鹿島出版會. 327pp.
陶山正憲. 1998. 治山砂防工法特論. 株式會社 地球社. 233pp.
渡正亮·小橋澄治. 1987. 地すべり·斜面崩壞の豫知と對策. 山海堂. 260pp.
東三郎. 1982. 低ダム群工法 -土砂害豫防の論理-. 北海道大學圖書刊行會. 397pp.
藤田崇 編著. 2002. 地すべりと地質學. 古今書院. 238pp.
武居有恒 外 共著. 1993. 砂防工學. 文永堂出版株式會社. 306pp.
尾崎幸忠·鴨川義宣·水山高久·葛西俊一郎·嶋丈示. 1998. 流木が混入した土石流の鋼製透過型ダムによる捕捉形態の調査. 砂防学会誌 51(2) : 39-44.
北海道建設部土木局砂防防災課. 2011. 北海道砂防技術指針(案) -技術基準編, 第2章 調査-. 60pp.
社団法人 北海道治山協會. 1999. 治山技術基準解說(運用). 福島プリント 株式會社. 195pp.
社団法人 砂防學會. 1991. 溪流の土砂移動現象. 株式會社 山海堂. 316pp.
社団法人 日本治山治水協會. 1999. 治山技術基準解說 -總則·山地治山編-. 新和印刷株式會社. 355pp.
社團法人 日本河川協會. 2003. 改定新版 建設省河川砂防技術基準(案)同解說- 調査編-. 山海堂. 591pp.
社団法人 全國治水砂防協會. 2001. 砂防關係事業災害對策の手引き. 國土交通省砂防部. 288pp.
社団法人 全国治水砂防協會. 2008. 土石流·流木対策設計技術指針. 73pp.
砂防技術研究會. 2009. 土砂災害から命を守るポケットビック -地域防災力を高めるために-. 98pp.
山梨県縣土整備部砂防課. 2014. 砂防技術マニュアル -調査編-. 38pp.

山田剛二·渡正亮·小橋澄治. 1971. 地すべり·斜面崩壊の實態と對策. 山海堂. 580pp.
山田孝·土井康弘·南哲行·天田高白. 2000. 透過型砂防ダムの持つ流木捕捉能力. 砂防学会誌 52(6)：49-55.
小出博. 1955. 日本の地すべり -その豫知と對策. 東洋經濟新聞社. 259pp.
松村和樹·中筋章人·井上公夫. 1988. 土砂災害調査マニュアル. 鹿島出版會. 253pp.
水野秀明·南哲行·水山高久. 2000. 連続して配置した鋼管製透過型ダムによる土石流の捕捉効果に関する實験的研究. 砂防学会誌 53(1)：19-25.
柿德市. 1983. 砂防計劃論. (株)精興社. 214pp.
申潤植. 1989. 地すべり工學 -理論と實際-. 山海堂. 1002pp.
申潤植. 1995. 地すべり工學 -最新のトピックス-. 山海堂. 727pp.
愛知県建設部砂防課. 2008. 砂防設計の手引き -第Ⅳ編 參考資料-. 365pp.
日本治山治水協會. 1999. 治山技術基準解說(總則·山地治山編). 355pp.
林野廳. 1999. 治山技術基準 解說 -總則·山地治山編. 355pp.
林野廳. 2003. 治山技術基準 解說 -地すべり防止編. 345pp.
滋賀県土木交通部設部砂防課. 2010. 設計便覽(案) -砂防編, 第1編 調査編-. 99pp.
財團法人 砂防·地すべり技術センター. 2009. 鋼製砂防構造物設計便覽. ニッセイエブロ株式會社. 254pp.
斎藤迪孝. 1968. 第3次クリープによる斜面崩壊時期の豫知. 地すべり 4(3)：1-8.
全槿雨. 1988. 荒廢溪流の微地形判讀と河道整備に關する砂防學的研究. 北海道大學農學部演習林研究報告 45(2)：529-586.
全槿雨. 2003. 韓國における土砂災害と對策の現狀. 日本砂防學會誌 56(1)：45-53.
町田貞. 1968. 自然地理調査法. 古今書院, 164pp.
鳥取県縣土整備部治山砂防課. 2014. 砂防技術指針 -調査·計劃編-. 103pp.
竹林洋史. 2016. 廣島市で發生した土石流のシミュレーション事例と對策. 地盤工學會誌 64(4)：12-15.
竹林洋史·藤田正治. 2017. 2016年熊本による山王谷川の土石流災害. 平成29年度砂防學會研究發表會槪要集：320-321.
中野泰雄. 2003. 總合的な防災對策. 三和書籍. 102pp.
中村浩之·綱木亮介·中嶋茂. 1989. Sarma法による斜面安定解析手法. 土木硏究所資料 2708號. 129pp.
増田覚·水山高久·藤田正治·阿部彦七·小田晃·大槻英樹. 2002. 連続するスリットの土石流出調節機能についての基礎的考察. 砂防学会誌 54(6)：39-42.
地盤工學會. 1995. 地盤調査法. 地盤工學會. 648pp.
地盤工學會. 1997. グラウンドアンカー工法の調査設計から施工まで. 418pp.
地すべり觀測便覽編輯委員會. 1996. 地すべり觀測便覽. 地すべり對策技術協會. 504pp.
地すべり安定解析用強度決定法に關する委員會. 2001. 地すべり安定解析用強度決定法. 地すべり學會東北支部. 179pp.
土木學會水理委員會公式集改訂委員會. 1999. 水理公式集. 日本道路協會. 713pp.

土質工學會. 1989. 斜面安定解析入門. 189pp.
片出亮·金子智成·香月智. 2009. 土石流荷重の作用位置の不確定性と設計作用モデル. 構造工學論文集 55(A) : 195-207.
片出亮·金子智成·香月智·嶋丈示. 2009. 土石流荷重の不均一性が鋼製砂防堰堤設計の安全性評價に及ぼす影響. 砂防學會誌 62(2) : 4-12.
河村三郎. 1982. 土砂水理學 1. 森北出版株式會社. 339pp.
芦田和男 外 共著. 1985. 扇狀地の土砂災害. 株式會社 古今書院. 224pp.

Arbeitsgruppe Geologie und Naturgefahren. 2004. Gefahreneinstufung Rutschungen i.w.S., Permanente Rutschungen, spontane Rutschungen und Hangmuren. 44pp.

ARE, BWG, BUWAL. 2005. Recommendation. Spatial planning and natural hazards. Federal Office for Spatial Development, Federal Office for Water and Geology, Swiss Agency for the Environment, Forests and Landscape. Reihe Naturgefahren. Bern. 36pp.

Bilby, R.E. and Bisson, P.A. 1998. Function and distribution of large woody debri., In: Kantor, S. (Ed.) River ecology and management. Lessons from the pacific Coastal Ecoregion, Springer, New York, 324-436.

Bundesamt für Raumplanung, Bundesamt für Wasserwirtschaft, und undesamt für Wasserwirtschaft. 1997. Empfehlungen zur Berücksichtigung der Massenbewegungsgefahren bei raumwirksamen Tätigkeiten. 42pp.

BWW, BRP, BUWAL. 1997. Recommendations: Consideration of Flood Hazards for Activities with a Spatial Impact. Bundesamt für Wasserwirtschaft BWW Federal Office for Water Management, Bundesamt für Raumplanung BRP Federal Office for Spatial Planning, Bundesamt für Umwelt, Wald und Landschaft BUWAL Federal Office for the Environment, Forests and Landscape. The Environment in Practice. Bern. 32pp.

Federal Office for the Environment. 2016. Protection against Mass Movement Hazards. Guideline for the integrated hazard management of landslides, rockfall and hillslope debris flows. 97pp.

Federal Office for Water Management, Federal Office for Spatial Planning, and Federal Office for the Environment, Forests and Landscape. 1997. Recommendations: Consideration of Flood Hazards for Activities with a Spatial Impact. 32pp.

Jung Il Seo, Futoshi Nakamura, Daisuke Nakano, Hidetaka Ichiyanagi and Kun Woo Chun. 2008. Factors controlling the fluvial export of large woody debris, and its contribution to organic carbon budgets at watershed scales. Water resources research, Vol. 44, W04428, doi:10.1029/2007WR006453.

Jung Il Seo, Futoshi Nakamura, Kun Woo Chun. 2010. Dynamics of large wood at the watershed scale : a perspective on current research limits and future directions. Landscape and Ecological Engineering 6(2) : 271-287.

Jung Il Seo, Futoshi Nakamura, Kun Woo Chun, Suk Woo Kim and Gordon E. Grant. 2015. Precipitation patterns control the distribution and export of large wood at the catchment scale. Hydrological Processes 29(24) : 5044-5057.

Seo JI, Nakamura F. 2009. Scale-dependent controls upon the fluvial export of large wood from river catchments. Earth Surf Processes Landforms 34 : 786-800.

Sooyoun Nam, Su-Jin Jang, Kun-Woo Chun, Jae Uk Lee, Suk Woo Kim. 2021. Seasonal water temperature variations in response to air temperature and precipitation in a forested headwater stream and an urban river: A case study from the Bukhan River basin, South Korea. Forest Science and Technology 17(1) : 46-55.

Su-Jin Jang, Suk Woo Kim, Minseok Kim and Kun-Woo Chun. 2021. Evaluating the Effect of Root Cohesion on Shallow Landslides for Physically Based Modeling. Sensors and Materials 33(11) : 3847-3862.

Suk Woo KIM, Jin Ho LEE and Kun Woo CHUN. 2008. Recent increases in sediment disasters in response to climate change and land use, and the role of watershed management strategies in Korea. International Journal of Erosion Control Engineering 1(2) : 44-53.

Suk-Woo KIM, Kun-Woo CHUN, Kyoichi OTSUKI, Yoshinori SHINOHARA, Man-Il KIM, Min-Seok KIM, Dong-Kyun LEE, Jung-Il SEO and Byoung-Koo Choi. 2015. Heavy Rain Types for Triggering Shallow Landslides in South Korea. Journal of the Faculty of Agriculture Kyushu University 60(1) : 243-250.

Suk-Woo KIM, Kyoichi OTSUKI, Yoshinori SHINOHARA and Kun-Woo CHUN. 2015. Distribution and Mobilization of Large Woody Debris in a Mountain Stream Network, Gangwon-do, South Korea. Journal of the Faculty of Agriculture Kyushu University 60(1) : 251-258.

Sukwoo Kim, Minseok Kim, Hyunuk An, Kunwoo Chun, Hyun-Joo Oh and Yuichi Onda. 2019. Influence of subsurface flow by Lidar DEMs and physical soil strength considering a simple hydrologic concept for shallow landslide instability mapping. CATENA 182 : 104137.

Suk Woo Kim, Kun Woo Chun, Minseok Kim, Filippo Catani, Byoungkoo Choi and Jung Il Seo. 2021. Effect of antecedent rainfall conditions and their variations on shallow landslide-triggering rainfall thresholds in South Korea. Landslide 18 : 569-582.

Swanson FJ, Fredriksen RL, McCorison FM. 1982. Material transfer in a western Oregonforestedwatershed. In: Edmonds RL (ed.) Analysis of coniferous forest ecosystems in the Western United States, US/IBP Synthesis Series 14, Hutchinson Ross Publishing Co., Stroudsburg PA : 233-263.

Swanson FJ, Johnson SL, Gregory SV, Acker SA. 1998. Flood disturbance in a forested mountain landscape: interactions of land use and floods. BioScience 48 : 681-689.

Swanson FJ, Lienkaemper GW. 1978. Physical consequences of large organic debris in Pacific Northwest streams. Gen. Tech. Rep. PNW-69 : U.S. Department of Agriculture, Forest Service, Pacific Northwest Research Station, Portland OR.

찾아보기

PS검층	507
X선회절실험	518
1/10최대파	584
^{14}C연대측정법	519
1차곡	368
C–N율	57
DAD법	64
D프레임네트	164
Fellenius식(간편법)	564
GPS측량	477
PDCA	674
pH조사	433
Schlumberger법	495
SHIN–Janbu법	561
가리	213
간극수압계	526
간극수압조사	526
간이 Bishop식	563
간이 Janbu식	560
간이변위판	477, 539
간이양수실험	531
강도정수	568
강설량	59
강수량조사	59, 521
강우유출해석	358
개략 지형도	610
개략조사	325
개석도(開析度)	39
개축	653
개황지질단면도	481
거점조사	326
건습지수	61
건전도 평가조사	638
건조표본	257
경관예측	331
경관조사	324
경사	30, 96
경사각	32
경사변환대(帶)	34
경사변환선	34
경제조사	360
경제효과조사	345
계곡의 차수	38
계류이용실태조사	334
계류조사	370
계상물매조사	426
계상변동량조사	381, 385, 402, 403
계상상황조사	427
계상재료조사	409
계상토사퇴적량	368, 371
계상퇴적지	373, 375
계상퇴적토사량도	372
계수	144, 184, 228
계안변동	95
계절풍	614
계측	184, 228, 304
계통적 추출법	69, 604
계폭	371, 378
계획단계	23
계획조사	15
고도빈도곡선	30
고도	29
고밀도전기탐사	494
고유식물	119
고저측량	477, 539
곡밀도	37, 40
공공주택건설법	351
공내경사계	549
공사용 측량	17
관망지점	327
관목조사	469
관입실험	508
관찰채집	246
관형 트랩	217
국지풍	615
국토계획법	351
군도조사	116
군락조성조사	115
군정(群井)	535
굴절계수	588, 596
굴절법	489
균열수	524
그물망	165
근사해법	78
기구조사	459, 483
기구해석	554
기복량비	36, 39, 383
기본구상단계	23
기본수준면	581
기상조	582
기상조사	59, 520, 579, 611, 623
기설 공작물조사	340
기온	59

찾아보기

기존 시설조사	359, 419	레이저 프로파일러	478
기준면	580	로터리보링	500
기초조사	13, 364	루골액	137
기획조사	14	리모트센싱	498
긴급점검	20, 636	마이크로 해비탯	318
낙석의 운동에너지	104	매닝의 조도계수	84
낙석황폐지조사	96	매장문화재법	351
낙하속도	102	매적법(埋積法)	30
냉기류	616	먹이트랩채집	250
너울(Swell)	583	먼셀 표색계	330
노선도	43	메시법	89
논(Non)코아보링	500	면적 조사법	70, 604
높새바람	615	면적격자법	410
뇌우	615	목격법	251, 299
눈균열	633	문헌조사	109, 156, 198, 242, 264, 290
눈덩이	633	문화재보호법	350
눈사태	624	문화재수리법	350
눈사태방지림 조성공사	618	물리검층	504
눈사태조사	624	물리실험	514
눈주름	634	물리탐사	45, 487
다층이동량계	552	미지형의 계측	39, 97
단(單)상관해석	73	민둥산	368
단위체적중량조사	436	밀도	71, 145, 605
단층	44	박리형 낙석	99
담수지역	160, 180, 203	박스법	249
답사	44, 54	반돈식 채수기	135
대여자료	361	반사법	489
대표계수법	63	발생유목량	449, 451
도면 작성	486	방안법(方眼法)	30
도일법(度日法)	522	방위	39
돌들춰잡기채집	248	방위척	39
돌풍	616	방재시설조사	608
동결지수	61	방풍림 조성조사	609
동물조사	472	방형구	70, 116
동식물플랑크톤조사	131	법령지정상황조사	349, 608
동정	121, 142, 184, 226, 255, 281, 304	변동조사	376, 384
동태조사	90, 94, 101	보링조사	46, 499, 578
등가마찰계수	103	보수	653
등우량선법	63	보전대상	97, 425, 608
등화채집	248	보조측선	485
디자인조사	328	복합사면	32, 97
땅밀림 블록구분	556	복합우물	535
땅밀림조사	457	본조사	19
뜰채	208	부유토사량조사	394, 406
라이시미터법	522	부자법	86
라인 센서스법	269	부자식	526
랜덤추출법	69, 604	분설표층눈사태	627

불안정 토사량	93	상하현(弦) 평균 간조위	581
불압지하수	525	상형(箱型)시료채취방법	513
불완전우물	535	색채조사	329
불투수층	535	생기도수(生起度數)	76
붕괴	459	생기확률	74
붕괴가능토사량	422	생산토사량조사	359, 362
붕괴깊이	91	사면형 트랩	299
붕괴밀도조사	89	서버네트	173
붕괴발생원	91	서스펜션 PS검층	507
붕괴전선	34	서식지조사	315, 320
붕괴조사	88, 365	선격자법	410
붕괴토사량	93, 365	선적 빈도법	70, 604
붕괴확대예상량	93	선적 조사법	70, 604
브라운–블랑케(Braun-Blanquet)법	116	선적 피도법	70
블록샘플링	513	설계조사	16
비말대(飛沫帶)	172	설면저하법	522
비오톱	318	설비	633
비오톱 네트워크	318	성분파	597
비오톱 시스템	318	성장곡선	36
비오톱 지도	320	세디먼트 챔버	141
비저항검층법	505	셰지식	87
비저항법	493	소	160, 180, 203
비퇴사량	383	소류 퇴적물	374
빈도	71, 605	소류토사량조사	404
사각형 노치	85	소재조사	328
사내끼	215	속도검층	506
사면길이	97	쇄파	585
사면방위	97	수계	26, 37
사면형상	96	수계도	37, 364
사방계획조사	357	수계조사	37
사업조사	13	수관소밀도	68, 603
사운딩조사	46	수관식 경사계	479, 542
사전조사	109, 132, 156, 198, 242, 264, 290, 324	수도(數度)	71, 605
		수문조사	72, 470
사회적 특성조사	608, 617, 634	수압식	526
사회환경조사	462	수위자료	388
삭망 평균 간조위	581	수정 Fellenius식	564
삭망 평균 만조위	580	수정계수	560
산골바람	616	수중석력	412
산림면적율	67	수직전기탐사	494
산바람	615	수질 및 수생태계 보전에 관한 법률	349
산복상황조사	430	수질조사	536
산술평균법	62	수질환경조사	472
삼각측량	477, 539	수평전기탐사	494
삼각형 노치	85	슈퍼마이크로 해비탯	318
상관계수	73	스노우샘플러법	522
상세 지형도	610	스웨덴식 사운딩실험	510
상승사면(볼록사면)	32, 97	스텝검층	528

찾아보기

스폿 센서스법	271
슬라이드 글라스	145
습설표층눈사태	627
습중량(濕重量)	185
시각	328
시공단계	24
시공조사	19
시굴관찰조사	520
시야	327
시약반응실험	516
시준측량	477
시추공 텔레뷰어	505
시추일보해석도	504
식물 조사지구	110
식물상조사	114
식물조사	108, 471
식생도작성조사	114
식생분포조사	114
식생조사	67, 69, 70, 92, 469, 602, 604, 605, 611, 622
신장률	37
신축계	540
실내분석	140, 183, 255
실내작업	231
실태조사	460
쓰나미	582
쓸어잡기채집	246
안정해석	558
알코올	138
암석실험	511, 515
액침(液浸)표본	257
양서류조사	289
양수실험	532
양식집	128, 152, 194, 238, 260, 286, 311
어류조사	197
언측법	85
에코톤	111, 267
에크맨(Ekman)식 채수기	134
에크맨-버지(Ekman-Berge)	164
여울	160, 180, 203
역학실험	514
연강수량	60
연대측정조사	519
연속강우량	59
연안표사량	601
열람자료	424
열수지법	522
열화도	641
열화손상도	639
예비조사	18, 22, 25, 42, 51, 67, 88, 340, 343, 461, 576, 603
예상범람구역	346
예찰도	43
오픈커트(Open-cut)조사	578
온난전선	615
온대저기압	615
온도검층	529
온량지수(溫量指數)	60
온우도(溫雨度)	61
올(All)코아보링	500
완전우물	535
요인조사	90, 94
용출수	160, 180, 203
우량강도	81, 442
우물수위고	535
우선도	662
우점종	151
운동블록	482
운반가능토사량조사	423
웅덩이	160, 180, 203
원 사면	366
원수위고	535
원통형시료채취방법	513
유량조사	84, 440
유목량	447, 455
유목조사	444
유사량 산정식	378
유속계법	86
유속법	86
유속조사	434
유송부	91
유송토사량조사	360, 403
유심선	368
유압지하수	525
유역구분	364
유역면적조사	427
유역특성조사	21, 358, 419
유역현황조사	445
유의파	584
유의파고	585
유입시간	83
유입토사량	376
유지관리단계	24
유지관리조사	19, 635

유지관리체제	673	적설량조사	521
유체력조사	436	적설조사	66
유출계수	81, 441	전기검층	505
유출량	80	전기탐사	492
유출수량	95	전단강도	527
유출유목조사	452	전석형 낙석	99
유출토사량	95, 363, 366, 376, 379	전식피도(全植被度)	119
유하시간	83	전자탐사	498
유황조사	599	전체 유사량	396
유효기복량	35	절곡면도(切谷面圖)	30
육상곤충류조사	241	절봉면도(切峰面圖)	30
육안관찰법	222	점검계획	665
융설량조사	521	점검유지관리	653
융설수유출법	522	점토광물실험	516
융설열량	523	정기점검	665
융설팬법	522	정량조사	159
음파검층	507	정밀조사	45, 56
이동가능계상퇴적토사량	419	정성조사	159
이동가능토사량조사	419	정수위(靜水位)	581
이동상황도	481	정점 센서스법	270
이동한계수심	600	정지측위	478
이상조위	582	정체전선	615
일렉트로 피셔	219	정치망	209
일반기상조사	520	정치침전법	142
일상점검	665	제거법	221
일축압축강도	511	조도계수	434
임의채집	246	조류 센서스조사	269, 275
임황조사	602, 611, 622	조류조사	263
입도곡선	415	조사자구	110, 132, 157, 201, 243, 266, 292
입목조사	469		
자망	210	조사측선	482, 485
자연방사능탐사	497	조석(천문조)	580
자연수위검층(식염수검층)	528	조석류(조류)	599
자연전위법	506	조석조사	579
자연환경보전법	349	조위편차	582
자연환경영향조사	471	족대	211
자연환경조사	359, 462	종·횡단측량조사	386
자유낙하속도	103	종단측량	17, 474
자유지하수	525, 533	종단형상	97
잔류계수법	570	주기	583
잔류전단강도	515	주낙	212
잔존계수	103	주수	525
잔토량	366	주측선	485
잠수관찰	220	중복틀법	70
장방형 노치	85	중요종	126, 187
재해 시의 조사	352	지반경사계	479, 542
재해이력조사	343	지반고	581
저생생물조사	155	지반반력실험	510

찾아보기

지온탐사	496	충파	585
지중변동량조사	547	취송류	599
지중신축계	551	측선측량	486
지질구조	44	층별조사	117
지질구조선	44	치환산도	58
지질단면도	49	침강속도	416
지질조사	42, 359, 465, 467, 578, 610, 622	침수식물	161
		침식부	92
지질주상도	481, 502	침식전선	34
지체계수	83	커튼법	249
지층수	524	컬러 시뮬레이션	332
지층의 습곡	44	컴퓨터 그래픽	332
지층지질도	49	키네매틱측위	478
지표신축계	479, 540	탄성파 토모그래피	492
지표이동량조사	476, 538	탄성파속도	490
지하수검층	528	탄성파탐사	489
지하수위조사	525	탄소함유량	57
지하수유출량조사	537	태풍	614
지하수조사	47, 524	털어잡기채집	247
지하수추적조사	529	토사공급지점	365
지형계측	28	토사량조사	93, 95
지형구분	28	토석류의 도달거리	425
지형도	480	토석류의 분산각도	425
지형분류도	26	토석류의 유동조사	434
지형조사	25, 96, 359, 465, 467, 576, 610, 619	토석류조사	418
		토성의 삼각도표	55
지형측량	17, 473	토양경도	58
질소함유량	57	토양단면조사	56
집단 분포지조사	273, 280	토양의 시료채취	56
채니기(採泥器)	164	토양의 퇴적양식	55
천수계수(淺水係數)	591	토양의 화학성 조사	57
천수변형(淺水變形)	591	토양조사	50, 578, 611, 622
천해파(淺海波)	592	토양환경보전법	350
청취조사	110, 156, 198, 242, 265, 290	토질실험	48, 511, 514
		토질조사	18, 42, 578, 610, 622
초과확률수위	573	통발	216
초본조사	469	퇴사 종단형상 근사식	377
촉침식(觸針式)	526	퇴사변동구간길이	378
최고파	584	퇴적부	92
최고파고	585	투망	207
최대거석	411	투수계수	532
최대시우량	60	투시도	331
최대일우량	60	트레이서	530
최대입경조사	431	특산식물	119
최대홍수유량	80	티센법(Thiessen법)	62
추락관	298	파고(수심)조사	435, 583
추수식물	161	파랑류(해빈류)	599
충격압력	629	파랑조사	583

693

파속(波速)	583		해륙풍	616
파이프변형계	548		해비탯	318
파장	583		해비탯 지도	320
파충류조사	289		해상(海象)조사	579
파형물매	583		해안방재림 조성조사	575
평균 간조위	580		해안사면붕괴	606
평균 만조위	580		해안침식	606
평균 우량강도	442		해일	582
평균 유출토사량	377		현존량조사	118
평균 입경	415		현지답사	110, 157, 201, 243, 266, 291, 426, 464, 470
평균 조위	580			
평균 파	584		현지조사	15, 18, 23, 41, 44, 54, 68, 113, 133, 163, 205, 245, 269, 294, 325, 341, 344, 346, 368, 419, 469, 471, 472, 577, 603, 609, 612, 619
평균 파고	585			
평면계상변동량	399			
평면채취법	411			
평면측량	474			
평면형상	96			
평형사면(직선사면)	32, 97		현지조사계획	110, 132, 157, 201, 243, 265, 291
폐색전선	615			
포르말린	137		현지조사계획서	113, 133, 163, 205, 245, 268, 294
포유류조사	289			
포인트 샘플법	90			
포획용 트랩	297		현황조사	375, 376
표본	123, 147, 186, 230, 256, 306		형태조사	91
			혼합비	415
표사(漂砂)조사	579, 599		홍수도달시간	82, 442
표식관측	477, 538		홍수위흔적법	87
표준관입실험	509		홍수유출토사량	363, 377
표층지질도	480		화산재편년법	519
풍파	583		확대생산예상량	366
풍해조사	616		확률연도	75
플랑크톤 네트	136		환경조사	105
피도	70, 116, 605		환산충파파고	585, 596
피압지하수	525, 534		활동면	555
피크유량조사	437		활동면측관	547
필드 사인법	300		활력도	118
하강사면(오목사면)	32, 97		황폐계류조사	93
하천법	352		황폐사지	606
한랭전선	615		황폐현황조사	88, 606
함양 벽	535		회절계수	589, 596
합리식	80		횡단면도	375
합성사진	332		횡단측량	17, 475
항공LiDAR측량	478		후릿그물	214
항공사진	477		흡입검층	528
			힙소그래프	29

사방조사론

전근우
  강원대학교 농과대학 임학과(농학사)
  일본 홋카이도(北海道)대학 대학원 농학연구과 임학전공(농학박사)
  현, 강원대학교 명예교수, 신(新)산지방재연구소 대표

서정일
  강원대학교 산림과학대학 임학과(농학사)
  일본 홋카이도(北海道)대학 대학원 농학연구과 환경자원학전공(농학박사)
  현, 국립공주대학교 산업과학대학 산림과학과 교수

김석우
  강원대학교 산림과학대학 임학과(농학사)
  일본 홋카이도(北海道)대학 대학원 농학연구과 환경자원학전공(농학박사)
  현, 강원대학교 산림환경과학대학 산림과학부 부교수

발행일   2024년 6월 28일
발행처   (사)한국치산기술협회
지은이   전근우 · 서정일 · 김석우
펴낸곳   샴북
주 소   서울특별시 중구 마른내로 10길 12, 3층(인현동2가)
전 화   02-6272-6825
이메일   master@samzine.co.kr
정 가   45,000원

본 출판사의 동의 없이 내용을 복제하거나 전산장치에 저장 · 전파할 수 없습니다.
Printed in Korea
ISBN : 979-11-986293-5-7